21 世纪本科院校土木建筑类创新型应用人才培养规划教材

江苏省高等学校精品教材

混凝土结构设计原理(第 2 版)

主 编 邵永健 翁晓红 劳裕华

副主编 段红霞 夏 敏 方有珍

北京大学出版社

PEKING UNIVERSITY PRESS

内 容 简 介

本书根据高等学校土木工程学科专业指导委员会编制的《高等学校土木工程本科指导性专业规范》编写。全书共10章,包括:绪论,混凝土结构材料的物理力学性能,混凝土结构设计的基本原则,受弯构件正截面、受弯构件斜截面、受压构件、受拉构件、受扭构件及预应力混凝土构件的受力性能与设计,混凝土构件的裂缝宽度、变形验算与耐久性设计(本书带 * 号的为选学内容)。本书主要结合我国国家标准《混凝土结构设计规范》(GB 50010—2010)进行编写,并在每章的最后一节介绍了《公路钢筋混凝土及预应力混凝土桥涵设计规范》(JTG D62—2004)的设计计算方法。

本书对理论部分进行了充分的梳理,条理清晰,给出了规范化的计算流程图,计算例题类型全,解题过程规范,每章前有教学提示和学习要求,每章后有本章小结、思考题和习题。

本书可作为高等院校土木工程及相关专业的教材,也可作为该类专业继续教育的教材,并可作为土建设计与施工技术人员的参考书。

图书在版编目(CIP)数据

混凝土结构设计原理/邵永健,翁晓红,劳裕华主编. —2 版. —北京:北京大学出版社,2013.8
(21 世纪本科院校土木建筑类创新型应用人才培养规划教材)
ISBN 978 - 7 - 301 - 23028 - 2

Ⅰ. ①混… Ⅱ. ①邵…②翁…③劳… Ⅲ. ①混凝土结构—结构设计—高等学校—教材 Ⅳ. ①TU370.4

中国版本图书馆 CIP 数据核字(2013)第 190868 号

书　　　名:	混凝土结构设计原理(第 2 版)
著作责任者:	邵永健　翁晓红　劳裕华　主编
策划编辑:	卢　东　吴　迪
责任编辑:	伍大维
标准书号:	ISBN 978 - 7 - 301 - 23028 - 2/TU · 0356
出版发行:	北京大学出版社
地　　　址:	北京市海淀区成府路 205 号　　100871
网　　　址:	http://www.pup.cn　新浪官方微博:@北京大学出版社
电子邮箱:	编辑部 pup6@pup.cn　总编室 zpup@pup.cn
电　　　话:	邮购部 010 - 62752015　发行部部 010 - 62750672　编辑部部 010 - 62750667
印　刷　者:	北京虎彩文化传播有限公司
经　销　者:	新华书店
	787 毫米×1092 毫米　　16 开本　27.75 印张　654 千字
	2010 年 2 月第 1 版
	2013 年 8 月第 2 版　　2024 年 6 月第 9 次印刷
定　　　价:	52.00 元

第 2 版前言

"混凝土结构设计原理"不仅是一门理论性与实践性很强的课程，而且是一门不断发展中的课程。为了将混凝土结构学科的最新成果及时纳入规范，为工程建设服务，《混凝土结构设计规范》(GB 50010)一般 10 年左右修订一次。本书第 1 版出版后，新修订的国家标准《混凝土结构设计规范》(GB 50010—2010)自 2011 年 7 月 1 日起实施，原国家标准《混凝土结构设计规范》(GB 50010—2002)同时废止。由于本书第 1 版是按原国家标准《混凝土结构设计规范》(GB 50010—2002)编写的，所以本书第 2 版按新实施的国家标准《混凝土结构设计规范》(GB 50010—2010)对内容进行了全面的更新。同时，本书第 1 版出版后，为适应不同层次人才培养的需要，为使不同层次人才的培养有章可循，全国高等学校土木工程学科专业指导委员会编制的《高等学校土木工程本科指导性专业规范》于 2011 年 9 月 7 日颁布，所以本书第 2 版同时按照《高等学校土木工程本科指导性专业规范》的要求进行了修订。

本书第 2 版除保留第 1 版的特色外，还增加了"先进性、正确性和系统性"三个新特色。先进性体现在全书内容均按新规范编写，从而避免现有部分教材在例题等地方还不同程度地遗留有旧规范的痕迹、有的甚至还在介绍已淘汰的设计计算方法等情况。正确性体现在不仅力争全书理论阐述部分内容的正确性，而且还力争全部例题的题意正确、计算过程合理、计算结果正确，从而避免现有部分教材编写时只重视理论部分内容的编写，对例题等的编写重视不够的情况。系统性体现在编者是在对内容特点、教学规律和认知规律进行全面考虑的基础上，来组织全书内容的编写。

本书由苏州科技学院、河北科技师范学院、台州学院和福建农林大学长期担任《混凝土结构设计原理》课程教学工作的教师共同编写完成。第 1 章和第 3 章由邵永健和翁晓红编写；第 2 章由翁晓红、邵永健和朱天志编写；第 4 章由夏敏和朱天志编写；第 5 章由劳裕华编写；第 6 章由翁晓红、邵永健和谢成新编写；第 7 章由夏敏和段红霞编写；第 8 章由劳裕华和李瑞鸽编写；第 9 章由翁晓红、邵永健和李瑞鸽编写；第 10 章由翁晓红、邵永健和方有珍编写。全书由邵永健统稿，苏州科技学院混凝土结构教研室的全体教师对本书的编写给予了很大的帮助，在此表示诚挚的谢意。

由于编者水平有限，书中难免有疏漏与不妥之处，敬请读者批评指正。

编　者
2013 年 4 月

第 1 版前言

混凝土结构设计原理是一门理论性与实践性均很强，且与现行国家工程建设标准密切相关的课程。本书内容可直接应用于工程实践，并为工程实践服务。本书适用于房屋建筑、交通土建、水利、矿井、运输管道、港口以及海洋平台等工程的混凝土结构设计课程。本书内容可为学生在校学习后续专业课和毕业后从事工程建设技术工作或继续深造学习提供坚实的基础。

本书内容主要由混凝土构件的受力性能、设计计算方法和构造措施三个知识模块组成。受力性能知识模块主要内容是混凝土构件的试验及其力学性能分析。编写该部分时，编者除对内容进行了较为全面的梳理外，还力求其叙述层次分明，条理清晰，表达简洁明了，图文并茂。设计计算方法和构造措施知识模块是本书与工程实践直接衔接的内容。编写该部分时，一是除与现行标准的表述一致外，为了便于学生理解、掌握和应用，一般一个计算类型还配有一个计算流程图，而且流程图的逻辑关系合理，格式全书一致；二是重视例题的编写，选取的例题力求符合工程实际，例题的类型齐全，题意清晰、完整，解题过程规范。

本书由苏州科技学院、河北科技师范学院、河南城建学院和福建农林大学长期担任混凝土结构设计原理课程教学工作的教师共同编写。第 1 章和第 3 章由邵永健和翁晓红编写；第 2 章和第 4 章由朱天志和段红霞编写；第 5 章由段红霞和翁晓红编写；第 6 章的 6.1~6.9 节由谢成新编写；第 6 章的 6.10 节由方有珍编写；第 7 章和第 8 章的 8.1~8.2 节由段红霞编写；第 8 章的 8.3~8.7 节和第 9 章由李瑞鸽编写；第 10 章由方有珍编写。全书的计算流程图、例题和习题由段红霞审核；JTG D62—2004《公路钢筋混凝土及预应力混凝土桥涵设计规范》的设计计算方法由方有珍审核；全书由邵永健统稿。研究生白明杰、余热兵和郁文参加了本书的校对工作，苏州科技学院混凝土结构教研室的全体教师对本书的编写给予了很大的帮助，在此表示诚挚的谢意。

由于编者水平有限，书中难免有错误与不妥之处，敬请广大读者批评指正。

编　者
2009 年 12 月

目　　录

第1章
绪 论

教学提示：本章首先讲述了混凝土结构的一般概念及特点，其重点在于两个方面：一是将钢筋和混凝土组合在一起形成钢筋混凝土结构的原因；二是钢筋与混凝土共同工作的条件。然后简要地介绍了混凝土结构的发展与应用概况。最后介绍了课程的主要内容、特点及学习过程中需注意的问题。

学习要求：通过本章学习，学生应熟悉混凝土结构的一般概念及特点，熟悉混凝土结构在国内外土木工程中的发展与应用概况，了解本课程的主要内容、要求和学习方法。

1.1 混凝土结构的一般概念及特点

1.1.1 混凝土结构的一般概念

混凝土是由胶凝材料、粗骨料(石子)、细骨料(砂粒)、水和外加剂等其他材料，按适当比例配制，经拌和、养护硬化而成的具有一定强度的人工石材。因此，也被称为"砼"。胶凝材料包括水泥、石灰、水玻璃、粉煤灰和矿粉等，但目前土木工程中使用最为广泛的是以水泥为胶凝材料的混凝土。

混凝土结构是以混凝土为主要材料制成的结构，包括素混凝土结构、钢筋混凝土结构和预应力混凝土结构等。素混凝土结构是由无筋或不配置受力钢筋的混凝土制成的结构，主要用于承受压力而不承受拉力的结构，如基础、支墩、挡土墙、堤坝、地坪、路面、机场跑道及一些非承重结构。钢筋混凝土结构是由配置受力的普通钢筋、钢筋网或钢筋骨架的混凝土制成的结构。钢筋混凝土结构适用于各种受压、受拉、受弯和受扭的结构，如各种桁架、梁、板、柱、墙、拱、壳等。预应力混凝土结构是由配置受力的预应力钢筋通过张拉或其他方法建立预加应力的混凝土制成的结构。预应力混凝土结构的应用范围和钢筋混凝土结构相似，但由于预应力混凝土结构具有抗裂性好、刚度大和发挥高强钢筋强度的特点，特别适宜于一些跨度大、荷载重及有抗裂抗渗要求的结构。

其中，钢筋混凝土结构是目前土木工程中使用最为广泛的结构形式，由钢筋和混凝土两种力学性能极不相同的材料组成。钢筋的抗拉和抗压强度都很高，混凝土的抗压强度较高而抗拉强度却很低。钢筋混凝土结构就是把钢筋和混凝土通过合理的方式组合在一起，使钢筋主要承受拉力，混凝土主要承受压力，充分发挥两种材料的性能优势，从而使所设计的工程结构既安全可靠又经济合理。

图 1.1(a)和图 1.1(b)分别为尺寸和混凝土强度均相同的两根梁。唯一的区别是：图 1.1(a)的梁内没有配筋，即为素混凝土梁；图 1.1(b)的梁下部配有 2φ16 的纵向钢筋（以下简称"纵筋"），即为钢筋混凝土梁。

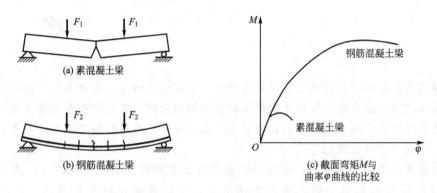

(a) 素混凝土梁

(b) 钢筋混凝土梁

(c) 截面弯矩 M 与曲率 φ 曲线的比较

图 1.1　素混凝土梁与钢筋混凝土梁的受力破坏比较

图 1.1(a)所示的素混凝土梁在荷载作用下，梁截面上部受压、下部受拉。当梁跨中截面下边缘的混凝土达到抗拉强度时，该部位开裂，梁就突然断裂，属没有预兆的脆性破坏。同时由于混凝土的抗拉强度很低，所以梁破坏时的变形和荷载均很小。为改变这种情况，在梁的受拉区域配置适量的钢筋形成钢筋混凝土梁，如图 1.1(b)所示。在外荷载作用下钢筋混凝土梁同样是跨中截面下边缘的混凝土首先开裂，但此时开裂截面原来由混凝土承担的拉力转由钢筋承担。同时由于钢筋的强度和弹性模量均很大，故梁还能继续承受外荷载，直到受拉钢筋屈服，受压区混凝土压碎，梁才破坏。可见钢筋混凝土梁不仅破坏时能承受较大的外荷载，而且钢筋的抗拉强度和混凝土的抗压强度得到利用，破坏前的变形大，有明显的预兆，属延性破坏。图 1.1(c)分别给出了素混凝土梁和钢筋混凝土梁跨中截面的弯矩 M 与截面曲率 φ 的关系曲线。由图 1.1(c)可见，钢筋混凝土梁的承载能力和变形能力比素混凝土梁有很大的提高。

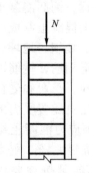

图 1.2　轴心受压柱

因钢筋同时具有很高的抗拉强度和抗压强度，所以如图 1.2 所示的轴心受压柱中通常也需配置钢筋，一可以协助混凝土承担压力以提高柱的承载力或减小柱的截面尺寸，二可以提高柱的变形能力以改善构件破坏时的脆性性能，同时还可以承担某些因素引起的拉力。

在外荷载作用下或温度变化时，钢筋混凝土构件应保证钢筋与混凝土能够协调工作。钢筋与混凝土能够共同工作的条件有以下 3 个。

（1）混凝土硬化后，钢筋与混凝土之间存在良好的粘结力。该粘结力使得钢筋混凝土结构中的钢筋和混凝土在外荷载作用下变形协调，共同工作。

（2）钢筋与混凝土两种材料的温度线膨胀系数接近。钢筋为 $1.2 \times 10^{-5}/℃$，混凝土为 $(1.0 \sim 1.5) \times 10^{-5}/℃$。因此，钢筋与混凝土之间的粘结不会因为温度变化产生较大的相对变形而破坏。

（3）混凝土对埋置于其内的钢筋起到保护作用。混凝土的碱性环境使钢筋不易发生锈蚀；周围的混凝土不仅有助于固定钢筋的位置，而且在遭遇火灾时不致因钢筋很快软化而导致结构破坏。因此，混凝土结构中的钢筋表面须有一定厚度的混凝土保护层。

1.1.2 混凝土结构的特点

混凝土结构在土木工程中得到广泛的应用，主要是由于混凝土结构具有下列优点。

(1) 就地取材。混凝土所用的砂、石均易于就地取材。另外，还可利用矿渣、粉煤灰等工业废料制成人造骨料作为浇筑混凝土的骨料。

(2) 合理用材、降低造价。钢筋混凝土结构合理地利用了钢筋和混凝土两种材料性能的优势，从而节约了钢材(与钢结构相比)、降低造价。

(3) 耐久性好。在混凝土结构中，钢筋由于受到混凝土的包裹而不易锈蚀，所以混凝土结构具有良好的耐久性。

(4) 耐火性好。混凝土为不良导热体，且包裹在钢筋的外面，所以火灾时钢筋不会很快达到软化温度而导致结构整体破坏。因此，与木结构、钢结构相比，混凝土结构具有良好的耐火性。

(5) 可模性好。由于新拌和的混凝土是可塑的，所以可根据建筑造型的需要制作成各种形状和尺寸的混凝土结构。

(6) 整体性好。现浇及装配整体式混凝土结构均具有良好的整体性，这有利于抗震、抵抗振动和爆炸冲击波。

混凝土结构也存在一些缺点，主要有以下几点。

(1) 自重大。若承受相同的外荷载，采用混凝土结构时的截面尺寸比采用钢结构时要大许多，导致混凝土结构的自重大。这对建造大跨度结构、高层建筑结构及结构抗震均是不利的。

(2) 抗裂性差。由于混凝土的抗拉强度低，所以在正常使用阶段钢筋混凝土构件的受拉区通常存在裂缝。如果裂缝宽度过大，就会影响结构的耐久性和使用性能。因此，对一些不允许出现裂缝或对裂缝宽度有严格限制的结构，应采取施加预应力等措施。

此外，混凝土结构尚存在施工周期长、施工工序复杂、费工、费模板、施工受季节气候影响、结构的隔热隔声性能较差及修复加固困难等缺点。

随着科学技术的不断进步，混凝土结构的这些缺点正在被逐步克服或逐渐改进。例如，采用轻质高强混凝土以减轻结构自重；采用预应力混凝土以提高结构的抗裂性；采用预制装配结构或采用钢模板，或采用顶升提升等施工技术可不同程度地节约模板和加快施工进度。

1.2 混凝土结构的发展与应用概况

1.2.1 混凝土结构的发展

混凝土结构的历史并不长，至今只有约160年，但发展很快，现已成为土木工程领域最为重要的结构形式。其发展大致分为以下3个阶段。

第1阶段：1850—1920年。1824年英国人 J. Aspdin 发明波特兰水泥，为钢筋混凝土的发明奠定了物质基础。从1850年法国人 L. Lambot 制造第一只钢筋混凝土小船（标志着混凝土结构的诞生）至1920年，该阶段钢筋与混凝土的强度都很低，只能用钢筋混凝土建造板、梁、柱和拱等简单的构件。此阶段采用材料力学中的容许应力法，按弹性理论进行结构的内力计算和截面设计。

第2阶段：1920—1950年。这一阶段钢筋和混凝土的强度得到提高，开始出现装配式钢筋混凝土结构、预应力混凝土结构和壳体空间结构等。1928年法国工程师 Freyssinet 发明了预应力混凝土；1933年，法国、前苏联和美国分别建成跨度达60m的圆壳、扁壳和圆形悬索屋盖；1931年美国在纽约建成了102层、高381m的帝国大厦（图1.3），该楼保持世界纪录达40年之久。此阶段计算理论开始考虑材料的塑性，开始按破损阶段进行构件的截面设计。

图1.3 帝国大厦

第3阶段：从1950年到现在。该阶段材料强度不断提高，高强混凝土、高性能混凝土及高强钢筋等相继出现并得到工程应用。各种新的结构形式和施工技术相继得到应用。混凝土结构所能达到的跨度和高度不断刷新。混凝土结构不断向新的应用领域拓展。计算理论已发展到充分考虑混凝土和钢筋塑性的极限状态设计理论，设计计算方法也已发展到以概率论为基础的极限状态设计法。

1.2.2 混凝土结构的应用

混凝土结构已在房屋建筑、桥梁、隧道、矿井、水利及海洋等工程中得到广泛的应用。

在建筑工程中，住宅和学校等民用建筑，以及单层和多层工业厂房大量使用混凝土结构，其中钢筋混凝土结构在一般工业与民用建筑中使用最为广泛。高层建筑中的框架结构、剪力墙结构、框架-剪力墙结构、筒体结构等也多采用混凝土结构。代表性的混凝土结构房屋建筑工程有：世界上最高的钢筋混凝土结构建筑是1996年建成的广州中信广场（图1.4），80层，391m高，为筒中筒结构。2003年建成的中国台北国际金融中心（图1.5），508m高，为钢和混凝土混合结构。2008年建成的上海环球金融中心（图1.6），地下3层，地上101层，492m高，为由巨型框架外筒和钢筋混凝土核心内筒所形成的钢和混凝土混合结构。1997年建成的马来西亚吉隆坡国油双子塔楼（图1.7），88层，452m高，为型钢混凝土结构。2010年建成的现世界第一高楼阿联酋迪拜的哈利法塔（图1.8），160层，828m高，其600m以下为混凝土结构，以上为钢结构。早在1969年，美国就用高强轻集料混凝土建成了高217.6m、52层的休斯敦贝壳广场大厦，是迄今为止用轻骨料混凝土建造的最高建筑。

2009年开工建设的深圳平安金融中心，地下5层，地上115层，646m高，混合结构；2008年开工建设的上海中心，地下5层，地上124层，632m高，混合结构。两楼的高度均超过现世界第二高楼沙特阿拉伯的麦加皇家钟塔酒店(601m高),均计划2014年竣工。

图1.4 广州中信广场

图1.5 中国台北国际金融中心

图1.6 上海环球金融中心

图1.7 吉隆坡国油双子塔楼

图1.8 阿联酋迪拜的哈利法塔

在桥梁工程中,通常跨度<15m的桥梁多采用钢筋混凝土结构建造,跨度在15~25m的桥梁多采用预应力混凝土结构建造,跨度在25~60m的桥梁则采用钢-混凝土组合结构建造较为经济,更大跨度的桥梁则一般采用钢结构建造。即使在悬索桥、斜拉桥等大跨度桥梁中,其桥塔一般仍采用混凝土结构,其桥面板也有采用混凝土结构的。现今,我国在桥梁工程的许多方面处于国际领先水平,取得了举世瞩目的建设成就。代表性的混凝土结构或钢-混凝土组合结构桥梁工程有:2000年建成的福州市青州闽江大桥(图1.9),主跨

605m，为双塔双索面钢-混凝土结合梁斜拉桥，其桥塔和桥面板均为混凝土结构，在斜拉桥中排名世界第十，在钢-混凝土结合梁斜拉桥中排名世界第一。1993 年建成的上海杨浦大桥(图 1.10)，主跨 602m，也为双塔双索面钢-混凝土结合梁斜拉桥，在斜拉桥中排名世界第十一，在钢-混凝土结合梁斜拉桥中排名世界第二。2005 年建成的巫山长江大桥(图 1.11)，主跨 460m，为钢管混凝土拱桥，在拱桥中排名世界第六，在钢管混凝土拱桥中排名世界第一。1997 年建成的万县长江大桥(图 1.12)，主跨 420m，采用钢管混凝土拱为劲性骨架的箱形拱桥，为世界首创。1997 年建成的虎门辅航道桥，主跨 270m，为预应力混凝土连续刚架桥，居当时同类桥的世界第一。

图 1.9　青州闽江大桥

图 1.10　杨浦大桥

图 1.11　巫山长江大桥

图 1.12　万县长江大桥

在水利水电工程中，坝、水工隧洞、溢洪道等一般采用混凝土结构。同桥梁工程一样，我国的水利水电工程建设规模大、建设水平高。截至 2005 年，我国已建成 15m 以上的大坝 22000 多座，占世界总量的 44％。其中世界最高的坝是我国雅砻江流域梯级开发龙头电站的锦屏一级拱坝，为混凝土双曲拱坝，坝高 305m，2005 年开工建设。我国清江梯级开发第一级电站的水布垭大坝(图 1.13)，坝高 233m，为世界第一高混凝土面板堆石坝，2007 年建成。我国红水河龙滩水电站大坝长 832m、高 216.5m，坝体混凝土用量达到 $736 \times 10^4 \mathrm{m}^3$，为世界上最高的碾压混凝土重力坝。特别是三峡大坝(图 1.14)的建设成功，标志着我国大坝建设跨入了世界先进行列。三峡大坝是混凝土重力坝，坝体混凝土用量达到 $2794 \times 10^4 \mathrm{m}^3$，为世界之最。

图 1.13 水布垭大坝

图 1.14 三峡大坝

除上述工程外，隧道、地铁、地下停车场、水塔、储液池、核反应堆安全壳和海上石油平台等工程大多也采用混凝土结构建造。我国每年混凝土用量约 $10 \times 10^8 \mathrm{m}^3$，钢筋用量约 $2500 \times 10^4 \mathrm{t}$。可见，我国混凝土结构应用的规模之大，耗资之巨，居世界前列。

1.3 本课程的主要内容、特点和学习方法

1.3.1 本课程的主要内容

混凝土结构课程分为"混凝土结构设计原理"和"混凝土结构设计"两门课。本书主要介绍"混凝土结构设计原理"部分。其内容主要有：混凝土结构两大组成材料(钢筋和混凝土)的力学性能，混凝土结构设计的基本原则——以概率理论为基础的极限状态设计方法，混凝土结构 4 种基本构件(受弯构件、受压构件、受拉构件、受扭构件)的受力性能、截面设计方法和构造措施。"混凝土结构设计原理"课程是"混凝土结构设计"等专业课程的基础课。课程各章内容关系如图 1.15 所示。

"混凝土结构设计"部分介绍的结构类型一般有梁板结构、单层厂房、多高层混

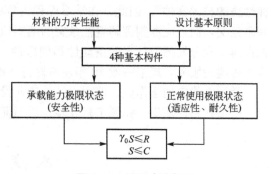

图 1.15 课程内容框架

凝土建筑结构和混凝土桥梁结构等。其内容包括结构方案的选择、结构构件的布置与截面尺寸的确定、荷载计算、结构的内力计算与分析、截面设计及构造措施等，属专业课内容。

1.3.2 本课程内容的特点和学习方法

(1) 课程内容复杂。本课程相当于钢筋混凝土"材料力学"，且与材料力学有许多相似之处，两者都通过平衡条件、物理条件和几何条件来建立基本方程。但材料力学研究对

象的材料单一、材性简单，为均质连续的弹性材料。而本课程的研究对象"钢筋混凝土构件"是由钢筋和混凝土两种力学性能极不相同的材料组成，而且混凝土又是非均匀、非连续、非弹性材料。同时钢筋与混凝土两种材料在强度和数量两方面的比值变化超过一定范围时，又会引起构件受力性能的改变，学习时应予以注意。

(2) 实验性强。由于钢筋混凝土构件由钢筋和混凝土两种材料组成，且混凝土材性复杂，一般不能直接从理论上推导出设计计算公式，故揭示其受力性能、建立其计算公式均需借助于实验研究，所以对实验的依赖性更强。因此，学习时应充分重视实验研究部分内容，从中总结规律，应深刻理解公式建立时各种基本假定的实验依据和计算公式的限制条件。设计计算公式建立的一般步骤是：实验研究→提出基本假定→得到计算简图(即力学模型)→建立力平衡方程(即计算公式)→提出计算公式的限制条件。

(3) 实践性和综合性强，且与规范密切相关。本课程最终是为了解决实际工程中混凝土结构截面的配筋、节点的构造等问题，同时许多构造措施又是长期工程实践经验的总结，所以具有较强的实践性。设计过程包括结构和构件的选型、截面尺寸确定、荷载分析与内力分析、截面配筋计算和构造措施等，所以又具有较强的综合性。课程内容及其设计计算等应符合现行规范的要求，主要涉及国家标准《混凝土结构设计规范》(GB 50010—2010)[在本书其他章节将其简称为《规范》(GB 50010)]、《公路钢筋混凝土及预应力混凝土桥涵设计规范》(JTG D62—2004)[在本书其他章节将其简称为《规范》(JTG D62)]、国家标准《工程结构可靠性设计统一标准》(GB 50153—2008)[在本书其他章节将其简称为《统一标准》(GB 50153)]、国家标准《建筑结构可靠度设计统一标准》(GB 50068—2001)[在本书其他章节将其简称为《统一标准》(GB 50068)]和国家标准《建筑结构荷载规范》(GB 50009—2012)[在本书其他章节将其简称为《荷载规范》(GB 50009)]等规范，同时应强调的是"规范条文特别是强制性条文是设计中必须遵守的带法律性质的技术文件"。因此，在学习课程内容的过程中不仅应同时学习与课程内容相关的规范条文，而且应深刻理解规范条文的编制依据，只有这样才能正确地应用规范而不被规范束缚，充分发挥设计者的主动性和创造性。为了将学科的最新研究成果及时纳入规范，为工程建设服务，规范一般10年左右修订一次。

学习者除应加强作业、课程设计、毕业设计等环节的训练外，尚应到现场进行参观学习，以增强感性认识、积累工程经验，进而促进对课程内容的理解。

本 章 小 结

(1) 以混凝土为主要材料的混凝土结构充分利用了钢筋和混凝土各自的优点。配置适量钢筋后，混凝土构件的承载力得到大大提高，受力性能得到显著改善。

(2) 混凝土结构有许多优点，也有一些缺点。通过不断的研究和技术开发(如轻骨料混凝土、碳纤维混凝土和预应力混凝土等)，可改善混凝土结构的缺点。

(3) 钢筋与混凝土共同工作的条件有3个：钢筋与混凝土之间良好的粘结力，钢筋与混凝土的温度线膨胀系数接近，混凝土对钢筋的保护作用。

(4) 混凝土构件的力学性能和设计计算与材料力学既有共同之处又有显著区别，且比材料力学复杂许多，学习时应予以注意。

思 考 题

1.1 什么是混凝土结构？混凝土结构有哪些优点？又有哪些缺点？

1.2 钢筋与混凝土共同工作的条件是什么？

1.3 以受集中荷载作用的简支梁为例，说明素混凝土构件和钢筋混凝土构件在受力性能方面的差异。

1.4 简述混凝土结构的发展与应用情况。

1.5 本课程主要包括哪些内容？学习时应注意哪些问题？

第**2**章
混凝土结构材料的物理力学性能

教学提示：钢筋混凝土由混凝土和钢筋两种性能不同的材料组成。两种材料的力学性能及共同工作的特性，是合理选择结构形式、正确进行结构设计和确定构造措施的基础，也是建立混凝土结构计算理论和设计方法的依据。本章主要介绍混凝土和钢筋的力学性能，以及钢筋和混凝土之间的粘结性能。

学习要求：通过本章学习，学生应掌握混凝土的强度等级，以及立方体抗压强度、轴心抗压强度和轴心抗拉强度的概念；掌握复合应力状态下混凝土强度的概念；掌握单轴向受压下混凝土的应力-应变曲线及其数学模型；掌握混凝土弹性模量和变形模量的概念；掌握重复荷载下混凝土的疲劳性能；掌握混凝土徐变、收缩与膨胀的概念；了解混凝土的热工参数；掌握钢筋的品种和级别；掌握钢筋的应力-应变曲线特性及其数学模型；了解钢筋的冷加工性能、重复荷载下钢筋的疲劳性能及混凝土结构对钢筋性能的要求；掌握钢筋与混凝土共同工作的性能及保证两者可靠粘结的构造规定。

2.1 混 凝 土

普通混凝土是由胶凝材料(水泥)、粗骨料(碎石或卵石)、细骨料(砂)和水，有时还加入少量的添加剂，经过搅拌、注模、振捣、养护等工序后，逐渐凝固和硬化而成的一种人工石材，是一种多相复合材料。混凝土中的砂、石、水泥胶体中的晶体、未水化的水泥颗粒组成了错综复杂的弹性骨架，主要承受外力，并使混凝土具有弹性变形的特点。而水泥胶体中的凝胶、孔隙和界面初始微裂缝等，在外力作用下使混凝土产生塑性变形。混凝土中的孔隙、界面微裂缝等缺陷又往往是混凝土受力破坏的起源。在荷载作用下，微裂缝的扩展对混凝土的力学性能有着极为重要的影响。由于水泥胶体的硬化过程需要多年才能完成，所以混凝土的强度和变形也随时间逐渐增长。

2.1.1 单轴向应力状态下的混凝土强度

实际工程中，混凝土结构内的混凝土一般处于复合应力状态，但是单轴向应力状态下的混凝土强度是复合应力状态下混凝土强度的基础和重要参数。

1. 混凝土的抗压强度

1) 混凝土的立方体抗压强度和强度等级

立方体抗压强度是确定混凝土强度等级的依据，是混凝土力学性能指标的基本代表值。现行国家标准《普通混凝土力学性能试验方法》(GB/T 50081—2002)规定：以标准方法制作的边长 150mm 的立方体试块，在标准条件(温度 20℃±2℃，相对湿度不低于 95%)下养护 28d，按标准试验方法加载至破坏，测得的具有 95% 以上保证率的抗压强度作为混凝土立方体抗压强度的标准值，用 $f_{cu,k}$ 表示，单位为 N/mm²。

标准试验方法是指试件的承压面不涂润滑剂，加荷速度分别为每秒 0.3～0.5MPa(< C30)、0.5～0.8MPa(C30～C60)和 0.8～1.0MPa(≥C60)。

《规范》(GB 50010)规定的混凝土强度等级有 C15、C20、C25、C30、C35、C40、C45、C50、C55、C60、C65、C70、C75 和 C80，共 14 个等级，其中 C50～C80 属于高强度混凝土。

混凝土强度等级的选用除与结构受力状态和性质有关外，还应考虑与钢筋强度等级相匹配。根据工程经验和技术经济等方面的要求，《规范》(GB 50010)规定：钢筋混凝土结构的混凝土强度等级不应低于 C20；采用强度等级 400MPa 及以上的钢筋时，混凝土强度等级不应低于 C25。预应力混凝土结构的混凝土强度等级不宜低于 C40，且不应低于 C30。承受重复荷载的钢筋混凝土构件，混凝土强度等级不应低于 C30。

2) 混凝土的轴心抗压强度

混凝土的抗压强度与试件形状有关。实际工程中，受压构件的高度一般比截面尺寸大很多，且通常为棱柱体，因而采用棱柱体抗压强度比立方体抗压强度能更好地反映结构的实际抗压能力。用标准棱柱体试件测定的混凝土抗压强度，称为混凝土的轴心抗压强度或棱柱体强度。

我国国家标准《普通混凝土力学性能试验方法》(GB/T 50081—2002)规定以边长为 150mm×150mm×300mm 的棱柱体作为混凝土轴心抗压强度试验的标准试件。棱柱体试件和立方体试件的制作与养护条件相同，试验时试件上下表面不涂润滑剂，棱柱体抗压试验及试件破坏情况如图 2.1 所示。

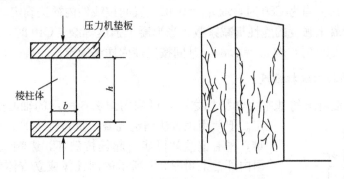

图 2.1 混凝土棱柱体抗压试验和试件破坏情况

试验表明，当试件的高宽比 $h/b<2$ 时，由于试件端部摩擦力对中部截面具有约束作用，测得的强度比实际的高。当试件的高宽比 $h/b>3$ 时，由于试件破坏前附加偏心的影响，测得的强度比实际的低。而当高宽比 h/b 在 2～3 之间时，可基本消除上述两种因素的影响，测得的强度接近实际情况。

《规范》(GB 50010)规定：以标准棱柱体试件测得的具有 95% 保证率的抗压强度称为混凝土轴心抗压强度标准值，用符号 f_{ck} 表示。

图 2.2 是我国所做的混凝土棱柱体与立方体抗压强度对比试验的结果。由图可以看出，试验值 f_c^* 和 f_{cu}^* 的统计平均值大致呈一条直线关系，它们的比值在 0.70～0.92 范围内

变化,强度高的比值大些。

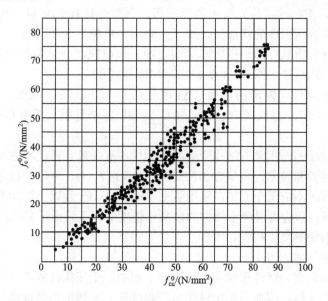

图 2.2 混凝土轴心抗压强度与立方体抗压强度的关系

考虑到实际结构中混凝土强度与试件混凝土强度之间的差异,根据以往经验,综合试验数据分析结果,并参考其他国家的有关规定,《规范》(GB 50010)对试件混凝土强度修正系数取为 0.88,并规定混凝土的轴心抗压强度标准值 f_{ck} 按下式确定。

$$f_{ck}=0.88\alpha_{c1}\alpha_{c2}f_{cu,k} \tag{2-1}$$

式中:α_{c1}——棱柱体强度与立方体强度的比值,当混凝土强度等级≤C50 时,取 $\alpha_{c1}=0.76$;当为 C80 时,取 $\alpha_{c1}=0.82$,其间按线性内插法确定。

α_{c2}——混凝土强度的脆性折减系数,当混凝土强度等级≤C40 时,取 $\alpha_{c2}=1.0$;当为 C80 时,取 $\alpha_{c2}=0.87$,其间按线性内插法确定。

2. 混凝土的轴心抗拉强度

抗拉强度是混凝土的基本力学指标之一,可采用图 2.3 所示的轴心受拉试验方法确定。但使用该方法测定混凝土抗拉强度时,试件对中非常困难,稍有偏差就可能引起偏拉破坏,影响试验结果。因此,国内外常采用图 2.4 所示的圆柱体或立方体劈裂试验来间接测定混凝土的抗拉强度。现行国家标准《普通混凝土力学性能试验方法》(GB/T 50081—2002)给出了劈裂抗拉强度的标准试验方法,并规定混凝土劈裂抗拉强度按下式计算:

$$f_{ts}=\frac{2F}{\pi A} \tag{2-2}$$

式中:F——破坏荷载;

A——试件劈裂面面积。

注:l 为钢筋的锚固长度或埋长。

根据试验结果,混凝土的轴心抗拉强度只有立方体抗压强度的 $1/17\sim1/8$,而且混凝土强度等级越高,比值越小,

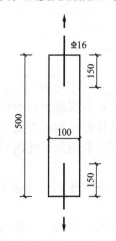

图 2.3 轴心受拉试验

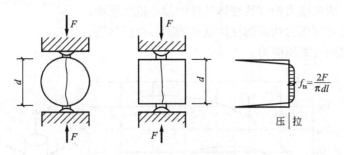

图 2.4　劈裂抗拉强度试验

两者试验值的关系如下：

$$f_t^0 = 0.395(f_{cu}^0)^{0.55} \tag{2-3}$$

考虑到实际结构中混凝土强度与试件混凝土强度之间的差异，《规范》（GB 50010）规定，混凝土的轴心抗拉强度标准值 f_{tk} 按下式确定：

$$f_{tk} = 0.88 \times 0.395 f_{cu,k}^{0.55}(1 - 1.645\delta)^{0.45}\alpha_{c2} \tag{2-4}$$

式中 0.88 和 α_{c2} 的意义同式(2-1)，δ 为材料强度变异系数。

2.1.2　复合应力状态下的混凝土强度

实际结构中的混凝土大多处于复合应力状态，有处于双轴向应力状态、三向受压应力状态、剪压或剪拉复合应力状态等。

1. 双轴向应力状态下的混凝土强度

试验一般采用正方形混凝土板试件，试验时沿板平面内的两对边分别作用法向应力 σ_1 和 σ_2，而沿板厚方向的 $\sigma_3 = 0$，板处于平面应力状态。试验测得的双向应力状态下混凝土强度的变化规律如图 2.5 所示。

由图 2.5 可知，当混凝土处于双向受压（第Ⅲ象限）时，一向的抗压强度随另一向压应力的增加而提高，最多可提高约 30%。当混凝土处于双向受拉（第Ⅰ象限）时，一向的拉应力对另一向的抗拉强度影响小，即混凝土双向受拉时与单向受拉时的抗拉强度基本相等。当混凝土处于一向受压、一向受拉（第Ⅱ、Ⅳ象限）时，一向的强度随另一向应力的增加而降低。

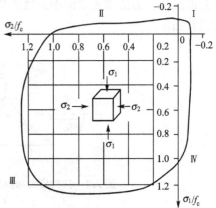

图 2.5　双轴向应力状态下的混凝土强度

2. 三向受压状态下的混凝土强度

三向受压状态下的混凝土（图 2.6），侧向压力 σ_2 约束了混凝土受压后的横向变形，对竖向裂缝的产生和发展起到抑制作用，所以混凝土的强度和变形能力都得到明显提高（图 2.6），其竖向抗压强度可按式(2-5)计算：

$$f_{cc}' = f_c' + (4.5 \sim 7.0)\sigma_2 \tag{2-5}$$

式中：f'_{cc}——有侧向压力约束圆柱体试件的轴心抗压强度；

f'_c——无侧向压力约束圆柱体试件的轴心抗压强度；

σ_2——侧向约束压应力。

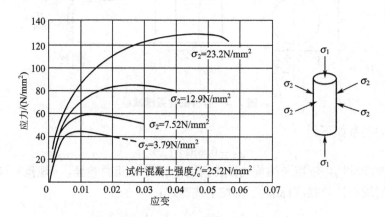

图 2.6　三向受压状态下混凝土的应力-应变曲线

实际工程中，可以利用三向受压混凝土的这种特性，来提高混凝土的抗压强度和变形能力。如采用螺旋箍筋、加密箍筋及钢管等约束混凝土。

3. 法向应力和剪应力作用下的混凝土强度

实际工程中，钢筋混凝土梁弯剪区段的剪压区是典型的同时受剪应力和压应力共同作用的情形。法向应力和剪应力共同作用下的混凝土强度试验通常使用空心薄壁圆柱体试件，图 2.7 为试验结果。由图可见，当压应力较小时，混凝土的抗剪强度随压应力的增大而提高；当压应力约超过 $0.6f_c$ 时，混凝土的抗剪强度随压应力的增大反而减小。也就是说由于存在剪应力，混凝土的抗压强度要低于单向抗压强度。由图同时可见，混凝土的抗剪强度随拉应力的增大而减小。也就是说由于存在剪应力，混凝土的抗拉强度也要低于单向抗拉强度。

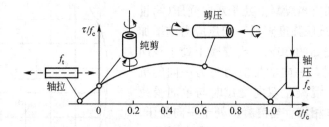

图 2.7　法向应力和剪应力共同作用下混凝土强度的变化规律

2.1.3　混凝土的变形

混凝土的变形可分为两类：一类是荷载作用下的受力变形，包括一次短期加载、荷载长期作用和荷载重复作用下的变形；另一类是非荷载原因引起的体积变形，包括混凝土的收缩、膨胀及温度变形。

1. 一次短期加载下混凝土的变形性能

一次短期加载是指荷载从零开始单调增加至试件破坏，也称单调加载。

1）混凝土受压时的应力-应变曲线

混凝土受压时的应力-应变关系是混凝土最基本的力学性能之一。我国采用棱柱体试件测定一次短期加载下混凝土受压的应力-应变全曲线。图 2.8 为试验实测得到的混凝土受压的应力-应变全曲线。

由图 2.8 可见，混凝土受压的应力-应变全曲线包括上升段和下降段两个部分。上升段（OC）又可分为 3 段（OA、AB、BC）。第 1 阶段（OA 段）：从加载至应力约为 $(0.3\sim0.4)f_c$ 的 A 点，该阶段应力较小，混凝土的变形主要是骨料和水泥晶体受力后产生的弹性变形，应力-应变关系接近直线，A 点称为比例极限。第 2 阶段（AB 段）：超过 A 点，进入裂缝稳定发展的第 2 阶段，至临界点 B，此点应力可以作为混凝土长期抗压强度的依据。第 3 阶段（BC 段）：超过 B 点，

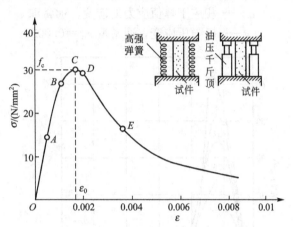

图 2.8 混凝土棱柱体受压的应力-应变曲线

进入裂缝不稳定发展的第 3 阶段，至峰点 C，此点应力为混凝土的棱柱体抗压强度 f_c，相应的应变称为峰值应变 ε_0，其值在 $0.0015\sim0.0025$ 之间波动，对于 $\leqslant$C50 的混凝土，通常取 $\varepsilon_0=0.002$。

下降段（CE）又可分为两段（CD、DE）。第 4 阶段（CD 段）：超过峰点 C 之后，裂缝迅速发展，混凝土内部结构的整体性受到越来越严重的破坏，赖以传递荷载的路线不断减少，试件的平均应力强度下降，此阶段曲线凹向应变轴，直到曲线出现拐点 D。第 5 阶段（DE 段）：超过拐点 D 之后，曲线开始变为凸向应变轴，此阶段只靠骨料间的咬合力、摩擦力及残余的承压面来承受荷载，直至曲线中曲率最大的收敛点 E。

从收敛点 E 以后的曲线称为收敛段，这时贯通的主裂缝已很宽，内聚力已几乎耗尽，对于无侧向约束的混凝土，收敛段已没有结构意义。

混凝土应力-应变曲线的形状和特征是混凝土内部结构发生变化的力学标志。不同强度的混凝土应力-应变曲线的形状相似，但仍有区别之处。图 2.9 为试验实测得到的不同强度混凝土的应力-应变曲线。

由图 2.9 可知，随着混凝土强度等级的提高，曲线的峰值应变增大，下降段的坡度越陡，极限应变减小，延性越差；曲线上升段的形状变化不大，但下降段的形状变化显著。

2）混凝土应力-应变曲线的数学模型

常用的混凝土单轴向受压应力-应变曲线的数学模型有下面两种。

（1）美国 E. Hognestad 建议的模型。

E. Hognestad 建议的应力-应变曲线的数学模型，其上升段为二次抛物线，下降段为斜直线，如图 2.10 所示。其表达式为

上升段：$\varepsilon \leqslant \varepsilon_0$，

$$\sigma = f_c \left[2 \frac{\varepsilon}{\varepsilon_0} - \left(\frac{\varepsilon}{\varepsilon_0} \right)^2 \right] \qquad (2-6a)$$

下降段：$\varepsilon_0 \leqslant \varepsilon \leqslant \varepsilon_{cu}$，

$$\sigma = f_c \left[1 - 0.15 \frac{\varepsilon - \varepsilon_0}{\varepsilon_{cu} - \varepsilon_0} \right] \qquad (2-6b)$$

式中：f_c——峰值应力(轴心抗压强度)；

ε_0——相应于峰值应力的应变，通常取 $\varepsilon_0 = 0.002$；

ε_{cu}——极限压应变，通常取 $\varepsilon_{cu} = 0.0038$。

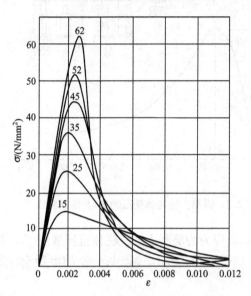

图 2.9　不同强度混凝土的应力-应变曲线

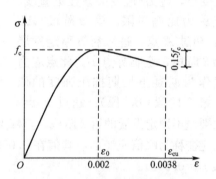

**图 2.10　E. Hognestad 建议的应力-
应变曲线的数学模型**

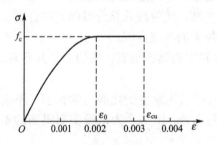

**图 2.11　Rüsch 建议的应力-
应变曲线的数学模型**

（2）德国 Rüsch 建议的模型。

Rüsch 建议的应力-应变曲线的数学模型，其上升段也为二次抛物线，下降段为水平线，如图 2.11 所示。其表达式为

上升段：$\varepsilon \leqslant \varepsilon_0$，

$$\sigma = f_c \left[2 \frac{\varepsilon}{\varepsilon_0} - \left(\frac{\varepsilon}{\varepsilon_0} \right)^2 \right] \qquad (2-7a)$$

下降段：$\varepsilon_0 \leqslant \varepsilon \leqslant \varepsilon_{cu}$，

$$\sigma = f_c \qquad (2-7b)$$

式中：f_c——峰值应力(轴心抗压强度)；

ε_0——相应于峰值应力的应变，通常取 $\varepsilon_0 = 0.002$；

ε_{cu}——极限压应变，通常取 $\varepsilon_{cu} = 0.0035$。

我国《规范》(GB 50010)采用的混凝土受压的应力-应变关系曲线的数学模型与德国

Rüsch 建议的模型相似，具体见第 4 章的 4.4.1 节。

3）混凝土的变形模量

在计算混凝土构件的变形时，需用到混凝土的变形模量。如前所述，混凝土的应力-应变关系是一条曲线，即受力过程中混凝土的应力与应变之比是一个变数，所以混凝土的变形模量有弹性模量、割线模量和切线模量 3 种。

（1）混凝土的弹性模量。

混凝土的弹性模量（即原点切线模量）为混凝土的应力-应变曲线在原点的切线的斜率，用 E_c 表示，即 $E_c = \tan\alpha = \mathrm{d}\sigma/\mathrm{d}\varepsilon\,|_{\varepsilon=0}$，如图 2.12(a)所示。

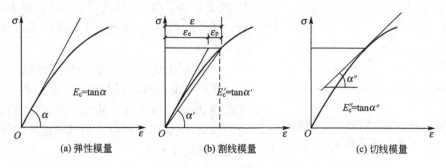

图 2.12　混凝土的变形模量

由于混凝土的应力-应变关系是一条曲线，所以直接通过测定该曲线的斜率来获得混凝土的弹性模量十分困难。通常用棱柱体标准试件，将应力增加到 σ_A（对≤C50 的混凝土，取 $\sigma_A = 0.4f_c$；对＞C50 的混凝土，取 $\sigma_A = 0.5f_c$），然后卸载至零，在 $0 \sim \sigma_A$ 之间重复加载 $5 \sim 10$ 次，每次卸载的残余变形将越来越小，直至应力-应变曲线稳定为直线，该直线的斜率即为混凝土的弹性模量，如图 2.13 所示。

通过对试验数据的统计分析，混凝土的弹性模量 E_c 可按式(2-8)计算，E_c 的取值见附表 1-3。该 E_c 值仅适用于图 2.8 的 A 点（比例极限）以前。

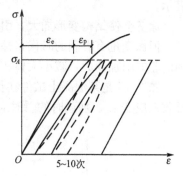

图 2.13　混凝土弹性模量的测定

$$E_c = \frac{10^5}{2.2 + \dfrac{34.7}{f_{cu,k}}} \tag{2-8}$$

（2）混凝土的割线模量。

混凝土的割线模量（也称变形模量）为混凝土的应力-应变曲线上任一点处割线的斜率，用 E_c' 表示，即 $E_c' = \tan\alpha' = \sigma/\varepsilon$，如图 2.12(b)所示。在弹塑性阶段，任一点的总应变 ε 为弹性应变 ε_e 与塑性应变 ε_p 之和，即 $\varepsilon = \varepsilon_e + \varepsilon_p$。同时，将弹性应变 ε_e 与总应变 ε 的比值称为弹性系数 ν，即 $\nu = \varepsilon_e/\varepsilon$。因此有

$$E_c' = \frac{\sigma}{\varepsilon} = \frac{E_c \varepsilon_e}{\varepsilon} = \nu E_c \tag{2-9}$$

弹性系数 ν 随应力的增大而减小，其值在 $0.5 \sim 1$ 之间变化。

（3）混凝土的切线模量。

混凝土的切线模量为混凝土的应力-应变曲线上任一点处切线的斜率，用 E_c'' 表示，即

$E_c'' = \tan\alpha'' = \mathrm{d}\sigma/\mathrm{d}\varepsilon$，如图 2.12(c)所示。切线模量 E_c'' 随应力的增大而减小，主要用于非线性分析中的增量法。

4) 混凝土的泊松比 υ_c

泊松比是混凝土试件在一次短期受压时的横向应变与纵向应变的比值。当压应力较小时，υ_c 约为 $0.15 \sim 0.18$；接近破坏时，υ_c 可为 0.5 以上。《规范》（GB 50010）取 $\upsilon_c = 0.2$。

5) 混凝土的剪切变形模量 G_c

按照弹性理论，剪切变形模量 G_c 与弹性模量 E_c 的关系为：$G_c = 0.5E_c/(1+\upsilon_c)$。因为 $\upsilon_c = 0.2$ 时，$G_c = 0.417E_c$。因此，《规范》（GB 50010）取 $G_c = 0.4E_c$。

6) 混凝土受拉时的应力-应变曲线

试验实测得到的混凝土轴心受拉时的应力-应变曲线如图 2.14 所示。可见，其形状与轴心受压时的应力-应变曲线相似，但其峰值应力和峰值应变比受压时小很多。

图 2.14　混凝土轴心受拉时的应力-应变曲线

2. 荷载长期作用下混凝土的变形性能——徐变

混凝土在荷载的长期作用下，其应变或变形随时间增长的现象称为徐变，用符号 ε_{cr} 表示。

徐变会使结构变形加大，引起预应力损失，在长期高应力作用下甚至会导致结构破坏。但徐变也有有利的时候，徐变有利于结构产生内力重分布，可减少由于支座不均匀沉降引起的附加内力，减小大体积混凝土内的温度应力，减少收缩裂缝等。

图 2.15 是某混凝土试件在长期荷载作用下测得的应变和时间的关系曲线。其应变包括收缩应变 ε_{sh}、加载时的瞬时应变 ε_{ci} 和由于荷载长期作用而产生的徐变 ε_{cr} 这 3 部分。

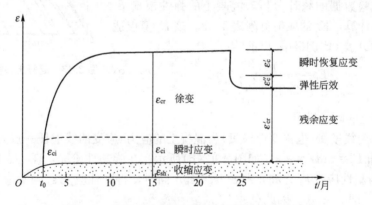

图 2.15　混凝土的徐变(应变和时间的关系曲线)

徐变随时间的变化规律是：前 4 个月徐变增长较快，半年内可完成总徐变量的 $70\% \sim 80\%$，以后增长逐渐缓慢，$2 \sim 3$ 年后趋于稳定。

徐变变形 ε_{cr} 与加载时产生的瞬时变形 ε_{ci} 的比值称为徐变系数，用符号 φ 表示，即 $\varphi = \varepsilon_{cr}/\varepsilon_{ci}$。当初始应力小于 $0.5f_c$ 时，$2 \sim 3$ 年后徐变稳定，最终的徐变系数 $\varphi = 2 \sim 4$。

关于徐变产生的原因，通常可归结为以下两个方面：一是混凝土中的水泥凝胶体在荷载长期作用下产生粘性流动；二是混凝土内部的微裂缝在荷载长期作用下不断地出现和发展。当应力较小时，徐变的发展以第一个原因为主；当应力较大时，则以第二个原因为主。

影响徐变的因素有很多，可以将其归纳为应力大小、材料组成和环境条件 3 个方面。

长期作用压应力的大小是影响混凝土徐变的主要因素之一。图 2.16 为不同应力水平时混凝土徐变的发展曲线。由图可见，当初始应力 $\sigma_{ci} \leqslant 0.5 f_c$ 时，应力差相等则各条徐变曲线的间距几乎相等，即徐变与应力成正比，称为线性徐变；当初始应力 $0.5 f_c < \sigma_{ci} \leqslant 0.8 f_c$ 时，应力差相等但各条徐变曲线的间距不相等，且徐变的增长比应力的增长快，徐变与应力不成正比，称为非线性徐变；当初始应力 $\sigma_{ci} > 0.8 f_c$ 时，混凝土内部的微裂缝进入非稳定发展阶段，徐变的发展最终将导致混凝土破坏，所以取 $0.8 f_c$ 作为混凝土的长期抗压强度。

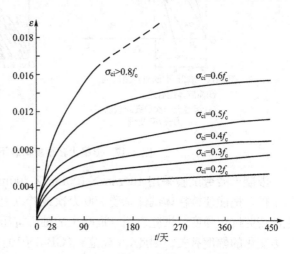

图 2.16 初应力水平对徐变的影响

混凝土的材料组成是影响徐变的内在因素。水泥用量越大、水灰比越大，徐变就越大；骨料的弹性模量越大及骨料所占的体积比越大，徐变就越小。

环境条件包括养护和使用的条件。养护时的湿度越大、温度越高，徐变就越小；使用时的湿度越大、温度越低，徐变就越小。

另外，加载的龄期越早，徐变就越大；构件的体积与表面积的比值越大，徐变就越小。

3. 混凝土在荷载重复作用下的变形与疲劳

将结构或构件加载至某一荷载，然后卸载至零，并把这一循环多次重复下去，称之为重复加荷。

混凝土在荷载重复作用下引起的破坏称为疲劳破坏。疲劳现象大量存在于工程结构中，吊车梁受到吊车荷载的重复作用、桥梁结构受到车辆荷载的重复作用及港口海岸结构受到波浪荷载的重复作用而损伤都属于疲劳破坏现象。疲劳破坏的特征是裂缝小而变形大。

在重复荷载作用下，混凝土的强度和变形都有着重要的变化。图 2.17 是混凝土棱柱体标准试件在一次和多次重复荷载作用下的应力-应变曲线。从图可以看出，当一次加载应力 σ_1 小于混凝土的疲劳强度 f_c^f 时，其加载卸载应力-应变曲线 OAB 形成了一个环状。而在多次加卸载作用下，应力-应变环会越来越密合，最后密合成一条直线。当一次加载应力 σ_3 大于混凝土的疲劳强度 f_c^f 时，在经过多次重复加卸载后，其应力-应变曲线的加载段由凸向应力轴而逐渐变成凸向应变轴，加卸载不能形成封闭环，这标志着混凝土内部微裂缝的发展加剧，试件趋近破坏。随着重复荷载次数的增加，应力-应变曲线倾角不断减小，当荷载重复到某一特定的次数时，混凝土试件由于内部严重开裂或变形过大而导致破坏。

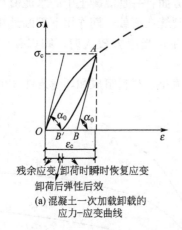

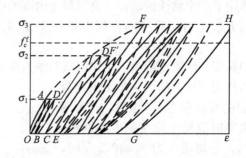

(a) 混凝土一次加载卸载的
应力-应变曲线

(b) 混凝土多次重复加载
卸载的应力-应变曲线

图 2.17　混凝土在重复荷载下的应力-应变曲线

混凝土疲劳试验采用 $100\text{mm}\times100\text{mm}\times300\text{mm}$ 或 $150\text{mm}\times150\text{mm}\times450\text{mm}$ 的棱柱体试件，把能使棱柱体试件承受 200 万次或其以上循环荷载而发生破坏的压力值称为混凝土的疲劳抗压强度。试验表明，混凝土的轴心抗压疲劳强度低于其轴心抗压强度，其值与应力变化的幅度有关。因此，《规范》（GB 50010）规定：混凝土的轴心抗压、轴心抗拉疲劳强度设计值 f_c^f、f_t^f 应按下式计算：

$$f_\mathrm{c}^\mathrm{f}=\gamma_\rho f_\mathrm{c} \tag{2-10a}$$

$$f_\mathrm{t}^\mathrm{f}=\gamma_\rho f_\mathrm{t} \tag{2-10b}$$

式中：γ_ρ——混凝土的疲劳强度修正系数，应根据混凝土疲劳应力比值 $\rho_\mathrm{c}^\mathrm{f}$ 查《规范》（GB 50010）的表 4.1.6-1 和表 4.1.6-2，其中 $\rho_\mathrm{c}^\mathrm{f}$ 按式（2-11）计算。

$$\rho_\mathrm{c}^\mathrm{f}=\frac{\sigma_{\mathrm{c,min}}^\mathrm{f}}{\sigma_{\mathrm{c,max}}^\mathrm{f}} \tag{2-11}$$

式中：$\sigma_{\mathrm{c,min}}^\mathrm{f}$、$\sigma_{\mathrm{c,max}}^\mathrm{f}$——构件疲劳验算时，截面同一纤维上混凝土的最小应力、最大应力。

当混凝土承受拉-压疲劳应力作用时，疲劳强度修正系数 γ_ρ 取 0.60。

4. 混凝土的收缩和膨胀

混凝土在空气中结硬时其体积会缩小，这种现象称为混凝土的收缩。而混凝土在水中结硬时体积会膨胀，但混凝土的膨胀值一般较小，对结构的影响也较小，所以经常不予考虑。

混凝土的收缩和膨胀与外荷载无关。一般认为混凝土的收缩主要由以下两方面的原因引起：一是凝胶体本身的体积收缩（凝缩）；二是混凝土因失水而产生的体积收缩（干缩）。

图 2.18 是混凝土的收缩变形随时间的增长过程。可见，混凝土的收缩变形早期发展较快，两周已完成全部收缩变形的 25% 左右，一个月已完成约 50%，以后增长速度逐渐减慢，整个收缩过程可持续两年以上。一般情况下，混凝土最终的收缩应变为 $(2\sim5)\times10^{-4}$，而混凝土开裂时的拉应变为 $(0.5\sim2.7)\times10^{-4}$，可见收缩应变若受到约束，则很容易导致混凝土开裂。

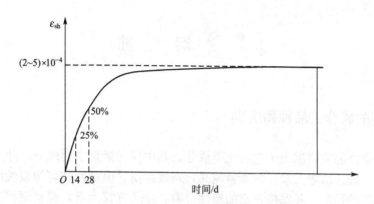

图 2.18   混凝土的收缩变形随时间的增长

影响混凝土收缩的主要因素如下。

（1）水泥的品种和用量。早强水泥的收缩量比普通水泥的大 10% 左右；水泥用量越多，水灰比越大，水泥强度等级越高，收缩越大。

（2）骨料的性质、粒径和含量。骨料含量越大、弹性模量越高，收缩量越小；骨料粒径大，对水泥浆体收缩的约束大，且达到相同稠度所需的用水量少，收缩量也小。

（3）养护条件。完善及时的养护、高温高湿养护、蒸汽养护等工艺加速水泥的水化作用，减少收缩量。

（4）使用期的环境条件。构件周围所处的温度高，湿度低，都增大水分的蒸发，收缩量大。

（5）构件的形状和尺寸。混凝土中的水分必须由结构的表面蒸发，所以结构的体积与表面积之比，或线形构件的截面面积与截面周长之比增大，水分蒸发量减小，表面碳化面积也小，收缩量减小。

（6）其他因素。配制混凝土的各种添加剂、构件的配筋率、混凝土的受力状态等在不同程度上影响收缩量。

对钢筋混凝土构件来讲，收缩是不利的。当收缩受到约束时，收缩会使混凝土内部产生拉应力，进而导致构件开裂。在预应力混凝土结构中收缩会导致预应力损失，降低构件的抗裂性能。此外，某些对跨度比较敏感的超静定结构（如拱结构），混凝土的收缩也会引起不利内力。

5. 混凝土的温度变形和热工参数

温度变化会使混凝土热胀冷缩，在结构中产生温度应力，甚至会使构件开裂以至损坏。因此，对于烟囱、水池及超长结构等，设计中应考虑温度变形和温度应力的影响。

分析收缩、徐变和温度变化等间接作用对结构的影响时，需用到混凝土的热工参数。《规范》（GB 50010）规定：当温度在 0～100℃ 范围内时，混凝土的热工参数可按下列规定取值。

线膨胀系数 α_c：$1 \times 10^{-5}/℃$。

导热系数 λ：$10.6 \text{kJ}/(\text{m} \cdot \text{h} \cdot ℃)$。

比热容 c：$0.96 \text{kJ}/(\text{kg} \cdot ℃)$。

2.2 钢　筋

2.2.1　钢筋的成分、品种和级别

　　钢筋的力学性能主要取决于它的化学成分，其中铁元素是主要成分，此外还含有少量的碳、锰、硅、磷、硫等元素。含碳量越高，强度越高，但塑性和可焊接性降低。锰、硅元素可提高钢材的强度，并保持一定的塑性。磷、硫是有害元素，磷使钢材冷脆，硫使钢材热脆，且焊接质量也不易保证。

　　根据化学成分的不同，混凝土结构中使用的钢材可分为碳素钢和普通低合金钢两大类。根据含碳量的多少，碳素钢又可分为低碳钢(含碳量<0.25%)、中碳钢(含碳量0.25%～0.6%)和高碳钢(含碳量0.6%～1.4%)。除碳素钢已有的成分外，再加入少量的硅、锰、钒、钛、铬等合金元素即制成普通低合金钢，这样做既能有效地提高钢材的强度，又可以使钢筋保持较好的塑性。我国普通低合金钢按加入元素种类划分为以下几种体系：锰系(20MnSi、25MnSi)、硅钒系($40Si_2MnV$、45SiMnV)、硅钛系($45Si_2MnTi$)、硅锰系($40Si_2Mn$、$48Si_2Mn$)、硅铬系($45Si_2Cr$)。钢系名称中前面的数字代表平均含碳量(以1/10000计)，部分合金元素的下标数字表示该元素含量的百分数。

　　我国钢材产量巨大，为了节约合金资源，近年来研制开发出细晶粒钢筋。这种钢筋不需要添加或只需添加很少的合金元素，通过控温轧制工艺就可以达到与添加合金元素相同的效果，即既可以有效地提高钢材的强度，又可使钢材具有一定的塑性。

　　根据生产工艺和力学性能的不同，《规范》(GB 50010)将用于混凝土结构的钢材分为热轧钢筋、中强度预应力钢丝、消除应力钢丝、钢绞线和预应力螺纹钢筋，详见附表1-4～附表1-7。

　　《规范》(GB 50010)规定，普通钢筋(是指钢筋混凝土结构中的钢筋和预应力混凝土结构中的非预应力钢筋)可以使用热轧钢筋。热轧钢筋由低碳钢、普通低合金钢或细晶粒钢在高温状态下轧制而成。热轧钢筋为软钢，其应力-应变曲线有明显的屈服点和流幅，断裂时有颈缩现象，伸长率比较大。

　　热轧钢筋按强度由低到高可分为 HPB300、HRB335、HRBF335、HRB400、HRBF400、RRB400、HRB500、HRBF500。其中 HPB300 为光面钢筋，如图 2.19(a)所示。HRB335、HRB400 和 HRB500 为普通低合金热轧带肋钢筋；HRBF335、HRBF400和 HRBF500 为细晶粒带肋钢筋，普通低合金热轧带肋钢筋和细晶粒带肋钢筋的表面均轧有月牙肋，如图 2.19(b)所示。RRB400 为余热处理月牙肋变形钢筋。余热处理钢筋由轧

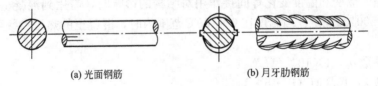

(a) 光面钢筋　　　　　　　　　　(b) 月牙肋钢筋

图 2.19　光面钢筋和月牙肋钢筋

制的钢筋经高温淬水、余热回温处理后得到，其强度提高，价格相对较低，但焊接性和机械连接性能稍差，可使用在对延性及加工性要求不高的构件中，如基础、大体积混凝土及跨度与荷载不大的楼板和墙体等；RRB400 钢筋不宜用作重要部位的受力钢筋，不应用于直接承受疲劳荷载的构件。

《规范》(GB 50010)同时规定，预应力筋宜采用预应力钢丝、钢绞线和预应力螺纹钢筋。其中，消除应力钢丝的极限强度标准值为 1470～1860MPa，外形有光面和螺旋肋两种；钢绞线由多根高强钢丝扭结而成，常用的有 1×3(三股)和 1×7(七股)两种，其极限强度标准值为 1570～1960MPa；中强度预应力钢丝的极限强度标准值为 800～1270MPa，外形也有光面和螺旋肋两种。预应力螺纹钢筋(又称精轧螺纹粗钢筋)是用于预应力混凝土结构的大直径高强钢筋，其极限强度标准值为 980～1230MPa，这种钢筋在轧制时沿钢筋纵向全部轧有规律性的螺纹肋条，可直接用螺丝套筒连接和螺帽锚固，不需要再加工螺纹，也不需要焊接。

各种普通钢筋与预应力筋的符号、直径和强度标准值详见附表 1-4 和附表 1-6。

2.2.2 钢筋的强度和变形性能

1. 钢筋的应力-应变曲线

根据钢筋受拉时应力-应变曲线特征的不同，可将钢筋分为有明显流幅的钢筋(或称有明显屈服点的钢筋)和无明显流幅的钢筋(或称无明显屈服点的钢筋)两类。通常，有明显流幅的钢筋简称为"软钢"，如热轧钢筋；无明显流幅的钢筋简称为"硬钢"，如钢绞线、高强钢丝。

1) 有明显流幅的钢筋

钢筋的力学性能试验一般采用量测标距 l_0 为 $5d$ 或 $10d$(d 为钢筋直径)的试件，图 2.20 为试验实测得到的有明显流幅钢筋的应力-应变曲线。由图可知，在 a' 点之前，应力与应变成正比，材料处于线弹性阶段，a' 点称为比例极限。

过 a' 点后，应变的增长速度比应力的增长速度略快，此时应力与应变已不成正比，但在 a 点以前材料仍处于弹性阶段，a 点称为弹性极限。因此，若在 a 点以前卸载，应变基本上仍能完全恢复。过 a 点后，材料进入非弹性阶段，至 b 点，应变开始出现塑性流动，b 点称为屈服上限。屈服上限与加载速度等有关，是不稳定的。待应力下降到 c 点以后，应力不增长或略有波动但应变不断增大，出现屈服台阶 cd，c 点称为屈服下限。过 d 点后，随着应变的增加，应力又继续增加，直至应力最大点 e，e 点称为极限抗拉强度，de 段称为强化阶段。

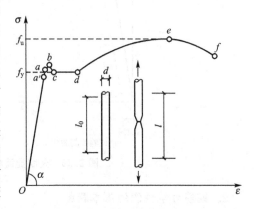

图 2.20 有明显流幅钢筋的应力-应变曲线

过 e 点后，在试件的某薄弱部位开始出现颈缩现象，应变急剧增长，断面缩小，应力(按初始截面计算)下降，至 f 点试件被拉断。ef 段称为颈缩阶段或破坏阶段。可见，有明显流幅钢筋的应力-应变曲线可分为 4 个阶段：弹性阶段 oa、屈服阶段 ad、强化阶段 de 和破坏阶段 ef。

钢筋受压时的应力-应变关系与受拉时基本相同。

对于有明显流幅的钢筋，由于有较长的屈服平台。因此，对于其应力-应变曲线的数学模型，《规范》（GB 50010）采用图 2.21 所示的双线性理想弹塑性模型。

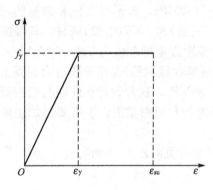

图 2.21 钢筋应力-应变关系的
理想弹塑性模型

2）无明显流幅的钢筋

图 2.22(a)为试验实测得到的无明显流幅钢筋的应力-应变曲线。由图可知，在 a 点之前，应力与应变成正比，材料处于线弹性阶段，a 点称为比例极限（约为 $0.65\sigma_b$）。过 a 点以后，应变增长快于应力增长，应力-应变关系为非线性，有一定的塑性变形，但到达极限抗拉强度 σ_b 后，试件很快被拉断，下降段很短，整个应力-应变曲线没有明显的屈服点，破坏前没有明显预兆，破坏呈脆性。

对于无明显流幅的钢筋，设计时一般取残余应变为 0.2% 时所对应的应力 $\sigma_{0.2}$ 作为强度设计指标，称为条件屈服强度。对于消除应力钢丝、钢绞线，《规范》（GB 50010）规定：取用 $0.85\sigma_b$ 作为其条件屈服强度。

对于无明显流幅的钢筋，其应力-应变曲线的数学模型经常采用图 2.22(b)所示的双斜线模型。

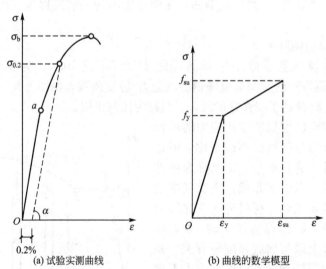

(a) 试验实测曲线　　　　　　　　(b) 曲线的数学模型

图 2.22　无明显流幅钢筋的应力-应变曲线

2. 钢筋力学性能的基本指标

反映钢筋力学性能的基本指标有屈服强度、强屈比、伸长率和冷弯；前两个为强度指标，后两个为变形指标(或称塑性指标)。

1）屈服强度

屈服强度是钢筋混凝土构件设计时钢筋强度取值的依据。这是由于钢筋屈服后将产生很大的塑性变形，这会使钢筋混凝土构件产生很大的变形和过宽的裂缝而无法正常使用。同时由于屈服上限不稳定，所以对于有明显流幅的钢筋，一般取屈服下限作为屈服强度。

2）强屈比

强屈比是钢筋的极限抗拉强度与屈服强度的比值，反映了钢筋的强度储备。《规范》（GB 50010）规定：对于一、二、三级抗震等级框架和斜撑构件中的纵向受力钢筋的强屈比不应小于 1.25。

3）伸长率

钢筋的伸长率有断后伸长率和最大力下的总伸长率两个概念。

（1）钢筋的断后伸长率。

钢筋的断后伸长率习惯上称为伸长率，按下式计算：

$$\delta_{5或10} = \frac{l - l_0}{l_0} \times 100\% \tag{2-12}$$

式中：l_0——试件拉伸前量测的标距长度，一般取 $l_0 = 5d$ 或 $10d$（d 为钢筋直径）；

l——试件拉断后包含颈缩区量测的标距长度。

可见，钢筋的断后伸长率一方面反映了颈缩区域及其附近残余变形的大小，量测标距 l_0 较小时得到的 δ 值较大，而 l_0 较大时得到的 δ 值较小，同时该 δ 值还受两段钢筋对合后量测时人为误差的影响；另一方面断后伸长率忽略了钢筋的弹性变形。因此，断后伸长率不能很好地反映钢筋受力时的总体变形能力。为此，近年来国际上大多已采用钢筋在最大力下的总伸长率 δ_{gt} 来表示钢筋的变形能力。

（2）钢筋在最大力下的总伸长率。

钢筋在最大力下的总伸长率（均匀伸长率）的概念如图 2.23（a）所示，量测方法如图 2.23（b）所示。

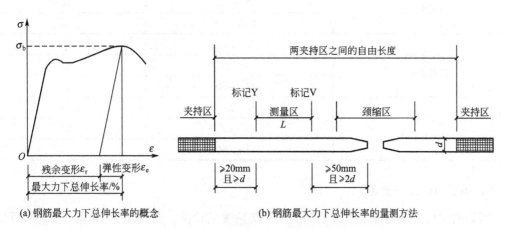

(a) 钢筋最大力下总伸长率的概念　　(b) 钢筋最大力下总伸长率的量测方法

图 2.23　钢筋在最大力下的总伸长率

注：试验前应在两夹持区之间的自由长度范围内均匀划分 10mm 或 5mm 的等间距标记。

图 2.23（b）中两夹持区之间自由长度的最小值：当钢筋直径 $d \leqslant 25$mm 时为 350mm；25mm$< d \leqslant 32$mm 时为 400mm；32mm$< d \leqslant 50$mm 时为 500mm。

可见，钢筋在最大力下的总伸长率包含塑性残余变形 ε_r 和弹性变形 ε_e 两部分，可按下式计算：

$$\delta_{gt}=\left(\frac{L-L_0}{L_0}+\frac{\sigma_b}{E_s}\right)\times100\%\qquad(2-13)$$

式中：L——图 2.23(b)所示断裂后两个标记之间的距离(mm)，距夹持区与颈缩区的距离应符合图示要求；

　　　L_0——试验前同样两个标记间的距离(mm)，至少应为 100mm；

　　　σ_b——钢筋的抗拉强度实测值(MPa)；

　　　E_s——钢筋的弹性模量(MPa)。

《规范》(GB 50010)规定的普通钢筋及预应力筋在最大力下的总伸长率限值见附表 1-8。

4) 冷弯

冷弯是将钢筋绕一个弯芯直径为 D 的钢辊弯折一定的角度 α 时(图 2.24)，钢筋受

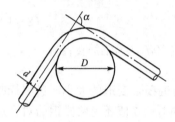

图 2.24　钢筋的冷弯

弯曲部位表面不得产生裂纹即为合格。弯芯直径 D 越小，弯折角度 α 越大，则钢筋的塑性性能就越好。国家标准《钢筋混凝土用钢 第 1 部分：热轧光圆钢筋》(GB 1499.1—2008)和《钢筋混凝土用钢 第 2 部分：热轧带肋钢筋》(GB 1499.2—2007)规定：普通钢筋按表 2-1 规定的弯芯直径弯曲 180°后，钢筋受弯曲部位表面不得产生裂纹。

表 2-1　钢筋冷弯的弯芯直径(mm)

钢筋	钢筋直径 d	弯芯直径 D
HPB300	6～22	d
HRB335 HRBF335	6～25	$3d$
	28～40	$4d$
	>40～50	$5d$
HRB400 HRBF400	6～25	$4d$
	28～40	$5d$
	>40～50	$6d$
HRB500 HRBF500	6～25	$6d$
	28～40	$7d$
	>40～50	$8d$

3. 钢筋的弹性模量 E_s

钢筋的弹性模量是弹性阶段钢筋的应力与应变的比值。由图 2.20 和图 2.22(a)可知：$E_s=\tan\alpha=\sigma_s/\varepsilon_s$。由于在弹性阶段钢筋的受压性能与受拉性能基本相同，所以同一钢筋的受压弹性模量与受拉时相同。各类钢筋的弹性模量见附表 1-9。

2.2.3　钢筋的疲劳

钢筋的疲劳是指钢筋在承受重复、周期性的动荷载作用下，经过一定次数后，突然脆性断裂的现象。吊车梁、桥面板和轨枕等承受重复荷载的钢筋混凝土构件有可能会由于疲

劳而发生破坏。

影响钢筋疲劳强度的主要因素是钢筋的疲劳应力幅，即一次循环中的最大应力 $\sigma_{s,max}^f$ 与最小应力 $\sigma_{s,min}^f$ 的差值。可见，钢筋的疲劳应力幅＝$\sigma_{s,max}^f - \sigma_{s,min}^f$。钢筋的疲劳强度是指在某一规定的应力幅度内，经受一定次数循环荷载后发生疲劳破坏的最大应力值。我国要求满足循环次数为 200 万次。

《规范》（GB 50010）通过控制钢筋的疲劳应力幅小于等于疲劳应力幅限值来保证钢筋不发生疲劳破坏。对于普通钢筋和预应力钢筋的疲劳应力幅限值 Δf_y^f 和 Δf_{py}^f，分别由钢筋疲劳应力比值 ρ_s^f 和 ρ_p^f 查《规范》（GB 50010）的表 4.2.6 - 1 和表 4.2.6 - 2 确定。ρ_s^f 和 ρ_p^f 分别按式(2 - 14a)和式(2 - 14b)计算。

$$\rho_s^f = \frac{\sigma_{s,min}^f}{\sigma_{s,max}^f} \tag{2-14a}$$

式中：$\sigma_{s,min}^f$、$\sigma_{s,max}^f$——构件疲劳验算时，同一层钢筋的最小应力、最大应力。

$$\rho_p^f = \frac{\sigma_{p,min}^f}{\sigma_{p,max}^f} \tag{2-14b}$$

式中：$\sigma_{p,min}^f$、$\sigma_{p,max}^f$——构件疲劳验算时，同一层预应力筋的最小应力、最大应力。

2.2.4 钢筋的冷加工

在常温下用机械的方法对钢筋进行再加工，称为钢筋的冷加工。其目的是提高钢材的强度和节约钢材。经过冷加工后，钢筋的力学性能发生了较大的变化，其性能受母材和冷加工工艺的影响较大。因此，《规范》（GB 50010）未列入冷加工钢筋，工程应用时可按相关的冷加工技术标准执行。冷加工的工艺主要有冷拉、冷拔、冷轧和冷轧扭 4 种，这里介绍常用的冷拉和冷拔。

1. 钢筋的冷拉

冷拉是在常温下用机械方法将有明显流幅的钢筋拉伸到超过屈服强度的某一应力值（即强化阶段的某一应力值，如图 2.25中的 k 点），然后卸载至零，是一种用来提高钢筋抗拉强度的方法。

由图 2.25 可知，经过冷拉的钢筋卸载为零时，留有残余应变 oo'。若卸载后立即重新加载，则应力-应变曲线将沿着 $o'kde$ 变化，k 点为新的屈服点。可见，经冷拉

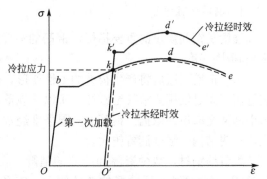

图 2.25 冷拉钢筋的应力-应变曲线

后，钢筋的屈服强度提高，但塑性有所降低，这种现象称为冷拉强化。

若卸载后放置一段时间或在人工加热后再进行拉伸，则应力-应变曲线将沿着 $o'k'd'e'$ 变化，k' 点为新的屈服点。可见，冷拉经时效后，钢筋的屈服强度将进一步提高，其屈服台阶得到一定的恢复，这种现象称为时效硬化。

需要说明的是，冷拉只能提高钢筋的抗拉屈服强度，其抗压屈服强度反而降低15%左右。因此，设计中不得把冷拉钢筋作受压钢筋使用。另外，冷拉钢筋若需焊接，则应先焊

接再冷拉，这是因为焊接时的高温将使冷拉钢筋的冷拉强化效应完全消失。

2. 钢筋的冷拔

冷拔是用强力将φ6～φ8光面热轧钢筋拔过比它自身直径还小的硬质合金拔丝模，是一种用来提高钢筋强度的方法，如图 2.26 所示。

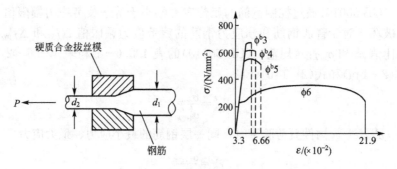

图 2.26　钢筋的冷拔

由图 2.26 可知，φ6 的光面热轧钢筋经过冷拔，其强度提高较多，但塑性也降低许多；并随着冷拔次数的增加，强度不断提高，塑性也不断降低；且经冷拔后的钢筋已从软钢变成硬钢。冷拔可同时提高钢筋的抗拉和抗压强度。

2.2.5　混凝土结构对钢筋性能的要求

混凝土结构对钢筋性能的要求主要体现在钢筋的强度、塑性、可焊性、耐火性和与混凝土的粘结性能 5 个方面。

1. 钢筋的强度

强度是钢筋质量的重要指标，钢筋的强度主要是指钢筋的屈服强度(包括条件屈服强度)和极限强度。

由于钢筋屈服后将产生很大的塑性变形，这会使混凝土构件产生很大的变形和过宽的裂缝而不满足使用要求甚至破坏，所以《规范》(GB 50010)规定，设计时应以屈服强度作为钢筋强度取值的依据。钢筋的极限强度经常采用"强屈比"这个概念来表达。强屈比越大，表明结构的强度储备越大。

为节约钢材，减少资源和能源的消耗，在钢筋混凝土结构中应推广使用 400MPa 和 500MPa 级强度高、延性好的热轧钢筋，在预应力混凝土结构中应推广使用消除应力钢丝、钢绞线和预应力螺纹钢筋，限制并逐步淘汰强度较低、延性较差的钢筋。

2. 钢筋的塑性

钢筋的塑性一般通过伸长率和冷弯来反映。为了使混凝土结构在破坏前有明显的预兆，尽可能地避免脆性破坏，保证抗震结构具有足够的延性，要求钢筋具有满足要求的变形能力，即其在最大力下的总伸长率应满足附表 1-8 的要求。同时，在施工时钢筋要弯折成型，因而其冷弯性能也应满足表 2-1 的要求。

屈服强度、极限抗拉强度、伸长率和冷弯性能是检验钢筋性能的 4 个主要指标。

3. 钢筋的可焊性

可焊性是评定钢筋焊接后接头性能的指标。要求钢筋在焊接后接头处不应产生裂纹及过大变形,以保证焊接接头性能良好。我国生产的热轧钢筋可焊,而高强钢丝和钢绞线不可焊。

4. 钢筋的耐火性

钢材本身的耐火性能较差,相对而言,热轧钢筋的耐火性最好,冷拉钢筋次之,预应力钢筋最差。因此,结构设计时应设置必需的混凝土保护层厚度以满足构件耐火极限的要求。

5. 钢筋与混凝土的粘结性能

钢筋与混凝土之间的粘结力是保证钢筋与混凝土共同工作的基础。其中钢筋凹凸不平的表面与混凝土间的机械咬合力是粘结力的主要部分,所以带肋钢筋与混凝土的粘结性能要比光圆钢筋好许多。

2.3 钢筋与混凝土的粘结

2.3.1 粘结的概念

通常把钢筋与混凝土接触面上的纵向剪应力称为粘结应力,简称粘结力。钢筋和混凝土这两种材料能够结合在一起共同工作,除了两者具有相近的温度线膨胀系数之外,更主要的是由于混凝土硬化后,钢筋和混凝土接触面上产生了良好的粘结力。同时为了保证钢筋混凝土构件在工作时钢筋不被从混凝土中拔出或压出,还要求钢筋具有良好的锚固。粘结和锚固是钢筋和混凝土形成整体、共同工作的基础。

如图 2.27(a)所示的梁虽配有钢筋,但通过钢筋表面涂油等措施使得钢筋与混凝土之间无粘结,且钢筋端部也不锚固,当梁承受荷载作用而产生弯曲变形时,虽然与钢筋处在同一高度的混凝土受拉伸长,但钢筋仍保持原有长度不变,不能与混凝土共同承担拉力,此梁在很小的荷载作用下就发生脆性折断而破坏,受力性能与素混凝土梁相同。

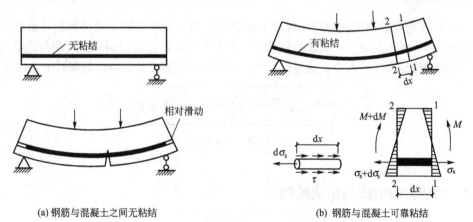

(a) 钢筋与混凝土之间无粘结　　　　(b) 钢筋与混凝土可靠粘结

图 2.27 混凝土与钢筋的粘结作用

混凝土结构设计原理(第2版)

如图 2.27(b)所示梁的钢筋与混凝土可靠地粘结在一起，在荷载作用下梁发生弯曲变形时，钢筋与混凝土一起变形，共同受力。从梁上取一微段 dx，分析微段内钢筋的受力状况。设钢筋直径为 d，钢筋的应力增量为 $d\sigma_s$，钢筋和混凝土接触面的粘结应力为 τ；则由钢筋脱离体的平衡条件可得

$$\tau = \frac{d}{4}\frac{d\sigma_s}{dx} \tag{2-15}$$

通过上述分析可知，如果微段 dx 左右截面的钢筋应力相等，那么钢筋与混凝土接触面上就不存在粘结力，即粘结力为零。也就是说，只有粘结力不为零，钢筋应力才会发生变化。钢筋与混凝土接触面单位表面积上所能承受的最大纵向剪应力称为"粘结强度"。

2.3.2 粘结的类型

根据构件中钢筋受力情况的不同，粘结的作用有锚固粘结和局部粘结两类。

1. 锚固粘结

如图 2.28(a)所示的梁下部纵筋在支座内锚固、图 2.28(b)所示的梁支座负筋截断及纵向钢筋搭接等属于锚固粘结。锚固粘结的共性是钢筋端头的应力为零，经过一段锚固长度粘结应力的积累，使钢筋应力达到设计强度 f_y 或某一应力。由于该范围内钢筋的应力差大，接触面上的粘结应力必然大，而且粘结破坏属于脆性破坏，所以必须保证有足够的锚固长度，以避免粘结破坏。

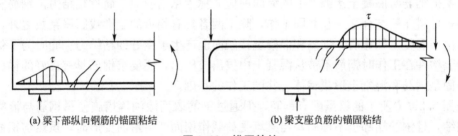

(a) 梁下部纵向钢筋的锚固粘结　　　　(b) 梁支座负筋的锚固粘结

图 2.28　锚固粘结

2. 局部粘结

如图 2.29 所示的裂缝间钢筋与混凝土接触面上的粘结应力属于局部粘结，这类粘结是在钢筋的中部，而不是端头。裂缝间粘结应力的大小及分布将影响到裂缝间距与裂缝宽度的大小，影响到构件刚度的大小。通过接触面上粘结应力的积累使裂缝间的混凝土参与受拉。

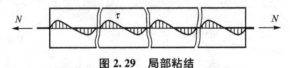

图 2.29　局部粘结

2.3.3 粘结力的组成与粘结机理

钢筋与混凝土之间的粘结力由以下 3 部分组成。

30

（1）混凝土中的水泥凝胶体与钢筋表面的化学胶结力。化学胶结力来自浇筑混凝土时水泥浆体对钢筋表面氧化层的渗透及水化过程中水泥晶体的生长和硬化。化学胶结力一般很小，仅存在于构件受力阶段的局部无滑移区域。当接触面发生相对滑移时，化学胶结力即消失。

（2）混凝土收缩握裹钢筋而产生的摩擦力。摩擦力的产生是由于混凝土凝固收缩，对钢筋产生垂直于摩擦面的压应力。这种压应力越大，接触面的粗糙程度越大，摩擦力就越大。

（3）钢筋表面凹凸不平与混凝土之间产生的机械咬合力。对于光圆钢筋，机械咬合力源自钢筋表面的粗糙不平，其值不大。带肋钢筋比光圆钢筋的机械咬合作用大许多。

带肋钢筋与混凝土之间机械咬合作用的受力机理如图2.30所示。钢筋受力后，其凸出的肋对混凝土产生斜向挤压力，斜向挤压力的轴向分力使周围的混凝土产生轴向拉力和剪力，径向分力使周围混凝土产生环向拉力。轴向拉力和剪力使混凝土产生内部斜裂缝，环向拉力使混凝土产生内部径向裂缝。当混凝土保护层厚度较小，径向裂缝发展到构件表面而产生劈裂裂缝时，机械咬合作用将很快丧失，产生劈裂型粘结破坏，如图2.31(a)所示。若在纵向钢筋周围配置箍筋等横向钢筋来承担环向拉力，阻止径向裂缝的发展；或纵向钢筋的混凝土保护层厚度较大而使得径向裂缝难于发展到构件表面，则最后肋前混凝土在斜向挤压力的轴向分力作用下被挤碎，发生沿肋外径圆柱面的剪切型粘结破坏，如图2.31(b)所示，这种破坏是带肋钢筋与混凝土粘结强度的上限。

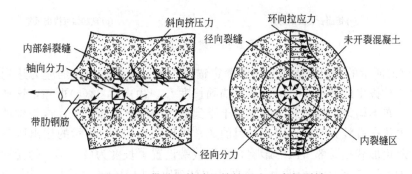

图 2.30 带肋钢筋肋处的挤压力和内部裂缝

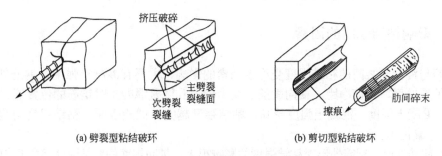

(a) 劈裂型粘结破坏　　　　　　　　　(b) 剪切型粘结破坏

图 2.31 带肋钢筋的粘结破坏

光圆钢筋与带肋钢筋粘结机理的主要区别是，光圆钢筋的粘结力主要来自胶结力和摩擦力，而带肋钢筋的粘结力主要来自机械咬合力。

2.3.4 粘结强度

钢筋与混凝土接触面的粘结强度通常采用拔出试验来测定，如图 2.32 所示。若粘结破坏时的拔出力为 F，则粘结强度 τ_u 为

$$\tau_u = \frac{F}{\pi dl} \tag{2-16}$$

式中：d——钢筋直径；

$\quad\quad l$——钢筋的锚固长度或埋长。

可见，粘结强度 τ_u 就是粘结破坏时钢筋与混凝土接触面的最大平均粘结应力。

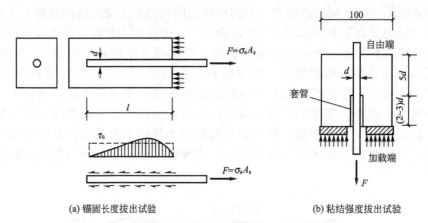

(a) 锚固长度拔出试验　　　　　　　　　(b) 粘结强度拔出试验

图 2.32　拔出试验

图 2.32(a)所示的拔出试验主要用于测定锚固长度。钢筋拔出端的应力达到屈服强度时，钢筋没有被拔出的最小埋长称为基本锚固长度 l_{ab}。由图 2.32(a)可知，这种拔出试验的粘结应力分布不均匀，且加载端的混凝土受到承压钢板的局部挤压，这与构件中钢筋端部附近的应力状态有较大区别。因此，目前通常采用图 2.32(b)所示的拔出试验来测定粘结强度。为避免加载端局部挤压的影响，在加载端设置了长度为(2~3)d 的套管，钢筋的有粘结锚长为 $5d$，在此较小长度上可近似认为粘结应力均匀分布。可见，由图 2.32(b)所示的拔出试验测得的粘结强度较为准确。

2.3.5 影响粘结强度的因素

钢筋与混凝土之间的粘结强度受许多因素的影响，主要有混凝土强度、钢筋外形、混凝土保护层厚度、钢筋净距、横向配筋、受力情况和浇筑混凝土时钢筋的位置等。

(1) 混凝土强度。混凝土强度越高，粘结强度越大。试验表明，粘结强度与混凝土抗拉强度 f_t 成正比。

(2) 钢筋外形。钢筋外形对粘结强度的影响很大，带肋钢筋的粘结强度远高于光圆钢筋。

(3) 混凝土保护层厚度和钢筋净距。试验表明，混凝土保护层厚度对光圆钢筋的粘结强度影响很小，而对带肋钢筋的影响十分显著。适当增大混凝土保护层厚度和钢筋净距，可以提高粘结强度。

（4）横向配筋。混凝土构件中配有的横向钢筋可以有效地抑制混凝土内部裂缝的发展，提高粘结强度。

（5）受力情况。支座处的反力等侧向压力可增大钢筋与混凝土接触面的摩擦力，提高粘结强度。剪力产生的斜裂缝将使锚固钢筋受到销栓作用而降低粘结强度。在重复荷载或反复荷载作用下，钢筋与混凝土之间的粘结强度将退化。

（6）浇筑混凝土时钢筋的位置。对于大厚度混凝土结构而言，当混凝土浇筑深度超过300mm 时，钢筋底面的混凝土由于离析泌水、沉淀收缩和气泡溢出等原因，使混凝土与其上部的水平钢筋之间产生空隙层，从而削弱了钢筋与混凝土之间的粘结作用。

2.3.6 钢筋的锚固

1. 保证粘结的构造措施

由于粘结破坏机理复杂，影响因素众多。因此，《规范》（GB 50010）采取不进行粘结计算，而用构造措施来保证钢筋与混凝土粘结的方法。

为了保证钢筋与混凝土之间粘结可靠，《规范》（GB 50010）从以下 4 个方面进行了规定。

（1）对于不同强度等级的混凝土和钢筋，规定了钢筋的基本锚固长度和搭接长度。

（2）规定了钢筋的最小间距和混凝土保护层的最小厚度。

（3）对钢筋接头范围内的箍筋加密进行了规定。

（4）对钢筋端部的弯钩设置或机械锚固措施进行了规定。

2. 钢筋的锚固

1）受拉钢筋的基本锚固长度

钢筋锚固长度拔出试验中，如图 2.32（a）所示，钢筋拔出端的应力达到屈服强度时，钢筋没有被拔出的最小埋长称为基本锚固长度 l_{ab}。其大小主要取决于钢筋强度、混凝土强度和钢筋直径，并与钢筋的外形有关。当计算中充分利用钢筋的抗拉强度时，受拉钢筋的基本锚固长度应按下列公式计算：

普通钢筋：

$$l_{ab} = \alpha \frac{f_y}{f_t} d \tag{2-17a}$$

预应力筋：

$$l_{ab} = \alpha \frac{f_{py}}{f_t} d \tag{2-17b}$$

式中：l_{ab}——受拉钢筋的基本锚固长度；

f_y、f_{py}——普通钢筋、预应力筋的抗拉强度设计值；

f_t——混凝土轴心抗拉强度设计值，当混凝土强度等级高于 C60 时，按 C60 取值；

d——锚固钢筋的直径；

α——锚固钢筋的外形系数，按表 2-2 采用。

表 2-2 锚固钢筋的外形系数

钢筋类型	光圆钢筋	带肋钢筋	螺旋肋钢丝	三股钢绞线	七股钢绞线
α	0.16	0.14	0.13	0.16	0.17

注：光圆钢筋末端应做 180°弯钩，弯后平直段长度不应小于 $3d$，但作受压钢筋时可不做弯钩。

2) 受拉钢筋的锚固长度

受拉钢筋的锚固长度应根据锚固条件按下列公式计算，且不应小于 200mm。

$$l_a = \zeta_a l_{ab} \qquad (2-18)$$

式中：l_a——受拉钢筋的锚固长度；

ζ_a——锚固长度修正系数。

3) 锚固长度修正系数 ζ_a

纵向受拉普通钢筋的锚固长度修正系数 ζ_a 应按下列规定取用。

(1) 当带肋钢筋的公称直径大于 25mm 时，取 1.10。

(2) 环氧树脂涂层带肋钢筋取 1.25。

(3) 施工过程中易受扰动的钢筋取 1.10。

(4) 当纵向受力钢筋的实际配筋面积大于其设计计算面积时，修正系数取设计计算面积与实际配筋面积的比值，但对有抗震设防要求及直接承受动力荷载的结构构件，不应考虑此项修正。

(5) 锚固钢筋的保护层厚度为 $3d$ 时，修正系数可取 0.8；保护层厚度为 $5d$ 时，修正系数可取 0.7；中间按内插取值，此处 d 为锚固钢筋的直径。

当式(2-18)中的 ζ_a 按上述规定取用多于一项时，可按连乘计算，但不应小于 0.6。对预应力筋，可取 1.0。

4) 钢筋末端采用弯钩或机械锚固措施

当纵向受拉普通钢筋末端采用弯钩或机械锚固措施时，包括弯钩或锚固端头在内的锚固长度(投影长度)可取为基本锚固长度 l_{ab} 的 60%。弯钩和机械锚固的形式和技术要求 (图 2.33)应符合表 2-3 的规定。

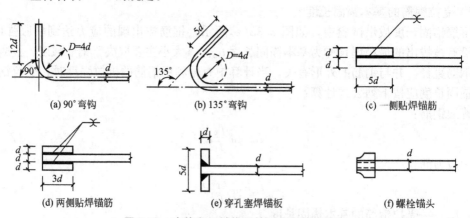

(a) 90°弯钩   (b) 135°弯钩   (c) 一侧贴焊锚筋

(d) 两侧贴焊锚筋   (e) 穿孔塞焊锚板   (f) 螺栓锚头

图 2.33　弯钩和机械锚固的形式和技术要求

表 2-3　钢筋弯钩和机械锚固的形式和技术要求

锚固形式	技术要求
90°弯钩	末端 90°弯钩，弯钩内径 $4d$，弯后直段长度 $12d$
135°弯钩	末端 135°弯钩，弯钩内径 $4d$，弯后直段长度 $5d$
一侧贴焊锚筋	末端一侧贴焊长 $5d$ 同直径钢筋
两侧贴焊锚筋	末端两侧贴焊长 $3d$ 同直径钢筋

（续）

锚固形式	技术要求
穿孔塞焊锚板	末端与厚度 d 的锚板穿孔塞焊
螺栓锚头	末端旋入螺栓锚头

注：① 焊缝和螺纹长度应满足承载力要求。

　　② 螺栓锚头和焊接锚板的承压净面积不应小于锚固钢筋截面积的 4 倍。

　　③ 螺栓锚头的规格应符合相关标准的要求。

　　④ 螺栓锚头和焊接锚板的钢筋净间距不宜小于 $4d$，否则应考虑群锚效应的不利影响。

　　⑤ 截面角部的弯钩和一侧贴焊锚筋的布筋方向宜向截面内侧偏置。

5）受压钢筋的锚固长度

当计算中充分利用纵向钢筋的抗压强度时，其锚固长度不应小于同条件受拉钢筋锚固长度的 70%。受压钢筋不应采用末端弯钩和一侧贴焊锚筋的锚固措施。

6）锚固长度范围内横向构造钢筋的配置要求

当锚固钢筋的保护层厚度不大于 $5d$ 时，锚固长度范围内应配置横向构造钢筋，其直径不应小于 $d/4$；对梁、柱、斜撑等构件间距不应大于 $5d$，对板、墙等平面构件间距不应大于 $10d$，且均不应大于 100mm，此处 d 为锚固钢筋的直径。

2.3.7　钢筋的连接

钢筋长度不满足施工要求时，须把钢筋进行连接才能满足使用要求。钢筋连接的方式有 3 种：绑扎搭接、机械连接和焊接连接。由于连接接头区域受力复杂，所以钢筋的接头宜设置在受力较小处，在同一根钢筋上宜少设接头。在结构的重要构件和关键传力部位，纵向受力钢筋不宜设置连接接头。

轴心受拉及小偏心受拉杆件的纵向受力钢筋不得采用绑扎搭接；其他构件中的钢筋采用绑扎搭接时，受拉钢筋直径不宜大于 25mm，受压钢筋直径不宜大于 28mm。

1. 绑扎搭接

1）接头连接区段的长度与接头面积百分率

同一构件中相邻纵向受力钢筋的绑扎搭接接头宜相互错开。

钢筋绑扎搭接接头连接区段的长度为 1.3 倍搭接长度。凡搭接接头中点位于该连接区段长度内的搭接接头均属于同一连接区段。同一连接区段内纵向受力钢筋搭接接头面积百分率为该区段内有搭接接头的纵向受力钢筋截面面积与全部纵向受力钢筋截面面积的比值（图 2.34）。当直径不同的钢筋搭接时，按直径较小的钢筋计算。

位于同一连接区段内的受拉钢筋搭接接头面积百分率：对梁类、板类及墙类构件，不宜大于 25%；对柱类构件，不宜大于 50%。当工程中确有必要增大受拉钢筋搭接接头面积百分率时，对梁类构件，不宜大于 50%；对板、墙、柱及预制构件的拼接处，可根据实际情况放宽。

并筋采用绑扎搭接连接时，应按每根单筋错开搭接的方式连接。接头面积百分率应按同一连接区段内所有的单根钢筋计算。并筋中钢筋的搭接长度应按单筋分别计算。

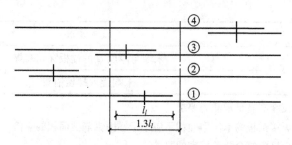

图 2.34　同一连接区段内纵向受拉钢筋的绑扎搭接接头

注：若图中四根钢筋①、②、③、④的直径相同，则该区段钢筋搭接接头面积百分率为50%。

2）受拉钢筋的搭接长度

纵向受拉钢筋绑扎搭接接头的搭接长度应根据位于同一连接区段内的钢筋搭接接头面积百分率按下列公式计算，且不应小于300mm。

$$l_l = \zeta_l l_a \qquad (2-19)$$

式中：l_l——纵向受拉钢筋的搭接长度；

　　　l_a——纵向受拉钢筋的锚固长度；

　　　ζ_l——纵向受拉钢筋搭接长度修正系数，按表2-4取用。当纵向搭接钢筋接头面积百分率为表中各项数字中间值时，修正系数可按内插取值。

表 2-4　纵向受拉钢筋搭接长度修正系数

纵向受拉钢筋搭接接头面积百分率	≤25%	50%	100%
ζ_l	1.2	1.4	1.6

3）受压钢筋的搭接长度

构件中的纵向受压钢筋，当采用搭接连接时，其受压搭接长度不应小于纵向受拉钢筋搭接长度的0.7，且不应小于200mm。

4）纵筋搭接长度范围内横向构造钢筋的配置要求

在梁、柱类构件纵向受力钢筋搭接长度范围内应配置箍筋，其直径不应小于搭接钢筋较大直径的25%，间距不应大于搭接钢筋较小直径的5倍，且不应大于100mm。当受压钢筋直径 $d>25$mm 时，尚应在搭接接头两个端面外100mm范围内各设置两个箍筋。

须注意的是：需进行疲劳验算的构件，其纵向受拉钢筋不得采用绑扎搭接接头。

2. 机械连接

钢筋机械连接是通过钢筋与连接件的机械咬合作用或钢筋端面的承压作用，将一根钢筋中的力传递至另一根钢筋的连接方法。国内外常用的钢筋机械连接方法主要有以下6种：套筒挤压连接接头、锥螺纹连接接头、直螺纹连接接头、熔融金属充填接头、水泥灌浆充填接头、受压钢筋端面平接头。图2.35所示为锥螺纹连接接头。

《规范》（GB 50010）规定：纵向受力钢筋的机械连接接头宜相互错开。钢筋机械连接区段的长度为35d（d为连接钢筋的较小直径），凡接头中点位于该连接区段长度内的机械连接接头均属于同一连接区段。

图 2.35 锥螺纹连接接头

位于同一连接区段内的纵向受拉钢筋接头面积百分率不宜大于 50%；但对板、墙、柱及预制构件的拼接处，可根据实际情况放宽。纵向受压钢筋的接头面积百分率可不受限制。

直接承受动力荷载的结构构件中的机械连接接头，除应满足设计要求的抗疲劳性能外，位于同一连接区段内的纵向受力钢筋接头面积百分率不应大于 50%。

机械连接套筒的保护层厚度宜满足有关钢筋最小保护层厚度的规定。机械连接套筒的横向净间距不宜小于 25mm；套筒处箍筋的间距仍应满足相应的构造要求。

3. 焊接连接

焊接连接常用的连接方法主要有闪光对焊、电弧焊、电渣压力焊、气压焊、埋弧压力焊和电阻点焊等。

《规范》（GB 50010）规定：细晶粒热轧带肋钢筋及直径大于 28mm 的带肋钢筋，其焊接应经试验确定；余热处理钢筋不宜焊接。

纵向受力钢筋的焊接接头应相互错开。钢筋焊接接头连接区段的长度为 $35d$（d 为连接钢筋的较小直径）且不小于 500mm，凡接头中点位于该连接区段长度内的焊接接头均属于同一连接区段。

纵向受拉钢筋的接头面积百分率不宜大于 50%，但对预制构件的拼接处，可根据实际情况放宽。纵向受压钢筋的接头面积百分率可不受限制。

须注意的是：需进行疲劳验算的构件，其纵向受拉钢筋不宜采用焊接接头。当直接承受吊车荷载的钢筋混凝土吊车梁、屋面梁及屋架下弦的纵向受拉钢筋必须采用焊接接头时，应符合下列规定：

（1）必须采用闪光接触对焊，并去掉接头的毛刺及卷边；

（2）同一连接区段内纵向受拉钢筋焊接接头面积百分率不应大于 25%，此时，焊接接头连接区段的长度应取为 $45d$（d 为纵向受力钢筋的较大直径）；

（3）疲劳验算时，焊接接头应符合《规范》（GB 50010）第 4.2.6 条疲劳应力幅限值的规定。

2.3.8 混凝土保护层

钢筋的外边缘至混凝土表面的距离，称为混凝土保护层厚度，简称保护层厚度，用 c 表示。

钢筋的混凝土保护层有下列作用：①防止钢筋锈蚀，保证结构的耐久性；②减缓火灾时钢筋温度的上升速度，保证结构的耐火性；③保证钢筋与混凝土之间的可靠粘结。

《规范》(GB 50010)规定：构件中受力钢筋的保护层厚度不应小于钢筋的公称直径 d。同时，对于设计使用年限为 50 年的混凝土结构，最外层钢筋的保护层厚度应符合附表 1-13 的规定；设计使用年限为 100 年的混凝土结构，最外层钢筋的保护层厚度不应小于附表 1-13 中数值的 1.4 倍。

当有充分依据并采取下列有效措施时，可适当减小混凝土保护层的厚度：

(1) 构件表面有可靠的防护层；

(2) 采用工厂化生产的预制构件；

(3) 在混凝土中掺加阻锈剂或采用阴极保护处理等防锈措施；

(4) 当对地下室墙体采取可靠的建筑防水做法或防护措施时，与土层接触一侧钢筋的保护层厚度可适当减少，但不应小于 25mm。

当梁、柱、墙中纵向受力钢筋的保护层厚度大于 50mm 时，宜对保护层采取有效的构造措施。当在保护层内配置防裂、防剥落的钢筋网片时，网片钢筋的保护层厚度不应小于 25mm。

2.4 公路桥涵工程混凝土结构材料

2.4.1 混凝土与钢筋

1. 混凝土

《规范》(JTG D62)的混凝土强度等级划分与《规范》(GB 50010)相同，最低为 C15，最高为 C80，共 14 个等级。混凝土强度等级按下列规定采用：钢筋混凝土构件不应低于 C20，当采用 HRB400、KL400 钢筋配筋时，不应低于 C25；预应力混凝土构件不应低于 C40。

2. 钢筋

公路桥涵工程钢筋混凝土及预应力混凝土构件中的普通钢筋宜选用热轧 R235、HRB335、HRB400 及 KL400 钢筋，预应力混凝土构件中的箍筋应选用其中的带肋钢筋；按构造要求配置的钢筋网可采用冷轧带肋钢筋。

预应力混凝土构件中的预应力钢筋应选用钢绞线、钢丝；中小型构件或竖、横向预应力钢筋，也可选用精轧螺纹钢筋。

2.4.2 公路桥涵工程混凝土结构的一般构造

1. 混凝土保护层厚度

普通钢筋和预应力直线形钢筋的最小混凝土保护层厚度不应小于钢筋公称直径，后张法构件预应力直线形钢筋不应小于其管道直径的 1/2，且应符合附表 2-5 的规定。

当受拉区主筋的混凝土保护层厚度大于 50mm 时，应在保护层内设置直径不小于

6mm、间距不大于100mm的钢筋网。

2. 钢筋的锚固

1）钢筋的最小锚固长度

当设计中充分利用钢筋的强度时，其最小锚固长度应符合表2-5的规定。

表 2-5 钢筋最小锚固长度

钢筋种类 项目		R235				HRB335				HRB400，KL400			
		C20	C25	C30	≥C40	C20	C25	C30	≥C40	C20	C25	C30	≥C40
受压钢筋(直端)		$40d$	$35d$	$30d$	$25d$	$35d$	$30d$	$25d$	$20d$	$40d$	$35d$	$30d$	$25d$
受拉钢筋	直端	—	—	—	—	$40d$	$35d$	$30d$	$25d$	$45d$	$40d$	$35d$	$30d$
	弯钩端	$35d$	$30d$	$25d$	$20d$	$30d$	$25d$	$25d$	$20d$	$35d$	$30d$	$30d$	$25d$

注：① d 为钢筋直径。
　　② 采用环氧树脂涂层钢筋时，受拉钢筋最小锚固长度应增加25%。
　　③ 当混凝土在凝固过程中易受扰动时，锚固长度应增加25%。

2）钢筋端部弯钩

《规范》(JTG D62)规定：受拉钢筋端部弯钩应符合表2-6的规定。

表 2-6 受拉钢筋端部弯钩

弯曲部位	弯曲角度	形状	钢筋	弯曲直径(D)	平直段长度
末端弯钩	180°	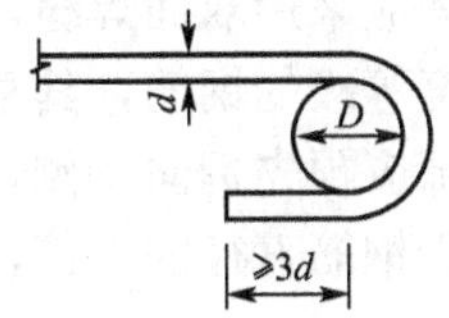	R235	≥2.5d	≥3d
	135°	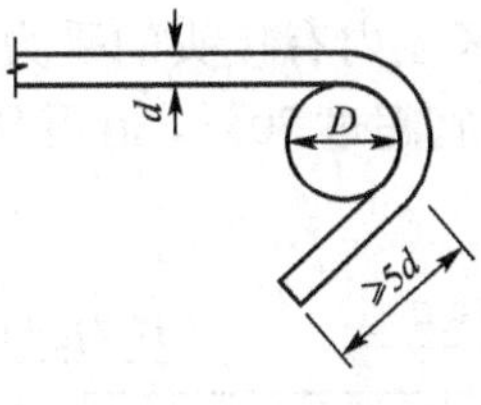	HRB335	≥4d	≥5d
			HRB400 KL400	≥5d	
	90°	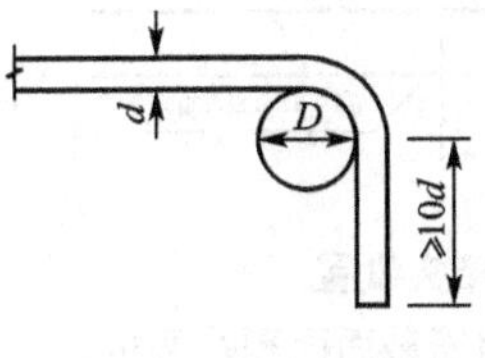	HRB335	≥4d	≥10d
			HRB400 KL400	≥5d	

（续）

弯曲部位	弯曲角度	形状	钢筋	弯曲直径(D)	平直段长度
中间弯折	≤90°	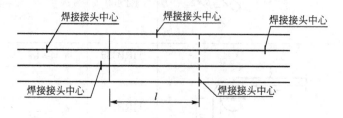	各种钢筋	≥20d	—

注：采用环氧树脂涂层钢筋时，除应满足表内规定外，当钢筋直径 d≤20mm 时，弯钩内直径 D 不应小于 $4d$；当 d>20mm 时，弯钩内直径 D 不应小于 $6d$；直线段长度不应小于 $5d$。

箍筋的末端应做成弯钩，弯钩的角度可取 135°，弯钩的弯曲直径应大于被箍的受力主钢筋的直径，且 R235 钢筋不应小于箍筋直径的 2.5 倍，HRB335 钢筋不应小于箍筋直径的 4 倍。对于弯钩平直段长度，一般结构不应小于箍筋直径的 5 倍，抗震结构不应小于箍筋直径的 10 倍。

3. 钢筋的连接

《规范》（JTG D62）规定：钢筋接头宜采用焊接接头和钢筋机械连接接头（套筒挤压接头、镦粗直螺纹接头），当施工或构造条件有困难时，也可采用绑扎接头。钢筋接头宜设在受力较小区段，并宜错开布置。绑扎接头的钢筋直径不宜大于 28mm，但轴心受压和偏心受压构件中的受压钢筋，可不大于 32mm。轴心受拉和小偏心受拉构件不应采用绑扎接头。

钢筋焊接接头宜采用闪光接触对焊。当闪光接触对焊条件不具备时，也可采用电弧焊（帮条焊或搭接焊）、电渣压力焊和气压焊。电弧焊应采用双面焊缝，不得已时方可采用单面焊缝。帮条焊的帮条应采用与被焊接钢筋同强度等级的钢筋，其总截面面积不应小于被焊接钢筋的截面面积。采用搭接焊时，两钢筋端部应预先折向一侧，两钢筋轴线应保持一致。电弧焊接接头的焊缝长度：双面焊缝不应小于钢筋直径的 5 倍，单面焊缝不应小于钢筋直径的 10 倍。

在任一焊接接头中心至长度为钢筋直径的 35 倍，且不小于 500mm 的区段 l 内（图 2.36），同一根钢筋不得有两个接头。在该区段内有接头的受力钢筋截面面积占受力钢筋总截面面积的百分数，普通钢筋在受拉区不宜超过 50%，在受压区和装配式构件间的连接钢筋不受限制。

图 2.36 焊接接头设置

注：图中所示 l 区段内接头钢筋截面面积按两根计。

帮条焊或搭接焊接头部分钢筋的横向净距不应小于钢筋直径，且不应小于25mm，同时非焊接部分钢筋净距仍应符合《规范》（JTG D62）第9.3.4条规定。

受拉钢筋绑扎接头的搭接长度，应符合表2-7的规定。受压钢筋绑扎接头的搭接长度，应取受拉钢筋绑扎接头搭接长度的0.7倍。

表2-7 受拉钢筋绑扎接头搭接长度

钢筋	混凝土强度等级		
	C20	C25	>C25
R235	$35d$	$30d$	$25d$
HRB335	$45d$	$40d$	$35d$
HRB400、KL400	—	$50d$	$45d$

注：① 当带肋钢筋直径 d 大于25mm时，其受拉钢筋的搭接长度应按表值增加 $5d$ 采用；当带肋钢筋直径小于25mm时，搭接长度可按表值减少 $5d$ 采用。
② 当混凝土在凝固过程中受力钢筋易受扰动时，其搭接长度应增加 $5d$。
③ 在任何情况下，受拉钢筋的搭接长度不应小于300mm；受压钢筋的搭接长度不应小于200mm。
④ 环氧树脂涂层钢筋的绑扎接头搭接长度，受拉钢筋按表值的1.5倍采用。
⑤ 受拉区段内，R235钢筋绑扎接头的末端应做成弯钩，HRB335、HRB400、KL400钢筋的末端可不做成弯钩。

在任一绑扎接头中心至搭接长度 l_s 的1.3倍长度区段 l（图2.37）内，同一根钢筋不得有两个接头；在该区段内有绑扎接头的受力钢筋截面面积占受力钢筋总截面面积的百分数，受拉区不宜超过25%，受压区不宜超过50%。当绑扎接头的受力钢筋截面面积占受力钢筋总截面面积超过上述规定时，应按表2-7的规定值，乘以下列系数：当受拉钢筋绑扎接头截面面积大于25%，但不大于50%时，乘以1.4；当大于50%时，乘以1.6；当受压钢筋绑扎接头截面面积大于50%时，乘以1.4（受压钢筋绑扎接头长度仍为表中受拉钢筋绑扎接头长度的0.7倍）。

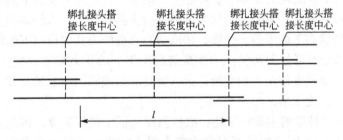

图2.37 受力钢筋绑扎接头
注：图中所示 l 区段内有接头的钢筋截面面积按两根计。

绑扎接头部分钢筋的横向净距不应小于钢筋直径且不应小于25mm，同时非接头部分钢筋净距仍应符合《规范》（JTG D62）第9.3.4条的规定。

束筋的搭接接头应先由单根钢筋错开搭接，接头中距为1.3倍表2-7规定的单根钢筋搭接长度；再用一根长度为 $1.3(n+1)l_s$ 的通长钢筋进行搭接绑扎，其中 n 为组成束筋的单根钢筋根数，l_s 为单根钢筋搭接长度，如图 2.38 所示。

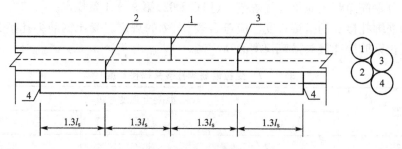

图 2.38　束筋的搭接

1、2、3—组成束筋的单根钢筋；4—通长钢筋

钢筋机械连接接头适用于 HRB335 和 HRB400 带肋钢筋的连接。机械连接接头应符合行业标准《钢筋机械连接技术规程》(JGJ 107—2010)的有关规定。

钢筋机械连接件的最小混凝土保护层厚度，宜符合附表 2-5 受力主筋保护层厚度的规定，但不得小于 20mm。

连接件之间或连接件与钢筋之间的横向净距不应小于 25mm；同时，非接头部分钢筋净距仍应符合《规范》(JTG D62)第 9.3.4 条和第 9.6.1 条的规定。

钢筋套筒挤压接头和镦粗直螺纹接头应分别符合《带肋钢筋套筒挤压连接技术规程》(JGJ108)和《镦粗直螺纹钢筋接头》(JG/T 3057)的有关规定。

本 章 小 结

(1) 单轴应力状态下的混凝土强度有立方体抗压强度、轴心抗压强度和轴心抗拉强度。结构设计计算是用轴心抗压强度和轴心抗拉强度。立方体抗压强度是材料性能的基本代表值，轴心抗压强度、轴心抗拉强度可由其换算得到。

(2) 实际结构中的混凝土大多处于复合应力状态，复合应力状态下的混凝土强度与单轴应力状态下有较大区别。复合应力状态下的混凝土强度主要有双轴向应力状态下的混凝土强度、三向受压状态下的混凝土强度、法向应力和剪应力共同作用下的混凝土强度。

(3) 混凝土的变形可分为两类：一类是荷载作用下的受力变形，包括一次短期加载、荷载长期作用和荷载重复作用下的变形；另一类是非荷载原因引起的体积变形，包括混凝土的收缩、膨胀及温度变形。

(4) 混凝土力学性能的主要特征是：抗拉强度远低于抗压强度。因此，工程上主要用混凝土承担压应力；应力-应变关系只有在应力很小时才可近似为线弹性，其余为非线性和弹塑性；混凝土的强度与变形都随时间变化；易于开裂，裂缝对混凝土自身及结构性能都有很大的影响。

(5) 普通钢筋宜优先采用 HRB400、HRB500、HRBF400、HRBF500 钢筋；预应力钢筋宜优先采用钢绞线和高强钢丝。

(6) 根据应力-应变曲线特征的不同，可将钢筋分为有明显流幅的钢筋(简称为软钢)和无明显流幅的钢筋(简称为硬钢)两类。

（7）屈服强度是钢筋设计强度取值的依据。反映钢筋力学性能的基本指标有屈服强度、强屈比、伸长率和冷弯 4 个。

（8）钢筋冷加工可提高钢材的强度，但塑性降低。冷加工的方法有冷拉、冷拔、冷轧和冷轧扭 4 种。

（9）钢筋和混凝土之间的粘结是两者共同工作的基础。粘结力由化学胶结力、摩擦力和机械咬合力 3 部分组成。

（10）粘结破坏是脆性破坏。带肋钢筋的粘结破坏形态有劈裂型粘结破坏和剪切型粘结破坏两种。

（11）为了保证钢筋与混凝土之间的可靠粘结，《规范》（GB 50010）对钢筋的锚固和搭接进行了相应的规定，其中钢筋的基本锚固长度和搭接长度是两个重要的概念。

（12）混凝土保护层厚度是保证钢筋与混凝土之间可靠粘结的一个重要方面。

思　考　题

2.1　混凝土的立方体抗压强度标准值 $f_{cu,k}$、轴心抗压强度标准值 f_{ck} 和轴心抗拉强度标准值 f_{tk} 是如何确定的？

2.2　混凝土的强度等级是如何划分的？我国《规范》（GB 50010）规定的混凝土强度等级有哪些？对于同一强度等级的混凝土，试比较立方体抗压强度、轴心抗压强度和轴心抗拉强度的大小并说明理由。

2.3　试述一次短期加载下混凝土受压时应力-应变曲线的特征。

2.4　什么是混凝土的疲劳破坏？

2.5　什么是混凝土的徐变？什么是混凝土的收缩？影响徐变和收缩的主要因素有哪些？

2.6　有明显流幅钢筋和无明显流幅钢筋的应力-应变关系有什么不同？

2.7　钢筋的强度和塑性指标有哪些？在混凝土结构设计中，钢筋强度如何取值？对钢筋的性能有哪些要求？

2.8　影响钢筋和混凝土之间粘结的因素有哪些？又如何从构造上保证钢筋和混凝土之间的可靠粘结？

第 **3** 章
混凝土结构设计的基本原则

教学提示：工程结构的设计原则应符合《统一标准》(GB 50153)的规定。建筑结构的设计原则还应符合《统一标准》(GB 50068)的规定，有关作用(荷载)及其效应组合应符合《荷载规范》(GB 50009)的规定。桥涵结构的设计原则还应符合《公路工程结构可靠度设计统一标准》(GB/T 50283—1999)的规定，有关作用(荷载)及其效应组合应符合《公路桥涵设计通用规范》(JTG D60—2004)的规定。由于建筑结构和桥涵结构都是采用以概率论为基础的极限状态设计法，都是采用分项系数的设计表达式进行设计，两种结构设计原则总体相同。故本章主要结合《统一标准》(GB 50153)、《统一标准》(GB 50068)、《荷载规范》(GB 50009)和《规范》(GB 50010)的有关规定重点介绍建筑混凝土结构设计的基本原则，对于桥涵混凝土结构设计的基本原则主要介绍其与建筑混凝土结构设计基本原则的区别。

学习要求：通过本章学习，学生应掌握工程结构极限状态的基本概念，包括结构上的作用与作用效应、对结构的功能要求、设计基准期、设计使用年限、结构的设计状况、两类极限状态等；了解结构可靠度的基本原理；熟悉概率极限状态设计方法；掌握实用设计表达式。

▎**3.1** 结构的功能要求和极限状态

3.1.1 作用、作用效应、抗力、设计基准期与设计使用年限

1. 结构上的作用、作用效应

作用是指施加在结构上的力(直接作用，也称为荷载)和引起结构外加变形或约束变形的原因(间接作用)。例如，结构自重、汽车荷载、人群荷载、风荷载和雪荷载等为直接作用，地基不均匀沉降、温度变化、混凝土收缩等为间接作用。

按时间的变异，结构上的作用可分为 3 类。

(1) 永久作用：在结构使用期间，其值不随时间变化，或其变化与平均值相比可以忽略不计，或其变化是单调的并能趋于限值的作用，如结构自重、土压力和预应力等。

(2) 可变作用：在结构使用期间，其值随时间变化，且其变化与平均值相比不可忽略的作用，如楼面活荷载、屋面活荷载、屋面积灰荷载、吊车荷载、风荷载、雪荷载和温度作用等。

(3) 偶然作用：在结构设计使用年限内不一定出现，而一旦出现其量值很大且持续时间很短的作用，如罕遇地震作用、爆炸力和撞击力等。

作用效应是指由作用在结构上引起的内力(如弯矩、剪力、轴力和扭矩)和变形(如挠

度、裂缝和侧移）。当作用为直接作用时，其效应通常称为荷载效应，用 S 表示。

荷载和荷载效应均为随机变量或随机过程。

2. 结构抗力

结构抗力是指结构或结构构件承受作用效应的能力，用 R 表示，如构件的承载力、刚度和抗裂度等。钢筋混凝土构件抗力的大小由构件的截面尺寸、材料性能及钢筋的配置方式和数量决定，可由相应的计算公式求得。由于影响抗力的主要因素（几何参数、材料性能和计算模式）都具有不确定性，都是随机变量，因而由这些因素综合而成的结构抗力也是随机变量。

3. 设计基准期与设计使用年限

设计基准期是为确定可变作用代表值及与时间有关的材料性能而选用的时间参数。建筑结构的设计基准期为 50 年，公路桥涵结构的设计基准期为 100 年。设计使用年限是设计规定的结构或结构构件不需进行大修即可按其预定目的使用的时期，建筑结构的设计使用年限按表 3-1 采用。

表 3-1 建筑结构的设计使用年限

类别	设计使用年限/年	示　例
1	5	临时性结构
2	25	易于替换的结构构件
3	50	普通房屋和构筑物
4	100	标志性建筑和特别重要的建筑结构

设计基准期与设计使用年限既有联系，又不相同。设计基准期可根据结构设计使用年限的要求适当选定。结构的设计使用年限不等于结构的使用寿命，当结构的使用年限超过设计使用年限时，表明它失效的概率可能会增大，安全度水准可能会有所降低，但不等于结构不能使用。

3.1.2 结构的功能

结构设计的基本目的是：在现有的经济条件和技术水平下，寻求合理的设计方法来解决工程结构的可靠与经济这对矛盾，从而使所建造的工程结构在规定的设计使用年限内满足《统一标准》（GB 50068）规定的下述 3 项功能要求。

1. 安全性

在正常施工和正常使用时，能承受可能出现的各种作用；在设计规定的偶然事件（如罕遇地震）发生时及发生后，仍能保持必需的整体稳定性。

2. 适用性

在正常使用时具有良好的工作性能，如不发生影响正常使用的过大变形、过宽裂缝和过大的振幅或频率等。

3. 耐久性

在正常维护下具有足够的耐久性能。例如,结构材料的风化、老化和腐蚀等不超过一定的限度。

3.1.3 结构的极限状态

1. 结构的极限状态

结构满足预定功能的要求而良好地工作,称结构为"可靠";反之称为"失效"。区分结构"可靠"与"失效"的临界工作状态称为"极限状态",即整个结构或结构的一部分超过某一特定状态就不能满足设计规定的某一功能要求,此特定状态称为该功能的极限状态。极限状态分为承载能力极限状态和正常使用极限状态两类。

1) 承载能力极限状态

承载能力极限状态对应于结构或结构构件达到最大承载力、出现疲劳破坏或达到不适于继续承载的变形,或结构的连续倒塌。

承载能力极限状态主要针对结构的安全性,其发生的概率应该限制得很低,且所有结构或结构构件都应进行承载能力极限状态设计。当结构或结构构件出现下列状态之一时,应认为超过了承载能力极限状态。

(1) 整个结构或结构的一部分作为刚体失去平衡(如倾覆等)。

(2) 结构构件或连接因超过材料强度而破坏(包括疲劳破坏),或因过度变形而不适于继续承载。

(3) 结构转变为机动体系。

(4) 结构或结构构件丧失稳定(如压屈等)。

(5) 地基丧失承载能力而破坏(如失稳等)。

(6) 结构因局部破坏而发生连续倒塌。

2) 正常使用极限状态

正常使用极限状态对应于结构或结构构件达到正常使用或耐久性能的某项规定限值。

正常使用极限状态主要针对结构的适用性和耐久性,其发生时的危害较承载能力极限状态小,所以发生的概率可比承载能力极限状态高一些。结构构件一般先进行承载能力极限状态的设计计算,然后根据承载能力极限状态设计计算选定的截面尺寸、材料强度和配筋,按照使用要求进行正常使用极限状态的变形和裂缝宽度等的验算。当结构或结构构件出现下列状态之一时,应认为超过了正常使用极限状态。

(1) 影响正常使用或外观的变形。

(2) 影响正常使用或耐久性能的局部损坏(包括裂缝)。

(3) 影响正常使用的振动。

(4) 影响正常使用的其他特定状态。

2. 结构的设计状况

结构的设计状况指代表一定时段的一组物理条件,设计应做到结构在该时段内不超越有关极限状态。建筑结构设计时,应根据结构在施工和使用中的环境条件和影响,区分下列 4 种设计状况。

(1) 持久设计状况。它是指在结构使用过程中一定出现，且持续期很长的设计状况，其持续期一般与设计使用年限为同一数量级。例如，使用期间房屋结构承受家具和正常人员荷载的状况，以及桥梁结构承受车辆荷载的状况等属持久设计状况。

(2) 短暂设计状况。它是指在结构施工和使用过程中出现概率较大，而与设计使用年限相比，持续期很短的设计状况。例如，结构施工和维修时承受堆料荷载的状况属短暂设计状况。

(3) 偶然设计状况。它是指在结构使用过程中出现概率很小，且持续期很短的设计状况。例如，结构遭受火灾、爆炸和撞击等作用的状况属偶然设计状况。

(4) 地震设计状况。它是指结构遭受地震时的状况。在地震设防区必须考虑地震设计状况。

对于上述 4 种设计状况，均应进行承载能力极限状态设计，以保证结构的安全性。对于持久设计状况，尚应进行正常使用极限状态设计，以保证结构的适用性和耐久性。对于短暂设计状况和地震设计状况，可根据需要进行正常使用极限状态设计。对于偶然设计状况，可不进行正常使用极限状态设计。

3. 结构的功能函数和极限状态方程

结构上的各种作用、材料性能、几何参数等都具有随机性，这些因素若用基本变量 $X_i(i=1，2，\cdots，n)$ 表示，则结构的功能函数可表示为

$$Z=g(X_1，X_2，\cdots，X_n) \tag{3-1}$$

当式(3-1)等于零时，则称其为极限状态方程，见式(3-2)。

$$Z=g(X_1，X_2，\cdots，X_n)=0 \tag{3-2}$$

当功能函数中仅有荷载效应 S 和结构抗力 R 两个基本变量时，则结构的功能函数和极限状态方程分别见式(3-3)和式(3-4)。

$$Z=g(R，S)=R-S \tag{3-3}$$

$$Z=R-S=0 \tag{3-4}$$

由概率论可知，由于 R 和 S 都是随机变量，则 $Z=R-S$ 也是随机变量。由于 R 和 S 取值不同，Z 值有 3 种可能的情况出现，如图 3.1 所示。

由图 3.1 或式(3-3)可以判别结构所处的状态：当 $Z=R-S>0$ 时，结构处于可靠状态；当 $Z=R-S=0$ 时，结构处于极限状态；当 $Z=R-S<0$ 时，结构处于失效状态。

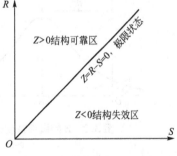

图 3.1 结构的 3 种状态

3.2 概率极限状态设计方法

3.2.1 结构可靠度

结构可靠性是指结构在规定的时间内，在规定的条件下，完成预定功能的能力，是结

构安全性、适用性和耐久性的总称。

结构可靠度是指结构在规定的时间内，在规定的条件下，完成预定功能的概率。可见，结构可靠度是结构可靠性的概率度量。

上述定义中的"规定的时间"是指"设计使用年限"，见表3-1；"规定的条件"是指"正常设计、正常施工和正常使用"，即不包括人为过失等非正常因素。

3.2.2 失效概率与可靠指标

结构能够完成预定功能的概率称"可靠概率"，用 P_s 表示；结构不能完成预定功能的概率称"失效概率"，用 P_f 表示。再结合功能函数 $Z=R-S$ 的概念可得

$$P_s = P(Z \geqslant 0) = \int_0^{+\infty} f(Z) \mathrm{d}Z \tag{3-5}$$

$$P_f = P(Z < 0) = \int_{-\infty}^0 f(Z) \mathrm{d}Z = 1 - P_s \tag{3-6}$$

式中，$f(Z)$ 为功能函数 Z 的概率密度函数，如图3.2所示。由于假定 R 和 S 均服从正态分布且两者为线性关系，故图3.2中的功能函数 $Z=R-S$ 也服从正态分布，且有

平均值：

$$\mu_Z = \mu_R - \mu_S \tag{3-7}$$

标准差：

$$\sigma_Z = \sqrt{\sigma_R^2 + \sigma_S^2} \tag{3-8}$$

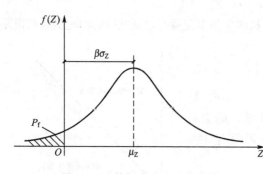

图3.2 Z 的概率密度分布曲线

图3.2中的阴影部分面积表示 $Z<0$ 事件出现的概率，即失效概率 P_f。可见，结构的可靠度可用结构的失效概率 P_f 来度量，失效概率 P_f 越小，结构可靠度越大。

由式(3-6)可知，求解失效概率 P_f 需先求得功能函数 Z 的概率密度函数 $f(Z)$，再求式(3-6)的积分值。然而事实上，许多情况下根本不能求得功能函数 Z 的概率密度函数 $f(Z)$，或虽能求得 $f(Z)$ 但仍存在式(3-6)不可积或求解相当烦琐等情况。为此定义图3.2中的 $\mu_Z = \beta\sigma_Z$，并称 β 为可靠指标，则有

$$\beta = \frac{\mu_Z}{\sigma_Z} = \frac{\mu_R - \mu_S}{\sqrt{\sigma_R^2 + \sigma_S^2}} \tag{3-9}$$

可见，求得 R 和 S 的统计平均值 μ_R、μ_S 和标准差 σ_R、σ_S 后，就可由式(3-9)求得可靠指标 β。同时由图3.2知道，可靠指标 β 与失效概率 P_f 是一一对应的，失效概率 P_f 越小，可靠指标 β 越大，两者之间的数值对应关系见表3-2。因此，结构的可靠度可用可靠指标 β 来度量。

表3-2 可靠指标 β 与失效概率 P_f 的对应关系

β	P_f	β	P_f
1.0	1.59×10^{-1}	3.2	6.87×10^{-4}
1.5	6.68×10^{-2}	3.5	2.33×10^{-4}
2.0	2.28×10^{-2}	3.7	1.08×10^{-4}
2.5	6.21×10^{-3}	4.0	3.17×10^{-5}
2.7	3.47×10^{-3}	4.2	1.33×10^{-5}
3.0	1.35×10^{-3}	4.5	3.40×10^{-6}

3.2.3 目标可靠指标

当结构功能函数的失效概率 P_f 小到某一值时，人们就会因结构失效的可能性很小而不再担心，该失效概率称容许失效概率 $[P_f]$，与容许失效概率 $[P_f]$ 相对应的可靠指标称目标可靠指标，也称设计可靠指标，用符号 $[\beta]$ 表示。所以 $P_f \leqslant [P_f]$ 等价于 $\beta \geqslant [\beta]$，表示此时结构处于可靠状态。

《统一标准》（GB 50068）根据结构的安全等级和破坏类型规定了结构构件承载能力极限状态的目标可靠指标 $[\beta]$，见表3-3。表中延性破坏是指结构构件在破坏前有明显的变形或其他预兆；脆性破坏是指结构构件在破坏前无明显的变形或其他预兆。可见，延性破坏的危害比脆性破坏的相对小些，故延性破坏的目标可靠指标 $[\beta]$ 比脆性破坏的小0.5。

表3-3 结构构件承载能力极限状态的目标可靠指标 $[\beta]$

破坏类型	安 全 等 级		
	一级	二级	三级
延性破坏	3.7	3.2	2.7
脆性破坏	4.2	3.7	3.2

《统一标准》（GB 50068）根据结构破坏可能产生的后果（危及人的生命、造成经济损失、产生社会影响等）的严重性，将建筑结构划分为3个安全等级，见表3-4。

表3-4 建筑结构的安全等级

安全等级	破坏后果	建筑物类型
一级	很严重	重要的房屋
二级	严重	一般的房屋
三级	不严重	次要的房屋

对于结构构件正常使用极限状态的目标可靠指标，根据其作用效应的可逆程度宜取 0~1.5。例如，某框架梁在某一荷载作用后，其挠度超过了规范的限值，卸去该荷载后，若梁的挠度小于规范的限值，则为可逆极限状态，否则为不可逆极限状态。对于可逆的正

常使用极限状态,其目标可靠指标 $[\beta]$ 取为 0;对于不可逆的正常使用极限状态,其目标可靠指标 $[\beta]$ 取为 1.5。当可逆程度介于可逆与不可逆之间时,$[\beta]$ 取 0~1.5 之间的值,且对于可逆程度较高的结构构件宜取较低值。

3.3 荷载的代表值

实际工程结构在使用期间所承受的荷载不是定值,而是具有一定的不确定性。因此,结构设计时所取用的荷载代表值需用概率统计的方法来确定。

荷载代表值是指结构设计时用以验算极限状态所采用的荷载量值,可变荷载的代表值有标准值、组合值、频遇值和准永久值 4 种;而永久荷载只有标准值。

3.3.1 荷载标准值

荷载标准值是荷载的基本代表值,为设计基准期内最大荷载统计分布的特征值(如均值、众值、中值或某个分位值)。原则上可由设计基准期内最大荷载概率分布的某一分位值确定。

假定图 3.3 中的荷载 P 符合正态分布,当取分位数为 0.05 的上限分位值为荷载标准值 P_k 时,则有

$$P_k = \mu_p + 1.645\sigma_p \qquad (3-10)$$

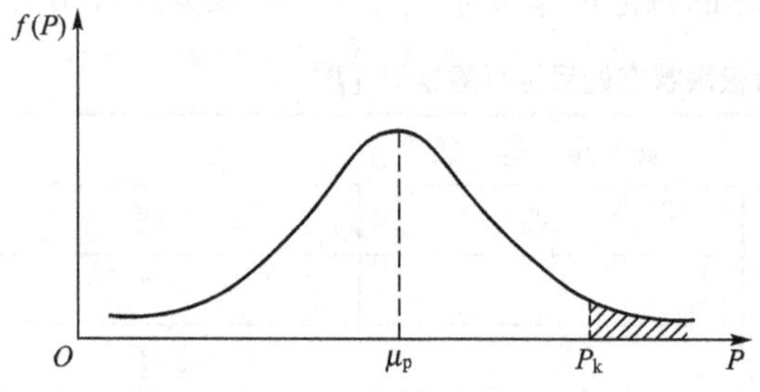

图 3.3 荷载标准值的取值方法

但是,迄今许多可变荷载尚未取得充分的统计资料。因此,《荷载规范》(GB 50009)规定的荷载标准值实际上是根据已有的工程经验或参照传统的习用数值确定的,且各荷载标准值的分位数并不统一。

永久荷载标准值,对结构自重,可按结构构件的设计尺寸与材料单位体积的自重计算确定,相当于自重的统计平均值,即分位数为 0.5。对于自重变异较大的材料和构件(如现场制作的保温材料、防水材料、混凝土薄壁构件等),自重的标准值应根据对结构的不利状态,取《荷载规范》(GB 50009)附录 A 给出的自重上限值或下限值。

可变荷载标准值由《荷载规范》(GB 50009)给出,结构设计时可直接查用。例如,住宅、办公楼的楼面活荷载标准值为 $2kN/m^2$,商店、车站的楼面活荷载标准值为 $3.5kN/m^2$ 等。

3.3.2 荷载组合值

对于可变荷载,荷载组合值是为使组合后的荷载效应在设计基准期内的超越概率,能与该荷载单独出现时的相应概率趋于一致的荷载值;或使组合后的结构具有统一规定的可

靠指标的荷载值。

具体来讲，当某一可变荷载参与组合时，取该可变荷载的标准值与组合值系数 ψ_c 的乘积作为该荷载的组合值，且组合值系数 ψ_c 是一个小于 1 的折减系数。这是因为当结构上作用几个可变荷载时，各可变荷载最大值同时出现的概率很小，故乘以一个小于 1 的组合值系数 ψ_c。例如，某商店的楼面活荷载参与组合，商店的楼面活荷载标准值为 $3.5kN/m^2$，组合值系数 ψ_c 为 0.7，则该活荷载的组合值为 $3.5 \times 0.7 = 2.45kN/m^2$。

3.3.3 荷载频遇值

对于可变荷载，荷载频遇值是指在设计基准期内，其超越的总时间为规定的较小比率或超越频率为规定频率的荷载值。

具体来讲，取可变荷载的标准值与频遇值系数 ψ_f 的乘积作为荷载的频遇值，同样频遇值系数 ψ_f 也是一个小于 1 的折减系数，且频遇值系数 $\psi_f \leqslant$ 组合值系数 ψ_c，也就是说荷载频遇值被超越的概率要大于荷载组合值。例如，商店的楼面活荷载标准值为 $3.5kN/m^2$，频遇值系数 ψ_f 为 0.6，则该活荷载的频遇值为 $3.5 \times 0.6 = 2.10kN/m^2$。

3.3.4 荷载准永久值

对于可变荷载，荷载准永久值是指在设计基准期内，其超越的总时间约为设计基准期一半的荷载值。

具体来讲，取可变荷载的标准值与准永久值系数 ψ_q 的乘积作为荷载的准永久值，同样准永久值系数 ψ_q 也是一个小于 1 的折减系数，且准永久值系数 $\psi_q <$ 频遇值系数 $\psi_f \leqslant$ 组合值系数 ψ_c，也就是说荷载准永久值被超越的概率要大于荷载频遇值和荷载组合值。例如，商店的楼面活荷载标准值为 $3.5kN/m^2$，准永久值系数 ψ_q 为 0.5，则该活荷载的准永久值为 $3.5 \times 0.5 = 1.75kN/m^2$。

3.4 材料强度的标准值和设计值

3.4.1 钢筋强度的标准值和设计值

1. 钢筋强度的标准值

《规范》（GB 50010）规定：钢筋的强度标准值应具有不小于 95% 的保证率，具体取法如下：

（1）对有明显屈服点的普通钢筋，以屈服强度作为强度标准值取值依据，用符号 f_{yk} 表示，见附表 1-4；

（2）对无明显屈服点的预应力筋（包括中强度预应力钢丝、预应力螺纹钢筋、消除应力钢丝和钢绞线），以抗拉强度 σ_b 作为强度标准值取值依据，用符号 f_{ptk} 表示，见附表 1-6。

2. 钢筋强度的设计值

为保证结构的安全性和满足可靠度要求，在承载能力极限状态设计计算时，对钢筋强度取用一个比标准值小的强度值，即钢筋强度设计值，两者的关系如下。

(1) 对于普通钢筋，其抗拉强度设计值 f_y 按式(3-11)计算。计算时，钢筋材料分项系数 γ_s 取值如下：对于 HPB300、HRB335、HRBF335、HRB400、HRBF400、RRB400，取 $\gamma_s=1.1$；对于 HRB500、HRBF500，取 $\gamma_s=1.15$。根据计算结果进行适当调整并取整数，最后 f_y 按附表1-5取值。

(2) 对于预应力筋，其中消除应力钢丝和钢绞线的抗拉强度设计值 f_{py} 按式(3-12)计算；中强度预应力钢丝和预应力螺纹钢筋的抗拉强度设计值 f_{py} 按式(3-13)计算。计算时，预应力筋的材料分项系数 γ_s 均取 1.2。根据计算结果进行适当调整并取整数，最后 f_{py} 按附表1-7取值。

$$f_y = f_{yk}/\gamma_s \tag{3-11}$$
$$f_{py} = 0.85 f_{ptk}/\gamma_s \tag{3-12}$$
$$f_{py} = f_{pyk}/\gamma_s \tag{3-13}$$

式中：γ_s——钢筋材料分项系数，通过多种分项系数方案比较，优选与目标可靠指标误差最小的一组方案得到。

3.4.2 混凝土强度的标准值和设计值

1. 混凝土强度的标准值

混凝土轴心抗压强度标准值和轴心抗拉强度标准值的概念见 2.1.1 节。在确定混凝土轴心抗压强度标准值 f_{ck} 和轴心抗拉强度标准值 f_{tk} 时，假定混凝土轴心抗压强度、轴心抗拉强度均与立方体抗压强度具有相同的变异系数，分别按式(2-1)和式(2-4)计算，最后 f_{ck}、f_{tk} 按附表1-1取值。

2. 混凝土强度的设计值

为保证结构的安全性和满足可靠度要求，在承载能力极限状态设计计算时，采用混凝土强度的设计值，混凝土强度设计值等于混凝土强度标准值除以混凝土材料分项系数 γ_c，并取 $\gamma_c=1.4$，具体有

轴心抗压强度设计值 f_c：
$$f_c = f_{ck}/\gamma_c \tag{3-14}$$

轴心抗拉强度设计值 f_t：
$$f_t = f_{tk}/\gamma_c \tag{3-15}$$

对式(3-14)和式(3-15)的计算结果进行适当调整，最后 f_c 和 f_t 按附表1-2取值。

3.5 实用设计表达式

用可靠指标 β 进行设计，不仅需用大量的统计数据，且计算可靠指标 β 比较复杂，所

以直接采用可靠指标 β 进行设计不太现实。为此，考虑到多年的设计习惯和实用上的方便，《规范》（GB 50010）采用荷载标准值、材料强度标准值及分项系数（包括荷载分项系数、材料强度分项系数和结构重要性系数）的设计表达式进行设计，习惯上称其为"实用设计表达式"。表达式中的各个分项系数通过可靠度分析经优选确定，起着相当于目标可靠指标 $[\beta]$ 的作用。

3.5.1 承载能力极限状态设计表达式

《规范》（GB 50010）规定，混凝土结构的承载能力极限状态计算应包括下列内容：

(1) 结构构件应进行承载力（包括失稳）计算；

(2) 直接承受重复荷载的构件应进行疲劳验算；

(3) 有抗震设防要求时，应进行抗震承载力计算；

(4) 必要时尚应进行结构的倾覆、滑移、漂浮验算；

(5) 对于可能遭受偶然作用，且倒塌可能引起严重后果的重要结构，宜进行防连续倒塌设计。

1. 承载能力极限状态设计表达式

《规范》（GB 50010）规定，对持久设计状况、短暂设计状况和地震设计状况，当用内力的形式表达时，结构构件应采用下列承载能力极限状态设计表达式。

$$\gamma_0 S \leqslant R \tag{3-16a}$$

$$R = R(f_c, f_s, a_k, \cdots)/\gamma_{Rd} \tag{3-16b}$$

式中：γ_0——结构重要性系数，对持久设计状况和短暂设计状况按表 3-5 取值；对地震设计状况下应取 $\gamma_0 = 1.0$。

S——承载能力极限状态下作用组合的效应设计值，对持久设计状况和短暂设计状况应按作用的基本组合计算；对地震设计状况应按作用的地震组合计算。

$\gamma_0 S$——内力设计值，在以后各章中分别用 N、M、V、T 等表达。

R——结构构件的抗力设计值。

$R(f_c, f_s, a_k, \cdots)$——结构构件的抗力函数，"如何求得各类混凝土构件的抗力函数"是第 4~8 章和第 10 章的主要内容。

γ_{Rd}——结构构件的抗力模型不定性系数，静力设计取 1.0，对不确定性较大的结构构件根据具体情况取大于 1.0 的数值；抗震设计应用承载力抗震调整系数 γ_{RE} 代替 γ_{Rd}。

f_c、f_s——混凝土、钢筋的强度设计值。

a_k——几何参数的标准值。

表 3-5 结构重要性系数 γ_0

结构的安全等级或设计使用年限	γ_0
结构的安全等级一级或设计使用年限为 100 年及以上的结构构件	$\geqslant 1.1$
结构的安全等级二级或设计使用年限为 50 年的结构构件	$\geqslant 1.0$
结构的安全等级三级或设计使用年限为 5 年的结构构件	$\geqslant 0.9$

对偶然作用下的结构进行承载能力极限状态设计时,式(3-16a)中的作用效应设计值 S 按偶然组合计算,结构重要性系数 γ_0 取不小于 1.0 的数值;式(3-16b)中混凝土、钢筋的强度设计值 f_c、f_s 改用强度标准值 f_{ck}、f_{yk}(或 f_{pyk})。

2. 承载能力极限状态荷载组合的效应设计值 S

《统一标准》(GB 50153)规定:对于不同的设计状况应采用不同的作用组合。对于持久设计状况和短暂设计状况应采用基本组合,对偶然设计状况应采用偶然组合,对于地震设计状况应采用地震组合。由于本书只涉及混凝土构件的非抗震设计,故以下仅按《荷载规范》(GB 50009)介绍荷载基本组合和偶然组合的效应设计值。

1) 荷载基本组合的效应设计值

对于荷载基本组合的效应设计值,应从下列两个荷载组合值中取用最不利值进行确定。

(1) 由可变荷载控制的效应设计值:

$$S = \sum_{j=1}^{m} \gamma_{Gj} S_{Gjk} + \gamma_{Q1} \gamma_{L1} S_{Q1k} + \sum_{i=2}^{n} \gamma_{Qi} \gamma_{Li} \psi_{ci} S_{Qik} \qquad (3-17)$$

(2) 由永久荷载控制的效应设计值:

$$S = \sum_{j=1}^{m} \gamma_{Gj} S_{Gjk} + \sum_{i=1}^{n} \gamma_{Qi} \gamma_{Li} \psi_{ci} S_{Qik} \qquad (3-18)$$

式中:S_{Gjk}——第 j 个永久荷载标准值的效应。

  S_{Q1k}——第 1 个可变荷载(主导可变荷载)标准值的效应。

  S_{Qik}——第 i 个可变荷载标准值的效应。

  γ_{Gj}——第 j 个永久荷载的分项系数,当其效应对结构不利时,式(3-17)中的 γ_{Gj} 取 1.2,式(3-18)中的 γ_{Gj} 取 1.35;当其效应对结构有利时,应取 γ_{Gj} $\leqslant$1.0。

  γ_{Q1}——第 1 个可变荷载(主导可变荷载)的分项系数,一般情况下 γ_Q 取 1.4;对于标准值大于 $4kN/m^2$ 的工业房屋楼面结构的活荷载 γ_Q 取 1.3。

  γ_{Qi}——第 i 个可变荷载的分项系数,取值同 γ_{Q1}。

  γ_{L1}、γ_{Li}——第 1 个和第 i 个关于结构设计使用年限的荷载调整系数,对于设计使用年限为 100 年、50 年和 5 年的结构分别取 1.1、1.0 和 0.9。

  ψ_{ci}——第 i 个可变荷载的组合值系数,按《荷载规范》(GB 50009)表 5.1.1 等的规定选用。

  m——参与组合的永久荷载数。

  n——参与组合的可变荷载数。

需要说明的内容如下。

(1) 式(3-17)、式(3-18)仅适用于荷载与荷载效应为线性的情况。

(2) 应用式(3-17)时,若 S_{Q1k} 无法明显判断,则应依次以各可变荷载效应为 S_{Q1k},最后选取其中最不利的荷载效应组合。

(3) 出于简化的目的,在应用式(3-18)时,对于可变荷载可仅考虑与结构自重方向一致的竖向荷载,而忽略影响不大的横向荷载。

(4) 通常将荷载分项系数与荷载标准值的乘积称为荷载设计值。如永久荷载设计值

$\gamma_G G_k$、可变荷载设计值 $\gamma_Q Q_k$ 等。其中的荷载分项系数 γ_G、γ_Q 与材料分项系数一样，由规范编制人员通过多种分项系数方案比较，优选与目标可靠指标误差最小的一组方案得到。

2）荷载偶然组合的效应设计值

对于荷载偶然组合的效应设计值，可按下列规定采用。

（1）用于承载能力极限状态计算的效应设计值，应按下式进行计算：

$$S = \sum_{j=1}^{m} S_{Gjk} + S_{Ad} + \psi_{f1} S_{Q1k} + \sum_{i=2}^{n} \psi_{qi} S_{Qik} \tag{3-19a}$$

式中：S_{Ad}——按偶然荷载标准值 A_d 计算的荷载效应值；

　　ψ_{f1}——第 1 个可变荷载的频遇值系数，按《荷载规范》（GB 50009）表 5.1.1 等的规定选用；

　　ψ_{qi}——第 i 个可变荷载的准永久值系数，按《荷载规范》（GB 50009）表 5.1.1 等的规定选用。

（2）用于偶然事件发生后受损结构整体稳固性验算的效应设计值，应按下式进行计算：

$$S = \sum_{j=1}^{m} S_{Gjk} + \psi_{f1} S_{Q1k} + \sum_{i=2}^{n} \psi_{qi} S_{Qik} \tag{3-19b}$$

【例 3.1】 某教室楼面简支梁如图 3.4 所示，设计使用年限 50 年，安全等级为二级，跨度 $l=8\text{m}$，承受永久荷载（包括梁自重）标准值 $g_k=10\text{kN/m}$，$G_k=16\text{kN}$；承受楼面活荷载标准值 $q_k=12\text{kN/m}$，楼面活荷载的组合系数 $\psi_c=0.7$，频遇值系数 $\psi_f=0.6$，准永久值系数 $\psi_q=0.5$。求梁跨中截面 C 的荷载基本组合的效应设计值 M 和支座截面 A 的荷载基本组合的效应设计值 V。

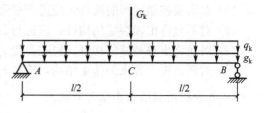

图 3.4 例 3.1 图

解题思路：荷载基本组合的效应设计值应分别按式（3-17）和式（3-18）求解，然后取较大值。

【解】 （1）梁跨中截面 C 的荷载基本组合的效应设计值 M 计算如下。

由永久荷载在跨中截面 C 产生的弯矩标准值：

$$M_{Gk} = \frac{1}{8} g_k l^2 + \frac{1}{4} G_k l = 112\text{kN} \cdot \text{m}$$

楼面活荷载在跨中截面 C 产生的弯矩标准值：

$$M_{Qk} = \frac{1}{8} q_k l^2 = 96\text{kN} \cdot \text{m}$$

由可变荷载效应控制的弯矩设计值 M_1 按式（3-17）计算：

$$M_1 = \gamma_G M_{Gk} + \gamma_{Q1} \gamma_{L1} M_{Q1k} = 1.2 \times 112 + 1.4 \times 1.0 \times 96 = 268.8\text{kN} \cdot \text{m}$$

由永久荷载效应控制的弯矩设计值 M_2 按式（3-18）计算：

$$M_2 = \gamma_G M_{Gk} + \sum_{i=1}^{n} \gamma_{Qi} \gamma_{Li} \psi_{ci} M_{Qik} = 1.35 \times 112 + 1.4 \times 1.0 \times 0.7 \times 96 = 245.28\text{kN} \cdot \text{m}$$

梁跨中截面 C 的荷载基本组合的效应设计值 M 为 M_1、M_2 两者中的较大值，即：

$$M = \{M_1, M_2\}_{max} = 268.8\text{kN} \cdot \text{m}$$

（2）梁支座截面 A 的荷载基本组合的效应设计值 V 计算如下。

永久荷载在支座截面 A 产生的剪力标准值：

$$V_{Gk}=\frac{1}{2}g_{k}l+\frac{1}{2}G_{k}=48\text{kN}$$

由楼面活荷载在支座截面 A 产生的剪力标准值：

$$V_{Qk}=\frac{1}{2}q_{k}l=48\text{kN}$$

由可变荷载效应控制的剪力设计值 V_1 按式（3-17）计算：
$$V_{1}=\gamma_{G}V_{Gk}+\gamma_{Q1}\gamma_{L1}V_{Q1k}=1.2\times48+1.4\times1.0\times48=124.8\text{kN}$$

由永久荷载效应控制的剪力设计值 V_2 按式（3-18）计算：

$$V_{2}=\gamma_{G}V_{Gk}+\sum_{i=1}^{n}\gamma_{Qi}\gamma_{Li}\psi_{ci}V_{Qik}=1.35\times48+1.4\times1.0\times0.7\times48=111.84\text{kN}$$

梁支座截面 A 的荷载基本组合的效应设计值 V 为 V_1、V_2 两者中的较大值，即
$$V=\{V_{1},\ V_{2}\}_{max}=124.8\text{kN}$$

3.5.2 正常使用极限状态设计表达式

《规范》（GB 50010）规定，混凝土结构构件应根据其使用功能及外观要求，按下列规定进行正常使用极限状态验算。

（1）对需要控制变形的构件，应进行变形验算。

（2）对不允许出现裂缝的构件，应进行混凝土拉应力验算。

（3）对允许出现裂缝的构件，应进行受力裂缝宽度验算。

（4）对舒适度有要求的楼盖结构，应进行竖向自振频率验算。

1. 正常使用极限状态设计表达式

《规范》（GB 50010）规定，对于正常使用极限状态，混凝土构件应按荷载的准永久组合或标准组合并考虑长期作用的影响，采用下列极限状态设计表达式进行验算：
$$S\leqslant C \tag{3-20}$$
式中：S——正常使用极限状态荷载组合的效应设计值，按式（3-21）～式（3-23）确定；

C——结构构件达到正常使用要求所规定的变形、应力、裂缝宽度和自振频率等的限值。

2. 正常使用极限状态荷载组合的效应设计值 S

（1）对于荷载标准组合的效应设计值 S 应按下式进行计算：
$$S=\sum_{j=1}^{m}S_{Gjk}+S_{Q1k}+\sum_{i=2}^{n}\psi_{ci}S_{Qik} \tag{3-21}$$

（2）对于荷载频遇组合的效应设计值 S 应按下式进行计算：
$$S=\sum_{j=1}^{m}S_{Gjk}+\psi_{f1}S_{Q1k}+\sum_{i=2}^{n}\psi_{qi}S_{Qik} \tag{3-22}$$

（3）对于荷载准永久组合的效应设计值 S 应按下式进行计算：
$$S=\sum_{j=1}^{m}S_{Gjk}+\sum_{i=1}^{n}\psi_{qi}S_{Qik} \tag{3-23}$$

同样，式(3-21)~式(3-23)也仅适用于荷载与荷载效应为线性的情况。式中的 ψ_{ci}、ψ_{qi} 为可变荷载 Q_i 的组合值系数和准永久值系数，ψ_{f1} 为可变荷载 Q_1 的频遇值系数，均应按《荷载规范》(GB 50009)表 5.1.1 等的规定选用。

需要指出的是，"正常使用极限状态荷载组合的效应设计值 S" 具体是指荷载作用下混凝土构件的变形、裂缝宽度和应力等。"如何计算混凝土构件的挠度与裂缝宽度"是第 9 章的主要内容。

【例 3.2】 条件同例 3.1。求该梁跨中截面 C 的荷载标准组合效应设计值 M_k 和荷载准永久组合效应设计值 M_q。

解题思路：荷载标准组合效应设计值 M_k 应按式(3-21)求解，准永久组合效应设计值 M_q 应按式(3-23)求解。

【解】 由例 3.1 已求得 $M_{Gk}=112kN \cdot m$，$M_{Qk}=96kN \cdot m$，所以，梁跨中截面 C 的荷载效应标准组合弯矩 M_k 为

$$M_k = M_{Gk} + M_{Q1k} = 112 + 96 = 208kN \cdot m$$

梁跨中截面 C 的荷载效应准永久组合弯矩 M_q 为

$$M_q = M_{Gk} + \sum_{i=1}^{n} \psi_{qi}M_{Qik} = 112 + 0.5 \times 96 = 160kN \cdot m$$

3. 正常使用极限状态的验算规定及其限值 C

(1) 钢筋混凝土受弯构件的最大挠度应按荷载的准永久组合，预应力混凝土受弯构件的最大挠度应按荷载的标准组合，并均应考虑荷载长期作用的影响进行计算，其计算值不应超过附表 1-16 所规定的限值。

(2) 混凝土构件正截面的受力裂缝控制等级分为 3 级，等级划分及要求应符合下列规定。

一级：严格要求不出现裂缝的构件，按荷载标准组合计算时，构件受拉边缘混凝土不应产生拉应力。

二级：一般要求不出现裂缝的构件，按荷载标准组合计算时，构件受拉边缘混凝土的拉应力不应大于混凝土抗拉强度的标准值。

三级：允许出现裂缝的构件，对钢筋混凝土构件，按荷载准永久组合并考虑长期作用影响计算时，构件的最大裂缝宽度不应超过附表 1-15 规定的最大裂缝宽度限值(w_{lim})。对预应力混凝土构件，按荷载标准组合并考虑长期作用的影响计算时，构件的最大裂缝宽度不应超过附表 1-15 规定的最大裂缝宽度限值(w_{lim})；对二 a 类环境的预应力混凝土构件，尚应按荷载准永久组合计算，且构件受拉边缘混凝土的拉应力不应大于混凝土的抗拉强度标准值。

需要说明的是：一级、二级裂缝控制等级的验算通常称为抗裂(或抗裂度)验算，其实质是应力控制；三级裂缝控制等级的验算通常称为裂缝宽度验算，其实质是控制最大裂缝宽度。

(3) 对混凝土楼盖结构应根据使用功能的要求进行竖向自振频率验算，并宜符合下列要求：住宅和公寓不宜低于 5Hz；办公楼和旅馆不宜低于 4Hz；大跨度公共建筑不宜低于 3Hz。

3.6 公路桥涵工程混凝土结构设计的基本原则

《规范》(JTG D62)与《规范》(GB 50010)都是采用以概率论为基础的极限状态设计方法，按分项系数的设计表达式进行设计。因此，公路桥涵混凝土结构与建筑混凝土结构的设计原则及其规定基本相同，以下主要介绍两者的区别。

3.6.1 造成两者区别的主要原因及由此引起的主要区别

国家标准《公路工程结构可靠度设计统一标准》(GB/T 50283—1999)规定桥涵结构的设计基准期为100年，而《统一标准》(GB 50068)规定一般建筑结构的设计基准期为50年。由3.1.1节设计基准期的概念可知，设计基准期是确定可变作用代表值及与时间有关的材料性能等取值而选用的时间参数。设计基准期的取值不同是造成桥梁结构与建筑结构设计基本原则有所区别的主要原因。由此引起的主要区别如下。

(1) 当荷载标准值采用相同的分位值时，对于同种荷载，由于桥梁结构的设计基准期比建筑结构的长，所以桥梁工程的荷载标准值比建筑工程的取值要大。

(2) 对于相同强度等级的钢筋或混凝土，桥梁工程强度设计值的取值比建筑工程的要小。

例如，C30混凝土的轴心抗压强度设计值，桥梁结构设计时取为13.8MPa，建筑结构设计时则取为14.3MPa。又如，HRB400钢筋的抗拉强度设计值，桥梁结构设计时取为330MPa，建筑结构设计时则取为360MPa。

(3) 对于安全等级相同结构的目标可靠指标，桥梁结构比建筑结构的取值要大。《公路工程结构可靠度设计统一标准》(GB/T 50283—1999)规定桥梁结构的设计安全等级与目标可靠指标分别见表3-6和表3-7。

表3-6 桥涵结构的设计安全等级

安全等级	桥涵类型
一级	特大桥、重要大桥
二级	大桥、中桥、重要小桥
三级	小桥、涵洞

表3-7 桥梁结构的目标可靠指标 $[\beta]$

破坏类型	安 全 等 级		
	一级	二级	三级
延性破坏	4.7	4.2	3.7
脆性破坏	5.2	4.7	4.2

比较表3-3与表3-7可知，在3个安全等级下，桥梁结构的目标可靠指标均比建筑结构的大1.0。

3.6.2 极限状态设计表达式

1. 承载能力极限状态设计表达式

《规范》(JTG D62)规定，桥梁构件的承载能力极限状态计算，应采用下列表达式：

$$\gamma_0 S_d \leqslant R \tag{3-24a}$$
$$R = R(f_d, a_d) \tag{3-24b}$$

式中：γ_0——桥梁结构的重要性系数，按公路桥涵的设计安全等级，一级、二级、三级分别取用 1.1、1.0、0.9；桥梁的抗震设计不考虑结构的重要性系数。

S_d——作用(或荷载)效应(其中汽车荷载应计入冲击系数)的组合设计值，当进行预应力混凝土连续梁等超静定结构的承载能力极限状态计算时，式(3-24a)中的 $\gamma_0 S_d$ 应改为 $\gamma_0 S_d + \gamma_P S_P$。其中 S_P 为预应力(扣除全部预应力损失)引起的次效应。γ_P 为预应力分项系数，当预应力效应对结构有利时，取 $\gamma_P = 1.0$；对结构不利时，取 $\gamma_P = 1.2$。

R——构件承载力设计值。

$R(f_d, a_d)$——构件承载力函数。

f_d——材料强度设计值。

a_d——几何参数设计值，当无可靠数据时，可采用几何参数标准值 a_k，即设计文件规定值。

行业标准《公路桥涵设计通用规范》(JTG D60—2004)［以下简称《规范》(JTG D60)］规定按承载能力极限状态进行设计时，应根据各自的情况选用基本组合和偶然组合的一种或两种作用效应组合。下面仅介绍荷载效应基本组合表达式。

基本组合是承载能力极限状态设计时，永久作用标准值效应和可变作用标准效应的组合，基本表达式为

$$\gamma_0 S_d = \gamma_0 \left(\sum_{i=1}^{m} \gamma_{Gi} S_{Gik} + \gamma_{Q1} S_{Q1k} + \psi_c \sum_{j=2}^{n} \gamma_{Qj} S_{Qjk} \right) \tag{3-25}$$

式中：γ_0——桥梁结构的重要性系数，按公路桥涵的设计安全等级，一级、二级、三级分别取用 1.1、1.0、0.9；桥梁的抗震设计不考虑结构的重要性系数。

γ_{Gi}——第 i 个永久作用效应的分项系数，按《规范》(JTG D60)表 4.1.6 选用。

S_{Gik}——第 i 个永久作用效应的标准值。

γ_{Q1}——汽车荷载效应(含汽车冲击力、离心力)的分项系数，取 $\gamma_{Q1} = 1.4$。

S_{Q1k}——汽车荷载效应(含汽车冲击力、离心力)的标准值。

γ_{Qj}——在作用效应组合中除汽车荷载效应(含汽车冲击力、离心力)、风荷载外的第 j 个可变作用效应的分项系数，取 $\gamma_{Qj} = 1.4$，但风荷载的分项系数 $\gamma_{Qj} = 1.1$。

S_{Qjk}——在作用效应组合中除汽车荷载效应(含汽车冲击力、离心力)外的其他第 j 个可变作用效应的标准值。

ψ_c——在作用效应组合中除汽车荷载效应(含汽车冲击力、离心力)外的其他可变作用效应的组合系数。当永久作用与汽车荷载和人群荷载(或其他一种可变作

用)组合时,人群荷载(或其他一种可变作用)的组合系数取 $\psi_c = 0.8$;当除汽车荷载(含汽车冲击力、离心力)外尚有两种其他可变作用参与组合时,其组合系数取 $\psi_c = 0.7$;尚有 3 种可变作用参与组合时,其组合系数取 $\psi_c = 0.6$;尚有 4 种及多于 4 种的可变作用参与组合时,取 $\psi_c = 0.5$。

2. 正常使用极限状态设计表达式

《规范》(JTG D60)规定按正常使用极限状态的抗裂、裂缝宽度和挠度验算时,应根据不同结构不同的设计要求,选用以下一种或两种效应组合。

1) 作用短期效应组合

作用短期效应组合是指永久作用标准值效应与可变作用频遇值效应的组合,其效应组合表达式为

$$S_{sd} = \sum_{i=1}^{m} S_{Gik} + \sum_{j=1}^{n} \psi_{1j} S_{Qjk} \qquad (3-26)$$

式中：S_{sd}——作用短期效应组合设计值;

ψ_{1j}——第 j 个可变作用效应的频遇值系数,汽车荷载(不计冲击力)$\psi_1 = 0.7$,人群荷载 $\psi_1 = 1.0$,风荷载 $\psi_1 = 0.75$,温度梯度作用 $\psi_1 = 0.8$,其他作用 $\psi_1 = 1.0$。

2) 作用长期效应组合

作用长期效应组合是指永久作用标准值效应与可变作用准永久值效应的组合,其效应组合表达式为

$$S_{ld} = \sum_{i=1}^{m} S_{Gik} + \sum_{j=1}^{n} \psi_{2j} S_{Qjk} \qquad (3-27)$$

式中：S_{ld}——作用长期效应组合设计值;

ψ_{2j}——第 j 个可变作用效应的准永久值系数,汽车荷载(不计冲击力)$\psi_2 = 0.4$,人群荷载 $\psi_2 = 0.4$,风荷载 $\psi_2 = 0.75$,温度梯度作用 $\psi_2 = 0.8$,其他作用 $\psi_2 = 1.0$。

本 章 小 结

(1) 结构设计原则就是用于工程结构设计的既安全可靠又经济合理的方法。

(2) 施加在结构上的作用可分为永久作用、可变作用和偶然作用,作用效应由作用引起。结构设计就是在作用效应和抗力之间寻求一种最佳的平衡。

(3) 设计基准期与设计使用年限是两个不同的概念。

(4) 结构的功能包括安全性、适用性和耐久性。结构可靠性是安全性、适用性和耐久性的总称。

(5) 结构的极限状态分为承载能力极限状态和正常使用极限状态两类。

(6) 结构的设计状况有持久设计状况、短暂设计状况、偶然设计状况和地震设计状况 4 种。

(7) 结构可靠度是结构可靠性的概率度量。

(8) 目标可靠指标的取值与结构的安全等级、破坏类型有关,同时桥涵结构的目标可

靠指标比建筑结构的大 1.0。

（9）荷载代表值是指结构设计时用以验算极限状态所采用的荷载量值，有标准值、组合值、频遇值和准永久值 4 种。

（10）混凝土与钢筋的材料强度指标有标准值和设计值之分。

（11）荷载组合有基本组合、偶然组合、地震组合、标准组合、频遇组合和准永久组合 6 种。

思 考 题

3.1 什么是结构上的作用？按时间的变异，作用分为哪几类？什么是作用效应？

3.2 什么是设计基准期？建筑结构和桥涵结构的设计基准期分别是多少？

3.3 什么是设计使用年限？建筑结构的设计使用年限是如何规定的？

3.4 结构有哪些功能要求？结构可靠性的概念是什么？结构可靠性与可靠度的关系如何？

3.5 什么是结构的极限状态？承载能力极限状态与正常使用极限状态又如何定义？各有哪些标志？

3.6 结构的设计状况有哪些？各设计状况分别应进行哪些极限状态的设计？

3.7 什么是荷载的标准值、组合值、频遇值和准永久值？根据《荷载规范》（GB 50009），对于商店的楼面活荷载，其标准值、组合值、频遇值和准永久值分别是多少？

3.8 材料强度设计值与标准值是怎样的关系？对于同种材料，为什么桥涵结构中材料强度设计值的取值比建筑结构小？

3.9 荷载设计值与标准值是怎样的关系？

3.10 根据《荷载规范》（GB 50009），写出承载能力极限状态的设计表达式和荷载基本组合的效应设计值表达式，说明式中各符号的含义，并指出目标可靠指标体现在哪里？

3.11 根据《荷载规范》（GB 50009），写出荷载标准组合和准永久组合效应设计值的表达式，并说明式中各符号的含义。

3.12 根据《规范》（JTG D60），写出作用效应基本组合、作用短期效应组合、作用长期效应组合的表达式，并说明式中各符号的含义。

第4章
受弯构件正截面的受力性能与设计

教学提示： 本章应根据"试验分析—基本假定—应力图形—基本公式—公式条件—公式应用"的总体思路进行教学。以适筋梁的正截面受弯试验为基础，引导学生能通过试验现象来分析受力机理和破坏特征。从既要方便工程应用又要抓住主要受力特性出发，阐明正截面承载力计算的基本假定和等效矩形应力图。引导学生理解单筋(双筋)矩形截面和两类 T 形截面的矩形应力图，并能据此推导基本计算公式，阐明公式适用条件的物理意义。在设计计算时，应引导学生立足于应用基本计算公式和公式条件来分析和解决问题。在选配钢筋时应引导学生重视构造要求。

学习要求： 通过本章学习，学生应熟悉适筋梁正截面受弯 3 个受力阶段的概念及其受力特征，包括截面上应力与应变的分布、破坏形态、纵向受拉钢筋配筋率对破坏形态的影响、3 个工作阶段在混凝土结构设计中的应用等；熟悉混凝土构件正截面承载力计算的基本假定；熟练掌握单筋矩形、双筋矩形和两类 T 形截面受弯构件正截面受弯承载力的设计计算方法，掌握梁和板的主要构造规定；了解深受弯构件的分类、受力特点和正截面受弯承载力的计算方法。

▋ 4.1 受弯构件概述

受弯构件是指受弯矩和剪力共同作用的构件。梁和板是典型的受弯构件，它们是工程中应用最广的一类构件。荷载作用下受弯构件可能发生两种破坏形式：一种是沿弯矩最大截面的破坏，由于破坏截面与构件的轴线垂直，故称为受弯构件的正截面破坏，如图 4.1(a)所示；另一种是沿剪力最大截面或剪力和弯矩都较大截面的破坏，由于破坏截面与构件的轴线斜交，故称为受弯构件的斜截面破坏，如图 4.1(b)所示。

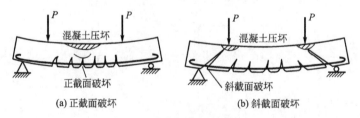

(a) 正截面破坏   (b) 斜截面破坏

图 4.1 受弯构件的破坏形式

受弯构件设计时，既要保证构件不发生正截面破坏，又要保证构件不发生斜截面破坏。本章只介绍受弯构件正截面的受力性能、设计计算方法和相关的构造措施，以保证按《规范》(GB 50010)设计的构件不发生正截面受弯破坏。本章主要解决图 4.2 所示受弯构件中纵向钢筋的配置问题。涉及图 4.2 所示梁中横向钢筋配置的斜截面问题将在第 5 章介绍。

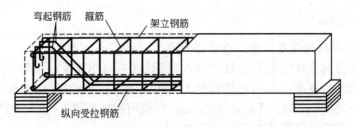

图 4.2 受弯构件的钢筋配置

4.2 受弯构件的一般构造

4.2.1 梁的一般构造

1. 梁的截面形式

梁的常用截面形式有矩形、T 形、I 形等，如图 4.3 所示。

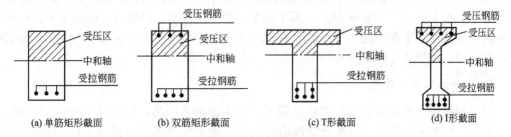

(a) 单筋矩形截面   (b) 双筋矩形截面   (c) T 形截面   (d) I 形截面

图 4.3 梁的截面形式

2. 梁的截面尺寸

梁的截面尺寸主要由支承条件、跨度和荷载大小等因素决定。为满足刚度等要求，梁的截面高度 h 和截面宽度 b 可按下列经验数据选取（l 为梁的跨度）。

对于独立的简支梁：$h=(1/14\sim1/10)l$。

对于悬臂梁：$h=(1/8\sim1/4)l$。

对于现浇肋形楼盖的主梁：$h=(1/14\sim1/8)l$。

对于现浇肋形楼盖的次梁：$h=(1/18\sim1/12)l$。

梁的截面宽度 b：$b=(1/3\sim1/2)h$（矩形截面）；$b=(1/4\sim1/2.5)h$（T 形截面）。

同时为了方便施工，梁的截面尺寸还应满足下列模数尺寸的要求。

梁的截面宽度 b(mm) 为 120、150、180、200、220、250、300、350 等。

梁的截面高度 h（mm）为 250、300、350、…、700、750、800、900、1000 等，800mm 以下为 50 的倍数，800mm 以上为 100 的倍数。

3. 混凝土强度等级

梁常用的混凝土强度等级是 C25、C30、C35、C40 等。

4. 梁中纵向钢筋

1) 纵向受力钢筋的强度等级、直径和根数

梁中纵向受力钢筋宜优先采用 HRB400、HRB500、HRBF400、HRBF500 钢筋。

纵向受力钢筋的直径：常用钢筋直径为 12～25mm。当梁高≥300mm 时，不应小于 10mm；当梁高<300mm 时，不应小于 8mm。当采用两种不同直径时，相差至少 2mm。

伸入梁支座范围内的钢筋不应少于两根。

2) 纵向构造钢筋

(1) 架立钢筋。为了固定箍筋并与纵向受力钢筋形成骨架，在梁的受压区应设置架立钢筋。架立钢筋的直径：当梁的跨度<4m 时，不宜小于 8mm；当梁的跨度＝(4～6)m 时，不应小于 10mm；当梁的跨度>6m 时，不宜小于 12mm。

(2) 梁侧纵向构造钢筋(也称腰筋)。当梁的腹板高度 h_w≥450mm 时，在梁的两个侧面应沿高度配置纵向构造钢筋。每侧纵向构造钢筋(不包括梁上、下部受力钢筋及架立钢筋)的间距不宜大于 200mm，截面面积不应小于腹板截面面积 bh_w 的 0.1%。腹板高度 h_w 的取值如第 5 章的图 5.18 所示。

3) 纵向钢筋的净间距

为了便于浇筑混凝土，保证钢筋周围混凝土的密实性，以及保证钢筋与混凝土粘结在一起共同工作，梁上部钢筋水平方向的净间距不应小于 30mm 和 1.5d；梁下部钢筋水平方向的净间距不应小于 25mm 和 d。当下部钢筋多于两层时，两层以上钢筋水平方向的中距应比下面两层的中距增大一倍；各层钢筋之间的净间距不应小于 25mm 和 d，d 为钢筋的最大直径，如图 4.4 所示。

5. 混凝土保护层厚度

结构构件中最外层钢筋的外边缘至混凝土表面的垂直距离，称为混凝土保护层厚度，用 c 表示，如图 4.5 所示。为保证结构的耐久性、耐火性及钢筋与混凝土间的粘结性能，构件中受力钢筋的混凝土保护层厚度不应小于钢筋的直径 d；设计使用年限为 50 年的混凝土结构，最外层钢筋的保护层厚度应符合附表 1-13 中有关梁混凝土保护层最小厚度的规定；设计使用年限为 100 年的混凝土结构，最外层钢筋的混凝土保护层厚度不应小于附表 1-13 中数值的 1.4 倍。

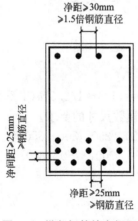

图 4.4　纵向钢筋的净间距

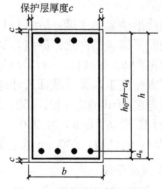

图 4.5　混凝土保护层厚度

4.2.2 板的一般构造

1. 板的截面形式

板的常用截面形式有实心板、槽形板、空心板等，如图4.6所示。

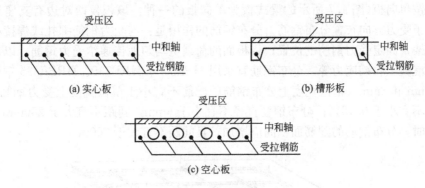

图4.6 板的截面形式

2. 板的最小厚度

板的跨厚比：钢筋混凝土单向板≤30，双向板≤40；无梁支承的有柱帽板≤35，无梁支承的无柱帽板≤30。预应力板可适当增加跨厚比；当板的荷载、跨度较大时，宜适当减小跨厚比。

现浇钢筋混凝土板的厚度除应满足承载力等要求外，尚不应小于表4-1规定的数值。

表4-1 现浇钢筋混凝土板的最小厚度(mm)

板的类别		最小厚度	板的类别		最小厚度
单向板	屋面板	60	密肋楼盖	面板	50
	民用建筑楼板	60		肋高	250
	工业建筑楼板	70	悬臂板（根部）	悬臂长度不大于500mm	60
	行车道下的楼板	80		悬臂长度1200mm	100
双向板		80	无梁楼板		150
			现浇空心楼盖		200

3. 混凝土强度等级

板常用的混凝土强度等级是C20、C25、C30、C35等。

4. 板的受力钢筋

板的纵向受力钢筋常用HPB300、HRB335、HRBF335、HRB400、HRBF400和RRB400钢筋，直径通常采用8~12mm；当板厚较大时，钢筋直径可用14~18mm。

为了便于浇筑混凝土，保证钢筋周围混凝土的密实性，板内钢筋间距不宜太密；为了使板内钢筋能正常地分担荷载，也不宜过稀，板内受力钢筋的间距一般为 70～200mm。同时，当板厚 $h \leqslant 150$mm 时，间距不宜大于 200mm；当板厚 $h > 150$mm，间距不宜大于 $1.5h$(h 为板厚)，且不宜大于 250mm。

5. 板的分布钢筋

当板按单向板(图 4.7 所示的梁式板为单向板的一种，该板仅两对边有支座)设计时，应在垂直于受力方向布置分布钢筋。分布钢筋的作用是：与受力钢筋绑扎或焊接在一起形成钢筋骨架，固定受力钢筋的位置；将板面的荷载更均匀地传递给受力钢筋，以及抵抗温度应力和混凝土收缩应力等。分布钢筋宜采用 HPB300、HRB335、HRBF335 钢筋。常用直径是 6mm 和 8mm。单位宽度上分布钢筋的配筋不宜小于单位宽度上受力钢筋的 15%，且配筋率不宜小于 0.15%；分布钢筋直径不宜小于 6mm，间距不宜大于 250mm；当集中荷载较大时，分布钢筋的配筋面积尚应增加，且间距不宜大于 200mm。

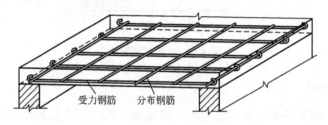

受力钢筋   分布钢筋

图 4.7　梁式板的配筋

6. 混凝土保护层厚度

板受力钢筋混凝土保护层厚度的概念和作用与梁的相同，其最外层钢筋混凝土保护层的最小厚度同样应符合附表 1-13 的规定。

▌4.3 受弯构件正截面的受弯性能

4.3.1　适筋梁的受弯性能试验

1. 试验方案

为消除剪力的影响，进行梁的受弯性能试验时通常采用两点对称加载，如图 4.8 所示。在跨中纯弯段沿截面高度布置应变计或粘贴电阻应变片，以量测混凝土的纵向应变；在受拉钢筋上布置应变片，以量测钢筋的受拉应变；在梁的跨中和支座处布置位移计，以量测梁的挠度。试验中还要记录裂缝的出现、发展和分布情况。

2. 适筋梁正截面工作的 3 个阶段

图 4.9 为试验实测得到的适筋梁的跨中挠度 f 随跨中截面弯矩 M 变化的全过程曲线。由 M-f 曲线可知，钢筋混凝土适筋梁从加载到破坏经历了 3 个阶段。

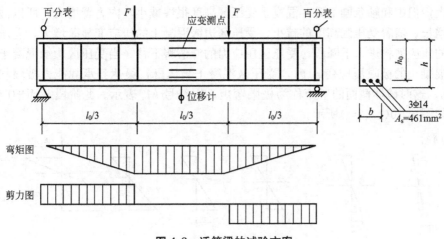

图 4.8 适筋梁的试验方案

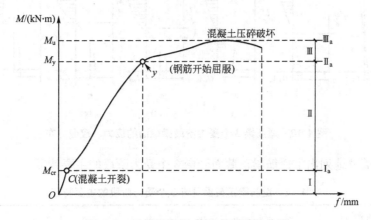

图 4.9 适筋梁弯矩-挠度关系试验曲线

1) 第 I 阶段：未开裂阶段

在加载初期，混凝土处于弹性工作阶段，应力与应变成正比。随弯矩 M 的增大，受拉区混凝土出现塑性变形，其应力从直线分布转变为曲线分布。当截面受拉边缘的应变到达混凝土的极限拉应变 ε_{tu} 时，试验梁达到开裂的临界状态，用符号 I_a 表示，这时开裂临界截面的弯矩称为开裂弯矩，用符号 M_{cr} 表示。此阶段截面的应变、应力分布如图 4.10 (a)、(b) 所示。

2) 第 II 阶段：带裂缝工作阶段

弯矩到达 M_{cr} 后，纯弯段内最薄弱截面处将出现第一条（批）裂缝。混凝土一旦开裂，开裂截面的混凝土退出工作，因此开裂截面处的钢筋应力瞬间出现突然增大。随着弯矩的继续增大，受压区混凝土的塑性变形愈加明显，应力图形呈曲线形。当钢筋应力 σ_s 达到屈服强度 f_y 时，试验梁屈服，用 II_a 表示。这时屈服截面的弯矩称为屈服弯矩，用符号 M_y 表示。此阶段截面的应变、应力分布如图 4.10(c)、(d) 所示。

3) 第 III 阶段：破坏阶段

钢筋屈服后的应力不再增加，而应变急剧发展，钢筋与混凝土间的粘结遭到明显的破坏，钢筋屈服处截面形成一条宽度和高度均较其他裂缝大的临界裂缝。虽然此阶段钢筋应力不增大，但中和轴急剧上升，混凝土受压区高度很快减小，内力臂增大，所以截面弯矩仍有所增长。随着受压区高度的减小，受压区边缘混凝土的压应变显著增大，受压区边缘混凝土的压应力将进入下降段，受压区压应力的峰值将下移。当受压区边缘混凝土的压应变达到混凝土的极限压应变 ε_{cu} 时，受压区混凝土被压酥，梁达到承载能力极限状态，用 $\mathrm{III_a}$ 表示。这时破坏截面的弯矩称为极限弯矩，用符号 M_u 表示。此阶段截面的应变、应力分布如图 4.10(e)、(f)所示。

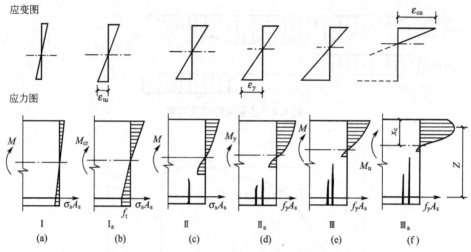

图 4.10　适筋梁 3 个受力阶段梁截面的应力、应变分布

表 4-2 简要地列出了适筋梁正截面受弯 3 个受力阶段的主要特征。

表 4-2　适筋梁正截面受弯 3 个受力阶段的主要特征

受力阶段 主要特点		第 I 阶段	第 II 阶段	第 III 阶段
外观特征		没有裂缝，挠度很小	有裂缝，挠度还不明显	钢筋屈服，裂缝宽，挠度大
弯矩-挠度		大致成直线	曲线	接近水平的曲线
混凝土应力图形	受压区	直线	受压区高度减小，混凝土压应力图形为上升段的曲线，应力峰值在受压区边缘	受压区高度进一步减小，混凝土压应力图形为较丰满的曲线；后期为有上升和下降段的曲线，应力峰值不在受压区边缘，而在边缘的内侧
	受拉区	前期为直线，后期为有上升段和下降段的曲线，应力峰值不在受拉区边缘	大部分退出工作	绝大部分退出工作
纵向受拉钢筋应力		$\sigma_s \leqslant (20 \sim 30) \text{N/mm}^2$	$(20 \sim 30) \text{N/mm}^2 < \sigma_s < f_y$	$\sigma_s = f_y$
在设计计算中的作用		$\mathrm{I_a}$ 状态用于抗裂验算	第 II 阶段用于裂缝宽度及变形验算	$\mathrm{III_a}$ 状态用于正截面受弯承载力计算

4.3.2 配筋率对正截面破坏形态的影响

1. 配筋率

试验表明，纵向受拉钢筋的相对数量对钢筋混凝土梁的受力性能有着重要的影响，一般用配筋率 ρ 来表示纵向受拉钢筋的相对数量。

纵向受拉钢筋的面积（A_s）与截面有效面积（bh_0）的比值，称为纵向受拉钢筋的配筋率，简称配筋率，用 ρ 表示，按下式计算：

$$\rho = \frac{A_s}{bh_0} \tag{4-1}$$

式中：A_s——纵向受拉钢筋截面面积。

$\quad b$ ——梁截面宽度。

$\quad h_0$——梁截面有效高度，$h_0 = h - a_s$，如图 4.5 所示；a_s 为纵向受拉钢筋合力点至
截面受拉边缘的距离，如图 4.4 和图 4.5 所示。当为一排钢筋时，$a_s = c + d_v + d/2$；当为两排钢筋时，$a_s = c + d_v + d + e/2$。这里，c 为混凝土保护层最小厚度（见附表 1-13）；d_v 为箍筋直径；d 为受拉纵筋直径；e 为各层受拉纵筋之间的净间距，取 25mm 和 d 二者之中的较大值。对于钢筋混凝土梁，a_s 可按附表 1-14 近似取值。

2. 受弯构件正截面的破坏形态

试验表明，受弯构件正截面的破坏形态主要与配筋率、钢筋与混凝土的强度等级、截面形式等因素有关，其中配筋率对破坏形态的影响最为显著。根据配筋率的不同，破坏形态可分为适筋破坏、超筋破坏和少筋破坏，如图 4.11 所示；与之相对应的弯矩-挠度曲线（M-f 曲线）如图 4.12 所示。

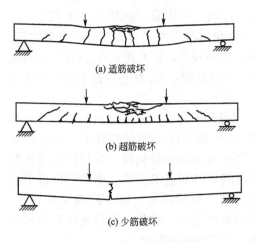

图 4.11 梁的 3 种破坏形态

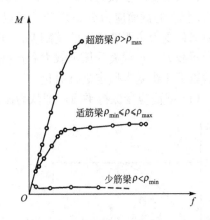

图 4.12 适筋梁、超筋梁和少筋梁的 M-f 曲线

1) 适筋破坏

当梁配筋适中，即 $\rho_{min} \leqslant \rho \leqslant \rho_{max}$ 时发生适筋破坏；这里，ρ_{min}、ρ_{max} 分别为纵向受拉钢

筋的最小配筋率和最大配筋率。其破坏特征是纵向受拉钢筋先屈服，然后受压区混凝土压碎，破坏时两种材料的强度均得到充分利用。

适筋梁破坏以前，由于屈服后的钢筋要经历较大的塑性伸长，随之引起梁的裂缝加宽，挠度增大，有明显的破坏预兆。因此，适筋梁的破坏性质是"延性破坏"。

2) 超筋破坏

当梁配筋过多，即 $\rho > \rho_{max}$ 时发生超筋破坏。其破坏特征是受压区混凝土压碎，而纵向受拉钢筋不屈服。

由于超筋梁破坏时，钢筋没有屈服，所以破坏时梁的裂缝细而密，挠度不大，无明显的破坏预兆。因此，超筋梁的破坏性质是"脆性破坏"，设计中不得使用超筋梁。

3) 少筋破坏

当梁配筋过少，即 $\rho < \rho_{min}$ 时发生少筋破坏。其破坏特征是一旦梁受拉区混凝土开裂，受拉钢筋立即屈服或强化或被拉断，梁迅速破坏。破坏时混凝土的抗压强度没有得到利用，破坏后的梁通常只有一条长而宽的裂缝。

由于少筋梁破坏前夕梁无裂缝，挠度很小，无破坏预兆。因此，少筋梁的破坏性质是"脆性破坏"，设计中不得使用少筋梁。

需要说明的是：$\rho = \rho_{min}$ 只是"少筋梁与适筋梁"界限破坏的近似条件；对于常见的矩形和 T 形截面梁而言，"少筋梁与适筋梁"界限破坏的准确条件应是 $\rho = \rho_{min} h/h_0$，其解释参见 4.4.4 节。同时 ρ_{max} 也常用 ρ_b 表示。

4.4 受弯构件正截面受弯承载力的计算方法

4.4.1 正截面承载力计算的基本假定

正截面受弯承载力计算时，应以适筋梁受力的 III_a 状态为依据，如图 4.10(f)所示。由于 III_a 状态的截面应力分布复杂，所以要对其进行简化。在考虑了"既要便于工程应用，又要抓住受力主要特性"的基础上，《规范》(GB 50010)规定，正截面承载力(包括正截面受弯承载力、正截面受压承载力和正截面受拉承载力)计算时，III_a 状态的截面应力分布图应按以下 4 个基本假定进行简化。

(1) 截面应变保持平面，即认为截面应变符合平截面假定。

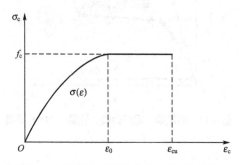

(2) 不考虑混凝土的抗拉强度。对于承载能力极限状态下的裂缝截面，受拉区混凝土的绝大部分因开裂而退出工作，而中和轴以下的小部分尚未开裂的混凝土由于距离中和轴近，抗弯作用也就很小。因此，为简化计算而不考虑混凝土抗拉强度的影响。

(3) 混凝土受压的应力-应变关系曲线(图 4.13)按下列规定取用。

当 $\varepsilon_c \leqslant \varepsilon_0$ 时(上升段)，

图 4.13 混凝土受压的应力-应变关系曲线

$$\sigma_c = f_c \left[1 - \left(1 - \frac{\varepsilon_c}{\varepsilon_0} \right)^n \right] \qquad (4-2a)$$

$$n = 2 - \frac{1}{60}(f_{cu,k} - 50) \leqslant 2.0 \qquad (4-2b)$$

$$\varepsilon_0 = 0.002 + 0.5(f_{cu,k} - 50) \times 10^{-5} \geqslant 0.002 \qquad (4-2c)$$

$$\varepsilon_{cu} = 0.0033 - (f_{cu,k} - 50) \times 10^{-5} \leqslant 0.0033 \qquad (4-2d)$$

当 $\varepsilon_0 < \varepsilon_c \leqslant \varepsilon_{cu}$ 时(水平段),

$$\sigma_c = f_c \qquad (4-2e)$$

式中: σ_c——混凝土压应变为 ε_c 时的混凝土压应力。

$\quad f_c$——混凝土轴心抗压强度设计值。

$\quad \varepsilon_0$——混凝土压应力达到 f_c 时的混凝土压应变,当计算的 ε_0 值小于 0.002 时,取为 0.002。

$\quad \varepsilon_{cu}$——正截面的混凝土极限压应变,当处于非均匀受压时,按式(4-2d)计算,计算的值大于 0.0033 时,取为 0.0033;当处于轴心受压时,取为 ε_0。

$\quad f_{cu,k}$——混凝土立方体抗压强度标准值。

$\quad n$——系数,当计算的 n 值大于 2.0 时,取为 2.0。

(4) 钢筋的应力-应变关系曲线,如图 4.14 所示。

纵向钢筋的应力取钢筋应变与其弹性模量的乘积,但其绝对值不应大于其相应的强度设计值。纵向受拉钢筋的极限拉应变取为 0.01。

III_a 状态的截面应变和应力分布 [图 4.10(f)],按上述 4 个基本假定进行简化后,得到图 4.15(b)、(c)所示的截面应变和应力分布。

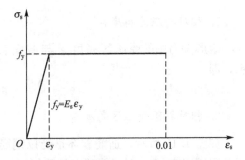

图 4.14 钢筋的应力-应变关系曲线

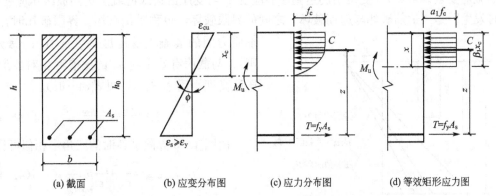

| (a) 截面 | (b) 应变分布图 | (c) 应力分布图 | (d) 等效矩形应力图 |

图 4.15 符合 4 个基本假定的截面应变、应力分布图及其等效矩形应力图

4.4.2 等效矩形应力图

经过 4 个基本假定简化后,得到图 4.15(c)所示的截面应力分布图,工程设计时求其

受压区混凝土合力 C 的大小及其作用位置尚不够简便；同时考虑到截面的极限受弯承载力 M_u 仅与合力 C 的大小及其作用位置有关，而与受压区混凝土应力的具体分布无关。因此，《规范》(GB 50010)采用等效的矩形应力图［图 4.15(d)］作为正截面受弯承载力的计算简图。两个应力图形［图 4.15(c)与图 4.15(d)］的等效条件如下：

(1) 等效前后，受压区混凝土合力 C 的大小相等；

(2) 等效前后，受压区混凝土合力 C 的作用位置不变。

等效矩形应力图简称矩形应力图。矩形应力图系数 α_1 是矩形应力图中受压区混凝土的应力值与混凝土轴心抗压强度设计值 f_c 的比值；系数 β_1 是矩形应力图的受压区高度 x 与中和轴高度 x_c 的比值，即 $\beta_1 = x/x_c$。

根据上述两个等效条件可求得矩形应力图系数 α_1、β_1。α_1 的取值为：当混凝土强度等级≤C50 时，$\alpha_1 = 1.0$；当混凝土强度等级为 C80 时，$\alpha_1 = 0.94$，其间按线性内插法确定。β_1 的取值为：当混凝土强度等级≤C50 时，$\beta_1 = 0.8$；当混凝土强度等级为 C80 时，$\beta_1 = 0.74$，其间按线性内插法确定。α_1、β_1 的取值见附表 1-10。

4.4.3 适筋破坏与超筋破坏的界限条件

1. 相对受压区高度 ξ

矩形应力图的受压区高度 x 与截面有效高度 h_0 的比值称相对受压区高度，用 ξ 表示，即

$$\xi = x/h_0 \qquad (4-3)$$

2. 相对界限受压区高度 ξ_b

如图 4.16 所示，适筋破坏是受拉钢筋先达到屈服应变 ε_y，然后受压区边缘混凝土达到极限压应变 ε_{cu}；而超筋破坏是受压区边缘混凝土达到极限压应变 ε_{cu} 时受拉钢筋尚未达到屈服应变 ε_y。可见，"受拉钢筋达到屈服应变 ε_y 与受压区边缘混凝土达到极限压应变 ε_{cu} 同时发生"是"适筋破坏与超筋破坏"之间的界限破坏，也称平衡破坏。界限破坏时，矩形应力图的混凝土受压区高度 x 用 x_b 表示，则 x_b 与截面有效高度 h_0 的比值称相对界限受压区高度，用 ξ_b 表示，见式(4-4a)。

$$\xi_b = \frac{x_b}{h_0} = \frac{\beta_1 x_{cb}}{h_0} \qquad (4-4a)$$

由图 4.16 界限破坏时的三角形相似可得

$$x_{cb} = \frac{\varepsilon_{cu}}{\varepsilon_{cu} + \varepsilon_y} h_0 \qquad (4-4b)$$

将式(4-4b)代入式(4-4a)可得

$$\xi_b = \frac{\beta_1}{1 + \dfrac{f_y}{E_s \varepsilon_{cu}}} \qquad (4-5a)$$

式(4-5a)适用于有明显屈服点的钢筋。对于无明显屈服点的钢筋，根据条件屈服点的

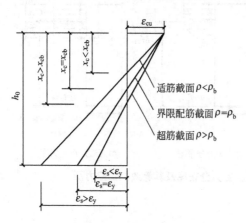

图 4.16 适筋梁、超筋梁、界限配筋梁破坏时的截面平均应变图

注：图中 x_{cb} 为界限破坏时的中和轴高度。

定义，考虑 0.2% 的残余应变后，用 "$0.002+\varepsilon_y$" 代替式(4-4b)中的 "ε_y"，并将式(4-4b)代入式(4-4a)可得

$$\xi_b=\frac{\beta_1}{1+\dfrac{0.002}{\varepsilon_{cu}}+\dfrac{f_y}{E_s\varepsilon_{cu}}} \tag{4-5b}$$

由式(4-5a)、式(4-5b)可知，相对界限受压区高度 ξ_b 仅与混凝土及钢筋的强度等级有关。对常用的混凝土和钢筋，按式(4-5a)计算得到的 ξ_b 值见附表 1-11。

3. 适筋破坏与超筋破坏的界限条件

由 ξ 及 ξ_b 的定义可知：当 $\xi\leqslant\xi_b$ 时发生适筋破坏或少筋破坏，当 $\xi>\xi_b$ 时发生超筋破坏。

若用配筋率来表示两种破坏的界限条件时，则当 $\rho\leqslant\rho_b$ 时发生适筋破坏或少筋破坏，当 $\rho>\rho_b$ 时发生超筋破坏。其中，ρ_b 为"适筋破坏与超筋破坏"界限破坏时的配筋率，称界限配筋率或平衡配筋率或最大配筋率，ρ_b 也常用 ρ_{max} 表示。

4.4.4 适筋破坏与少筋破坏的界限条件

对于适筋破坏与少筋破坏的界限条件，《规范》(GB 50010)用最小配筋率 ρ_{min} 来表示。

对于常见的矩形和 T 形截面受弯构件，最小配筋率 ρ_{min} 是按 bh 来定义的(详见附表 1-18 的注⑤)；而由式(4-1)可知，配筋率 ρ 是按 bh_0 来定义的。因此，当 $\rho<\rho_{min}h/h_0$ 时发生少筋破坏，当 $\rho\geqslant\rho_{min}h/h_0$ 时发生适筋破坏或超筋破坏。

工程应用时，为了简便，常按下列近似条件进行判别：当 $\rho<\rho_{min}$ 时发生少筋破坏，当 $\rho\geqslant\rho_{min}$ 时发生适筋破坏或超筋破坏。

少筋破坏的特点是一裂就坏。所以从理论上讲，受拉钢筋的最小配筋率 ρ_{min} 应按"钢筋混凝土梁的极限受弯承载力 M_u 等于相应的素混凝土梁的开裂弯矩 M_{cr}"来确定。但是，考虑到混凝土抗拉强度的离散性，以及收缩等因素影响的复杂性，《规范》(GB 50010)规定的最小配筋率 ρ_{min} 主要是根据工程经验得出的，并规定受弯构件、偏心受拉、轴心受拉构件一侧的受拉钢筋的最小配筋率为 0.20% 和 $0.45f_t/f_y$ 中的较大值，具体取值详见附表 1-18。

4.5 单筋矩形截面受弯构件的正截面受弯承载力计算

4.5.1 基本计算公式及其适用条件

1. 基本计算公式

如 4.4.2 节所述，《规范》(GB 50010)采用等效矩形应力图作为正截面受弯承载力的计算简图，如图 4.17 所示。

由计算简图(图 4.17)建立的力平衡方程就是承载力计算所需的基本计算公式。同时由

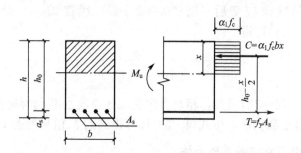

图 4.17 单筋矩形截面的计算简图

图 4.17 可知，作用在梁截面上的力系是平行力系，因此可以建立两个独立的平衡方程。

由水平力平衡条件 $\sum X = 0$ 可得式(4-6a)，由力矩平衡条件 $\sum M = 0$ 可得式(4-6b)或式(4-6c)。

$$\alpha_1 f_c bx = f_y A_s \tag{4-6a}$$

$$M \leqslant \alpha_1 f_c bx(h_0 - x/2) \tag{4-6b}$$

$$M \leqslant f_y A_s(h_0 - x/2) \tag{4-6c}$$

式中：M——截面所受的弯矩设计值。

式(4-6a)和式(4-6b)就是单筋矩形截面受弯构件正截面受弯承载力的基本计算公式。实际应用时，也可将式(4-6a)和式(4-6c)放在一起作为其基本计算公式。

需要说明的是：式(4-6b)是对受拉区纵向受力钢筋的合力作用点取矩得到的，式(4-6c)是对受压区混凝土合力 C 的作用点取矩得到的。可见，式(4-6b)、式(4-6c)均是力矩平衡方程，两式是等价的、互不独立的。

2. 公式的适用条件

基本计算公式是根据适筋梁的破坏模式建立的。因此，计算公式尚须有避免超筋破坏和少筋破坏的条件。

1) 避免超筋破坏的条件

如 4.4.3 节所述，为避免超筋破坏，计算公式必须满足下列条件：

$$\xi \leqslant \xi_b \tag{4-7a}$$

或

$$\rho \leqslant \rho_{max} \tag{4-7b}$$

式中：ξ_b——相对界限受压区高度，常用混凝土和钢筋 ξ_b 的取值见附表 1-11；

ρ_{max}——最大配筋率，常用混凝土和钢筋 ρ_{max} 的取值见表 4-3。

需要说明的是：避免超筋破坏的条件 $\xi \leqslant \xi_b$ 与 $\rho \leqslant \rho_{max}$ 是等价的，其中的一个满足，则另一个自然满足。同时，$\xi \leqslant \xi_b$ 经常用 $x \leqslant \xi_b h_0$ 表示。

取式(4-6a)中的 $x = \xi_b h_0$ 时，就可以得到最大配筋率 ρ_{max} 的计算公式：

$$\rho_{max} = \xi_b \frac{\alpha_1 f_c}{f_y} \tag{4-7c}$$

按式(4-7c)计算得到的常用混凝土和钢筋的最大配筋率 ρ_{max} 的值见表4-3。

表4-3　受弯构件截面的最大配筋率 $\boldsymbol{\rho_{max}}$

钢筋级别	混凝土强度等级							
	C15	C20	C25	C30	C35	C40	C45	C50
HPB300	1.54%	2.05%	2.54%	3.05%	3.56%	4.07%	4.50%	4.93%
HRB335、HRBF335	1.32%	1.76%	2.18%	2.62%	3.06%	3.50%	3.87%	4.24%
HRB400、HRBF400、RRB400	1.04%	1.38%	1.71%	2.06%	2.40%	2.75%	3.04%	3.32%
HRB500、HRBF500	0.80%	1.06%	1.32%	1.58%	1.85%	2.12%	2.34%	2.56%

由"$\xi = x/h_0$"和"$\alpha_1 f_c bx = f_y A_s$"可推得

$$\xi = \rho \frac{f_y}{\alpha_1 f_c} \tag{4-8}$$

由式(4-8)可知，ξ 不仅反映了钢筋与混凝土的面积比，也反映了钢筋与混凝土两种材料的强度比，是反映两种材料配比的本质参数。

2) 避免少筋破坏的条件

如4.4.4节所述，为避免少筋破坏，计算公式必须满足下列条件：

$$A_s \geqslant A_{s,min} = \rho_{min} bh \tag{4-9}$$

式中：ρ_{min}——最小配筋率，取值见附表1-18。

4.5.2　基本计算公式的应用

计算公式的应用有两类情况：截面设计和截面复核。截面设计的核心是已知截面弯矩设计值 M，求受拉钢筋面积 A_s；截面复核的核心是已知受拉钢筋面积 A_s，求截面所能承担的极限弯矩设计值 M_u。

1. 截面设计

截面设计是已知截面的弯矩设计值 M，要求完成以下工作。

1) 选择混凝土和钢筋的强度等级

可按4.2节的构造要求选用。

2) 确定截面尺寸

除应符合4.2节有关梁的跨高比、梁截面的高宽比、板截面的最小厚度、模数尺寸等的构造要求外，尚应考虑经济配筋率的要求。

当 M 为定值时，选择的截面尺寸 bh 增大，则混凝土和模板用量增加，而所需的钢筋量 A_s 减少；反之亦然。因此，就总造价而言，必然存在一个经济配筋率(图4.18)。我国大量工程实践分析得到受弯构件的经济配筋率范围是：板为 0.3%~0.8%，矩形截面梁为 0.6%~1.5%，T形截面梁为 0.9%~1.8%。

按经济配筋率 ρ 确定截面尺寸时，可先假定截面宽度 b，再按式(4-8)计算 ξ，然后按由式(4-6b)变换得到的下列公式计算截面有效高度 h_0：

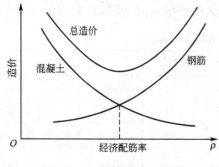

图 4.18　经济配筋率分析图

$$h_0 = \sqrt{\frac{M}{\alpha_1 f_c b \xi (1 - 0.5\xi)}} \qquad (4-10)$$

求得 h_0 后，则 $h = h_0 + a_s$，最后按模数取整后确定截面高度 h。

3）求钢筋面积 A_s，并选配钢筋

此时，可由式(4-6a)和式(4-6b)联立求解 A_s。两个方程两个未知数 x 和 A_s，可唯一求解 A_s。求解时，应先求 x；x 可由式(4-6b)的求根公式(4-11)计算，求得 x 后应判别公式的适用条件 $x \leqslant \xi_b h_0$；满足 $x \leqslant \xi_b h_0$ 后，再求 A_s，并判

别公式的另一适用条件 $A_s \geqslant \rho_{min} bh$。最后根据 A_s 选配的钢筋应满足 4.2 节有关钢筋的构造要求。

$$x = h_0 \left(1 - \sqrt{1 - \frac{2M}{\alpha_1 f_c bh_0^2}} \right) \qquad (4-11)$$

单筋矩形截面的截面设计可按图 4.19 所示的流程图进行。

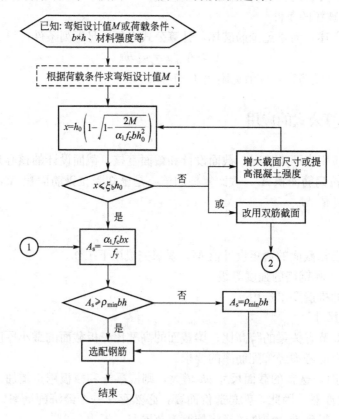

图 4.19　单筋矩形截面的截面设计流程图

注：1. 图中①、②的对接位置如图 4.27 所示。

2. 若 M 已知，则没有虚线框所示步骤。

【例 4.1】　已知某钢筋混凝土矩形截面简支梁，安全等级为二级，处于一类环境，截面尺寸 $b \times h = 250\text{mm} \times 600\text{mm}$，弯矩设计值 $M = 220\text{kN·m}$。混凝土强度等级为 C25，纵筋为 HRB335 钢筋，试求该梁所需受拉钢筋面积并画出截面配筋简图。

【解】　(1) 确定基本参数。

查附表 1-2、附表 1-5、附表 1-10、附表 1-11 可知：C25 混凝土 $f_c = 11.9\text{N/mm}^2$，$f_t = 1.27\text{N/mm}^2$；HRB335 钢筋 $f_y = 300\text{N/mm}^2$；$\alpha_1 = 1.0$，$\xi_b = 0.550$。

查附表 1-14，一类环境，C25 混凝土，假定受拉钢筋单排布置，若箍筋直径 $d_v = 6\text{mm}$，则 $a_s = 35 + 5 = 40\text{mm}$，$h_0 = h - 40 = 560\text{mm}$。

查附表 1-18，$\rho_{min} = 0.20\% > 0.45\dfrac{f_t}{f_y} = 0.45 \times \dfrac{1.27}{300} = 0.191\%$。

(2) 计算 x 并判别条件。

由式 (4-11) 可得

$$x = h_0\left(1 - \sqrt{1 - \frac{2M}{\alpha_1 f_c b h_0^2}}\right)$$

$$= 560 \times \left(1 - \sqrt{1 - \frac{2 \times 220 \times 10^6}{1.0 \times 11.9 \times 250 \times 560^2}}\right) = 152.9\text{mm} < \xi_b h_0 = 0.550 \times 560 = 308\text{mm}$$

(3) 计算钢筋截面面积并判别条件。

由式 (4-6a) 可得

$$A_s = \frac{\alpha_1 f_c b x}{f_y} = \frac{1.0 \times 11.9 \times 250 \times 152.9}{300} = 1516\text{mm}^2 > \rho_{min} bh = 0.2\% \times 250 \times 600 = 300\text{mm}^2$$

(4) 选配钢筋及绘配筋图。

查附表 1-20，选用 4Φ22（$A_s = 1520\text{mm}^2$），截面配筋简图如图 4.20 所示。

【例 4.2】　已知某旅馆走廊楼板为简支在砖墙上的现浇钢筋混凝土平板，如图 4.21(a) 所示，安全等级为二级，处于一类环境，承受恒荷载标准值 $g_k = 3.0\text{kN/m}^2$，活荷载标准值 $q_k = 2.0\text{kN/m}^2$，活荷载组合值系数 $\psi_c = 0.7$；选用 C25 混凝土和 HPB300 钢筋。试配置该平板的受拉钢筋。

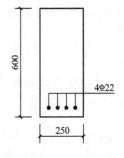

图 4.20　例 4.1 截面配筋简图

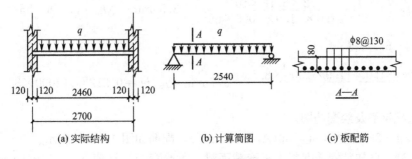

图 4.21　例 4.2 图

【解】 (1) 确定基本参数。

查附表1-2、附表1-5、附表1-10和附表1-11可知：C25混凝土 $f_c = 11.9 \text{N/mm}^2$，$f_t = 1.27 \text{N/mm}^2$；HPB300钢筋 $f_y = 270 \text{N/mm}^2$；$\alpha_1 = 1.0$，$\xi_b = 0.576$。

查附表1-13，一类环境，C25混凝土，保护层厚度 $c = 15 + 5 = 20 \text{mm}$，若板受拉钢筋直径 $d = 10 \text{mm}$，则 $a_s = c + d/2 = 25 \text{mm}$。

查附表1-18，$\rho_{min} = 0.45 \dfrac{f_t}{f_y} = 0.45 \times \dfrac{1.27}{270} = 0.212\% > 0.2\%$。

(2) 内力计算。

取1m宽板带为计算单元，$b = 1000 \text{mm}$，初选 $h = 80 \text{mm}$（约为跨度的 $1/35$），$h_0 = h - 25 = 55 \text{mm}$，板的计算简图如图4.21(b)所示，板的计算跨度取轴线标志尺寸和净跨加板厚两者中的较小值，有

$$l_0 = l_n + h = 2460 + 80 = 2540 \text{mm} < 2700 \text{mm}$$

可变荷载控制时，荷载分项系数：$\gamma_G = 1.2$，$\gamma_Q = 1.4$，则板面荷载设计值为

$$p = \gamma_G g_k + \gamma_Q q_k = 1.2 \times 3.0 + 1.4 \times 2.0 = 6.4 \text{kN/m}^2$$

永久荷载控制时，荷载分项系数：$\gamma_G = 1.35$，$\gamma_Q = 1.4$；组合系数 $\psi_c = 0.7$，则板面荷载设计值为

$$p = \gamma_G g_k + \psi_c \gamma_Q q_k = 1.35 \times 3.0 + 0.7 \times 1.4 \times 2.0 = 6.01 \text{kN/m}^2$$

取二者中的较大值，所以 $p = 6.4 \text{kN/m}^2$。

1m宽板带板上的均布线荷载为

$$q = 1.0 \times 6.4 = 6.40 \text{kN/m}$$

跨中最大弯矩设计值：

$$M = \gamma_0 \frac{1}{8} q l_0^2 = 1.0 \times \frac{1}{8} \times 6.4 \times 2.54^2 = 5.16 \text{kN} \cdot \text{m}$$

(3) 计算钢筋截面面积。

由式(4-11)可得

$$x = h_0 \left(1 - \sqrt{1 - \frac{2M}{\alpha_1 f_c b h_0^2}} \right)$$

$$= 55 \times \left(1 - \sqrt{1 - \frac{2 \times 5.16 \times 10^6}{1.0 \times 11.9 \times 1000 \times 55^2}} \right) = 8.55 \text{mm} < \xi_b h_0 = 0.576 \times 55 = 31.68 \text{mm}$$

由式(4-6a)可得

$$A_s = \frac{\alpha_1 f_c b x}{f_y} = \frac{1.0 \times 11.9 \times 1000 \times 8.55}{270} = 377 \text{mm}^2 < \rho_{min} b h = 0.212\% \times 1000 \times 80 = 170 \text{mm}^2$$

(4) 选配钢筋及绘配筋图。

查附表1-23，选用 $\phi 8@130$（$A_s = 387 \text{mm}^2$），配筋如图4.21(c)所示。

【例4.3】 已知某钢筋混凝土矩形截面梁，承受弯矩设计值 $M = 300 \text{kN} \cdot \text{m}$，安全等级为二级，处于一类环境，混凝土强度等级为C30，纵筋为HRB500钢筋，试求该梁截面

尺寸 $b\times h$ 及所需受拉钢筋面积 A_s，并画出截面配筋简图。

【解】（1）确定基本参数。

查附表 1-2、附表 1-5、附表 1-10 和附表 1-11 可知：C30 混凝土 $f_c=14.3\text{N/}$ mm^2，$f_t=1.43\text{N/mm}^2$；HRB500 钢筋 $f_y=435\text{N/mm}^2$；$\alpha_1=1.0$，$\xi_b=0.482$。

查附表 1-14，一类环境，C30 混凝土，假定受拉钢筋双排布置，若箍筋直径 $d_v=$ 8mm，则 $a_s=60\text{mm}$。

查附表 1-18，$\rho_{min}=0.2\%>0.45\dfrac{f_t}{f_y}=0.45\times\dfrac{1.43}{435}=0.148\%$。

（2）由经济配筋率确定截面尺寸。

矩形截面梁的经济配筋率为 $(0.6\sim1.5)\%$，所以先假定配筋率 $\rho=1\%$，截面宽度 $b=$ 250mm，则

$$\xi=\rho\frac{f_y}{\alpha_1 f_c}=0.01\times\frac{435}{1.0\times14.3}=0.304$$

由式（4-10）可得

$$h_0=\sqrt{\frac{M}{\alpha_1 f_c b\xi(1-0.5\xi)}}=\sqrt{\frac{300\times10^6}{1.0\times14.3\times250\times0.304\times(1-0.5\times0.304)}}=571\text{mm}$$

$h=h_0+a_s=571+60=631\text{mm}$，按模数取整后确定截面高度 $h=650\text{mm}$。

所以该梁的截面尺寸取 $b\times h=250\text{mm}\times650\text{mm}$，$h_0=h-60=590\text{mm}$。

（3）计算钢筋截面面积。

由式（4-11）可得

$$x=h_0\left(1-\sqrt{1-\frac{2M}{\alpha_1 f_c b h_0^2}}\right)$$

$$=590\times\left(1-\sqrt{1-\frac{2\times300\times10^6}{1.0\times14.3\times250\times590^2}}\right)$$

$$=165.4\text{mm}<\xi_b h_0=0.482\times590=284.38\text{mm}$$

由式（4-6a）可得

$$A_s=\frac{\alpha_1 f_c b x}{f_y}=\frac{1.0\times14.3\times250\times165.4}{435}=1359\text{mm}^2>\rho_{min}bh=0.20\%\times250\times650=325\text{mm}^2$$

满足最小配筋率要求。

（4）选配钢筋及绘配筋图。

查附表 1-20，选用 3Φ16+3Φ18（$A_s=1366\text{mm}^2$），截面配筋简图如图 4.22 所示。

2. 截面复核

既有建筑的安全性鉴定与加固，以及新建工程设计完成后的审核等往往需要复核结构构件的承载力，这就是典型的截面复核问题。

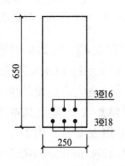

图 4.22　例 4.3 截面配筋简图

截面复核通常是已知混凝土与钢筋的强度等级、构件的截面尺寸和配筋量 A_s，求截面的极限受弯承载力设计值 M_u，也有进一步复核该截面安全性，即 M_u 是否大于等于 M。

此时可由式(4-6a)和式(4-6b)联立求解 M_u。两个方程两个未知数 x 和 M_u，可唯一求解 M_u。求解时，应首先判别公式条件 $A_s \geqslant \rho_{\min}bh$，若 $A_s \geqslant \rho_{\min}bh$ 不满足，则应重新调整截面或该构件不能使用；若 $A_s \geqslant \rho_{\min}bh$ 满足，则由式(4-6a)求 x，并判别公式另一条件 $x \leqslant \xi_b h_0$；若 $x \leqslant \xi_b h_0$ 满足，则直接使用式(4-6b)求 M_u；若 $x > \xi_b h_0$，则取 $x = \xi_b h_0$ 代入式(4-6b)求 M_u。

单筋矩形截面的截面复核可按如图 4.23 所示的流程图进行。

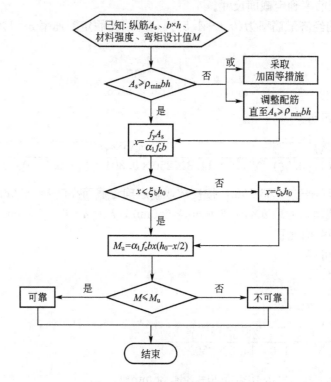

图 4.23 单筋矩形截面的截面复核流程图

注：① 截面复核验算最小配筋率时，若出现 $A_s < \rho_{\min}bh$ 的情形，应分以下两种情况予以解决：对于尚可调整设计的新建工程，应采取调整配筋直至满足 $A_s \geqslant \rho_{\min}bh$ 的措施；对于不能调整设计的既有建筑，则应采取加固等措施，这已超越本课程的教学内容，故不再往下介绍。

② 以后(包括本章及以后各章)截面复核时凡是出现不能满足最小配筋率的情形，均可采取以上两种措施，故在以后的截面复核流程图下面不再标注该说明。

【例 4.4】 已知某钢筋混凝土矩形截面梁，安全等级为二级，处于二 a 类环境，截面尺寸 $b \times h = 200\text{mm} \times 500\text{mm}$，选用 C30 混凝土和 HRB400 钢筋，受拉纵筋为 3 ⌀ 20，该梁承受的最大弯矩设计值 $M = 100\text{kN} \cdot \text{m}$，复核该截面是否安全？

【解】 (1)确定基本参数。

查附表 1-2、附表 1-5、附表 1-10 和附表 1-11 可知：C30 混凝土 $f_c = 14.3\text{N/mm}^2$，$f_t = 1.43\text{N/mm}^2$；HRB400 钢筋 $f_y = 360\text{N/mm}^2$；$\alpha_1 = 1.0$，$\xi_b = 0.518$。

查附表 1-13，二 a 类环境，C30 混凝土，$c = 25\text{mm}$，若箍筋直径 $d_v = 8\text{mm}$，则 $a_s =$

$c+d_v+d/2=25+8+20/2=43$mm，$h_0=h-43=457$mm。

查附表 1-18，$\rho_{\min}=0.2\%>0.45\dfrac{f_t}{f_y}=0.45\times\dfrac{1.43}{360}=0.179\%$。

钢筋净间距 $s_n=\dfrac{200-2\times25-2\times8-3\times20}{2}=37mm>d=20$mm，且 $s_n>25$mm，所以钢筋净间距符合构造要求。

（2）公式适用条件判断。

① 是否少筋。

$$3\,\Phi\,20，A_s=942\text{mm}^2>\rho_{\min}bh=0.20\%\times200\times500=200\text{mm}^2$$

因此，截面不会发生少筋破坏。

② 是否超筋。

由式(4-6a)可得

$$x=\frac{f_yA_s}{\alpha_1f_cb}=\frac{360\times942}{1.0\times14.3\times200}=118.6\text{mm}<\xi_bh_0=0.518\times457=236.73\text{mm}$$

因此，截面不会发生超筋破坏。

（3）计算截面所能承受的最大弯矩并复核截面。

$$M_u=\alpha_1f_cbx\left(h_0-\frac{x}{2}\right)=1.0\times14.3\times200\times118.6\times\left(457-\frac{118.6}{2}\right)$$

$$=134.9\times10^6\text{N}\cdot\text{mm}=134.9\text{kN}\cdot\text{m}>M=100\text{kN}\cdot\text{m}$$

因此，该截面安全。

【例 4.5】 已知条件同例 4.4，但受拉纵筋为 6 Φ 22，该梁所能承受的最大弯矩设计值为多少？

【解】 （1）确定基本参数。

查附表 1-2、附表 1-5、附表 1-10 和附表 1-11 可知：C30 混凝土 $f_c=14.3$N/mm^2，$f_t=1.43$N/mm^2；HRB400 钢筋 $f_y=360$N/mm^2；$\alpha_1=1.0$，$\xi_b=0.518$。

查附表 1-13，二 a 类环境，C30 混凝土，$c=25$mm，受拉钢筋双排布置，若箍筋直径 $d_v=8$mm，则 $a_s=c+d_v+d+e/2=25+8+22+25/2=67.5$mm，$h_0=h-67.5=432.5$mm。

查附表 1-18，$\rho_{\min}=0.2\%>0.45\dfrac{f_t}{f_y}=0.45\times\dfrac{1.43}{360}=0.179\%$。

钢筋净间距 $s_n=\dfrac{200-2\times25-2\times8-3\times22}{2}=34mm>d=22$mm，且 $s_n>25$mm，所以钢筋净间距符合要求。

（2）公式适用条件判断。

① 是否少筋。

$$6\,\Phi\,22，A_s=2281\text{mm}^2>\rho_{\min}bh=0.2\%\times200\times500=200\text{mm}^2$$

因此，截面不会发生少筋破坏。

② 是否超筋。

由式(4-6a)可得

$$x=\frac{f_y A_s}{\alpha_1 f_c b}=\frac{360\times2281}{1.0\times14.3\times200}=287.1\text{mm}>\xi_b h_0=0.518\times432.5=224.04\text{mm}$$

可见为超筋梁，所以取 $x_b=\xi_b h_0=224.04\text{mm}$。

(3) 计算截面所能承受的最大弯矩。

$$M_u=\alpha_1 f_c b x_b\left(h_0-\frac{x_b}{2}\right)=1.0\times14.3\times200\times224.04\times\left(432.5-\frac{224.04}{2}\right)$$

$$=205.3\times10^6\text{N}\cdot\text{mm}=205.3\text{kN}\cdot\text{m}$$

因此，该梁所能承受的最大弯矩设计值 $M=205.3\text{kN}\cdot\text{m}$。

4.5.3 正截面受弯承载力的计算系数及其计算方法

1. 正截面受弯承载力的计算系数

在利用基本计算公式进行截面设计时，需求解一元二次方程，计算尚不够简便。为此，可由基本公式推出一些计算系数，并将其编成表格，供设计查用，以简化设计。

将 $x=\xi h_0$ 代入式(4-6b)可得

$$M\leqslant\xi(1-0.5\xi)\alpha_1 f_c bh_0^2=\alpha_s\alpha_1 f_c bh_0^2 \tag{4-12a}$$

其中：

$$\alpha_s=\xi(1-0.5\xi) \tag{4-12b}$$

将 $x=\xi h_0$ 代入式(4-6c)可得

$$M\leqslant(1-0.5\xi)h_0 f_y A_s=\gamma_s h_0 f_y A_s \tag{4-12c}$$

其中：

$$\gamma_s=1-0.5\xi \tag{4-12d}$$

式中：α_s——截面抵抗矩系数；

γ_s——内力臂系数。

由式(4-12b)、式(4-12d)可知，ξ、γ_s 和 α_s 之间存在一一对应的关系，只要已知其中的一个，就可以求得另外两个。因此，可以事先将 ξ、γ_s 和 α_s 之间的对应关系计算好，并编制成表格(附表1-19)，供设计查用。

2. 计算方法

应用计算系数进行截面设计的主要步骤如下。

(1) 按由式(4-12a)变换得到的下列公式计算 α_s：

$$\alpha_s=\frac{M}{\alpha_1 f_c bh_0^2} \tag{4-13a}$$

(2) 查附表1-19得到 ξ、γ_s。也可按由式(4-12b)和式(4-12d)变换得到的下列公式计算 ξ、γ_s：

$$\xi=1-\sqrt{1-2\alpha_s} \qquad (4-13b)$$

$$\gamma_s=\frac{1+\sqrt{1-2\alpha_s}}{2} \qquad (4-13c)$$

(3) 判别公式的适用条件 $\xi\leqslant\xi_b$，并计算 A_s。

若条件 $\xi\leqslant\xi_b$ 不满足，则应调整截面尺寸或混凝土强度等级后，返回(1)重新开始，或改用双筋截面梁。

若条件 $\xi\leqslant\xi_b$ 满足，按由式(4-12c)变换得到的下列公式计算 A_s：

$$A_s=\frac{M}{f_y\gamma_s h_0} \qquad (4-14)$$

(4) 验算最小配筋率 $A_s\geqslant\rho_{min}bh$：若 $A_s\geqslant\rho_{min}bh$，则按 A_s 选配钢筋；若 $A_s<\rho_{min}bh$，则取 $A_s=\rho_{min}bh$，并选配钢筋。

需要说明的是，当取式(4-12b)中的 $\xi=\xi_b$ 时，α_s 取得最大值 $\alpha_{s,max}$(或 α_{sb})；同样当取式(4-12a)中的 $\xi=\xi_b$ 时，截面达到单筋矩形截面的最大受弯承载力 $M_{u,max}$，即

$$\alpha_{s,max}=\xi_b(1-0.5\xi_b) \qquad (4-15a)$$

$$M_{u,max}=\alpha_{s,max}\alpha_1 f_c bh_0^2 \qquad (4-15b)$$

因此，也可用下列公式作为避免超筋破坏的判别条件：

$$\alpha_s\leqslant\alpha_{s,max} \qquad (4-16a)$$

或

$$M\leqslant M_{u,max} \qquad (4-16b)$$

可见，$\xi\leqslant\xi_b$、$\rho\leqslant\rho_{max}$、$\alpha_s\leqslant\alpha_{s,max}$、$M\leqslant M_{u,max}$ 均可作为避免超筋破坏的条件，4 个条件是等价的，只要其中一个满足，其余 3 个自然满足。其中最为常用的是 $\xi\leqslant\xi_b$。

【例 4.6】 已知某现浇钢筋混凝土简支板，如图 4.24(a)所示，$l_0=2400mm$，板厚为 80mm，安全等级为二级，处于一类环境，承受均布荷载设计值为 6.50kN/m^2(含板自重)。选用 C25 混凝土和 HPB300 钢筋。试配置该板的受拉钢筋。

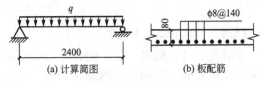

图 4.24 例 4.6 图

【解】 (1) 确定基本参数。

查附表 1-2、附表 1-5、附表 1-10 和附表 1-11 可知：C25 混凝土 $f_c=11.9N/mm^2$，$f_t=1.27N/mm^2$；HPB300 钢筋 $f_y=270N/mm^2$；$\alpha_1=1.0$，$\xi_b=0.576$，$\alpha_{s,max}=0.410$。

查附表 1-13，一类环境，C25 混凝土，$c=15+5=20mm$，若板受拉钢筋直径 $d=10mm$，则 $a_s=c+d/2=25mm$，$h_0=h-25=55mm$。

查附表 1-18，$\rho_{min}=0.45\dfrac{f_t}{f_y}=0.45\times\dfrac{1.27}{270}=0.212\%>0.20\%$，取 1m 宽板带为计算单元，$b=1000mm$。

(2) 内力计算。

板上均布线荷载为

$$q=1.0\times6.50=6.50kN/m$$

则跨中最大弯矩设计值为

$$M=\gamma_0\frac{1}{8}ql_0^2=1.0\times\frac{1}{8}\times6.50\times2.4^2=4.68\text{kN}\cdot\text{m}$$

（3）采用系数法计算钢筋截面面积。

$$\alpha_s=\frac{M}{\alpha_1 f_c bh_0^2}=\frac{4.68\times10^6}{1.0\times11.9\times1000\times55^2}=0.130<\alpha_{s,\max}=0.410$$

查附表 1-19 可得 $\gamma_s=0.930$[也可采用式(4-13c)计算出 γ_s]，则

$$A_s=\frac{M}{f_y\gamma_s h_0}=\frac{4.68\times10^6}{270\times0.930\times55}=339\text{mm}^2>\rho_{\min}bh=0.212\%\times1000\times80=170\text{mm}^2$$

（4）选配钢筋及绘配筋图。

查附表 1-23，选用 $\phi 8@140(A_s=359\text{mm}^2)$，配筋如图 4.24(b)所示。

【例 4.7】 已知某民用建筑钢筋混凝土矩形截面简支梁 ［图 4.25(a)］，安全等级为二级，处于一类环境，计算跨度 $l_0=6000\text{mm}$，截面尺寸 $b\times h=200\text{mm}\times500\text{mm}$，承受板传来永久荷载及梁的自重标准值 $g_k=15.0\text{kN/m}$，板传来的楼面活荷载标准值 $q_k=8.0\text{kN/m}$。选用 C25 混凝土和 HRB335 钢筋，试求该梁所需受拉钢筋面积并画出截面配筋简图。

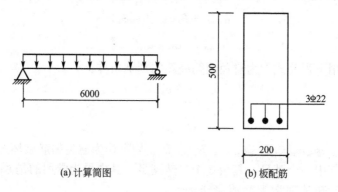

(a) 计算简图   (b) 板配筋

图 4.25　例 4.7 图

【解】 （1）确定基本参数。

查附表 1-2、附表 1-5、附表 1-10 和附表 1-11 可知：C25 混凝土 $f_c=11.9\text{N/mm}^2$，$f_t=1.27\text{N/mm}^2$；HRB335 钢筋 $f_y=300\text{N/mm}^2$；$\alpha_1=1.0$，$\xi_b=0.550$。

查附表 1-14，一类环境，C25 混凝土，假定受拉钢筋单排布置，若箍筋直径 $d_v=6\text{mm}$，则 $a_s=35+5=40\text{mm}$，$h_0=h-40=460\text{mm}$。

查附表 1-18，$\rho_{\min}=0.2\%>0.45\dfrac{f_t}{f_y}=0.45\times\dfrac{1.27}{300}=0.191\%$。

（2）内力计算。

梁的计算简图如图 4.25(a)所示。

可变荷载控制时，荷载分项系数：$\gamma_G=1.2$，$\gamma_Q=1.4$，则梁上均布荷载设计值
$$q=\gamma_G g_k+\gamma_Q q_k=1.2\times15.0+1.4\times8.0=29.2\text{kN/m}$$

永久荷载控制时，荷载分项系数：$\gamma_G=1.35$，$\gamma_Q=1.4$；组合系数 $\psi_c=0.7$；则梁上均布荷载设计值为
$$q=\gamma_G g_k+\psi_c\gamma_Q q_k=1.35\times15.0+0.7\times1.4\times8.0=28.1\text{kN/m}$$

二者取大值，所以 $q=29.2\text{kN/m}$。

跨中最大弯矩设计值：

$$M=\gamma_0\frac{1}{8}ql_0^2=1.0\times\frac{1}{8}\times29.2\times6.0^2=131.4\text{kN}\cdot\text{m}$$

（3）采用系数法计算钢筋截面面积。

$$\alpha_s=\frac{M}{\alpha_1f_cbh_0^2}=\frac{131.4\times10^6}{1.0\times11.9\times200\times460^2}=0.261$$

$$\xi=1-\sqrt{1-2\alpha_s}=1-\sqrt{1-2\times0.261}=0.309<\xi_b=0.550$$

$$\gamma_s=\frac{1+\sqrt{1-2\alpha_s}}{2}=\frac{1+\sqrt{1-2\times0.261}}{2}=0.846$$

$$A_s=\frac{M}{f_y\gamma_sh_0}=\frac{131.4\times10^6}{300\times0.846\times460}=1126\text{mm}^2>\rho_{min}bh=0.2\%\times200\times500=200\text{mm}^2$$

（4）选配钢筋及绘配筋图。

查附表 1-20，选用 3 ⏀ 22($A_s=1140\text{mm}^2$)，截面配筋简图如图 4.25(b)所示。

4.6 双筋矩形截面受弯构件的正截面受弯承载力计算

4.6.1 双筋矩形截面概述

4.5 节所述的单筋矩形截面是指在受拉区配置纵向受力钢筋而在受压区仅按构造要求配置架立钢筋的截面。由于架立钢筋的截面面积小，对承载力的贡献小，所以在承载力计算时不考虑其作用。但当在受压区所配纵向钢筋的截面面积较大时，就应考虑其对承载力的作用。这种在截面的受拉区和受压区均配置受力钢筋的截面称为双筋截面，如图 4.26所示。由于双筋截面采用纵向受压钢筋来协助混凝土承担压力是不经济的，所以双筋截面只适用于下列情况。

（1）按单筋截面计算出现 $\xi>\xi_b$，而截面尺寸和混凝土强度等级又不能提高时。

（2）在不同荷载组合作用下(如风荷载、地震作用)，梁截面承受异号弯矩时。

（3）由于构造、延性等方面的需要，在截面受压区已配有截面面积较大的纵向钢筋时。

4.6.2 基本计算公式及其适用条件

1. 基本计算公式

与单筋矩形截面受弯构件一样，以适筋破坏Ⅲ$_a$的应力图为基础，经过 4 个基本假定和等效矩形应力图的简化，双筋矩形截面受弯构件也采用等效矩形应力图作为其正截面受弯承载力的计算简图，如图 4.26 所示。

由图 4.26 的平衡条件，可得到双筋矩形截面受弯构件正截面受弯承载力的计算公式

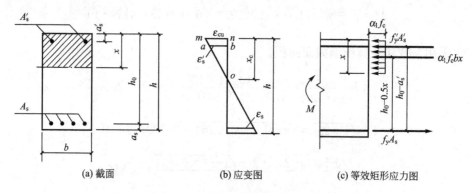

(a) 截面　　　　　　　(b) 应变图　　　　　(c) 等效矩形应力图

图 4.26　双筋矩形截面的计算简图

如下：

$$
\begin{cases}
\sum X = 0 \Rightarrow & \alpha_1 f_c b x + f'_y A'_s = f_y A_s & (4-17a) \\
\sum M = 0 \Rightarrow & M \leqslant \alpha_1 f_c b x \left(h_0 - \dfrac{x}{2} \right) + f'_y A'_s (h_0 - a'_s) & (4-17b)
\end{cases}
$$

2. 公式的适用条件

由于双筋梁 A_s 的配筋量往往较大，所以避免少筋破坏的条件自然满足。因此，计算公式尚须有避免超筋破坏和保证受压钢筋 A'_s 达到抗压强度设计值 f'_y 的条件，即

条件(1)为

$$\xi \leqslant \xi_b \qquad\qquad (4-18a)$$

条件(2)为

$$x \geqslant 2a'_s \qquad\qquad (4-18b)$$

条件(1)是为了避免超筋破坏，常用混凝土和钢筋 ξ_b 的取值见附表 1-11；条件(2)是为了保证受压钢筋 A'_s 达到抗压强度设计值 f'_y。

由于钢筋的弹性模量 E_s 一般为 2×10^5 MPa 左右，抗压强度设计值 f'_y 一般 $\leqslant 400$ MPa。因此，只要图 4.26(b) 中受压钢筋 A'_s 的压应变 $\varepsilon'_s \geqslant 0.002$，就能保证受压钢筋 A'_s 达到抗压强度设计值 f'_y。同时由图 4.26(b) 可知，破坏时受压边缘混凝土的压应变 ε_{cu} 一般为 0.0033，是一定值，所以中和轴高度 x_c 越大，受压钢筋 A'_s 的压应变 ε'_s 也就越大。当 $x_c = 2.5 a'_s$ 时，由图 4.26(b) 中 $\triangle mno$ 与 $\triangle abo$ 相似推得 $\varepsilon'_s = 0.002$；此时图 4.26(c) 中的受压区高度 $x = \beta_1 x_c = 0.8 \times 2.5 a'_s = 2a'_s$。所以只要 $x \geqslant 2a'_s$，就能保证受压钢筋 A'_s 达到抗压强度设计值 f'_y。

当条件 $x \geqslant 2a'_s$ 不能满足，即 $x < 2a'_s$ 时，表明受压钢筋 A'_s 没有达到抗压设计强度 f'_y。此时可以偏于安全地取 $x = 2a'_s$，即假设受压区混凝土的合力与受压钢筋的合力均作用在受压钢筋位置处，并对受压钢筋合力点取矩，得到下列承载力计算公式：

$$M \leqslant f_y A_s (h_0 - a'_s) \qquad\qquad (4-19)$$

当按式 (4-19) 计算得到的 A_s 比不考虑受压钢筋 A'_s 的作用而按单筋截面计算的 A_s 还大时，应按单筋截面的计算结果配筋。

4.6.3　基本计算公式的应用

同单筋矩形截面受弯构件一样，双筋矩形截面受弯构件计算公式的应用也有"截面设计和截面复核"两类情况。

1. 截面设计

双筋矩形截面的截面设计同样涉及选择混凝土和钢筋的强度等级、确定截面尺寸，其方法与单筋矩形截面的截面设计时相同，故不再赘述。

双筋矩形截面的截面设计时，需求 A_s'、A_s。因此，其截面设计又分成"A_s'、A_s 均未知"和"已知 A_s'、求 A_s"两种情形。

(1) 情形 1：已知弯矩设计值 M、截面尺寸 $b \times h$、混凝土和钢筋的强度等级，求 A_s'、A_s。

根据已知条件，分析基本计算公式(4-17a)和式(4-17b)后知道：公式组有 x、A_s' 和 A_s 这 3 个未知数，但只有两个方程，故无法唯一求解，需补充一个条件。从公式的适用条件可知，x 的取值范围为 $2a_s' \sim \xi_b h_0$，从经济考虑，为使钢筋用量($A_s + A_s'$)最小，应充分发挥混凝土的作用，故取 $x = \xi_b h_0$。补充条件 $x = \xi_b h_0$ 后，就可利用基本计算公式(4-17a)和式(4-17b)求得 A_s'、A_s。

由式(4-17b)可得

$$A_s' = \frac{M - \alpha_1 f_c b h_0^2 \xi_b (1 - 0.5 \xi_b)}{f_y'(h_0 - a_s')} \tag{4-20a}$$

由式(4-17a)可得

$$A_s = \frac{\alpha_1 f_c b \xi_b h_0 + f_y' A_s'}{f_y} \tag{4-20b}$$

双筋矩形截面 A_s'、A_s 均未知时的截面设计可按如图 4.27 所示的流程图进行。

(2) 情形 2：已知弯矩设计值 M、截面尺寸 $b \times h$、混凝土和钢筋的强度等级、A_s'，求 A_s。

根据已知条件，分析基本计算公式(4-17a)和式(4-17b)后知道：有 x 和 A_s 两个未知数，故可唯一求解。求解时，应先求 x，可按式(4-17b)x 的求根公式(4-21)计算，并判别公式的适用条件 $2a_s' \leqslant x \leqslant \xi_b h_0$，再求 A_s。

$$x = h_0 \left\{ 1 - \sqrt{1 - \frac{2[M - f_y' A_s'(h_0 - a_s')]}{\alpha_1 f_c b h_0^2}} \right\} \tag{4-21}$$

双筋矩形截面已知 A_s'、求 A_s 时的截面设计可按如图 4.28 所示的流程图进行。

【例 4.8】 已知条件同例 4.1，但承受弯矩设计值 $M = 375 \mathrm{kN \cdot m}$，由于建筑和施工的原因，上述条件不能改变，试求截面所需的受力钢筋截面面积，并画出截面配筋简图。

【解】 (1) 确定基本参数。

查附表 1-2、附表 1-5、附表 1-10 和附表 1-11 可知：C25 混凝土 $f_c = 11.9 \mathrm{N/mm^2}$，$f_t = 1.27 \mathrm{N/mm^2}$；HRB335 钢筋 $f_y = 300 \mathrm{N/mm^2}$；$\alpha_1 = 1.0$，$\xi_b = 0.550$。

查附表 1-13 和附表 1-14，一类环境，C25 混凝土，由于弯矩较大，假定受拉钢筋双排布置，受压钢筋单排布置，若箍筋直径 $d_v = 6 \mathrm{mm}$，则 $a_s = 60 + 5 = 65 \mathrm{mm}$，$a_s' = 35 + 5 = 40 \mathrm{mm}$，$h_0 = h - 65 = 535 \mathrm{mm}$。

(2) 求 x，并判别公式适用条件。

由式(4-11)可得

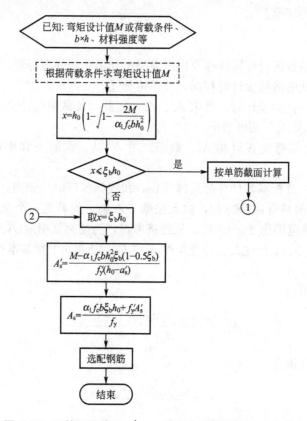

图 4.27　双筋矩形截面 A_s'、A_s 均未知时的截面设计流程图

注：1. 图中①的对接位置见图 4.19，②的对接位置见图 4.19 和图 4.28。

2. 若 M 已知，则没有虚线框所示步骤。

$$x = h_0\left(1 - \sqrt{1 - \frac{2M}{\alpha_1 f_c b h_0^2}}\right)$$

$$= 535 \times \left(1 - \sqrt{1 - \frac{2 \times 375 \times 10^6}{1.0 \times 11.9 \times 250 \times 535^2}}\right)$$

$$= 350.3\text{mm} > \xi_b h_0 = 0.550 \times 535 = 294.25\text{mm}$$

所以采用双筋截面。本题属于情形 1，补充条件：$x = \xi_b h_0$。

（3）计算钢筋截面面积。

由式（4-20a）可得

$$A_s' = \frac{M - \alpha_1 f_c b h_0^2 \xi_b (1 - 0.5\xi_b)}{f_y'(h_0 - a_s')}$$

$$= \frac{375 \times 10^6 - 1.0 \times 11.9 \times 250 \times 535^2 \times 0.550 \times (1 - 0.5 \times 0.550)}{300 \times (535 - 40)} = 238.77\text{mm}^2$$

由式（4-20b）可得

$$A_s = \frac{\alpha_1 f_c b \xi_b h_0 + f_y' A_s'}{f_y} = \frac{1.0 \times 11.9 \times 250 \times 0.550 \times 535 + 300 \times 238.77}{300} = 3156.75\text{mm}^2$$

88

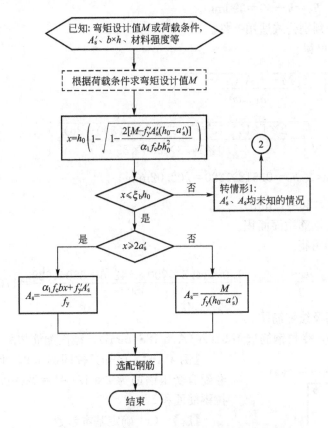

图 4.28 双筋矩形截面已知 A'_s、求 A_s 时的截面设计流程图

注：1. 图中②的对接位置见图 4.27。

2. 若 M 已知，则没有虚线框所示步骤。

（4）选配钢筋及绘配筋图。

查附表 1-20，受压钢筋选用 $2\Phi14(A'_s=308\text{mm}^2)$；受拉钢筋选用 $4\Phi25+4\Phi20(A_s=3220\text{mm}^2)$。截面配筋简图如图 4.29 所示。

【例 4.9】 某民用建筑钢筋混凝土矩形截面梁，截面尺寸为 $b\times h=200\text{mm}\times450\text{mm}$，安全等级为二级，处于一类环境。选用 C30 混凝土和 HRB400 钢筋，承受弯矩设计值 $M=210\text{kN}\cdot\text{m}$，由于构造等原因，该梁在受压区已经配有受压钢筋 $2\Phi20(A'_s=628\text{mm}^2)$，试求所需受拉钢筋面积。

【解】 （1）确定基本参数。

查附表 1-2、附表 1-5、附表 1-10 和附表 1-11 可知：C30 混凝土 $f_c=14.3\text{N/mm}^2$，$f_t=1.43\text{N/mm}^2$；HRB400 钢筋 $f_y=360\text{N/mm}^2$，$\alpha_1=1.0$，$\xi_b=0.518$。

查附表 1-13 和附表 1-14，一类环境，C30 混凝

土，$c=20\text{mm}$，假定受拉钢筋双排布置，若箍筋直径 $d_v=6\text{mm}$，则 $a_s=60\text{mm}$，$a'_s=20+$

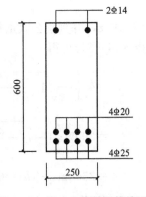

图 4.29 例 4.8 截面配筋简图

$6+20/2=36$mm，$h_0=h-60=390$mm。

（2）求 x，并判别公式适用条件。

由式（4-21）可得

$$x=h_0\left\{1-\sqrt{1-\frac{2\left[M-f_y'A_s'(h_0-a_s')\right]}{\alpha_1 f_c b h_0^2}}\right\}$$

$$=390\times\left\{1-\sqrt{1-\frac{2\times\left[210\times10^6-360\times628\times(390-36)\right]}{1.0\times14.3\times200\times390^2}}\right\}$$

$$=142.6\text{mm}<\xi_b h_0=0.518\times390=202.02\text{mm}$$

且 $x>2a_s'=2\times36=72$mm。

（3）计算受拉钢筋截面面积。

由式（4-17a）可得

$$A_s=\frac{\alpha_1 f_c bx+f_y'A_s'}{f_y}=\frac{1.0\times14.3\times200\times142.6+360\times628}{360}=1761\text{mm}^2$$

（4）选配钢筋及绘配筋图。

查附表1-20，受拉钢筋选用 $6\oplus20(A_s=1884\text{mm}^2)$，截面配筋如图4.30所示。

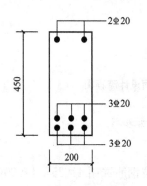

图4.30 例4.9截面配筋简图

【例4.10】 已知条件同例4.9，但该梁在受压区已经配有受压钢筋为 $2\oplus12(A_s'=226\text{mm}^2)$，试求所需受拉钢筋面积。

【解】 （1）确定基本参数。

查附表1-2、附表1-5、附表1-10和附表1-11可知：C30混凝土 $f_c=14.3\text{N/mm}^2$，$f_t=1.43\text{N/mm}^2$；HRB400钢筋 $f_y=360\text{N/mm}^2$；$\alpha_1=1.0$，$\xi_b=0.518$。

查附表1-13和附表1-14，一类环境，C30混凝土，$c=20$mm，假定受拉钢筋双排布置，若箍筋直径 $d_v=6$mm，则 $a_s=60$mm，$a_s'=20+6+12/2=32$mm，$h_0=h-60=390$mm。

（2）求 x，并判别公式适用条件。

由式（4-21）可得

$$x=h_0\left\{1-\sqrt{1-\frac{2\left[M-f_y'A_s'(h_0-a_s')\right]}{\alpha_1 f_c b h_0^2}}\right\}$$

$$=390\times\left\{1-\sqrt{1-\frac{2\times\left[210\times10^6-360\times226\times(390-32)\right]}{1.0\times14.3\times200\times390^2}}\right\}$$

$$=230\text{mm}>\xi_b h_0=0.518\times390=202.02\text{mm}$$

所以须按照受压钢筋 A_s' 未知的情况计算，即转情形1。

（3）计算钢筋截面面积。

补充条件：$x=\xi_b h_0$

由式（4-20a）可得

$$A_s'=\frac{M-\alpha_1 f_c b h_0^2 \xi_b(1-0.5\xi_b)}{f_y'(h_0-a_s')}$$

$$=\frac{210\times10^6-1.0\times14.3\times200\times390^2\times0.518\times(1-0.5\times0.518)}{360\times(390-32)}=334mm^2$$

由式（4-20b）可得

$$A_s=\frac{\alpha_1 f_c b\xi_b h_0+f_y'A_s'}{f_y}=\frac{1.0\times14.3\times200\times0.518\times390+360\times334}{360}=1939mm^2$$

（4）选配钢筋及绘配筋图。

查附表 1-20，受压钢筋选用 3 Φ 12（$A_s=$ 339mm²）；受拉钢筋选用 4 Φ 20＋2 Φ 22（$A_s=$ 2016mm²）。截面配筋如图 4.31 所示。

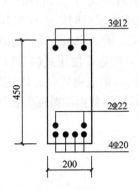

【例 4.11】 已知条件同例 4.9，但该梁在受压区已经配有受压钢筋为 3 Φ 22（$A_s'=1140mm^2$），试求所需受拉钢筋面积。

【解】（1）确定基本参数。

查附表 1-2、附表 1-5、附表 1-10 和附表 1-11 可知：C30 混凝土 $f_c=14.3N/mm^2$，$f_t=$ 1.43N/mm²；HRB400 钢筋 $f_y=360N/mm^2$；$\alpha_1=$ 1.0，$\xi_b=0.518$。

图 4.31 例 4.10 截面配筋简图

查附表 1-13 和附表 1-14，一类环境，C30 混凝土，$c=20mm$；假定受拉钢筋双排布置，若箍筋直径 $d_v=6mm$，则 $a_s=60mm$，$h_0=h-60=390mm$，且 $c+d_v=26mm>$受压钢筋直径 22mm（满足要求），故 $a_s'=20+6+22/2=37mm$。

（2）求 x，并判别公式适用条件。

由式（4-21）可得

$$x=h_0\left(1-\sqrt{1-\frac{2[M-f_y'A_s'(h_0-a_s')]}{\alpha_1 f_c b h_0^2}}\right)$$

$$=390\times\left(1-\sqrt{1-\frac{2\times[210\times10^6-360\times1140\times(390-37)]}{1.0\times14.3\times200\times390^2}}\right)$$

$$=63.6mm<2a_s'=2\times37=74mm$$

所以取 $x=2a_s'$。

（3）计算受拉钢筋截面面积。

由式（4-19）可得

$$A_s=\frac{M}{f_y(h_0-a_s')}=\frac{210\times10^6}{360\times(390-37)}=1653mm^2$$

不考虑受压钢筋 A_s' 的作用，按单筋截面计算 A_s，经计算 $x>\xi_b h_0$。

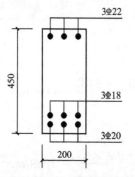

图 4.32　例 4.11 截面配筋简图

所以，取 $A_s = 1653\text{mm}^2$

（4）选配钢筋及绘配筋图。

查附表 1-20，受拉钢筋选用 $3 \oplus 20 + 3 \oplus 18$（$A_s = 1705\text{mm}^2$）。截面配筋如图 4.32 所示。

2. 截面复核

截面复核通常是已知混凝土与钢筋的强度等级、构件的截面尺寸和配筋量 A_s'、A_s，求截面的极限受弯承载力设计值 M_u。也有进一步复核该截面安全性，即 M_u 是否大于等于 M。

此时可由式(4-17a)和式(4-17b)联立求解 M_u。两个方程两个未知数 x 和 M_u，可唯一求解 M_u。求解时，应首先判别 $A_s \geqslant \rho_{\min} bh$；若 $A_s < \rho_{\min} bh$，则应重新调整截面或该构件不能使用；若 $A_s \geqslant \rho_{\min} bh$，则由式(4-17a)求 x，并判别公式条件 $2a_s' \leqslant x \leqslant \xi_b h_0$；若 $2a_s' \leqslant x \leqslant \xi_b h_0$，则直接使用式(4-17b)求 M_u；若 $x > \xi_b h_0$，则取 $x = \xi_b h_0$ 代入式(4-17b)求 M_u；若 $x < 2a_s'$，则应由式(4-19)求 M_u。

双筋矩形截面的截面复核可按如图 4.33 所示的流程图进行。

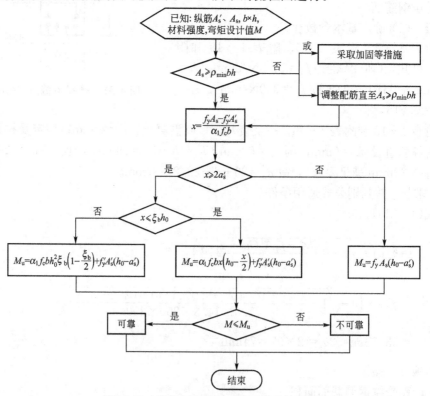

图 4.33　双筋矩形截面的截面复核流程图

【例 4.12】 已知某矩形截面钢筋混凝土梁，截面尺寸 $b \times h = 200\text{mm} \times 500\text{mm}$，安全等级为二级，处于二 a 类环境。选用 C25 混凝土和 HRB335 钢筋，受拉钢筋为 $6 \oplus 22$，受压钢筋为 $3 \oplus 22$，截面配筋如图 4.34 所示。如果该梁承受弯矩设计值 $M = 250\text{kN} \cdot \text{m}$，复核截面是否安全？

【解】（1）确定基本参数。

查附表 1-2、附表 1-5、附表 1-10 和附表 1-11 可知：C25 混凝土 $f_c=11.9\text{N/mm}^2$，$f_t=1.27\text{N/mm}^2$；HRB335 钢筋 $f_y=300\text{N/mm}^2$；$\alpha_1=1.0$，$\xi_b=0.550$。

查附表 1-13，二 a 类环境，C25 混凝土，$c=25+5=30\text{mm}$。受拉钢筋双排布置，若箍筋直径 $d_v=8\text{mm}$，则 $a_s=c+d_v+d+e/2=30+8+22+25/2=72.5\text{mm}$，$a'_s=c+d_v+d/2=30+8+22/2=49\text{mm}$，$h_0=h-72.5=427.5\text{mm}$。

查附表 1-20 可知，$A_s=2281\text{mm}^2$，$A'_s=1140\text{mm}^2$。

查附表 1-18 可知，$\rho_{min}=\{0.002,\ 0.45f_t/f_y\}_{max}=0.002$，则 $\rho_{min}bh=200\text{mm}^2$，故 $A_s>\rho_{min}bh$，满足要求。

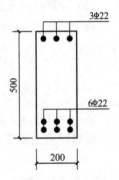

图 4.34 例 4.12 图

（2）计算 x。

$$x=\frac{f_yA_s-f'_yA'_s}{\alpha_1f_cb}=\frac{300\times2281-300\times1140}{1.0\times11.9\times200}=143.8\text{mm}$$
$$<\xi_bh_0=0.550\times427.5=235.1\text{mm}$$

且 $x\geqslant2a'_s=98\text{mm}$，所以 x 满足公式适用条件。

（3）计算极限承载力，并复核截面。

由式(4-17b)得

$$M_u=\alpha_1f_cbx\left(h_0-\frac{x}{2}\right)+f'_yA'_s(h_0-a'_s)$$

$$=1.0\times11.9\times200\times143.8\times\left(427.5-\frac{143.8}{2}\right)+300\times1140\times(427.5-49)$$

$$=251.1\times10^6\text{N}\cdot\text{mm}=251.1\text{kN}\cdot\text{m}>250\text{kN}\cdot\text{m}$$

所以该截面安全。

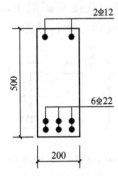

图 4.35 例 4.13 图

【例 4.13】 已知条件同例 4.12，但该梁受压钢筋为 2 Φ 12，如图 4.35 所示，复核该截面是否安全？

【解】（1）确定基本参数。

查附表 1-2、附表 1-5、附表 1-10 和附表 1-11 可知：C25 混凝土 $f_c=11.9\text{N/mm}^2$，$f_t=1.27\text{N/mm}^2$；HRB335 钢筋 $f_y=300\text{N/mm}^2$；$\alpha_1=1.0$，$\xi_b=0.550$。

查附表 1-13，二 a 类环境，C25 混凝土，$c=25+5=30\text{mm}$。受拉钢筋双排布置，若箍筋直径 $d_v=8\text{mm}$，则 $a_s=c+d_v+d+e/2=30+8+22+25/2=72.5\text{mm}$，$a'_s=c+d_v+d/2=30+8+12/2=44\text{mm}$，$h_0=h-72.5=427.5\text{mm}$

查附表 1-20 可知，$A_s=2281\text{mm}^2$，$A'_s=226\text{mm}^2$。

由例 4.12 可知，$A_s>\rho_{min}bh$，满足要求。

（2）计算 x。

$$x=\frac{f_yA_s-f'_yA'_s}{\alpha_1f_cb}=\frac{300\times2281-300\times226}{1.0\times11.9\times200}$$
$$=259.0\text{mm}>\xi_bh_0=0.550\times427.5=235.1\text{mm}$$

所以应取 $x=x_b=\xi_bh_0=235.1\text{mm}$。

（3）计算极限承载力，并复核截面。

将 $x=x_b=\xi_b h_0=235.1$mm 代入式（4-17b）得

$$M_u=\alpha_1 f_c b x_b\left(h_0-\frac{x_b}{2}\right)+f_y' A_s'(h_0-a_s')$$

$$=1.0\times11.9\times200\times235.1\times\left(427.5-\frac{235.1}{2}\right)+300\times226\times(427.5-44)$$

$$=199.4\times10^6\,\text{N}\cdot\text{mm}=199.4\text{kN}\cdot\text{m}<250\text{kN}\cdot\text{m}$$

所以该截面不安全。

4.7 T形截面受弯构件的正截面受弯承载力计算

4.7.1 T形截面受弯构件概述

矩形截面梁正截面破坏时，受拉区大部分混凝土因开裂而退出工作，所以其正截面承

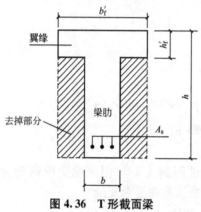

图 4.36 T形截面梁

载力计算时不考虑受拉区混凝土的抗拉作用。为减轻自重和节约混凝土，可以去掉受拉区部分混凝土，并将受拉钢筋集中布置，形成图 4.36 所示的 T形截面梁，图中 b_f'、h_f' 为受压翼缘的宽度和高度；b、h 为肋部(也称腹板)的宽度和高度。

对于现浇楼盖中的连续梁 [图 4.37(a)]，跨中截面(1—1 截面)承受正弯矩，截面上部受压、下部受拉，所以跨中截面按 T形截面计算；支座截面(2—2 截面)承受负弯矩，截面上部受

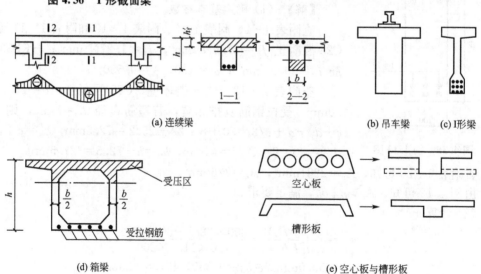

图 4.37 T形截面受弯构件

拉、下部受压，因此支座截面按矩形截面计算。工程中的吊车梁常采用 T 形截面 [图 4.37(b)]。有时为了布置受拉钢筋等的需要，将 T 形截面的下部扩大而形成 I 形截面 [图 4.37(c)]。破坏时，I 形截面下翼缘（受拉翼缘）混凝土开裂，对受弯承载力没有贡献，所以 I 形截面的正截面受弯承载力按 T 形截面计算。工程中常用的箱梁 [图 4.37(d)]、空心板与槽形板 [图 4.37(e)]，也按 T 形截面计算其正截面受弯承载力。

试验表明，T 形截面受弯构件受压翼缘上的压应力沿翼缘宽度方向的分布是不均匀的，离梁肋越远，压应力越小 [图 4.38(a)]。因此，与梁肋共同工作的翼缘宽度是有限的。为简化计算，《规范》(GB 50010)采用"有效翼缘计算宽度 b'_f"来表示，并假定在有效翼缘计算宽度 b'_f 范围内受压区混凝土的压应力均匀分布，b'_f 范围以外的混凝土不受力 [图 4.38(b)]。试验与理论分析还表明，有效翼缘计算宽度 b'_f 的取值与梁的形式（独立梁还是现浇肋形楼盖梁）、梁的计算跨度 l_0、梁肋净距 s_n 和翼缘高度 h'_f 等因素有关。《规范》(GB 50010)规定：T 形、I 形及倒 L 形截面受弯构件位于受压区的有效翼缘计算宽度 b'_f (图 4.39)应按表 4-4 所列情况中的最小值取用。

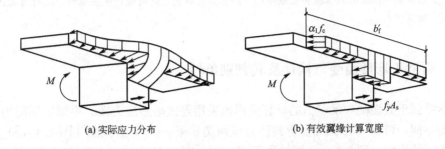

(a) 实际应力分布　　　　　　　(b) 有效翼缘计算宽度

图 4.38　T 形截面梁的应力分布与有效翼缘计算宽度

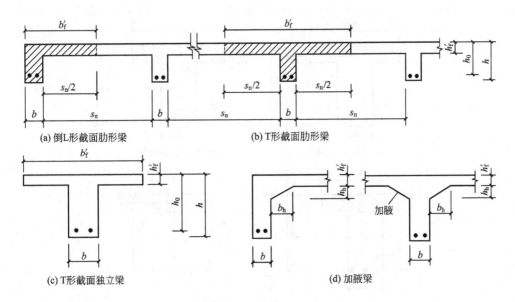

(a) 倒L形截面肋形梁　　　　　　　(b) T形截面肋形梁

(c) T形截面独立梁　　　　　　　(d) 加腋梁

图 4.39　受压翼缘的计算宽度

表4-4　受弯构件受压区有效翼缘计算宽度 b_f'

情　况		T形、I形截面		倒L形截面
		肋形梁(板)	独立梁	肋形梁(板)
1	按计算跨度 l_0 考虑	$l_0/3$	$l_0/3$	$l_0/6$
2	按梁(肋)净距 s_n 考虑	$b+s_n$	—	$b+s_n/2$
3	按翼缘高度 h_f' 考虑	$h_f'/h_0 \geqslant 0.1$	—	$b+12h_f'$	—
		$0.1 > h_f'/h_0 \geqslant 0.05$	$b+12h_f'$	$b+6h_f'$	$b+5h_f'$
		$h_f'/h_0 < 0.05$	$b+12h_f'$	b	$b+5h_f'$

注：① 表中 b 为梁的腹板厚度。
② 肋形梁在梁跨内设有间距小于纵肋间距的横肋时，可不考虑表中情况3的规定。
③ 加腋的 T 形、I 形和倒 L 形截面，当受压区加腋的高度 $h_h \geqslant h_f'$ 且加腋的长度 $b_h \leqslant 3h_h$ 时，其翼缘计算宽度可按表中情况3的规定分别增加 $2b_h$(T形、I形截面)和 b_h(倒 L 形截面)。
④ 独立梁受压区的翼缘板在荷载作用下经验算沿纵肋方向可能产生裂缝时，其计算宽度应取腹板宽度 b。

4.7.2　两类 T 形截面受弯构件及其判别条件

T 形截面正截面受弯承载力的计算简图也采用等效矩形应力图。根据矩形应力图中和轴位置的不同，可将 T 形截面受弯构件分成两类：第一类 T 形截面 [图 4.40(a)]，中和轴位于受压翼缘内，即 $x \leqslant h_f'$；第二类 T 形截面 [图 4.40(b)]，中和轴在梁肋部，即 $x > h_f'$。界限情况是中和轴刚好位于受压翼缘的下边缘，即 $x = h_f'$，如图 4.40(c)所示。

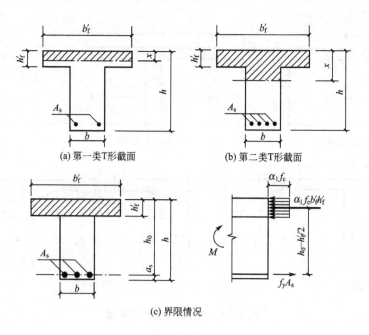

(a) 第一类T形截面　　　　(b) 第二类T形截面

(c) 界限情况

图4.40　两类 T 形截面

根据界限情况［图 4.40(c)］的平衡条件，可以得到两类 T 形截面在截面设计和截面复核时的判别条件，见表 4-5。

表 4-5 两类 T 形截面的判别条件

情况	截面类型	判别条件	公式编号
截面设计	第一类 T 形截面	$M \leqslant \alpha_1 f_c b'_f h'_f (h_0 - 0.5h'_f)$	(4-22a)
	第二类 T 形截面	$M > \alpha_1 f_c b'_f h'_f (h_0 - 0.5h'_f)$	(4-22b)
截面复核	第一类 T 形截面	$f_y A_s \leqslant \alpha_1 f_c b'_f h'_f$	(4-23a)
	第二类 T 形截面	$f_y A_s > \alpha_1 f_c b'_f h'_f$	(4-23b)

4.7.3 基本计算公式及其适用条件

T 形截面受弯构件通常采用单筋 T 形截面。但如果截面承受的弯矩大于单筋 T 形截面所能承受的极限弯矩，而截面尺寸和混凝土强度等级又不能提高时，也可设计成双筋 T 形截面。

以下文中提及的"T 形截面"均是指"单筋 T 形截面"。

1. 第一类 T 形截面

1) 基本计算公式

与矩形截面梁相同，采用等效矩形应力图作为第一类 T 形截面受弯构件正截面受弯承载力的计算简图，如图 4.41 所示。

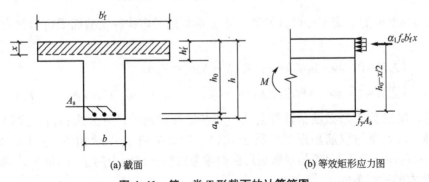

(a) 截面　　　　　　　　(b) 等效矩形应力图

图 4.41 第一类 T 形截面的计算简图

由图 4.41(b)的平衡条件可得到第一类 T 形截面受弯构件正截面受弯承载力的计算公式如下：

$$\begin{cases} \sum X = 0 \Rightarrow \alpha_1 f_c b'_f x = f_y A_s & (4-24a) \\ \sum M = 0 \Rightarrow M \leqslant \alpha_1 f_c b'_f x \left(h_0 - \dfrac{x}{2}\right) & (4-24b) \end{cases}$$

可见，第一类 T 形截面的计算公式相当于截面宽度为 b'_f 的单筋矩形截面的承载力计算公式。

2) 公式的适用条件

条件(1)：

$$\xi \leqslant \xi_b \qquad (4-25a)$$

条件(2)：

$$A_s \geqslant A_{s,min} = \rho_{min}bh \qquad (4-25b)$$

条件(1)是为了避免超筋破坏；对于第一类 T 形截面，公式条件 $\xi \leqslant \xi_b$ 一般能满足，故可以不验算。条件(2)是为了避免少筋破坏；需注意的是，由式(4-25b)可知，T 形截面的最小配筋率 ρ_{min} 是按梁的腹板面积 $b \times h$ 计算的。

2. 第二类 T 形截面

1) 基本计算公式

第二类 T 形截面的计算简图如图 4.42 所示。

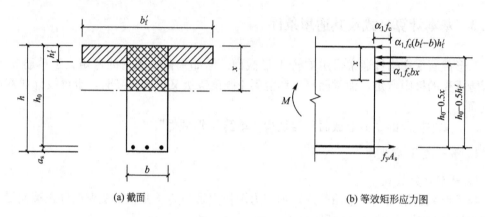

(a) 截面 　　　(b) 等效矩形应力图

图 4.42　第二类 T 形截面的计算简图

由图 4.42(b)的平衡条件可得到第二类 T 形截面受弯构件正截面受弯承载力的计算公式如下：

$$
\begin{cases}
\sum X=0 \Rightarrow \alpha_1 f_c bx + \alpha_1 f_c(b_f'-b)h_f' = f_y A_s & (4-26a)\\
\sum M=0 \Rightarrow M \leqslant \alpha_1 f_c bx(h_0-0.5x) + \alpha_1 f_c(b_f'-b)h_f'(h_0-0.5h_f') & (4-26b)
\end{cases}
$$

可见，第二类 T 形截面的计算公式与双筋矩形截面的计算公式相仿。式(4-26a)中的 $\alpha_1 f_c(b_f'-b)h_f'$ 项与双筋矩形截面梁公式(4-17a)中的 $f_y'A_s'$ 项相仿，式(4-26b)中的 $\alpha_1 f_c(b_f'-b)h_f'(h_0-0.5h_f')$ 项与双筋矩形截面梁公式(4-17b)中的 $f_y'A_s'(h_0-a_s')$ 项相仿。

2) 公式的适用条件

第二类 T 形截面公式的判别条件也是式(4-25a)和式(4-25b)。同时，对于第二类 T 形截面的公式条件 $A_s \geqslant \rho_{min}bh$ 一般能满足，故可以不验算。

4.7.4　基本计算公式的应用

T 形截面计算公式的应用也有"截面设计和截面复核"两类情况。

1. 截面设计

T 形截面的截面设计通常指已知截面弯矩设计值 M 或荷载条件、截面尺寸、混凝土和钢筋的强度等级，求 A_s。

首先应按表 4-4 确定有效翼缘计算宽度 b_f'，并根据式(4-22a)判别截面类型。

若为第一类 T 形截面，则可由式(4-24a)和式(4-24b)联立求解 A_s。两个方程两个未知数 x 和 A_s，可唯一求解 A_s。求解时，应先求 x，可按式(4-24b)x 的求根公式(4-27)计算，再由式(4-24a)求 A_s，并判别公式的适用条件 $A_\mathrm{s} \geqslant \rho_\mathrm{min}bh$。最后根据 A_s 选配的钢筋应满足 4.2 节有关钢筋的构造要求。

$$x = h_0 \left(1 - \sqrt{1 - \frac{2M}{\alpha_1 f_\mathrm{c} b_\mathrm{f}' h_0^2}} \right) \qquad (4-27)$$

若为第二类 T 形截面，则可由式(4-26a)和式(4-26b)联立求解 A_s。两个方程两个未知数 x 和 A_s，可唯一求解 A_s。求解时，应先求 x，可按式(4-26b)x 的求根公式(4-28)计算，并判别公式的适用条件 $x \leqslant \xi_\mathrm{b} h_0$；若 $x > \xi_\mathrm{b} h_0$，则应调整截面尺寸和混凝土强度等级，然后返回重新判别截面类型；若 $x \leqslant \xi_\mathrm{b} h_0$，则由式(4-26a)求 A_s。最后根据 A_s 选配的钢筋应满足 4.2 节有关钢筋的构造要求。

$$x = h_0 \left\{ 1 - \sqrt{1 - \frac{2[M - \alpha_1 f_\mathrm{c}(b_\mathrm{f}'-b)h_\mathrm{f}'(h_0 - 0.5h_\mathrm{f}')]}{\alpha_1 f_\mathrm{c} b h_0^2}} \right\} \qquad (4-28)$$

T 形截面的截面设计可按如图 4.43 所示的流程图进行。

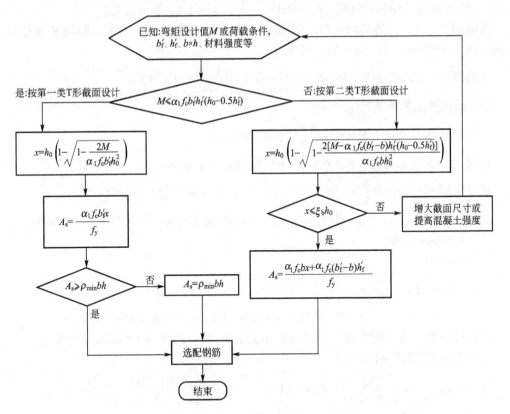

图 4.43　T 形截面的截面设计流程图

【例 4.14】 已知某现浇肋形楼盖的次梁，计算跨度为 $l_0 = 6000\mathrm{mm}$，间距为 2400mm，梁板截面如图 4.44(a)所示，安全等级为二级，处于一类环境，选用 C30 混凝土和 HRB400 钢筋。承受弯矩设计值 $M = 160\mathrm{kN \cdot m}$。试计算该次梁所需配置的纵向受力钢筋。

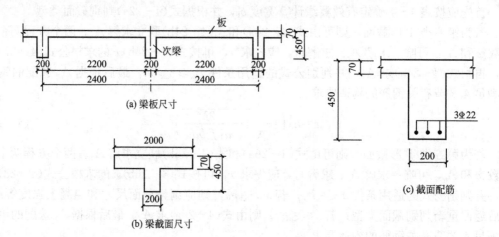

图 4.44　例 4.14 图

【解】　(1) 确定基本参数。

查附表 1-2、附表 1-5、附表 1-10 和附表 1-11 可知：C30 混凝土 $f_c = 14.3 \text{N/mm}^2$，$f_t = 1.43 \text{N/mm}^2$；HRB400 钢筋 $f_y = 360 \text{N/mm}^2$；$\alpha_1 = 1.0$，$\xi_b = 0.518$。

查附表 1-14，一类环境，C30 混凝土，假定受拉钢筋单排布置，若箍筋直径 $d_v = 6 \text{mm}$，则 $a_s = 35 \text{mm}$，$h_0 = h - 35 = 415 \text{mm}$。

查附表 1-18，$\rho_{min} = 0.2\% > 0.45 \dfrac{f_t}{f_y} = 0.45 \times \dfrac{1.43}{360} = 0.179\%$。

(2) 确定受压翼缘宽度 b_f'。

按计算跨度 l_0 考虑：$b_f' = \dfrac{l_0}{3} = \dfrac{6000}{3} = 2000 \text{mm}$。

按梁(肋)净距 s_n 考虑：$b_f' = b + s_n = 200 + 2200 = 2400 \text{mm}$。

按翼缘厚度 h_f' 考虑：$\dfrac{h_f'}{h_0} = \dfrac{70}{415} = 0.169 > 0.1$，受压翼缘宽度不受此项限制。

b_f' 取三者的最小值，所以 $b_f' = 2000 \text{mm}$，则该次梁计算截面尺寸如图 4.44(b)所示。

(3) 判别截面类型。

当 $x = h_f'$ 时，

$$\alpha_1 f_c b_f' h_f' \left(h_0 - \frac{h_f'}{2} \right) = 1.0 \times 14.3 \times 2000 \times 70 \times \left(415 - \frac{70}{2} \right)$$

$$= 760.8 \times 10^6 \text{N} \cdot \text{mm} = 760.8 \text{kN} \cdot \text{m} > M = 160 \text{kN} \cdot \text{m}$$

所以属于第一类 T 形截面。可以按矩形截面 $b_f' \times h = 2000 \text{mm} \times 450 \text{mm}$ 计算。

(4) 计算受拉钢筋的面积 A_s。

$$x = h_0 \left(1 - \sqrt{1 - \frac{2M}{\alpha_1 f_c b_f' h_0^2}} \right) = 415 \times \left(1 - \sqrt{1 - \frac{2 \times 160 \times 10^6}{1.0 \times 14.3 \times 2000 \times 415^2}} \right) = 13.7 \text{mm}$$

由式(4-24a)得

$$A_s = \frac{\alpha_1 f_c b_f' x}{f_y} = \frac{1.0 \times 14.3 \times 2000 \times 13.7}{360}$$

$$= 1088 \text{mm}^2 > \rho_{min} bh = 0.002 \times 200 \times 450 = 180 \text{mm}^2$$

所以满足最小配筋率要求。

(5) 选配钢筋及绘配筋图。

查附表 $1-20$，受拉钢筋选用 $3 \phi 22(A_s=1140\text{mm}^2)$，截面配筋如图 $4.44(c)$所示。

【例 4.15】 已知某钢筋混凝土 I 形截面梁，$b_f'=b_f=500\text{mm}$，$h_f'=h_f=100\text{mm}$，$b=250\text{mm}$，$h=600\text{mm}$，安全等级为二级，处于一类环境，弯矩设计值 $M=390\text{kN} \cdot \text{m}$。混凝土强度等级为 C25，纵筋为 HRB335 钢筋，试求该梁所需受拉钢筋面积并画出截面配筋简图。

【解】 (1) 确定基本参数。

查附表 $1-2$、附表 $1-5$、附表 $1-10$ 和附表 $1-11$ 可知：C25 混凝土 $f_c=11.9\text{N/mm}^2$，$f_t=1.27\text{N/mm}^2$；HRB335 钢筋 $f_y=300\text{N/mm}^2$；$\alpha_1=1.0$，$\xi_b=0.550$。

查附表 $1-14$，一类环境，C25 混凝土，由于 I 形截面受拉翼缘较大，所以假定受拉钢筋单排布置，若箍筋直径 $d_v=6\text{mm}$，取 $a_s=35+5=40\text{mm}$，$h_0=h-40=560\text{mm}$。

(2) 确定受压翼缘宽度 b_f'。

独立梁，按翼缘厚度 h_f' 考虑，$\dfrac{h_f'}{h_0}=\dfrac{100}{560}=0.179>0.1$，$b+12h_f'=1450\text{mm}>b_f'=500\text{mm}$，所以取 $b_f'=500\text{mm}$。

(3) 判别截面类型。

当 $x=h_f'$ 时，

$$\alpha_1 f_c b_f' h_f'\left(h_0-\frac{h_f'}{2}\right)=1.0\times11.9\times500\times100\times\left(560-\frac{100}{2}\right)$$
$$=303.45\times10^6\text{N} \cdot \text{mm}=303.45\text{kN} \cdot \text{m}<M=390\text{kN} \cdot \text{m}$$

属于第二类 T 形截面。

(4) 计算受拉钢筋的面积 A_s。

由式$(4-28)$得

$$x=h_0\left\{1-\sqrt{1-\frac{2[M-\alpha_1 f_c(b_f'-b)h_f'(h_0-0.5h_f')]}{\alpha_1 f_c b h_0^2}}\right\}$$

$$=560\times\left\{1-\sqrt{1-\frac{2\times[390\times10^6-1.0\times11.9\times(500-250)\times100\times(560-0.5\times100)]}{1.0\times11.9\times250\times560^2}}\right\}$$

$$=168.3\text{mm}<\xi_b h_0=0.550\times560=308\text{mm}$$

由式$(4-26a)$得

$$A_s=\frac{\alpha_1 f_c b x+\alpha_1 f_c(b_f'-b)h_f'}{f_y}$$

$$=\frac{1.0\times11.9\times250\times168.3+1.0\times11.9\times(500-250)\times100}{300}=2661\text{mm}^2$$

(5) 选配钢筋及绘配筋图。

查附表 $1-20$，受拉钢筋选用 $7 \phi 22(A_s=2661\text{mm}^2)$。截面配筋如图 4.45 所示。

【例 4.16】 已知条件同例 4.15，但该梁截面为 T 形截面，弯矩设计值 $M=500\text{kN} \cdot \text{m}$。试求截面所需的受力钢筋截面面积，并画出截面配筋简图。

【解】 (1) 确定基本参数。

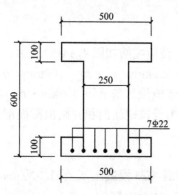

图 4.45 例 4.15 截面配筋简图

查附表 1-2、附表 1-5、附表 1-10 和附表 1-11 可知：C25 混凝土 $f_c=11.9\text{N/mm}^2$，$f_t=1.27\text{N/mm}^2$；HRB335 钢筋 $f_y=300\text{N/mm}^2$；$\alpha_1=1.0$，$\xi_b=0.550$。

查附表 1-14，一类环境，C25 混凝土，由于弯矩较大，假定受拉钢筋双排布置，若箍筋直径 $d_v=6\text{mm}$，取 $a_s=60+5=65\text{mm}$，$h_0=h-65=535\text{mm}$。

（2）确定受压翼缘宽度 b_f'。

独立梁，按翼缘厚度 h_f' 考虑，$\dfrac{h_f'}{h_0}=\dfrac{100}{535}=0.187>0.1$，$b+12h_f'=1450\text{mm}>b_f'=500\text{mm}$，所以取 $b_f'=500\text{mm}$。

（3）判别截面类型。

当 $x=h_f'$ 时，

$$\alpha_1 f_c b_f' h_f'\left(h_0-\frac{h_f'}{2}\right)=1.0\times11.9\times500\times100\times\left(535-\frac{100}{2}\right)$$

$$=288.6\times10^6\text{N}\cdot\text{mm}=288.6\text{kN}\cdot\text{m}<M=500\text{kN}\cdot\text{m}$$

所以为第二类 T 形截面。

（4）计算受拉钢筋的面积 A_s。

由式（4-28）得

$$x=h_0\left\{1-\sqrt{1-\frac{2\left[M-\alpha_1 f_c(b_f'-b)h_f'(h_0-0.5h_f')\right]}{\alpha_1 f_c b h_0^2}}\right\}$$

$$=535\times\left\{1-\sqrt{1-\frac{2\times\left[500\times10^6-1.0\times11.9\times(500-250)\times100\times(535-0.5\times100)\right]}{1.0\times11.9\times250\times535^2}}\right\}$$

$$=318\text{mm}>\xi_b h_0=0.550\times535=294.25\text{mm}$$

所以需要增大截面尺寸，将截面高度增大到 $h=700\text{mm}$，其他尺寸不变，重新计算受拉钢筋的面积 A_s，则 $h_0=h-65=635\text{mm}$，重新判别截面类型，经计算仍属于第二类 T 形截面。

由式（4-28）得

$$x=h_0\left\{1-\sqrt{1-\frac{2\left[M-\alpha_1 f_c(b_f'-b)h_f'(h_0-0.5h_f')\right]}{\alpha_1 f_c b h_0^2}}\right\}$$

$$=635\times\left\{1-\sqrt{1-\frac{2\times\left[500\times10^6-1.0\times11.9\times(500-250)\times100\times(635-0.5\times100)\right]}{1.0\times11.9\times250\times635^2}}\right\}$$

$$=205.9\text{mm}<\xi_b h_0=0.550\times635=349.25\text{mm}$$

由式（4-26a）得

$$A_s=\frac{\alpha_1 f_c b x+\alpha_1 f_c(b_f'-b)h_f'}{f_y}$$

$$=\frac{1.0\times11.9\times250\times205.9+1.0\times11.9\times(500-250)\times100}{300}=3034\text{mm}^2$$

（5）选配钢筋及绘配筋图。

查附表 1-20，受拉钢筋选用 $8\,\Phi\,22(A_s=3041\text{mm}^2)$，截面配筋如图 4.46 所示。

2. 截面复核

T 形截面的截面复核通常指已知混凝土与钢筋的强度等级、构件的截面尺寸和配筋量 A_s，求截面的极限受弯承载力设计值 M_u。也有进一步复核该截面安全性，即 M_u 是否大于等于 M。

此时首先应验算最小配筋率 $A_s \geqslant \rho_{\min} bh$。若 $A_s < \rho_{\min} bh$，则应重新调整截面或该构件不能使用；若 $A_s \geqslant \rho_{\min} bh$，则应按表 4-4 确定有效翼缘计算宽度 b_f'，并根据式（4-23a）判别截面类型。

若为第一类 T 形截面，则首先由式（4-24a）求 x，然后由式（4-24b）求 M_u。

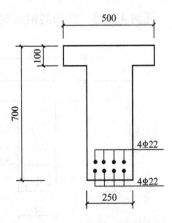

图 4.46　例 4.16 截面配筋简图

若为第二类 T 形截面，则首先由式（4-26a）求 x，并判别公式的适用条件 $x \leqslant \xi_b h_0$。若 $x \leqslant \xi_b h_0$，则直接使用式（4-26b）求 M_u；若 $x > \xi_b h_0$，则取 $x = \xi_b h_0$ 代入式（4-26b）求 M_u。

T 形截面的截面复核可按如图 4.47 所示的流程图进行。

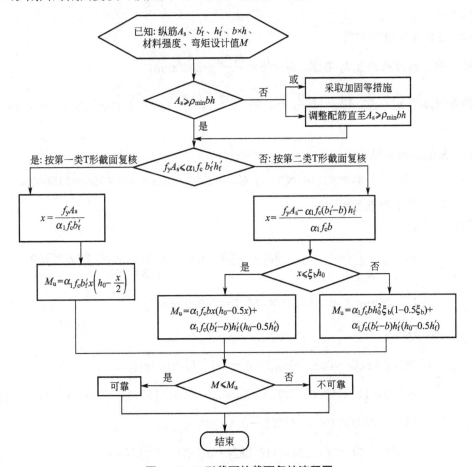

图 4.47　T 形截面的截面复核流程图

【例 4.17】 已知某钢筋混凝土 T 形截面独立梁，安全等级为二级，处于二 a 类环境，计算跨度 $l_0=6000\text{mm}$，$b_f'=500\text{mm}$，$h_f'=100\text{mm}$，$b=200\text{mm}$，$h=550\text{mm}$，选用 C30 混凝土和 HRB400 钢筋，受拉钢筋为 6 Φ 22，截面配筋如图 4.48所示。如果该梁承受弯矩设计值 $M=300\text{kN}\cdot\text{m}$，复核该梁截面是否安全？

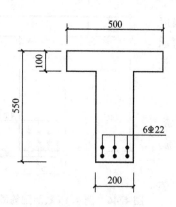

图 4.48 例 4.17 图

【解】 （1）确定基本参数。

查附表 1-2、附表 1-5、附表 1-10 和附表 1-11 可知：C30 混凝土 $f_c=14.3\text{N/mm}^2$，$f_t=1.43\text{N/mm}^2$；HRB400 钢筋 $f_y=360\text{N/mm}^2$；$\alpha_1=1.0$，$\xi_b=0.518$。

查附表 1-13，二 a 类环境，C30 混凝土，$c=25\text{mm}$。受拉钢筋双排布置，若箍筋直径 $d_v=8\text{mm}$，则 $a_s=c+d_v+d+e/2=25+8+22+25/2=67.5\text{mm}$，$h_0=h-67.5=482.5\text{mm}$。

查附表 1-18，$\rho_{min}=0.2\%>0.45\dfrac{f_t}{f_y}=0.45\times\dfrac{1.43}{360}=0.179\%$；查附表 1-20，6 Φ 22，$A_s=2281\text{mm}^2$。

（2）复核受压翼缘宽度。

独立梁，按计算跨度 l_0 考虑：$b_f'=\dfrac{l_0}{3}=\dfrac{6000}{3}=2000\text{mm}$。

按翼缘厚度 h_f' 考虑：$\dfrac{h_f'}{h_0}=\dfrac{100}{482.5}=0.207>0.1$，$b+12h_f'=1400\text{mm}>b_f'=500\text{mm}$，所以取 $b_f'=500\text{mm}$。

（3）截面类型判别。

$$f_yA_s=360\times2281=821160\text{N}>\alpha_1 f_c b_f'h_f'=1.0\times14.3\times500\times100=715000\text{N}$$

故为第二类 T 形截面梁。

（4）计算 x。

$$x=\frac{f_yA_s-\alpha_1 f_c(b_f'-b)h_f'}{\alpha_1 f_c b}=\frac{360\times2281-1.0\times14.3\times(500-200)\times100}{1.0\times14.3\times200}$$

$$=137.1\text{mm}<\xi_b h_0=0.518\times482.5=249.9\text{mm}$$

（5）计算 M_u。

$$M_u=\alpha_1 f_c bx(h_0-0.5x)+\alpha_1 f_c(b_f'-b)h_f'(h_0-0.5h_f')$$

$$=1.0\times14.3\times200\times137.1\times(482.5-0.5\times137.1)+1.0\times14.3\times$$

$$(500-200)\times100\times(482.5-0.5\times100)$$

$$=347.9\times10^6\text{N}\cdot\text{mm}=347.9\text{kN}\cdot\text{m}>M=300\text{kN}\cdot\text{m}$$

故该梁截面安全。

4.8 深受弯构件的正截面承载力计算

4.8.1 深受弯构件的概念

此节以前，介绍的受弯构件是指跨高比 $l_0/h \geqslant 5$ 的梁，常称为一般梁或一般受弯构件或浅梁。由于一般梁的截面应变沿截面高度的分布符合平截面假定，故其内力可用结构力学的方法求解，其截面配筋可采用基于平截面假定的方法求解。

实际工程中，还有一些受弯构件的跨高比 $l_0/h < 5$，如双肢柱肩梁、建筑中的转换层大梁、筒仓侧板、箱形基础梁等（图4.49）。这类受弯构件的跨高比小，接近二维平面构件，其内力及截面应力分布比较复杂，截面应变沿截面高度的分布不再符合平截面假定 [图4.50(b)]。因此，不能按一维杆件的概念及平截面假定进行内力分析和截面配筋计算，其受力性能和截面设计与一般梁有着较大的区别。

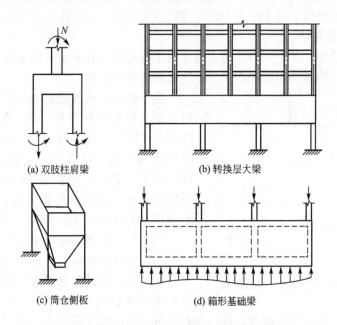

(a) 双肢柱肩梁　　(b) 转换层大梁

(c) 筒仓侧板　　(d) 箱形基础梁

图4.49 深受弯构件的工程应用实例

因此，《规范》（GB 50010）将跨高比 $l_0/h < 5$ 的梁统称为深受弯构件（短梁），同时又将其中 $l_0/h \leqslant 2$ 的简支梁和 $l_0/h \leqslant 2.5$ 的连续梁称为深梁。

4.8.2 深梁的受力性能

1. 深梁受力过程的3个阶段

深梁的受力过程也可分为弹性阶段、带裂缝工作阶段和破坏阶段。

1) 弹性阶段

图 4.50(a)给出了弹性阶段深梁的应力分布，其中实线为主拉应力线，虚线为主压应力线；图 4.50(b)给出了跨中截面应变沿截面高度的分布，可见其截面应变分布与平截面假定已有很大的区别。

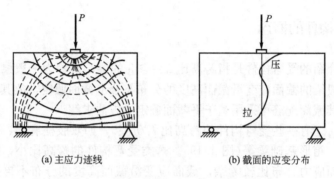

(a) 主应力迹线   (b) 截面的应变分布

图 4.50 深梁的主应力迹线和截面应变分布

一般称主压应力线的作用为拱作用，主拉应力线的作用为梁作用。弹性阶段的特点是：外荷载将通过梁内形成主压应力线和主拉应力线的共同作用传给支座。

2) 带裂缝工作阶段

随着荷载的增加，深梁一般在跨中最大弯矩截面附近首先出现梁底垂直裂缝。裂缝出现后的受力性能将因纵向钢筋配筋率的不同而有本质的区别。

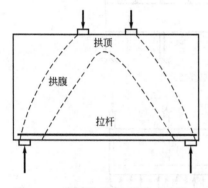

图 4.51 深梁的"拉杆拱"受力体系

当下部纵向钢筋配筋率大于弯剪界限配筋率时，垂直裂缝尽管首先出现，但其后发展缓慢；随着弯剪区段斜裂缝的出现，深梁的工作性能将发生很大变化，逐步形成"拉杆拱"受力体系(图 4.51)；此后，随着荷载的增加，将以斜裂缝的发展为主，深梁的荷载传递将以拱作用为主，梁作用大为减少；最后将发生剪切破坏。

当下部纵向钢筋配筋率小于弯剪界限配筋率时，垂直裂缝出现后，又可分为两种情况：一种是当下部纵向钢筋配筋率较小时，之后斜裂缝很少出现甚至没有，将继续以垂直裂缝的发展为主，最后将发生正截面弯曲破坏；另一种是当下部纵向钢筋配筋率较大时，垂直裂缝出现之后，弯剪区段将出现斜裂缝，且之后将以斜裂缝的发展为主，最后将发生斜截面弯曲破坏。

3) 破坏阶段

由于纵向钢筋配筋率的不同等原因，最后深梁破坏时的特征不同、破坏形态不同。影响深梁破坏形态及其承载力的主要因素有纵向钢筋配筋率、剪跨比、跨高比、钢筋与混凝土的强度等级、腹筋配筋率及加载方式等。

2. 深梁的破坏形态

深梁的破坏形态主要有弯曲破坏、剪切破坏、局部受压破坏和锚固破坏。

1）弯曲破坏

当下部纵向钢筋配筋率较小时，垂直裂缝出现后，斜裂缝很少出现甚至没有，将继续以垂直裂缝的发展为主。随着荷载的继续增加，与临界垂直裂缝相交的纵向钢筋首先屈服，之后垂直裂缝将迅速向上延伸，混凝土受压区高度不断缩小而发生正截面弯曲破坏，如图4.52(a)所示。

当下部纵向钢筋配筋率较大，但仍小于弯剪界限配筋率时，垂直裂缝出现之后，弯剪区段将出现斜裂缝，且之后将以斜裂缝的发展为主。最后与临界斜裂缝相交的纵向钢筋首先屈服而发生斜截面弯曲破坏，如图4.52(b)所示。

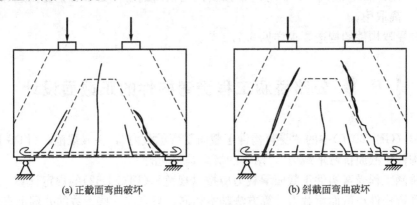

(a) 正截面弯曲破坏　　　　　(b) 斜截面弯曲破坏

图4.52　深梁的弯曲破坏

2）剪切破坏

当下部纵向钢筋配筋率大于弯剪界限配筋率时，将发生剪切破坏。其又可分为剪切斜压破坏和剪切劈裂破坏两种破坏形态，详见5.7.1节。

3）局部受压破坏

深梁的支座处和集中荷载作用处是局部高压应力区，易发生局部受压破坏。深受弯构件局部受压承载力的计算应按《规范》(GB 50010)第6.6节的规定进行。

4）锚固破坏

斜裂缝出现后，支座附近纵向钢筋的应力迅速增加。因此，若纵向钢筋的锚固不足，会发生纵向钢筋从支座被拔出的锚固破坏。

4.8.3　短梁的弯曲性能

试验发现，短梁的受弯性能介于深梁和一般梁之间。根据破坏时的特征不同，短梁的弯曲破坏形态与一般梁相同，也有超筋破坏、适筋破坏和少筋破坏3种。

4.8.4　深受弯构件的正截面受弯承载力计算

根据深受弯构件和一般受弯构件受力性能的不同特点，考虑了跨高比 l_0/h 对内力臂 z 的影响后，并考虑到与一般受弯构件计算公式的衔接，《规范》(GB 50010)给出了下列深受弯构件正截面受弯承载力的计算公式：

$$M \leqslant f_y A_s z \qquad (4-29a)$$

$$z = \alpha_d (h_0 - 0.5x) \qquad (4-29b)$$

$$\alpha_d = 0.80 + 0.04 l_0 / h \qquad (4-29c)$$

式中：z——截面内力臂，当 $l_0 < h$ 时，取 $z = 0.6 l_0$。

$\qquad$ x——截面受压区高度，按相应的单筋矩形截面、双筋矩形截面和 T 形截面承载力计算公式的第一式计算；当 $x < 0.2 h_0$ 时，取 $x = 0.2 h_0$。

$\qquad$ h_0——截面有效高度：$h_0 = h - a_s$。当 $l_0 / h \leqslant 2$ 时，跨中截面 a_s 取 $0.1h$，支座截面 a_s 取 $0.2h$；当 $l_0 / h > 2$ 时，a_s 按受拉区纵向钢筋截面重心至受拉边缘的实际距离取用。

有关深受弯构件的构造要求详见 5.7.3 节。

4.9 公路桥涵工程受弯构件的正截面设计

《规范》(GB 50010)中的"受弯构件正截面受弯承载力"，在《规范》(JTG D62)中称为"受弯构件正截面抗弯承载力"，两者的概念是相同的。

公路桥涵工程受弯构件正截面承载力应按《规范》(JTG D62)的规定计算，其方法与建筑工程受弯构件正截面承载力计算方法基本相同，只是在一些参数的处理上有些区别。

4.9.1 一般构造规定

公路桥涵工程结构中梁、板的跨径比较大，截面尺寸和恒载都很大，并且存在以冲击作为主体的活荷载。因此，公路桥涵工程中梁、板的配筋量一般比较大，且均设置弯起钢筋。

1. 板的一般构造规定

《规范》(JTG D62)的 9.2 节规定：钢筋混凝土简支板桥的标准跨径不宜大于 13m；连续板桥的标准跨径不宜大于 16m。空心板桥的顶板和底板厚度均不应小于 80mm。空心板的空洞端部应予填封。人行道板的厚度：就地浇筑的混凝土板不应小于 80mm；预制混凝土板不应小于 60mm。

行车道板内主钢筋直径不应小于 10mm，人行道板内的主钢筋直径不应小于 8mm。在简支板跨中和连续板支点处，板内主钢筋间距不应大于 200mm，板内各主钢筋间横向净距和层与层之间的竖向净距应符合梁内钢筋净距要求。

行车道板内主钢筋可在沿板高中心纵轴线的 $1/6 \sim 1/4$ 计算跨径处按 $30° \sim 45°$ 弯起。通过支点的不弯起的主钢筋，每米板宽内不应少于 3 根，并不应少于主钢筋截面面积的 $1/4$。

行车道板内应设置垂直于主钢筋的分布钢筋。分布钢筋设在主钢筋的内侧，其直径不应小于 8mm，间距不应大于 200mm，截面面积不宜小于板的截面面积的 0.1%。在主钢筋的弯折处，应布置分布钢筋。人行道板内分布钢筋直径不应小于 6mm，其间距不应大于 200mm。

2. 梁的一般构造规定

钢筋混凝土 T 形、I 形截面简支梁标准跨径不宜大于 16m，钢筋混凝土箱形截面简支梁标准跨径不宜大于 25m，钢筋混凝土箱形截面连续梁标准跨径不宜大于 30m。

T 形、I 形截面梁或箱形截面梁的高跨比（h/l）一般取 1/16~1/11，其腹板宽度不应小于 140mm；其上下承托之间的腹板高度一般不应大于腹板宽度的 15 倍；翼缘悬臂端的厚度不应小于 100mm，在与腹板相连处的翼缘厚度不应小于梁高的 1/10。

现浇矩形截面梁高宽比常用 2~2.5，宽度 b 常用 120mm、150mm、180mm、200mm、220mm、250mm；当高度 $h \leqslant 800$mm 时，按 50mm 晋级，$h > 800$mm 时，按 100mm 晋级。

梁内主筋直径一般为 12~32mm，通常不大于 40mm。考虑到混凝土施工方面的因素，各主钢筋间横向净距和层与层之间的竖向净距 S_n（图 4.53），应符合下列规定：当钢筋为 3 层及以下时，不应小于 30mm，并不小于钢筋直径；当钢筋为 3 层以上时，不应小于 40mm，并不小于钢筋直径的 1.25 倍。对于束筋，此处钢筋直径采用等代直径。

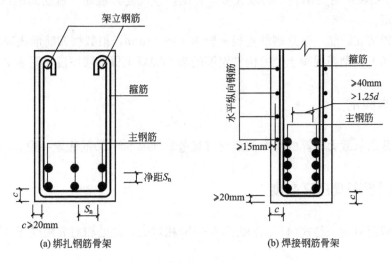

图 4.53 梁主筋净距与混凝土保护层

箱形截面梁的底板上、下层，应分别设置平行于桥跨和垂直于桥跨的构造钢筋，其构造钢筋截面面积不应小于配置钢筋的底板截面面积的 0.4%，钢筋直径不宜小于 10mm；其间距不宜大于 300mm。

钢筋混凝土 T 形截面梁或箱形截面梁的受力主钢筋，宜设置于规定的翼缘有效宽度范围内，超出有效宽度范围的宽度，可设置不小于超出部分截面面积 0.4% 的构造钢筋。T 形、I 形截面梁或箱形截面梁的腹板两侧，应设置直径为 6~8mm 的纵向钢筋，每腹板内钢筋截面面积宜为 (0.001~0.002)bh，其中 b 为腹板宽度，h 为梁的高度，其间距在受拉区不应大于腹板宽度，且不应大于 200mm，在受压区不应大于 300mm。在支点附近剪力较大的区段，腹板两侧纵向钢筋截面面积应予增加，纵向钢筋间距宜为 100~150mm。

钢筋混凝土梁一般都设有弯起钢筋，弯起钢筋分布范围不够时，应补以斜筋，斜筋两端应设水平段，斜筋水平段、弯起钢筋弯起点处应与相邻主筋焊接，弯起钢筋与斜筋的弯起角度宜采用 45°（图 4.54）。

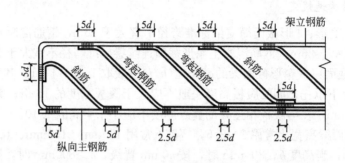

图 4.54　焊接钢筋骨架

　　梁内应设置直径不小于 8mm 且不小于 1/4 主钢筋直径的箍筋。梁内有受压主钢筋时应设置封闭式箍筋，同排内任一纵向受压钢筋，离箍筋折角处的纵向钢筋的间距不应大于 150mm 与 15 倍箍筋直径两者中的较大者，否则，应设复合箍筋。箍筋间距按计算和有关构造要求确定。

　　梁应设置架立钢筋，架立钢筋直径一般为 10～14mm，根数按箍筋形式确定。

　　公路桥涵工程钢筋混凝土受弯构件钢筋的最小混凝土保护层厚度见附表 2-5。

4.9.2　基本假定

　　构件正截面承载力计算的基本假定与《规范》(GB 50010)的假定一致。

4.9.3　相对界限受压区高度

　　根据平截面假定，与式(4-5a)和式(4-5b)相对应，此处相对界限受压区高度 ξ_b 按下列公式计算。

　　对热轧普通钢筋(R235、HRB335、HRB400、KL400)：

$$\xi_b = \frac{\beta}{1 + \dfrac{f_{sd}}{E_s \varepsilon_{cu}}} \tag{4-30a}$$

　　对钢丝、钢绞线和精轧螺纹钢筋：

$$\xi_b = \frac{\beta}{1 + \dfrac{0.002}{\varepsilon_{cu}} + \dfrac{f_{pd}}{E_s \varepsilon_{cu}}} \tag{4-30b}$$

式中：f_{sd}、f_{pd}——钢筋抗拉强度设计值，分别按附表 2-3 和附表 2-8 采用；

　　　　β——与式(4-5a)中 β_1 的取值相同，见附表 1-10；

　　　　ε_{cu}——受弯构件受压边缘混凝土的极限压应变，取值与《规范》(GB 50010)相同。

　　对常用的混凝土和钢筋，相对界限受压区高度 ξ_b 应按表 4-6 采用。

表 4-6 相对界限受压区高度 ξ_b

钢筋种类	混凝土强度等级			
	C50 及以下	C55、C60	C65、C70	C75、C80
R235	0.62	0.60	0.58	—
HRB335	0.56	0.54	0.52	—
HRB400、KL400	0.53	0.51	0.49	—
钢绞线、钢丝	0.40	0.38	0.36	0.35
精轧螺纹钢筋	0.40	0.38	0.36	—

注：截面受拉区内配置不同种类钢筋的受弯构件，其 ξ_b 值应选用相应于各种钢筋的较小值。

4.9.4 单筋矩形截面的正截面抗弯承载力计算

1. 基本计算公式

根据受弯构件正截面承载力计算的基本假定，单筋矩形截面受弯构件正截面抗弯承载力计算简图如图 4.55 所示。根据截面平衡条件，可得单筋矩形截面受弯构件正截面抗弯承载力的基本计算公式：

$$\begin{cases} f_{sd}A_s = f_{cd}bx & (4-31a) \\ \gamma_0 M_d \leqslant M_u = f_{cd}bx\left(h_0 - \dfrac{x}{2}\right) & (4-31b) \end{cases}$$

式中：γ_0——桥梁结构的重要性系数，与第 3 章式(3-24a)中 γ_0 取值相同；

M_d——弯矩组合设计值；

f_{cd}——混凝土轴心抗压强度设计值，按附表 2-1 取值；

f_{sd}——纵向钢筋抗拉强度设计值，按附表 2-3 取值；

h_0——截面有效高度，$h_0 = h - a_s$。

其他符号意义如图 4.55 所示。

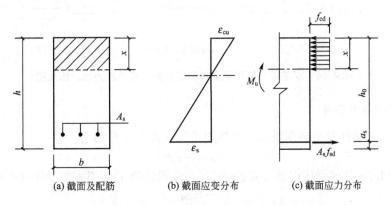

(a) 截面及配筋   (b) 截面应变分布   (c) 截面应力分布

图 4.55 单筋矩形截面受弯构件正截面抗弯承载力计算简图

2. 公式的适用条件

为防止受弯构件发生超筋破坏，其截面受压区高度 x 应满足下列条件：

$$x \leqslant x_b = \xi_b h_0 \tag{4-32a}$$

或者

$$\rho = \frac{As}{bh_0} \leqslant \rho_b = \xi_b \frac{f_{cd}}{f_{sd}} \tag{4-32b}$$

为防止受弯构件发生少筋破坏，其截面配筋率应满足下列条件：

$$\rho \geqslant \rho_{min} \tag{4-33}$$

其中，ρ_{min} 为纵向受拉钢筋的最小配筋率，ρ_{min} 取 0.2% 和 0.45 f_{td}/f_{sd} 中的较大值。

利用上述基本计算公式可进行截面设计和截面复核。在工程上应尽量避免 ξ 和 ξ_b 或者 ρ 与 ρ_b 过于接近，以保证构件有较好的延性。

4.9.5 双筋矩形截面的正截面抗弯承载力计算

1. 基本计算公式

由基本假定可得双筋矩形截面受弯构件正截面抗弯承载力的计算简图如图 4.56 所示。根据截面平衡条件，可得双筋矩形截面受弯构件正截面承载力的基本计算公式：

$$\begin{cases} f_{sd}A_s = f_{cd}bx + f'_{sd}A'_s & (4-34a) \\ \gamma_0 M_d \leqslant M_u = f_{cd}bx\left(h_0 - \frac{x}{2}\right) + f'_{sd}A'_s(h_0 - a'_s) & (4-34b) \end{cases}$$

式中：f'_{sd}——纵向受压钢筋抗压强度设计值，可按附表 2-3 查得。

其他符号意义如图 4.56 所示。

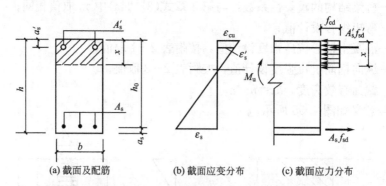

(a) 截面及配筋　　(b) 截面应变分布　　(c) 截面应力分布

图 4.56　双筋矩形截面受弯构件正截面抗弯承载力的计算简图

2. 公式的适用条件

为防止受弯构件发生超筋破坏，其截面受压区高度 x 应满足：

$$x \leqslant x_b = \xi_b h_0 \tag{4-35a}$$

为保证构件破坏时受压钢筋可以达到抗压强度设计值 f'_{sd}，其截面受压区高度 x 应满足：

$$x \geqslant 2a'_s \tag{4-35b}$$

双筋受弯构件的受拉钢筋配筋率一般都不小于最小配筋率 ρ_{min}，所以可以不验算。

如果不满足适用条件 $x \geqslant 2a_s'$，说明构件破坏时，受压钢筋达不到抗压强度设计值 f_{sd}'，这时可以取 $x = 2a_s'$，并对受压钢筋合力点取矩，得到下列承载力计算公式：

$$\gamma_0 M_d \leqslant M_u = f_{sd} A_s (h_0 - a_s') \tag{4-36}$$

4.9.6 T形与I形截面的正截面抗弯承载力计算

1. 受压翼缘的有效宽度

《规范》(JTG D62)规定，T形截面梁的翼缘有效宽度 b_f' 应按下列规定采用。

(1) 内梁的翼缘有效宽度取下列三者中的最小者。

① 对于简支梁，取计算跨径的 1/3。对于连续梁，各中间跨正弯矩区段，取该跨计算跨径的 0.2 倍；边跨正弯矩区段，取该跨计算跨径的 0.27 倍；各中间支点负弯矩区段，取该支点相邻两计算跨径之和的 0.07 倍。

② 取相邻两梁的平均间距。

③ 取 $b_f' = b + 2b_h + 12h_f'$；当 $h_h/b_h < 1/3$ 时，取 $b_f' = b + 6h_h + 12h_f'$。此处，b 为梁腹板宽度，b_h 为承托长度，h_f' 为受压区翼缘悬出板的厚度，h_h 为承托根部厚度。

(2) 外梁的翼缘有效宽度取相邻内梁翼缘有效宽度的一半，加上腹板宽度的 1/2，再加上外侧悬臂板平均厚度的 6 倍或外侧悬臂板实际宽度两者中的较小者。

2. 两类T形截面的判别条件

判别两类T形截面的原理与4.7.2节相同，具体应用时按下列公式判别。

(1) 截面设计时，如果满足下式：

$$\gamma_0 M_d \leqslant M_u = f_{cd} b_f' h_f' (h_0 - 0.5 h_f') \tag{4-37}$$

则为第一类T形截面，否则为第二类T形截面。

(2) 截面复核时，如果满足下式：

$$f_{sd} A_s \leqslant f_{cd} b_f' h_f' \tag{4-38}$$

则为第一类T形截面，否则为第二类T形截面。

3. 基本计算公式及其适用条件

在计算T形截面梁受弯承载力时，为简化计算，承托部分略去不计。

1) 第一类T形截面(即 $x \leqslant h_f'$)

当中性轴位于受压翼缘以内(图4.57)时，承载力的基本计算公式为

$$\begin{cases} f_{sd} A_s = f_{cd} b_f' x & (4-39a) \\ \gamma_0 M_d \leqslant M_u = f_{cd} b_f' x \left(h_0 - \dfrac{x}{2} \right) & (4-39b) \end{cases}$$

第一类T形截面基本计算公式应满足以下适用条件。

为防止发生超筋破坏，应满足：

$$x \leqslant x_b = \xi_b h_0 \tag{4-40a}$$

或者

$$\rho = \frac{A_s}{b h_0} \leqslant \rho_b = \xi_b \frac{f_{cd}}{f_{sd}} \tag{4-40b}$$

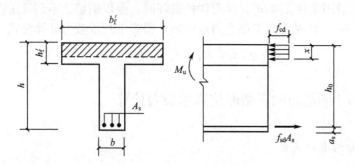

图 4.57　第一类 T 形截面计算简图

为防止发生少筋破坏，应满足：

$$\rho \geqslant \rho_{\min} \tag{4-41}$$

由于第一类 T 形截面受弯构件的受压区高度 x 一般较小，而梁的截面高度 h 相对较大，所以通常情况下，均可满足 $x \leqslant \xi_b h_0$，因此可以不验算超筋破坏条件。

2) 第二类 T 形截面（即 $x > h_f'$）

当中性轴位于受压翼缘以下（图 4.58）时，承载力的基本计算公式为

$$
\begin{cases}
f_{sd}A_s = f_{cd}bx + f_{cd}(b_f'-b)h_f' & (4-42a) \\
\gamma_0 M_d \leqslant M_u = f_{cd}bx\left(h_0 - \dfrac{x}{2}\right) + f_{cd}(b_f'-b)h_f'\left(h_0 - \dfrac{h_f'}{2}\right) & (4-42b)
\end{cases}
$$

基本公式的适用条件同第一类 T 形截面构件。由于第二类 T 形截面受弯构件的配筋率一般较大，因此可以不验算最小配筋率条件。

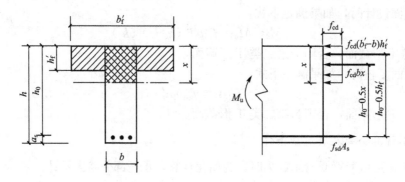

图 4.58　第二类 T 形截面计算简图

本 章 小 结

（1）本章主要介绍受弯构件正截面的弯曲性能、受弯承载力计算方法和相应的构造措施。

（2）介绍了梁和板的一般构造，主要包括截面形式与尺寸、混凝土与钢筋的强度等级、纵向钢筋的直径与间距和混凝土保护层厚度等。

（3）钢筋混凝土是一种复合材料，因而两种材料的比例关系（即配筋率）对其正截面的

承载力和破坏形态影响较大。受弯构件正截面主要有适筋破坏、超筋破坏和少筋破坏 3 种破坏形态，分别对应着适筋梁、超筋梁和少筋梁。

（4）适筋梁工作全过程包括 3 个阶段。其中 I_a 状态是抗裂验算的依据，第 II 阶段是裂缝宽度与变形验算的依据，III_a 状态是正截面受弯承载力计算的依据。

（5）受弯构件正截面受弯承载力的计算简图是以适筋梁 III_a 状态的应力图形为基础，经过 4 个基本假定的简化和矩形应力图等效而得到的。对计算简图建立的平衡方程就是承载力计算所需的基本公式。因此，公式应有避免超筋破坏和少筋破坏的条件。

（6）工程中不允许使用超筋梁和少筋梁。避免超筋梁的 4 个条件 $\xi \leqslant \xi_b$、$\rho \leqslant \rho_{max}$、$a_s \leqslant a_{s,max}$、$M \leqslant M_{u,max}$ 是等价的，最为常用的是 $\xi \leqslant \xi_b$，该条件也常以 $x \leqslant \xi_b h_0$ 的形式表达。避免少筋梁的精确条件是 $A_s \geqslant \rho_{min} bh$ 或 $\rho \geqslant \rho_{min} h/h_0$，近似条件是 $\rho \geqslant \rho_{min}$。

（7）设计计算有截面设计和截面复核两个方面，涉及的截面类型有单筋矩形截面、双筋矩形截面和 T 形截面。通过总结可以发现，第一类 T 形截面的设计计算与单筋矩形截面的相似，第二类 T 形截面的设计计算与双筋矩形截面的相似。

（8）在利用公式进行截面设计或截面复核时，只要受压区高度 x 未知，那么一定要先求出 x 并判别公式条件，待条件满足后，再求解另一个未知数。

（9）在进行单筋矩形截面、双筋矩形截面、第一类 T 形截面和第二类 T 形截面的截面设计时，利用第二个基本公式的求根公式 [分别为式（4-11）、式（4-21）、式（4-27）和式（4-28）]，可方便地求出受压区高度 x，从而避免求解一元二次方程的烦琐，且 4 个求根公式非常有规律，记忆和应用都非常方便。

（10）深受弯构件是指跨高比 $l_0/h < 5$ 的梁，其又分为深梁和短梁。由于深受弯构件的截面应变沿截面高度的分布不再符合平截面假定，所以其受力性能和截面设计与一般梁有着较大的区别。

（11）《规范》（GB 50010）和《规范》（JTG D62）有关受弯构件正截面受弯承载力的计算方法和计算公式基本相同，无本质区别。

（12）两本规范有关受弯构件正截面受弯承载力计算公式的比较如下。

截面类型	《规范》（GB 50010）	《规范》（JTG D62）
单筋矩形	$\alpha_1 f_c bx = f_y A_s$ $M \leqslant \alpha_1 f_c bx \left(h_0 - \dfrac{x}{2}\right)$	$f_{cd} bx = f_{sd} A_s$ $r_0 M_d \leqslant f_{cd} bx \left(h_0 - \dfrac{x}{2}\right)$
双筋矩形	$\alpha_1 f_c bx + f_y' A_s' = f_y A_s$ $M \leqslant \alpha_1 f_c bx \left(h_0 - \dfrac{x}{2}\right) + f_y' A_s' (h_0 - a_s')$	$f_{sd} A_s = f_{cd} bx + f_{sd}' A_s'$ $r_0 M_d \leqslant f_{cd} bx \left(h_0 - \dfrac{x}{2}\right) + f_{sd}' A_s' (h_0 - a_s')$
第一类 T 形	$\alpha_1 f_c b_f' x = f_y A_s$ $M \leqslant \alpha_1 f_c b_f' x \left(h_0 - \dfrac{x}{2}\right)$	$f_{cd} b_f' x = f_{sd} A_s$ $r_0 M_d \leqslant f_{cd} b_f' x \left(h_0 - \dfrac{x}{2}\right)$
第二类 T 形	$\alpha_1 f_c bx + \alpha_1 f_c (b_f' - b) h_f' = f_y A_s$ $M \leqslant \alpha_1 f_c bx \left(h_0 - \dfrac{x}{2}\right) +$ $\alpha_1 f_c (b_f' - b) h_f' \left(h_0 - \dfrac{h_f'}{2}\right)$	$f_{cd} bx + f_{cd} (b_f' - b) h_f' = f_{sd} A_s$ $\gamma_0 M_d \leqslant f_{cd} bx \left(h_0 - \dfrac{x}{2}\right) + f_{cd} (b_f' - b) h_f' \left(h_0 - \dfrac{h_f'}{2}\right)$

思 考 题

4.1　荷载作用下，受弯构件可能发生哪两种破坏形式？

4.2　为什么要规定梁中纵向钢筋的净间距？梁中纵向钢筋的净间距具体有哪些规定？

4.3　什么是混凝土保护层厚度？为什么要规定混凝土保护层厚度？混凝土保护层厚度的取值与哪些因素有关？

4.4　简述板中分布钢筋的概念与作用。

4.5　适筋梁从开始受荷到破坏需经历哪几个受力阶段？各阶段的主要受力特征是什么？

4.6　什么是配筋率？配筋率对梁的正截面承载力和破坏形态有什么影响？

4.7　适筋梁、超筋梁、少筋梁的破坏各有什么特征？在设计中如何防止超筋破坏和少筋破坏？

4.8　受弯构件正截面承载力计算中引入了哪些基本假定？为什么要引入这些基本假定？

4.9　等效矩形应力图的等效原则是什么？

4.10　什么是相对受压区高度？什么是相对界限受压区高度？ξ_b 的取值仅与哪些因素有关？

4.11　单筋矩形截面受弯构件正截面受弯承载力的基本计算公式是如何建立的？为什么要规定公式的适用条件？

4.12　在截面复核时，当实际纵向受拉钢筋的配筋率小于最小配筋率或大于最大配筋率时，应分别如何计算截面所能承担的极限弯矩值？

4.13　什么是双筋矩形截面梁？双筋矩形截面梁中受压钢筋起什么作用？什么情况下采用双筋矩形截面梁？

4.14　为什么规定 T 形截面受压翼缘的计算宽度？受压翼缘计算宽度 b_f' 的确定应考虑哪些因素？

4.15　什么是深受弯构件？什么是深梁？什么是短梁？什么是浅梁？

4.16　与一般梁相比，钢筋混凝土深梁的受力特点是什么？

4.17　深受弯构件何时发生弯曲破坏？何时发生剪切破坏？其弯曲破坏又有哪两种破坏形式？

4.18　《规范》(JTG D62)中受弯构件正截面承载力计算时引入的基本假定与《规范》(GB 50010)的基本假定有哪些相同与不同之处？

4.19　《规范》(JTG D62)中纵向受力钢筋的最小配筋率与《规范》(GB 50010)中的最小配筋率有何区别？

习 题

4.1　已知钢筋混凝土矩形梁，安全等级为二级，处于一类环境，其截面尺寸 $b \times h =$

250mm×500mm，承受弯矩设计值 $M=150$kN·m，采用 C30 混凝土和 HRB335 钢筋。试配置截面钢筋。

4.2　已知钢筋混凝土挑檐板，安全等级为二级，处于二 a 类环境，其厚度为 80mm，跨度 $l=1200$mm，如图 4.59 所示。板面永久荷载标准值为：防水层 0.35kN/m²，80mm 厚钢筋混凝土板（自重 25kN/m³），25mm 厚水泥砂浆抹灰（容重 20kN/m³）。板面可变荷载标准值为：雪荷载 0.4kN/m²。板采用 C25 的混凝土，HRB335 钢筋，试配置该板的受拉钢筋。

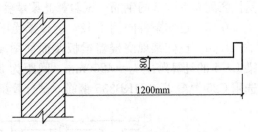

图 4.59　习题 4.2 图

4.3　已知某钢筋混凝土矩形截面梁，安全等级为二级，处于二 a 类环境，承受弯矩设计值 $M=165$kN·m，采用 C30 混凝土和 HRB400 钢筋，试求该梁截面尺寸 $b×h$ 及所需受拉钢筋的面积。

4.4　已知某钢筋混凝土矩形截面梁，安全等级为二级，处于一类环境，其截面尺寸 $b×h=250$mm×500mm，采用 C25 混凝土和 HRB335 钢筋，配有受拉纵筋为 4φ20。试验算此梁承受弯矩设计值 $M=150$kN·m 时，复核该截面是否安全？

4.5　已知条件同题 4.4，但受拉纵筋为 8φ20，试求该梁所能承受的最大弯矩设计值为多少？

4.6　已知某单跨简支板，安全等级为二级，处于一类环境，计算跨度 $l=2200$mm，板厚为 70mm，承受均布荷载设计值 $g+q=6$kN/m²（包括板自重），采用 C25 混凝土和 HPB300 钢筋，采用系数法求所需受拉钢筋截面面积 A_s。

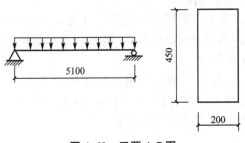

图 4.60　习题 4.7 图

4.7　已知某矩形截面钢筋混凝土简支梁（图 4.60），安全等级为二级，处于二 a 类环境，计算跨度 $l_0=5100$mm，截面尺寸 $b×h=200$mm×450mm。承受均布线荷载为：活荷载标准值 8kN/m，恒荷载标准值 9.5kN/m（包括梁的自重）。选用 C30 混凝土和 HRB400 钢筋，采用系数法求该梁所需受拉钢筋面积并画出截面配筋简图。

4.8　已知某钢筋混凝土双筋矩形截面梁，安全等级为二级，处于一类环境，截面尺寸 $b×h=250$mm×550mm，采用 C25 混凝土和 HRB335 钢筋，截面弯矩设计值 $M=320$kN·m。试求纵向受拉钢筋和纵向受压钢筋截面面积。

4.9　某钢筋混凝土矩形截面梁，安全等级为二级，处于一类环境，截面尺寸为 $b×h=200$mm×500mm，选用 C25 混凝土和 HRB335 钢筋，承受弯矩设计值 $M=230$kN·m，由于构造等原因，该梁在受压区已经配有受压钢筋 3φ20（$A_s'=942$mm²），试求所需受拉钢筋的面积。

4.10　已知条件同题 4.9，但该梁在受压区已经配有受压钢筋 2φ12（$A_s'=226$mm²），试求所需受拉钢筋的面积。

4.11　已知条件同题 4.9，但该梁在受压区已经配有受压钢筋 3φ25（$A_s'=1473$mm²），试求所需受拉钢筋的面积。

4.12 已知钢筋混凝土矩形截面梁，安全等级为二级，处于一类环境，截面尺寸 $b \times h = 200\text{mm} \times 450\text{mm}$，采用 C20 混凝土和 HRB335 钢筋。该梁受压区配有 3 ϕ 20 的钢筋，受拉区配有 5 ϕ 22 的钢筋，试验算此梁承受弯矩设计值 $M = 180\text{kN} \cdot \text{m}$ 时，是否安全？

4.13 已知条件同例 4.12，但该梁受压钢筋为 2 ϕ 12，复核该截面是否安全？

4.14 已知某现浇楼盖梁板截面如图 4.61 所示，安全等级为二级，处于一类环境。梁 L-1 的计算跨度 $l_0 = 4200\text{mm}$，间距为 3000mm，承受弯矩设计值为 $M = 200\text{kN} \cdot \text{m}$。选用 C25 混凝土和 HRB335 钢筋，试计算梁 L-1 所需的纵向受力钢筋面积。

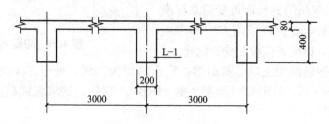

图 4.61 习题 4.14 图

4.15 已知某钢筋混凝土 I 形截面梁，安全等级为二级，处于一类环境，截面尺寸为 $b_f' = b_f = 600\text{mm}$，$h_f' = h_f = 100\text{mm}$，$b = 250\text{mm}$，$h = 700\text{mm}$，弯矩设计值 $M = 650\text{kN} \cdot \text{m}$。混凝土强度等级为 C30，纵筋为 HRB400 钢筋，试求该梁所需受拉钢筋的面积并画出截面配筋简图。

4.16 已知 T 形截面梁，安全等级为二级，处于一类环境，截面尺寸为 $b \times h = 250\text{mm} \times 600\text{mm}$，$b_f' = 500\text{mm}$，$h_f' = 100\text{mm}$，承受弯矩设计值 $M = 520\text{kN} \cdot \text{m}$，采用 C25 混凝土和 HRB335 钢筋。试求该截面所需的纵向受拉钢筋。

4.17 已知 T 形截面梁，安全等级为二级，处于一类环境，截面尺寸为 $b_f' = 450\text{mm}$，$h_f' = 100\text{mm}$，$b = 250\text{mm}$，$h = 600\text{mm}$，采用 C35 混凝土和 HRB400 钢筋，配有受拉钢筋为 4 ϕ 25，试计算该截面所能承受的弯矩设计值是多少？

4.18 已知 T 形截面梁，安全等级为二级，处于二类 a 环境，截面尺寸为 $b \times h = 250\text{mm} \times 650\text{mm}$，$b_f' = 550\text{mm}$，$h_f' = 100\text{mm}$，承受弯矩设计值 $M = 510\text{kN} \cdot \text{m}$，采用 C30 混凝土和 HRB400 钢筋，配有 8 ϕ 22 的受拉钢筋，试复核该梁是否安全？

第**5**章
受弯构件斜截面的受力性能与设计

教学提示：沿着斜裂缝所在的截面可能发生斜截面受剪破坏，也可能发生斜截面受弯破坏。斜截面受弯承载力仅需通过采取相应的构造措施就可以得到保证，而斜截面受剪承载力通常需通过设计计算加以保证。斜截面的受剪性能及其受剪承载力设计计算不仅是本章的重点，而且《规范》(GB 50010)和《规范》(JTG D62)在受弯构件斜截面受剪承载力的设计计算方面有较大的区别，教学时应予以重视。

学习要求：通过本章的学习，学生应熟悉无腹筋梁斜裂缝出现前后的应力状态，掌握剪跨比与箍筋配筋率的概念，熟悉斜截面受剪的3种破坏形态及影响斜截面受剪承载力的主要因素，熟练掌握矩形、T形和I形截面受弯构件斜截面受剪承载力的设计计算，掌握抵抗弯矩图的概念，掌握梁内纵筋弯起、截断与锚固的构造要求，掌握箍筋的构造要求，了解深受弯构件的受剪性能、设计计算方法及构造规定。

5.1 概　述

第4章介绍了受弯构件正截面的受力性能与设计，解决了图5.1所示梁中纵向钢筋的配置问题。而在受弯构件主要承受剪力作用或剪力和弯矩共同作用的区段，通常出现斜裂缝，有可能发生斜截面受剪破坏或斜截面受弯破坏。

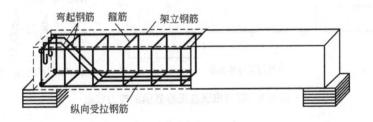

图5.1　梁的箍筋和弯起钢筋

为防止斜截面受剪破坏，应根据"斜截面受剪承载力"计算结果配置箍筋；当剪力较大时，还可配置弯起钢筋，弯起钢筋一般由梁内纵向钢筋弯起得到。箍筋和弯起钢筋统称为腹筋或横向钢筋，本章主要解决如图5.1所示梁中横向钢筋的配置问题。

为防止斜截面受弯破坏，应使梁内纵向钢筋的弯起、截断和锚固满足相应的构造要求，一般不需进行"斜截面受弯承载力"计算。

影响斜截面受剪破坏的因素众多，破坏形态和破坏机理比正截面受弯破坏复杂许多。因此，斜截面受剪承载力的计算方法和计算公式主要是基于试验结果建立的。

5.2 无腹筋简支梁的受剪性能

实际工程中的梁一般均需配置箍筋，有时还配有弯起钢筋。但由于无腹筋梁相对简单，对其研究可较方便地揭示斜裂缝的形成机理、混凝土的抗剪能力，从而为有腹筋梁的研究奠定基础。

5.2.1 无腹筋简支梁斜裂缝形成前后的应力状态

1. 斜裂缝形成前的应力状态

图 5.2 为一矩形截面钢筋混凝土无腹筋梁在两个集中荷载作用下的应力状态。在荷载较小、梁未出现裂缝之前，梁基本处于弹性阶段。因此，可把纵向钢筋按钢筋与混凝土的弹性模量比($\alpha_E = E_s/E_c$)换算成混凝土，然后按换算后的截面(称换算截面)用材料力学公式求解截面上任一点的正应力 σ 和剪应力 τ，见式(5-1)和式(5-2)。

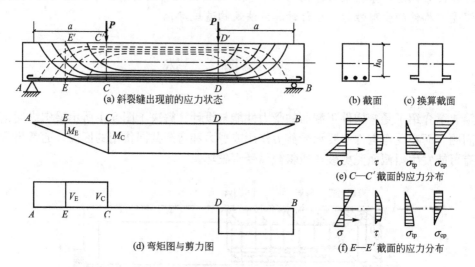

图 5.2 裂缝出现前无腹筋梁的应力状态

$$\sigma = \frac{My_0}{I_0} \tag{5-1}$$

$$\tau = \frac{VS_0}{I_0 b} \tag{5-2}$$

式中：M——作用在截面上的弯矩；

y_0——应力计算点至换算截面形心轴的距离；

I_0——换算截面惯性矩；

V——作用在截面上的剪力；

S_0——应力计算点以外部分截面对换算截面形心轴的面积矩；

b——截面宽度。

由正应力 σ 和剪应力 τ 共同作用所形成的主拉应力 σ_{tp} 和主压应力 σ_{cp} 按下式计算：

$$\sigma_{tp} = \frac{\sigma}{2} + \sqrt{\frac{\sigma^2}{4} + \tau^2} \tag{5-3}$$

$$\sigma_{cp} = \frac{\sigma}{2} - \sqrt{\frac{\sigma^2}{4} + \tau^2} \tag{5-4}$$

主应力作用方向与梁纵轴的夹角 α 按下式计算：

$$\alpha = \frac{1}{2} \arctan\left(-\frac{2\tau}{\sigma}\right) \tag{5-5}$$

对于图 5.2 中的纯弯段 CD，主应力迹线是水平的，当截面下边缘的最大主拉应力超过混凝土的抗拉强度时，将出现垂直裂缝。对于图 5.2 中的弯剪段 AC 和 DB，其腹部的主拉应力方向是倾斜的，当主拉应力超过混凝土的抗拉强度时，将出现斜裂缝；但其截面下边缘的主拉应力仍是水平的，故一般首先在下边缘出现垂直裂缝，随后这些垂直裂缝斜向发展，形成弯剪斜裂缝，如图 5.3 (a)所示。然而，对于像 I 形截面梁等薄腹

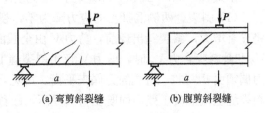

(a) 弯剪斜裂缝　　(b) 腹剪斜裂缝

图 5.3　两类斜裂缝

梁，由于弯剪段截面中部的剪应力大，故可能先在腹部出现斜裂缝，随后向梁顶和梁底斜向发展，形成腹剪斜裂缝，如图 5.3(b)所示。

2. 斜裂缝形成后的应力状态

出现斜裂缝后，梁的应力状态发生了很大变化，即发生了应力重分布。此时不能再将梁视为匀质弹性材料，而用材料力学公式求解应力。图 5.4(a)为一根出现了斜裂缝的无腹筋梁，为研究其应力状态，将梁沿斜裂缝切开，并取左边部分为隔离体，如图 5.4(d)所示。

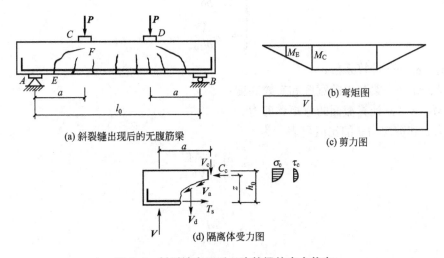

(a) 斜裂缝出现后的无腹筋梁

(b) 弯矩图

(c) 剪力图

(d) 隔离体受力图

图 5.4　斜裂缝出现后无腹筋梁的应力状态

由图 5.4(d)可见，隔离体受到的作用有：由荷载产生的支座剪力 V、斜裂缝上端混凝土残余面承受的剪力 V_c 和压力 C_c、纵向钢筋的拉力 T_s 及其销栓作用 V_d、斜裂缝两侧混凝土相对错动而产生的骨料咬合力 V_a。其中，纵向钢筋的销栓作用 V_d 由于混凝土保护层厚度不大而作用有限，而骨料咬合力 V_a 将随着斜裂缝的开展而逐渐减少，所以进行极限状态分析时，可忽略 V_d 和 V_a 的作用。因此，由图 5.4(d)可得到隔离体的平衡条件如下：

$$\sum X = 0 \quad C_c = T_s \tag{5-6a}$$

$$\sum Y = 0 \quad V_c = V \tag{5-6b}$$

$$\sum M = 0 \quad T_s z = Va \tag{5-6c}$$

由式(5-6a)～式(5-6b)和图 5.4 可见，斜裂缝形成后梁的应力状态发生以下变化。

(1)斜裂缝两侧混凝土的应力降为零，裂缝上端混凝土残余面承受的剪应力和压应力将显著增大。斜裂缝出现前，剪力 V 由全截面承担；而斜裂缝出现后，在忽略纵筋销栓力 V_d 和骨料咬合力 V_a 时，剪力 V 仅由斜裂缝上端混凝土残余面承受。同时 V 和 V_c 组成的力偶须由 T_s 和 C_c 组成的力偶来平衡。可见，剪力 V 不仅引起 V_c，还引起 T_s 和 C_c，使得斜裂缝上端混凝土残余面既受剪又受压，故称剪压区。

(2)斜裂缝处纵向钢筋的应力突然增大。斜裂缝出现前，图 5.4 中 E 位置处的纵向钢筋应力由弯矩 M_E 决定；而斜裂缝出现后，E 位置处的纵向钢筋应力则由弯矩 M_C 决定。由于 $M_C > M_E$，所以斜裂缝的出现导致裂缝截面钢筋应力的突增。

5.2.2 无腹筋简支梁的受剪破坏形态

1. 剪跨比

由材料力学可知，梁截面上的正应力 σ 和剪应力 τ 可分别表示为

$$\begin{cases} \sigma = \alpha_1 \dfrac{M}{bh_0^2} \\ \tau = \alpha_2 \dfrac{V}{bh_0} \end{cases} \tag{5-7}$$

式中：α_1、α_2——计算系数；

    b、h_0——梁截面的宽度和有效高度；

    M、V——计算截面的弯矩和剪力。

则正应力 σ 和剪应力 τ 的比值可表示为

$$\frac{\sigma}{\tau} = \frac{\alpha_1}{\alpha_2} \cdot \frac{M}{Vh_0} \tag{5-8}$$

并定义：

$$\lambda = \frac{M}{Vh_0} \tag{5-9}$$

式中：λ——广义剪跨比，简称剪跨比。

可见，剪跨比 λ 实质上反映了截面上正应力和剪应力的相对关系，而正应力和剪应力又决定了主拉应力的大小和方向。因此，剪跨比 λ 是一个影响斜截面承载力和破坏形态的重要参数。

对于图 5.5 所示的集中荷载作用下的简支梁，集中荷载 F_1 和 F_2 作用截面的剪跨比可分别表示为

$$\lambda_1 = \frac{M_1}{V_1 h_0} = \frac{V_A a_1}{V_A h_0} = \frac{a_1}{h_0}$$

$$\lambda_2 = \frac{M_2}{V_2 h_0} = \frac{V_B a_2}{V_B h_0} = \frac{a_2}{h_0}$$

一般地，可表示为

$$\lambda = \frac{a}{h_0} \qquad (5-10)$$

式中：λ——计算截面的剪跨比，简称剪跨比，也有称狭义剪跨比；

a——集中荷载作用点至支座或节点边缘的距离，简称剪跨。

需要说明的是，式(5-9)是一个普遍适用的剪跨比计算公式；而式(5-10)只适用于集中荷载作用下的梁，计算距支座最近的集中荷载作用截面的剪跨比。

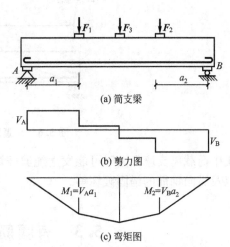

图 5.5　集中荷载作用下的简支梁

2. 受剪破坏的主要形态

试验表明，集中荷载作用下无腹筋梁的斜截面受剪破坏形态主要与剪跨比 λ 有关，有以下 3 种主要破坏形态，如表 5-1 所列和图 5.6 所示。

表 5-1　无腹筋梁斜截面受剪破坏形态

破坏形态	发生条件	破坏特征
斜压破坏	$\lambda < 1$	随着荷载的增加，首先在梁腹部出现腹剪斜裂缝，随后混凝土被斜裂缝分割成若干斜压短柱，最后斜向短柱混凝土压碎，梁破坏，如图 5.6(a)所示。 承载力取决于混凝土的抗压强度，属于脆性破坏
剪压破坏	$1 \leqslant \lambda \leqslant 3$	随着荷载的增加，首先在梁下边缘出现垂直裂缝，随后垂直裂缝斜向发展，形成弯剪斜裂缝，其中一条发展成临界斜裂缝，最后临界斜裂缝上端剪压区混凝土压坏，梁破坏，如图 5.6(b)所示。 承载力取决于剪压区混凝土的强度，属于脆性破坏
斜拉破坏	$\lambda > 3$	随着荷载的增加，一旦裂缝出现，就很快形成临界斜裂缝，承载力急剧下降，构件破坏，如图 5.6(c)所示。 承载力主要取决于混凝土的抗拉强度，脆性显著

除上述 3 种主要的破坏形态外，在不同情况下尚有发生其他破坏形态的可能。例如，

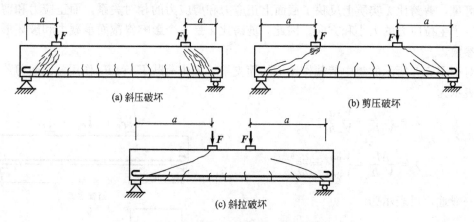

图 5.6　无腹筋梁斜截面受剪破坏形态

集中荷载离支座很近时可能发生纯剪破坏，荷载作用点和支座处可能发生局部受压破坏，以及纵向钢筋的锚固破坏等。

5.3　有腹筋简支梁的受剪性能

5.3.1　箍筋的作用和箍筋的配筋率

1. 箍筋的作用

在斜裂缝出现之前，箍筋(包括弯起钢筋)的作用不明显，对斜裂缝出现的影响较小，有腹筋梁的受力性能与无腹筋梁相近。但在斜裂缝出现以后，由于裂缝处混凝土退出工作，与斜裂缝相交的箍筋(包括弯起钢筋)应力突然增大，箍筋直接分担部分剪力。箍筋(包括弯起钢筋)的作用具体如下。

(1) 承担剪力，直接提高梁的受剪承载力。

(2) 抑制斜裂缝的开展，间接提高梁的受剪承载力。具体有 3 个方面：一可以增大剪压区面积，提高剪压区混凝土的抗剪能力；二可以提高斜裂缝交界面上骨料的咬合作用；三可以延缓沿纵向钢筋劈裂裂缝的发展，提高纵向钢筋的销栓作用。

(3) 参与斜截面受弯，使斜裂缝出现后纵向钢筋应力的增量减小。

(4) 约束混凝土，提高混凝土的强度和变形能力，改善梁破坏时的脆性性能。

(5) 固定纵筋位置，形成钢筋骨架。

2. 箍筋的配筋率

箍筋的配筋率(简称配箍率)ρ_{sv} 应按下式计算：

$$\rho_{sv} = \frac{nA_{sv1}}{bs} = \frac{A_{sv}}{bs} \tag{5-11}$$

式中：n——同一截面内箍筋的肢数(图 5.41)；

A_{sv1}——单肢箍筋的截面面积；

b——矩形截面宽度，T 形或 I 形截面的腹板宽度；

s——沿构件长度方向的箍筋间距；

A_{sv}——同一截面内各肢箍筋的全部截面面积。

可见，配箍率 ρ_{sv} 是表示沿梁轴线方向单位水平截面面积内所含有的箍筋截面面积。图 5.7 给出了式（5-11）中各参数的物理意义。

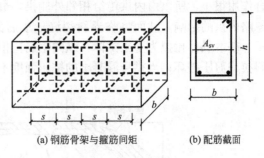

(a) 钢筋骨架与箍筋间矩　　(b) 配筋截面

图 5.7　箍筋及其参数

5.3.2　有腹筋简支梁的受剪破坏形态

试验表明，集中荷载作用下有腹筋梁的斜截面受剪破坏形态主要由剪跨比 λ 和配箍率 ρ_{sv} 决定，也有以下 3 种主要破坏形态，见表 5-2。

表 5-2　有腹筋梁斜截面受剪破坏形态

破坏形态	发生条件	破坏特征
斜压破坏	$\lambda<1$ 或 $1\leqslant\lambda\leqslant3$ 且腹筋配置过多	随着荷载的增加，首先在梁腹部出现腹剪斜裂缝，随后混凝土被斜裂缝分割成若干斜压短柱，最后斜向短柱混凝土压碎，梁破坏，破坏时与斜裂缝相交的腹筋没有屈服。 承载力取决于混凝土的抗压强度，属于脆性破坏
剪压破坏	$1\leqslant\lambda\leqslant3$ 且腹筋配置不过多 或 $\lambda>3$ 且腹筋配置不过少	随着荷载的增加，首先在梁下边缘出现垂直裂缝，随后垂直裂缝斜向发展，形成弯剪斜裂缝，其中一条发展成临界斜裂缝，接着与临界斜裂缝相交的腹筋屈服，最后临界斜裂缝上端剪压区混凝土压坏，梁破坏。 承载力取决于剪压区混凝土的强度，属于脆性破坏
斜拉破坏	$\lambda>3$ 且腹筋配置又过少	随着荷载的增加，一旦裂缝出现，就很快形成临界斜裂缝，与临界斜裂缝相交的腹筋很快屈服甚至被拉断，承载力急剧下降，梁破坏。 承载力主要取决于混凝土的抗拉强度，脆性显著

可见，有腹筋梁的破坏特征除补充与斜裂缝相交腹筋的受力性能外，其余与无腹筋梁的破坏特征非常相似。

5.3.3　简支梁的斜截面受剪机理

无腹筋梁在临界斜裂缝形成后，由于纵向钢筋的销栓作用和交界面上混凝土骨料的咬合作用很小，所以由内拱传给相邻外侧拱，最终传给基本拱体的力也就非常有限。故可以忽略内拱的影响，从而将临界斜裂缝形成后的无腹筋梁比拟为一个拉杆拱，如图 5.8 所示。基本拱体比拟为受压拱体，纵向钢筋比拟为拉杆。当拱顶混凝土强度不足时，将发生斜拉或剪压破坏；当拱身混凝土的抗压强度不足时，将发生斜压破坏。

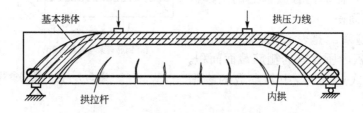

图 5.8　无腹筋梁的斜截面受剪机理

有腹筋梁在临界斜裂缝形成后，通过腹筋将内拱的力直接传递给基本拱体，最后传给支座，如图 5.9 所示。可见，有腹筋梁的传力机理有别于无腹筋梁，可将其比拟为拱形桁架。基本拱体比拟为拱形桁架中的上弦压杆，斜裂缝间的混凝土比拟为拱形桁架中的受压腹杆，腹筋比拟为受拉腹杆，下部纵向钢筋比拟为受拉下弦杆。当受拉腹杆弱时，多数发生斜拉破坏；当受拉腹杆合适时，多数发生剪压破坏；当受拉腹杆过强时，多数发生斜压破坏。

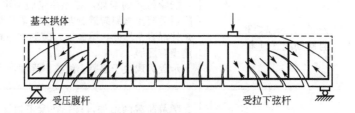

图 5.9　有腹筋梁的斜截面受剪机理

5.3.4　影响斜截面受剪承载力的主要因素

试验表明，影响梁斜截面受剪承载力的因素很多，其中主要因素有剪跨比、混凝土强度、箍筋的配筋率与箍筋强度和纵筋的配筋率。

1. 剪跨比

对于无腹筋梁，剪跨比 λ 是影响其破坏形态和受剪承载力的最主要因素。随着 λ 的增大，无腹筋梁依次发生斜压破坏、剪压破坏和斜拉破坏；随着 λ 的增大，无腹筋梁的受剪承载力降低；当 $\lambda > 3$ 时，剪跨比对无腹筋梁受剪承载力的影响已不明显。图 5.10 所示为剪跨比 λ 对无腹筋梁破坏形态和受剪承载力的影响。

对于有腹筋梁，剪跨比 λ 对梁受剪承载力的影响程度与配箍率有关。配箍率较低时影响较大；随着配箍率的增大，其影响逐渐减小。图 5.11 为剪跨比 λ 对有腹筋梁受剪承载力的影响。可见，有腹筋梁的受剪承载力也随着 λ 的增大而降低。

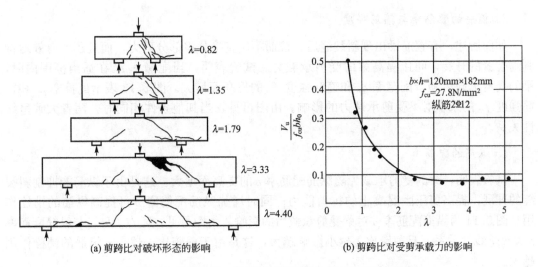

(a) 剪跨比对破坏形态的影响　　　　　　(b) 剪跨比对受剪承载力的影响

图 5.10　剪跨比对无腹筋梁破坏形态和受剪承载力的影响

2. 混凝土强度

试验表明，梁的斜截面剪切破坏都是由于混凝土达到相应应力状态下的极限强度而发生的。斜压破坏时的承载力取决于混凝土的抗压强度，斜拉破坏时的承载力取决于混凝土的抗拉强度，剪压破坏时的承载力取决于混凝土的剪压复合受力强度。可见，混凝土强度对梁的受剪承载力影响很大。

图 5.12 表示混凝土强度对集中荷载作用下无腹筋梁受剪承载力的影响。由图可见，梁的受剪承载力随混凝土强度的提高而增大；且梁的名义剪应力 $[V_c/bh_0]$ 与混凝土立方体抗压强度 f_{cu} 呈非线性关系 [图 5.12(a)]，而与混凝土轴心抗拉强度 f_t 近似呈线性关系 [图 5.12(b)]。

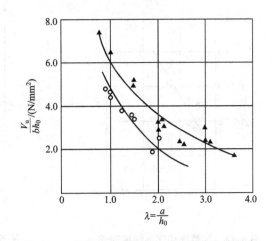

图 5.11　剪跨比对有腹筋梁受剪承载力的影响

注：▲ 冶建院同济 $\left\{ \begin{array}{l} C31\sim C32 \\ \rho=2.18\%\sim2.3\% \\ \rho_{sv}=0.314\% \end{array} \right.$ □ 建研院 $\left\{ \begin{array}{l} C38 \\ \rho=1.0\% \\ \rho_{sv}=0.19\% \end{array} \right.$

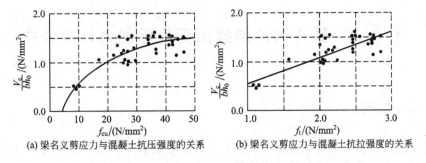

(a) 梁名义剪应力与混凝土抗压强度的关系　　　(b) 梁名义剪应力与混凝土抗拉强度的关系

图 5.12　混凝土强度对集中荷载作用下无腹筋梁受剪承载力的影响

3. 箍筋的配筋率与箍筋强度

如前所述,有腹筋梁出现斜裂缝后,箍筋不仅直接分担部分剪力,而且还能有效地抑制斜裂缝的开展,间接提高梁的受剪承载力。试验表明,当配箍率 ρ_{sv} 在适当范围内时,梁的受剪承载力随着配箍率 ρ_{sv} 和箍筋强度 f_{yv} 的提高而增大。图 5.13 表示配箍率 ρ_{sv} 和箍筋强度 f_{yv} 的乘积对梁受剪承载力的影响。由图可见,当其他条件相同时,两者大致呈线性关系。

4. 纵筋的配筋率

试验表明,梁的受剪承载力随纵筋配筋率 ρ 的提高而增大。这是由于纵筋能抑制斜裂缝的开展,提高剪压区混凝土的抗剪能力;同时增加纵筋配筋率 ρ 可提高纵筋的销栓作用。图 5.14 为纵筋配筋率 ρ 对梁受剪承载力的影响。由图可见,$V_u/(f_t bh_0)$ 与纵筋配筋率 ρ 大致呈线性关系,且剪跨比 λ 越小影响越大,这是由于剪跨比 λ 越小,纵筋的销栓作用越大。

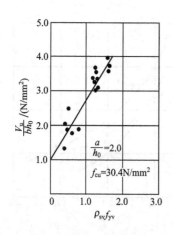 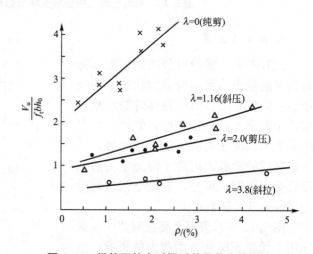

图 5.13 配箍率和箍筋强度对梁受剪承载力的影响

图 5.14 纵筋配筋率对梁受剪承载力的影响

试验还表明,除上述剪跨比、混凝土强度、箍筋的配筋率与箍筋强度和纵筋的配筋率 4 个影响梁斜截面受剪承载力的主要因素外,梁的截面形状与尺寸对其斜截面受剪承载力也有一定的影响。

5.4 受弯构件斜截面受剪承载力计算公式

5.4.1 基本假定

如前所述,钢筋混凝土梁斜截面受剪有 3 种主要的破坏形态。设计时,对于斜压破坏和斜拉破坏,通过采取一定的构造措施予以避免。而对于剪压破坏,由于其受剪承载力的变化幅度较大，因此必须通过计算来避免剪压破坏。同时由于剪压破坏时混凝土的抗压强度和腹筋的抗拉强度都得到利用，而且剪压破坏时的脆性相对比斜压破坏、斜拉破坏好些，所以《规范》（GB 50010）的受剪承载力计算公式是根据剪压破坏的受力特征建立的。

梁的受剪机理复杂，影响受剪承载力的因素众多。所以我国《规范》（GB 50010）采用"理论与试验相结合"的方法，在基本假设的基础上，通过对大量试验数据的统计分析来得出半理论半经验的斜截面受剪承载力实用计算公式。

（1）假定剪压破坏时，梁的斜截面受剪承载力由剪压区混凝土、箍筋和弯起钢筋 3 部分承载力组成，忽略纵筋的销栓作用和斜裂缝交界面上骨料的咬合作用，如图 5.15 所示。

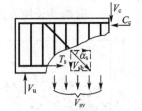

由图 5.15 所示的竖向力平衡 $\sum Y = 0$ 可得

$$V_u = V_c + V_{sv} + V_{sb} \qquad (5-12)$$

并记：

$$V_{cs} = V_c + V_{sv} \qquad (5-13)$$

图 5.15 受剪承载力的组成

式中：V_u——斜截面受剪承载力设计值；

$\quad\quad V_c$——剪压区混凝土所承受的剪力设计值；

$\quad\quad V_{sv}$——与斜裂缝相交的箍筋所承受的剪力设计值；

$\quad\quad V_{sb}$——与斜裂缝相交的弯起钢筋所承受的剪力设计值；

$\quad\quad V_{cs}$——斜截面上混凝土和箍筋的受剪承载力设计值。

（2）假定剪压破坏时，与斜裂缝相交的箍筋和弯起钢筋都已屈服。

5.4.2 仅配箍筋梁的斜截面受剪承载力计算公式

1. 矩形、T 形和 I 形截面的一般受弯构件的计算公式

由 5.3.4 节可知，名义剪应力 $V_u/(bh_0)$ 与 f_t 成正比，与 $\rho_{sv} f_{yv}$ 成正比，所以取仅配箍筋梁的受剪承载力计算公式的形式如下：

$$\frac{V_u}{bh_0} = \alpha_{cv} f_t + \alpha_{sv} \rho_{sv} f_{yv} \qquad (5-14a)$$

式（5-14a）两边同除以 f_t 得

$$\frac{V_u}{f_t bh_0} = \alpha_{cv} + \alpha_{sv} \rho_{sv} f_{yv}/f_t \qquad (5-14b)$$

式中：α_{cv}、α_{sv}——由试验确定的待定系数。

均布荷载作用下有腹筋梁的试验结果如图 5.16 所示。考虑到斜截面受剪破坏的脆性性质，《规范》（GB 50010）根据图 5.16 的试验结果，按 95% 保证率取偏下限，且考虑到与集中荷载作用下独立梁计算公式的协调，确定出式（5-14b）中的待定系数 $\alpha_{cv} = 0.7$，$\alpha_{sv} = 1.0$，即图 5.16 中斜直线的方程为《规范》（GB 50010）的计算公式。

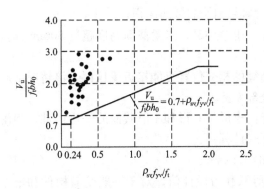

图 5.16 均布荷载作用下的受剪承载力试验结果

因此,《规范》(GB 50010)规定:矩形、T 形和 I 形截面的一般受弯构件,当仅配置箍筋时的斜截面受剪承载力按下式计算:

$$V_{cs} = 0.7 f_t b h_0 + f_{yv} \frac{A_{sv}}{s} h_0 \qquad (5-15)$$

式中:V_{cs}——构件斜截面上混凝土与箍筋的受剪承载力设计值;

    f_{yv}——箍筋的抗拉强度设计值;

    A_{sv}——配置在同一截面内箍筋各肢的全部截面面积;

    s——沿构件长度方向的箍筋间距。

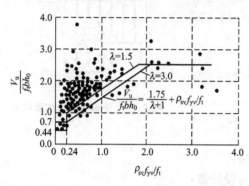

图 5.17　集中荷载作用下的受剪承载力试验结果

2. 集中荷载作用下独立梁的计算公式

集中荷载作用下有腹筋梁的试验结果如图 5.17 所示。

《规范》(GB 50010)规定:对集中荷载作用下(包括作用有多种荷载,其中集中荷载对支座截面或节点边缘所产生的剪力值占总剪力的 75% 以上的情况)的独立梁,当仅配置箍筋时的斜截面受剪承载力按下式计算:

$$V_{cs} = \frac{1.75}{\lambda+1} f_t b h_0 + f_{yv} \frac{A_{sv}}{s} h_0 \qquad (5-16)$$

式中:λ——计算截面的剪跨比,可取 $\lambda = a/h_0$;当 $\lambda < 1.5$ 时,取 $\lambda = 1.5$;当 $\lambda > 3$ 时,取 $\lambda = 3$。a 取集中荷载作用点至支座截面或节点边缘的距离。

5.4.3　既配箍筋又配弯起钢筋梁的斜截面受剪承载力计算公式

梁除配置箍筋外,有时还配有弯起钢筋,如图 5.15 所示。弯起钢筋的受剪承载力按下式计算:

$$V_{sb} = 0.8 f_{yv} A_{sb} \sin\alpha_s \qquad (5-17)$$

式中:V_{sb}——与斜裂缝相交的弯起钢筋所承受的剪力设计值;

    f_{yv}——弯起钢筋的抗拉强度设计值;

    A_{sb}——与斜裂缝相交的同一弯起平面内弯起钢筋的截面面积;

    α_s——弯起钢筋与梁纵向轴线的夹角,一般为 45°;当梁截面高度超过 800mm 时,取 60°。

式中的系数 0.8 是考虑到弯起钢筋与斜裂缝的相交位置可能接近受压区,该情况下斜截面受剪破坏时弯起钢筋的强度有可能不能全部发挥。

基于上述分析,《规范》(GB 50010)规定:矩形、T 形和 I 形截面的受弯构件,当配置箍筋和弯起钢筋时的斜截面受剪承载力按下式计算:

$$V \leqslant V_{cs} + 0.8 f_{yv} A_{sb} \sin\alpha_s \qquad (5-18)$$

式中:V_{cs}——梁斜截面上混凝土和箍筋的受剪承载力设计值。对于一般受弯构件和集中荷载作用下的独立梁分别按式(5-15)和式(5-16)计算。

5.4.4 斜截面受剪承载力计算公式的适用条件

如前所述，上述梁的斜截面受剪承载力计算公式是根据剪压破坏建立的，因而公式应有避免斜压破坏和斜拉破坏的条件，即公式的上下限。

1. 公式的上限——截面限制条件

为防止斜压破坏和限制梁在使用阶段的裂缝宽度，《规范》(GB 50010)规定，矩形、T形和I形截面的受弯构件，其受剪截面应符合下列条件：

当 $h_w/b \leqslant 4$ 时， $\qquad V \leqslant 0.25\beta_c f_c bh_0$ （5-19a）

当 $h_w/b \geqslant 6$ 时， $\qquad V \leqslant 0.2\beta_c f_c bh_0$ （5-19b）

当 $4 < h_w/b < 6$ 时，按线性内插法确定。

式中：V——构件斜截面上的最大剪力设计值；

β_c——混凝土强度影响系数。当混凝土强度等级 $\leqslant$ C50 时，取 $\beta_c = 1.0$；当混凝土强度等级为 C80 时，取 $\beta_c = 0.8$，其间按线性内插法确定；

f_c——混凝土轴心抗压强度设计值；

b——矩形截面的宽度，T形或I形截面的腹板宽度；

h_w——截面的腹板高度，如图 5.18 所示。

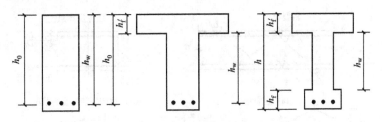

图 5.18 截面腹板高度 h_w

2. 公式的下限——构造配箍条件

为保证有箍筋与斜裂缝相交，梁中箍筋的间距不应过大；为保证钢筋骨架具有一定的刚度，箍筋的直径不应过小。当梁的剪力设计值满足式(5-20)的要求时，则仅需按表5-3所列的构造要求(即箍筋的最大间距和最小直径)配置箍筋。

$$V \leqslant 0.7 f_t bh_0 \quad \text{或} \quad V \leqslant \frac{1.75}{\lambda+1} f_t bh_0 \qquad (5-20)$$

表5-3 梁中箍筋的最大间距和最小直径(mm)

梁高 h	最大间距		最小直径
	$V > 0.7 f_t bh_0$	$V \leqslant 0.7 f_t bh_0$	
$150 < h \leqslant 300$	150	200	6
$300 < h \leqslant 500$	200	300	
$500 < h \leqslant 800$	250	350	
$h > 800$	300	400	8

当梁中配有按计算需要的纵向受压钢筋时,箍筋应做成封闭式;箍筋间距不应大于15d(d 为纵向受压钢筋的最小直径)和 400mm;当一层内的纵向受压钢筋多于 5 根且直径大于 18mm 时,箍筋的间距不应大于 10d。同时箍筋直径尚不应小于 0.25d(d 为纵向受压钢筋的最大直径)。

当 $V > 0.7f_t bh_0$ 时,为避免斜拉破坏,梁中箍筋除满足表 5-3 的最大间距和最小直径要求外,应按计算配置腹筋,且所配箍筋应满足箍筋的最小配筋率 $\rho_{sv,min}$ 要求,见式(5-21)。

$$\rho_{sv} = \frac{A_{sv}}{bs} \geqslant \rho_{sv,min} = 0.24\frac{f_t}{f_{yv}} \tag{5-21}$$

5.4.5 连续梁的受剪性能及其斜截面受剪承载力

1. 集中荷载作用下的连续梁

与简支梁不同的是,连续梁的剪跨段内存在正弯矩和负弯矩,且有一个反弯点,如图 5.19(a)、(b)所示。若用 ϕ 表示最大负弯矩 M^- 与最大正弯矩 M^+ 之比的绝对值,即 $\phi = |M^-/M^+|$,则试验表明,$\phi < 1$,剪切破坏发生在正弯矩区段,$\phi > 1$,剪切破坏发生在负弯矩区段,$\phi = 1$,正负弯矩区段均可能发生剪切破坏,此时梁的受剪承载力最低。

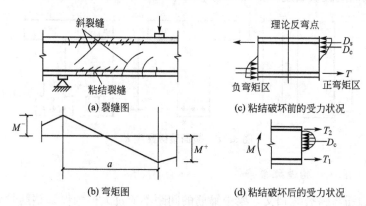

图 5.19 连续梁的受剪性能

$\phi = 1$ 时,正负弯矩区段可能各出现一条临界斜裂缝,如图 5.19(a)所示。由于反弯点两侧梁段承受的弯矩方向相同,故无论是梁的上部钢筋还是下部钢筋,都是反弯点一侧受拉,另一侧受压,如图 5.19(c)所示。因此剪跨段内纵向钢筋与混凝土间的粘结作用易遭到破坏,易出现粘结裂缝和沿纵向钢筋的撕裂裂缝。此时梁截面发生了较大的应力重分布,两条临界斜裂缝之间的上下纵向钢筋都处于受拉状态,纵向钢筋外侧混凝土的受压作用逐渐丧失,只剩梁截面中间部分混凝土来承受压力和剪力,如图 5.19(d)所示。因此,集中荷载作用下连续梁的受剪承载力比条件相同的简支梁低。

对于连续梁,集中荷载作用截面的广义剪跨比为

$$\lambda = \frac{M^+}{Vh_0} = \frac{1}{1+\phi}\frac{a}{h_0} < \frac{a}{h_0}$$

可见对于集中荷载作用下的连续梁,其计算剪跨比 a/h_0 大于广义剪跨比 $M^+/(Vh_0)$。

故《规范》(GB 50010)对于集中荷载作用下连续梁的斜截面受剪承载力利用简支梁的计算公式计算，且使用计算剪跨比来考虑其受剪承载力的降低。因此，无论是简支梁还是连续梁，只要是集中荷载作用下的独立梁均采用式(5-16)计算其受剪承载力，配有弯起钢筋时使用式(5-18)计算，且式中的剪跨比 λ 统一采用计算剪跨比 a/h_0。

2. 均布荷载作用下的连续梁

对于均布荷载作用下的连续梁，梁顶面受到的均布荷载加强了钢筋与混凝土之间的粘结作用。梁斜截面破坏时，一般不会在纵筋位置发生严重的粘结破坏。故连续梁的受剪承载力与条件相同的简支梁的相当。因此，《规范》(GB 50010)对于均布荷载作用下的一般受弯构件(包括简支梁、连续梁)均采用式(5-15)计算其受剪承载力，配有弯起钢筋时使用式(5-18)计算。

5.4.6 板类受弯构件的斜截面受剪承载力

《规范》(GB 50010)规定：对于不配置箍筋和弯起钢筋的一般板类受弯构件，其斜截面受剪承载力应按下式计算：

$$V \leqslant V_u = 0.7\beta_h f_t bh_0 \tag{5-22a}$$

$$\beta_h = \left(\frac{800}{h_0}\right)^{\frac{1}{4}} \tag{5-22b}$$

式中：β_h——截面高度影响系数。当 $h_0 < 800\text{mm}$ 时，取 $h_0 = 800\text{mm}$；当 $h_0 > 2000\text{mm}$ 时，取 $h_0 = 2000\text{mm}$。

5.5 受弯构件斜截面受剪承载力的设计计算

斜截面受剪承载力设计计算有截面设计和截面复核两类问题，截面设计的核心是已知剪力设计值 V，求腹筋；而截面复核的核心是已知腹筋，求受剪承载力 V_u。无论截面设计还是截面复核均应确定计算截面，即应确定对构件设计计算起控制作用的截面。

5.5.1 计算截面的选取

应选择作用效应大而抗力小或抗力发生突变的截面作为斜截面受剪承载力的计算截面，具体如下。

(1) 支座边缘处的截面，如图5.20(a)、(b)所示截面1—1。

(2) 受拉区弯起钢筋弯起点处的截面，如图5.20(a)所示截面2—2、3—3。

(3) 箍筋截面面积或间距改变处的截面，如图5.20(b)所示截面4—4。

(4) 截面尺寸改变处的截面。

计算截面处的剪力设计值取法如下。

(1) 计算支座边缘截面时，取支座边缘截面的剪力设计值。

(2) 计算第一排(对支座而言)弯起钢筋时，取支座边缘截面的剪力设计值；计算以后

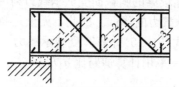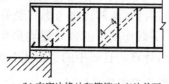

(a) 支座边缘处和钢筋弯起点处截面   (b) 支座边缘处和箍筋改变处截面

图 5.20 斜截面受剪承载力剪力设计值的计算截面

的每一排弯起钢筋时，取前一排(对支座而言)弯起钢筋弯起点处截面的剪力设计值。

（3）计算箍筋截面面积或间距改变处的截面时，取箍筋截面面积或间距改变处截面的剪力设计值。

（4）计算截面尺寸改变处的截面时，取截面尺寸改变处截面的剪力设计值。

5.5.2 截面设计

截面设计通常是指已知内力设计值 V(或荷载、跨度等)、截面尺寸、混凝土和钢筋的强度等级，求腹筋，可按如图 5.21 所示流程图进行。

【例 5.1】 某钢筋混凝土矩形截面简支梁，净跨 $l_n = 4000\text{mm}$，如图 5.22 所示，环境类别一类，安全等级二级。承受均布荷载设计值 $q = 120\text{kN/m}$(包括自重)，混凝土强度等级 C25，箍筋为直径 8mm 的 HPB300 钢筋，纵筋为 HRB400 钢筋。试配抗剪腹筋(分仅配箍筋和既配箍筋又配弯起钢筋两种情况)。

【解】 （1）确定基本参数。

查附表 1-2、附表 1-10，C25 混凝土，$f_t = 1.27\text{N/mm}^2$，$f_c = 11.9\text{N/mm}^2$，$\beta_c = 1.0$；查附表 1-5，HPB300 钢筋，$f_y = 270\text{N/mm}^2$；HRB400 钢筋，$f_y = 360\text{N/mm}^2$；查附表 1-13，一类环境，$c = 25\text{mm}$，$a_s = c + d_v + d/2 = 25 + 8 + 20/2 = 43\text{mm}$，$h_0 = h - a_s = 600 - 43 = 557\text{mm}$。

（2）求剪力设计值。

支座边缘截面的剪力最大，其设计值为

$$V = 0.5 q l_n = 0.5 \times 120 \times 4 = 240\text{kN}$$

（3）验算截面限制条件。

$$h_w = h_0 = 557\text{mm}$$
$$h_w/b = 557/250 = 2.23 < 4$$

$$0.25\beta_c f_c b h_0 = 0.25 \times 1.0 \times 11.9 \times 250 \times 557 = 414269\text{N} = 414.3\text{kN} > V = 240\text{kN}$$

所以截面满足条件。

（4）验算计算配筋条件。

$$0.7 f_t b h_0 = 0.7 \times 1.27 \times 250 \times 557 = 123793\text{N} = 123.8\text{kN} < V = 240\text{kN}$$

所以应按计算配置箍筋。

（5）仅配箍筋。

由于仅受均布荷载作用，故应选一般受弯构件的公式计算箍筋。

由 $V \leqslant 0.7 f_t b h_0 + f_{yv} \dfrac{A_{sv}}{s} h_0$ 得

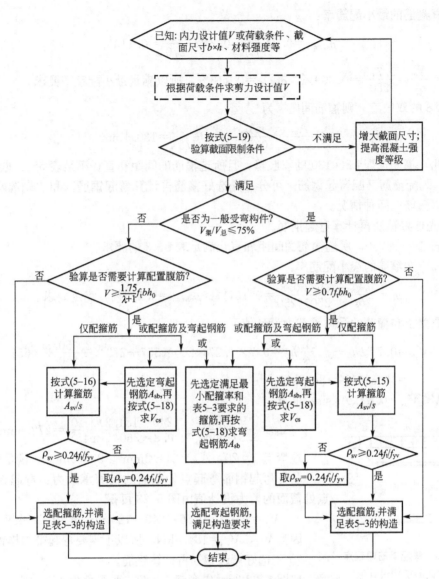

图 5.21 受弯构件受剪承载力截面设计流程图

注：若 V 已知，则没有虚线框所示步骤。

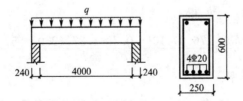

图 5.22 例 5.1 图

$$\frac{A_{sv}}{s} \geqslant \frac{V-0.7f_t bh_0}{f_{yv}h_0}=\frac{240\times10^3-0.7\times1.27\times250\times557}{270\times557}=0.773\mathrm{mm}^2/\mathrm{mm}$$

验算箍筋的最小配筋率：

$$\rho_{sv,min} = 0.24\frac{f_t}{f_{yv}} = 0.24 \times \frac{1.27}{270} = 0.113\%$$

$\rho_{sv} = \dfrac{A_{sv}}{bs} = \dfrac{0.773}{250} = 0.309\% > \rho_{sv,min} = 0.113\%$，所以满足最小配箍率要求。

选 $\phi 8$ 的双肢箍，则箍筋间距 s 为

$$s \leqslant \frac{A_{sv}}{0.773} = \frac{nA_{sv1}}{0.773} = \frac{2 \times 50.3}{0.773} = 130.1mm$$

因此，箍筋选配 $\phi 8@130$ 的双肢箍，且所选箍筋的间距和直径满足表 5-3 的要求。

(6) 既配箍筋又配弯起钢筋。可分"先选好箍筋再计算弯起钢筋"和"先选好弯起钢筋再计算箍筋"两种情况。

① 先选好箍筋再计算弯起钢筋。

箍筋选 $\phi 8@250$，所选箍筋的间距和直径满足表 5-3 的要求。

验算所选箍筋的最小配筋率：

$$\rho_{sv} = \frac{nA_{sv1}}{bs} = \frac{2 \times 50.3}{250 \times 250} = 0.161\% > \rho_{sv,min} = 0.113\%，满足要求。$$

求混凝土和箍筋的受剪承载力设计值 V_{cs}：

$$V_{cs} = 0.7f_t bh_0 + f_{yv}\frac{A_{sv}}{s}h_0 = 0.7 \times 1.27 \times 250 \times 557 + 270 \times \frac{2 \times 50.3}{250} \times 557$$
$$= 184310N = 184.3kN$$

由 $V \leqslant V_{cs} + 0.8f_{yv}A_{sb}\sin\alpha_s$ 求 A_{sb}：

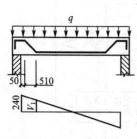

$$A_{sb} \geqslant \frac{V - V_{cs}}{0.8f_{yv}\sin\alpha_s} = \frac{(240-184.3) \times 10^3}{0.8 \times 360 \times \sin45°} = 273.5mm^2$$

故弯起 $1\phi 20$，$A_{sb} = 314.2mm^2 \geqslant 273.5mm^2$，满足要求。

验算弯起钢筋弯起点处截面的受剪承载力：弯起钢筋弯起点处截面的剪力设计值由图 5.23 可得

$$V_1 = V - q \times 0.56 = 240 - 120 \times 0.56 = 172.8kN$$

因为 $V_1 < V_{cs} = 184.3kN$，所以不需要弯起第二排钢筋。

② 先选好弯起钢筋再计算箍筋。

图 5.23　弯起钢筋弯起点处截面的剪力设计值

按图 5.23 所示先弯起 $1\phi 20$，弯起角为 $45°$，则

$$V_{sb} = 0.8f_{yv}A_{sb}\sin\alpha_s = 0.8 \times 360 \times 314.2 \times \sin45° = 63986N = 64.0kN$$
$$V_{cs} = V - V_{sb} = 240 - 64.0 = 176.0kN$$

由 $V_{cs} = 0.7f_t bh_0 + f_{yv}\dfrac{A_{sv}}{s}h_0$ 得

$$\frac{A_{sv}}{s} = \frac{V_{cs} - 0.7f_t bh_0}{f_{yv}h_0} = \frac{176.0 \times 10^3 - 0.7 \times 1.27 \times 250 \times 557}{270 \times 557} = 0.347mm^2/mm$$

验算箍筋的最小配筋率：

$$\rho_{sv} = \frac{A_{sv}}{bs} = \frac{0.347}{250} = 0.139\% > \rho_{sv,min} = 0.113\%，所以满足最小配箍率要求。$$

选双肢箍，则 $\phi 8$ 箍筋间距 s 为

$$s \leqslant \frac{A_{sv}}{0.347} = \frac{nA_{sv1}}{0.347} = \frac{2 \times 50.3}{0.347} = 289.9mm$$

因此，箍筋选配 $\phi 8@250$ 的双肢箍，且所选箍筋的间距和直径满足表 5-3 的要求。

验算弯起钢筋弯起点处截面的受剪承载力：弯起钢筋弯起点处截面的剪力设计值由图 5.23 可得

$$V_1 = V - q \times 0.56 = 240 - 120 \times 0.56 = 172.8 \text{kN}$$

而仅配 $\phi 8@250$ 双肢箍时，截面的受剪承载力 $V_{cs} = 184.3 \text{kN}$，因为 $V_1 < V_{cs} = 184.3 \text{kN}$，所以不需要弯起第二排钢筋。

【例 5.2】 某钢筋混凝土矩形截面简支梁，跨度 $l = 6000 \text{mm}$，截面尺寸 250mm × 700mm，承受均布荷载设计值 $q = 10 \text{kN/m}$（包括梁自重），3 个集中荷载设计值 $F_1 = 150 \text{kN}$、$F_2 = 100 \text{kN}$、$F_3 = 50 \text{kN}$，如图 5.24(a) 所示。环境类别为二 a，安全等级二级，混凝土强度等级 C30，箍筋为直径 6mm 的 HPB300 钢筋，梁下部已配有 4Φ25 的纵向钢筋（HRB400 级）。试配抗剪箍筋。

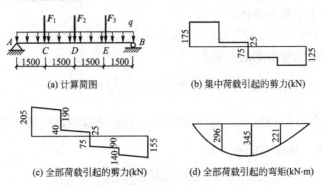

图 5.24　例 5.2 图

【解】　(1) 确定基本参数。

查附表 1-2、附表 1-10，C30 混凝土，$f_t = 1.43 \text{N/mm}^2$，$f_c = 14.3 \text{N/mm}^2$，$\beta_c = 1.0$；查附表 1-5，HPB300 钢筋，$f_y = 270 \text{N/mm}^2$；HRB400 钢筋，$f_y = 360 \text{N/mm}^2$；查附表 1-13，二 a 类环境，$c = 25 \text{mm}$，$a_s = c + d_v + d/2 = 25 + 6 + 25/2 = 43.5 \text{mm}$，$h_0 = h - a_s = 700 - 43.5 = 656.5 \text{mm}$。

(2) 求剪力设计值。

求得荷载作用下的剪力、弯矩设计值如图 5.24(b)、(c)、(d) 所示。

(3) 验算截面限制条件。

$$h_w = h_0 = 656.5 \text{mm}$$
$$h_w/b = 656.5/250 = 2.63 < 4$$

$$0.25\beta_c f_c b h_0 = 0.25 \times 1.0 \times 14.3 \times 250 \times 656.5 = 586747 \text{N} = 586.7 \text{kN} > V_{max} = 205 \text{kN}$$

所以截面满足条件。

(4) 选择计算公式。

A 支座：$V_{集}/V_{总} = 175/205 = 85.4\%$。

B 支座：$V_{集}/V_{总} = 125/155 = 80.6\%$。

可见，集中荷载在支座产生的剪力占支座总剪力的比例均在 75% 以上，故应选集中荷载作用下独立梁的受剪承载力计算公式计算箍筋。

(5) 计算箍筋数量。

根据剪力的变化情况，可将梁分成 AC、CD、DE、EB 四个区段进行计算。

① 计算 AC 区段的箍筋数量。

$$\lambda = \frac{a}{h_0} = \frac{1500}{656.5} = 2.28$$

验算计算配置箍筋条件：

$$\frac{1.75}{\lambda+1} f_t b h_0 = \frac{1.75}{2.28+1} \times 1.43 \times 250 \times 656.5 = 125220 \text{N} = 125.2 \text{kN} < 205 \text{kN}$$

所以应按计算配置箍筋。

由 $V \leq \frac{1.75}{\lambda+1} f_t b h_0 + f_{yv} \frac{A_{sv}}{s} h_0$ 得

$$\frac{A_{sv}}{s} \geq \frac{V - \frac{1.75}{\lambda+1} f_t b h_0}{f_{yv} h_0} = \frac{205 \times 10^3 - 125220}{270 \times 656.5} = 0.450 \text{mm}^2/\text{mm}$$

验算箍筋的最小配筋率条件：

$$0.7 f_t b h_0 = 0.7 \times 1.43 \times 250 \times 656.5 = 164289 \text{N} = 164.3 \text{kN} < V = 205 \text{kN}$$

所以应验算箍筋的最小配筋率要求。

$$\rho_{sv,min} = 0.24 \frac{f_t}{f_{yv}} = 0.24 \times \frac{1.43}{270} = 0.127\%$$

$\rho_{sv} = \frac{A_{sv}}{bs} = \frac{0.450}{250} = 0.18\% > \rho_{sv,min} = 0.127\%$，所以满足箍筋的最小配筋率要求。

选 $\phi 6$ 的双肢箍，则箍筋间距 s 为

$$s \leq \frac{A_{sv}}{0.450} = \frac{n A_{sv1}}{0.450} = \frac{2 \times 28.3}{0.450} = 125.8 \text{mm}$$

因此，箍筋选配 $\phi 6@120$ 的双肢箍，且所选箍筋的间距和直径满足表 5-3 的要求。

② 计算 CD 区段的箍筋数量。

注：对于承受多个集中荷载的简支梁，中间区段宜采用广义剪跨比计算受剪承载力。

$$\lambda = \frac{M}{V h_0} = \frac{345 \times 10^6}{25 \times 10^3 \times 656.5} = 21.0 > 3$$

故取 $\lambda = 3$。

验算计算配置箍筋条件：

$\frac{1.75}{\lambda+1} f_t b h_0 = \frac{1.75}{3+1} \times 1.43 \times 250 \times 656.5 = 102681 \text{N} = 102.7 \text{kN} > 40 \text{kN}$，所以不需计算配置箍筋。

验算箍筋的最小配筋率条件：

$$0.7 f_t b h_0 = 0.7 \times 1.43 \times 250 \times 656.5 = 164289 \text{N} = 164.3 \text{kN} > V = 40 \text{kN}$$

因此，仅需按表 5-3 的构造要求选配箍筋。

③ 计算 DE 区段的箍筋数量。

$$\lambda = \frac{M}{V h_0} = \frac{345 \times 10^6}{75 \times 10^3 \times 656.5} = 7.01 > 3$$

故取 $\lambda = 3$。

验算计算配置箍筋条件：

$\frac{1.75}{\lambda+1} f_t b h_0 = \frac{1.75}{3+1} \times 1.43 \times 250 \times 656.5 = 102681 \text{N} = 102.7 \text{kN} > 90 \text{kN}$，所以不需计算

配置箍筋。

验算箍筋的最小配筋率条件：

$$0.7f_tbh_0=0.7\times1.43\times250\times656.5=164289.1\text{N}=164.3\text{kN}>V=90\text{kN}$$

因此，仅需按表 5-3 的构造要求选配箍筋。

④ 计算 EB 区段的箍筋数量。

$$\lambda=\frac{a}{h_0}=\frac{1500}{656.5}=2.28$$

验算计算配置箍筋条件：

$$\frac{1.75}{\lambda+1}f_tbh_0=\frac{1.75}{2.28+1}\times1.43\times250\times656.5=125220\text{N}=125.2\text{kN}<155\text{kN}$$

所以应按计算配置箍筋。

由 $V\leqslant\dfrac{1.75}{\lambda+1}f_tbh_0+f_{yv}\dfrac{A_{sv}}{s}h_0$ 得

$$\frac{A_{sv}}{s}\geqslant\frac{V-\dfrac{1.75}{\lambda+1}f_tbh_0}{f_{yv}h_0}=\frac{155\times10^3-125220}{270\times656.5}=0.168\text{mm}^2/\text{mm}$$

验算箍筋的最小配筋率条件：

$$0.7f_tbh_0=0.7\times1.43\times250\times656.5=164289.1\text{N}=164.3\text{kN}>V=155\text{kN}$$

所以可不验算箍筋的最小配筋率。

选 $\phi6$ 的双肢箍，则箍筋间距 s 为

$$s\leqslant\frac{A_{sv}}{0.168}=\frac{nA_{sv1}}{0.168}=\frac{2\times28.3}{0.168}\text{mm}=337\text{mm}$$

因此，箍筋选配 $\phi6@330$ 的双肢箍，且所选箍筋的间距和直径满足表 5-3 的要求。

箍筋的配置结果：AC 段为 $\phi6@120$；为方便施工，CD 段、DE 段和 EB 段均为 $\phi6@330$。

【例 5.3】　某钢筋混凝土 T 形截面简支梁，净跨 $l_n=4000\text{mm}$，承受均布荷载设计值 $q=30\text{kN/m}$（包括梁自重），集中荷载设计值 $P=400\text{kN}$，截面尺寸如图 5.25（a）所示。环境类别为二 a，安全等级二级，混凝土强度等级 C30，箍筋为直径 8mm 的 HPB300 钢筋，纵筋采用 HRB400 钢筋，梁下部已配有 $5\phi25$ 的纵向钢筋。试配抗剪腹筋（要求：AC 段利用已有的纵向钢筋，既配箍筋又配弯起钢筋；CB 段仅配箍筋）。

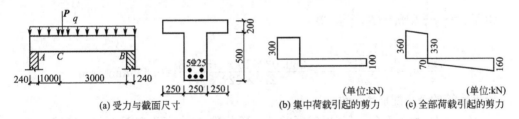

(a) 受力与截面尺寸　　(b) 集中荷载引起的剪力　　(c) 全部荷载引起的剪力

图 5.25　例 5.3 图

【解】　(1) 确定基本参数。

查附表 1-2、附表 1-10，C30 混凝土，$f_t=1.43\text{N/mm}^2$，$f_c=14.3\text{N/mm}^2$，$\beta_c=1.0$；查附表 1-5，HPB300 钢筋，$f_y=270\text{N/mm}^2$；HRB400 钢筋，$f_y=360\text{N/mm}^2$；查附表 1-13，二 a 类环境，$c=25\text{mm}$。

则

$$a_s = c + d_v + d + e/2 = 25 + 8 + 25 + 25/2 = 70.5\text{mm}, \quad h_0 = h - a_s = 700 - 70.5 = 629.5\text{mm}。$$

（2）求剪力设计值。

求得集中荷载和全部荷载作用下的剪力设计值如图 5.25(b)、(c)所示。

（3）验算截面限制条件。

$$h_w = h_0 - h_f' = 629.5 - 200 = 429.5\text{mm}$$

$$h_w/b = 429.5/250 = 1.718 < 4$$

$0.25\beta_c f_c b h_0 = 0.25 \times 1.0 \times 14.3 \times 250 \times 629.5 = 562616\text{N} = 562.6\text{kN} > V_{max} = 360\text{kN}$

所以截面满足条件。

（4）选择计算公式。

A 支座：$V_集/V_总 = 300/360 = 83.3\%$

B 支座：$V_集/V_总 = 100/160 = 62.5\%$

可见，A 支座超过 75%，故 AC 段应选集中荷载作用下独立梁的受剪承载力计算公式；而 B 支座不到 75%，故 CB 段应选一般受弯构件的受剪承载力计算公式。

（5）计算腹筋数量。

根据剪力的变化情况，可将梁分成 AC、CB 两个区段进行计算。

① 计算 AC 区段的腹筋数量。

AC 段按集中荷载作用下独立梁的受剪承载力计算公式计算。

$$\lambda = \frac{a}{h_0} = \frac{1000}{629.5} = 1.59$$

验算计算配置箍筋条件：

$$\frac{1.75}{\lambda+1} f_t b h_0 = \frac{1.75}{1.59+1} \times 1.43 \times 250 \times 629.5 = 152058\text{N} = 152.1\text{kN} < 360\text{kN}$$

所以应按计算配置腹筋，根据题意弯起 1Φ25，弯起角为 45°，则弯起钢筋承担的剪力 V_{sb} 为

$$V_{sb} = 0.8 f_{yv} A_{sb} \sin 45° = 0.8 \times 360 \times 490.9 \times \sin 45° = 99970\text{N} = 99.97\text{kN}$$

则由混凝土和箍筋承担的剪力 V_{cs} 为

$$V_{cs} = V - V_{sb} = 360 - 99.97 = 260.03\text{kN}$$

由 $V_{cs} = \frac{1.75}{\lambda+1} f_t b h_0 + f_{yv} \frac{A_{sv}}{s} h_0$ 得

$$\frac{A_{sv}}{s} = \frac{V_{cs} - \frac{1.75}{\lambda+1} f_t b h_0}{f_{yv} h_0} = \frac{260.03 \times 10^3 - 152058}{270 \times 629.5} = 0.635\text{mm}^2/\text{mm}$$

验算箍筋的最小配筋率条件：

$$0.7 f_t b h_0 = 0.7 \times 1.43 \times 250 \times 629.5 = 157532.4\text{N} = 157.5\text{kN} < V = 360\text{kN}$$

所以应满足箍筋的最小配筋率。

$$\rho_{sv,min} = 0.24 \frac{f_t}{f_{yv}} = 0.24 \times \frac{1.43}{270} = 0.127\%$$

$\rho_{sv} = \frac{A_{sv}}{bs} = \frac{0.635}{250} = 0.254\% > \rho_{sv,min} = 0.127\%$，所以满足箍筋的最小配筋率要求。

选 $\phi 8$ 的双肢箍，则箍筋间距 s 为

$$s \leqslant \frac{A_{sv}}{0.635} = \frac{nA_{sv1}}{0.635} = \frac{2 \times 50.3}{0.635} = 158\text{mm}$$

因此，箍筋选配 $\phi 8@150$ 的双肢箍，且所选箍筋的间距和直径满足表 5-3 的要求。

由于 C 截面左侧的剪力设计值为 330kN，大于 $V_{cs} =$ 260.03kN，所以 AC 区段应均匀布置弯起钢筋。为此，AC 区段布置两排弯起钢筋，每排 $1\phi 25$，如图 5.26 所示。

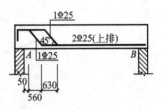

图 5.26 弯起钢筋的布置

② 计算 CB 区段的箍筋数量。

CB 段按一般受弯构件的受剪承载力计算公式计算。

验算计算配筋条件：

$$0.7f_t bh_0 = 0.7 \times 1.43 \times 250 \times 629.5 = 157532.4\text{N} = 157.5\text{kN} < V = 160\text{kN}$$

所以应按计算配置箍筋，且应满足箍筋的最小配筋率。但由于 157.5kN 接近 160kN，且在箍筋的规格、级别已定的前提下，直接由箍筋的最小配筋率来确定箍筋间距。

箍筋的最小配筋率：

$$\rho_{sv,min} = 0.24 \frac{f_t}{f_{yv}} = 0.24 \times \frac{1.43}{270} = 0.127\%$$

令 $\rho_{sv} = \frac{nA_{sv1}}{bs} = \frac{2 \times 50.3}{250 \times s} \geqslant \rho_{sv,min} = 0.127\%$，推得：$s \leqslant 317\text{mm}$。

综合表 5-3 可知，在 $V > 0.7f_t bh_0$ 时，该梁箍筋的最大间距为 250mm。

因此，CB 区段选配 $\phi 8@250$ 的双肢箍。

5.5.3 截面复核

截面复核通常是指已知腹筋、截面尺寸、材料强度，求受剪承载力 V_u；也有需进一步判别构件的安全性，即判别 V 是否小于等于 V_u。可按如图 5.27 所示流程图进行。

【例 5.4】 某钢筋混凝土 T 形截面简支梁，净跨 $l_n = 5500\text{mm}$，梁截面尺寸 $b \times h = 250\text{mm} \times 600\text{mm}$，$b_f' = 750\text{mm}$，$h_f' = 150\text{mm}$。环境类别一类，安全等级二级，混凝土强度等级 C25，箍筋为 HPB300 钢筋，沿梁全长配置 $\phi 8@200$ 的双肢箍筋，求梁的斜截面受剪承载力 V_u，并求梁能承担的均布荷载设计值 q（包括梁自重）。

【解】 (1) 确定基本参数。

查附表 1-2 和附表 1-10，C25 混凝土，$f_t = 1.27\text{N/mm}^2$，$f_c = 11.9\text{N/mm}^2$，$\beta_c = 1.0$；查附表 1-5，HPB300 钢筋，$f_y = 270\text{N/mm}^2$；查附表 1-13 和附表 1-14，一类环境，$c = 25\text{mm}$，则取 $a_s = 45\text{mm}$，$h_0 = h - 45 = 555\text{mm}$。

(2) 复核箍筋的直径、间距及配筋率是否满足要求。

箍筋直径为 8mm，大于 6mm；间距为 200mm，小于 250mm；均符合表 5-3 的要求。

$$\rho_{sv,min} = 0.24 \frac{f_t}{f_{yv}} = 0.24 \times \frac{1.27}{270} = 0.113\%$$

$$\rho_{sv} = \frac{nA_{sv1}}{bs} = \frac{2 \times 50.3}{250 \times 200} = 0.201\% > \rho_{sv,min} = 0.113\%，满足要求。$$

(3) 求 V_u。

承担均布荷载，所以选用一般受弯构件的计算公式。

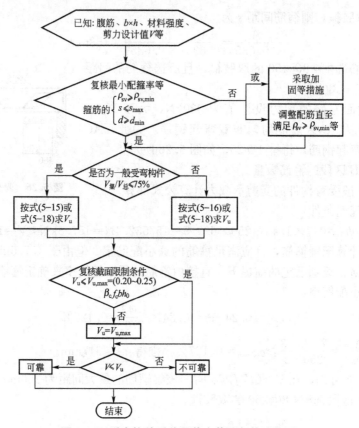

图 5. 27 受弯构件受剪承载力截面复核流程图

$$V_u = 0.7f_t b h_0 + f_{yv}\frac{A_{sv}}{s}h_0 = 0.7 \times 1.27 \times 250 \times 555 + 270 \times \frac{100.6}{200} \times 555$$

$$= 198723.3\text{N} = 198.7\text{kN}$$

验算截面限制条件：

$$h_w = h_0 - h_f' = 555 - 150 = 405\text{mm}$$

$$\frac{h_w}{b} = \frac{405}{250} = 1.62 < 4$$

$0.25\beta_c f_c b h_0 = 0.25 \times 1.0 \times 11.9 \times 250 \times 555 = 412781.3\text{N} = 412.8\text{kN} > V_u = 198.7\text{kN}$，满足要求，所以取 $V_u = 198.7\text{kN}$。

（4）求 q_u。

由 $V_u = \frac{1}{2}q_u l_n$ 得到：

$$q_u = \frac{2V_u}{l_n} = \frac{2 \times 198.7}{5.5} = 72.3\text{kN/m}$$

【例 5.5】 某钢筋混凝土矩形截面简支梁，跨度 $l = 5000\text{mm}$，梁截面尺寸 $b \times h = 200\text{mm} \times 600\text{mm}$，梁中作用有集中荷载 F，环境类别为二 a，安全等级为二级，混凝土强度等级为 C30，箍筋为 HPB300 钢筋，沿梁全长配置 $\Phi 8@150$ 的双肢箍筋，梁底配有 3 Φ 25 HRB400 级纵向钢筋，如图 5.28(a)所示。不计梁的自重及架立钢筋的作用，求梁所能承担的集中荷载设计值 F。

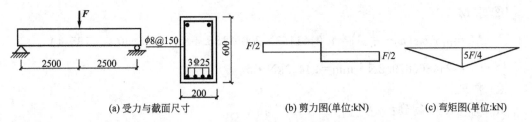

(a) 受力与截面尺寸　　　　　(b) 剪力图(单位:kN)　　　　(c) 弯矩图(单位:kN)

图 5.28　例 5.5 图

【解】（1）确定基本参数。

查附表 1-2 和附表 1-10，C30 混凝土，$f_t = 1.43 \text{N/mm}^2$，$f_c = 14.3 \text{N/mm}^2$，$\beta_c = 1.0$；查附表 1-5，HPB300 钢筋，$f_y = 270 \text{N/mm}^2$，HRB400 钢筋，$f_y = 360 \text{N/mm}^2$；查附表 1-13，二 a 类环境，$c = 25 \text{mm}$，则 $a_s = c + d_v + d/2 = 25 + 8 + 25/2 = 45.5 \text{mm}$，$h_0 = h - 45.5 = 554.5 \text{mm}$。

（2）求由斜截面受剪承载力控制的 F。

① 复核箍筋的直径、间距及配筋率是否满足要求。

箍筋直径为 8mm，大于 6mm；间距为 150mm，小于 250mm；均符合表 5-3 的要求。

$$\rho_{sv,min} = 0.24 \frac{f_t}{f_{yv}} = 0.24 \times \frac{1.43}{270} = 0.127\%$$

$$\rho_{sv} = \frac{nA_{sv1}}{bs} = \frac{2 \times 50.3}{200 \times 150} = 0.335\% > \rho_{sv,min} = 0.127\%，满足要求。$$

② 求 V_u。

$$\lambda = \frac{a}{h_0} = \frac{2500}{554.5} = 4.51 > 3，则取 \lambda = 3。$$

$$V_u = \frac{1.75}{\lambda+1} f_t b h_0 + f_{yv} \frac{A_{sv}}{s} h_0 = \frac{1.75}{3+1} \times 1.43 \times 200 \times 554.5 + 270 \times \frac{100.6}{150} \times 554.5$$
$$= 169790.6 \text{N} = 169.8 \text{kN}$$

验算截面限制条件：

$$h_w = h_0 = 554.5 \text{mm}$$
$$\frac{h_w}{b} = \frac{554.5}{200} = 2.77 < 4$$

$0.25\beta_c f_c b h_0 = 0.25 \times 1.0 \times 14.3 \times 200 \times 554.5 = 396467.5 \text{N} = 396.5 \text{kN} > V_u = 169.8 \text{kN}$，所以截面尺寸满足要求，故取 $V_u = 169.8 \text{kN}$。

③ 求 F。

由 $V_u = \frac{1}{2} F$ 得到：$F = 2V_u = 339.6 \text{kN}$。

（3）求由正截面受弯承载力控制的 F。

① 复核纵筋的最小配筋率是否满足要求。

$$\rho_{min} = \left\{ 0.002, \ 0.45 \frac{f_t}{f_y} \right\}_{max} = \{0.002, \ 0.00179\}_{max} = 0.002$$

$A_s = 1473 \text{mm}^2 > \rho_{min} bh = 240 \text{mm}^2$，因此满足要求。

② 求 x。

$$x = \frac{f_y A_s}{\alpha_1 f_c b} = \frac{360 \times 1473}{1.0 \times 14.3 \times 200} = 185.4 \text{mm} < \xi_b h_0 = 0.518 \times 554.5 = 287.2 \text{mm}$$

③ 求 M_u。

$$M_u = \alpha_1 f_c bx \left(h_0 - \frac{1}{2}x\right) = 1.0 \times 14.3 \times 200 \times 185.4 \times (554.5 - 0.5 \times 185.4)$$

$$= 244866679.2 \text{N} \cdot \text{mm} = 244.9 \text{kN} \cdot \text{m}$$

④ 求 F。

由 $M_u = 5F/4$ 得到：

$$F = 4M_u/5 = 195.9 \text{kN}$$

由斜截面受剪承载力控制得到的 $F = 339.6 \text{kN}$，由正截面受弯承载力控制得到的 $F = 195.9 \text{kN}$。因此，该梁由正截面受弯承载力控制，所能承担的极限荷载设计值 $F = 195.9 \text{kN}$。

5.6 保证斜截面受弯承载力的构造措施

斜截面承载力包括斜截面受剪承载力和斜截面受弯承载力。本章5.4和5.5节，根据图5.29所示的竖向力平衡得到斜截面受剪承载力的平衡方程，并通过相应的设计计算保证斜截面受剪承载力。现在根据图5.29所示受压区合力点的力矩平衡条件，得到斜截面受弯承载力的平衡方程，见式(5-23)。

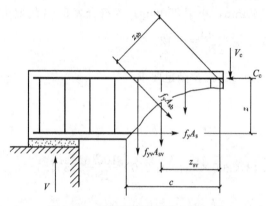

图 5.29 斜截面受弯承载力的组成

$$M \leqslant f_y A_s z + \sum f_y A_{sb} z_{sb} + \sum f_{yv} A_{sv} z_{sv} \tag{5-23}$$

式中：M——构件斜截面受压区末端的弯矩设计值；其余符号含义如图5.29所示。

实际工程中，纵向钢筋有时需要弯起，有时需要截断。在这些纵向钢筋弯起或截断的梁中，由于斜裂缝的出现，梁的斜截面受弯承载力有可能得不到保证，因此涉及如何保证斜截面受弯承载力的问题。

5.6.1 抵抗弯矩图

抵抗弯矩图又称材料图，是根据实际配置的纵向受力钢筋所确定的梁各正截面所能抵抗的弯矩而绘制的图形。可见，抵抗弯矩图是抗力图。

1. 纵向钢筋沿梁长不变时的抵抗弯矩图

图5.30(a)是一矩形截面简支梁，梁下部配有 $2\Phi 25 + 2\Phi 20$ 的通长纵向钢筋，纵筋在支座内锚固可靠，利用第4章的知识可求得梁各正截面所能抵抗的极限弯矩 M_u 相等，所以该梁的抵抗弯矩图为一矩形 $abdc$，如图5.30(b)所示。

每根钢筋所能抵抗的弯矩 M_u 可近似地按该根钢筋的截面面积 A_{si} 与钢筋总面积 A_s 的比值进行分配，如式(5-24)和图5.30(b)所示。图5.30(b)所示 m 点截面处①②③④号钢

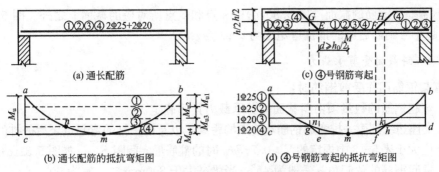

(a) 通长配筋

(c) ④号钢筋弯起

(b) 通长配筋的抵抗弯矩图

(d) ④号钢筋弯起的抵抗弯矩图

图5.30 纵筋通长及弯起时的抵抗弯矩图

筋的强度都被充分利用，n 点和 k 点截面处可不需要④号钢筋，仅需①②③号钢筋的强度被充分利用即可。因此，m 点称为④号钢筋的"强度充分利用点"，n 点和 k 点称为④号钢筋的"理论截断点"或"强度不需要点"。

$$M_{ui}=\frac{A_{si}}{A_s}M_u \tag{5-24}$$

2. 纵向钢筋弯起时的抵抗弯矩图

图5.30(c)所示是图5.30(a)所示梁的④号钢筋在 E、F 截面被弯起的情况，其抵抗弯矩图如图5.30(d)所示。弯起钢筋所能抵抗的弯矩为：在弯起钢筋弯起点处截面[图5.30 (c)中的 E、F 点处截面]，其抵抗弯矩取值与该钢筋的强度充分利用截面相同，在弯起钢筋与梁中心线交点处截面 [图5.30(c)中的 G、H 点处截面]，其抵抗弯矩为零，其间的抵抗弯矩图以斜直线相连 [图5.30(d)中的斜直线 eg、fh]。

3. 纵向钢筋截断时的抵抗弯矩图

图5.31为一连续梁中间支座的设计弯矩图、配筋及其抵抗弯矩图。I、J 点是③号钢筋的理论截断点，M、N 点是②号钢筋的理论截断点。实际上钢筋应从理论截断点向外延伸一段距离 l_d 后再截断，该点称为"实际截断点"。延伸长度应符合《规范》(GB 50010)第9.2.3条的规定，具体可见本章5.6.3节。

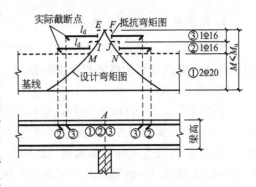

图5.31 纵筋截断时的抵抗弯矩图
注：- - -表示抵抗弯矩图的轮廓线。

5.6.2 纵筋的弯起

如前所述，纵筋的弯起通常位于弯剪段，该区段涉及正截面受弯、斜截面受剪和斜截面受弯3个方面。因此，纵筋的弯起须满足这3方面的要求。

1. 保证正截面受弯承载力

为保证正截面受弯承载力，必须使纵筋弯起后的抵抗弯矩图包住设计弯矩图。为此，纵筋的弯起点[图5.30(c)中的 E、F 点]须位于纵筋强度的充分利用截面[图5.30(d)中 m 点所对应的截面]以外，同时弯起钢筋与梁中心线的交点[图5.30(c)中的 G、H 点]

应位于不需要该钢筋的截面［图 5.30(d) 中 n 点和 k 点所对应的截面］之外。图 5.30(c)、(d) 中弯起④号钢筋后梁的抵抗弯矩图为 $abdhfegca$。

2. 保证斜截面受剪承载力

当弯起钢筋用作受剪钢筋时：

(1) 弯起钢筋的数量须由斜截面受剪承载力计算确定。

(2) 支座边缘到第一排弯起钢筋弯终点的距离，以及前一排的弯起点至后一排的弯终点的距离不应大于表 5-3 中规定的 $V > 0.7f_t bh_0$ 时的箍筋最大间距 S_{max}，如图 5.32(a) 所示。

(3) 弯起钢筋的弯起角 α 一般为 45°，当梁高大于 800mm 时，宜为 60°。

(4) 弯起钢筋的弯终点外应留有平行于梁轴线方向的锚固长度，在受拉区不应小于 $20d$，在受压区不应小于 $10d$，如图 5.32(b) 所示，d 为弯起钢筋的直径。

(5) 当不能利用纵向钢筋弯起抗剪时，可单独设置抗剪的弯筋，且该弯筋应布置成"鸭筋"形式［图 5.33(a)］，不能采用"浮筋"［图 5.33(b)］。这是因为浮筋一端锚固在受拉区，且锚固长度有限，其锚固不可靠。

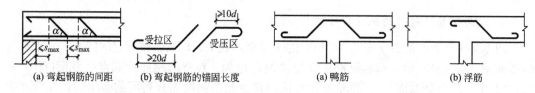

图 5.32　弯起钢筋的构造要求　　　　　图 5.33　鸭筋和浮筋

3. 保证斜截面受弯承载力

为保证斜截面受弯承载力，GB 50010 规定，弯起钢筋弯起点［图 5.30(c) 中的 E、F 点］与按计算充分利用该钢筋强度的截面［图 5.30(d) 中 m 点所对应的截面］之间的距离 d 不应小于 $h_0/2$。

下面以图 5.34(a) 所示为例，说明 $d \geqslant h_0/2$ 时就能保证斜截面受弯承载力的理由。图 5.34(a) 所示梁按 AB 截面承受的弯矩($M=Va$) 所配置纵向钢筋的截面面积为 A_s，在与纵向钢筋 A_s 的强度充分利用截面 AB 相距 d 处，将截面面积为 A_{sb} 的部分纵向钢筋弯起。则该梁沿正截面 AB 破坏时的计算简图如图 5.34(b) 所示，对该图受压区合力点 O 建立的力矩平衡方程见式(5-25a)。该梁沿斜截面 ACD 破坏时的计算简图如图 5.34(c) 所示，对该图受压区合力点 O 建立的力矩平衡方程见式(5-25b)。可见式(5-25b) 中忽略了箍筋对斜截面受弯的有利作用，这样处理是为了便于以下分析。

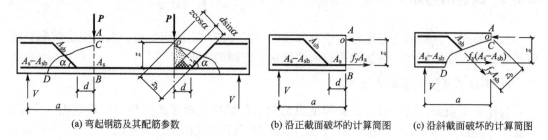

(a) 弯起钢筋及其配筋参数　　　(b) 沿正截面破坏的计算简图　　　(c) 沿斜截面破坏的计算简图

图 5.34　$d \geqslant h_0/2$ 的理由

$$Va = f_y A_s z \tag{5-25a}$$

$$Va = f_y(A_s - A_{sb})z + f_y A_{sb} z_b \tag{5-25b}$$

由式(5-25a)、式(5-25b)及图5.34可见，沿正截面 AB 与沿斜截面 ACD 承受的外弯矩相同，均为 $M = Va$。因此，只要使式(5-25b)的右侧大于等于式(5-25a)的右侧就能保证斜截面受弯承载力，即

$$f_y(A_s - A_{sb})z + f_y A_{sb} z_b \geqslant f_y A_s z \tag{5-25c}$$

由式(5-25c)可得

$$z_b \geqslant z \tag{5-25d}$$

由图5.34(a)的几何关系可得

$$z_b = d\sin\alpha + z\cos\alpha \tag{5-25e}$$

由式(5-25d)和式(5-25e)可得

$$d\sin\alpha + z\cos\alpha \geqslant z \tag{5-25f}$$

近似取 $z = 0.9h_0$，则当 $\alpha = 45°$ 时，由式(5-25f)可得 $d \geqslant 0.37h_0$；当 $\alpha = 60°$ 时，由式(5-25f)可得 $d \geqslant 0.52h_0$。因此，再考虑到箍筋对斜截面受弯的有利作用，只要 $d \geqslant h_0/2$，斜截面受弯承载力就能得到保证。

5.6.3 纵筋的截断

一般来说，弯矩沿梁长是变化的，纵筋先由最大弯矩截面计算得到。因此，在弯矩较小的区段可将一部分纵向钢筋弯起或截断。在正弯矩区段，由于弯矩图变化平缓，所以根据跨中最大正弯矩配置的纵向钢筋一般只弯起不截断，通常直接伸入支座内锚固。而在负弯矩区段，由于弯矩图的变化梯度大，因此可根据弯矩图的变化将按支座最大负弯矩配置的纵向钢筋分批截断，且实际截断点与该钢筋强度充分利用截面的距离 l_{d1} 和与不需要该钢筋截面的距离 l_{d2}（图5.35），应满足表5-4所列的要求。

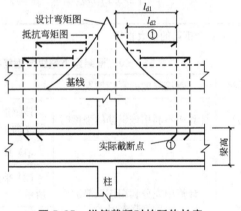

图5.35 纵筋截断时的延伸长度

表5-4 纵筋截断时的延伸长度取值

剪力条件	从强度充分利用截面的延伸长度 l_{d1}	从不需要钢筋截面的延伸长度 l_{d2}
$V \leqslant 0.7 f_t b h_0$	$\geqslant 1.2 l_a$	$\geqslant 20d$
$V > 0.7 f_t b h_0$	$\geqslant 1.2 l_a + h_0$	$\geqslant 20d$ 和 h_0 的较大者
若按上述两条确定的截断点仍位于负弯矩受拉区内	$\geqslant 1.2 l_a + 1.7 h_0$	$\geqslant 20d$ 和 $1.3 h_0$ 的较大者

5.6.4　纵筋的锚固

纵筋的锚固有梁下部纵向钢筋的锚固和梁上部纵向钢筋的锚固两个方面。

1. 梁下部纵向钢筋的锚固

1) 简支梁和连续梁简支端下部纵向钢筋的锚固

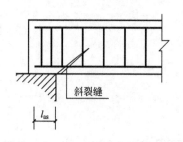

图 5.36　纵筋在梁简支支座内的锚固

梁简支端的弯矩虽然为零，但当支座边缘截面出现斜裂缝时(图 5.36)，该处纵筋的拉应力会突然增加。因此，为防止斜裂缝形成后纵向钢筋被拔出而破坏，梁简支端下部纵向钢筋从支座边缘算起伸入支座的锚固长度 l_{as}(图 5.36)应满足表 5-5 所列的要求。

2) 框架梁下部纵向钢筋在节点内的锚固

框架梁下部纵向钢筋在"中间层中间节点"内的锚固应符合表 5-6 的要求。

表 5-5　简支端下部纵向钢筋在支座内的锚固长度 l_{as}

剪力条件	l_{as}
$V \leqslant 0.7 f_t b h_0$	$\geqslant 5d$
$V > 0.7 f_t b h_0$	$\geqslant 12d$(带肋钢筋)
	$\geqslant 15d$(光圆钢筋)

注：d 为钢筋的最大直径。

表 5-6　框架梁下部纵向钢筋在"中间层中间节点"内的锚固

项次	钢筋强度的利用情况	锚固要求
①	计算中不利用该钢筋的强度时	该钢筋伸入节点或支座的锚固长度对带肋钢筋应$\geqslant 12d$，对光面钢筋应$\geqslant 15d$
②	计算中充分利用该钢筋的抗拉强度时（有 4 种锚固形式）	(1) 采用直线方式锚固在节点或支座内，如图 5.37(a)所示
		(2) 采用钢筋端部加锚头的机械锚固形式，如图 5.37(b)所示
		(3) 采用带 90°弯折的锚固形式，如图 5.37(c)所示
		(4) 采用在节点或支座外梁中弯矩较小处设置搭接接头的形式，如图 5.37(d)所示
③	计算中充分利用该钢筋的抗压强度时（有两种锚固形式）	(1) 采用直线方式锚固在节点或支座内，且直线锚固长度$\geqslant 0.7 l_a$
		(2) 采用在节点或支座外梁中弯矩较小处设置搭接接头的形式，如图 5.37(d)所示

连续梁下部纵向钢筋在中间支座处的锚固同样应满足表 5-6 和图 5.37 所示的要求。

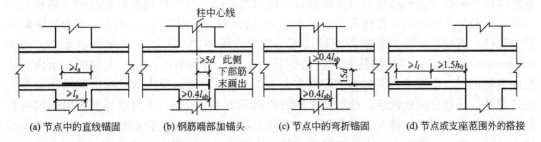

图 5.37 梁下部纵向钢筋在中间节点或中间支座范围的锚固与搭接

对于框架梁的"中间层端节点和顶层端节点"的下部纵向钢筋,当计算中充分利用该钢筋的抗拉强度时,钢筋的锚固方式及长度应与上部钢筋的规定相同,如图 5.38 所示;当计算中不利用该钢筋的强度或仅利用该钢筋的抗压强度时,伸入节点的锚固长度应分别符合表 5-6 第①和第③项次的规定。

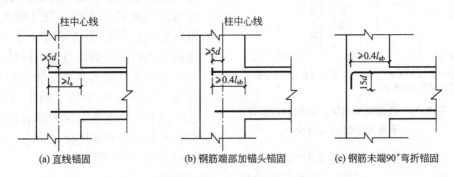

图 5.38 框架梁上部纵向钢筋在中间层端节点内的锚固

2. 梁上部纵向钢筋的锚固

1) 框架梁上部纵向钢筋在"中间层端节点"内的锚固

框架梁上部纵向钢筋在"中间层端节点"内的锚固形式有以下 3 种。

(1) 当柱截面尺寸足够时,应采用直线锚固形式,锚固长度不应小于 l_a,且应伸过柱中心线的长度不宜小于 $5d$,d 为梁上部纵向钢筋的直径,如图 5.38(a)所示。

(2) 当柱截面尺寸不足时,梁上部纵向钢筋可采用钢筋端部加机械锚头的锚固方式。梁上部纵向钢筋宜伸至柱外侧纵筋内边,包括机械锚头在内的水平投影锚固长度不应小于 $0.4l_{ab}$,如图 5.38(b)所示。

(3) 梁上部纵向钢筋也可采用 90°弯折锚固的方式,此时梁上部纵向钢筋应伸至柱外侧纵向钢筋内边并向节点内弯折,其包含弯弧在内的水平投影长度不应小于 $0.4l_{ab}$,弯折钢筋在弯折平面内包含弯弧段的投影长度不应小于 $15d$,如图 5.38(c)所示。

2) 框架梁上部纵向钢筋在"顶层端节点"内的锚固

顶层端节点处的梁端与柱端主要承受负弯矩作用,相当于一段 90°的折梁。因此,顶层端节点处的梁上部纵向钢筋和柱外侧纵向钢筋的实质是搭接。搭接形式有以下两种。

(1) 搭接接头可沿顶层端节点外侧及梁端顶部布置,搭接长度不应小于 $1.5l_{ab}$,如

图 5.39(a)所示。其中，伸入梁内的柱外侧钢筋截面面积不宜小于其全部面积的 65%；梁宽范围以外的柱外侧钢筋宜沿节点顶部伸至柱内边锚固。当柱外侧纵向钢筋位于柱顶第一层时，钢筋伸至柱内边后宜向下弯折不小于 $8d$ 后截断，如图 5.39(a)所示，d 为柱纵向钢筋的直径；当柱外侧纵向钢筋位于柱顶第二层时，可不向下弯折。当现浇板厚度不小于 100mm 时，梁宽范围以外的柱外侧纵向钢筋也可伸入现浇板内，其长度与伸入梁内的柱纵向钢筋相同。当柱外侧纵向钢筋配筋率大于 1.2% 时，伸入梁内的柱纵向钢筋除满足上述规定外，且宜分两批截断，截断点之间的距离不宜小于 $20d$，d 为柱外侧纵向钢筋的直径。梁上部纵向钢筋应伸至节点外侧并向下弯至梁下边缘高度位置截断。该种搭接接头的优点是梁上部钢筋不伸入柱内，有利于在梁底标高处设置柱混凝土施工缝，适用于梁上部钢筋和柱外侧钢筋数量不致过多的民用或公共建筑框架。

（2）纵向钢筋搭接接头也可沿节点柱顶外侧直线布置，如图 5.39(b)所示，此时，搭接长度自柱顶算起不应小于 $1.7l_{ab}$。当梁上部纵向钢筋的配筋率大于 1.2% 时，弯入柱外侧的梁上部纵向钢筋除满足上述规定的搭接长度外，宜分两批截断，其截断点之间的距离不宜小于 $20d$，d 为梁上部纵向钢筋的直径。该种搭接接头的优点是可改善节点顶部钢筋的拥挤情况，从而有利于自上而下浇筑混凝土，适合于梁上部纵向钢筋和柱外侧纵向钢筋数量较多的场合。

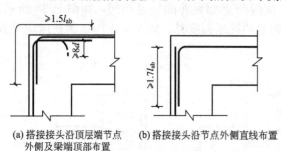

(a) 搭接接头沿顶层端节点外侧及梁端顶部布置　(b) 搭接接头沿节点外侧直线布置

图 5.39　顶层端节点梁、柱纵向钢筋在节点内的锚固与搭接

3）框架梁或连续梁上部纵向钢筋在中间节点或中间支座内的锚固

框架梁或连续梁上部纵向钢筋应贯穿中间节点或中间支座范围，该钢筋自节点或支座边缘向跨中的截断位置应符合表 5-4 的要求。

5.6.5　箍筋的构造规定

1. 箍筋的形式和肢数

箍筋的形式有封闭式和开口式两种，如图 5.40 所示。为方便纵筋的固定，钢筋混凝土梁一般采用封闭式箍筋；对于配有计算需要的纵向受压钢筋的梁及承受扭矩作用的梁，必须采用封闭式箍筋。对于现浇 T 形截面梁，当没有扭矩和动荷载作用时，在正弯矩作用区段可采用开口式箍筋，但箍筋的端部应锚固在受压区内。

箍筋的肢数有单肢、双肢、三肢和四肢等，如图 5.41 所示。当梁宽不大于 400mm 时，一般采用双肢箍筋；当梁宽大于 400mm 且一层内的纵向受压钢筋多于 3 根时，或梁宽不大于 400mm 但一层内的纵向受压钢筋多于 4 根时，应设置复合箍筋。当梁宽小于 100mm 时，可采用单肢箍筋。

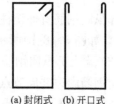

(a) 封闭式　(b) 开口式

图 5.40　箍筋的形式

2. 箍筋的直径和间距

箍筋的直径和间距应满足本章 5.4.4 节的
要求。

3. 箍筋的布置

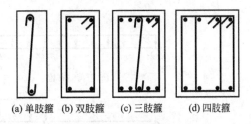

(a) 单肢箍 (b) 双肢箍 (c) 三肢箍 (d) 四肢箍

图 5.41 箍筋的肢数

对于按承载力计算需要箍筋的梁，应按计
算结果和构造要求配置箍筋。

对于按承载力计算不需要箍筋的梁：当截面高度 $h>300\mathrm{mm}$ 时，应沿梁全长设置箍
筋；当截面高度 $h=150\sim300\mathrm{mm}$ 时，可仅在构件端部 1/4 跨度范围内设置箍筋，但当在
构件中部 1/2 跨度范围内有集中荷载作用时，则应沿梁全长设置箍筋；当截面高度 $h<$
150mm 时，可不设箍筋。

5.6.6 钢筋混凝土伸臂梁的设计实例

本例综合运用前述受弯构件承载力的计算和构造知识，对一根简支的钢筋混凝土伸臂
梁进行设计，使初学者对梁的设计过程有较清楚的了解，为梁板结构设计打下基础。

1. 设计条件

某钢筋混凝土伸臂梁支承在 370mm 厚砖墙上，环境类别一类，安全等级二级，跨度
$l_1=7200\mathrm{mm}$，伸臂长度 $l_2=1800\mathrm{mm}$，截面尺寸 $b\times h=250\mathrm{mm}\times700\mathrm{mm}$。承受恒荷载设
计值 $g=35\mathrm{kN/m}$（含梁自重），活荷载设计值 $q_1=30\mathrm{kN/m}$，$q_2=100\mathrm{kN/m}$，如图 5.42 所
示。混凝土强度等级为 C30，纵向受力钢筋为 HRB400，箍筋和构造钢筋为 HPB300。试
设计该梁并绘制配筋详图。

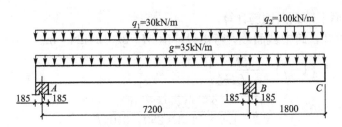

图 5.42 梁的跨度、支承及荷载

2. 计算梁的内力和画内力图

恒荷载是一直存在的不变荷载，作用于梁上的位置是固定的，计算简图如图 5.43(a)
所示，而活荷载则是可变的，它有可能出现，也有可能不出现，所以 q_1、q_2 的作用位置有
3 种可能情况，如图 5.43(b)、(c)、(d)所示。因此作用于梁上的荷载分别有(a)+(b)、
(a)+(c)和(a)+(d)三种情况。在同一坐标系下，分别画出这 3 种情形作用下的剪力图和
弯矩图，如图 5.44 所示。由于活荷载的布置方式不同，梁的内力图有很大的差别。设计
目的就是要保证各种可能荷载作用下梁的可靠性，因而要确定活荷载的最不利布置，并绘
制内力包络图。按内力包络图进行梁的设计可保证构件在各种荷载作用下的安全性。

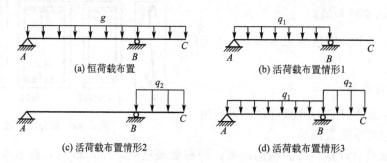

(a) 恒荷载布置 　　　　　　　　　(b) 活荷载布置情形1

(c) 活荷载布置情形2 　　　　　　　(d) 活荷载布置情形3

图 5.43　梁上各种荷载的作用

3. 配筋计算

1) 确定基本参数

查附表 1-2 和附表 1-10，C30 混凝土，$f_c=14.3\text{N/mm}^2$，$f_t=1.43\text{N/mm}^2$，$\alpha_1=1.0$，$\beta_c=1.0$；查附表 1-5 和附表 1-11，HRB400 钢筋，$f_y=360\text{N/mm}^2$，$\xi_b=0.518$；HPB300 箍筋，$f_y=270\text{N/mm}^2$。

假设纵向钢筋按两排布置，箍筋直径为 8mm，取 $a_s=60\text{mm}$，则 $h_0=h-a_s=700-60=640\text{mm}$。

2) 截面尺寸验算

由图 5.44 可知，沿梁全长的剪力设计值的最大值在 B 支座左边缘，$V_{max}=252.38\text{kN}$

$$h_w/b=640/250=2.56<4$$

$$0.25\beta_c f_c bh_0=0.25\times1.0\times14.3\times250\times640=572.0\times10^3\text{N}=572.0\text{kN}>V_{max}=252.38\text{kN}$$

截面尺寸满足要求。

3) 纵筋计算

(1) 跨中截面下部纵向钢筋计算。

由图 5.44 可知，跨中截面最大弯矩设计值 $M=393.24\text{kN·m}$。

$$x=h_0\left(1-\sqrt{1-\frac{2M}{\alpha_1 f_c bh_0^2}}\right)$$

$$=640\times\left(1-\sqrt{1-\frac{2\times393.24\times10^6}{1.0\times14.3\times250\times640^2}}\right)$$

$$=204.6\text{mm}<\xi_b h_0=0.518\times640=331.5\text{mm}$$

$$A_s=\frac{\alpha_1 f_c bx}{f_y}=\frac{1.0\times14.3\times250\times204.6}{360}=2032\text{mm}^2>\rho_{min}bh=0.2\%\times250\times700=350\text{mm}^2$$

选用 $4\,\Phi\,22+2\,\Phi\,18$，$A_s=2029\text{mm}^2$。因为 $\frac{2032-2029}{2032}=0.15\%<5\%$，所以配筋可行。

(2) 支座截面上部纵向钢筋计算。

由图 5.44 可知，支座最大负弯矩设计值 $M=218.70\text{kN·m}$。

本例支座弯矩较小，是跨中弯矩的 56%，可按单排配筋，取 $a_s=40\text{mm}$，则 $h_0=660\text{mm}$，按同样的计算步骤，可得

$$x=h_0\left(1-\sqrt{1-\frac{2M}{\alpha_1 f_c bh_0^2}}\right)$$

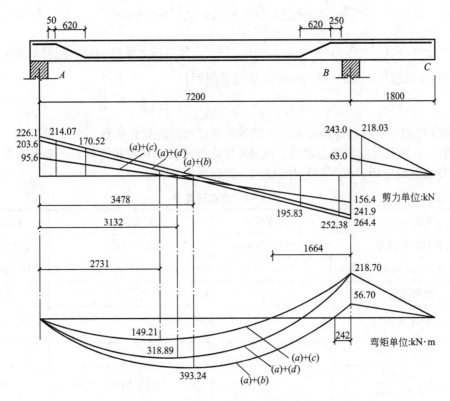

图5.44 梁的内力图及内力包络图

$$=660\times\left(1-\sqrt{1-\frac{2\times218.70\times10^{6}}{1.0\times14.3\times250\times660^{2}}}\right)=100.3\text{mm}<\xi_{b}h_{0}$$

$$=0.518\times660=342\text{mm}$$

$$A_{s}=\frac{\alpha_{1}f_{c}bx}{f_{y}}=\frac{1.0\times14.3\times250\times100.3}{360}=996\text{mm}^{2}>\rho_{\min}bh=0.2\%\times250\times700=350\text{mm}^{2}$$

选用 $4\Phi18$，$A_{s}=1017\text{mm}^{2}$。

选用支座钢筋和跨中钢筋时，可考虑钢筋规格的协调，即跨中纵向钢筋的弯起问题。

4) 腹筋计算

因为受均布荷载作用，所以按一般受弯构件进行设计，各支座边缘的剪力设计值如图 5.44 所示。

(1) 验算是否需要按计算配置腹筋。

$0.7f_{t}bh_{0}=0.7\times1.43\times250\times640=160.16\times10^{3}\text{N}=160.16\text{kN}<V_{\min}=V_{A}=214.07\text{kN}$

所以梁内腹筋需按计算配置。

(2) 腹筋计算。

方案一：仅配箍筋，并假定沿梁全长按同一规格配箍，则由 $V\leqslant0.7f_{t}bh_{0}+f_{yv}\dfrac{A_{sv}}{s}h_{0}$ 可得

$$\frac{A_{sv}}{s}\geqslant\frac{V-0.7f_{t}bh_{0}}{f_{yv}h_{0}}=\frac{252.38\times10^{3}-0.7\times1.43\times250\times640}{270\times640}=0.534\text{mm}^{2}/\text{mm}$$

验算箍筋的最小配筋率：

$$\rho_{sv,min} = 0.24 \frac{f_t}{f_{yv}} = 0.24 \times \frac{1.43}{270} = 0.127\%$$

$\rho_{sv} = \dfrac{A_{sv}}{bs} = \dfrac{0.534}{250} = 0.214\% > \rho_{sv,min} = 0.127\%$，所以满足箍筋的最小配筋率要求。

选用$\phi 8$双肢箍，$A_{sv1} = 50.3 mm^2$，则箍筋间距：

$$s \leqslant \frac{nA_{sv1}}{0.534} = \frac{2 \times 50.3}{0.534} = 188 mm$$

实选$\phi 8@180$，满足计算要求。全梁按此直径和间距配置箍筋。

方案二：配置箍筋和弯起钢筋。在AB段内配置箍筋和弯起钢筋，弯起钢筋参与抗剪并抵抗B支座负弯矩；BC段仍仅配箍筋。计算过程见表$5-7$。

表$5-7$　腹筋计算表

截面位置	A 支座	B 支座左	B 支座右
剪力设计值V	214.07kN	252.38kN	218.03kN
$V_c = 0.7 f_t b h_0$		160.16kN	165.171kN
选用箍筋		$\phi 8@250$	$\phi 8@250$
$V_{cs} = V_c + f_{yv} \dfrac{A_{sv}}{s} h_0$		229.69kN	236.87kN
$V - V_{cs}$	—	22.69kN	—
$A_{sb} = \dfrac{V - V_{cs}}{0.8 f_{yv} \sin\alpha_s}$		111.4mm^2	
弯起钢筋选择		2$\phi 18$，$A_{sb} = 509 mm^2$	
弯起点距支座边缘距离		$250 + 620 = 870 mm$	—
弯起点处的剪力设计值V_2	—	195.83kN	
是否需配第二排弯起钢筋	—	$V_2 < V_{cs}$，不需要再配弯起钢筋	

4. 布置钢筋

下面涉及腹筋，均按方案二采用。

布置纵筋时涉及的纵筋弯起和截断位置须由弯矩包络图和材料图之间的关系确定，故须先在同一图中按比例绘制弯矩包络图和材料图，如图$5.45(a)$所示。

1）按比例绘制弯矩包络图

由图5.44可知，AB跨的正弯矩包络线由$(a)+(b)$确定，即

$$M(x) = \frac{g}{2}\left[\left(1 - \frac{l_2^2}{l_1^2}\right)l_1 x - x^2\right] + \frac{q_1}{2}(l_1 x - x^2)$$

AB跨的负弯矩包络线由$(a)+(c)$确定，即

$$M(x) = \frac{g}{2}\left[\left(1 - \frac{l_2^2}{l_1^2}\right)l_1 x - x^2\right] - \frac{q_2}{2}\frac{l_2^2}{l_1}x$$

以上x均为计算截面到A支座中心处的距离。

由图5.44可知，BC跨的弯矩包络线由$(a)+(d)$确定（以c点为坐标原点），即

$$M(x) = \frac{1}{2}(g + q_2)x^2$$

用上述方程计算并按比例绘制的弯矩包络图如图 5.45(a)所示。

2）确定各纵筋承担的弯矩

AB 跨的跨中下部纵筋 4Φ22＋2Φ18，由受剪承载力计算可知在 B 支座左侧需弯起 2Φ18；在 A 支座按计算可以不配弯起钢筋，但本例中仍在 A 支座处弯起 2Φ18；并记 4Φ22 为①号钢筋，①号钢筋在 AB 跨下部通长配置；记 2Φ18 为②号钢筋，②号钢筋在支座处弯起。按①号钢筋与②号钢筋的面积比例将正弯矩包络图用虚线分为两部分，虚线与弯矩包络图的交点就是②号钢筋的不需要截面，也是①号钢筋强度开始充分利用截面，如图 5.45(a)所示。

支座负弯矩钢筋 4Φ18，其中 2Φ18 利用跨中的弯起钢筋②弯起后来充当，另配 2Φ18 抵抗其余的负弯矩，编号为③，两部分钢筋也按其面积比例将负弯矩包络图用虚线分为两部分。

在划分每部分钢筋的抵抗弯矩时，对正弯矩区，应将伸入支座的正弯矩钢筋的抵抗弯矩紧依相应弯矩包络图的基线排列，然后按离支座距离由近至远依次排列弯起钢筋；对负弯矩区，应将最后截断（或不截断）的负弯矩钢筋的抵抗弯矩紧依相应弯矩包络图的基线排列，然后按截断（或弯起）截面离支座距离由远至近依次排列负弯矩钢筋（或弯起钢筋）。

3）确定弯起钢筋的弯起位置

B 支座左侧的 2Φ18 弯起钢筋，是由斜截面受剪承载力计算得到的，故其弯起点位置的确定应同时满足斜截面受剪承载力、斜截面受弯承载力和正截面受弯承载力的要求。满足斜截面受剪承载力要求，弯起点与支座边缘的距离≤箍筋的最大间距。由图 5.45(a)可知，弯起点与支座边缘的距离为 250mm；由表 5-3 可知，梁高 700mm 时箍筋的最大间距为 250mm，所以该要求恰好满足。满足斜截面受弯承载力要求，弯起点与它的强度充分利用截面的距离 $d \geq h_0/2$，由于 2Φ18 弯起钢筋弯起前用于抵抗正弯矩，弯起后用于抵抗负弯矩，故其上部与下部的弯起点位置均应满足 $d \geq h_0/2$ 的要求。由图 5.45(a)可知，上部弯起点与它的强度充分利用截面的距离 $d＝250＋370/2＝435$mm，而 $h_0/2＝330$mm，所以该要求满足；由图 5.45(a)可知，下部弯起点也肯定满足该要求。满足正截面受弯承载力要求材料图包住弯矩包络图，由图 5.45(a)可知，该要求满足。

A 支座处按受剪计算可以不配弯起钢筋，所以此处弯起钢筋的弯起点位置的确定应满足斜截面受弯承载力和正截面受弯承载力的要求。由图 5.45(a)可知，这两个要求均满足。

4）确定负弯矩区纵筋的截断位置

对②号钢筋而言，$V＞0.7f_tbh_0$，且截断点仍位于负弯矩受拉区内，故其截断位置按正截面受弯承载力计算不需要该钢筋的截面［图 5.45(a)中 D 处］向外的延伸长度应不小于 $20d＝360$mm，且不小于 $1.3h_0＝1.3 \times 660＝858$mm；同时，从该钢筋强度充分利用截面［图 5.45(a)中 C 处］向外的延伸长度应不小于 $1.2l_a＋1.7h_0＝1.2 \times 634＋1.7 \times 660＝1883$mm。根据抵抗弯矩图，可知其实际截断位置由后者控制。本例为施工方便，将②号钢筋伸至梁端后向下弯折。

③号钢筋的理论截断点是图 5.45(a)中的 E 和 F 点。其中，$h_0＝660$mm；$1.2l_a＋h_0＝1.2 \times 634＋660＝1421$mm。根据抵抗弯矩图，可知该钢筋的左端截断位置由尺寸 1421mm 控制，同样将③号钢筋右端伸至梁端后向下弯折。

5. 绘梁的配筋图

梁的配筋图包括纵断面配筋图、横截面配筋图及单根钢筋图（对简单配筋，可只画纵

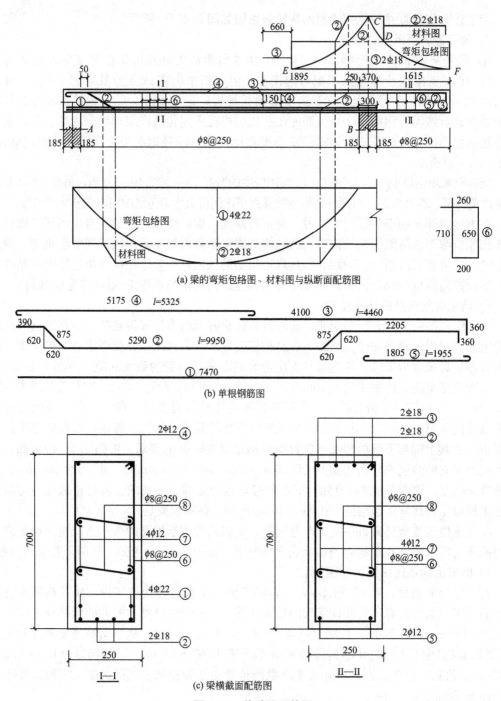

(a) 梁的弯矩包络图、材料图与纵断面配筋图

(b) 单根钢筋图

(c) 梁横截面配筋图

图 5.45 伸臂梁配筋图

断面配筋图或横截面配筋图)。纵断面配筋图表示各钢筋沿梁长方向的布置情形，横截面配筋图表示钢筋在同一截面内的位置。

1) 按比例画出梁的纵断面和横断面

纵断面、横断面可用不同比例。当梁的纵横向断面尺寸相差悬殊时，在同一纵断面图中，纵横向可选用不同的比例。

2）画出每种规格钢筋在纵横断面上的位置并进行编号（钢筋的直径、级别、外形尺寸完全相同时，用同一编号）

直钢筋①4Φ22全部伸入支座，伸入支座的锚固长度$l_{as} \geqslant 12d = 12 \times 22 = 264$mm。考虑到施工方便，伸入$A$支座长度取$370 - 30 = 340$mm；伸入$B$支座长度取300mm。故该钢筋总长$= 340 + 300 + (7200 - 370) = 7470$mm。

弯起钢筋②2Φ18根据画抵抗弯矩图后确定的位置，在A支座附近弯上后锚固于受压区，应使其水平长度$\geqslant 10d = 10 \times 18 = 180$mm，实际取$370 - 30 + 50 = 390$mm；在$B$支座左侧弯起后，穿过支座伸至其端部后下弯$20d$。该钢筋斜弯段的水平投影长度$= 700 - 40 \times 2 = 620$mm。②号钢筋的总长度即为各段长度和。

负弯矩钢筋③2Φ18左端按实际的截断位置延伸至正截面受弯承载力计算不需要该钢筋的截面之外660mm。同时，从该钢筋强度充分利用截面延伸的长度为1458mm，大于$1.2l_a + h_0 = 1421$mm。右端向下弯折$20d = 360$mm。

AB跨内的架立钢筋可选2ϕ12，编号为④，左端伸入支座内$370 - 30 = 340$mm处，右端与③号钢筋搭接，搭接长度可取150mm（非受力搭接）。其水平长度$= 340 + (7200 - 370) - (250 + 1895) + 150 = 5175$mm。

伸臂梁下部的架立钢筋可同样选2ϕ12，编号为⑤，在支座B内与①号钢筋搭接150mm，其水平长度$= 1800 - 30 - 185 + (370 - 300) + 150 = 1805$mm。

箍筋编号为⑥，在纵断面图上标出不同间距的范围。

腰筋及其相应的拉筋按构造配置，编号分别为⑦和⑧，如图5.45(c)所示。

3）绘出单根钢筋图（或做钢筋表）

绘出单根钢筋图，如图5.45(b)所示。

4）图纸说明

以下简要说明梁所采用的混凝土强度等级、钢筋规格、混凝土保护层厚度、绘图比例、尺寸单位等。

混凝土强度等级为C30；纵向受力钢筋为HRB400钢筋，其他为HPB300钢筋；混凝土保护层厚度为20mm。

*5.7 深受弯构件斜截面承载力计算

如4.8节所述，深受弯构件（短梁）是指跨高比$\dfrac{l_0}{h} < 5$的梁，同时又将其中$\dfrac{l_0}{h} \leqslant 2$的简支梁和$\dfrac{l_0}{h} \leqslant 2.5$的连续梁称为深梁。

5.7.1 深受弯构件的剪切性能

1. 深梁的剪切性能

对于图5.46(a)所示的单跨简支深梁，当下部纵向钢筋配筋率小于弯剪界限配筋率时，在荷载作用下将发生弯曲破坏，大于弯剪界限配筋率时将发生剪切破坏。

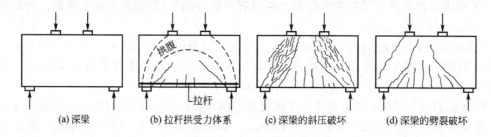

图 5.46　深梁的剪切破坏

当图 5.46(a)所示梁的下部纵向钢筋配筋率大于弯剪界限配筋率时，在荷载作用下，一般先在跨中区段出现垂直裂缝，然后在弯剪区段出现斜裂缝，并形成拉杆拱受力体系，如图 5.46(b)所示。此后随着荷载的增加，可能发生以下两种不同的剪切破坏。

(1) 斜压破坏：随着荷载的继续增加，在弯剪区段又出现若干条大致平行于支座与加载点连线的斜裂缝，最后斜裂缝间的混凝土被压碎而破坏，称之为斜压破坏，如图 5.46(c)所示。

(2) 劈裂破坏：随着荷载的继续增加，一条主要的斜裂缝继续斜向延伸，临近破坏时，在该主要斜裂缝的外侧，突然出现一条与它大致平行的通长劈裂裂缝而破坏，称之为劈裂破坏，如图 5.46(d)所示。

2. 短梁的剪切性能

试验发现，短梁的受剪性能介于深梁和一般梁之间。根据破坏时的特征不同，短梁的剪切破坏有斜压破坏、剪压破坏和斜拉破坏 3 种。当剪跨比小于 1 时，一般发生斜压破坏；当剪跨比为 1~2.5 时，一般发生剪压破坏；当剪跨比大于 2.5 时，一般发生斜拉破坏。

5.7.2　深受弯构件的斜截面受剪承载力计算

1. 深受弯构件的截面限制条件

与一般梁相同，为防止斜压破坏和避免使用阶段过大的斜裂缝宽度，钢筋混凝土深受弯构件的受剪截面应符合下列条件：

当 $h_w/b \leqslant 4$ 时，
$$V \leqslant \frac{1}{60}\left(10+\frac{l_0}{h}\right)\beta_c f_c b h_0 \tag{5-26a}$$

当 $h_w/b \geqslant 6$ 时，
$$V \leqslant \frac{1}{60}\left(7+\frac{l_0}{h}\right)\beta_c f_c b h_0 \tag{5-26b}$$

当 $4 < h_w/b < 6$ 时，按线性内插法确定。

式中：V——剪力设计值；

$\quad\quad l_0$——计算跨度，当 $l_0 < 2h$ 时，取 $l_0 = 2h$；

$\quad\quad b$——矩形截面的宽度及 T 形和 I 形截面的腹板厚度；

$\quad h$、h_0——截面高度、截面有效高度；

$\quad\quad h_w$——截面的腹板高度，如图 5.18 所示；

$\quad\quad \beta_c$——混凝土强度影响系数，当混凝土强度等级≤C50，取 $\beta_c = 1.0$；当混凝土强度等级为 C80，取 $\beta_c=0.8$；其间按线性内插法确定，具体见附表 1-10。

2. 深受弯构件的受剪承载力计算公式

与一般梁相同，深受弯构件的受剪承载力计算也分成两种情况。

对于矩形、T 形和 I 形截面的深受弯构件，在均布荷载作用下，当配有竖向分布钢筋和水平分布钢筋时，其斜截面受剪承载力按下式计算：

$$V \leqslant 0.7 \frac{\left(8-\dfrac{l_0}{h}\right)}{3} f_t bh_0 + \frac{\left(\dfrac{l_0}{h}-2\right)}{3} f_{yv} \frac{A_{sv}}{s_h} h_0 + \frac{\left(5-\dfrac{l_0}{h}\right)}{6} f_{yh} \frac{A_{sh}}{s_v} h_0 \qquad (5-27)$$

对于集中荷载作用下的深受弯构件（包括作用有多种荷载，其中集中荷载对支座截面所产生的剪力值占总剪力值的 75% 以上的情况），其斜截面受剪承载力按下式计算：

$$V \leqslant \frac{1.75}{\lambda+1} f_t bh_0 + \frac{\left(\dfrac{l_0}{h}-2\right)}{3} f_{yv} \frac{A_{sv}}{s_h} h_0 + \frac{\left(5-\dfrac{l_0}{h}\right)}{6} f_{yh} \frac{A_{sh}}{s_v} h_0 \qquad (5-28)$$

式中：　　λ——计算剪跨比，当 $\dfrac{l_0}{h} \leqslant 2.0$ 时，取 $\lambda=0.25$；当 $2.0 < \dfrac{l_0}{h} < 5.0$ 时，取 $\lambda=a/h_0$，其中，a 为集中荷载到深受弯构件支座的水平距离；λ 的上限值为 $\left(0.92\dfrac{l_0}{h}-1.58\right)$，下限值为 $\left(0.42\dfrac{l_0}{h}-0.58\right)$；

$\dfrac{l_0}{h}$——跨高比，当 $\dfrac{l_0}{h} < 2.0$ 时，取 $\dfrac{l_0}{h}=2.0$；

A_{sv}、f_{yv}、S_h——分别为竖向分布钢筋的面积、抗拉强度设计值和间距；
A_{sh}、f_{yh}、S_v——分别为水平分布钢筋的面积、抗拉强度设计值和间距。

分析可知，当 $\dfrac{l_0}{h}=5.0$ 时，式(5-27)、式(5-28)与一般受弯构件的受剪承载力计算公式相衔接，见式(5-15)、式(5-16)。

分析式(5-27)、式(5-28)可知，对于深受弯构件，随着 $\dfrac{l_0}{h}$ 的增大，竖向分布钢筋的受剪承载力增大，水平分布钢筋的受剪承载力减小。当 $\dfrac{l_0}{h}=5.0$ 时，水平分布钢筋的受剪承载力已很小，故忽略不计，而竖向分布钢筋的受剪承载力达到最大；当 $\dfrac{l_0}{h}=2.0$ 时，竖向分布钢筋的受剪承载力已很小，故忽略不计，而水平分布钢筋的受剪承载力达到最大。

须指出的是，深受弯构件中，水平及竖向分布钢筋对受剪承载力的贡献有限，故当其受剪承载力不足时，应主要采取增大截面尺寸或提高混凝土强度等级来满足其受剪承载力的要求。

3. 深梁的斜截面抗裂控制条件

深梁的截面高度大，所以斜裂缝一旦出现，其裂缝宽度和长度就较大。因此，深梁宜按一般要求不出现斜裂缝的构件进行设计，其截面应符合下列条件：

$$V_k \leqslant 0.5 f_{tk} bh_0 \qquad (5-29)$$

式中：V_k——按荷载效应的标准组合计算的剪力值。

对于一般要求不出现斜裂缝的深梁，在满足式(5-29)的要求后，不必再进行斜截面受剪承载力计算，仅需按构造要求配置水平和竖向分布钢筋。这是因为对于满足式(5-29)要求的深梁，一般不会出现斜裂缝，也就不会发生剪切破坏，其斜截面受剪承载力也就自然得到了保证。

5.7.3 深受弯构件的构造规定

1. 深梁的构造规定

1) 保证深梁出平面稳定的措施

在深梁的三维尺寸中，厚度比长度、高度小许多。因此，深梁在平面内承载力高，而在平面外不仅承载力低，而且会发生出平面失稳。为保证深梁出平面稳定性，须对深梁的高厚比和跨厚比进行限制。为此，《规范》(GB 50010)规定：深梁的截面宽度不应小于140mm；当 $\frac{l_0}{h} \geqslant 1$ 时，h/b 不宜大于 25；当 $\frac{l_0}{h} < 1$ 时，l_0/b 不宜大于 25；深梁的混凝土强度等级不应低于C20；当深梁支承在钢筋混凝土柱上时，宜将柱伸至深梁顶；深梁顶部应与楼板等水平构件可靠连接。

2) 深梁纵向受拉钢筋的布置

(1) 单跨深梁和连续深梁的下部纵向钢筋宜均匀布置在梁下边缘以上 $0.2h$ 的范围内，如图 5.47 及图 5.48 所示。

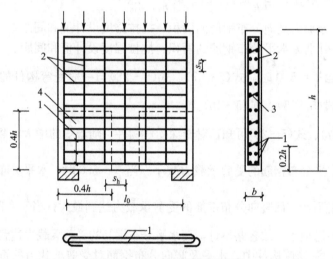

图 5.47 单跨深梁的钢筋配置

1—下部纵向受拉钢筋及其弯折锚固；2—水平及竖向分布钢筋；3—拉筋；4—拉筋加密区。

(2) 连续深梁中间支座截面纵向受拉钢筋的布置。在弹性阶段，连续深梁中间支座截面上正应力 σ_x 的分布随跨高比 $\frac{l_0}{h}$ 的不同而不同，如图 5.49 所示。

根据正应力 σ_x 的分布规律，《规范》(GB 50010)规定，连续深梁中间支座截面的纵向受拉钢筋宜按图 5.50 所示的高度范围和配筋比例均匀布置在相应高度范围内。

同时，对于 $\frac{l_0}{h} \leqslant 1.0$ 的连续深梁，在中间支座底面以上 $(0.2 \sim 0.6)l_0$ 高度范围内的纵

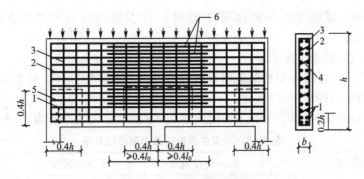

图5.48 连续深梁的钢筋配置

1—下部纵向受拉钢筋；2—水平分布钢筋；3—竖向分布钢筋；

4—拉筋；5—拉筋加密区；6—支座截面上部的附加水平钢筋

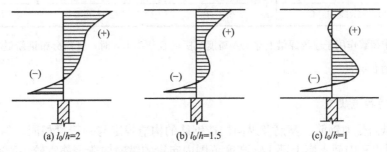

图5.49 连续深梁中间支座截面上正应力 σ_x 的分布

向受拉钢筋配筋率尚不宜小于 0.5%。水平分布钢筋可用作支座部位的上部纵向受拉钢筋，不足部分可由附加水平钢筋补足，附加水平钢筋自支座向跨中延伸的长度不宜小于 $0.4l_0$，如图5.48所示。

3）深梁纵向受拉钢筋的锚固

深梁在垂直裂缝及斜裂缝出现后将形成拉杆拱传力机制，此时下部受拉钢筋直到支座附近仍拉力较大，故应在支座内妥善锚固。为此，《规范》（GB 50010）规定：

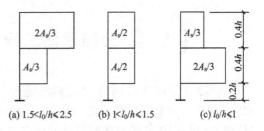

**图5.50 连续深梁中间支座截面纵向受拉钢筋
在不同高度范围的分配比例**

深梁的下部纵向受拉钢筋应全部伸入支座，不应在跨中弯起或截断。在简支单跨深梁支座及连续深梁梁端的简支支座处，纵向受拉钢筋应沿水平方向弯折锚固，其锚固长度为 $1.1l_a$。

4）深梁中双排钢筋网的构造规定

深梁应配置双排钢筋网，水平和竖向分布钢筋的直径均不应小于 $8mm$，其间距不应大于 $200mm$。

当沿深梁端部竖向边缘设柱时，水平分布钢筋应锚入柱内。在深梁上下边缘处，竖向分布钢筋宜做成封闭式。

为防止拉杆拱的拱肋内斜向压力较大时沿深梁中面劈开的侧向劈裂型斜压破坏，在深梁的双排钢筋网之间应设置拉筋。拉筋沿纵横两个方向的间距均不宜大于 $600mm$，在支

座区高度为 $0.4h$，宽度为 $0.4h$ 的范围内(如图 5.47 及图 5.48 所示的虚线部分)，尚应适当增加拉筋的数量。

5) 深梁中钢筋的最小配筋率

深梁中的水平和竖向分布钢筋能限制斜裂缝的开展和抑制温度、收缩裂缝的出现与发展。因此,《规范》(GB 50010)规定:深梁的纵向受拉钢筋配筋率 $\rho=A_s/(bh)$、水平分布钢筋配筋率 $\rho_{sh}=A_{sh}/(bs_v)$、竖向分布钢筋配筋率 $\rho_{sv}=A_{sv}/(bs_h)$ 不宜小于表 5-8 规定的数值。

表 5-8　深梁中钢筋的最小配筋百分率

钢筋种类	纵向受拉钢筋	水平分布钢筋	竖向分布钢筋
HPB300	0.25%	0.25%	0.20%
HRB400、HRBF400、RRB400、HRB335、HRBF335	0.20%	0.20%	0.15%
HRB500、HRBF500	0.15%	0.15%	0.10%

注:当集中荷载作用于连续深梁上部 1/4 高度范围内且 $\dfrac{l_0}{h}>1.5$ 时,竖向分布钢筋最小配筋百分率应增加 0.05。

2. 短梁的构造规定

短梁的纵向受力钢筋、箍筋及纵向构造钢筋的构造规定与一般梁相同,但其截面下部 1/2 高度范围内和中间支座上部 1/2 高度范围内布置的纵向构造钢筋宜较一般梁适当加强。深受弯构件的其他构造规定详见《规范》(GB 50010)的附录 G。

5.8 公路桥涵工程受弯构件的斜截面设计

《规范》(GB 50010)中的"斜截面受剪承载力和斜截面受弯承载力"在《规范》(JTG D62)中称为"斜截面抗剪承载力和斜截面抗弯承载力",两者的概念是相同的。因此,公路桥涵工程受弯构件的斜截面设计同样有"斜截面抗剪和斜截面抗弯"两个方面。

5.8.1　斜截面抗剪承载力的计算位置

1. 简支梁和连续梁近边支点梁段

简支梁和连续梁近边支点梁段的计算位置如下:

(1) 距支座中心 $h/2$ 处截面,如图 5.51(a)所示截面 1—1;

(2) 受拉区弯起钢筋弯起点处截面,如图 5.51(a)所示截面 2—2、3—3;

(3) 锚于受拉区的纵向钢筋开始不受力处截面,如图 5.51(a)所示截面 4—4;

(4) 箍筋数量或间距改变处截面,如图 5.51(a)所示截面 5—5;

(5) 构件腹板宽度变化处截面。

2. 连续梁和悬臂梁近中间支点梁段

连续梁和悬臂梁近中间支点梁段的计算位置如下:

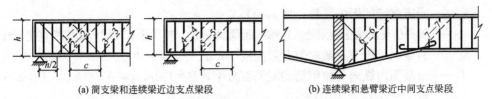

(a) 简支梁和连续梁近边支点梁段   (b) 连续梁和悬臂梁近中间支点梁段

图 5.51 斜截面抗剪承载力验算位置示意图

(1) 支点横隔梁边缘处截面,如图 5.51(b)所示截面 6—6;

(2) 变高度梁高度突变处截面,如图 5.51(b)所示截面 7—7;

(3) 参照简支梁的要求,需要进行验算的截面。

5.8.2 斜截面抗剪承载力的计算公式与公式的适用条件

1. 计算公式

对图 5.52 所示计算简图建立的竖向力平衡方程即为受弯构件的斜截面抗剪承载力计算公式。首先通过试验研究得到混凝土项和箍筋项的抗剪承载力表达式,然后将混凝土项和箍筋项的抗剪承载力相加后对剪跨比求极值,来推导受弯构件的斜截面抗剪承载力计算公式。因此,《规范》(JTG D62)规定:对于配置箍筋和弯起钢筋的矩形、T 形和 I 形截面受弯构件的斜截面抗剪承载力计算应符合式(5-30a)~式(5-30c)的规定。

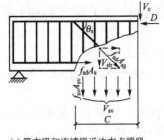 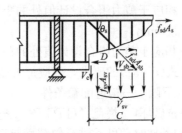

(a) 简支梁和连续梁近边支点梁段   (b) 连续梁和悬臂梁近中间支点梁段

图 5.52 斜截面抗剪承载力的计算简图

$$\gamma_0 V_d \leqslant V_{cs} + V_{sb} \qquad (5-30a)$$

$$V_{cs} = 0.45 \times 10^{-3} \alpha_1 \alpha_2 \alpha_3 bh_0 \sqrt{(2+0.6P)\sqrt{f_{cu,k}}\rho_{sv}f_{sv}} \qquad (5-30b)$$

$$V_{sb} = 0.75 \times 10^{-3} f_{sd} \sum A_{sb} \sin\theta_s \qquad (5-30c)$$

式中:V_d——斜截面受压端上由作用(或荷载)效应所产生的最大剪力组合设计值(kN)。

V_{cs}——斜截面内混凝土和箍筋共同的抗剪承载力设计值(kN)。

V_{sb}——与斜截面相交的普通弯起钢筋抗剪承载力设计值(kN)。

α_1——异号弯矩影响系数,计算简支梁和连续梁近边支点梁段的抗剪承载力时,$\alpha_1=1.0$;计算连续梁和悬臂梁近中间支点梁段的抗剪承载力时,$\alpha_1=0.9$。

α_2——预应力提高系数,对钢筋混凝土受弯构件,$\alpha_2=1.0$;对预应力混凝土受弯构件,$\alpha_2=1.25$,但当由钢筋合力引起的截面弯矩与外弯矩的方向相同时,或对于允许出现裂缝的预应力混凝土受弯构件,$\alpha_2=1.0$。

α_3——受压翼缘的影响系数，取 $\alpha_3 = 1.1$。

b——斜截面受压端正截面处，矩形截面宽度(mm)，或 T 形和 I 形截面腹板宽度(mm)。

h_0——斜截面受压端正截面的有效高度(mm)。

P——斜截面内纵向受拉钢筋的配筋百分率，$P = 100\rho$，$\rho = A_s/(bh_0)$，$P > 2.5$ 时，取 $P = 2.5$。

$f_{cu,k}$——边长为 150mm 的混凝土立方体抗压强度标准值(MPa)，即为混凝土强度等级。

ρ_{sv}——斜截面内箍筋配筋率，$\rho_{sv} = A_{sv}/(s_v b)$。

A_{sv}——斜截面内配置在同一截面的箍筋各肢总截面面积(mm^2)。

s_v——斜截面内箍筋的间距(mm)。

f_{sv}——箍筋抗拉强度设计值，按附表 2-3 中的抗拉强度设计值 f_{sd} 采用。

A_{sb}——斜截面内在同一弯起平面的普通弯起钢筋的截面面积(mm^2)。

θ_s——普通弯起钢筋(在斜截面受压端正截面处)的切线与水平线的夹角。

2. 计算公式的适用条件

1) 公式的上限——截面限制条件

为防止斜压破坏和限制梁在使用阶段的斜裂缝宽度，《规范》(JTG D62)规定，矩形、T 形和 I 形截面的受弯构件，其抗剪截面应符合下列要求：

$$\gamma_0 V_d \leqslant 0.51 \times 10^{-3} \sqrt{f_{cu,k}} bh_0 \tag{5-31}$$

式中：V_d——验算截面处由作用(或荷载)产生的剪力组合设计值(kN)；

b——相应于剪力组合设计值处的矩形截面宽度(mm)或 T 形和 I 形截面的腹板宽度(mm)；

h_0——相应于剪力组合设计值处的截面有效高度(mm)。

若不满足式(5-31)的要求，则应加大截面尺寸或提高混凝土强度等级。

2) 公式的下限——构造配箍条件

为防止斜拉破坏，《规范》(JTG D62)规定，矩形、T 形和 I 形截面的受弯构件，当符合式(5-32)的条件时，可不进行斜截面抗剪承载力验算，仅需按本章 5.8.5 节的构造要求配置箍筋。

$$\gamma_0 V_d \leqslant 0.50 \times 10^{-3} \alpha_2 f_{td} bh_0 \tag{5-32}$$

式中：f_{td}——混凝土抗拉强度设计值。

对于板式受弯构件，式(5-32)右侧的计算值可乘以提高系数 1.25。

3. 斜截面水平投影长度 C

1) C 的计算公式

图 5.51 给出了斜截面抗剪承载力计算时斜截面的起点位置，而斜截面的倾角未知。因此，图 5.52 中的斜截面水平投影长度 C 也就未知，而利用式(5-30a)~式(5-30c)计算斜截面的抗剪承载力时，式中的 V_d、b、h_0 均是指斜截面受压端的值，而且箍筋与弯起钢筋所提供的抗剪承载力也与斜截面水平投影长度 C 有关。为此，《规范》(JTG D62)给出了斜截面水平投影长度 C 的计算公式如下：

$$C = 0.6mh_0 \tag{5-33}$$

式中：m——斜截面受压端正截面处的广义剪跨比，$m = M_d/(V_d h_0)$，当 $m > 3.0$ 时，取

$m=3.0$。

V_d——斜截面受压端正截面处的剪力组合设计值。

M_d——相应于上述最大剪力组合设计值的弯矩组合设计值。

2）C 的计算方法

由式(5-33)及 $m=M_\text{d}/(V_\text{d}h_0)$ 可知，求斜截面水平投影长度 C 需事先已知斜截面受压端处的 V_d、M_d、h_0，此时往往只已知斜截面的起点位置(图5.51)，而斜截面水平投影长度 C 为待求数，故斜截面受压端位置也就未知，更不用说斜截面受压端处的 V_d、M_d、h_0 是多少了。采用试算法来确定斜截面受压端位置过于烦琐，所以可采用下列简化方法来确定斜截面受压端位置和斜截面水平投影长度 C。

（1）根据题意，按图5.51的要求确定斜截面的起点位置，如图5.53所示的弯起钢筋弯起点处截面 M—M，并计算出斜截面起点处正截面的有效高度 h_{01}。

（2）假定斜截面水平投影长度 C_1 等于斜截面起点处正截面的有效高度 h_{01}，由此得到斜截面受压端的假定位置，如图5.53所示的截面 N—N；并计算出斜截面受压端假定位置的 V_d、M_d、h_0。

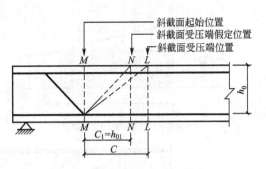

图 5.53 斜截面水平投影长度 C

（3）利用第(2)步计算出的斜截面受压端假定位置的 V_d、M_d、h_0 和式(5-33)计算斜截面水平投影长度 C。

（4）利用第(3)步计算得到的斜截面水平投影长度 C 及其所对应的斜截面受压端位置，如图5.53所示的截面 L—L，来计算斜截面抗剪承载力计算所需的 V_d、b、h_0 等。

5.8.3 斜截面抗剪承载力的配筋设计方法

钢筋混凝土矩形、T形和I形截面受弯构件，应按下列步骤配置抗剪所需的箍筋和弯起钢筋。

（1）绘出剪力设计值包络图，确定用作抗剪配筋设计的最大剪力组合设计值 V_d。

（2）验算截面限制条件，直到满足式(5-31)的要求为止。

（3）验算构造配箍条件。若式(5-32)满足，则仅需按本章5.8.5节的构造要求配置箍筋；若不满足，则需按计算配置箍筋或配置箍筋与弯起钢筋。

（4）配置箍筋。通常首先选定箍筋的级别、直径和肢数，则 f_sv、A_sv 就变为已知数；然后按下式计算箍筋的间距：

$$S_\text{v}=\frac{\alpha_1^2\alpha_3^2 0.2\times10^{-6}(2+0.6P)\sqrt{f_\text{cu,k}}A_\text{sv}f_\text{sv}bh_0^2}{(\xi\gamma_0 V_\text{d})^2} \tag{5-34}$$

式中：V_d——用于抗剪配筋设计的最大剪力设计值(kN)。对于简支梁和连续梁近边支点梁段取离支点 $h/2$ 处的剪力设计值 $V_\text{d}'=V_\text{d}$，如图5.54(a)所示；对于等高度连续梁和悬臂梁近中间支点梁段取支点上横隔梁边缘处的剪力设计值 $V_\text{d}'=V_\text{d}$，如图5.54(b)所示；对于变高度(承托)连续梁和悬臂梁近中间支点梁段取变高度梁段与等高度梁段交接处的剪力设计值 $V_\text{d}^0=V_\text{d}$，如图5.54(c)所示。

ξ——用于抗剪配筋设计的最大剪力设计值分配于混凝土和箍筋共同承担的分配系数，取 $\xi \geqslant 0.6$。

h_0——用于抗剪配筋设计的最大剪力截面的有效高度(mm)。

b——用于抗剪配筋设计的最大剪力截面的梁腹宽度(mm)。

A_{sv}——配置在同一截面内箍筋总截面面积(mm^2)。

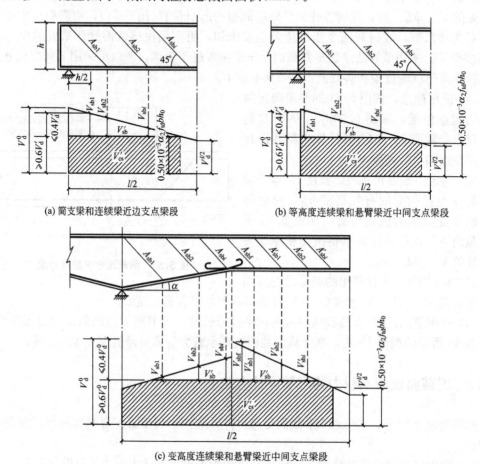

(a) 简支梁和连续梁近边支点梁段　　　　　(b) 等高度连续梁和悬臂梁近中间支点梁段

(c) 变高度连续梁和悬臂梁近中间支点梁段

图 5.54　斜截面抗剪承载力配筋设计计算简图

(5) 配置弯起钢筋。

① 计算第一排弯起钢筋 A_{sb1} 时，对于简支梁和连续梁近边支点梁段，取用距支点中心 $h/2$ 处由弯起钢筋承担的那部分剪力 V_{sb1}，如图 5.54(a)所示；对于等高度连续梁和悬臂梁近中间支点梁段，取用支点上横隔梁边缘处由弯起钢筋承担的那部分剪力 V_{sb1}，如图 5.54(b)所示；对于变高度(承托)连续梁和悬臂梁近中间支点的变高度梁段，取用第一排弯起钢筋下面弯点处由弯起钢筋承担的那部分剪力 V_{sb1}，如图 5.54(c)所示。

② 计算第一排弯起钢筋以后的每一排弯起钢筋 A_{sb2}、$\cdots$、A_{sbi} 时，对于简支梁、连续梁近边支点梁段和等高度连续梁与悬臂梁近中间支点梁段，取用前一排弯起钢筋下面弯点处由弯起钢筋承担的那部分剪力 V_{sb2}、$\cdots$、V_{sbi}，如图 5.54(a)、(b)所示；对于变高度(承托)连续梁和悬臂梁近中间支点的变高度梁段，取用各该排弯起钢筋下面弯点处由弯起钢筋承担的那部分剪力 V_{sb2}、$\cdots$、V_{sbi}，如图 5.54(c)所示。

③ 计算变高度（承托）连续梁和悬臂梁跨越变高段与等高段交接处的弯起钢筋 A_{sbf} 时，取用交接截面剪力峰值由弯起钢筋承担的那部分剪力 V_{sbf}，如图 5.54（c）所示；计算等高度梁段各排弯起钢筋 A'_{sb1}、A'_{sb2}、$\cdots$、A'_{sbi} 时，取用各该排弯起钢筋上面弯点处由弯起钢筋承担的那部分剪力 V'_{sb1}、V'_{sb2}、$\cdots$、V'_{sbi}，如图 5.54（c）所示。

④ 每排弯起钢筋的截面面积按下列公式计算：

$$A_{sb} = \frac{\gamma_0 V_{sb}}{0.75 \times 10^{-3} f_{sd} \sin\theta_s} \quad (5-35)$$

式中：A_{sb}——每排弯起钢筋的总截面面积（mm^2），即图 5.54 中的 A_{sb1}、A_{sb2}、$\cdots$、A_{sbi} 或 A'_{sb1}、A'_{sb2}、$\cdots$、A'_{sbi} 或 A_{sbf}；

V_{sb}——由每排弯起钢筋承担的剪力设计值，即图 5.54 中的 V_{sb1}、V_{sb2}、$\cdots$、V_{sbi} 或 V'_{sb1}、V'_{sb2}、$\cdots$、V'_{sbi} 或 V_{sbf}。

5.8.4 斜截面抗弯承载力

前面介绍了受弯构件的斜截面抗剪承载力计算。当纵筋的弯起或截断不当时，还会发生斜截面受弯破坏。图 5.55 为受弯构件斜截面抗弯承载力的计算简图。

对图 5.55 剪压区的合力作用点 O 建立力矩平衡方程，就得到以下斜截面抗弯承载力的计算公式：

$$\gamma_0 M_d \leqslant f_{sd}A_s Z_s + \sum f_{sd}A_{sb}Z_{sb} + \sum f_{sv}A_{sv}Z_{sv} \quad (5-36)$$

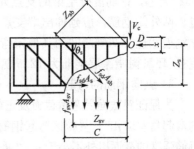

图 5.55 斜截面抗弯承载力计算简图

式中：M_d——斜截面受压端正截面的最大弯矩组合设计值；

Z_s、Z_{sb}、Z_{sv}——剪压区合力作用点 O 至纵向钢筋、弯起钢筋和箍筋的合力作用线的距离，如图 5.55 所示。

利用式（5-36）来计算斜截面抗弯承载力还需解决以下两个问题。

（1）斜截面的水平投影长度 C 的值如何取？这是因为式（5-36）中 M_d、Z_s、Z_{sb}、Z_{sv} 的取值均与斜截面的水平投影长度 C 有关。最不利的斜截面水平投影长度 C 按式（5-37）试算确定。

$$\gamma_0 V_d = \sum f_{sd}A_{sb}\sin\theta_s + \sum f_{sv}A_{sv} \quad (5-37)$$

式中：V_d——斜截面受压端正截面相应于最大弯矩组合设计值的剪力组合设计值。

式（5-37）是按照荷载效应与构件斜截面抗弯承载力的差为最小的原则推导得到的，其物理意义是满足式（5-37）要求的斜截面，其斜截面抗弯承载力最小。

（2）剪压区合力作用点 O 的位置，即图 5.55 中的 x 等于多少？x 应按斜截面内所有的力对构件纵向轴投影之和为零的平衡条件求得，即按式（5-38）计算。

$$A_c f_{cd} = f_{sd}A_s + \sum f_{sd}A_{sb}\cos\theta_s \quad (5-38)$$

式中：A_c——图 5.55 中剪压区的混凝土面积。矩形截面为 $A_c = bx$；根据中和轴的位置不同，T 形截面为 $A_c = b'_f x$ 或 $A_c = (b'_f - b)h'_f + bx$。

需要说明的是，一般不需要按式（5-36）～式（5-38）进行斜截面抗弯承载力的计算。与本章 5.6 节图 5.34 阐述的理由相同，纵筋弯起时，只要满足"其弯起点与按正截面抗弯承载力计算充分利用该钢筋强度的截面之间的距离不小于 $h_0/2$" 的构造规定，其斜截面抗弯承载力就得到保证。

5.8.5　纵向钢筋和箍筋的构造规定

1. 纵向钢筋的构造规定

1) 纵向钢筋的截断

为保证纵向钢筋的可靠锚固和斜截面受弯承载力，《规范》(JTG D62)规定，钢筋混凝土梁内纵向受拉钢筋不宜在受拉区截断；如需截断时，应从按正截面抗弯承载力计算充分利用该钢筋强度的截面至少延伸(l_a+h_0)长度，如图 5.56 所示；同时从正截面抗弯承载力计算不需要该钢筋的截面至少延伸 $20d$(环氧树脂涂层钢筋 $25d$)，此处 d 为钢筋直径。纵向受压钢筋如在跨间截断时，应延伸至按计算不需要该钢筋的截面以外至少 $15d$(环氧树脂涂层钢筋 $20d$)。

2) 纵向钢筋的锚固

为保证支座附近斜截面抗弯和斜截面抗剪能力及抵抗梁底面拉应力，《规范》(JTG D62)规定，钢筋混凝土梁的支点处，应至少有两根且不少于总数 1/5 的下层受拉主钢筋通过。两外侧钢筋，应延伸出端支点以外，并弯成直角，顺梁高延伸至顶部，与顶层纵向架立钢筋相连。两侧之间的其他未弯起钢筋，伸出支点截面以外的长度不应小于 10 倍钢筋直径(环氧树脂涂层钢筋为 12.5 倍钢筋直径)；R235 钢筋应带半圆钩。

3) 纵向钢筋的弯起

为保证斜截面受弯承载力及正截面受弯承载力，《规范》(JTG D62)规定，梁内弯起钢筋的弯起角宜取 45°。受拉区弯起钢筋的弯起点，应设在按正截面抗弯承载力计算充分利用该钢筋强度的截面以外不小于 $h_0/2$ 处；弯起钢筋可在按正截面受弯承载力计算不需要该钢筋截面面积之前弯起，但弯起钢筋与梁中心线的交点应位于按计算不需要该钢筋的截面之外(图 5.57)。弯起钢筋的末端应留有锚固长度：受拉区不应小于 20 倍钢筋直径，受压区不应小于 10 倍钢筋直径，环氧树脂涂层钢筋增加 25%；R235 钢筋尚应设置半圆弯钩。

靠近支点的第一排弯起钢筋顶部的弯折点，简支梁或连续梁边支点应位于支座中心截面处，如图 5.58(a)所示；悬臂梁或连续梁中间支点应位于横隔梁(板)靠跨径一侧的边缘处，如图 5.58(b)所示；以后各排(跨中方向)弯起钢筋的梁顶部弯折点，应落在前一排(支点方向)弯起钢筋的梁底部弯折点处或弯折点以内，如图 5.58(a)、(b)所示。弯起钢筋不得采用浮筋。

2. 箍筋的构造规定

1) 箍筋的直径
梁中箍筋的直径不应小于 8mm，且不小于 1/4 主钢筋的直径。

2) 箍筋的最小配筋率
梁中箍筋的配筋率 ρ_{sv}：R235 钢筋不应小于 0.18%，HRB335 钢筋不应小于 0.12%。

3) 箍筋的形式与复合箍筋
梁中配有按受力计算需要的纵向受压钢筋或在连续梁、悬臂梁近中间支点位于负弯矩

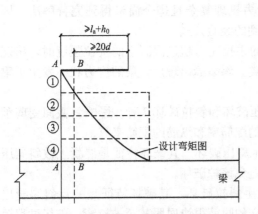

图 5.56　纵向受拉钢筋截断时的延伸长度

注：A—A 为钢筋①②③④强度充分利用截面；
B—B 为按计算不需要钢筋①的截面。

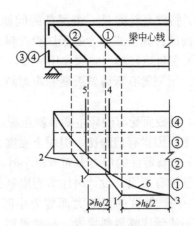

图 5.57　弯起钢筋弯起点位置

1—受拉区钢筋弯起点；2—正截面抗弯承载力图形；
3—钢筋①②③④强度充分利用截面；
4—按计算不需要钢筋①的截面；
5—按计算不需要钢筋②的截面；6—设计弯矩图

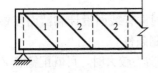

(a) 简支梁或连续梁近边支点梁段

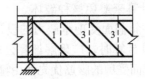

(b) 悬臂梁或连续梁近中间支点梁段

图 5.58　弯起钢筋弯折点的位置

1—第一排弯起钢筋；2—以后各排弯起钢筋的顶部弯折点落在前一排弯起钢筋的梁底部弯折点处；
3—以后各排弯起钢筋的顶部弯折点落在前一排弯起钢筋的梁底部弯折点以内

区的梁段，应采用闭合式箍筋，同时，同排内任一纵向受压钢筋，离箍筋折角处纵向钢筋的间距不应大于 150mm 或 15 倍箍筋直径两者中较大者，否则，应按《规范》(JTG D62) 第 9.6.1 条的要求设置复合箍筋。

4）箍筋的间距

梁中箍筋的间距不应大于梁高的 1/2 且不大于 400mm；当所箍钢筋为按受力需要的纵向受压钢筋时，不应大于所箍钢筋直径的 15 倍，且不应大于 400mm。

在钢筋绑扎搭接接头范围内的箍筋间距，当绑扎搭接钢筋受拉时不应大于主钢筋直径的 5 倍，且不大于 100mm；当搭接钢筋受压时不应大于主钢筋直径的 10 倍，且不大于 200mm。在支座中心向跨径方向长度相当于不小于一倍梁高范围内，箍筋间距不宜大于 100mm。

近梁端第一根箍筋应设置在距端面一个混凝土保护层距离处。梁与梁或梁与柱的交接范围内可不设箍筋；靠近交接面的一根箍筋，其与交接面的距离不宜大于 50mm。

本 章 小 结

（1）本章主要介绍受弯构件斜截面的受剪性能、受剪承载力计算方法及相应的构造措施。

(2) 斜截面受剪是一个复杂的问题，其受力机理复杂且迄今尚未得到完善解决。因此，目前的计算公式多为基于试验资料分析得到的经验公式。

(3) 在弯矩和剪力共同作用区段，当梁内的主拉应力超过混凝土的抗拉强度时，出现斜裂缝。斜裂缝有弯剪斜裂缝和腹剪斜裂缝两类。斜裂缝出现后，梁的应力状态发生了重分布。

(4) 斜截面受剪破坏主要有斜压破坏、剪压破坏和斜拉破坏3种。影响斜截面受剪承载力的主要因素有剪跨比、混凝土强度、箍筋的配筋率和纵筋的配筋率等。

(5) 当弯剪区的剪力大而弯矩小时，易发生斜压破坏，其破坏特征是混凝土被斜向压坏，箍筋没有屈服，设计时用截面限制条件来避免该种破坏。

(6) 当弯剪区的弯矩大而剪力小时，易发生斜拉破坏，其破坏特征是一旦斜裂缝出现，就很快形成临界斜裂缝，与临界斜裂缝相交的腹筋很快屈服甚至被拉断，破坏过程短且突然，设计时用最小箍筋配筋率和最大箍筋间距来避免该种破坏。

(7) 剪压破坏的发生条件介于斜压破坏和斜拉破坏之间，其破坏特征是与临界斜裂缝相交的腹筋首先屈服，然后剪压区混凝土被压碎而破坏。可见，剪压破坏时腹筋和混凝土的强度都得到利用。因此，规范以该破坏形态为基础来建立斜截面的受剪承载力计算公式，并通过设计计算来避免该种破坏。

(8) 受弯构件斜截面受剪承载力的设计计算同样有截面设计和截面复核两个方面，在应用公式进行设计计算时，应理解计算公式的限制条件。

(9) 用于斜截面受剪的腹筋优先使用箍筋，当剪力较大时，可既配箍筋又配弯起钢筋。

(10) 当抗弯矩图包住设计弯矩图时，正截面受弯承载力得到保证；当斜截面受弯承载力不小于相应截面的正截面受弯承载力时，斜截面受弯承载力得到保证。斜截面受弯承载力主要通过纵筋弯起、截断与锚固时的相应构造措施来得到保证。

(11) 深梁的剪切破坏有剪切斜压破坏和剪切劈裂破坏两种破坏形态。

(12) 深受弯构件的受剪承载力计算公式及截面限制条件是"在一般梁计算公式和深梁计算公式的基础上，再考虑到在 $\dfrac{l_0}{h}=5$ 时，应与一般梁衔接；在简支梁 $\dfrac{l_0}{h}=2$ (或连续梁 $\dfrac{l_0}{h}=2.5$)时，应与深梁衔接"得到的。

(13)《规范》(GB 50010)和《规范》(JTG D62)有关受弯构件斜截面受剪承载力的计算方法和计算公式有较大的区别。

(14) 两本规范有关受弯构件斜截面受剪的截面限制条件、承载力计算公式和构造配箍条件的比较如下。

项次	《规范》(GB 50010)	《规范》(JTG D62)
截面限制条件	$V \leqslant (0.2 \sim 0.25)\beta_c f_c b h_0$	$\gamma_0 V_d \leqslant 0.51 \times 10^{-3} \sqrt{f_{cu,k}} b h_0$
受剪承载力计算公式	$V \leqslant V_{cs} + 0.8 f_{yv} A_{sb} \sin\alpha_s$ $V_{cs} = 0.7 f_t b h_0 + f_{yv}\dfrac{A_{sv}}{s} h_0$ $V_{cs} = \dfrac{1.75}{\lambda+1} f_t b h_0 + f_{yv}\dfrac{A_{sv}}{s} h_0$	$\gamma_0 V_d \leqslant V_{cs} + V_{sb}$ $V_{cs} = 0.45 \times 10^{-3} \alpha_1 \alpha_2 \alpha_3 b h_0 \sqrt{(2+0.6P)\sqrt{f_{cu,k}} \rho_{sv} f_{sv}}$ $V_{sb} = 0.75 \times 10^{-3} f_{sd} \sum A_{sb} \sin\theta_s$

(续)

项次	《规范》(GB 50010)	《规范》(JTG D62)
构造配箍条件	$V \leqslant 0.7 f_t bh_0$ 或 $V \leqslant \dfrac{1.75}{\lambda+1} f_t bh_0$	$\gamma_0 V_d \leqslant 0.50 \times 10^{-3} \alpha_2 f_{td} bh_0$
最小配箍率	$\rho_{sv,min} = 0.24 \dfrac{f_t}{f_{yv}}$	R235 钢筋不应小于 0.18% HRB335 钢筋不应小于 0.12%

思 考 题

5.1 为什么受弯构件一般在跨中产生垂直裂缝而在支座附近区段产生斜裂缝?

5.2 试述无腹筋梁斜裂缝出现后应力重分布的两个主要方面。

5.3 什么是剪跨比和计算剪跨比? 斜截面受剪承载力计算时,什么情况下需要考虑剪跨比的影响?

5.4 梁的斜截面受剪破坏形态有几种? 各自的破坏特征如何?

5.5 什么是箍筋的配筋率? 箍筋的作用有哪些? 箍筋的构造又从哪几个方面作出规定?

5.6 影响梁斜截面受剪承载力的 4 个主要因素是什么?

5.7 《规范》(GB 50010)是以哪种破坏形态为基础来建立斜截面受剪承载力计算公式的? 建立计算公式时又作了哪两个基本假定?

5.8 斜压破坏、剪压破坏和斜拉破坏都是脆性破坏,为什么《规范》(GB 50010)却以剪压破坏的受力特征为依据来建立受弯构件的斜截面受剪承载力计算公式?

5.9 实际工程中,按规范设计的受弯构件,为什么就不会发生斜截面受剪破坏?

5.10 进行斜截面受剪承载力计算时,《规范》(GB 50010)将受弯构件分成哪两类? 以仅配置箍筋的梁为例,分别写出两类受弯构件的斜截面受剪承载力计算公式。

5.11 为什么进行受弯构件斜截面受剪承载力计算时,弯起钢筋的设计强度取 $0.8 f_y$?

5.12 受弯构件斜截面受剪承载力计算公式的适用条件有哪些? 设置这些适用条件的意义是什么?

5.13 与简支梁相比,集中荷载作用下连续梁的受剪性能如何? 受剪承载力计算时,规范又是如何处理的?

5.14 斜截面受剪承载力计算时,通常选取哪些截面作为计算截面? 计算截面处的剪力设计值又是如何选取的?

5.15 什么是抵抗弯矩图? 为保证正截面受弯承载力,它与设计弯矩图的关系应当如何?

5.16 受弯构件设计时,何时需要绘制抵抗弯矩图? 何时又不必绘制抵抗弯矩图?

5.17 从承载力的角度考虑,纵筋的弯起必须满足哪 3 方面的要求?

5.18 为保证正截面受弯承载力、斜截面受剪承载力和斜截面受弯承载力,纵筋的弯起应分别满足哪些构造规定?

5.19 纵筋的实际截断点位置应同时满足哪两个距离的要求? 这两个距离分别是

多少？

5.20 什么是深受弯构件？深受弯构件又分为哪两类？

5.21 计算公路桥涵工程受弯构件斜截面抗剪承载力时，通常选取哪些截面作为斜截面抗剪承载力的计算位置？

5.22 按《规范》(JTG D62)设计受弯构件时，如何避免斜压破坏和斜拉破坏？

5.23 按《规范》(JTG D62)设计受弯构件时，写出其斜截面水平投影长度 C 的计算公式，并简述斜截面水平投影长度 C 的简化计算方法。

5.24 试述按《规范》(JTG D62)的斜截面抗剪承载力配筋设计方法。

习　题

5.1 某受均布荷载作用的钢筋混凝土矩形截面简支梁，$b \times h = 250\text{mm} \times 600\text{mm}$，环境类别一类，安全等级二级，混凝土强度等级 C30，承受剪力设计值 $V = 230\text{kN}$，纵筋直径为 20mm，选用箍筋直径为 8mm 的 HPB300 钢筋，求受剪所需的箍筋用量。

5.2 某钢筋混凝土矩形截面简支梁，净跨 $l_n = 5000\text{mm}$，环境类别一类，安全等级二级，纵筋直径为 20mm，箍筋为直径 8mm 的 HPB300 钢筋。承受均布荷载设计值 $q = 100\text{kN/m}$（包括自重），按表 5-9 给出的截面尺寸和混凝土强度等级计算箍筋的配筋量 A_{sv}/s，并根据计算结果分析截面尺寸和混凝土强度等级对箍筋配筋量 A_{sv}/s 的影响。

表 5-9　已知参数

序号	$b \times h/(\text{mm} \times \text{mm})$	混凝土强度等级	A_{sv}/s
①	200×500	C30	
②	200×500	C35	
③	250×500	C30	
④	200×600	C30	

5.3 如图 5.59 所示的钢筋混凝土梁，$b \times h = 200\text{mm} \times 550\text{mm}$，环境类别一类，安全等级二级，混凝土强度等级 C30，均布荷载设计值为 $q = 50\text{kN/m}$（包括自重），纵筋直径为 20mm，箍筋采用直径 6mm 的 HPB300 钢筋，求截面 A、$B_左$、$B_右$ 受剪所需的箍筋。

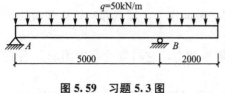

图 5.59　习题 5.3 图

5.4 如图 5.60 所示的钢筋混凝土简支梁，$b \times h = 250\text{mm} \times 650\text{mm}$，环境类别一类，安全等级二级，混凝土强度等级 C30，均布荷载设计值为 $q = 98\text{kN/m}$（包括自重），纵筋和弯起钢筋采用 HRB400 钢筋，箍筋采用 HPB300 钢筋，试求：

(1) 当箍筋为 $\phi 8@200$ 时，弯起钢筋应为多少？

(2) 利用现有纵筋为弯起钢筋，每排弯起 1$\phi 20$，如箍筋直径为 8mm，求所需箍筋。

5.5 如图 5.61 所示的钢筋混凝土 T 形截面简支梁，环境类别二 a，安全等级二级，混凝土强度等级 C25，均布荷载设计值 $q = 10\text{kN/m}$（包括自重），集中荷载设计值 $P =$

200kN，纵筋直径为20mm，箍筋采用直径为8mm的HPB300钢筋，试为该梁配置受剪所需的箍筋。

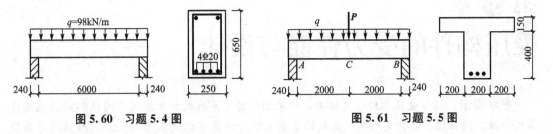

图 5.60 习题 5.4 图   图 5.61 习题 5.5 图

5.6 如图 5.62 所示的钢筋混凝土 T 形截面简支梁，环境类别二 a，安全等级二级，混凝土强度等级 C25，均布荷载设计值 $q=10\text{kN/m}$（包括自重），集中荷载设计值 $P=180\text{kN}$，纵筋和弯起钢筋采用 HRB400 钢筋，箍筋采用直径 8mm 的 HPB300 钢筋，按下列要求为该梁配置钢筋：（1）按跨中截面的最大弯矩计算正截面受弯所需的纵向钢筋；（2）当仅配置箍筋时，计算斜截面受剪所需的箍筋；（3）当剪跨段利用纵筋弯起时，计算斜截面受剪所需的箍筋。

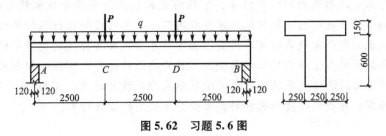

图 5.62 习题 5.6 图

5.7 某钢筋混凝土 T 形截面简支梁，净跨 $l_n=6000\text{mm}$，梁截面尺寸：$b\times h=250\text{mm}\times600\text{mm}$，$b_f'=750\text{mm}$，$h_f'=150\text{mm}$。环境类别二（a），安全等级一级，混凝土强度等级 C25，纵筋直径为 20mm，沿梁全长配置 $\phi10@150$ 的双肢箍筋，求梁的斜截面受剪承载力 V_u，并求梁能承担的均布荷载设计值 q（包括梁自重）。

5.8 如图 5.63 所示某钢筋混凝土矩形截面简支梁，环境类别二 a，安全等级二级，混凝土强度等级 C30，箍筋为热轧 HPB300 钢筋，沿梁全长配置 $\phi8@150$ 的双肢箍筋，梁底配有 3Φ25 HRB400 级的纵向钢筋。不计梁的自重及架立钢筋的作用，求梁所能承担的集中荷载设计值 P，该梁的承载力是由正截面受弯承载力控制还是斜截面受剪承载力控制？

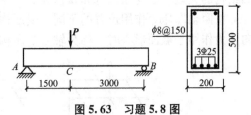

图 5.63 习题 5.8 图

第6章
受压构件的受力性能与设计

教学提示：轴心受压构件计算简单，但应阐明稳定系数的物理意义和间接钢筋提高构件承载力的工作机理。偏心受压构件正截面受压承载力计算不仅是本章的重点，而且计算类型多。其不仅有大、小偏心受压之分，还有矩形截面和 I 形截面、非对称配筋和对称配筋、"A_s'、A_s 均未知" 和 "已知 A_s' 求 A_s"、"已知 e_0 求 N_u" 和 "已知 N 求 M_u" 等之分。在设计计算时，不管何种类型，应引导学生抓住计算简图、基本计算公式、公式适用条件及补充条件这一主线。计算过程中应引导学生重视解题步骤的先后逻辑关系、养成及时验算公式适用条件的习惯和掌握出现不满足公式适用条件（如 $x < 2a_s'$、$x \geqslant \xi_{cy} h_0$）时的处理方法。

学习要求：通过本章学习，学生应掌握受压构件的一般构造；掌握轴心受压构件的破坏形态和正截面受压承载力的设计计算；掌握螺旋箍筋提高构件受压承载力的工作机理；掌握大、小偏心受压破坏的破坏特征；掌握考虑二阶效应的弯矩设计值计算方法；掌握偏心受压构件正截面受压承载力的计算简图、基本计算公式及其公式的适用条件；熟练掌握矩形截面对称配筋偏心受压构件正截面受压承载力的设计计算；掌握矩形截面非对称配筋和 I 形截面对称配筋偏心受压构件正截面受压承载力的设计计算；掌握 N_u - M_u 相关曲线的概念及其应用；熟悉偏心受压构件斜截面受剪承载力的设计计算。

6.1 受压构件概述

以承受轴向压力为主的构件称为受压构件。实际工程中的柱、墙、桥墩、拱肋、桁架中的受压弦杆与受压腹杆等是典型的受压构件。由于受压构件的破坏将引起楼面结构或桥面结构的失效，故受压构件非常重要。

按照轴向压力作用位置的不同，受压构件可分为轴心受压构件和偏心受压构件。当轴向压力作用于截面形心时，称为轴心受压构件，如图 6.1(a)所示；当轴向压力的作用点偏

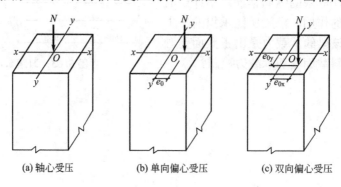

(a) 轴心受压   (b) 单向偏心受压   (c) 双向偏心受压

图 6.1 受压构件的类型

离构件截面形心时,称为偏心受压构件。偏心受压构件又可分为单向偏心受压构件和双向偏心受压构件。当轴向压力的作用点只与构件截面的一个主轴有偏心距时为单向偏心受压构件,如图 6.1(b)所示;当轴向压力的作用点与构件截面的两个主轴都有偏心距时为双向偏心受压构件,如图 6.1(c)所示。

本章介绍的偏心受压构件均是指单向偏心受压构件,至于双向偏心受压构件的设计计算方法详见《规范》(GB 50010)第 6.2.21 条。

6.2 受压构件的一般构造

6.2.1 截面形式和尺寸

考虑到受力合理和模板制作方便,钢筋混凝土轴心受压构件的截面一般采用正方形,偏心受压构件的截面一般采用矩形,有特殊要求时也有采用圆形或多边形截面。为节省混凝土及减轻结构自重,装配式受压构件也常采用 I 形截面或双肢截面等形式。

为了使柱的承载力不致因长细比过大而降低太多,柱的截面尺寸一般不宜小于 $250\text{mm} \times 250\text{mm}$,长细比宜控制在 $l_0/b \leqslant 30$、$\dfrac{l_0}{h} \leqslant 25$。当柱截面边长小于或等于 800mm 时,应为 50mm 的倍数;大于 800mm 时,应为 100mm 的倍数。

6.2.2 材料强度等级

混凝土强度等级对受压构件的承载力影响较大,为了减小构件的截面尺寸和节省钢材,宜采用强度等级较高的混凝土,一般结构常用 C25~C40;高层建筑结构常用 C40~C60。

钢筋与混凝土共同受压时,构件中的混凝土由于受到箍筋和纵筋的约束,其变形能力有一定的提高,峰值应变超过素混凝土的 0.002,可达 0.0025 甚至更大。因此,《规范》(GB 50010)规定:除 500MPa 级钢筋以外的热轧钢筋,其抗压强度设计值 f_y' 均等于抗拉强度设计值 f_y。柱中的纵向受力钢筋宜优先采用 HRB400、HRB500、HRBF400 和 HRBF500 钢筋;箍筋宜优先采用 HRB400、HRBF400 和 HPB300 钢筋。

6.2.3 纵向钢筋

柱中纵向钢筋的直径、根数、间距和配筋率应符合下列规定。

(1) 为保证钢筋骨架的刚度,纵向受力钢筋的直径不宜小于 12mm,且宜选择直径较大的钢筋。矩形截面柱中纵向钢筋根数不应少于 4 根;圆形截面柱中纵向钢筋宜沿周边均匀布置,根数不宜少于 8 根,且不应少于 6 根。

(2) 当偏心受压柱的截面高度 $h \geqslant 600\text{mm}$ 时,在侧面上应设置直径 $\geqslant 10\text{mm}$ 的纵向构造钢筋,并相应地设置复合箍筋或拉筋,如图 6.2 所示。

(3) 柱中纵向钢筋的净间距不应小于 50mm,且不宜大于 300mm。对水平浇筑的预制柱,其纵向钢筋的最小净间距应符合梁中纵向钢筋净间距的规定,见本书第 4 章 4.2.1 节。

(4) 在偏心受压柱中,垂直于弯矩作用平面的侧面上的纵向受力钢筋及轴心受压柱中各边的纵向受力钢筋,其中距不宜大于300mm。

(5) 受压构件全部纵向钢筋的配筋率不宜大于5%。

(6) 受压构件纵向受力钢筋的最小配筋百分率应符合附表1-18的要求。

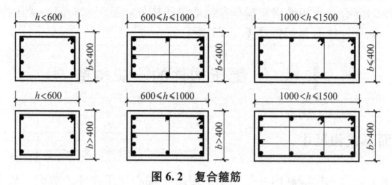

图 6.2 复合箍筋

6.2.4 箍筋

柱中箍筋的形式、间距、直径及复合箍筋的设置应符合下列规定。

(1) 为了能箍住纵筋,防止纵筋压曲,柱中的周边箍筋应为封闭式。

(2) 箍筋间距不应大于400mm及构件截面的短边尺寸,且不应大于15d,d为纵向钢筋的最小直径。

(3) 箍筋直径不应小于$d/4$,且不应小于6mm,d为纵向钢筋的最大直径。

(4) 当柱中全部纵向受力钢筋的配筋率大于3%时,箍筋直径不应小于8mm,间距不应大于10d,且不应大于200mm;箍筋末端应做成135°弯钩,且弯钩末端平直段长度不应小于10d(d为纵向受力钢筋的最小直径);箍筋也可焊成封闭环式。

(5) 当柱截面短边尺寸大于400mm且各边纵向钢筋多于3根时,或当柱截面短边尺寸不大于400mm但各边纵向钢筋多于4根时,应设置复合箍筋,如图6.2所示。

(6) 柱中纵向受力钢筋搭接长度范围内的箍筋间距应符合《规范》(GB 50010)第8.4.6条的规定。

对于截面形状复杂的构件,不应采用内折角箍筋,以免造成折角处混凝土被箍筋外拉而崩裂,此时应采用分离式箍筋,如图6.3所示。

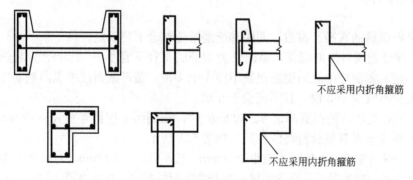

图 6.3 复杂截面的箍筋形式

6.3 轴心受压构件正截面的受力性能与承载力计算

实际工程中，理想的轴心受压构件是不存在的。但是对于以承受恒载为主的框架中柱、桁架的受压腹杆等，由于轴向压力的偏心距很小或者截面上的弯矩很小，可近似地按轴心受压构件设计，这样可使计算大为简化。

按照箍筋配置方式的不同，轴心受压构件可分为配普通箍筋的轴心受压构件[图 6.4(a)]和配螺旋箍筋的轴心受压构件[图 6.4(b)、(c)]两类。

由图 6.4(b)、(c)可知，配螺旋箍筋的轴心受压构件的箍筋有"配螺旋箍筋"和"配焊接环式箍筋"两种方式。由于这两种配箍方式的受力性能和设计计算方法相同，所以下面为叙述方便，将这两种配箍方式统称为配螺旋箍筋。

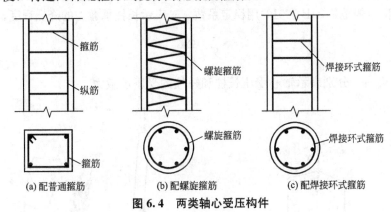

(a) 配普通箍筋　　　　(b) 配螺旋箍筋　　　　(c) 配焊接环式箍筋

图 6.4　两类轴心受压构件

轴心受压构件中的纵向钢筋主要有以下作用：

(1) 直接受压，提高柱的承载力或减小截面尺寸；

(2) 承担偶然偏心等产生的拉应力；

(3) 改善混凝土的变形能力，防止构件发生突然的脆性破坏；

(4) 减小混凝土的收缩和徐变变形。

轴心受压构件中的箍筋主要有以下作用：

(1) 固定纵筋，形成钢筋骨架；

(2) 约束混凝土，改善混凝土的性能；尤其是被螺旋箍筋约束的核心混凝土的强度和变形能力得到较大的提高；

(3) 给纵筋提供侧向支承，防止纵筋压屈。

6.3.1　配普通箍筋轴心受压构件正截面的受力性能与承载力计算

普通箍筋柱由于施工方便、经济性好，是工程中最常采用的轴心受压构件。

1. 配普通箍筋轴心受压构件正截面的受力性能

根据破坏时特征的不同，轴心受压构件的破坏形态有短柱破坏、长柱破坏和失稳破坏3 种。

短柱是指 $l_0/b \leqslant 8$（矩形截面，b 为截面的较小边长），或 $l_0/d \leqslant 7$（圆形截面，d 为截面直径），或 $l_0/i \leqslant 28$（任意截面，i 为截面的最小回转半径）的构件。短柱在荷载作用下，由于偶然因素造成的荷载初始偏心对短柱的受压承载力和破坏特征影响很小，引起的侧向挠度也很小，故可忽略不计。受力时，钢筋与混凝土的应变基本一致，两者共同变形、共同抵御外荷载。短柱破坏时，柱四周出现明显的纵向裂缝，混凝土压碎，纵筋压屈、外鼓呈灯笼状，如图 6.5 所示。

在荷载作用下，由于偶然因素造成的荷载初始偏心对长柱的受压承载力和破坏特征影响较大，应予以考虑。荷载的初始偏心使得长柱产生侧向挠度和附加弯矩，而侧向挠度又增大了荷载的偏心距。随着荷载的增加，侧向挠度和附加弯矩将不断增大。最后，长柱在轴心压力和附加弯矩的共同作用下，向外凸一侧的混凝土出现横向裂缝，向内凹一侧的混凝土出现纵向裂缝，混凝土被压碎，构件破坏，如图 6.6 所示。试验同时表明，长柱的承载力低于其他条件相同的短柱的承载力，长细比越大，降低越多。对于长细比很大的细长柱，还有可能发生失稳破坏。《规范》（GB 50010）用稳定系数 φ 来表示长柱承载力的降低程度，即

$$\varphi = \frac{N_u^l}{N_u^s} \qquad\qquad (6-1)$$

式中：N_u^l、N_u^s——分别表示轴心受压长柱和短柱的受压承载力。

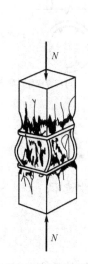

图 6.5　轴心受压短柱的破坏特征

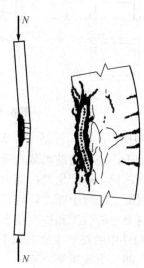

图 6.6　轴心受压长柱的破坏特征

试验及理论分析表明，稳定系数 φ 值主要与柱的长细比有关。长细比越大，φ 值越小。《规范》（GB 50010）规定：稳定系数 φ 应按表 6-1 取值。

表 6-1　钢筋混凝土轴心受压构件的稳定系数 φ

l_0/b	$\leqslant 8$	10	12	14	16	18	20	22	24	26	28
l_0/d	$\leqslant 7$	8.5	10.5	12	14	15.5	17	19	21	22.5	24
l_0/i	$\leqslant 28$	35	42	48	55	62	69	76	83	90	97
φ	1.00	0.98	0.95	0.92	0.87	0.81	0.75	0.70	0.65	0.60	0.56

（续）

l_0/b	30	32	34	36	38	40	42	44	46	48	50
l_0/d	26	28	29.5	31	33	34.5	36.5	38	40	41.5	43
l_0/i	104	111	118	125	132	139	146	153	160	167	174
φ	0.52	0.48	0.44	0.40	0.36	0.32	0.29	0.26	0.23	0.21	0.19

注：表中 l_0 为构件的计算长度；b 为矩形截面的短边尺寸；d 为圆形截面的直径；i 为截面的最小回转半径。

受压构件的计算长度 l_0 与构件两端的支承条件及有无侧移等因素有关。对于一般多层房屋中梁柱为刚接的框架结构，各层柱的计算长度 l_0 可按表 6-2 采用；其余类型柱的计算长度 l_0 应按《规范》（GB 50010）第 6.2.20 条的规定确定。

表 6-2 框架结构柱的计算长度 l_0

楼盖类型	柱的类别	l_0
现浇楼盖	底层柱	1.0H
	其余各层柱	1.25H
装配式楼盖	底层柱	1.25H
	其余各层柱	1.5H

注：表中 H 对底层柱为基础顶面到一层楼盖顶面的高度；其余各层柱为上下两层楼盖顶面之间的高度。

2. 配普通箍筋轴心受压构件的正截面受压承载力计算

根据短柱破坏时的特征，短柱正截面受压承载力的计算简图可取图 6.7 所示的应力图。在图 6.7 竖向力平衡的基础上，并考虑长柱和短柱计算公式的统一，以及与偏心受压构件正截面承载力计算具有相近的可靠度后，《规范》（GB 50010）对于配置普通箍筋的轴心受压构件的正截面受压承载力按下式计算：

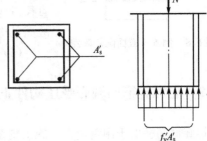

图 6.7 普通箍筋柱受压承载力计算简图

$$N \leqslant 0.9\varphi(f_c A + f'_y A'_s) \qquad (6-2)$$

式中：N——轴向压力设计值；

0.9——可靠度调整系数；

φ——钢筋混凝土构件的稳定系数，按表 6-1 采用；

f_c——混凝土的轴心抗压强度设计值，按附表 1-2 采用；

A——构件截面面积，当纵向钢筋配筋率大于 3% 时，式中 A 改用 $(A-A'_s)$；

A'_s——全部纵向钢筋的截面面积。

【例 6.1】 已知某现浇多层钢筋混凝土框架结构，处于一类环境，安全等级为二级，其底层某内柱为轴心受压构件，柱的计算长度 $l_0=5.6\text{m}$，轴向压力设计值 $N=2500\text{kN}$，混凝土选用 C30，纵筋选用 HRB400 钢筋。试确定该柱的截面尺寸并配置纵筋及箍筋。

【解】（1）确定基本参数并初步估算截面尺寸。

查附表 1-2 和附表 1-5 可得：C30 混凝土，$f_c=14.3\text{N/mm}^2$；HRB400 钢筋，$f_y'=360\text{N/mm}^2$，由于是轴心受压构件，截面选用正方形。

假定 $\rho'=1\%$，$\varphi=1$，代入式(6-2)估算截面面积：

$$A\geqslant\frac{N}{0.9\varphi(f_c+\rho'f_y')}=\frac{2500\times10^3}{0.9\times1\times(14.3+0.01\times360)}=155183\text{mm}^2$$

则截面边长 $b=\sqrt{A}=\sqrt{155183}=393.9\text{mm}$，取 $b=400\text{mm}$。

（2）计算受压纵筋面积。

$$\frac{l_0}{b}=\frac{5600}{400}=14$$，查表 6-1 得 $\varphi=0.92$，由式(6-2)得

$$A_s'=\frac{\dfrac{N}{0.9\varphi}-f_cA}{f_y'}=\frac{\dfrac{2500\times10^3}{0.9\times0.92}-14.3\times400\times400}{360}=2031\text{mm}^2$$

（3）验算纵筋配筋率。

查附表 1-18 可得：受压构件全部纵向钢筋最小配筋率 $\rho_{\min}=0.55\%$。

$$\rho'=(A_s'/A)\times100\%=(2031/160000)\times100\%=1.27\%\begin{cases}>0.55\%\\<5\%\end{cases}$$，所以满足配筋率要求。

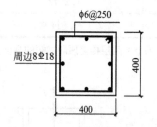

图 6.8 例 6.1 截面配筋简图

（4）选配钢筋。

查附表 1-20，选配纵向钢筋 8⌀18，$A_s'=2036\text{mm}^2$。

（5）根据构造要求配置箍筋。

选取箍筋为 ⌀6@250，其间距小于截面短边长度，且小于 400mm，也小于 $15d=270\text{mm}$（d 为纵向钢筋的最小直径）；箍筋的直径大于 $d/4=4.5\text{mm}$，且大于等于 6mm，故满足构造要求。

（6）截面配筋如图 6.8 所示。

6.3.2 配螺旋箍筋轴心受压构件正截面的受力性能与承载力计算

螺旋箍筋柱由于用钢量大、施工复杂、造价较高，一般不宜采用。但当柱承受的轴向荷载很大，而柱的截面尺寸又受到限制，即使提高混凝土强度等级和增加纵筋用量也不足以承受该轴向荷载时，可考虑采用螺旋箍筋柱，以提高构件的承载力。

1. 配螺旋箍筋轴心受压构件正截面的受力性能

对于配置螺旋箍筋的柱，当荷载增加使混凝土的压应力达到 $0.8f_c$ 以后，混凝土的横向变形将急剧增大，但混凝土急剧增大的横向变形将受到螺旋箍筋的约束，螺旋箍筋内产生拉应力，从而使箍筋所包围的核心混凝土(图 6.9 中的阴影部分)受到螺旋箍筋的被动约束，使箍筋以内的核心混凝土处于三向受压状态，有效地提高了核心混凝土的抗压强度和变形能力，从而提高构件的受压承载力。当

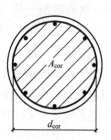

图 6.9 螺旋箍筋柱截面的核心混凝土

混凝土的压应变达到无约束混凝土的极限压应变时，箍筋外围的混凝土保护层开始脱落。当螺旋箍筋的应力达到抗拉屈服强度时，柱达到最大承载力而破坏。因为这种柱是通过对核心混凝土的套箍作用而间接提高柱的受压承载力，故也称为间接配筋柱，同时螺旋箍筋或焊接环式箍筋也称为间接钢筋。

2. 配螺旋箍筋轴心受压构件的正截面受压承载力计算

根据螺旋箍筋柱破坏时的特征，其正截面受压承载力的计算简图可取图 6.10(a)所示的应力图。根据图 6.10(a)竖向力的平衡，并考虑与偏心受压构件正截面承载力计算具有相近的可靠度后，可得到下式：

$$N \leqslant 0.9(f_{cc}A_{cor} + f'_y A'_s) \tag{6-3}$$

式中：N ——轴向压力设计值；

0.9 ——可靠度调整系数；

f_{cc} ——有约束混凝土的轴心抗压强度设计值；

A_{cor} ——构件的核心截面面积，间接钢筋内表面范围内的混凝土面积，如图 6.9 所示；

f'_y ——纵向钢筋的抗压强度设计值，按附表 1-5 采用；

A'_s ——全部纵向钢筋的截面面积。

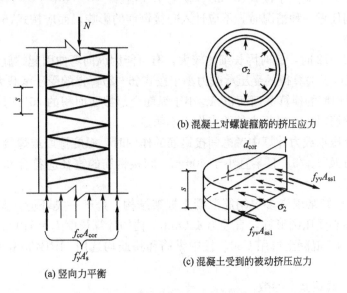

(b) 混凝土对螺旋箍筋的挤压应力

(c) 混凝土受到的被动挤压应力

(a) 竖向力平衡

图 6.10 螺旋箍筋柱的计算简图

根据混凝土三向受压时的强度规律可得

$$f_{cc} = f_c + 4\alpha\sigma_2 \tag{6-4}$$

式中：f_c ——无约束混凝土的轴心抗压强度设计值，按附表 1-2 采用。

α ——间接钢筋对混凝土约束的折减系数，当混凝土强度等级不超过 C50 时，取 1.0；当混凝土强度等级为 C80 时，取 0.85；其间按线性内插法确定，详见附表 1-10。

σ_2 ——间接钢筋屈服时，核心混凝土受到的径向压应力值，如图 6.10(b)、(c)所示。

根据图 6.10(c)的水平力平衡可得

$$\sigma_2 = \frac{2 f_{yv} A_{ss1}}{s d_{cor}} \tag{6-5}$$

式中：f_{yv}——间接钢筋的抗拉强度设计值，按附表 1-5 中的 f_y 采用；

A_{ss1}——螺旋式或焊接环式单根间接钢筋的截面面积；

s——间接钢筋沿构件轴线方向的间距；

d_{cor}——构件的核心截面直径，间接钢筋内表面之间的距离，如图 6.9 所示。

将式(6-5)代入式(6-4)，再代入式(6-3)可得《规范》(GB 50010)对于配置螺旋式或焊接环式间接钢筋的轴心受压构件的正截面受压承载力计算公式：

$$N \leqslant 0.9(f_c A_{cor} + f_y' A_s' + 2\alpha f_{yv} A_{ss0}) \tag{6-6a}$$

$$A_{ss0} = \frac{\pi d_{cor} A_{ss1}}{s} \tag{6-6b}$$

式中：A_{ss0}——螺旋式或焊接环式间接钢筋的换算截面面积。

式(6-6)括号内第一项为核心混凝土在无约束时所承担的轴力；第二项为纵向钢筋承担的轴力；第三项代表配置螺旋筋后，核心混凝土受到螺旋筋约束所提高的承载力。为了保证构件在使用荷载作用下不发生混凝土保护层脱落，《规范》(GB 50010)规定按式(6-6)算得的构件承载力不应大于按式(6-2)算得的 1.5 倍。

当遇到下列任意一种情况时，不应计入间接钢筋的影响，而应按式(6-2)计算构件的轴心受压承载力。

(1) 当 $l_0/d > 12$ 时，此时因长细比较大，有可能因纵向弯曲引起螺旋筋不起作用。

(2) 当按式(6-6)算得的受压承载力小于按式(6-2)算得的受压承载力时。

(3) 当间接钢筋的换算截面面积 A_{ss0} 小于纵筋全部截面面积的 25% 时；因间接钢筋配置太少，间接钢筋对核心混凝土的约束作用不明显。

当正截面受压承载力计算中考虑间接钢筋的作用时，螺旋箍筋或焊接环式箍筋的间距不应大于 80mm 及 $d_{cor}/5$，且不宜小于 40mm；间接钢筋的直径应符合 6.2.4 节有关柱中箍筋直径的规定。

【例 6.2】 已知某现浇多层钢筋混凝土框架结构，处于一类环境，安全等级为二级，底层中间柱为轴心受压圆形柱，直径为 450mm，柱的计算长度 $l_0 = 5100$mm，轴向压力设计值 $N = 4750$kN，混凝土选用 C30，柱中纵筋和箍筋均选用 HRB400 钢筋。试确定柱中纵筋及箍筋。

【解】 (1) 确定基本参数。

查附表 1-2 和附表 1-5 可得：C30 混凝土，$f_c = 14.3$N/mm²；HRB400 钢筋，$f_y' = f_y = f_{yv} = 360$N/mm²。

查附表 1-10 可得 $\alpha = 1.0$；查附表 1-13 可得一类环境，$c = 20$mm。

(2) 按普通箍筋柱计算。

由 $l_0/d = 5100/450 = 11.33$，查表 6-1 得 $\varphi = 0.933$。

圆柱截面面积为

$$A = \frac{\pi d^2}{4} = \frac{3.14 \times 450^2}{4} = 158962.5 \text{mm}^2$$

由式(6-2)得

$$A'_s = \frac{\frac{N}{0.9\varphi} - f_c A}{f'_y} = \frac{\frac{4750 \times 10^3}{0.9 \times 0.933} - 14.3 \times 158962.5}{360} = 9398.9 \text{mm}^2$$

$\rho' = (A'_s / A) \times 100\% = (9398.9 \div 158962.5) \times 100\% = 5.91\% > \rho'_{max} = 5\%$，配筋率大于最大配筋率，故选用普通箍筋柱不合适。又因 $l_0/d = 11.33 < 12$，若混凝土强度等级不再提高，则可改配螺旋箍筋，以提高柱的承载力。

（3）按配螺旋式箍筋柱计算。

假定 $\rho' = 3\%$，则

$$A'_s = 0.03A = 0.03 \times 158962.5 = 4768.9 \text{mm}^2$$

选配纵筋为 $10 \Phi 25$，实际 $A'_s = 4909 \text{mm}^2$，$\rho' = 3.1\%$。

假定螺旋箍筋直径为 12mm，则 $A_{ss1} = 113.1 \text{mm}^2$。

混凝土核心截面直径为：$d_{cor} = 450 - 2 \times (20 + 12) = 386 \text{mm}$

混凝土核心截面面积为：$A_{cor} = \frac{\pi d_{cor}^2}{4} = \frac{3.14 \times 386^2}{4} = 116961.9 \text{mm}^2$

由式（6-6）得

$$A_{ss0} = \frac{\frac{N}{0.9} - (f_c A_{cor} + f'_y A'_s)}{2\alpha f_{yv}} = \frac{\frac{4750 \times 10^3}{0.9} - 14.3 \times 116961.9 - 360 \times 4909}{2 \times 1 \times 360} = 2552.8 \text{mm}^2$$

因 $A_{ss0} > 0.25 A'_s = 1227.3 \text{mm}^2$，满足要求。

由式（6-6a）得 $s = \frac{\pi d_{cor} A_{ss1}}{A_{ss0}} = \frac{3.14 \times 386 \times 113.1}{2552.8} = 53.7 \text{mm}$

取 $s = 50 \text{mm}$，满足 $40 \text{mm} \leqslant s \leqslant 80 \text{mm}$，且不超过 $d_{cor}/5 = 386/5 = 77.2 \text{mm}$ 的要求。

故螺旋箍筋选配 $\Phi 12 @ 50$。

（4）验算"按螺旋箍筋柱计算的承载力"不超过"按普通箍筋柱计算的承载力"的1.5 倍。

① 按螺旋箍筋柱计算承载力。

由式（6-6a）得 $A_{ss0} = \frac{\pi d_{cor} A_{ss1}}{s} = \frac{3.14 \times 386 \times 113.1}{50} = 2741.6 \text{mm}^2$

由式（6-6）得

$$N_u = 0.9(f_c A_{cor} + f'_y A'_s + 2\alpha f_{yv} A_{ss0})$$

$$= 0.9 \times (14.3 \times 116961.9 + 360 \times 4909 + 2 \times 1 \times 360 \times 2741.6)$$

$$= 4872.4 \times 10^3 \text{N} = 4872.4 \text{kN} > N = 4750 \text{kN}$$

② 按普通箍筋柱计算承载力。

因为 $\rho' = 3.1\%$，所以式（6-2）中的 A 应改为 $A - A'_s$，由式（6-2）得

$$N_u = 0.9\varphi[f_c(A - A'_s) + f'_y A'_s]$$

$$= 0.9 \times 0.933 \times (14.3 \times 154053.5 + 360 \times 4909)$$

$$= 3333.8 \times 10^3 \text{N} = 3333.8 \text{kN}$$

由于 $4872.4/3333.8 = 1.46 < 1.5$，故满足要求。

截面配筋如图 6.11 所示。

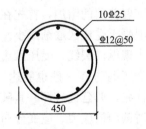

图 6.11 例 6.2 截面配筋简图

6.4 偏心受压构件正截面的受力性能

钢筋混凝土单向偏心受压构件的纵向受力钢筋通常布置在轴向力偏心方向的两侧，离偏心压力较近一侧的钢筋称为受压钢筋，用 A'_s 表示，其实际受力为受压；离偏心压力较远一侧的钢筋称为受拉钢筋，用 A_s 表示，其实际受力可能为受拉也可能为受压，如图 6.12 所示。

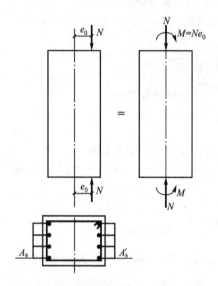

图 6.12　偏心受压构件的纵向受力钢筋

由图 6.12 可见，偏心受压构件可等效为压弯构件。因此，从正截面的受力性能来看，可以把偏心受压看作轴心受压与受弯之间的过渡状态，即可以把轴心受压看作偏心受压状态当 $M=0$ 时的一种极端情况；而受弯可看作偏心受压状态当 $N=0$ 时的另一种极端情况。可以推断，偏心受压构件截面中的应力、应变分布将随着偏心距 e_0 的逐步减少从接近于受弯状态过渡到接近于轴心受压状态。

由于长细比 (l_0/i) 不同，在荷载作用下偏心受压构件的纵向弯曲对构件受力性能的影响程度不同。当长细比较小时，构件的纵向弯曲很小，可忽略不计，该类柱称为短柱；当长细比增大到一定值以后，由于构件的纵向弯曲引起的附加弯矩对构件受力性能的影响较大，不能忽略，该类柱称为长柱。

6.4.1　偏心受压短柱的破坏形态

试验研究表明，偏心受压构件的破坏形态与轴向压力偏心距 e_0 的大小及构件的配筋情况有关，可分为大偏心受压破坏和小偏心受压破坏两种。

1. 大偏心受压破坏(受拉破坏)

当轴向压力 N 的偏心距 e_0 较大，且距轴向压力较远一侧的钢筋 A_s 配置不太多时，构件最终将发生大偏心受压破坏。荷载作用下，离轴向压力较近一侧截面受压，另一侧受拉。随着荷载的增加，首先在受拉区产生横向裂缝；这些裂缝将随着荷载的增大而不断开展，混凝土受压区逐渐减小。当受拉钢筋屈服后，混凝土受压区迅速减小，最后受压区混凝土出现纵向裂缝，受压区边缘混凝土达到极限压应变 ε_{cu}，混凝土压碎，构件破坏，此时纵向受压钢筋 A'_s 一般也能达到屈服强度，此种破坏形态称为大偏心受压破坏，破坏前有明显征兆，属延性破坏。其破坏过程和破坏特征类似受弯构件正截面的适筋梁破坏，构件破坏时截面的应力、应变分布如图 6.13(a) 所示，构件的破坏形态如图 6.14(a) 所示。这种构件称为大偏心受压构件。

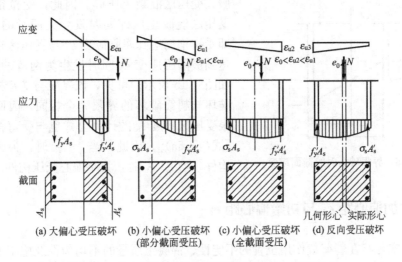

图 6.13 偏心受压构件破坏时截面的应力、应变分布

2. 小偏心受压破坏（受压破坏）

当轴向压力 N 的偏心距 e_0 较小；或偏心距 e_0 虽然较大，但距轴向压力 N 较远一侧的钢筋 A_s 配置较多时，构件最终都将发生小偏心受压破坏。荷载作用下，构件截面将大部分受压或全部受压；随着荷载的增加，最后都是由于受压区混凝土被压碎而破坏，此时距轴向压力 N 较近一侧的钢筋 A_s' 受压屈服，另一侧的钢筋 A_s 无论受拉或受压，其应力均较小，也就是说破坏时钢筋 A_s 未能屈服，此种破坏形态称为小偏心受压破坏，破坏前无明显征兆，属脆性破坏。其破坏过程和破坏特征类似受弯构件正截面的超筋梁破坏，构件破坏时截面的应力、应变分布如图 6.13（b）、（c）所示，构件的破坏形态如图 6.14（b）所示。这种构件称为小偏心受压构件。

上述引起小偏心受压破坏的两种情形中，"偏心距 e_0 虽较大，但 A_s 配置较多"的情形是由于设计不合理而引起的，设计时应予以避免。

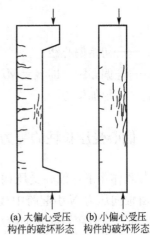

(a) 大偏心受压   (b) 小偏心受压
构件的破坏形态   构件的破坏形态

图 6.14 偏心受压构件的破坏形态

另外，当轴向压力 N 的偏心距 e_0 很小，且纵向受拉钢筋 A_s 配置较少，而纵向受压钢筋 A_s' 配置较多时，这时截面的实际形心轴与几何形心轴将不重合，实际形心轴将向 A_s' 一侧偏移，并可能越过轴向压力 N 的作用线，最终可能发生 A_s 所在一侧的混凝土先压碎而破坏的情况，破坏时截面的应力、应变分布如图 6.13（d）所示，通常称其为"反向受压破坏"。

3. 界限破坏

在大、小偏心受压破坏之间，必定有一个界限，称为界限破坏。如前所述，大偏心受压破坏时，受拉钢筋先屈服，然后受压区混凝土压碎；小偏心受压破坏时，受拉钢筋未屈

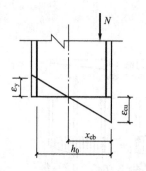

图 6.15　界限破坏时的截面应变

服，受压区混凝土压碎。因此，受拉钢筋屈服与受压区混凝土压碎同时发生为两者的界限破坏，即受拉钢筋达到屈服应变 ε_y 与受压区边缘混凝土达到极限压应变 ε_{cu} 同时发生为两者的界限破坏，如图 6.15 所示。可见，该界限与受弯构件中适筋破坏与超筋破坏的界限完全相同，因而其相对界限受压区高度 ξ_b 的计算公式也与受弯构件的相同[式(4-5a)]。因此，当 $\xi \leqslant \xi_b$ 时，为大偏心受压构件；当 $\xi > \xi_b$ 时，为小偏心受压构件。

6.4.2　附加偏心距 e_a 与初始偏心距 e_i

工程中实际存在着荷载作用位置的不定性、混凝土质量的不均匀性及施工的偏差等因素，都可能产生附加偏心距 e_a。因此，《规范》(GB 50010)规定：在偏心受压构件的正截面承载力计算中，应计入轴向压力在偏心方向存在的附加偏心距 e_a，其值应取 20mm 和偏心方向截面最大尺寸的 1/30 两者中的较大值。

计入附加偏心距 e_a 后，轴向压力的偏心距则用 e_i 表示，即

$$e_i = e_0 + e_a \tag{6-7}$$

式中：e_i——初始偏心距；

e_0——偏心距，即 $e_0 = M/N$；

e_a——附加偏心距。

6.4.3　偏心受压长柱的受力性能

在荷载作用下，偏心受压构件会产生纵向挠曲变形，其侧向挠度为 f，如图 6.16 所示，则由轴向压力 N 引起跨中截面的弯矩为 $Ne_i + Nf$。其中，Ne_i 称为一阶弯矩或初始弯矩，Nf 称为二阶弯矩或附加弯矩，也称二阶效应。

图 6.17 给出了从加载到破坏全过程，偏心受压短柱、长柱和细长柱的 N-M 关系曲线，三者除长细比外的其他条件均相同。

对于偏心受压短柱，荷载作用下的侧向挠度 f 很小，可略去不计。因此，加载过程中短柱的 N 与 M 呈线性关系(图 6.17 中直线 OA)，最后到达 A 点，构件破坏，属于材料破坏。

对于偏心受压长柱，荷载作用下的侧向挠度 f 较大，二阶弯矩 Nf 的影响已不能忽略。加载过程中由于 f 随 N 的增大而增大，故 M 比 N 增长快，二者不再呈线性关系(图 6.17 中曲线 OB)，最后到达 B 点，构件破坏，仍属于材料破坏。但长柱的受压承载力 N_B 比条件相同的短柱的受压承载力 N_A 低，长细比越大，降低越多。需要说明的是，与偏心受压短柱一样，偏心受压长柱的材料破坏也有大偏心受压破坏和小偏心受压破坏两种破坏形态。

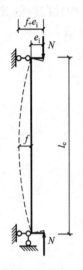

图 6.16　偏心受压构件的侧向挠度

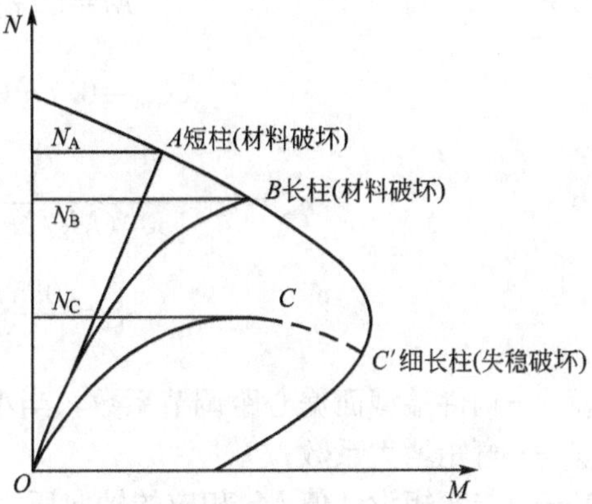

图 6.17　长细比对柱的 N-M 关系的影响

与长柱相比，偏心受压细长柱的 M 比 N 增长更快（图 6.17 中曲线 OC）。到达 C 点时，细长柱的侧向挠度 f 已出现不收敛的增长，构件因纵向弯曲失去平衡而破坏，此时钢筋尚未屈服，混凝土尚未压碎，称之为"失稳破坏"，实际工程中应避免这种破坏。

可见，当长细比较大时应考虑二阶效应对偏心受压构件受力性能的影响。为此，《规范》（GB 50010）给出了考虑二阶效应影响的条件：弯矩作用平面内截面对称的偏心受压构件，当同一主轴方向的杆端弯矩比 $M_1/M_2 \leqslant 0.9$ 且轴压比 $\leqslant 0.9$ 时，若构件的长细比满足式（6-8）的要求，可不考虑轴向压力在该方向挠曲杆件中产生的附加弯矩影响；否则应按截面的两个主轴方向分别考虑轴向压力在挠曲构件中产生的附加弯矩的影响。

$$l_c/i \leqslant 34-12(M_1/M_2) \qquad (6-8)$$

式中：M_1、M_2——分别为已考虑侧移影响的偏心受压构件两端截面按结构弹性分析确定的对同一主轴的组合弯矩设计值，绝对值较大端为 M_2，绝对值较小端为 M_1；当构件按单曲率弯曲时，如图 6.18(a) 所示，M_1/M_2 取正值；否则取负值，如图 6.18(b) 所示。

l_c——构件计算长度，可取偏心受压构件相应主轴方向上下支撑点之间的距离。

i——偏心方向的截面回转半径。

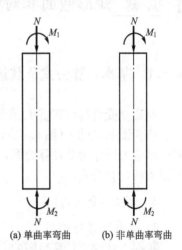

(a) 单曲率弯曲　　　(b) 非单曲率弯曲

图 6.18　偏心受压构件的弯曲

6.4.4　考虑二阶效应后弯矩设计值 M 的计算方法

当不能同时满足上述"杆端弯矩比、轴压比、长细比"3 个条件时，也就是说只要有一个条件不满足，就需考虑轴向压力在挠曲构件中产生的附加弯矩的影响。《规范》

(GB 50010)采用弯矩增大系数法来考虑该影响，并规定，除排架结构柱以外的其他偏心受压构件，应按式(6-9a)来计算考虑二阶效应后控制截面的弯矩设计值 M。

$$M = C_m \eta_{ns} M_2 \qquad (6-9a)$$

$$C_m = 0.7 + 0.3 \frac{M_1}{M_2} \qquad (6-9b)$$

$$\eta_{ns} = 1 + \frac{1}{1300(M_2/N + e_a)/h_0} \left(\frac{l_c}{h}\right)^2 \zeta_c \qquad (6-9c)$$

$$\zeta_c = \frac{0.5 f_c A}{N} \qquad (6-9d)$$

式中：C_m——构件端截面偏心距调节系数，当小于 0.7 时，取 0.7；

η_{ns}——弯矩增大系数；

N——与弯矩设计值 M_2 相应的轴向压力设计值；

e_a——附加偏心距；

ζ_c——截面曲率修正系数，应 $\leqslant 1.0$；

h、h_0、A——分别为构件截面高度、有效高度和截面面积。

当 $C_m \eta_{ns}$ 小于 1.0 时取 1.0；对剪力墙及核心筒墙，可取 $C_m \eta_{ns}$ 等于 1.0。

排架结构柱考虑二阶效应的弯矩设计值，应按《规范》(GB 50010)第 5.3.4 条和附录 B 的规定计算。

6.5 矩形截面非对称配筋偏心受压构件正截面受压承载力计算

6.5.1 基本计算公式及其适用条件

与建立受弯构件正截面承载力计算公式的方法类似，在偏心受压构件破坏时截面应力、应变图的基础上(图 6.13)，经过 4 个基本假定的简化(见第 4 章 4.4.1 节)，再采用等效矩形应力图作为其计算简图，由计算简图建立的平衡方程即为偏心受压构件正截面受压承载力的计算公式。

1. 大偏心受压构件

1) 基本计算公式

根据上述建立计算简图的方法和大偏心受压破坏的特征，可得到矩形截面大偏心受压构件正截面受压承载力的计算简图，如图 6.19 所示。

由图 6.19 所示的纵向力平衡及力矩平衡，可得到矩形截面大偏心受压构件正截面受压承载力的两个基本计算公式：

$$N \leqslant \alpha_1 f_c b x + f_y' A_s' - f_y A_s \qquad (6-10a)$$

$$Ne \leqslant \alpha_1 f_c b x \left(h_0 - \frac{x}{2}\right) + f_y' A_s' (h_0 - a_s') \qquad (6-10b)$$

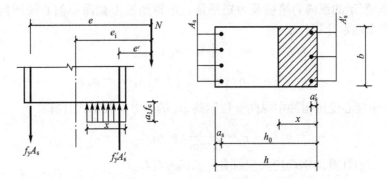

图 6.19 矩形截面大偏心受压构件正截面受压承载力的计算简图

式中：e——轴向压力 N 作用点至纵向受拉钢筋 A_s 合力点的距离，按下式计算：

$$e = e_i + \frac{h}{2} - a_s \tag{6-10c}$$

2）公式的适用条件

（1）为保证受拉钢筋 A_s 达到屈服强度 f_y，应满足：$\xi \leqslant \xi_b$ 或 $x \leqslant \xi_b h_0$。

（2）为保证受压钢筋 A_s' 达到屈服强度 f_y'，应满足：$x \geqslant 2a_s'$。

计算中若出现 $x < 2a_s'$，说明纵向受压钢筋 A_s' 没有达到屈服强度 f_y'。此时，与受弯构件双筋梁的处理方法类似，可近似取 $x = 2a_s'$，并对纵向受压钢筋 A_s' 的合力点取矩，得到：

$$Ne' \leqslant f_y A_s (h_0' - a_s) \tag{6-11a}$$

式中：e'——轴向压力 N 作用点至纵向受压钢筋 A_s' 合力点的距离，按下式计算：

$$e' = e_i - \frac{h}{2} + a_s' \tag{6-11b}$$

2. 小偏心受压构件

1）基本计算公式

对于小偏心受压构件，离轴向压力较远一侧的钢筋 A_s，无论受拉或受压其一般不会屈服。因此，小偏心受压构件的计算简图如图 6.20 所示。

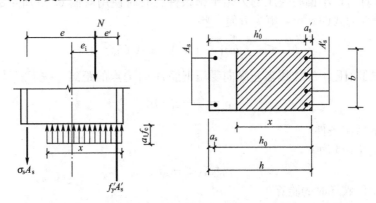

图 6.20 矩形截面小偏心受压构件正截面受压承载力的计算简图

由图 6.20 所示的纵向力平衡及力矩平衡，可得到矩形截面小偏心受压构件正截面受压承载力的两个基本计算公式：

$$\begin{cases} N \leqslant \alpha_1 f_c bx + f_y' A_s' - \sigma_s A_s & (6-12a) \\ Ne \leqslant \alpha_1 f_c bx \left(h_0 - \dfrac{x}{2} \right) + f_y' A_s' (h_0 - a_s') & (6-12b) \end{cases}$$

式中：σ_s——小偏心受压构件中纵向受拉钢筋 A_s 的应力，按下式计算：

$$\sigma_s = \frac{f_y}{\xi_b - \beta_1} (\xi - \beta_1) \qquad (6-12c)$$

按式(6-12c)计算的钢筋应力应符合 $-f_y' \leqslant \sigma_s \leqslant f_y$。

由式(6-12c)的 $\sigma_s = -f_y'$，可解得 $\xi = 2\beta_1 - \xi_b$；由 $\sigma_s = f_y$，可解得 $\xi = \xi_b$。也就是说，只要满足 $\xi_b \leqslant \xi \leqslant 2\beta_1 - \xi_b$，就能保证 $-f_y' \leqslant \sigma_s \leqslant f_y$。若记 $\xi_{cy} = 2\beta_1 - \xi_b$，钢筋应力 σ_s 应满足 $-f_y' \leqslant \sigma_s \leqslant f_y$ 的条件就可以等价为

$$\xi_b h_0 \leqslant x \leqslant \xi_{cy} h_0 \qquad (6-13)$$

需要说明的是，对于小偏心受压构件纵向受拉钢筋 A_s 的应力 σ_s，《规范》(GB 50010) 第 6.2.8 条给出了两种计算方法。第一种方法是基于平截面假定得到的 σ_s 的计算公式，但由于应用该公式计算 x 时须解 x 的三次方程，不便于手算，故本书没有给出该计算公式，具体可见《规范》(GB 50010)第 6.2.8 条。

第二种方法给出的近似公式(6-12c)是这样得到的：首先根据试验数据分析得知"σ_s 与 ξ 近似成线性关系"，其次根据物理意义在小偏心受压范围内有两个特定状态的 ε_s 值是已知的，即 $x_c = x_{cb}$ 时，$\varepsilon_s = \varepsilon_y$；$x_c = h_0$ 时，$\varepsilon_s = 0$，如图 6.21 所示；最后利用这两点坐标建立直线方程，即可得到式(6-12c)。手算时，通常使用式(6-12c)来计算小偏心受压构件中纵向受拉钢筋 A_s 的应力 σ_s。

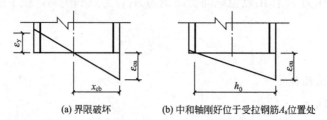

(a) 界限破坏   (b) 中和轴刚好位于受拉钢筋A_s位置处

图 6.21 确定 σ_s 计算公式时两个特定状态的截面应变分布

在设计计算时，小偏心受压的力矩平衡条件，有时使用对图 6.20 所示的受压钢筋 A_s' 合力点取矩建立的式(6-14a)更为方便一些。

$$Ne' \leqslant \alpha_1 f_c bx \left(\frac{x}{2} - a_s' \right) - \sigma_s A_s (h_0' - a_s) \qquad (6-14a)$$

式中：e'——轴向压力 N 作用点至纵向受压钢筋 A_s' 合力点的距离，按下式计算：

$$e' = \frac{h}{2} - e_i - a_s' \qquad (6-14b)$$

2) 公式的适用条件

公用的适用条件如下：

$$\xi_b h_0 < x \leqslant h \qquad (6-15)$$

3) 反向受压破坏时的验算

当轴向压力较大且偏心距很小时，有可能发生图 6.13(d)所示的"反向受压破坏"。

图 6.22 为该种破坏形式的计算简图，对纵向受压钢筋 A_s' 的合力点取矩，可得到式(6-16a)所示的计算公式。

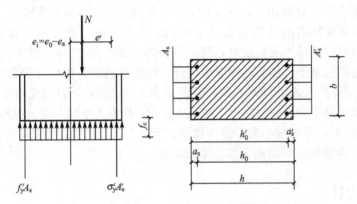

图 6.22 小偏心受压构件反向受压破坏时的计算简图

$$Ne' \leqslant f_c bh(h_0'-0.5h)+f_y'A_s'(h_0'-a_s) \tag{6-16a}$$

式中：e'——轴向压力 N 至 A_s' 合力点的距离。为造成对 A_s 最不利，取 $e_i=e_0-e_a$，所以

$$e'=\frac{h}{2}-a_s'-(e_0-e_a) \tag{6-16b}$$

为避免发生"反向受压破坏"，《规范》(GB 50010)规定，矩形截面非对称配筋的小偏心受压构件，当 $N>f_c bh$ 时，应按式(6-16a)验算"反向受压破坏"。

4) 垂直于弯矩作用平面的轴心受压承载力验算

当轴向压力 N 较大、偏心距较小，且垂直于弯矩作用平面的长细比 l_0/b 较大时，则有可能由垂直于弯矩作用平面的轴心受压承载力起控制作用。因此，《规范》(GB 50010)规定：偏心受压构件除应计算弯矩作用平面的受压承载力外，尚应按轴心受压构件验算垂直于弯矩作用平面的轴心受压承载力，此时，可不计入弯矩的作用，但应考虑稳定系数 φ 的影响。

一般来说，大偏心受压构件可不作垂直于弯矩作用平面的轴心受压承载力验算，但小偏心受压构件必须按下式对垂直于弯矩作用平面的轴心受压承载力进行验算：

$$N \leqslant 0.9\varphi[f_c A + f_y'(A_s'+A_s)] \tag{6-17}$$

式中：N ——轴向压力设计值；

φ ——稳定系数，应按构件垂直于弯矩作用平面方向的长细比 l_0/b，查表 6-1；

A_s'、A_s ——偏心受压构件的纵向受压钢筋和纵向受拉钢筋截面面积，如图 6.12 所示。

验算时，若式(6-17)不满足，则表明该构件的配筋由垂直于弯矩作用平面的轴心受压承载力控制。此时，应按式(6-17)计算配筋量 $(A_s'+A_s)$，并将该配筋量 $(A_s'+A_s)$ 按"弯矩作用平面内偏心受压计算所得的纵向受压钢筋 A_s' 和纵向受拉钢筋 A_s 的面积比"进行分配。最后，按分配后的钢筋面积分别选配纵向受压钢筋和纵向受拉钢筋。

6.5.2 大、小偏心受压的判别条件

由于大、小偏心受压构件的计算公式不同，所以无论是截面设计还是截面复核，都需要首先判别是大偏心受压还是小偏心受压，然后才能使用相应的公式进行计算。

对于非对称配筋的截面设计等情况，由于事先不能求得 x，也就不能直接用 $x \leqslant \xi_b h_0$

来判别大、小偏心受压,因此,必须寻求其他方法来判别。

由于偏心距是影响大、小偏心受压破坏形态的主要因素,所以希望将大、小偏心受压界限破坏时的偏心距 e_{ib} 计算出来,从而用 $e_i > e_{ib}$ 来判别大、小偏心受压。

为此,将界限破坏时的受压区高度 $x = \xi_b h_0$ 代入大偏心受压的计算公式(6-10a)、式(6-10b),就可以推得界限初始偏心距 e_{ib} 的计算公式;再将纵向受拉钢筋与受压钢筋的最小配筋率、常用混凝土与钢筋的强度设计值,以及常遇的几何尺寸关系(如 $h = 1.05h_0$, $a_s = a_s' = 0.05h_0$ 等)代入 e_{ib} 的计算公式,得出 e_{ib} 为 $0.3h_0$ 左右,且变化幅度不大。

因此,对于工程中常用的材料,可用 $e_{ib} = 0.3h_0$ 作为大小偏心受压的界限偏心距。

当 $e_i \leqslant 0.3h_0$ 时,可先按小偏心受压设计;当 $e_i > 0.3h_0$ 时,可先按大偏心受压设计;待计算出 x 后,再根据 x 的值确定偏心受压类型。

6.5.3 截面设计

偏心受压构件的截面设计,同双筋梁一样,分成"A_s'、A_s 均未知"和"A_s' 已知、A_s 未知"两种情形。

对于单向偏心受压构件的截面设计,在对弯矩作用平面按偏心受压进行配筋计算后,尚应作垂直于弯矩作用平面的轴心受压承载力复核;对于小偏心受压当 $N > f_c bh$ 时,尚应作"反向受压破坏"承载力复核。

1. 情形 1: A_s'、A_s 均未知

当 $e_i > 0.3h_0$ 时,可先按大偏心受压设计;当 $e_i \leqslant 0.3h_0$ 时,可先按小偏心受压设计;待计算出 x 后,再根据 x 值进行调整。

1) 对于大偏心受压 A_s'、A_s 均未知时的截面设计

分析两个基本公式(6-10a)和式(6-10b),有 3 个未知数:x、A_s' 和 A_s,故不能求得唯一解。和双筋梁一样,为使总用钢量($A_s' + A_s$)最小,取 $x = \xi_b h_0$,并代入式(6-10b)可得

$$A_s' = \frac{Ne - \alpha_1 f_c bh_0^2 \xi_b (1 - 0.5\xi_b)}{f_y'(h_0 - a_s')} \tag{6-18}$$

由式(6-18)求得的 A_s' 应不小于 $0.002bh$,若 $A_s' < 0.002bh$,则取 $A_s' = 0.002bh$,然后按 A_s' 为已知,转情形 2 计算。

将 A_s' 代入式(6-10a)可得

$$A_s = \frac{\alpha_1 f_c b \xi_b h_0 + f_y' A_s' - N}{f_y} \tag{6-19}$$

按上式求得的 A_s 应不小于 $0.002bh$,否则应取 $A_s = 0.002bh$。

最后,按式(6-17)作垂直于弯矩作用平面的轴心受压承载力验算。

2) 对于小偏心受压 A_s'、A_s 均未知时的截面设计

分析两个基本公式(6-12a)和式(6-12b),有 3 个未知数:x、A_s' 和 A_s,故不能求得唯一解,应补充一个条件。根据小偏心受压时受拉钢筋 A_s 不能屈服的特点,可取 $A_s = 0.002bh$。

另外,若 $N > f_c bh$ 时,为避免发生"反向受压破坏",受拉钢筋 A_s 尚应满足式(6-16a)的要求,即

$$A_s = \frac{Ne' - f_c bh(h_0' - 0.5h)}{f_y'(h_0' - a_s)} \tag{6-20}$$

也就是说，当 $N>f_cbh$ 时，受拉钢筋 A_s 应取"$0.002bh$ 和式(6-20)计算值"中的较大值。

当 A_s 确定后，剩下两个未知数两个公式，应先求 x，再求 A_s'。此时求 x 有两种方法：第一种方法是使用基本公式(6-12a)、式(6-12b)，并结合 σ_s 的计算公式(6-12c)，消去 A_s'后，求 x；第二种方法是使用公式(6-14a)，并结合 σ_s 的计算公式(6-12c)，求 x。相对而言，第二种方法更简便一些。利用第二种方法求得 x 的计算公式如下：

$$x=\lambda_1+\sqrt{\lambda_1^2+2\lambda_2} \tag{6-21a}$$

$$\lambda_1=a_s'+\frac{f_yA_s(h_0-a_s')}{\alpha_1f_cbh_0(\xi_b-\beta_1)} \tag{6-21b}$$

$$\lambda_2=\frac{Ne'}{\alpha_1f_cb}-\frac{\beta_1f_yA_s(h_0-a_s')}{\alpha_1f_cb(\xi_b-\beta_1)} \tag{6-21c}$$

$$e'=0.5h-e_i-a_s' \tag{6-21d}$$

根据受拉钢筋应力 σ_s 和受压钢筋应力 σ_s' 的不同取值，按上述方法求得的 x 可分成以下4种情况，如图 6.23 所示。

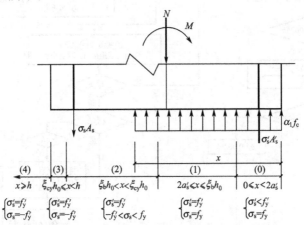

图6.23 小偏心受压求得的 x 可能位于的4个区间

注：$\xi_{cy}=2\beta_1-\xi_b$。

(1) 若 $2a_s'\leqslant x\leqslant\xi_bh_0$，则应按大偏心受压计算。

(2) 若 $\xi_bh_0<x<\xi_{cy}h_0$，将 x 代入基本公式(6-12a)或式(6-12b)可得 A_s'。

(3) 若 $\xi_{cy}h_0\leqslant x<h$，由图 6.23 可知，这时 $\sigma_s=-f_y'$。因此，基本公式(6-12a)可转化成

$$N\leqslant\alpha_1f_cbx+f_y'A_s'+f_y'A_s \tag{6-22}$$

再由上式和式(6-12b)联立，重新求 x，再由式(6-22)或式(6-12b)求 A_s'。

注：此情况也可将 $\sigma_s=-f_y'$代入式(6-14a)求 x，再由式(6-22)或式(6-12b)求 A_s'。

(4) 若 $x\geqslant h$，这时，取 $\sigma_s=-f_y'$，$x=h$，$\alpha_1=1$，并代入基本公式(6-12a)或式(6-12b)求得 A_s'。

上述4种情况求得的 A_s' 均应大于等于 $0.002bh$。若计算得到的 $A_s'<0.002bh$，应取 $A_s'=0.002bh$。

对于小偏心受压，最后应按式(6-17)作垂直于弯矩作用平面的轴心受压承载力验算。

矩形截面非对称配筋偏心受压构件 A_s'、A_s 均未知时的截面设计可按下列流程图进行，如图 6.24 所示。

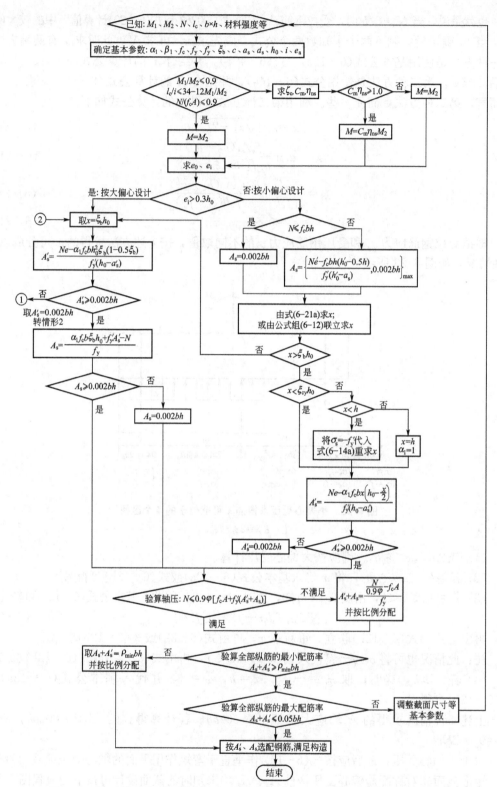

图 6.24 矩形截面非对称配筋偏心受压构件 A'_s、A_s 均未知时的截面设计流程图
注：图中①、②的对接位置见图 6.25。

2. 情形 2：A_s' 已知、A_s 未知

当 $e_i > 0.3h_0$ 时，可先按大偏心受压设计；当 $e_i \leqslant 0.3h_0$ 时，可先按小偏心受压设计；待计算出 x 后，再根据 x 的值进行调整。

1）对于大偏心受压 A_s' 已知、A_s 未知时的截面设计

分析两个基本公式(6-10a)和式(6-10b)，有两个未知数：x 和 A_s，可求得唯一解。求解时，应首先判别 $A_s' \geqslant 0.002bh$，若不满足，取 $A_s' = 0.002bh$(说明：出现 $A_s' < 0.002bh$ 时，也可转 A_s'、A_s 均未知的情况)。接着应先求 x，可由式(6-10b)解得 x 的计算公式如下：

$$x = h_0\left(1 - \sqrt{1 - \frac{2\left[Ne - f_y'A_s'(h_0 - a_s')\right]}{\alpha_1 f_c b h_0^2}}\right) \tag{6-23}$$

求得 x 后，应判别公式的适用条件 $2a_s' \leqslant x \leqslant \xi_b h_0$。

若条件 $2a_s' \leqslant x \leqslant \xi_b h_0$ 满足，则将 x 代入式(6-10a)可得

$$A_s = \frac{\alpha_1 f_c b x + f_y'A_s' - N}{f_y} \tag{6-24}$$

若 $x < 2a_s'$，可近似取 $x = 2a_s'$，按式(6-11a)计算 A_s。

也可按不考虑受压钢筋，即取 $A_s' = 0$，利用基本公式(6-10a)和式(6-10b)求解 A_s，并与按式(6-11a)计算得到的 A_s 进行比较，最后取其中较小值进行配筋。但从安全和实用的角度看，这样做已没有必要。

若 $x > \xi_b h_0$，说明已知的 A_s' 小了，同时由于大偏心受压的破坏特征比小偏心受压的好，所以应转到大偏心受压 A_s'、A_s 均未知时的情形 1 重新计算。

以上求得的 A_s 均应满足 $A_s \geqslant 0.002bh$。若计算得到的 $A_s < 0.002bh$，应取 $A_s = 0.002bh$。

最后，按式(6-17)做垂直于弯矩作用平面的轴心受压承载力验算。

2）对于小偏心受压 A_s' 已知、A_s 未知时的截面设计

分析两个基本公式(6-12a)和式(6-12b)，有两个未知数：x 和 A_s，可求得唯一解。求解时，应首先判别 $A_s' \geqslant 0.002bh$，若 $A_s' < 0.002bh$，应取 $A_s' = 0.002bh$(说明：出现 $A_s' < 0.002bh$ 时，也可转 A_s'、A_s 均未知的情况)。接着应按式(6-12b)求 x。

求得的 x 可分成以下 4 种情况，如图 6.23 所示。

(1) 若 $x \leqslant \xi_b h_0$，则应按大偏心受压计算。

(2) 若 $\xi_b h_0 < x < \xi_{cy} h_0$，将 x 代入基本公式(6-12a)可得 A_s。

(3) 若 $\xi_{cy} h_0 \leqslant x < h$，由图 6.23 可知，这时 $\sigma_s = -f_y'$。因此，基本公式(6-12a)可转化为式(6-22)，并将 x 代入式(6-22)求得 A_s。

(4) 若 $x \geqslant h$，这时，取 $\sigma_s = -f_y'$，$x = h$，$a_1 = 1$，并代入基本公式(6-12a)求得 A_s。

上述 4 种情况求得的 A_s 均应大于等于 $0.002bh$。若计算得到的 $A_s < 0.002bh$，应取 $A_s = 0.002bh$。当 $N > f_c bh$ 时，为避免"反向受压破坏"，尚应按式(6-20)计算受拉钢筋 A_s，并与上述 4 种情况的计算值进行比较，取较大值。

对于小偏心受压，最后应按式(6-17)作垂直于弯矩作用平面的轴心受压承载力验算。

矩形截面非对称配筋偏心受压构件 A_s' 已知、A_s 未知时的截面设计可按下列流程图进行，如图 6.25 所示。

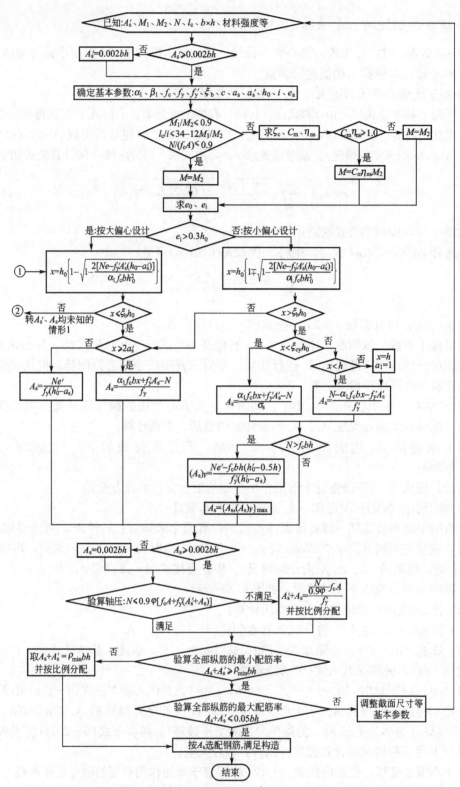

图 6.25 矩形截面非对称配筋偏心受压构件 A_s' 已知、A_s 未知时的截面设计流程图

注：图中①、②的对接位置见图 6.24。

【例 6.3】 已知某矩形截面偏心受压柱，处于一类环境，安全等级为二级，截面尺寸为 300mm×400mm，柱的计算长度 $l_c = l_0 = 3.2$m，选用 C30 混凝土和 HRB400 钢筋，承受轴力设计值 $N = 350$kN，弯矩设计值 $M_1 = 150$kN·m，$M_2 = 180$kN·m。若箍筋直径 $d_v = 10$mm，采用不对称配筋，求该柱的截面配筋 A_s 及 A_s'。

【解】　(1) 确定基本参数。

查附表 1-2、附表 1-5、附表 1-10 和附表 1-11 可得：C30 混凝土 $f_c = 14.3$N/mm²；HRB400 钢筋 $f_y = f_y' = 360$N/mm²；$\alpha_1 = 1.0$，$\beta_1 = 0.8$，$\xi_b = 0.518$；查附表 1-13，一类环境，$c = 20$mm；查附表 1-14，取 $a_s = a_s' = 40$mm，则 $h_0 = h - a_s = 400 - 40 = 360$mm。

$$A = 300 \times 400 = 120000 \text{mm}^2, \quad I = bh^3/12 = 300 \times 400^3/12 = 1.6 \times 10^9 \text{mm}^4, \quad i = \sqrt{\frac{I}{A}} =$$

115.5mm，$e_a = \max\left\{\dfrac{h}{30}, \ 20\right\} = 20$mm。

(2) 判别考虑二阶效应的条件。
$$M_1/M_2 = 150/180 = 0.833 \leqslant 0.9$$
$$l_c/i = 3200/115.5 = 27.7$$

$34 - 12 M_1/M_2 = 24$，所以 $l_c/i > 34 - 12 M_1/M_2$
$$N/(f_c A) = 350000/(14.3 \times 120000) = 0.204 < 0.9$$

故需考虑二阶效应。

(3) 求考虑二阶效应的弯矩设计值 M。
$$C_m = 0.7 + 0.3 M_1/M_2 = 0.95$$

$\zeta_c = 0.5 f_c A/N = 0.5 \times 14.3 \times 120000/350000 = 2.45 > 1.0$，所以取 $\zeta_c = 1.0$。

$$\eta_{ns} = 1 + \frac{1}{1300(M_2/N + e_a)/h_0}\left(\frac{l_c}{h}\right)^2 \zeta_c = 1.033$$

$C_m \eta_{ns} = 0.98 < 1.0$，所以取 $C_m \eta_{ns} = 1.0$，则 $M = C_m \eta_{ns} M_2 = 180$kN·m

(4) 计算 e_i，并判断偏心受压类型。
$$e_0 = \frac{M}{N} = \frac{180 \times 10^6}{350 \times 10^3} = 514.3 \text{mm}$$
$$e_i = e_0 + e_a = 514.3 + 20 = 534.3 \text{mm}$$
$$e_i = 534.3 \text{mm} > 0.3 h_0 = 108 \text{mm}$$

因此，可先按大偏心受压构件计算。

(5) 计算 A_s' 和 A_s。

为使配筋 $(A_s + A_s')$ 最小，令 $\xi = \xi_b$。
$$e = e_i + \frac{h}{2} - a_s = 534.3 + 200 - 40 = 694.3 \text{mm}$$

将上述参数代入式 (6-18) 和式 (6-19) 得
$$A_s' = \frac{Ne - \alpha_1 f_c bh_0^2 \xi_b(1 - 0.5\xi_b)}{f_y'(h_0 - a_s')}$$
$$= \frac{350 \times 10^3 \times 694.3 - 1.0 \times 14.3 \times 300 \times 360^2 \times 0.518 \times (1 - 0.5 \times 0.518)}{360 \times (360 - 40)}$$
$$= 257 \text{mm}^2 > 0.2\% \times 300 \times 400 = 240 \text{mm}^2$$

$$A_s = \frac{\alpha_1 f_c \xi_b b h_0 + f_y' A_s' - N}{f_y}$$

$$= \frac{1.0 \times 14.3 \times 0.518 \times 300 \times 360 + 360 \times 257 - 350 \times 10^3}{360}$$

$$= 1507 \text{mm}^2 > 0.2\% \times 300 \times 400 = 240 \text{mm}^2$$

(6) 验算垂直于弯矩作用平面的轴心受压承载能力。

由 $l_c/b = 3200/300 = 10.67$，查表 6-1，得 $\varphi = 0.97$。

按式(6-17)计算：

$$N_u = 0.9\varphi[f_c A + f_y'(A_s' + A_s)]$$

$$= 0.9 \times 0.97 \times [14.3 \times 300 \times 400 + 360 \times (257 + 1507)]$$

$$= 2052 \times 10^3 \text{N} = 2052 \text{kN} > N = 350 \text{kN}$$

满足要求。

(7) 验算全部纵筋的配筋率。

$$\rho = \frac{A_s' + A_s}{A} \times 100\% = \frac{257 + 1507}{120000} \times 100\% = 1.47\% \begin{cases} > 0.55\% \\ < 5\% \end{cases}, \text{ 所以满足要求。}$$

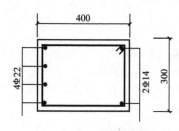

图 6.26 例 6.3 截面配筋图

(8) 选配钢筋。

受拉钢筋选用 $4\,\Phi\,22(A_s = 1520 \text{mm}^2)$，受压钢筋选用 $2\,\Phi\,14(A_s' = 308 \text{mm}^2)$。满足配筋面积和构造要求。截面配筋如图 6.26 所示。

【例 6.4】 已知条件同例 6.3，且已配置受压钢筋为 $3\,\Phi\,20(A_s' = 942 \text{mm}^2)$，求受拉钢筋 A_s。

【解】 (1) 验算 A_s' 是否满足最小配筋率的要求。

$$A_s' = 942 \text{mm}^2 > 0.002 bh = 0.002 \times 300 \times 400 = 240 \text{mm}^2,$$

满足最小配筋率的要求。

步骤(2)~(5)同例 6.3 的步骤(1)~(4)。

(6) 求 x，并判别公式的适用条件。

由式(6-23)得

$$x = h_0 \left(1 - \sqrt{1 - \frac{2[Ne - f_y' A_s'(h_0 - a_s')]}{\alpha_1 f_c b h_0^2}}\right)$$

$$= 360 \times \left(1 - \sqrt{1 - \frac{2 \times [350 \times 10^3 \times 694.3 - 360 \times 942 \times (360 - 40)]}{1.0 \times 14.3 \times 300 \times 360^2}}\right)$$

$$= 101.3 \text{mm} < \xi_b h_0 = 0.518 \times 360 = 186 \text{mm}, \text{ 且 } x > 2a_s' = 2 \times 40 = 80 \text{mm}, \text{满足大偏心}$$

受压计算公式的适用条件。

(7) 计算 A_s。

由式(6-24)得

$$A_s = \frac{\alpha_1 f_c b x + f_y' A_s' - N}{f_y} = \frac{1.0 \times 14.3 \times 300 \times 101.3 + 360 \times 942 - 350 \times 10^3}{360}$$

$$= 1177 \text{mm}^2 > 0.2\% \times 300 \times 400 = 240 \text{mm}^2$$

(8) 验算垂直于弯矩作用平面的轴心受压承载能力(略)。

(9) 验算全部纵筋的配筋率和选配钢筋(略)。

本题钢筋总量为 $A'_s+A_s=942+1177=2119\text{mm}^2$，与例6.3题钢筋总量 $A'_s+A_s=257+1507=1764\text{mm}^2$ 相比较可以看出，例6.3当取 $x=\xi_b h_0$ 时，求得的总用钢量要少些。

【例6.5】 已知条件同例6.3，且已配置受压钢筋为 $3\,\phi\,25(A'_s=1473\text{mm}^2)$，求受拉钢筋 A_s。

【解】 步骤(1)~(5)同例6.4。

(6) 求 x，并判别公式的适用条件。

由式(6-23)得

$$x=h_0\left(1-\sqrt{1-\frac{2[Ne-f'_y A'_s(h_0-a'_s)]}{\alpha_1 f_c b h_0^2}}\right)$$

$$=360\times\left(1-\sqrt{1-\frac{2\times[350\times10^3\times694.3-360\times1473\times(360-40)]}{1.0\times14.3\times300\times360^2}}\right)$$

$=51.1\text{mm}<2a'_s=2\times40=80\text{mm}$，所以受压钢筋不屈服，可近似取 $x=2a'_s$，按式(6-11a)计算 A_s。

(7) 计算 A_s。

$$e'=e_i-\frac{h}{2}+a'_s=534.3-200+40=374.3\text{mm}$$

由式(6-11a)可得

$$A_s=\frac{Ne'}{f_y(h'_0-a_s)}=\frac{350\times10^3\times374.3}{360\times(360-40)}=1137\text{mm}^2>0.2\%\times300\times400=240\text{mm}^2$$

(8) 验算垂直于弯矩作用平面的轴心受压承载能力和验算全部纵筋的配筋率(略)。

(9) 选配钢筋。

受拉钢筋选配 $2\,\phi\,20+2\,\phi\,18(A_s=1137\text{mm}^2)$，满足配筋面积和构造要求。

【例6.6】 已知某矩形截面偏心受压柱，处于一类环境，安全等级为二级，截面尺寸为 $400\text{mm}\times600\text{mm}$，柱的计算长度 $l_c=l_0=3.0\text{m}$，选用C30混凝土和HRB400钢筋，承受轴力设计值 $N=750\text{kN}$，弯矩设计值 $M_1=M_2=450\text{kN}\cdot\text{m}$。若箍筋直径 $d_v=10\text{mm}$，采用不对称配筋，求该柱的截面配筋 A_s 及 A'_s。

【解】 (1) 确定基本参数。

查附表1-2、附表1-5、附表1-10和附表1-11可得：C30混凝土 $f_c=14.3\text{N/mm}^2$；HRB400钢筋 $f_y=f'_y=360\text{N/mm}^2$；$\alpha_1=1.0$，$\beta_1=0.8$；$\xi_b=0.518$；查附表1-13，一类环境，$c=20\text{mm}$；查附表1-14，取 $a_s=a'_s=40\text{mm}$，则 $h_0=h-a_s=600-40=560\text{mm}$。

$A=400\times600=240000\text{mm}^2$，$I=bh^3/12=400\times600^3/12=7.2\times10^9\text{mm}^4$，$i=\sqrt{I/A}=173.2\text{mm}$，$e_a=\max\left\{\frac{h}{30},\ 20\right\}=20\text{mm}$。

(2) 判别考虑二阶效应的条件。

$$M_1/M_2=450/450=1.0>0.9$$
$$l_c/i=3000/173.2=17.3$$

$34-12M_1/M_2=22$，所以 $l_c/i<34-12M_1/M_2$

$$N/(f_c A)=750000/(14.3\times240000)=0.22<0.9$$

故需考虑二阶效应。

(3) 求考虑二阶效应的弯矩设计值 M。

$$C_m = 0.7 + 0.3 M_1/M_2 = 1.0$$

$\zeta_c = 0.5 f_c A/N = 0.5 \times 14.3 \times 240000/750000 = 2.3 > 1.0$，所以取 $\zeta_c = 1.0$

$$\eta_{ns} = 1 + \frac{1}{1300(M_2/N + e_a)/h_0}\left(\frac{l_c}{h}\right)^2 \zeta_c = 1.017$$

$C_m \eta_{ns} = 1.017 > 1.0$，则 $M = C_m \eta_{ns} M_2 = 457.65 \text{kN} \cdot \text{m}$

（4）计算 e_i，并判断偏心受压类型。

$$e_0 = \frac{M}{N} = \frac{457.65 \times 10^6}{750 \times 10^3} = 610.2 \text{mm}$$

$$e_i = e_0 + e_a = 610.2 + 20 = 630.2 \text{mm}$$

$$e_i = 630.2 \text{mm} > 0.3 h_0 = 168 \text{mm}$$

因此，可先按大偏心受压构件计算。

（5）计算 A_s 和 A_s'。

为使配筋 $(A_s + A_s')$ 最小，令 $\xi = \xi_b$。

$$e = e_i + \frac{h}{2} - a_s = 630.2 + 300 - 40 = 890.2 \text{mm}$$

将上述参数代入式(6-18)得

$$
\begin{aligned}
A_s' &= \frac{Ne - \alpha_1 f_c b h_0^2 \xi_b (1 - 0.5\xi_b)}{f_y'(h_0 - a_s')} \\
&= \frac{750 \times 10^3 \times 890.2 - 1.0 \times 14.3 \times 400 \times 560^2 \times 0.518 \times (1 - 0.5 \times 0.518)}{360 \times (560 - 40)} \\
&= -111.5 < 0
\end{aligned}
$$

取 $A_s' = 0.002 \times 400 \times 600 = 480 \text{mm}^2$，按照 A_s' 已知的情形计算。

将 $A_s' = 480 \text{mm}^2$ 代入式(6-23)得

$$
\begin{aligned}
x &= h_0 \left(1 - \sqrt{1 - \frac{2[Ne - f_y' A_s'(h_0 - a_s')]}{\alpha_1 f_c b h_0^2}}\right) \\
&= 560 \times \left(1 - \sqrt{1 - \frac{2 \times [750 \times 10^3 \times 890.2 - 360 \times 480 \times (560 - 40)]}{1.0 \times 14.3 \times 400 \times 560^2}}\right) \\
&= 226.0 \text{mm} < \xi_b h_0 = 0.518 \times 560 = 290.1 \text{mm}，且 x > 2a_s' = 2 \times 40 = 80 \text{mm}
\end{aligned}
$$

x 满足大偏心受压计算公式的适用条件。

$$
\begin{aligned}
A_s &= \frac{\alpha_1 f_c b x + f_y' A_s' - N}{f_y} = \frac{1.0 \times 14.3 \times 400 \times 226.0 + 360 \times 480 - 750 \times 10^3}{360} \\
&= 1988 \text{mm}^2 > 0.2\% \times 400 \times 600 = 480 \text{mm}^2
\end{aligned}
$$

（6）验算垂直于弯矩作用平面的轴心受压承载能力（略）。

（7）验算全部纵筋的配筋率。

$$\rho = \frac{A_s' + A_s}{A} \times 100\% = \frac{480 + 1988}{240000} \times 100\% = 1.03\% \begin{cases} > 0.55\% \\ < 5\% \end{cases}，所以满足要求。$$

（8）选配钢筋。

受压钢筋选配 3 Φ 16($A_s' = 603 \text{mm}^2$)，受拉钢筋选配 4 Φ 25($A_s = 1964 \text{mm}^2$)，满足配筋面积和构造要求。

【例 6.7】 已知某矩形截面偏心受压柱，处于一类环境，安全等级为二级，截面尺寸为 400mm×500mm，柱的计算长度 $l_c = l_0 = 4.8$m，选用 C35 混凝土和 HRB400 钢筋，承

受轴力设计值 $N=3000\text{kN}$，弯矩设计值 $M_1=189\text{kN}\cdot\text{m}$，$M_2=210\text{kN}\cdot\text{m}$。若箍筋直径 $d_v=10\text{mm}$，采用不对称配筋，求该柱的截面配筋 A_s 及 A_s'。

【解】 （1）确定基本参数。

查附表 1-2、附表 1-5、附表 1-10 和附表 1-11 可得：C35 混凝土 $f_c=16.7\text{N/mm}^2$；HRB400 钢筋 $f_y=f_y'=360\text{N/mm}^2$，$\alpha_1=1.0$，$\beta_1=0.8$；$\xi_b=0.518$；查附表 1-13，一类环境，$c=20\text{mm}$；查附表 1-14，取 $a_s=a_s'=40\text{mm}$，则 $h_0=h-a_s=500-40=460\text{mm}$。

$A=400\times500=200000\text{mm}^2$，$I=bh^3/12=400\times500^3/12=4.167\times10^9\text{mm}^4$，$i=\sqrt{I/A}=144.3\text{mm}$

$$e_a=\max\left\{\frac{h}{30},\ 20\right\}=20\text{mm}$$

（2）判别考虑二阶效应的条件。
$$M_1/M_2=189/210=0.9$$
$$l_c/i=4800/144.3=33.26$$

$34-12M_1/M_2=23.2$，所以 $l_c/i>34-12M_1/M_2$
$$N/(f_cA)=3000000/(16.7\times200000)=0.898<0.9$$

故需考虑二阶效应。

（3）求考虑二阶效应的弯矩设计值 M。
$$C_m=0.7+0.3M_1/M_2=0.97$$
$$\zeta_c=0.5f_cA/N=0.5\times16.7\times200000/3000000=0.557<1.0$$
$$\eta_{ns}=1+\frac{1}{1300(M_2/N+e_a)/h_0}\left(\frac{l_c}{h}\right)^2\zeta_c=1.202$$

$C_m\eta_{ns}=1.166>1.0$，则 $M=C_m\eta_{ns}M_2=244.8\text{kN}\cdot\text{m}$

（4）计算 e_i，并判断偏心受压类型。
$$e_0=\frac{M}{N}=\frac{244.8\times10^6}{3000\times10^3}=81.6\text{mm}$$
$$e_i=e_0+e_a=81.6+20=101.6\text{mm}$$
$$e_i=101.6\text{mm}<0.3h_0=138\text{mm}$$

因此，可先按小偏心受压构件计算。

（5）计算 A_s 和 A_s'。

① 判别是否需要考虑"反向受压破坏"。

$f_cbh=16.7\times400\times500=3340\times10^3\text{N}=3340\text{kN}>N=3000\text{kN}$，故不需考虑"反向受压破坏"。

② 计算 A_s。小偏心受压远离轴向力一侧的钢筋不屈服，故令
$$A_s=0.002\times400\times500=400\text{mm}^2$$

受拉钢筋选配 $2\Phi14+1\Phi12(A_s=421.1\text{mm}^2)$。

③ 计算 x，并判别 x 的范围。

由式（6-21a）～式（6-21d）可得
$$e'=0.5h-e_i-a_s'=0.5\times500-101.6-40=108.4\text{mm}$$
$$\lambda_1=a_s'+\frac{f_yA_s(h_0-a_s')}{\alpha_1f_cbh_0(\xi_b-\beta_1)}=40+\frac{360\times421.1\times(460-40)}{1.0\times16.7\times400\times460\times(0.518-0.8)}=-33.48\text{mm}$$

$$\lambda_2 = \frac{Ne'}{\alpha_1 f_c b} - \frac{\beta_1 f_y A_s (h_0 - a'_s)}{\alpha_1 f_c b (\xi_b - \beta_1)}$$

$$= \frac{3000 \times 10^3 \times 108.4}{1.0 \times 16.7 \times 400} - \frac{0.8 \times 360 \times 421.1 \times (460-40)}{1.0 \times 16.7 \times 400 \times (0.518-0.8)} = 75722.3 \text{mm}^2$$

$$x = \lambda_1 + \sqrt{\lambda_1^2 + 2\lambda_2} = -33.48 + \sqrt{(-33.48)^2 + 2 \times 75722.3} = 357.1 \text{mm}$$

$$\xi_b h_0 = 0.518 \times 460 = 238.3 \text{mm}$$

$$\xi_{cy} h_0 = (2 \times 0.8 - 0.518) \times 460 = 497.7 \text{mm}$$

所以满足条件 $\xi_b h_0 < x < \xi_{cy} h_0$。

④ 计算 A'_s。

由式(6-10c)、式(6-12b)可得

$$e = e_i + 0.5h - a_s = 101.6 + 0.5 \times 500 - 40 = 311.6 \text{mm}$$

$$A'_s = \frac{Ne - \alpha_1 f_c b x \left(h_0 - \dfrac{x}{2}\right)}{f'_y (h_0 - a'_s)}$$

$$= \frac{3000 \times 10^3 \times 311.6 - 1.0 \times 16.7 \times 400 \times 357.1 \times (460 - 0.5 \times 357.1)}{360 \times (460 - 40)}$$

$$= 1742 \text{mm}^2 \geqslant 0.002bh = 0.002 \times 400 \times 500 = 400 \text{mm}^2$$

(6) 验算垂直于弯矩作用平面的轴心受压承载能力。

由 $l_0 / b = 4800/400 = 12$，查表 6-1 得，$\varphi = 0.95$。

由式(6-17)可得

$$N_u = 0.9\varphi [f_c A + f'_y (A'_s + A_s)]$$

$$= 0.9 \times 0.95 \times [16.7 \times 400 \times 500 + 360 \times (1742 + 421.1)]$$

$$= 3521.5 \times 10^3 \text{N} = 3521.5 \text{kN} > N = 3000 \text{kN}$$

满足要求。

(7) 验算全部纵筋的配筋率(略)。

(8) 选配钢筋。

受拉钢筋选配 $2 \Phi 14 + 1 \Phi 12$($A_s = 421.1 \text{mm}^2$)，受压钢筋选配 $2 \Phi 25 + 2 \Phi 22$($A'_s = 1742 \text{mm}^2$)，满足配筋面积和构造要求。

【例 6.8】 已知条件同例 6.7，但承受轴力设计值 $N = 4500 \text{kN}$，弯矩设计值 $M_1 = M_2 = 25 \text{kN} \cdot \text{m}$。采用不对称配筋，求该柱的截面配筋 A_s 及 A'_s。

【解】 (1) 确定基本参数。

同例 6.7。

(2) 判别考虑二阶效应的条件。

$$M_1 / M_2 = 25/25 = 1.0 > 0.9$$

$$l_c / i = 4800 / 144.3 = 33.26$$

$34 - 12 M_1 / M_2 = 22$，所以 $l_c / i > 34 - 12 M_1 / M_2$

$$N / (f_c A) = 4500000 / (16.7 \times 200000) = 1.35 > 0.9$$

故需考虑二阶效应。

(3) 求考虑二阶效应的弯矩设计值 M。

$$C_m = 0.7 + 0.3 M_1 / M_2 = 1.0$$

$$\zeta_c = 0.5 f_c A / N = 0.5 \times 16.7 \times 200000 / 4500000 = 0.371 < 1.0$$

$$\eta_{ns}=1+\frac{1}{1300(M_2/N+e_a)/h_0}\left(\frac{l_c}{h}\right)^2\zeta_c=1.47$$

$C_m\eta_{ns}=1.47>1.0$，则 $M=C_m\eta_{ns}M_2=36.8\text{kN}\cdot\text{m}$

（4）计算 e_i，并判断偏心受压类型。

$$e_0=\frac{M}{N}=\frac{36.8\times10^6}{4500\times10^3}=8.18\text{mm}$$

$$e_i=e_0+e_a=8.18+20=28.18\text{mm}$$

$$e_i=28.18\text{mm}<0.3h_0=138\text{mm}$$

因此，可先按小偏心受压构件计算。

（5）计算 A_s 和 A_s'。

① 判别是否需要考虑"反向受压破坏"。

$f_cbh=16.7\times400\times500=3340\times10^3\text{N}=3340\text{kN}<N=4500\text{kN}$，故需考虑"反向受压破坏"。

② 计算 A_s。由式(6-20)可得

$$A_s=\frac{N[h/2-a_s'-(e_0-e_a)]-f_cbh(h_0'-0.5h)}{f_y'(h_0'-a_s)}$$

$$=\frac{4500000\times[0.5\times500-40-(8.18-20)]-16.7\times400\times500\times(460-250)}{360\times(460-40)}=1963\text{mm}^2$$

$$A_s=\{1963,0.002bh\}_{max}=1963\text{mm}^2$$

③ 计算 x，并判别 x 的范围。

由式(6-21a)～式(6-21d)可得

$$e'=0.5h-e_i-a_s'=0.5\times500-28.18-40=181.82\text{mm}$$

$$\lambda_1=a_s'+\frac{f_yA_s(h_0-a_s')}{\alpha_1f_cbh_0(\xi_b-\beta_1)}=40+\frac{360\times1963\times(460-40)}{1.0\times16.7\times400\times460\times(0.518-0.8)}=-302.5\text{mm}$$

$$\lambda_2=\frac{Ne'}{\alpha_1f_cb}-\frac{\beta_1f_yA_s(h_0-a_s')}{\alpha_1f_cb(\xi_b-\beta_1)}$$

$$=\frac{3000\times10^3\times181.82}{1.0\times16.7\times400}-\frac{0.8\times360\times1963\times(460-40)}{1.0\times16.7\times400\times(0.518-0.8)}=248531.7\text{mm}^2$$

$$x=\lambda_1+\sqrt{\lambda_1^2+2\lambda_2}=-302.5+\sqrt{(-302.5)^2+2\times248531.7}=464.7\text{mm}$$

$$\xi_bh_0=0.518\times460=238.3\text{mm}$$

$$\xi_{cy}h_0=(2\times0.8-0.518)\times460=497.7\text{mm}$$

所以满足条件 $\xi_bh_0<x<\xi_{cy}h_0$。

④ 计算 A_s'。

由式(6-10c)、式(6-12b)可得

$$e=e_i+0.5h-a_s=28.18+0.5\times500-40=238.18\text{mm}$$

$$A_s'=\frac{Ne-\alpha_1f_cbx\left(h_0-\frac{x}{2}\right)}{f_y'(h_0-a_s')}$$

$$=\frac{4500\times10^3\times238.18-1.0\times16.7\times400\times464.7\times(460-0.5\times464.7)}{360\times(460-40)}=2415\text{mm}^2$$

（6）验算垂直于弯矩作用平面的轴心受压承载能力。

由 $l_0/b=4800/400=12$，查表6-1得，$\varphi=0.95$。

由式(6-17)可得

$$N_u=0.9\varphi[f_cA+f_y'(A_s'+A_s)]$$
$$=0.9\times0.95\times[16.7\times400\times500+360\times(2415+1963)]$$
$$=4203\times10^3N=4203kN<N=4500kN$$

轴心受压承载能力不满足要求，表明本题配筋由轴心受压控制。

$$A_s'+A_s=\frac{\frac{N}{0.9\varphi}-f_cA}{f_y'}=\frac{\frac{4500\times10^3}{0.9\times0.95}-16.7\times400\times500}{360}=5342mm^2$$

并按比例分配 $A_s'+A_s=5342mm^2$

$A_s=1963\times5342/(2415+1963)=2395mm^2$，$A_s'=2415\times5342/(2415+1963)=2947mm^2$

(7) 验算全部纵筋的配筋率。

$$\rho=\frac{A_s'+A_s}{A}\times100\%=\frac{2947+2395}{200000}\times100\%=2.67\%\begin{cases}>0.55\%\\<5\%\end{cases}，所以满足要求。$$

(8) 选配钢筋。

受拉钢筋选配 4Φ28($A_s=2463mm^2$)，受压钢筋选配 5Φ28($A_s'=3079mm^2$)，满足配筋面积和构造要求。

【例6.9】 已知某矩形截面偏心受压柱，处于一类环境，安全等级为二级，截面尺寸为 300mm×400mm，计算长度 $l_c=l_0=3.0$m，选用 C40 混凝土和 HRBF500 钢筋，承受轴力设计值 $N=2500$kN，弯矩设计值 $M_1=24$kN·m，$M_2=48$kN·m。在靠近轴向力一侧已配有 3Φ22($A_s'=1140mm^2$)的受压钢筋。若箍筋直径 $d_v=10$mm，求受拉钢筋截面面积 A_s。

【解】 (1) 验算最小配筋率。

$A_s'=1140mm^2>0.002bh=0.002\times300\times400=240mm^2$，满足要求。

(2) 确定基本参数。

查附表1-2、附表1-5、附表1-10和附表1-11可得：C40 混凝土 $f_c=19.1$N/mm²；HRBF500 钢筋 $f_y=435$N/mm²，$f_y'=410$N/mm²；$\alpha_1=1.0$，$\beta_1=0.8$；$\xi_b=0.482$；查附表1-13，一类环境，$c=20$mm。

则 $a_s'=c+d_v+d/2=41$mm，则 $h_0'=h-a_s'=400-41=359$mm。

假定受拉钢筋直径为 20mm，则 $a_s=c+d_v+\frac{d}{2}=40$mm，$h_0=h-a_s=400-40=360$mm。

$A=300\times400=120000mm^2$，$I=bh^3/12=300\times400^3/12=1.6\times10^9mm^4$，$i=\sqrt{I/A}=115.5$mm，$e_a=\max\left\{\frac{h}{30},20\right\}=20$mm。

(3) 判别考虑二阶效应的条件。

$$M_1/M_2=24/48=0.5<0.9$$
$$l_c/i=3000/115.5=26$$

$34-12M_1/M_2=28$，所以 $l_c/i<34-12M_1/M_2$。

$$N/(f_cA)=2500000/(19.1\times120000)=1.09>0.9$$

故需考虑二阶效应。

(4) 求考虑二阶效应的弯矩设计值 M。

$$C_m=0.7+0.3M_1/M_2=0.85$$
$$\zeta_c=0.5f_cA/N=0.5\times19.1\times120000/2500000=0.46<1.0$$

$$\eta_{ns}=1+\frac{1}{1300(M_2/N+e_a)/h_0}\left(\frac{l_c}{h}\right)^2\zeta_c=1.18$$

$C_m\eta_{ns}=1.0$，则 $M=C_m\eta_{ns}M_2=48kN\cdot m$

（5）计算 e_i，并判断偏心受压类型。

$$e_0=\frac{M}{N}=\frac{48\times10^6}{2500\times10^3}=19.2mm$$

$$e_i=e_0+e_a=19.2+20=39.2mm$$

$$e_i=39.2mm<0.3h_0=108mm$$

因此，可先按小偏心受压构件计算。

（6）计算 x。

由式（6-10c）可得

$$e=e_i+0.5h-a_s=39.2+0.5\times400-40=199.2mm$$

由式（6-12b）可得

$$x=h_0\left(1-\sqrt{1-\frac{2[Ne-f_y'A_s'(h_0-a_s')]}{\alpha_1f_cbh_0^2}}\right)$$

$$=360\times\left(1-\sqrt{1-\frac{2\times[2500\times10^3\times199.2-410\times1140\times(360-41)]}{1.0\times19.1\times300\times360^2}}\right)=271.6mm$$

$$\xi_bh_0=0.482\times360=173.5mm$$

$$\xi_{cy}h_0=(2\times0.8-0.482)\times360=402.5mm$$

所以 x 满足小偏心受压计算公式条件 $\xi_bh_0<x<\xi_{cy}h_0$。

（7）计算 A_s。

$$\sigma_s=\frac{f_y}{\xi_b-\beta_1}(\xi-\beta_1)=\frac{435}{0.482-0.8}\times\left(\frac{271.6}{360}-0.8\right)=62.3N/mm^2$$

由式（6-12a）可得

$$A_s=\frac{\alpha_1f_cbx+f_y'A_s'-N}{\sigma_s}=\frac{1.0\times19.1\times300\times271.6+410\times1140-2500\times10^3}{62.3}=-7646mm^2$$

$A_s=-7646mm^2<0.002bh=0.002\times300\times400=240mm^2$，所以取 $A_s=240mm^2$。

因为 $f_cbh=19.1\times300\times400=2292\times10^3N=2292kN<N=2500kN$，故需考虑"反向受压破坏"的情况计算 A_s。

由式（6-20）和式（6-16b）可得

$$(A_s)_F=\frac{Ne'-f_cbh(h_0'-0.5h)}{f_y'(h_0'-a_s)}=268mm^2$$

所以 $A_s=\max\{240,268\}=268mm^2$。

（8）验算垂直于弯矩作用平面的轴心受压承载能力（略）。

（9）验算全部纵筋的配筋率。

$$\rho=\frac{A_s'+A_s}{A}\times100\%=\frac{1140+268}{120000}\times100\%=1.17\%\begin{cases}>0.5\%\\<5\%\end{cases}，所以满足要求。$$

（10）选配钢筋。

受拉钢筋选配 $2\Phi14(A_s=308mm^2)$，满足配筋面积和构造要求。

6.5.4 截面复核

当截面尺寸、材料强度及配筋等已知时，偏心受压构件的截面复核通常有两种情形：

一是已知偏心距 e_0，求构件所能承担的极限轴向压力设计值 N_u，即已知 e_0 求 N_u；二是已知轴向压力设计值 N，求构件所能承担的极限弯矩设计值 M_u(或 M_2)，即已知 N 求 M_u(或 M_2)。由 $M = Ne_0$ 可知，第 2 种情形的核心是求 e_0。

对某一构件进行截面复核时，除对弯矩作用平面的偏心受压承载力进行复核外，尚应作垂直于弯矩作用平面的轴心受压承载力复核；对于小偏心受压当 $N > f_c bh$ 时，尚应对"反向受压破坏"的承载力进行复核；最后取上述计算值中的最小值作为构件截面的承载力。

截面复核时，对于已知的 A_s、A_s'，首先应复核其是否满足最小配筋率的要求，即应满足 $A_s \geqslant 0.002bh$，$A_s' \geqslant 0.002bh$，$\rho_{\min} \leqslant \rho \leqslant \rho_{\max}$，其中 $\rho = (A_s + A_s')/A$。

以下将分别介绍"已知 e_0 求 N_u"和"已知 N 求 M_u(或 M_2)"两种情形的截面复核。

1. 情形 3：已知 e_0 求 N_u

由于截面尺寸、材料强度、配筋、偏心距 e_0 及柱的计算长度 l_c 已知，所以可由大偏心受压的两个基本公式(6-10a)、式(6-10b)消去 N 求得 x。当 $x \leqslant \xi_b h_0$ 时，为大偏心受压；当 $x > \xi_b h_0$ 时，为小偏心受压。

也可由"对轴向压力 N 作用点取矩建立的平衡方程"来求 x，但该方法与"利用大偏心受压的两个基本公式消去 N 求 x"的难易程度相当，故在此没有介绍。

1) 对于大偏心受压已知 e_0 求 N_u 时的截面复核

此时，大偏心受压的两个基本公式(6-10a)、式(6-10b)中有两个未知数 x、N，可唯一求解。应先消去 N 求 x，再求 N。

当求得的 $x > \xi_b h_0$ 时，转小偏心受压；当 $2a_s' \leqslant x \leqslant \xi_b h_0$ 时，由基本公式(6-10a)求 N_u；当 $x < 2a_s'$ 时，由式(6-11a)求 N_u。

2) 对于小偏心受压已知 e_0 求 N_u 时的截面复核

此时小偏心受压的两个基本公式(6-12a)、式(6-12b)中有两个未知数 x、N，可唯一求解。计算时应结合式(6-12c)，先消去 N 求 x，再求 N。根据求得的 x 的范围不同，可分为以下 3 种情况。

① 若 $\xi_b h_0 < x < \xi_{cy} h_0$，将 x 代入基本公式(6-12a)可得 N_u。

② 若 $\xi_{cy} h_0 \leqslant x < h$，这时取 $\sigma_s = -f_y'$。此时近似的算法是：将求得的 x 和 $\sigma_s = -f_y'$ 直接代入式(6-12a)求得 N_u。精确的算法是：把式(6-22)和式(6-12b)联立，重新求 x，再求 N_u，但这样做已没有必要，因为计算分析表明，上述近似算法已能满足精度要求。

③ 若 $x \geqslant h$，这时取 $\sigma_s = -f_y'$，$x = h$，$\alpha_1 = 1.0$，并代入基本公式(6-12a)求得 N_u。

当求得的 $N_u > f_c bh$ 时，尚应按式(6-16a)计算"反向受压破坏"的承载力，并用符号 N_{uF} 表示。

除上述计算之外，对于小偏心受压，还应按式(6-17)计算垂直于弯矩作用平面的轴心受压承载力，并用符号 N_{uz} 表示。

最后，构件所能承担的轴向压力设计值，取"弯矩作用平面的偏心受压承载力、反向受压破坏承载力和垂直于弯矩作用平面的轴心受压承载力"三者中的最小值，即 $N_u = \{N_u、N_{uF}、N_{uZ}\}_{\min}$。

矩形截面非对称配筋偏心受压构件已知 e_0 求 N_u 时的截面复核可按图 6.27 所示的流程进行。

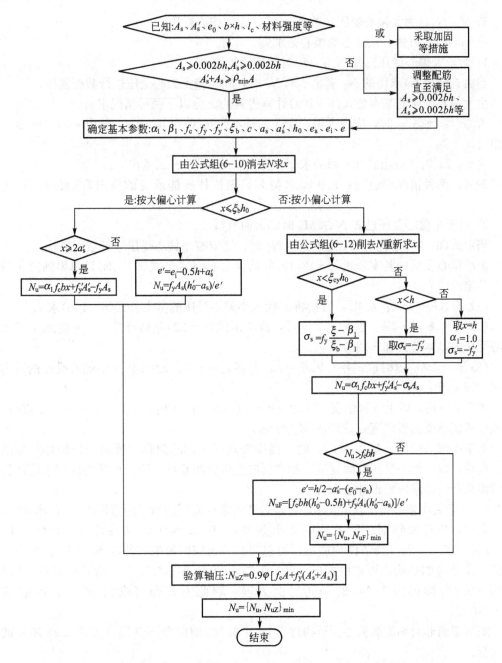

图 6.27 矩形截面非对称配筋偏心受压构件已知 e_0 求 N_u 时的截面复核流程图

2. 情形 4：已知 N 求 M_u（或 M_2）

由于截面尺寸、材料强度和配筋已知，所以将界限破坏条件 $x=\xi_b h_0$ 代入大偏心受压的基本公式(6-10a)，可方便地计算出大小偏心受压的界限轴向压力设计值 N_b，见式(6-25)。

$$N_b = \alpha_1 f_c b \xi_b h_0 + f_y' A_s' - f_y A_s \qquad (6-25)$$

若 $N \leqslant N_b$，为大偏心受压；若 $N > N_b$，为小偏心受压。

由 $M = N e_0$ 可知，该情形的核心是求 e_0。

1) 对于大偏心受压已知 N 求 M_u 时的截面复核

当由式(6-25)求得的 N_b 满足 $N \leqslant N_b$ 时，则应按大偏心受压进行截面复核。

由大偏心受压的基本公式(6-10a)计算得到的 x 分以下两种情况求 e_i。

若 $2a_s' \leqslant x \leqslant \xi_b h_0$ 时，应由大偏心受压的基本公式(6-10b)求 e；并由 $e = e_i + 0.5h - a_s$ 求出 e_i。

当 $x < 2a_s'$ 时，应由式(6-11a)求 e'；并由 $e' = e_i - 0.5h + a_s'$ 求出 e_i。

最后，两种情况均由 $e_i = e_0 + e_a$ 求得 e_0，则该柱所能承受的极限弯矩设计值 $M_u = N e_0$。

2) 对于小偏心受压已知 N 求 M_u 时的截面复核

当由式(6-25)求得的 N_b 满足 $N > N_b$ 时，则应按小偏心受压进行截面复核。

由小偏心受压的基本公式(6-12a)，并结合 σ_s 的计算公式(6-12c)计算得到的 x 分以下 3 种情况求 e。

(1) 若 $\xi_b h_0 < x < \xi_{cy} h_0$ 时，直接将 x 代入小偏心受压的基本公式(6-12b)求 e。

(2) 若 $\xi_{cy} h_0 \leqslant x < h$，这时 $\sigma_s = -f_y'$，故应由式(6-22)重新计算 x，并将此 x 代入小偏心受压的基本公式(6-12b)求 e。

(3) 若 $x \geqslant h$，这时取 $\alpha_1 = 1.0$、$x = h$，并将 $\alpha_1 = 1.0$、$x = h$ 代入小偏心受压的基本公式(6-12b)求 e。

求得 e 以后，以上 3 种情况均应由 $e = e_i + 0.5h - a_s$ 求出 e_i，并由 $e_i = e_0 + e_a$ 求得 e_0，则该柱所能承受的极限弯矩设计值 $M_u = N e_0$。

对于小偏心受压，当 $N > f_c bh$ 时，尚应按式(6-16a)验算"反向受压破坏"的承载力。最后，取"偏心受压截面复核"和"反向受压破坏验算"所得承载力的较小值作为该柱所能承受的极限弯矩设计值 M_u。

3) 对于大小偏心受压在求得 M_u 后，若还需求柱端所能承受的弯矩设计值 M_2 时

此时，应首先判别二阶效应的 3 个条件：$M_1/M_2 \leqslant 0.9$、$l_0/i \leqslant 34 - 12 M_1/M_2$ 和 $N/(f_c A) \leqslant 0.9$。若 3 个条件均满足，可忽略二阶效应的影响，并取 $M_2 = M_u$。否则，应考虑二阶效应的影响，可先由式(6-9b)和式(6-9d)求得 C_m、ζ_c，然后由式(6-9a)和式(6-9c)可推得一个 M_2 的一元二次方程，解此方程即可求得 M_2，最后应满足 $M_2 \leqslant M_u$。

矩形截面非对称配筋偏心受压构件已知 N 求 M_u 时的截面复核可按图6.28所示的流程进行。

【例6.10】 已知某矩形截面偏心受压柱，处于一类环境，安全等级为二级，截面尺寸为 $b \times h = 500\text{mm} \times 700\text{mm}$，弯矩作用于柱的长边方向，柱的计算长度 $l_c = l_0 = 12.25\text{m}$，轴向力的偏心距 $e_0 = 380\text{mm}$（e_0 已考虑了二阶效应的影响），混凝土强度等级 C35，钢筋采用 HRB400 级，A_s' 采用 $4 \oplus 25$（$A_s' = 1964\text{mm}^2$），A_s 采用 $5 \oplus 25$（$A_s = 2454\text{mm}^2$）。箍筋直径 $d_v = 10\text{mm}$，求该柱截面所能承担的极限轴向压力设计值 N_u。

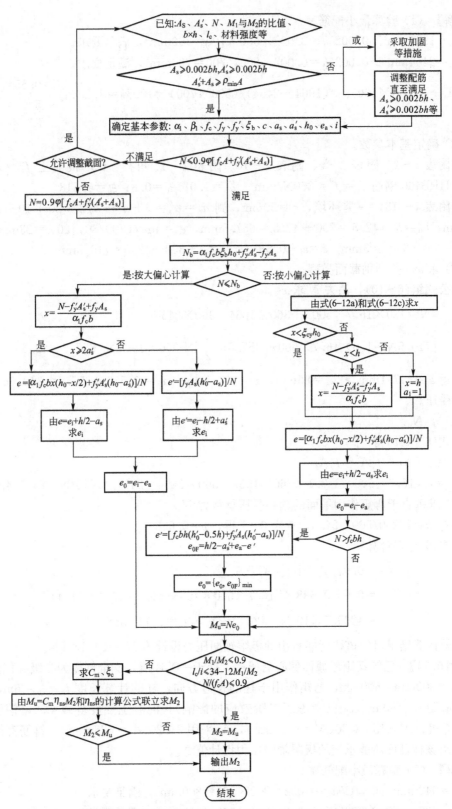

图 6.28 矩形截面非对称配筋偏心受压构件已知 N 求 M_u 时的截面复核流程图

【解】 (1) 验算最小配筋率。

$A'_s = 1964\text{mm}^2 > 0.002bh = 0.002 \times 500 \times 700 = 700\text{mm}^2$,满足要求。

$A_s = 2454\text{mm}^2 > 0.002bh = 0.002 \times 500 \times 700 = 700\text{mm}^2$,满足要求。

$(A'_s + A_s)/A \times 100\% = (1964 + 2454)/(500 \times 700) \times 100\% = 1.26\% \begin{cases} >0.55\% \\ <5\% \end{cases}$,满足要求。

(2) 确定基本参数。

查附表 1-2、附表 1-5、附表 1-10、附表 1-11 可得:C35 混凝土 $f_c = 16.7\text{N/mm}^2$;HRB400 钢筋 $f_y = f'_y = 360\text{N/mm}^2$;$\alpha_1 = 1.0$;$\beta_1 = 0.8$;$\xi_b = 0.518$。

查附表 1-13,一类环境,$c = 20\text{mm}$,则 $a_s = a'_s = c + d_v + d/2 = 20 + 10 + 25/2 = 42.5\text{mm}$,$h_0 = h - 42.5 = 700 - 42.5 = 657.5\text{mm}$,$e_a = \max(700/30,\ 20) = 23\text{mm}$,$e_i = e_0 + e_a = 380 + 23 = 403\text{mm}$,$e = e_i + 0.5h - a_s = 403 + 350 - 42.5 = 710.5\text{mm}$。

(3) 求 x,并判别截面类型。

由公式组(6-10),消去 N 求 x:

$$\begin{cases} N = 1.0 \times 16.7 \times 500x + 360 \times 1964 - 360 \times 2454 \\ 710.5N = 1.0 \times 16.7 \times 500x\left(657.5 - \dfrac{x}{2}\right) + 360 \times 1964 \times (657.5 - 42.5) \end{cases}$$

解得 $x = 317.1\text{mm} > 2a'_s = 85\text{mm}$,$x = 317.1\text{mm} < x_b = 0.518 \times 657.5 = 340.6\text{mm}$,为大偏心受压。

(4) 求 N_u。

由式(6-10a)得

$N_u = \alpha_1 f_c bx + f'_y A'_s - f_y A_s$

$\quad = 1 \times 16.7 \times 500 \times 317.1 + 360 \times 1964 - 360 \times 2454 = 2471.4 \times 10^3\text{N} = 2471.4\text{kN}$

(5) 求垂直于弯矩作用平面的轴心受压承载力 N_{uz}。

由 $l_0/b = 12250/500 = 24.5$,查表 6-1 得,$\varphi = 0.638$。

按式(6-17)计算:

$$N_{uz} = 0.9\varphi[f_c A + f'_y(A'_s + A_s)]$$

$$= 0.9 \times 0.638 \times [16.7 \times 500 \times 700 + 360 \times (1964 + 2454)]$$

$$= 4269.5 \times 10^3\text{N} = 4269.5\text{kN} > N_u = 2471.4\text{kN}$$

比较计算结果可知该柱所能承担的极限轴向压力设计值 $N_u = 2471.4\text{kN}$。

【例 6.11】 已知某矩形截面偏心受压柱,处于一类环境,安全等级为二级,截面尺寸为 $b \times h = 300\text{mm} \times 500\text{mm}$,弯矩作用于柱的长边方向,柱的计算长度 $l_c = l_0 = 6\text{m}$,轴向力的偏心距 $e_0 = 80\text{mm}$(e_0 已考虑了二阶效应的影响),混凝土强度等级 C30,钢筋采用 HRB400 级,A'_s 采用 $3 \oplus 20$($A'_s = 942\text{mm}^2$),A_s 采用 $2 \oplus 20$($A_s = 628\text{mm}^2$)。箍筋直径 $d_v = 8\text{mm}$,求该柱截面所能承担的极限轴向压力设计值 N_u。

【解】 (1) 验算最小配筋率。

$A'_s = 942\text{mm}^2 > 0.002bh = 0.002 \times 300 \times 500 = 300\text{mm}^2$,满足要求。

$A_s = 628\text{mm}^2 > 0.002bh = 0.002 \times 300 \times 500 = 300\text{mm}^2$,满足要求。

$(A_s'+A_s)/A \times 100\% = (942+628)/(300 \times 500) \times 100\% = 1.05\%\begin{cases}>0.55\% \\ <5\%\end{cases}$，满足要求。

（2）确定基本参数。

查附表1-2、附表1-5、附表1-10、附表1-11可得：C30混凝土 $f_c=14.3\text{N/mm}^2$；HRB400钢筋 $f_y=f_y'=360\text{N/mm}^2$；$\alpha_1=1.0$；$\beta_1=0.8$；$\xi_b=0.518$。

查附表1-13，一类环境，$c=20\text{mm}$，则 $a_s=a_s'=c+d_v+d/2=20+8+20/2=38\text{mm}$。

$$h_0=h-38=500-38=462\text{mm}$$
$$e_a=\max(500/30,\ 20)=20\text{mm}$$
$$e_i=e_0+e_a=80+20=100\text{mm}$$
$$e=e_i+\frac{h}{2}-a_s=100+250-38=312\text{mm}$$

（3）求 x，并判别截面类型。

由公式组(6-10)，联立求 x。

$$\begin{cases}N=1.0 \times 14.3 \times 300x+360 \times 942-360 \times 628 \\ N \times 312=1.0 \times 14.3 \times 300x\left(462-\dfrac{x}{2}\right)+360 \times 942 \times (462-38)\end{cases}$$

解得 $x=420.4\text{mm}>x_b=0.518 \times 462=239.3\text{mm}$，为小偏心受压。

（4）由小偏心受压重求 x，并求 N_u。

由公式组(6-12)联立，重新求 x。

$$\begin{cases}N=1.0 \times 14.3 \times 300x+360 \times 942-\dfrac{\dfrac{x}{462}-0.8}{0.518-0.8} \times 360 \times 628 \\ N \times 312=1.0 \times 14.3 \times 300x\left(462-\dfrac{x}{2}\right)+360 \times 942 \times 424\end{cases}$$

解得 $x=357.8\text{mm}>\xi_b h_0=0.518 \times 462=239.3\text{mm}$，$x=357.8\text{mm}<\xi_{cy}h_0=(2 \times 0.8-0.518) \times 462=500\text{mm}$

所以满足 $\xi_b h_0<x<\xi_{cy}h_0$ 的条件，将 x 代入式(6-12a)得

$$N_u=1.0 \times 14.3 \times 300 \times 357.8+360 \times 942-\frac{\frac{357.8}{462}-0.8}{0.518-0.8} \times 360 \times 628=1853.6 \times 10^3\text{N}$$

$$=1853.6\text{kN}$$

（5）求垂直于弯矩作用平面的轴心受压承载力 N_{uZ}。

由 $l_0/b=6000/300=20$，查表6-1得，$\varphi=0.75$。

按式(6-17)计算：
$$N_{uZ}=0.9\varphi[f_c A+f_y'(A_s'+A_s)]$$
$$=0.9 \times 0.75 \times [14.3 \times 300 \times 500+360 \times (942+628)]$$
$$=1829.4 \times 10^3\text{N}=1829.4\text{kN}<N_u=1853.6\text{kN}$$

比较计算结果可知：该柱所能承担的极限轴向压力设计值 $N_u=1829.4\text{kN}$，且由轴心受压承载力控制。

【例6.12】 已知某矩形截面偏心受压柱，处于一类环境，安全等级为二级，截面尺寸 $b \times h=400\text{mm} \times 500\text{mm}$，弯矩作用于柱的长边方向，柱的计算长度 $l_c=l_0=5.0\text{m}$。轴向力

设计值 $N=500\text{kN}$，混凝土强度等级 C30，钢筋采用 HRB400 级，A'_s 采用 $5\,\Phi\,20\,(A'_s=1570\text{mm}^2)$，$A_s$ 采用 $3\,\Phi\,20\,(A_s=942\text{mm}^2)$。若箍筋直径 $d_v=8\text{mm}$，$M_1/M_2=1.0$，求该柱端截面所能承受的最大弯矩设计值 M_2。

【解】 (1) 验算最小配筋率。

$A'_s=1570\text{mm}^2>0.002bh=0.002\times400\times500=400\text{mm}^2$，满足要求。

$A_s=942\text{mm}^2>0.002bh=0.002\times400\times500=400\text{mm}^2$，满足要求。

$(A'_s+A_s)/A\times100\%=(1570+942)/(400\times500)\times100\%=1.26\%\begin{cases}>0.55\%\\<5\%\end{cases}$，满足要求。

(2) 确定基本参数。

查附表 1-2、附表 1-5、附表 1-10、附表 1-11 可得：C30 混凝土 $f_c=14.3\text{N/mm}^2$；HRB400 钢筋 $f_y=f'_y=360\text{N/mm}^2$；$\alpha_1=1.0$；$\beta_1=0.8$；$\xi_b=0.518$。

查附表 1-13，一类环境，$c=20\text{mm}$，则 $a_s=a'_s=c+d_v+d/2=20+8+20/2=38\text{mm}$，$h_0=h-38=500-38=462\text{mm}$。

$$e_a=\max(500/30,\ 20)=20\text{mm}$$

$$I=bh^3/12=4166666667\text{mm}^4,\quad i=\sqrt{I/A}=144.3\text{mm}$$

(3) 验算垂直于弯矩作用平面的轴心受压承载能力。

由 $l_0/b=5\times10^3/400=12.5$，查表 6-1 得，$\varphi=0.943$。

$0.9\varphi[f_cA+f'_y(A'_s+A_s)]=0.9\times0.943\times[14.3\times400\times500+360\times(1570+942)]$
$$=3194.8\times10^3\text{N}=3194.8\text{kN}>N=500\text{kN}，满足要求。$$

(4) 判别截面类型。

由式(6-10a)可求得界限轴向力设计值 N_b。

$$N_b=1.0\times14.3\times400\times0.518\times462+360\times1570-360\times942$$
$$=1595\times10^3\text{N}=1595\text{kN}>N=500\text{kN}$$

故属于大偏心受压。

(5) 求受压区高度 x。

将已知数据代入式(6-10a)得

$$500\times10^3=1.0\times14.3\times400\times x+360\times1570-360\times942$$

求得：$x=47.9\text{mm}<2a'_s=2\times38=76\text{mm}$

(6) 求 e'、e_i、e_0。

由式(6-11a)得

$$e'=f_yA_s(h'_0-a_s)/N=360\times942\times(462-38)/(500\times10^3)=287.6\text{mm}$$

$$e_i=e'+h/2-a'_s=287.6+250-38=499.6\text{mm}$$

$$e_0=e_i-e_a=499.6-20=479.6\text{mm}$$

(7) 求 M。

$$M=Ne_0=500\times10^3\times479.6=2.398\times10^8\text{N}\cdot\text{mm}=239.8\text{kN}\cdot\text{m}$$

(8) 求 M_2。

因为 $M_1/M_2=1.0$，故需考虑二阶效应的影响

$$C_m=0.7+0.3(M_1/M_2)=1.0$$

$\zeta_c=0.5f_cA/N=2.86>1.0$，故取 $\zeta_c=1.0$。

由
$$
\begin{cases}
M = C_m \eta_{ns} M_2 \\
\eta_{ns} = 1 + \dfrac{1}{1300(M_2/N + e_a)/h_0}\left(\dfrac{l_c}{h}\right)^2 \zeta_c
\end{cases}
\text{可得}
$$

$$
M = C_m\left[1 + \dfrac{1}{1300(M_2/N + e_a)/h_0}\left(\dfrac{l_c}{h}\right)^2 \zeta_c\right]M_2
$$

$$
239.8 \times 10^6 = 1.0 \times \left[1 + \dfrac{1}{1300(M_2/500000 + 20)/462}\left(\dfrac{5000}{500}\right)^2 \times 1.0\right]M_2
$$

由上式求得：$M_2 = 2.2279 \times 10^8\,\text{N·mm} = 222.79\,\text{kN·m} < M = 239.8\,\text{kN·m}$。

所以该柱端截面所能承受的最大弯矩设计值 $M_2 = 222.79\,\text{kN·m}$。

【例 6.13】 已知条件同例 6.12，但轴向力设计值 $N = 2600\,\text{kN}$，求该柱端截面所能承受的最大弯矩设计值 M_2。

【解】 步骤(1)、(2)同例 6.12 的步骤(1)、(2)。

(3) 验算垂直于弯矩作用平面的轴心受压承载能力。

由 $l_0/b = 5 \times 10^3/400 = 12.5$，查表 6-1 得，$\varphi = 0.943$。

$$
0.9\varphi[f_c A + f_y'(A_s' + A_s)] = 0.9 \times 0.943 \times [14.3 \times 400 \times 500 + 360 \times (1570 + 942)]
$$
$$
= 3194.8 \times 10^3\,\text{N} = 3194.8\,\text{kN} > N = 2600\,\text{kN}，\text{满足要求}。
$$

(4) 判别截面类型。

由式(6-10a)可求得界限轴向力设计值 N_b。

$$
N_b = 1.0 \times 14.3 \times 400 \times 0.518 \times 462 + 360 \times 1570 - 360 \times 942
$$
$$
= 1595 \times 10^3\,\text{N} = 1595\,\text{kN} < N = 2600\,\text{kN}
$$

故属于小偏心受压。

(5) 求受压区高度 x。

由式(6-12a)、(6-12c)得

$$
x = \left(\dfrac{N - f_y'A_s' - \dfrac{0.8}{\xi_b - 0.8}f_y A_s}{\alpha_1 f_c b h_0 - \dfrac{1}{\xi_b - 0.8}f_y A_s}\right)h_0 = 360.1\,\text{mm} < \xi_{cy}h_0 = (2 \times 0.8 - 0.518) \times 462 = 499.9\,\text{mm}
$$

(6) 求 e、e_i、e_0。

由式(6-12b)得

$$
e = \dfrac{\alpha_1 f_c b x(h_0 - 0.5x) + f_y'A_s'(h_0 - a_s')}{N}
$$

$$
= \dfrac{1.0 \times 14.3 \times 400 \times 360.1 \times (462 - 0.5 \times 360.1) + 360 \times 1570 \times (462 - 38)}{2600 \times 10^3}
$$

$$
= 315.5\,\text{mm}
$$

$$
e_i = e - h/2 + a_s = 315.5 - 250 + 38 = 103.5\,\text{mm}
$$
$$
e_0 = e_i - e_a = 103.5 - 20 = 83.5\,\text{mm}
$$

(7) 求 M。

$$
M = Ne_0 = 2600 \times 83.5 \times 10^{-3} = 217.1\,\text{kN·m}
$$

(8) 求 M_2。

因为 $M_1/M_2 = 1.0$，故需考虑二阶效应的影响。

$$
C_m = 0.7 + 0.3(M_1/M_2) = 1.0
$$

$$\zeta_c = 0.5 f_c A / N = 0.55$$

由
$$\begin{cases} M = C_m \eta_{ns} M_2 \\ \eta_{ns} = 1 + \dfrac{1}{1300 (M_2/N + e_a)/h_0} \left(\dfrac{l_c}{h}\right)^2 \zeta_c \end{cases} \text{可得}$$

$$M = C_m \left[1 + \frac{1}{1300 (M_2/N + e_a)/h_0} \left(\frac{l_c}{h}\right)^2 \zeta_c \right] M_2$$

$$217.1 \times 10^6 = 1.0 \times \left[1 + \frac{1}{1300 (M_2/2600000 + 20)/462} \left(\frac{5000}{500}\right)^2 \times 0.55 \right] M_2$$

由上式求得：$M_2 = 1.7778 \times 10^8 \text{N} \cdot \text{mm} = 177.78 \text{kN} \cdot \text{m} < M = 217.1 \text{kN} \cdot \text{m}$。

所以该柱端截面所能承受的最大弯矩设计值 $M_2 = 177.78 \text{kN} \cdot \text{m}$。

6.6 矩形截面对称配筋偏心受压构件正截面受压承载力计算

受压构件在不同荷载组合下，经常承受异号弯矩作用。当正反两个方向的弯矩值相差不大，或即使相差较大，但按对称配筋设计比按非对称配筋设计所得的纵向钢筋总量增加不多时，为方便设计和施工，宜采用对称配筋。对预制构件，为了保证吊装等施工环节不出现差错，一般也宜采用对称配筋。实际工程中，绝大多数受压构件采用对称配筋。

对称配筋是指对称截面两侧的配筋相同，即 $A_s = A_s'$，$f_y = f_y'$，$a_s = a_s'$。

6.6.1 基本计算公式及其适用条件

1. 大偏心受压构件

将 $A_s = A_s'$，$f_y = f_y'$ 代入大偏心受压的基本公式(6-10a)、式(6-10b)，可得大偏心受压构件对称配筋时的计算公式：

$$\begin{cases} N \leqslant \xi \alpha_1 f_c b h_0 & (6-26a) \\ Ne \leqslant \xi (1 - 0.5\xi) \alpha_1 f_c b h_0^2 + f_y' A_s' (h_0 - a_s') & (6-26b) \end{cases}$$

式中：$e = e_i + 0.5h - a_s$。

公式的适用条件仍为：$2a_s'/h_0 \leqslant \xi \leqslant \xi_b$。

当 $\xi < 2a_s'/h_0$ 时，仍应按式(6-11a)计算。

2. 小偏心受压构件

将 $A_s = A_s'$，$f_y = f_y'$ 代入小偏心受压的基本公式(6-12a)、式(6-12b)，并加上 σ_s 的计算公式(6-12c)后，可得小偏心受压构件对称配筋时的计算公式：

$$\begin{cases} N \leqslant \xi \alpha_1 f_c b h_0 + f_y' A_s' - \sigma_s A_s' & (6-27a) \\ Ne \leqslant \xi (1 - 0.5\xi) \alpha_1 f_c b h_0^2 + f_y' A_s' (h_0 - a_s') & (6-27b) \end{cases}$$

$$\sigma_s = \frac{f_y'}{\xi_b - \beta_1} (\xi - \beta_1) \tag{6-27c}$$

式中：$e = e_i + 0.5h - a_s$。

公式的适用条件仍为：$\xi_b < \xi \leqslant h/h_0$；$\sigma_s$ 应符合 $-f_y' \leqslant \sigma_s \leqslant f_y$。

如前所述，当 $\xi_{cy} \leqslant \xi \leqslant h/h_0$ 时，式（6-27a）中的 $\sigma_s = -f'_y$，则式（6-27a）可表示为

$$N \leqslant \alpha_1 f_c b h_0 + 2 f'_y A'_s \qquad (6-28)$$

需要说明的是：对于对称配筋的小偏心受压构件，当 $N > f_c bh$ 时，由于 $A_s = A'_s$，A_s 的配筋量较大，所以不需作"反向受压破坏"验算。

6.6.2　大、小偏心受压构件的判别条件

对称配筋截面设计和已知 N 求 M_u 的截面复核时，可由大偏心受压的基本计算公式（6-26a）方便地求得：

$$\xi = \frac{N}{\alpha_1 f_c b h_0} \qquad (6-29)$$

对称配筋已知 e_0 求 N_u 的截面复核时，可由公式组（6-26）消去 N 求得 ξ。

因此，在对称配筋截面设计和截面复核时，可统一用 $\xi = \xi_b$ 作为大、小偏心受压的判别条件。即 $\xi \leqslant \xi_b$ 时，按大偏心受压计算；$\xi > \xi_b$ 时，按小偏心受压计算。对于小偏心受压构件，此 ξ 值仅是作为大、小偏心受压的判断依据，不能作为其实际的 ξ 值，实际的 ξ 值应按小偏心受压公式重新计算。

由于将 $\xi = \xi_b$ 代入对称配筋大偏心受压的基本公式（6-26a）也可方便地求得：

$$N_b = \xi_b \alpha_1 f_c b h_0 \qquad (6-30)$$

因此，在对称配筋已知 N 求 M_u 的截面复核时，也有用 $N = N_b$ 作为大小偏心受压的判别条件。即 $N \leqslant N_b$ 时，按大偏心受压计算；$N > N_b$ 时，按小偏心受压计算。

需要说明的是，由于工程中柱的截面尺寸经常是由刚度控制的，截面尺寸较承载力需要的大。因此，会出现"偏心距小（如 $e_i < 0.3h_0$），甚至接近轴心受压；但 $N \leqslant N_b$，即 $\xi \leqslant \xi_b$"的情况。可见，该类柱实际是小偏心受压构件，但按上述判别条件却须按大偏心受压计算，出现了矛盾。计算表明，这类柱无论按小偏心受压还是大偏心受压计算，其配筋往往仅需按构造配置即可。因此，为了方便，将其按大偏心受压计算，并可统一用"$\xi = \xi_b$"作为对称配筋时大、小偏心受压的判别条件。

6.6.3　截面设计

1. 大偏心受压构件的截面设计（$\xi \leqslant \xi_b$）

由大偏心受压构件的基本公式（6-26a）求得的 $\xi \leqslant \xi_b$ 时，则应按大偏心受压计算。

若 $2a'_s/h_0 \leqslant \xi \leqslant \xi_b$，则将 ξ 代入式（6-26b）可得 A'_s，并使 $A_s = A'_s$：

$$A_s = A'_s = \frac{Ne - \xi(1 - 0.5\xi)\alpha_1 f_c b h_0^2}{f'_y(h_0 - a'_s)} \qquad (6-31)$$

若 $\xi < 2a'_s/h_0$，则由式（6-11a）可求得 A_s，并使 $A'_s = A_s$：

$$A_s = A'_s = \frac{Ne'}{f_y(h'_0 - a_s)} \qquad (6-32)$$

以上两种情况求得的 A_s、A'_s 均应满足最小配筋率的要求，即 $A_s = A'_s \geqslant 0.002bh$，$A_s + A'_s \geqslant \rho_{min} A$。

2. 小偏心受压构件的截面设计($\xi > \xi_b$)

1) 计算原理

利用对称配筋小偏心受压构件的基本计算公式求解 ξ 时，将式(6-27c)代入式(6-27a)可得

$$f_y'A_s' = \frac{N - \alpha_1 f_c b h_0}{\left(\dfrac{\xi_b - \xi}{\xi_b - \beta_1}\right)} \qquad (6-33)$$

再将式(6-33)代入式(6-27b)后，出现如下有关 ξ 的三次方程：

$$Ne\frac{\xi_b - \xi}{\xi_b - \beta_1} = \alpha_1 f_c b h_0^2 \xi(1-0.5\xi)\frac{\xi_b - \xi}{\xi_b - \beta_1} + (N - \alpha_1 f_c b h_0 \xi)(h_0 - a_s') \qquad (6-34)$$

可见，直接利用上式计算 ξ 很麻烦。分析表明，在小偏心受压范围内，当 ξ 从 ξ_b 变化到 h/h_0 (h/h_0 近似取 1.1)时，$\xi(1-0.5\xi)$ 从 0.366 变化到 0.495，基本在 0.43 附近变化，且变化幅度不大。因此，为简化计算，《规范》(GB 50010)取 $\xi(1-0.5\xi)=0.43$ 后，得到下列 ξ 的计算公式：

$$\xi = \frac{N - \xi_b \alpha_1 f_c b h_0}{\dfrac{Ne - 0.43\alpha_1 f_c b h_0^2}{(\beta_1 - \xi_b)(h_0 - a_s')} + \alpha_1 f_c b h_0} + \xi_b \qquad (6-35)$$

按上式计算得到的 ξ 代入式(6-27b)，可得到《规范》(GB 50010)关于小偏心受压构件对称配筋时纵向钢筋 A_s' 的近似计算公式：

$$A_s' = \frac{Ne - \xi(1-0.5\xi)\alpha_1 f_c b h_0^2}{f_y'(h_0 - a_s')} \qquad (6-36)$$

2) 计算步骤

由大偏心受压构件的基本计算公式(6-26a)求得的 $\xi > \xi_b$ 时，则应按小偏心受压计算。

(1) 按式(6-35)计算 ξ。

(2) 若 $\xi_b < \xi \leqslant \xi_{cy}$，将 ξ 代入式(6-36)求 A_s'，并使 $A_s = A_s'$。

若 $\xi_{cy} \leqslant \xi < h/h_0$，这时 $\sigma_s = -f_y'$。因此，应由式(6-28)、式(6-27b)联立，重新求 ξ，再求 A_s'，并使 $A_s = A_s'$。

若 $\xi \geqslant h/h_0$，这时取 $\alpha_1 = 1.0$，$\xi = h/h_0$，并将 $\alpha_1 = 1.0$，$\xi = h/h_0$ 代入式(6-36)求 A_s'，并使 $A_s = A_s'$。

(3) 验算最小配筋率：$A_s = A_s' \geqslant 0.002bh$，$A_s + A_s' \geqslant \rho_{min}A$。

(4) 按式(6-17)作垂直于弯矩作用平面的轴心受压承载力验算。

情形 5：矩形截面对称配筋偏心受压构件的截面设计可按图 6.29 所示流程进行。

【例 6.14】 已知条件同例 6.3，采用对称配筋，求该柱的对称配筋面积。

【解】 步骤(1)~(3)同例 6.3 的步骤(1)~(3)。

(4) 计算 e_0、e_i。

$$e_0 = \frac{M}{N} = \frac{180 \times 10^6}{350 \times 10^3} = 514.3 \text{mm}$$

$$e_i = e_0 + e_a = 514.3 + 20 = 534.3 \text{mm}$$

(5) 计算 ξ，并判断偏心受压类型。

$$\xi = \frac{N}{\alpha_1 f_c b h_0} = \frac{350 \times 10^3}{1.0 \times 14.3 \times 300 \times 360} = 0.227 < \xi_b = 0.518$$

所以为大偏心受压。

(6) 计算 A_s 和 A_s'。

$$\xi = 0.227 > \frac{2a_s'}{h_0} = \frac{80}{360} = 0.222$$

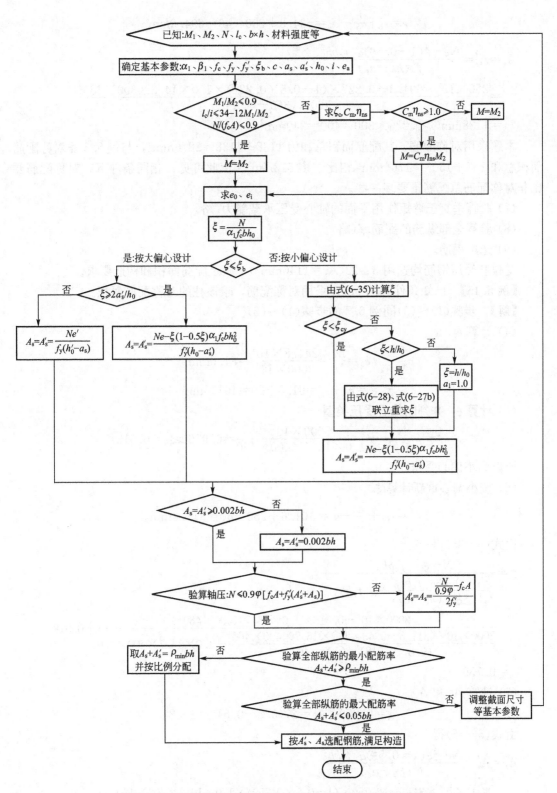

图 6.29 矩形截面对称配筋偏心受压构件的截面设计流程图

$$e=e_i+\frac{h}{2}-a_s=534.3+200-40=694.3\text{mm}$$

$$A_s=A'_s=\frac{Ne-\xi(1-0.5\xi)\alpha_1 f_c bh_0^2}{f'_y(h_0-a'_s)}$$

$$=\frac{350\times10^3\times694.3-0.227\times(1-0.5\times0.227)\times1.0\times14.3\times300\times360^2}{360\times(360-40)}$$

$$=1138\text{mm}^2>0.2\%\times300\times400=240\text{mm}^2$$

本题采用对称配筋,其配筋面积总和为 $1138+1138=2276\text{mm}^2$,与例 6.3 非对称配筋面积总和 $257+1507=1764\text{mm}^2$ 相比,多 512mm^2。由此可见,相同条件下,对称配筋要比非对称配筋总配筋量要多一些。

(7) 验算垂直于弯矩作用平面的轴心受压承载能力(略)。

(8) 验算全部纵筋的配筋率(略)。

(9) 选配钢筋。

受拉和受压钢筋均选用 $3\phi22(A_s=1140\text{mm}^2)$,满足配筋面积和构造要求。

【例 6.15】 已知条件同例 6.7,采用对称配筋,求该柱的对称配筋面积。

【解】 步骤(1)~(3)同例 6.7 的步骤(1)~(3)。

(4) 计算 e_0、e_i。

$$e_0=\frac{M}{N}=\frac{244.8\times10^6}{3000\times10^3}=81.6\text{mm}$$

$$e_i=e_0+e_a=81.6+20=101.6\text{mm}$$

(5) 计算 ξ,并判断偏心受压类型。

$$\xi=\frac{N}{\alpha_1 f_c bh_0}=\frac{3000\times10^3}{1.0\times16.7\times400\times460}=0.976>\xi_b=0.518$$

所以为小偏心受压。

(6) 按小偏心重新计算 ξ。

$$e=e_i+\frac{h}{2}-a_s=101.6+250-40=311.6\text{mm}$$

由式(6-35)得

$$\xi=\frac{N-\xi_b\alpha_1 f_c bh_0}{\dfrac{Ne-0.43\alpha_1 f_c bh_0^2}{(\beta_1-\xi_b)(h_0-a'_s)}+\alpha_1 f_c bh_0}+\xi_b$$

$$=\frac{3000\times10^3-0.518\times1.0\times16.7\times400\times460}{\dfrac{3000\times10^3\times311.6-0.43\times1.0\times16.7\times400\times460^2}{(0.8-0.518)\times(460-40)}+1.0\times16.7\times400\times460}+0.518$$

$$=0.759$$

(7) 计算 A_s 和 A'_s。

$$\xi=0.759<\xi_{cy}=2\times0.8-0.518=1.08$$

由式(6-36)得

$$A_s=A'_s=\frac{Ne-\xi(1-0.5\xi)\alpha_1 f_c bh_0^2}{f'_y(h_0-a'_s)}$$

$$=\frac{3000\times10^3\times311.6-0.759\times(1-0.5\times0.759)\times1.0\times16.7\times400\times460^2}{360\times(460-40)}$$

$=1779.8\text{mm}^2>0.2\%\times400\times500=400\text{mm}^2$

本题采用对称配筋，其配筋面积总和为 $1779.8+1779.8=3559.6\text{mm}^2$，与例 6.7 非对称配筋面积总和 $421.1+1742=2163.1\text{mm}^2$ 相比，多 1396.5mm^2。由此可见，相同条件下，对称配筋要比非对称配筋总配筋量要多一些。

（8）验算垂直于弯矩作用平面的轴心受压承载能力（略）。

（9）验算全部纵筋的配筋率（略）。

（10）选配钢筋。

受拉和受压钢筋均选用 $2\,\underline{\Phi}\,28+2\,\underline{\Phi}\,20(A_s=1860\text{mm}^2)$，满足配筋面积和构造要求。

6.6.4　截面复核

对称配筋偏心受压构件的截面复核可按非对称配筋偏心受压构件的截面复核方法和步骤进行。区别有两点：一是对称配筋截面复核时取 $A_s=A'_s$，$f_y=f'_y$；二是由于对称配筋截面 $A_s=A'_s$，故不必进行反向受压破坏验算。

情形 6：矩形截面对称配筋偏心受压构件已知 e_0 求 N_u 时的截面复核可按图 6.30 所示流程进行。

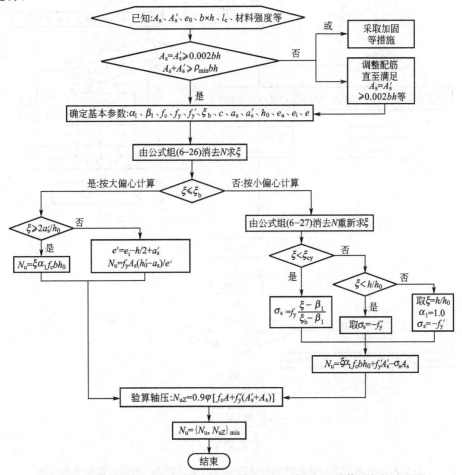

图 6.30　矩形截面对称配筋偏心受压构件已知 e_0 求 N_u 时的截面复核流程图

情形7：矩形截面对称配筋偏心受压构件已知 N 求 M_u 时的截面复核可按图6.31所示流程进行。

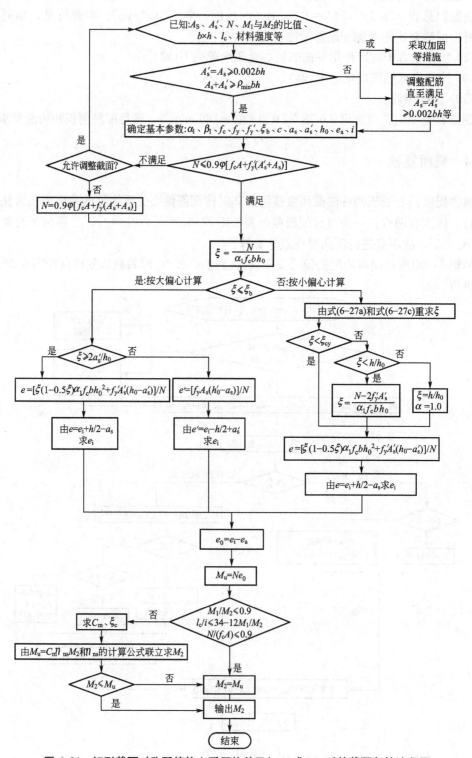

图 6.31　矩形截面对称配筋偏心受压构件已知 N 求 M_u 时的截面复核流程图

【例 6.16】 已知某矩形截面偏心受压柱，处于一类环境，安全等级为二级，截面尺寸为 $b \times h = 600\text{mm} \times 900\text{mm}$，弯矩作用于柱的长边方向，偏心距 $e_0 = 120\text{mm}$（e_0 已考虑了二阶效应的影响），柱的计算长度 $l_c = l_0 = 4.2\text{m}$，混凝土强度等级 C30，钢筋采用 HRB400 级，采用对称配筋，每侧配筋为 $4\,\Phi\,25 (A_s' = A_s = 1964\text{mm}^2)$。箍筋直径 $d_v = 8\text{mm}$，求该柱截面所能承担的极限轴向压力设计值 N_u。

【解】 （1）验算最小配筋率的要求。

$A_s' = A_s = 1964\text{mm}^2 > 0.002bh = 0.002 \times 600 \times 900 = 1080\text{mm}^2$，满足要求。

$(A_s' + A_s)/A \times 100\% = (2 \times 1964)/(600 \times 900) \times 100\% = 0.73\% \begin{cases} >0.55\% \\ <5\% \end{cases}$，满足要求。

（2）确定基本参数。

查附表 1-2、附表 1-5、附表 1-10、附表 1-11 可得：C30 混凝土 $f_c = 14.3\text{N/mm}^2$；HRB400 钢筋 $f_y = f_y' = 360\text{N/mm}^2$；$\alpha_1 = 1.0$；$\beta_1 = 0.8$；$\xi_b = 0.518$。

查附表 1-13，一类环境，$c = 20\text{mm}$；则

$$a_s = a_s' = c + d_v + d/2 = 20 + 8 + 25/2 = 40.5\text{mm}, \quad h_0 = h - 40.5 = 900 - 40.5 = 859.5\text{mm}$$

$$e_a = \max(900/30, 20) = 30\text{mm}$$

$$e_i = e_0 + e_a = 120 + 30 = 150\text{mm}$$

$$e = e_i + \frac{h}{2} - a_s = 150 + 450 - 40.5 = 559.5\text{mm}$$

（3）求 ξ，并判别截面类型。

将已知数据代入公式组(6-26)，联立方程求出 ξ。

$$\begin{cases} N_u = 1.0 \times 14.3 \times 600 \times 859.5\xi \\ 559.5N_u = 1.0 \times 14.3 \times 600 \times 859.5^2\xi(1 - 0.5\xi) + 360 \times 1964 \times (859.5 - 40.5) \end{cases}$$

解得 $\xi = 0.901 > \xi_b = 0.518$，为小偏心受压。

（4）按小偏心受压重新求 ξ，并求 N_u。

将已知数据代入公式组(6-27)，联立方程重新求 ξ。

$$\begin{cases} N_u = 1.0 \times 14.3 \times 600 \times 859.5\xi + 360 \times 1964 - \sigma_s \times 1964 \\ 559.5N_u = 1.0 \times 14.3 \times 600 \times 859.5^2\xi(1 - 0.5\xi) + 360 \times 1964 \times (859.5 - 40.5) \\ \sigma_s = \dfrac{360}{0.518 - 0.8}(\xi - 0.8) \end{cases}$$

解得 $\xi = 0.782 < \xi_{cy} = 2 \times 0.8 - 0.518 = 1.082$

将 ξ 代入式(6-27a)得

$$N_u = 0.782 \times 1.0 \times 14.3 \times 600 \times 859.5 + 360 \times 1964 - \frac{0.782 - 0.8}{0.518 - 0.8} \times 360 \times 1964$$

$$= 6428.8 \times 10^3\text{N}$$

$$= 6428.8\text{kN}$$

（5）计算垂直于弯矩作用平面的轴心受压承载能力 N_{uZ}。

由 $l_c/b = 4200/600 = 7 < 8$，查表 6-1 得，$\varphi = 1.0$。

由式(6-17)可得

$$N_{uZ} = 0.9\varphi[f_cA + f_y'(A_s' + A_s)]$$

$$=0.9 \times 1.0 \times (14.3 \times 600 \times 900 + 360 \times 1964 \times 2)$$

$$=8222.5 \times 10^3 \text{N}$$

$$=8222.5\text{kN} > N_u = 6428.8\text{kN}$$

比较计算结果可知：该柱所能承担的极限轴向压力设计值 $N_u = 6428.8\text{kN}$。

【例 6.17】 已知某矩形截面偏心受压柱，处于一类环境，安全等级为二级，截面尺寸 $b \times h = 400\text{mm} \times 600\text{mm}$，弯矩作用于柱的长边方向，柱的计算长度 $l_c = l_0 = 5.0\text{m}$。轴向力设计值 $N = 900\text{kN}$，混凝土强度等级 C30，钢筋采用 HRB400 级，对称配筋，每侧配筋为 $5 \oplus 20 (A_s' = A_s = 1570\text{mm}^2)$。若箍筋直径 $d_v = 8\text{mm}$，$M_1 / M_2 = 0.8$，求该柱端截面所能承受的最大弯矩设计值 M_2。

【解】 （1）验算最小配筋率的要求。

$A_s' = A_s = 1570\text{mm}^2 > 0.002bh = 0.002 \times 400 \times 600 = 480\text{mm}^2$，满足要求。

$(A_s' + A_s)/A \times 100\% = (1570 + 1570)/(400 \times 600) \times 100\% = 1.31\% \begin{cases} > 0.55\% \\ < 5\% \end{cases}$，满足要求。

（2）确定基本参数。

查附表 1-2、附表 1-5、附表 1-10、附表 1-11 可得：C30 混凝土 $f_c = 14.3\text{N/mm}^2$；HRB400 钢筋 $f_y = f_y' = 360\text{N/mm}^2$；$\alpha_1 = 1.0$；$\beta_1 = 0.8$；$\xi_b = 0.518$。

查附表 1-13，一类环境，$c = 20\text{mm}$，则 $a_s = a_s' = c + d_v + d/2 = 20 + 8 + 20/2 = 38\text{mm}$，$h_0 = h - 38 = 600 - 38 = 562\text{mm}$

$$e_a = \max(600/30, 20) = 20\text{mm}$$

$$I = bh^3/12 = 7200000000\text{mm}^4, \quad i = \sqrt{I/A} = 173.2\text{mm}$$

（3）验算垂直于弯矩作用平面的轴心受压承载能力。

由 $l_0/b = 5.0 \times 10^3/400 = 12.5$，查表 6-1 得，$\varphi = 0.9425$。

$$0.9\varphi[f_c A + f_y'(A_s' + A_s)] = 0.9 \times 0.9425 \times (14.3 \times 400 \times 600 + 360 \times 1570 \times 2)$$

$$= 3870 \times 10^3 \text{N} = 3870\text{kN} > N = 900\text{kN}，满足要求。$$

（4）求 ξ，并判别偏心受压类型。

由式（6-29）得

$$\xi = \frac{N}{\alpha_1 f_c b h_0} = \frac{900 \times 10^3}{1.0 \times 14.3 \times 400 \times 562} = 0.280 < \xi_b = 0.518$$

故属于大偏心受压。

且 $\xi = 0.280 > \dfrac{2a_s'}{h_0} = \dfrac{76}{562} = 0.135$

（5）求 e、e_i、e_0。

由式（6-26b）得

$e = [\xi(1 - 0.5\xi)\alpha_1 f_c b h_0^2 + f_y' A_s'(h_0 - a_s')]/N$

$= [0.280 \times (1 - 0.5 \times 0.280) \times 1.0 \times 14.3 \times 400 \times 562^2 + 360 \times 1570 \times (562 - 38)]/(900 \times 10^3)$

$= 812.4\text{mm}$

$$e_i = e - h/2 + a_s' = 812.4 - 300 + 38 = 550.4\text{mm}$$

$$e_0 = e_i - e_a = 550.4 - 20 = 530.4\text{mm}$$

（6）求 M。
$$M=Ne_0=900\times10^3\times530.4=477\times10^6\text{N}\cdot\text{mm}=477\text{kN}\cdot\text{m}$$

（7）求 M_2。

因为 $M_1/M_2=0.8<0.9$，$N/(f_cA)=0.26<0.9$，$l_c/i=28.9>34-12(M_1/M_2)=24.4$ 故需考虑二阶效应的影响。

$$C_m=0.7+0.3(M_1/M_2)=0.94$$

$\zeta_c=0.5f_cA/N=1.9>1.0$，故取 $\zeta_c=1.0$。

由 $\begin{cases}M=C_m\eta_{ns}M_2 \\ \eta_{ns}=1+\dfrac{1}{1300(M_2/N+e_a)/h_0}\left(\dfrac{l_c}{h}\right)^2\zeta_c\end{cases}$ 可得

$$M=C_m\left[1+\frac{1}{1300(M_2/N+e_a)/h_0}\left(\frac{l_c}{h}\right)^2\zeta_c\right]M_2$$

$$477\times10^6=0.94\times\left[1+\frac{1}{1300(M_2/900000+20)/562}\left(\frac{5000}{600}\right)^2\times1.0\right]M_2$$

由上式解得：$M_2=481.4\times10^6\text{N}\cdot\text{mm}=481.4\text{kN}\cdot\text{m}>M=477\text{kN}\cdot\text{m}$

所以该柱端截面所能承受的最大弯矩设计值 $M_2=477\text{kN}\cdot\text{m}$

6.7 I 形截面对称配筋偏心受压构件正截面受压承载力计算

为了节省混凝土和减轻构件自重，对于截面尺寸较大的柱可采用 I 形截面。I 形截面偏心受压构件的破坏特征、计算方法与矩形截面相似，区别只在于增加了受压区翼缘参与受力，至于 T 形截面可作为 I 形截面的特殊情况处理。I 形截面偏心受压构件一般为对称截面（$b_f=b_f'$，$h_f=h_f'$）、对称配筋（$A_s=A_s'$，$f_y=f_y'$，$a_s=a_s'$）的预制柱。计算时同样可分为大偏心受压（$\xi\leqslant\xi_b$）和小偏心受压（$\xi>\xi_b$）两种情形。

需要注意的是，I 形截面偏心受压构件的受压翼缘计算宽度 b_f' 应符合第 4 章表 4-4 的规定；当受压区高度 $x>h-h_f$ 时，受压较小边翼缘计算宽度 b_f 也应符合第 4 章表 4-4 的规定。

6.7.1 基本计算公式及其适用条件

1. 大偏心受压构件

图 6.32 为 I 形截面大偏心受压构件的计算简图。由图 6.32 可知，大偏心受压有中和轴在受压翼缘内（$x\leqslant h_f'$）和中和轴在腹板内（$h_f'<x\leqslant\xi_b h_0$）两种情况。

1）中和轴在受压翼缘内（$x\leqslant h_f'$）

该情况相当于截面宽度为 b_f' 的矩形截面对称配筋大偏心受压构件。当 $A_s=A_s'$，$f_y=f_y'$ 时，由图 6.32(a) 的平衡条件可得基本计算公式：

$$\begin{cases}N\leqslant\xi\alpha_1 f_c b_f' h_0 & \text{(6-37a)}\\ Ne\leqslant\xi(1-0.5\xi)\alpha_1 f_c b_f' h_0^2+f_y'A_s'(h_0-a_s') & \text{(6-37b)}\end{cases}$$

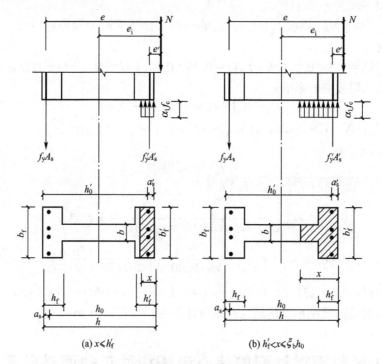

图 6.32 I 形截面大偏心受压的计算简图

公式组(6-37)的适用条件为：$2a_s'/h_0 \leqslant \xi \leqslant h_f'/h_0$。

当 $\xi < 2a_s'/h_0$，仍应按式(6-11a)计算。

2) 中和轴在腹板内($h_f' < x \leqslant \xi_b h_0$)

与第二类 T 形截面梁受弯承载力计算时的处理方法一样，将受压区混凝土分成腹板和翼缘两部分。当 $A_s = A_s'$，$f_y = f_y'$ 时，由图 6.32(b)的平衡条件可得基本计算公式：

$$\begin{cases} N \leqslant \xi \alpha_1 f_c b h_0 + \alpha_1 f_c (b_f'-b) h_f' & (6-38a) \\ Ne \leqslant \xi(1-0.5\xi)\alpha_1 f_c b h_0^2 + \alpha_1 f_c (b_f'-b) h_f' (h_0 - 0.5h_f') + f_y' A_s' (h_0 - a_s') & (6-38b) \end{cases}$$

公式组(6-38)的适用条件为：$h_f'/h_0 < \xi \leqslant \xi_b$。

2. 小偏心受压构件

图 6.33 为 I 形截面小偏心受压构件的计算简图。由图 6.33 可知，小偏心受压有中和轴在腹板内($\xi_b h_0 < x \leqslant h - h_f$)和中和轴在受拉翼缘内($h - h_f < x \leqslant h$)两种情况。

1) 中和轴在腹板内($\xi_b h_0 < x \leqslant h - h_f$)

同样将受压区混凝土分成腹板和翼缘两部分。当 $A_s = A_s'$，$f_y = f_y'$ 时，由图 6.33(a)的平衡条件可得基本计算公式：

$$\begin{cases} N \leqslant \xi \alpha_1 f_c b h_0 + \alpha_1 f_c (b_f'-b) h_f' + f_y' A_s' - \sigma_s A_s & (6-39a) \\ Ne \leqslant \xi(1-0.5\xi)\alpha_1 f_c b h_0^2 + \alpha_1 f_c (b_f'-b) h_f' (h_0 - 0.5h_f') + f_y' A_s' (h_0 - a_s') & (6-39b) \end{cases}$$

公式组(6-39)的适用条件为：$\xi_b < \xi \leqslant (h - h_f)/h_0$。

公式组(6-39)中的 σ_s 仍应按下式计算，且应符合 $-f_y' \leqslant \sigma_s \leqslant f_y$。

$$\sigma_s = \frac{f_y}{\xi_b - \beta_1}(\xi - \beta_1) \qquad (6-39c)$$

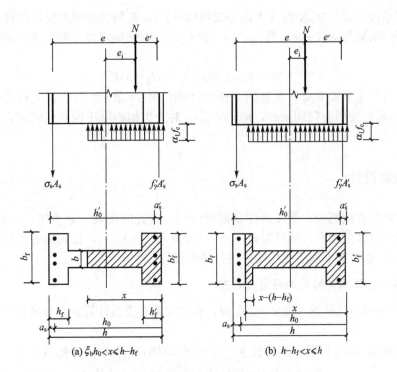

图 6.33 Ⅰ形截面小偏心受压的计算简图

2) 中和轴在受拉翼缘内($h-h_f<x\leqslant h$)

将受压区混凝土分成腹板、受压翼缘和受拉翼缘 3 部分。当 $A_s=A_s'$，$f_y=f_y'$ 时，由图 6.33(b) 的平衡条件可得基本计算公式：

$$
\begin{cases}
N\leqslant\xi\alpha_1 f_c bh_0+\alpha_1 f_c(b_f'-b)h_f'+\alpha_1 f_c(b_f-b)[\xi h_0-(h-h_f)]+f_y'A_s'-\sigma_s A_s & (6-40a)\\
Ne\leqslant\xi(1-0.5\xi)\alpha_1 f_c bh_0^2+\alpha_1 f_c(b_f'-b)h_f'(h_0-0.5h_f')+\\
\quad \alpha_1 f_c(b_f-b)[\xi h_0-(h-h_f)]\left[h_f-a_s-\dfrac{\xi h_0-(h-h_f)}{2}\right]+f_y'A_s'(h_0-a_s') & (6-40b)
\end{cases}
$$

公式组 (6-40) 的适用条件为：$(h-h_f)/h_0<\xi\leqslant h/h_0$。

如前所述，当 $\xi_{cy}\leqslant\xi\leqslant h/h_0$ 时，式 (6-40a) 中的 $\sigma_s=-f_y'$，则式 (6-40a) 可表示为

$$N\leqslant\xi\alpha_1 f_c bh_0+\alpha_1 f_c(b_f'-b)h_f'+\alpha_1 f_c(b_f-b)[\xi h_0-(h-h_f)]+2f_y'A_s' \quad (6-41)$$

需要说明的是：对于对称配筋的小偏心受压构件，当 $N>f_c A$ 时，由于 $A_s=A_s'$，所以不需作"反向受压破坏"验算。

6.7.2 大、小偏心受压的判别

对于截面设计和已知 N 求 M_u 的截面复核，可先由大偏心受压的计算公式 (6-38a) 方便地求得：

$$\xi=\frac{N-\alpha_1 f_c(b_f'-b)h_f'}{\alpha_1 f_c bh_0} \quad (6-42)$$

对于已知 e_0 求 N_u 的截面复核，可先由公式组 (6-38) 消去 N 求得 ξ。

因此，对于 Ⅰ 形截面对称配筋的截面设计和截面复核，可统一用 $\xi=\xi_b$ 作为大小偏心

受压的判别条件，即：$\xi \leqslant \xi_b$ 时为大偏心受压构件；$\xi > \xi_b$ 时为小偏心受压构件。

由于将界限破坏条件 $\xi = \xi_b$ 代入式(6-38a)也可方便地求得界限破坏时的轴向压力设计值 N_b：

$$N_b = \xi_b \alpha_1 f_c b h_0 + \alpha_1 f_c (b_f' - b) h_f' \tag{6-43}$$

因此，对于 I 形截面对称配筋的截面设计和已知 N 求 M_u 的截面复核，也有用 $N = N_b$ 作为大小偏心受压的判别条件，即：$N \leqslant N_b$ 时为大偏心受压构件；$N > N_b$ 时为小偏心受压构件。

6.7.3 截面设计

I 形截面对称配筋偏心受压构件截面设计时，首先应按第 4 章表 4-4 的规定复核并确定受压翼缘计算宽度 b_f'，然后按式(6-42)计算 ξ。若 $\xi \leqslant \xi_b$，按大偏心受压构件进行截面设计；若 $\xi > \xi_b$，按小偏心受压构件进行截面设计。

1. 大偏心受压构件的截面设计($\xi \leqslant \xi_b$)

当按式(6-42)计算的 ξ 满足 $\xi \leqslant \xi_b$ 时，应按大偏心受压计算，并分成以下两种情况求 A_s'、A_s。

(1) 若 $h_f'/h_0 < \xi \leqslant \xi_b$ 时，则将此 ξ 代入式(6-38b)可得 A_s'，并使 $A_s = A_s'$，即：

$$A_s = A_s' = \frac{Ne - \xi(1 - 0.5\xi)\alpha_1 f_c b h_0^2 - \alpha_1 f_c (b_f' - b) h_f' (h_0 - 0.5 h_f')}{f_y'(h_0 - a_s')} \tag{6-44}$$

(2) 若 $\xi \leqslant h_f'/h_0$ 时，则应按(6-37a)重新计算 ξ，即：

$$\xi = \frac{N}{\alpha_1 f_c b_f' h_0} \tag{6-45}$$

并按式(6-45)重新计算的 ξ 值再分以下两种情况求 A_s'、A_s。

① 若 $\xi < 2a_s'/h_0$ 时，则由式(6-11a)可求得 A_s，并使 $A_s' = A_s$，即：

$$A_s = A_s' = \frac{Ne'}{f_y(h_0' - a_s)} \tag{6-46}$$

② 若 $2a_s'/h_0 \leqslant \xi \leqslant h_f'/h_0$ 时，则将 ξ 代入式(6-37b)可得 A_s'，并使 $A_s = A_s'$，即：

$$A_s = A_s' = \frac{Ne - \xi(1 - 0.5\xi)\alpha_1 f_c b_f' h_0^2}{f_y'(h_0 - a_s')} \tag{6-47}$$

以上情况求得的 A_s、A_s' 均应满足最小配筋率的要求，即 $A_s = A_s' \geqslant 0.002A$，$A_s + A_s' \geqslant \rho_{min} A$，其中 $A = [bh + (b_f' - b)h_f' + (b_f - b)h_f]$，$\rho_{min}$ 取值见附表 1-18。

2. 小偏心受压构件的截面设计($\xi > \xi_b$)

1) 计算原理

与矩形截面对称配筋小偏心受压构件求解 ξ 时相同，由公式组(6-39)得到下列 I 形截面小偏心受压构件求 ξ 的计算公式：

$$\xi = \frac{N - \alpha_1 f_c (b_f' - b) h_f' - \xi_b \alpha_1 f_c b h_0}{\dfrac{Ne - \alpha_1 f_c (b_f' - b) h_f' (h_0 - 0.5 h_f') - 0.43 \alpha_1 f_c b h_0^2}{(\beta_1 - \xi_b)(h_0 - a_s')} + \alpha_1 f_c b h_0} + \xi_b \tag{6-48}$$

2) 计算步骤

当按式(6-42)计算的 ξ 满足 $\xi > \xi_b$ 时，应按小偏心受压计算。

(1) 按式(6-48)重新计算 ξ。

(2) 根据式(6-48)计算的 ξ 值的大小分成以下 4 种情况求 A_s'、A_s。

① 若 $\xi_b < \xi \leqslant (h-h_f)/h_0$，将 ξ 代入式(6-39b)求 A_s'，并使 $A_s = A_s'$，即

$$A_s = A_s' = \frac{Ne - \xi(1-0.5\xi)\alpha_1 f_c b h_0^2 - \alpha_1 f_c (b_f' - b) h_f' (h_0 - 0.5 h_f')}{f_y'(h_0 - a_s')} \qquad (6-49)$$

② 若 $(h-h_f)/h_0 < \xi < \xi_{cy}$，则近似地将 ξ 代入式(6-40b)求 A_s'，并使 $A_s = A_s'$，即

$$A_s = A_s' = \frac{Ne - \xi(1-0.5\xi)\alpha_1 f_c b h_0^2 - \alpha_1 f_c (b_f' - b) h_f' (h_0 - 0.5 h_f')}{f_y'(h_0 - a_s')} -$$

$$\frac{\alpha_1 f_c (b_f - b)[\xi h_0 - (h - h_f)]\left[h_f - a_s - \dfrac{\xi h_0 - (h - h_f)}{2}\right]}{f_y'(h_0 - a_s')} \qquad (6-50)$$

③ 若 $\xi_{cy} \leqslant \xi < h/h_0$，这时 $\sigma_s = -f_y'$。因此，应把式(6-41)、式(6-40b)联立，重新求 ξ，再求 A_s'，并使 $A_s = A_s'$。

④ 若 $\xi \geqslant h/h_0$，这时取 $\xi = h/h_0$，$\alpha_1 = 1.0$，并将 $\xi = h/h_0$，$\alpha_1 = 1.0$ 代入式(6-50)求 A_s'，并使 $A_s = A_s'$。

注：以上②~④均应先按第 4 章表 4-4 的规定复核并确定受拉翼缘计算宽度 b_f。

(3) 验算最小配筋率：$A_s = A_s' \geqslant 0.002A$，$A_s + A_s' \geqslant \rho_{min}A$，其中 $A = [bh + (b_f' - b)h_f' + (b_f - b)h_f]$，$\rho_{min}$ 取值见附表 1-18。

(4) 按式(6-17)作垂直于弯矩作用平面的轴心受压承载力验算。

【例 6.18】 已知某 I 形截面柱 $b = 120mm$，$h = 800mm$，$h_f = h_f' = 120mm$，$b_f = b_f' = 400mm$，计算长度 $l_c = l_0 = 6.4m$，处于一类环境，安全等级为二级，轴向力设计值 $N = 500kN$，柱端弯矩设计值 $M_1 = 304kN \cdot m$，$M_2 = 320kN \cdot m$，混凝土选用 C30，钢筋选用 HRB400 级，对称配筋。若箍筋直径 $d_v = 10mm$，求钢筋截面面积 $A_s = A_s'$。

【解】 (1) 验算受压翼缘宽度 b_f'。

按第 4 章表 4-4 的规定复核该 I 形截面偏心受压构件的受压翼缘计算宽度 b_f'。

① 按计算跨度考虑。

$$l_c/3 = 2133.3mm > b_f' = 400mm$$

② 按翼缘高度考虑。

查附表 1-13，一类环境，$c = 20mm$，取 $a_s = a_s' = c + d_v + d/2 = 20 + 10 + 10 = 40mm$，则 $h_0 = h - a_s = 800 - 40 = 760mm$，$h_f'/h_0 = 0.158 > 0.1$，则 $b + 12h_f' = 1560mm$。

$$因为 \quad b + 12h_f' = 1560mm > b_f' = 400mm$$

故最后取 $b_f' = 400mm$。

(2) 确定基本参数。

查附表 1-2、附表 1-5、附表 1-10 和附表 1-11 可得：C30 混凝土 $f_c = 14.3N/mm^2$；HRB400 钢筋 $f_y = f_y' = 360N/mm^2$；$\alpha_1 = 1.0$，$\beta_1 = 0.8$；$\xi_b = 0.518$。

$$I_y = \frac{1}{12}bh^3 + 2 \times \left[\frac{1}{12}(b_f - b)h_f^3 + (b_f - b)h_f\left(\frac{h}{2} - \frac{h_f}{2}\right)^2\right]$$

$$= \frac{1}{12} \times 120 \times 800^3 + 2 \times \left[\frac{1}{12} \times (400 - 120) \times 120^3 + (400 - 120) \times 120 \times \left(\frac{800}{2} - \frac{120}{2}\right)^2\right]$$

$$= 1.296896 \times 10^{10} mm^4$$

$$A = bh + 2(b_f - b)h_f$$

$$= 120 \times 800 + 2 \times (400 - 120) \times 120$$
$$= 163200 \text{mm}^2$$

$$i = \sqrt{I_y/A} = 281.9 \text{mm}$$

$$e_a = \max\left\{\frac{h}{30}, \ 20\right\} = 26.7 \text{mm}$$

（3）判别考虑二阶效应的条件。

$$M_1/M_2 = 304/320 = 0.95 > 0.9$$
$$l_c/i = 6400/281.9 = 22.7$$

$34 - 12(M_1/M_2) = 22.6$，所以 $l_c/i > 34 - 12(M_1/M_2)$

$$N/(f_c A) = 0.21 < 0.9$$

故需考虑二阶效应。

（4）求考虑二阶效应的弯矩设计值 M。

$$C_m = 0.7 + 0.3(M_1/M_2) = 0.985$$

$\zeta_c = 0.5 f_c A/N = 2.3 > 1.0$，所以取 $\zeta_c = 1.0$

$$\eta_{ns} = 1 + \frac{1}{1300(M_2/N + e_a)/h_0}\left(\frac{l_c}{h}\right)^2 \zeta_c = 1.056$$

$C_m \eta_{ns} = 1.04 > 1.0$，所以 $M = C_m \eta_{ns} M_2 = 332.8 \text{kN} \cdot \text{m}$

（5）计算 e_0、e_i。

$$e_0 = \frac{M}{N} = \frac{332.8 \times 10^6}{500 \times 10^3} = 665.6 \text{mm}$$

$$e_i = e_0 + e_a = 665.6 + 26.7 = 692.3 \text{mm}$$

（6）计算 ξ，并判断偏心受压类型。

$$\xi = \frac{N - \alpha_1 f_c(b_f' - b)h_f'}{\alpha_1 f_c b h_0} = \frac{500 \times 10^3 - 1.0 \times 14.3 \times (400 - 120) \times 120}{1.0 \times 14.3 \times 120 \times 760} = 0.015 < \xi_b = 0.518$$

所以为大偏心受压。同时因为 $h_f'/h_0 = 120/760 = 0.158 > \xi = 0.015$，所以中和轴位于受压翼缘内。

（7）重新计算 ξ，并判断其范围。

$$\xi = \frac{N}{\alpha_1 f_c b_f' h_0} = \frac{500 \times 10^3}{1.0 \times 14.3 \times 400 \times 760} = 0.115 \begin{cases} > \dfrac{2a_s'}{h_0} = \dfrac{80}{760} = 0.105 \\[2mm] < \dfrac{h_f'}{h_0} = \dfrac{120}{760} = 0.158 \end{cases}$$

（8）计算 A_s 和 A_s'。

$$e = e_i + \frac{h}{2} - a_s = 692.3 + 400 - 40 = 1052.3 \text{mm}$$

$$A_s = A_s' = \frac{Ne - \xi(1 - 0.5\xi)\alpha_1 f_c b_f' h_0^2}{f_y'(h_0 - a_s')}$$

$$= \frac{500 \times 10^3 \times 1052.3 - 0.115 \times (1 - 0.5 \times 0.115) \times 1.0 \times 14.3 \times 400 \times 760^2}{360 \times (760 - 40)}$$

$$= 648.3 \text{mm}^2 > 0.2\% A = 326.4 \text{mm}^2$$

且 $\dfrac{A_s' + A_s}{A} \times 100\% = 0.79\% \begin{cases} > \rho_{min} = 0.55\% \\ < \rho_{max} = 5\% \end{cases}$

（9）验算垂直于弯矩作用平面的轴心受压承载能力。

$$I_x = \frac{1}{12}(h-h_f-h_f')b^3 + \frac{1}{12}h_f b_f^3 + \frac{1}{12}h_f'(b_f')^3$$

$$= \frac{1}{12}\times(800-120-120)\times120^3 + \frac{1}{12}\times120\times400^3 + \frac{1}{12}\times120\times400^3$$

$$= 1.36064\times10^9\,\text{mm}^4$$

$$i_x = \sqrt{I_x/A} = 91.3\,\text{mm}$$

$$\frac{l_0}{i_x} = \frac{6400}{91.3} = 70.1$$

查表 6-1 得：$\varphi = 0.742$。

由式（6-17）可得

$$0.9\varphi\left[f_c A + f_y'(A_s' + A_s)\right] = 0.9\times0.742\times\left[14.3\times163200 + 360\times(648.3+648.3)\right]$$

$$= 1870.2\times10^3\,\text{N} = 1870.2\,\text{kN} > N = 500\,\text{kN}$$

因此，垂直于弯矩作用平面的轴心受压承载能力满足要求。

（10）选配钢筋。

受拉和受压钢筋均选用 $2\phi16+2\phi14$（$A_s = A_s' = 710\,\text{mm}^2$），满足配筋面积和构造要求。

截面配筋简图如图 6.34 所示。

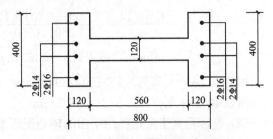

图 6.34 例 6.18 截面配筋简图

【例 6.19】 已知条件同例 6.18，但轴向力设计值 $N = 900\,\text{kN}$，采用对称配筋，求钢筋截面面积 $A_s = A_s'$。

【解】 步骤（1）、（2）同例 6.18 步骤（1）、（2）。

（3）判别考虑二阶效应的条件。

$$M_1/M_2 = 304/320 = 0.95 > 0.9$$

$$l_c/i = 6400/281.9 = 22.7$$

$34-12(M_1/M_2) = 22.6$，所以 $l_c/i > 34-12(M_1/M_2)$

$$N/(f_c A) = 0.39 < 0.9$$

故需考虑二阶效应。

（4）求考虑二阶效应的弯矩设计值 M。

$$C_m = 0.7 + 0.3(M_1/M_2) = 0.985$$

$\zeta_c = 0.5 f_c A/N = 1.30 > 1.0$，所以取 $\zeta_c = 1.0$

$$\eta_{ns} = 1 + \frac{1}{1300(M_2/N + e_a)/h_0}\left(\frac{l_c}{h}\right)^2 \zeta_c = 1.098$$

$C_m\eta_{ns} = 1.08 > 1.0$，所以 $M = C_m\eta_{ns}M_2 = 345.6\,\text{kN·m}$

（5）计算 e_0、e_i。

$$e_0 = \frac{M}{N} = \frac{345.6\times10^6}{900\times10^3} = 384\,\text{mm}$$

$$e_i = e_0 + e_a = 384 + 26.7 = 410.7\text{mm}$$

（6）计算 ξ，并判别偏心受压类型。

$$\xi = \frac{N - \alpha_1 f_c(b_f' - b)h_f'}{\alpha_1 f_c b h_0} = \frac{900 \times 10^3 - 1.0 \times 14.3 \times (400 - 120) \times 120}{1.0 \times 14.3 \times 120 \times 760} = 0.322 < \xi_b = 0.518$$

所以为大偏心受压。同时因为 $h_f'/h_0 = 120/760 = 0.158 < \xi = 0.322$，所以中和轴位于腹板内。

（7）计算 A_s 和 A_s'。

$$e = e_i + \frac{h}{2} - a_s = 410.7 + 400 - 40 = 770.7\text{mm}$$

$$A_s = A_s' = \frac{Ne - \xi(1 - 0.5\xi)\alpha_1 f_c b h_0^2 - \alpha_1 f_c(b_f' - b)h_f'(h_0 - 0.5h_f')}{f_y'(h_0 - a_s')}$$

$$= \frac{900 \times 10^3 \times 770.7 - 0.322 \times (1 - 0.5 \times 0.322) \times 1.0 \times 14.3 \times 120 \times 760^2}{360 \times (760 - 40)}$$

$$\frac{-1.0 \times 14.3 \times (400 - 120) \times 120 \times (760 - 0.5 \times 120)}{360 \times (760 - 40)}$$

$$= 345\text{mm}^2 > 0.2\%A = 326.4\text{mm}^2$$

因为 $\rho_{min}A = 0.55\% \times 163200 = 897.6\text{mm}^2$

所以取 $A_s = A_s' = 897.6/2 = 448.8\text{mm}^2$

（8）验算垂直于弯矩作用平面的轴心受压承载能力。

由例 6.18 的轴压验算可知：

$$0.9\varphi[f_c A + f_y'(A_s' + A_s)] = 0.9 \times 0.742 \times [14.3 \times 163200 + 360 \times (448.8 + 448.8)]$$
$$= 1774.3 \times 10^3\text{N} = 1774.3\text{kN} > N = 900\text{kN}$$

因此，垂直于弯矩作用平面的轴心受压承载能力满足要求。

（9）选配钢筋。

受拉和受压钢筋均选用 $4 \phi 12 (A_s = 452\text{mm}^2)$，满足配筋面积和构造要求。

由例 6.18 和例 6.19 计算结果可以看出，对于对称配筋的大偏心受压 I 形柱，在弯矩一定的情况下，轴力越小所需的配筋越多，即大偏心受压弯矩一定时，轴力越小越不利。

【例 6.20】 已知条件同例 6.18，但轴向力设计值 $N = 1600\text{kN}$，采用对称配筋，求钢筋截面面积 $A_s = A_s'$。

【解】 步骤（1）、（2）同例 6.18 步骤（1）、（2）。

（3）判别考虑二阶效应的条件。

$$M_1/M_2 = 304/320 = 0.95 > 0.9$$
$$l_c/i = 6400/281.9 = 22.7$$

$34 - 12(M_1/M_2) = 22.6$，所以 $l_c/i > 34 - 12(M_1/M_2)$

$$N/(f_c A) = 0.686 < 0.9$$

故需考虑二阶效应。

（4）求考虑二阶效应的弯矩设计值 M。

$$C_m = 0.7 + 0.3(M_1/M_2) = 0.985$$

$$\zeta_c = 0.5 f_c A / N = 0.729 < 1.0$$

$$\eta_{ns} = 1 + \frac{1}{1300(M_2/N + e_a)/h_0}\left(\frac{l_c}{h}\right)^2 \zeta_c = 1.12$$

$C_m \eta_{ns} = 1.103 > 1.0$，所以 $M = C_m \eta_{ns} M_2 = 353 \text{kN} \cdot \text{m}$

（5）计算 e_0、e_i。

$$e_0 = \frac{M}{N} = \frac{353 \times 10^6}{1600 \times 10^3} = 220.6 \text{mm}$$

$$e_i = e_0 + e_a = 220.6 + 26.7 = 247.3 \text{mm}$$

（6）计算 ξ，并判别偏心受压类型。

$$\xi = \frac{N - \alpha_1 f_c (b_f' - b) h_f'}{\alpha_1 f_c b h_0} = \frac{1600 \times 10^3 - 1.0 \times 14.3 \times (400 - 120) \times 120}{1.0 \times 14.3 \times 120 \times 760} = 0.858 > \xi_b = 0.518$$

所以为小偏心受压。

（7）重新计算 ξ，并判断其范围。

$$e = e_i + 0.5h - a_s = 247.3 + 400 - 40 = 607.3 \text{mm}$$

由式（6-48）得

$$\xi = \frac{N - \alpha_1 f_c(b_f' - b)h_f' - \xi_b \alpha_1 f_c b h_0}{\dfrac{Ne - \alpha_1 f_c(b_f' - b)h_f'(h_0 - 0.5h_f') - 0.43\alpha_1 f_c b h_0^2}{(\beta_1 - \xi_b)(h_0 - a_s')} + \alpha_1 f_c b h_0} + \xi_b$$

$$= \frac{1600 \times 10^3 - 1.0 \times 14.3 \times (400 - 120) \times 120 - 0.518 \times 1.0 \times 14.3 \times 120 \times 760}{\dfrac{1600 \times 10^3 \times 607.3 - 1.0 \times 14.3 \times (280 \times 120 \times 700 + 0.43 \times 120 \times 760^2)}{(0.8 - 0.518) \times (760 - 40)} + 1.0 \times 14.3 \times 120 \times 760} +$$

$0.518 = 0.708$

$$0.518 = \xi_b < \xi < (h - h_f)/h_0 = (800 - 120)/760 = 0.895$$

（8）计算 $A_s = A_s'$。

由式（6-49）得

$$A_s = A_s' = \frac{Ne - \xi(1 - 0.5\xi)\alpha_1 f_c b h_0^2 - \alpha_1 f_c(b_f' - b)h_f'(h_0 - 0.5h_f')}{f_y'(h_0 - a_s')}$$

$$= \frac{1600 \times 10^3 \times 607.3 - 0.708 \times (1 - 0.5 \times 0.708) \times 1.0 \times 14.3 \times 120 \times 760^2}{360 \times (760 - 40)}$$

$$- \frac{1.0 \times 14.3 \times (400 - 120) \times 120 \times (760 - 0.5 \times 120)}{360 \times (760 - 40)}$$

$$= 702 \text{mm}^2 > 0.2\% \times 163200 = 326.4 \text{mm}^2$$

且 $\dfrac{A_s' + A_s}{A} \times 100\% = 0.86\% \begin{cases} > \rho_{min} = 0.55\% \\ < \rho_{max} = 5\% \end{cases}$

（9）验算垂直于弯矩作用平面的轴心受压承载能力（略）。

（10）选配钢筋。

受拉和受压钢筋选用 $2 \Phi 16 + 2 \Phi 14$（$A_s = 710 \text{mm}^2$），满足配筋面积和构造要求。

6.7.4 截面复核

I形截面对称配筋偏心受压构件的截面复核可参照矩形截面对称配筋偏心受压构件的

截面复核方法和步骤进行。其区别主要有两点：由于受压翼缘和受拉翼缘的影响，求出的受压区高度 x 的情形比矩形截面时增加两种，共有 $x<2a_s'$、$2a_s' \leqslant x \leqslant h_f'$、$h_f' < x \leqslant \xi_b h_0$、$\xi_b h_0 < x \leqslant (h-h_f)$、$(h-h_f) < x < \xi_{cy} h_0$、$\xi_{cy} h_0 \leqslant x < h$ 和 $x \geqslant h$ 七种情形；同样是由于受压翼缘和受拉翼缘的影响，计算公式比矩形截面时复杂些。

【例 6.21】 已知某 I 形截面柱 $b=100\text{mm}$，$h=600\text{mm}$，$h_f=h_f'=100\text{mm}$，$b_f=b_f'=400\text{mm}$，计算长度 $l_c=l_0=4.8\text{m}$，处于一类环境，安全等级为二级，轴向力设计值 $N=600\text{kN}$，混凝土强度等级 C30，钢筋选用 HRB400 级，采用对称配筋，每侧配筋为 5 ⏀ 20 $(A_s'=A_s=1570\text{mm}^2)$。若 $M_1/M_2=0.7$，箍筋直径 $d_v=10\text{mm}$，求该柱端截面所能承受的最大弯矩设计值 M_2。

【解】 （1）验算受压翼缘宽度 b_f'。

按第 4 章表 4-4 的规定复核该 I 形截面偏心受压构件的受压翼缘计算宽度 b_f'。

① 按计算跨度考虑。

$$l_c/3 = 1600\text{mm} > b_f' = 400\text{mm}$$

② 按翼缘高度考虑。

查附表 1-13，一类环境，$c=20\text{mm}$，取 $a_s=a_s'=c+d_v+d/2=20+10+10=40\text{mm}$，则 $h_0=h-a_s=600-40=560\text{mm}$，$h_f'/h_0=0.179>0.1$，$b+12h_f'=1300\text{mm}>b_f'=400\text{mm}$，故最后取 $b_f'=400\text{mm}$。

（2）验算最小配筋率的要求。

$$A=bh+(b_f'-b)h_f'+(b_f-b)h_f=120000\text{mm}^2$$

$A_s'=A_s=1570\text{mm}^2>0.002A=0.002 \times 120000=240\text{mm}^2$，满足要求。

$(A_s'+A_s)/A \times 100\% = (1570+1570)/120000 \times 100\% = 2.62\% \begin{cases} >0.55\% \\ <5\% \end{cases}$，满足要求。

（3）确定基本参数。

查附表 1-2、附表 1-5、附表 1-10 和附表 1-11 可得：C30 混凝土 $f_c=14.3\text{N/mm}^2$；HRB400 钢筋 $f_y=f_y'=360\text{N/mm}^2$；$\alpha_1=1.0$，$\beta_1=0.8$；$\xi_b=0.518$。

$$I_y=\frac{1}{12}bh^3+2\left[\frac{1}{12}(b_f-b)h_f^3+(b_f-b)h_f\left(\frac{h}{2}-\frac{h_f}{2}\right)^2\right]$$

$$=\frac{1}{12} \times 100 \times 600^3+2 \times \left[\frac{1}{12} \times (400-100) \times 100^3+(400-100) \times 100 \times \left(\frac{600}{2}-\frac{100}{2}\right)^2\right]$$

$$=5.6 \times 10^9 \text{mm}^4$$

$$i=\sqrt{I/A}=216\text{mm}$$

$$e_a=\max\left\{\frac{h}{30},\ 20\right\}=20\text{mm}$$

（4）验算垂直于弯矩作用平面的轴心受压承载能力。

$$I_x=\frac{1}{12}(h-2h_f)b^3+2 \times \frac{1}{12}h_f b_f^3$$

$$=\frac{1}{12} \times (600-200) \times 100^3+2 \times \frac{1}{12} \times 100 \times 400^3=1.1 \times 10^9 \text{mm}^4$$

$$i_x=\sqrt{\frac{I_x}{A}}=\sqrt{\frac{1.1 \times 10^9}{120000}}=95.7\text{mm}$$

$l_0/i_x = 4.8 \times 10^3/95.7 = 50$，查表 $6-1$ 得，$\varphi = 0.906$。

$$0.9\varphi[f_cA + f_y'(A_s' + A_s)] = 0.9 \times 0.906 \times (14.3 \times 120000 + 360 \times 1570 \times 2)$$

$$= 2321 \times 10^3 \text{N} = 2321\text{kN} > N = 600\text{kN}$$

所以轴心受压承载力满足要求。

（5）求 ξ，并判别偏心受压类型。

$$\xi = \frac{N - \alpha_1 f_c(b_f' - b)h_f'}{\alpha_1 f_c b h_0} = \frac{600 \times 10^3 - 1.0 \times 14.3 \times (400 - 100) \times 100}{1.0 \times 14.3 \times 100 \times 560} = 0.214 < \xi_b = 0.518$$

故属于大偏心受压。同时 $\xi = 0.214 > \dfrac{h_f'}{h_0} = \dfrac{100}{560} = 0.179$，所以中和轴在腹板内。

（6）求 e、e_i、e_0。

由式（$6-38$b）得

$$e = [\xi(1 - 0.5\xi)\alpha_1 f_c b h_0^2 + \alpha_1 f_c(b_f' - b)h_f'(h_0 - 0.5h_f') + f_y'A_s'(h_0 - a_s')]/N$$

$$= [0.214 \times (1 - 0.5 \times 0.214) \times 1.0 \times 14.3 \times 100 \times 560^2 + 1.0 \times 14.3 \times (400 - 100) \times$$

$$100 \times (560 - 0.5 \times 100) + 360 \times 1570 \times (560 - 40)]/600 \times 10^3$$

$$= 997.3\text{mm}$$

$$e_i = e - h/2 + a_s = 997.3 - 300 + 40 = 737.3\text{mm}$$

$$e_0 = e_i - e_a = 737.3 - 20 = 717.3\text{mm}$$

（7）求 M。

$$M = Ne_0 = 600 \times 10^3 \times 717.3 = 430.4 \times 10^6 \text{N} \cdot \text{mm} = 430.4\text{kN} \cdot \text{m}$$

（8）求 M_2。

因为 $M_1/M_2 = 0.7 < 0.9$，$N/(f_cA) = 0.35 < 0.9$，$l_c/i = 22.2 < 34 - 12(M_1/M_2) = 25.6$ 故不需考虑二阶效应的影响。

因此，$M_2 = M = 430.4\text{kN} \cdot \text{m}$

所以该柱端截面所能承受的最大弯矩设计值 $M_2 = 430.4\text{kN} \cdot \text{m}$

【例 6.22】 已知某 I 形截面柱 $b = 100\text{mm}$，$h = 700\text{mm}$，$h_f = h_f' = 120\text{mm}$，$b_f = b_f' = 350\text{mm}$，计算长度 $l_c = l_0 = 6.3\text{m}$，处于一类环境，安全等级为二级，轴向力的偏心距 $e_0 = 350\text{mm}$（已考虑二阶效应的影响），混凝土强度等级 C40，钢筋选用 HRB400 级，采用对称配筋，每侧配筋为 $4\phi20(A_s' = A_s = 1256\text{mm}^2)$。若箍筋直径 $d_v = 10\text{mm}$，求该柱所能承担的极限轴向压力设计值 N_u。

【解】 （1）验算受压翼缘宽度 b_f'。

按第 4 章表 $4-4$ 的规定复核该 I 形截面偏心受压构件的受压翼缘计算宽度 b_f'。

① 按计算跨度考虑。

$$l_c/3 = 2100\text{mm} > b_f' = 350\text{mm}$$

② 按翼缘高度考虑。

查附表 $1-13$，一类环境，$c = 20\text{mm}$。

取 $a_s = a_s' = c + d_v + d/2 = 20 + 10 + 10 = 40\text{mm}$，则 $h_0 = h - a_s = 700 - 40 = 660\text{mm}$，$h_f'/h_0 = 0.182 > 0.1$，$b + 12h_f' = 1540\text{mm} > b_f' = 350\text{mm}$，故最后取 $b_f' = 350\text{mm}$。

（2）验算最小配筋率。

$$A = bh + 2(b_f' - b)h_f' = 100 \times 700 + 2 \times (350 - 100) \times 120 = 130000\text{mm}^2$$

$A_s' = A_s = 1256\text{mm}^2 > 0.002A = 0.002 \times 130000 = 260\text{mm}^2$，满足要求。

$$(A_s' + A_s)/A \times 100\% = (1256 + 1256)/(130000) \times 100\% = 1.93\% \begin{cases} > 0.55\% \\ < 5\% \end{cases}, \text{满足}$$

要求。

（3）确定基本参数。

查附表1-2、附表1-5、附表1-10和附表1-11可得：C40 混凝土 $f_c = 19.1\text{N/mm}^2$；HRB400 钢筋 $f_y = f_y' = 360\text{N/mm}^2$；$\alpha_1 = 1.0$；$\beta_1 = 0.8$；$\xi_b = 0.518$。

$$e_a = \max(700/30, 20) = 23.3\text{mm}$$

$$e_i = e_0 + e_a = 350 + 23.3 = 373.3\text{mm}$$

$$e = e_i + \frac{h}{2} - a_s = 373.3 + 350 - 40 = 683.3\text{mm}$$

（4）求 ξ，并判别截面类型。

由公式组(6-38)

$$\begin{cases} N \leqslant \xi \alpha_1 f_c b h_0 + \alpha_1 f_c (b_f' - b) h_f' \\ Ne \leqslant \xi(1 - 0.5\xi)\alpha_1 f_c b h_0^2 + \alpha_1 f_c (b_f' - b) h_f' (h_0 - 0.5h_f') + f_y' A_s' (h_0 - a_s') \end{cases}$$

可得 $\xi = 0.713 > \xi_b = 0.518$，所以为小偏心受压构件，应按小偏心受压构件重新计算 ξ。

（5）重新计算 ξ，并求 N_u。

由小偏心受压构件公式组(6-39)

$$\begin{cases} N \leqslant \xi \alpha_1 f_c b h_0 + \alpha_1 f_c (b_f' - b) h_f' + f_y' A_s' - f_y \dfrac{\xi - 0.8}{\xi_b - 0.8} A_s \\ Ne \leqslant \xi(1 - 0.5\xi)\alpha_1 f_c b h_0^2 + \alpha_1 f_c (b_f' - b) h_f' (h_0 - 0.5h_f') + f_y' A_s' (h_0 - a_s') \end{cases}$$

消去 N 可得：$\xi = 0.585 < \xi_{cy} = 2 \times 0.8 - 0.518 = 1.082$，且 $\xi h_0 = 386.1\text{mm} < h - h_f = 580\text{mm}$，所以 $\xi = 0.585$ 满足公式组(6-39)的条件，将 $\xi = 0.585$ 代入公式组(6-39)的第一式可得：$N_u = 1417.9\text{kN}$。

（6）计算垂直于弯矩作用平面的轴心受压承载能力 N_{uZ}。

$$I_x = \frac{1}{12}(h - 2h_f)b^3 + 2 \times \frac{1}{12}h_f b_f'^3$$

$$= \frac{1}{12} \times (700 - 240) \times 100^3 + 2 \times \frac{1}{12} \times 120 \times 350^3 = 895833333\text{mm}^4$$

$$i_x = \sqrt{\frac{I_x}{A}} = \sqrt{\frac{895833333}{130000}} = 83\text{mm}$$

由 $l_0/i_x = 6.3 \times 10^3/83 = 76$，查表6-1得，$\varphi = 0.70$。

由式(6-17)计算可得

$$N_{uZ} = 0.9\varphi[f_c A + f_y'(A_s' + A_s)]$$

$$= 0.9 \times 0.70 \times (19.1 \times 130000 + 360 \times 1256 \times 2)$$

$$= 2134 \times 10^3\text{N} = 2134\text{kN} > N_u = 1417.9\text{kN}$$

比较计算结果可知该柱所能承担的极限轴向压力设计值 $N_u = 1417.9\text{kN}$。

6.8 偏心受压构件的 $N_u - M_u$ 相关曲线

试验表明，对于一组截面尺寸、材料强度、配筋和试件高度均相同的偏心受压构件，其破坏时的轴向压力 N_u 和弯矩 M_u 是相互关联的。随着偏心距从零开始逐渐增大，试件依次经历了轴心受压破坏(图 6.35 中的 A 点)、小偏心受压破坏(图 6.35 中的曲线 AB)、界限破坏(图 6.35 中的 B 点)、大偏心受压破坏(图 6.35 中的曲线 BC)和纯弯破坏(图 6.35 中的 C 点)。

可见，同一试件可以在不同的 N_u 和 M_u 组合下达到承载能力极限状态，即造成试件破坏的极限内力可用一条 $N_u - M_u$ 的相关曲线来表示，如图 6.35 所示。由此可知，若某组内力(N、M)刚好位于 $N_u - M_u$ 相关曲线上，则表示截面在该组内力作用下恰好处于承载能力极限状态；若某组内力(N、M)位于 $N_u - M_u$ 相关曲线的内侧，则表示截面在该组内力作用下未达到承载能力极限状态，截面是安全的；若某组内力(N、M)位于 $N_u - M_u$ 相关曲线的外侧，则表示截面承载力不足，承受不了该组内力的作用。

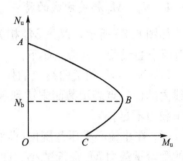

图 6.35 对称配筋构件的 $N_u - M_u$ 相关曲线

6.8.1 矩形截面对称配筋偏心受压构件的 $N_u - M_u$ 相关曲线方程

1. 大偏心受压构件的 $N_u - M_u$ 相关曲线方程

联立式(6-26a)、式(6-26b)，消去 x，并取 $N_u e_i = M_u$ 可得

$$M_u = -\frac{1}{2\alpha_1 f_c b}N_u^2 + \frac{h}{2}N_u + f_y' A_s'(h_0 - a_s') \tag{6-51}$$

上式即为矩形截面对称配筋大偏心受压构件的 $N_u - M_u$ 相关曲线方程。由式(6-51)可以看出：M_u 是 N_u 的二次函数，且随着 N_u 的增大，M_u 也增大，如图 6.35 中的曲线 BC 所示。当 $N = N_b = \xi_b \alpha_1 f_c b h_0$ 时为界限情况，M_u 达到最大值，即图 6.35 中的 B 点。

2. 小偏心受压构件的 $N_u - M_u$ 相关曲线方程

将式(6-27c)代入式(6-27a)可得到

$$\xi = \frac{N_u(\xi_b - \beta_1) - \xi_b f_y' A_s'}{\alpha_1 f_c b h_0 (\xi_b - \beta_1) - f_y' A_s'} \tag{6-52}$$

将式(6-52)代入式(6-27b)，且取 $N_u e_i = M_u$，并令 $\lambda_1 = \dfrac{\beta_1 - \xi_b}{\alpha_1 f_c b h_0 (\beta_1 - \xi_b) + f_y' A_s'}$ 和

$\lambda_2 = \dfrac{\xi_b f_y' A_s'}{\alpha_1 f_c b h_0 (\beta_1 - \xi_b) + f_y' A_s'}$ 后，经整理可得

$$M_u = \alpha_1 f_c b h_0^2 \left[(\lambda_1 N_u + \lambda_2) - 0.5 (\lambda_1 N_u + \lambda_2)^2 \right] - \left(\frac{h}{2} - a_s \right) N_u + f_y' A_s' (h_0 - a_s')$$

$$(6-53)$$

上式即为矩形截面对称配筋小偏心受压构件的 N_u-M_u 相关曲线方程。由式(6-53)可以看出：M_u 也是 N_u 的二次函数，但随着 N_u 的增大，M_u 将减小，如图 6.35 中的曲线 AB 所示。

6.8.2 N_u-M_u 相关曲线的特点与工程应用

1. N_u-M_u 相关曲线的特点

如图 6.35 所示，N_u-M_u 相关曲线可分为小偏心受压(曲线 AB)和大偏心受压(曲线 BC)两个曲线段，其特点如下。

(1) N_u-M_u 相关曲线上的任一点表示截面恰好处于承载能力极限状态；N_u-M_u 相关曲线内的任一点表示截面未达到承载能力极限状态；N_u-M_u 相关曲线外的任一点表示截面承载力不足。

(2) 在小偏心受压范围内(曲线 AB)，此范围内 $N > N_b$，随着轴向压力 N 的增加，截面的受弯承载力 M_u 逐渐减小。即在小偏心受压范围内，当弯矩 M 为某一定值时，轴向压力 N 越大越不安全。

(3) 在大偏心受压范围内(曲线 BC)，此范围内 $N \leqslant N_b$，随着轴向压力 N 的增加，截面的受弯承载力 M_u 逐渐增大。即在大偏心受压范围内，当弯矩 M 为某一定值时，轴向压力 N 越大越安全。

(4) 无论大偏心受压还是小偏心受压，当轴向压力 N 为某一定值时，始终是弯矩 M 越大越不安全。

(5) 轴心受压时(A 点)，$M=0$，N_u 达到最大；纯弯时(C 点)，$N=0$，M_u 不是最大；界限破坏(B 点)附近，M_u 达到最大。

(6) 对于对称配筋截面，界限破坏时的轴向压力 $N_b = \xi_b \alpha_1 f_c b h_0$，可见 N_b 只与材料强度等级和截面尺寸有关，而与配筋率无关。但界限破坏时的截面弯矩 M_b 随着配筋率的增大而增大，如图 6.36 所示。

(7) 在截面尺寸和材料强度不变的前提下，N_u-M_u 相关曲线随着配筋率的增大而向外侧增大，如图 6.36 所示。

2. N_u-M_u 相关曲线的工程应用

通常工程结构受到多种荷载工况的作用，对应地其构件截面也有多组 N、M 内力组合。此时，可首先根据 N_u-M_u 相关曲线的特点，从多组内力中选取不利内力，从而减少计算工作量。

其次，应用 N_u-M_u 相关方程，可以对一些常用的截面尺寸、混凝土强度等级和钢筋级别的偏心受压构件，事先绘制好不同配筋率下的 N_u-M_u 相关曲线。如图 6.36 所示为"截面尺寸 $b \times h = 500\text{mm} \times 600\text{mm}$，混凝土为 C35，钢筋为 HRB400 级，对称配筋"情况下的 N_u-M_u 相关曲线。设计时可直接查相应的相关曲线就可得到承载力所需的钢筋面积 A_s、A_s'，从而使计算大为简化。

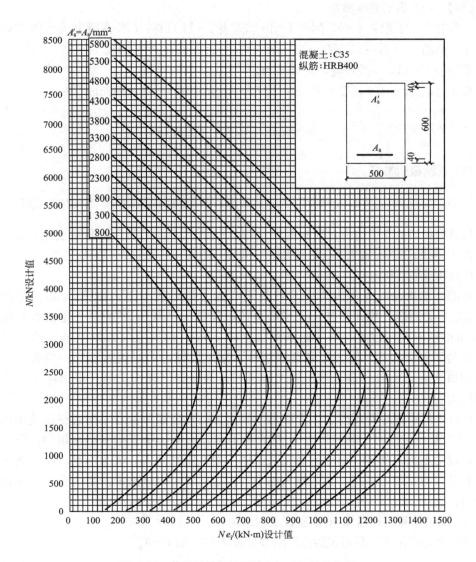

图 6.36 截面配筋设计用的 N_u-M_u 相关曲线

【**例 6.23**】 已知某对称配筋矩形截面偏心受压柱，处于一类环境，安全等级二级，截面尺寸 $b \times h = 500\text{mm} \times 600\text{mm}$，弯矩作用于柱的长边方向，柱的计算长度 $l_c = l_0 = 4.0\text{m}$，混凝土强度等级 C35，钢筋采用 HRB400 级，假定箍筋直径 $d_v = 10\text{mm}$，纵筋直径 $d = 20\text{mm}$。在不同荷载工况作用下，该柱截面作用有以下 8 组设计内力。

第一组：$N = 1000\text{kN}$，$M = 400\text{kN} \cdot \text{m}$。第二组：$N = 1500\text{kN}$，$M = 400\text{kN} \cdot \text{m}$。第三组：$N = 1000\text{kN}$，$M = 800\text{kN} \cdot \text{m}$。第四组：$N = 1500\text{kN}$，$M = 800\text{kN} \cdot \text{m}$。第五组：$N = 3000\text{kN}$，$M = 400\text{kN} \cdot \text{m}$。第六组：$N = 4000\text{kN}$，$M = 400\text{kN} \cdot \text{m}$。第七组：$N = 3000\text{kN}$，$M = 800\text{kN} \cdot \text{m}$。第八组：$N = 4000\text{kN}$，$M = 800\text{kN} \cdot \text{m}$。

注：上述 8 组内力中的弯矩 M 均已考虑了二阶效应的影响。

试先根据 N_u-M_u 相关曲线的特点选取不利内力，再通过计算或查图 6.36 确定出各组内力作用下所需的受力纵筋面积，并验证原判断是否正确。

【解】 (1) 确定基本参数。

查附表 1-2、附表 1-5、附表 1-10 和附表 1-11 可得：C35 混凝土 $f_c=16.7\text{N/mm}^2$；HRB400 钢筋 $f_y=f'_y=360\text{N/mm}^2$；$\alpha_1=1.0$，$\beta_1=0.8$；$\xi_b=0.518$。

查附表 1-13，一类环境，$c=20\text{mm}$。

取 $a_s=a'_s=c+d_v+d/2=40\text{mm}$，则 $h_0=h-a_s=600-40=560\text{mm}$。

$$e_a=\max\left\{\frac{h}{30},\ 20\right\}=20\text{mm}$$

(2) 判断截面类型。

$$N_b=\alpha_1 f_c b\xi_b h_0=1.0\times16.7\times500\times0.518\times560=2422.2\times10^3\text{N}=2422.2\text{kN}$$

题目中给出的 8 组内力，前 4 组轴力均小于 2422.2kN，属于大偏心受压；后 4 组轴力均大于 2422.2kN，属于小偏心受压。

(3) 选择最不利内力。

从前 4 组大偏心受压内力中选取最不利内力的过程如下：由图 6.35 "对称配筋 N_u-M_u 相关曲线"规律可知，大偏心受压范围内，当弯矩 M 为某一定值时，轴向压力 N 越小越不利。因此，第一组和第二组中，弯矩 M 均为 400kN·m，第一组轴力小，较为不利；同理，第三组和第四组中，第三组轴力小，较为不利；接着再比较第一组和第三组，轴力一定，弯矩越大越不利，这样就可以选出第三组为前 4 组中的最不利内力。

从后 4 组小偏心受压内力中选取最不利内力的过程如下：在小偏心受压范围内，当弯矩 M 为某一定值时，轴向压力 N 越大越不利。因此，第五组和第六组中，第六组轴力大，较为不利；同理，第七组和第八组中，第八组轴力大，较为不利；接着再比较第六组和第八组，轴力一定，弯矩越大越不利，这样就可以选出第八组为后 4 组中的最不利内力。

(4) 通过计算或查图 6.36 来验证上述结论。

各组内力作用下配筋面积的计算结果见表 6-3、表 6-4。

表 6-3 例 6.23 中大偏心受压各组内力作用下的配筋面积表

组别 $[N/\text{kN},\ M/(\text{kN·m})]$	第一组 (1000, 400)	第二组 (1500, 400)	第三组 (1000, 800)	第四组 (1500, 800)
ξ/mm	0.214	0.321	0.214	0.321
e_0/mm	400	266.7	800	533.3
e_i/mm	420	286.7	820	553.3
e/mm	680	546.7	1080	813.3
$A_s=A'_s/\text{mm}^2$	961	613	3098	2750

注：表 6-3、表 6-4 中的钢筋面积，仅是偏心受压的计算结果，未考虑垂直于弯矩作用平面的轴心受压承载力与最小配筋率两个因素，目的是比较偏心受压的计算结果。

表6-4 例6.23中小偏心受压各组内力作用下的配筋面积表

组别 $[N/\text{kN}, M/(\text{kN} \cdot \text{m})]$	第五组 (3000, 400)	第六组 (4000, 400)	第七组 (3000, 800)	第八组 (4000, 800)
ξ/mm	0.624	0.732	0.589	0.674
e_0/mm	133.3	100	266.7	200
e_i/mm	153.3	120	286.7	220
e/mm	413.3	380	546.7	480
$A_s = A_s'/\text{mm}^2$	619	1627	2950	4004

从表6-3中可看出，在大偏心受压范围，第三组内力作用下所需的配筋面积最多，为最不利内力。从表6-4中可看出，在小偏心受压范围，第八组内力作用下所需的配筋面积最多，为最不利内力。可见，配筋计算结果与按照图6.35规律选取的最不利内力结论一致。

6.9 偏心受压构件的斜截面受剪承载力计算

通常偏心受压构件所受的剪力相对较小，所以其斜截面受剪承载力一般不起控制作用。但对承受较大水平力作用的框架柱、排架柱，以及有横向力作用的桁架上弦压杆等，剪力影响相对较大，必须进行斜截面受剪承载力计算。

试验表明，由于轴向压力的作用，使得正截面裂缝的出现推迟，也延缓了斜裂缝的出现和发展，斜裂缝的倾角变小，混凝土剪压区高度增大，从而使得斜截面受剪承载力有所提高。

当轴压比 $N/(f_cA)$ 较小时，斜截面受剪承载力随着轴压比的增大而增大。当轴压比在 0.3～0.5 时，受剪承载力达到最大。继续增大轴压比，由于剪压区混凝土压应力过大，使得混凝土的受剪强度降低，反而使受剪承载力随着轴压力的增大而降低。图6.37给出了受剪承载力随轴压比变化的试验曲线。

根据试验结果，《规范》（GB 50010）规定，矩形、T形和I形截面的钢筋混凝土偏心受压构件，其斜截面受剪承载力应按下式计算：

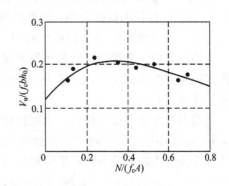

图6.37 轴压比对斜截面受剪承载力的影响

$$V \leqslant \frac{1.75}{\lambda+1} f_t b h_0 + f_{yv} \frac{A_{sv}}{s} h_0 + 0.07N$$

$$(6-54)$$

式中：λ——偏心受压构件计算截面的剪跨比，取为 $M/(V h_0)$；

N——与剪力设计值 V 相应的轴向压力设计值，当 $N > 0.3f_cA$ 时，取 $N = 0.3f_cA$；此处，A 为构件的截面面积。

计算截面的剪跨比 λ 应按下列规定取用。

（1）对框架结构中的框架柱，当其反弯点在层高范围内时，可取为 $H_n/(2h_0)$。当 λ 小于1时，取1；当 λ 大于3时，取3。此处，M 为计算截面上与剪力设计值 V 相应的弯矩设计值，H_n 为柱净高。

（2）其他偏心受压构件，当承受均布荷载时，取1.5；当承受集中荷载时（包括作用有多种荷载，且集中荷载对支座或节点边缘所产生的剪力值占总剪力的75%以上的情况），取 $\lambda=a/h_0$，且当 λ 小于1.5时取1.5，当 λ 大于3时取3。

当剪力设计值 V 符合式(6-55)的要求时，可不进行斜截面受剪承载力计算，而仅需按照6.2.4节受压构件箍筋的构造要求配置箍筋。

$$V \leqslant \frac{1.75}{\lambda+1}f_t bh_0 + 0.07N \qquad (6-55)$$

为防止斜压破坏，偏心受压构件的受剪截面同样应符合第5章式(5-19)的要求。

6.10 公路桥涵工程受压构件的设计

6.10.1 轴心受压构件

《规范》(JTG D62)规定配置纵向钢筋和普通箍筋的轴心受压构件，其正截面抗压承载力计算应符合下列规定：

$$\gamma_0 N_d \leqslant 0.9\varphi(f_{cd}A + f'_{sd}A'_s) \qquad (6-56)$$

式中：N_d——轴向压力组合设计值；

φ——轴心受压构件稳定系数，按表6-1采用；

A——构件毛截面面积，当纵向钢筋配筋率大于3%时，式中 A 改用 $(A-A'_s)$；

A'_s——全部纵向钢筋的截面面积。

求稳定系数 φ 时采用的构件计算长度 l_0：当构件两端固定时取 $0.5l$；当一端固定一端为固定铰支座时取 $0.7l$；当两端均为固定铰支座时取 l；当一端固定一端自由时取 $2l$；l 为构件支点间长度。

钢筋混凝土轴心受压构件，当配置螺旋式或焊接环式间接钢筋，且间接钢筋的换算截面面积 A_{so} 不小于全部纵向钢筋截面面积的25%，间距不大于80mm或 $d_{cor}/5$，构件长细比 $l_0/i \leqslant 48$（i 为截面最小回转半径）时，其正截面抗压承载力计算应符合下列规定：

$$\gamma_0 N_d \leqslant 0.9(f_{cd}A_{cor} + f'_{sd}A'_s + kf_{sd}A_{so}) \qquad (6-57a)$$

$$A_{so} = \frac{\pi d_{cor}A_{so1}}{S} \qquad (6-57b)$$

式中：A_{cor}——构件核心截面面积。

A_{so}——螺旋式或焊接环式间接钢筋的换算截面面积。

d_{cor}——构件截面的核心直径。

k——间接钢筋影响系数，混凝土强度等级C50及以下时，取 $k=2.0$；C50～C80取 $k=1.70\sim2.0$，中间值直线插入取用。

A_{so1}——单根间接钢筋的截面面积。

S——沿构件轴线方向间接钢筋的间距。

当间接钢筋的换算截面面积、间距及构件长细比不符合上述要求，或按式(6-57a)算得的抗压承载力小于式(6-56)算得的抗压承载力时，不应考虑间接钢筋的套箍作用，正截面抗压承载力应按式(6-56)计算。

按式(6-57)计算的抗压承载力设计值不应大于按式(6-56)计算的抗压承载力设计值的1.5倍。

6.10.2 矩形截面偏心受压构件

《规范》(JTG D62)中偏心受压构件的受力特征、基本假定和计算图形与《规范》(GB 50010)基本相同。其截面设计和截面复核的方法与步骤也基本相似。

1. 偏心受压构件的分类

偏心受压构件应以相对界限受压区高度 ξ_b 作为判别大小偏心受压的条件。当 $\xi \leqslant \xi_b$ 时为大偏心受压；当 $\xi > \xi_b$ 时为小偏心受压，ξ_b 的取值同受弯构件。对于矩形截面非对称配筋偏心受压构件的截面设计，可先采用偏心距初步判别构件的大、小偏心受压，当 $\eta e_0 \leqslant 0.3 h_0$ 时，属于小偏心受压，当 $\eta e_0 > 0.3 h_0$ 时，可先按大偏心受压进行计算。

η 为偏心距增大系数。计算偏心受压构件正截面承载力时，对长细比 $l_0/i > 17.5$(i 为截面回转半径)的构件，即对于矩形截面构件 $\dfrac{l_0}{h} > 5$ 及圆形截面构件 $l_0/d > 4.4$ 时，应考虑构件在弯矩作用平面内的变形对轴向力偏心距的影响，将轴向力对截面重心轴的偏心距 e_0 乘以偏心距增大系数 η。

矩形、T形、I形和圆形截面偏心受压构件的偏心距增大系数 η 可按下列公式计算：

$$\eta = 1 + \frac{1}{1400(e_0/h_0)} \left(\frac{l_0}{h}\right)^2 \zeta_1 \zeta_2 \tag{6-58a}$$

$$\zeta_1 = 0.2 + 2.7 \frac{e_0}{h_0} \leqslant 1.0 \tag{6-58b}$$

$$\zeta_2 = 1.15 - 0.01 \frac{l_0}{h} \leqslant 1.0 \tag{6-58c}$$

式中：h——截面高度，对圆形截面取 $h = 2r$，r 为圆形截面半径；

ζ_1——荷载偏心率对截面曲率的影响系数；

ζ_2——构件长细比对截面曲率的影响系数。

2. 非对称配筋偏心受压构件

1) 大偏心受压构件

矩形截面大偏心受压构件正截面抗压承载力计算公式如下：

$$\begin{cases} \gamma_0 N_d \leqslant f_{cd} bx + f'_{sd} A'_s - f_{sd} A_s & (6-59a) \\ \gamma_0 N_d e \leqslant f_{cd} bx \left(h_0 - \dfrac{x}{2}\right) + f'_{sd} A'_s (h_0 - a'_s) & (6-59b) \end{cases}$$

$$e = \eta e_0 + \frac{h}{2} - a_s \tag{6-59c}$$

式中：e——轴向力作用点至钢筋 A_s 合力点的距离。

公式的适用条件为：$\xi \leqslant \xi_b$ 或 $x \leqslant x_b$；$x \geqslant 2a_s'$。

当 $x < 2a_s'$ 时，可近似取 $x = 2a_s'$，并对纵向受压钢筋 A_s' 的合力点取矩，建立下列计算公式：

$$\gamma_0 N_d e' = f_{sd} A_s (h_0' - a_s) \tag{6-60}$$

2）小偏心受压构件

小偏心受压构件位于截面受拉边或受压较小边的纵向钢筋 A_s，其应力 σ_s 按下列公式计算：

$$\sigma_{si} = \varepsilon_{cu} E_s \left(\frac{\beta h_{0i}}{x} - 1 \right) \tag{6-61a}$$

$$-f_{sd}' \leqslant \sigma_{si} \leqslant f_{sd} \tag{6-61b}$$

式中 ε_{cu} 与 β 的取值同受弯构件。

矩形截面小偏心受压构件正截面抗压承载力计算公式如下：

$$\gamma_0 N_d \leqslant f_{cd} bx + f_{sd}' A_s' - \sigma_s A_s \tag{6-62a}$$

$$\gamma_0 N_d e \leqslant f_{cd} bx \left(h_0 - \frac{x}{2} \right) + f_{sd}' A_s' (h_0 - a_s') \tag{6-62b}$$

对于小偏心受压构件，在偏心距很小、构件全截面受压时，若靠近偏心压力一侧的钢筋 A_s' 配置较多，而远离偏心压力一侧的钢筋 A_s 配置较少时，钢筋 A_s 的应力可能达到受压屈服强度。因此，《规范》(JTG D62)规定，对小偏心受压构件，当轴向力作用在 A_s' 和 A_s 合力点之间时，尚应按下式进行验算：

$$\gamma_0 N_d e' \leqslant f_{cd} bh \left(h_0' - \frac{h}{2} \right) + f_{sd}' A_s (h_0' - a_s) \tag{6-63a}$$

$$e' = \frac{h}{2} - e_0 - a_s' \tag{6-63b}$$

式中：e'——轴向力作用点至截面受压较大边纵向钢筋 A_s' 合力点的距离。计算时偏心距 e_0 可不考虑增大系数 η。

3. 对称配筋偏心受压构件

1）大偏心受压构件

将 $A_s = A_s'$，$f_{sd} = f_{sd}'$ 代入式(6-59a)、式(6-59b)可得对称配筋大偏心受压构件计算公式：

$$\gamma_0 N_d \leqslant f_{cd} bx \tag{6-64a}$$

$$\gamma_0 N_d e \leqslant f_{cd} bx \left(h_0 - \frac{x}{2} \right) + f_{sd}' A_s' (h_0 - a_s') \tag{6-64b}$$

当由式(6-64a)计算的 $x > \xi_b h_0$ 时，应按小偏心受压构件设计，此时应重新计算 x。

2）小偏心受压构件

为简化计算，《规范》(JTG D62)建议矩形截面对称配筋的小偏心受压构件相对受压区高度 ξ 可按下式计算：

$$\xi = \frac{\gamma_0 N_d - \xi_b f_{cd} bh_0}{\dfrac{\gamma_0 N_d e - 0.43 f_{cd} bh_0^2}{(\beta - \xi_b)(h_0 - a_s')} + f_{cd} bh_0} + \xi_b \tag{6-65}$$

当求得 $\xi > h/h_0$ 时，计算构件承载力时取 $\xi = h/h_0$，但计算钢筋应力 σ_s 时仍用计算所得的 ξ。

然后将求得的 ξ 值代入式(6-62b)，即可求得所需的钢筋面积。

矩形、T 形和 I 形截面偏心受压构件除应计算弯矩作用平面抗压承载力外，尚应按轴心受压构件验算垂直于弯矩作用平面的抗压承载力。

6.10.3 T 形和 I 形截面偏心受压构件

翼缘位于截面受压较大边的 T 形截面或 I 形截面偏心受压构件，其正截面抗压承载力应按下列规定计算。

(1) 当受压区高度 $x \leqslant h_f'$ 时，应按宽度为 b_f'、有效高度为 h_0 的矩形截面计算。

(2) 当受压区高度 $h_f' < x \leqslant h - h_f$ 时，即中性轴在肋板范围内，则应按下列公式计算。

$$\gamma_0 N_d \leqslant f_{cd}[bx + (b_f'-b)h_f'] + f_{sd}'A_s' - \sigma_s A_s \qquad (6-66a)$$

$$\gamma_0 N_d e \leqslant f_{cd}\left[bx\left(h_0 - \frac{x}{2}\right) + (b_f'-b)h_f'\left(h_0 - \frac{h_f'}{2}\right)\right] + f_{sd}'A_s'(h_0 - a_s') \qquad (6-66b)$$

当由以上两式求得的 x 满足 $h_f' < x \leqslant \xi_b h_0$ 时，取 $\sigma_s = f_{sd}$；当 $x > \xi_b h_0$ 时，σ_s 仍按式(6-61a)计算。

(3) 当受压区高度 $h - h_f < x \leqslant h$ 时，受压区进入受拉翼缘或受压较小的翼缘内，则应按下列公式计算：

$$\gamma_0 N_d \leqslant f_{cd}[bx + (b_f'-b)h_f' + (b_f-b)(x-h+h_f)] + f_{sd}'A_s' - \sigma_s A_s \qquad (6-67a)$$

$$\gamma_0 N_d e \leqslant f_{cd}\left[bx\left(h_0 - \frac{x}{2}\right) + (b_f'-b)h_f'\left(h_0 - \frac{h_f'}{2}\right) + \right.$$
$$\left. (b_f-b)(x-h+h_f)\left(h_f - a_s - \frac{x-h+h_f}{2}\right)\right] + f_{sd}'A_s'(h_0 - a_s') \qquad (6-67b)$$

(4) 当受压区高度 $x > h$ 时，则全截面受压，取 $x = h$ 后按下列公式计算：

$$\gamma_0 N_d \leqslant f_{cd}[bh + (b_f'-b)h_f' + (b_f-b)h_f] + f_{sd}'A_s' - \sigma_s A_s \qquad (6-68a)$$

$$\gamma_0 N_d e \leqslant f_{cd}\left[bh\left(h_0 - \frac{h}{2}\right) + (b_f'-b)h_f'\left(h_0 - \frac{h_f'}{2}\right) + (b_f-b)h_f\left(\frac{h_f}{2} - a_s\right)\right]$$
$$+ f_{sd}'A_s'(h_0 - a_s') \qquad (6-68b)$$

对于轴向力作用在 A_s' 和 A_s 合力点之间的小偏心受压构件，为防止远离偏心压力作用点一侧截面边缘混凝土先压溃，尚应满足下列条件：

$$\gamma_0 N_d e' \leqslant f_{cd}\left[bh\left(h_0' - \frac{h}{2}\right) + (b_f'-b)h_f'\left(\frac{h_f'}{2} - a_s'\right) + \right.$$
$$\left. (b_f-b)h_f\left(h_0' - \frac{h_f}{2}\right)\right] + f_{sd}'A_s(h_0' - a_s) \qquad (6-69)$$

6.10.4 受压构件的构造规定

(1) 配有普通箍筋(或螺旋筋)的轴心受压构件，其钢筋设置应符合下列规定。

① 纵向受力钢筋的直径不应小于 12mm，净距不应小于 50mm 且不应大于 350mm；纵向钢筋的最小配筋百分率应符合附表 2-6 的规定；全部纵向钢筋配筋率不宜超过 5%。

② 箍筋应做成闭合式，其直径不应小于纵向钢筋直径的 1/4，且不小于 8mm。

③ 箍筋间距不应大于纵向受力钢筋直径的 15 倍、不大于构件短边尺寸(圆形截面采用直径的 0.8)并不大于 400mm。纵向钢筋截面面积大于混凝土截面面积 3‰时，箍筋间距不应大于纵向钢筋直径的 10 倍，且不大于 200mm。

④ 构件内纵向受力钢筋应设置于离角筋中心距离不大于 150mm 或 15 倍箍筋直径(取较大者)范围内，如超出此范围设置纵向受力钢筋，应设复合箍筋。相邻箍筋的弯钩接头，在纵向应错开布置。

(2) 配有螺旋式或焊接环式间接钢筋的轴心受压构件，其钢筋设置应符合下列规定。

① 纵向受力钢筋的截面面积，不应小于箍筋圈内核心截面面积的 0.5%。核心截面面积不应小于构件整个截面面积的 2/3。

② 间接钢筋的螺距或间距不应大于核心直径的 1/5，也不应大于 80mm，且不应小于 40mm。

③ 纵向受力钢筋应伸入与受压构件连接的上下构件内，其长度不应小于受压构件的直径且不应小于纵向受力钢筋的锚固长度。

④ 间接钢筋的直径不应小于纵向钢筋直径的 1/4，且不小于 8mm。

(3) 偏心受压构件钢筋的设置应按配有普通箍筋(或螺旋筋)的轴心受压构件的规定办理。当偏心受压构件的截面高度 $h \geqslant 600$mm 时，在侧面应设置直径为 $10 \sim 16$mm 的纵向构造钢筋，必要时相应设置复合箍筋。

本 章 小 结

(1) 本章主要介绍受压构件正截面的受力性能、受压承载力计算方法及相应的构造措施。

(2) 本章首先介绍了受压构件的一般构造，主要包括截面形式与尺寸、材料强度等级、纵向钢筋和箍筋的构造要求等。

(3) 轴心受压构件可分为配普通箍筋的轴心受压构件和配螺旋箍筋的轴心受压构件两种。

(4) 根据长细比不同，轴心受压构件的破坏形态有短柱破坏、长柱破坏和失稳破坏 3 种。短柱破坏和长柱破坏均是材料破坏，并用稳定系数来表示长柱承载力的降低程度。

(5) 螺旋式或焊接环式箍筋通过对核心混凝土的套箍作用而间接提高构件的承载力。式(6-6)表明，对轴心受压承载力而言，同样体积的钢筋，采用间接钢筋(螺旋式或焊接环式)要比直接用纵向受压钢筋更为有效。

(6) 偏心受压破坏可分为大偏心受压破坏和小偏心受压破坏两种。大偏心受压破坏时，受拉钢筋先屈服，然后受压区混凝土压碎；小偏心受压破坏时，受拉钢筋未屈服，受压区混凝土压碎。两者的本质区别在于远离轴向压力一侧的钢筋是否受拉屈服。

(7)"受拉钢筋达到屈服应变 ε_y 与受压区边缘混凝土达到极限压应变 ε_{cu} 同时发生"为大、小偏心受压破坏的界限破坏。因此，当 $\xi \leqslant \xi_b$ 时，为大偏心受压构件；当 $\xi > \xi_b$ 时，为小偏心受压构件。

（8）《规范》（GB 50010）采用附加偏心距 e_a 来考虑荷载作用位置的不定性、混凝土质量的不均匀性及施工的偏差影响；采用弯矩增大系数 η_{ns} 和偏心距调节系数 C_m 来考虑偏心受压长柱的二阶弯矩对构件承载力的影响。

（9）大、小偏心受压构件基本计算公式的区别是受拉钢筋 A_s 的应力 σ_s 的不同。对于大偏心受压，受拉钢筋 A_s 的应力是一个定值，等于 f_y；而对于小偏心受压，受拉钢筋 A_s 的应力不是一个定值，应按式（6-12c）计算，由此造成小偏心受压构件的设计计算较为复杂。

（10）偏心受压构件的计算情形很多，有截面设计和截面复核、大偏心受压和小偏心受压、非对称配筋和对称配筋、有矩形截面和 I 形截面等之分。不管哪种计算情形，计算时始终要立足于基本计算公式和公式条件。当公式数少于未知数的数量时，应根据受力特性和经济性补充条件；同时求解时，应充分重视解题步骤的先后逻辑关系。

（11）e' 有 3 个不同的计算公式，应用时应选择正确。大偏心受压当出现 $x<2a_s'$ 时，取 $x=2a_s'$，并对受压钢筋 A_s' 的合力点取矩建立的计算公式（6-11a）中的 $e'=e_i-0.5h+a_s'$。小偏心受压时对受压钢筋 A_s' 的合力点取矩建立的计算公式（6-14a）中的 $e'=0.5h-e_i-a_s'$。"反向受压破坏"验算时，对受压钢筋 A_s' 的合力点取矩建立的计算公式（6-16a）中的 $e'=0.5h-a_s'-(e_0-e_a)$。

（12）对于矩形截面非对称配筋偏心受压构件，截面设计时，由于事先不知道 x，故先用 $e_{ib}=0.3h_0$ 作为大小偏心受压的近似判别条件，待求得 x 后，再做正确判别。

（13）对于矩形截面偏心受压构件，根据受拉钢筋和受压钢筋应力特征的不同，求得受压区高度 x 后，又可将其分成 $x<2a_s'$、$2a_s'\leqslant x<\xi_bh_0$、$\xi_bh_0<x<\xi_{cy}h_0$、$\xi_{cy}h_0\leqslant x<h$ 和 $x\geqslant h$ 共 5 种情况分别求解，前两种情况属于大偏心受压，后 3 种情况属于小偏心受压。5 种情况下受拉钢筋和受压钢筋的应力特征如图 6.23 所示。

（14）对于 I 形截面，由于受压翼缘和受拉翼缘的影响，求出受压区高度 x 后，可分成 $x<2a_s'$、$2a_s'\leqslant x<h_f'$、$h_f'<x<\xi_bh_0$、$\xi_bh_0<x\leqslant(h-h_f)$、$(h-h_f)<x<\xi_{cy}h_0$、$\xi_{cy}h_0\leqslant x<h$ 和 $x\geqslant h$ 共 7 种情况分别求解；前 3 种情况属于大偏心受压，后 4 种情况属于小偏心受压。可见，I 形截面的计算比矩形截面的复杂。

（15）对于某一给定的偏心受压构件，N_u-M_u 相关曲线就是恰能使该构件达到承载能力极限状态的一系列 N_u 和 M_u 组合的图形表示。利用好相关曲线，可给工程设计带来方便。首先，根据相关曲线的特点，可选取不利内力。其次，设计时可直接利用事先绘制好的相关曲线得到承载力所需的钢筋面积 A_s、A_s'，从而使计算大为简化。

（16）轴向压力对构件的受剪承载力起有利作用。当轴压比 $N/(f_cA)$ 较小时，受剪承载力随着轴压比的增大而增大。当轴压比在 0.3~0.5 时，受剪承载力达到最大。继续增大轴压比，反而使受剪承载力逐渐降低。

（17）《规范》（GB 50010）和《规范》（JTG D62）有关受压构件正截面受压承载力的计算方法和计算公式基本相同，无本质区别。

在概念上仅有以下 3 个方面的区别：《规范》（GB 50010）有附加偏心距，而《规范》（JTG D62）无附加偏心距；两本规范有关二阶效应的计算方法不同；两本规范有关"反向受压破坏"发生的条件不同。

（18）两本规范有关受压构件正截面受压承载力计算公式的比较如下。

类型	《规范》(GB 50010)	《规范》(JTG D62)
轴心受压	$N \leq 0.9\varphi(f_c A + f_y' A_s')$ $N \leq 0.9(f_c A_{cor} + f_y' A_s' + 2\alpha f_{yv} A_{ss0})$	$\gamma_0 N_d \leq 0.9\varphi(f_{cd} A + f_{sd}' A_s')$ $\gamma_0 N_d \leq 0.9(f_{cd} A_{cor} + f_{sd}' A_s' + k f_{sd} A_{so})$
二阶效应计算公式	$\eta_{ns} = 1 + \dfrac{1}{1300(M_2/N + e_a)/h_0}\left(\dfrac{l_c}{h}\right)^2 \zeta_c$ $\zeta_c = \dfrac{0.5 f_c A}{N} \leq 1.0$ $C_m = 0.7 + 0.3\dfrac{M_1}{M_2} \geq 0.7$	$\eta = 1 + \dfrac{1}{1400 e_0/h_0}\left(\dfrac{l_0}{h}\right)^2 \zeta_1 \zeta_2$ $\zeta_1 = 0.2 + 2.7\dfrac{e_0}{h_0} \leq 1.0$ $\zeta_2 = 1.15 - 0.01\dfrac{l_0}{h} \leq 1.0$
矩形截面大偏心受压	$N \leq \alpha_1 f_c bx + f_y' A_s' - f_y A_s$ $Ne \leq \alpha_1 f_c bx\left(h_0 - \dfrac{x}{2}\right) + f_y' A_s'(h_0 - a_s')$ $e = e_i + \dfrac{h}{2} - a_s$	$\gamma_0 N_d \leq f_{cd} bx + f_{sd}' A_s' - f_{sd} A_s$ $\gamma_0 N_d e \leq f_{cd} bx\left(h_0 - \dfrac{x}{2}\right) + f_{sd}' A_s'(h_0 - a_s')$ $e = \eta e_0 + \dfrac{h}{2} - a_s$
矩形截面小偏心受压	$N \leq \alpha_1 f_c bx + f_y' A_s' - \sigma_s A_s$ $Ne \leq \alpha_1 f_c bx\left(h_0 - \dfrac{x}{2}\right) + f_y' A_s'(h_0 - a_s')$ $\sigma_s = \dfrac{f_y}{\xi_b - \beta_1}(\xi - \beta_1)$	$\gamma_0 N_d \leq f_{cd} bx + f_{sd}' A_s' - \sigma_s A_s$ $\gamma_0 N_d e \leq f_{cd} bx\left(h_0 - \dfrac{x}{2}\right) + f_{sd}' A_s'(h_0 - a_s')$ $\sigma_s = \varepsilon_{cu} E_s\left(\dfrac{\beta h_0}{x} - 1\right)$ 也可按 $\sigma_s = \dfrac{f_y}{\xi_b - \beta}(\xi - \beta)$ 计算
反向受压破坏	发生条件：$N > f_c bh$ $Ne' \leq f_c bh(h_0' - 0.5h) + f_y' A_s(h_0' - a_s)$ $e' = \dfrac{h}{2} - a_s' - (e_0 - e_a)$	发生条件：N 作用在 A_s 和 A_s' 之间 $\gamma_0 N_d e' \leq f_{cd} bh(h_0' - 0.5h) + f_{sd}' A_s(h_0' - a_s)$ $e' = \dfrac{h}{2} - e_0 - a_s'$

注：对于偏心受压，此表仅列出矩形截面。

思 考 题

6.1 轴心受压构件中纵向钢筋和箍筋的作用分别有哪些？

6.2 轴心受压短柱和轴心受压长柱的受力性能如何？《规范》(GB 50010)又是如何考虑轴心受压长柱承载力的降低的？

6.3 试述轴心受压普通箍筋柱和螺旋式箍筋柱中箍筋作用的区别。

6.4 随着长细比的变化，偏心受压柱可能发生哪些破坏？它们的破坏特征又如何？

6.5 偏心受压短柱的破坏形态有哪两种？它们的发生条件和破坏特征分别是什么？两者破坏特征的本质区别是什么？

6.6 什么是大、小偏心受压破坏的界限破坏？

6.7 附加偏心距 e_a 的物理意义是什么？

6.8 什么是偏心受压长柱的二阶弯矩？弯矩增大系数 η_{ns} 的物理意义是什么？

6.9 画出矩形截面大偏心受压构件正截面受压承载力的计算简图；根据计算简图，写出其正截面受压承载力计算的基本公式，并写出该基本公式的适用条件。

6.10 画出矩形截面小偏心受压构件正截面受压承载力的计算简图；根据计算简图，写出其正截面受压承载力计算的基本公式，并写出该基本公式的适用条件。

6.11 为什么要对垂直于弯矩作用平面的轴心受压承载力进行验算？

6.12 矩形截面非对称配筋截面设计和截面复核各有哪两种情形？

6.13 非对称配筋和对称配筋偏心受压构件截面设计和截面复核时，如何判别偏心受压的类型？

6.14 在矩形截面非对称配筋小偏心受压构件"A_s'、A_s均未知"时的截面设计中，如何确定距轴向压力较远一侧的钢筋面积A_s？

6.15 什么是N_u-M_u相关曲线？定性画一条N_u-M_u相关曲线，并叙述相关曲线的特点。它在工程设计中有何用途？

6.16 试述轴向压力对偏心受压构件斜截面受剪承载力的影响规律。《规范》(GB 50010)又是如何考虑钢筋混凝土偏心受压构件的斜截面受剪承载力计算问题的？

习 题

6.1 已知某现浇多层钢筋混凝土框架结构，处于一类环境，安全等级为二级，二层中柱为轴心受压普通箍筋柱，柱的计算长度$l_0=4.5$m，轴向压力设计值$N=2420$kN，采用C30级混凝土，纵筋采用HRB500级。试确定该柱的截面尺寸并配置纵筋及箍筋。

6.2 已知某现浇圆形截面钢筋混凝土柱，处于一类环境，安全等级为二级，直径为400mm，柱的计算长度$l_0=4.0$m，轴向压力设计值$N=3800$kN，采用C30级混凝土，纵筋采用HRB400级，箍筋用HPB300级。试确定柱中纵筋及箍筋。

6.3 已知某矩形截面偏心受压柱，处于一类环境，安全等级为二级，截面尺寸为400mm×500mm，柱的计算长度$l_c=l_0=4.0$m，选用C35混凝土和HRB400钢筋，承受轴力设计值$N=1400$kN，弯矩设计值$M_1=247$kN·m，$M_2=260$kN·m。若箍筋直径$d_v=10$mm，采用不对称配筋，求该柱的截面配筋A_s及A_s'。

6.4 已知条件同习题6.3，但已配置受压钢筋为3Φ22($A_s'=1140$mm²)，求受拉钢筋A_s。

6.5 已知条件同习题6.3，但已配置受压钢筋为5Φ28($A_s'=3079$mm²)，求受拉钢筋A_s。

6.6 已知某矩形截面偏心受压柱，处于一类环境，截面尺寸为500mm×700mm，柱的计算长度$l_c=l_0=3.3$m，选用C30混凝土和HRB400钢筋，承受轴力设计值$N=900$kN，弯矩设计值$M_1=513$kN·m，$M_2=540$kN·m。若箍筋直径$d_v=10$mm，采用不对称配筋，求该柱的截面配筋A_s及A_s'。

6.7 已知某矩形截面偏心受压柱，处于一类环境，安全等级为二级，截面尺寸为400mm×600mm，柱的计算长度$l_c=l_0=6.6$m，选用C30混凝土和HRB400钢筋，承受轴力设计值$N=3100$kN，弯矩设计值$M_1=124$kN·m，$M_2=155$kN·m。若箍筋直径$d_v=8$mm，采用不对称配筋，求该柱的截面配筋A_s及A_s'。

6.8 已知条件同习题 6.7，但承受轴力设计值 $N=3800\text{kN}$，弯矩设计值 $M_1=M_2=38\text{kN}\cdot\text{m}$。采用不对称配筋，求该柱的截面配筋 A_s 及 A_s'。

6.9 已知某矩形截面偏心受压柱，处于一类环境，安全等级为二级，截面尺寸为 $600\text{mm}\times600\text{mm}$，柱的计算长度 $l_c=l_0=3\text{m}$，选用 C30 混凝土和 HRB400 钢筋，承受轴力设计值 $N=4500\text{kN}$，弯矩设计值 $M_1=45\text{kN}\cdot\text{m}$，$M_2=90\text{kN}\cdot\text{m}$。且已知在靠近轴向力一侧的配筋为 $4\text{\textphi}20(A_s'=1256\text{mm}^2)$，若箍筋直径 $d_v=10\text{mm}$，求该柱的远离轴向力一侧的钢筋 A_s。

6.10 已知某矩形截面偏心受压柱，处于一类环境，安全等级为二级，截面尺寸为 $b\times h=300\text{mm}\times400\text{mm}$，弯矩作用于柱的长边方向，柱的计算长度 $l_c=l_0=3.5\text{m}$，轴向力的偏心距 $e_0=550\text{mm}$（e_0 已考虑了二阶效应的影响），混凝土强度等级 C30，钢筋采用 HRB400 级，A_s' 采用 $3\text{\textphi}16(A_s'=603\text{mm}^2)$，$A_s$ 采用 $4\text{\textphi}22(A_s=1520\text{mm}^2)$。若箍筋直径 $d_v=10\text{mm}$，求该柱截面所能承担的极限轴向压力设计值 N_u。

6.11 已知某矩形截面偏心受压柱，处于一类环境，安全等级为二级，截面尺寸为 $b\times h=400\text{mm}\times600\text{mm}$，弯矩作用于柱的长边方向，柱的计算长度 $l_c=l_0=6\text{m}$，轴向力的偏心距 $e_0=100\text{mm}$（e_0 已考虑了二阶效应的影响），混凝土强度等级 C30，钢筋采用 HRB400 级，A_s' 采用 $5\text{\textphi}22(A_s'=1900\text{mm}^2)$，$A_s$ 采用 $3\text{\textphi}22(A_s=1140\text{mm}^2)$。若箍筋直径 $d_v=8\text{mm}$，求该柱截面所能承担的极限轴向压力设计值 N_u。

6.12 已知某矩形截面偏心受压柱，处于一类环境，安全等级为二级，截面尺寸 $b\times h=300\text{mm}\times500\text{mm}$，弯矩作用于柱的长边方向，柱的计算长度 $l_c=l_0=5.0\text{m}$。轴向力设计值 $N=400\text{kN}$，混凝土强度等级 C30，钢筋采用 HRB400 级，A_s' 采用 $4\text{\textphi}20(A_s'=1256\text{mm}^2)$，$A_s$ 采用 $3\text{\textphi}20(A_s=942\text{mm}^2)$。箍筋直径 $d_v=8\text{mm}$，若 $M_1/M_2=1.0$，求该柱端截面所能承受的最大弯矩设计值 M_2。

6.13 已知条件同习题 6.12，但轴向力设计值 $N=900\text{kN}$。求该柱端截面所能承受的最大弯矩设计值 M_2。

6.14 已知条件同习题 6.12，但轴向力设计值 $N=1800\text{kN}$。求该柱端截面所能承受的最大弯矩设计值 M_2。

6.15 已知条件同习题 6.3，采用对称配筋，求该柱的对称配筋面积。

6.16 已知条件同习题 6.7，采用对称配筋，求该柱的对称配筋面积。

6.17 已知某矩形截面偏心受压柱，处于一类环境，安全等级为二级，截面尺寸为 $b\times h=500\text{mm}\times700\text{mm}$，弯矩作用于柱的长边方向，柱的计算长度 $l_c=l_0=3.5\text{m}$，轴向力的偏心距 $e_0=150\text{mm}$（e_0 已考虑了二阶效应的影响），混凝土强度等级 C30，钢筋采用 HRB400 级，采用对称配筋，每侧配筋为 $5\text{\textphi}22(A_s'=A_s=1900\text{mm}^2)$。箍筋直径 $d_v=8\text{mm}$，求该柱截面所能承担的极限轴向压力设计值 N_u。

6.18 已知某矩形截面偏心受压柱，处于一类环境，安全等级为二级，截面尺寸为 $b\times h=450\text{mm}\times500\text{mm}$，弯矩作用于柱的长边方向，柱的计算长度 $l_c=l_0=4.5\text{m}$。轴向力设计值 $N=750\text{kN}$，混凝土强度等级 C30，钢筋采用 HRB400 级，采用对称配筋，每侧配筋为 $4\text{\textphi}20(A_s'=A_s=1256\text{mm}^2)$。箍筋直径 $d_v=8\text{mm}$，若 $M_1/M_2=0.9$，求该柱端截面所能承受的最大弯矩设计值 M_2。

6.19 某 I 形截面柱 $b=100\text{mm}$，$h=900\text{mm}$，$h_f=h_f'=150\text{mm}$，$b_f=b_f'=400\text{mm}$，柱的计算长度 $l_c=l_0=6.3\text{m}$，处于一类环境，安全等级为二级，轴向力设计值 $N=450\text{kN}$，

柱端弯矩设计值 $M_1 = 700$kN·m、$M_2 = 720$kN·m，混凝土采用 C35，钢筋采用 HRB400 级，采用对称配筋。若箍筋直径 $d_v = 10$mm，求钢筋截面面积 $A_s = A_s'$。

6.20 已知条件同习题 6.19，但轴向力设计值 $N = 900$kN，采用对称配筋，求钢筋截面面积 $A_s = A_s'$。

6.21 已知条件同习题 6.19，但轴向力设计值 $N = 1300$kN，采用对称配筋，求钢筋截面面积 $A_s = A_s'$。

6.22 已知条件同习题 6.19，但轴向力设计值 $N = 1600$kN，采用对称配筋，求钢筋截面面积 $A_s = A_s'$。

6.23 已知某 I 形截面柱 $b = 80$mm，$h = 700$mm，$h_f = h_f' = 120$mm，$b_f = b_f' = 350$mm，柱的计算长度 $l_c = l_0 = 4.8$m，处于一类环境，安全等级为二级，轴向力设计值 $N = 850$kN，混凝土强度等级 C35，钢筋采用 HRB400 级，采用对称配筋，每侧配筋为 4Φ22（$A_s' = A_s = 1520$mm^2）。若 $M_1/M_2 = 0.8$，箍筋直径 $d_v = 10$mm，求该柱端截面所能承受的最大弯矩设计值 M_2。

6.24 已知某 I 形截面柱 $b = 120$mm，$h = 800$mm，$h_f = h_f' = 150$mm，$b_f = b_f' = 400$mm，柱的计算长度 $l_c = l_0 = 6.4$m，处于一类环境，安全等级为二级，轴向力的偏心距 $e_0 = 160$mm（已考虑二阶效应的影响），混凝土强度等级 C30，钢筋采用 HRB400 级，采用对称配筋，每侧配筋为 4Φ25（$A_s' = A_s = 1964$mm^2）。若箍筋直径 $d_v = 10$mm，求该柱所能承担的轴向压力设计值 N_u。

6.25 已知某对称配筋矩形截面偏心受压柱，处于一类环境，安全等级为二级，截面尺寸为 $b \times h = 500$mm$\times 600$mm，弯矩作用于柱的长边方向，柱的计算长度 $l_c = l_0 = 4.0$m，混凝土强度等级 C35，钢筋采用 HRB400 级，假定箍筋直径 $d_v = 10$mm，纵筋直径 $d = 20$mm。在不同荷载工况作用下，该柱截面作用有以下 8 组设计内力。

第一组：$N = 1100$kN，$M = 450$kN·m。第二组：$N = 1600$kN，$M = 450$kN·m。第三组：$N = 1100$kN，$M = 900$kN·m。第四组：$N = 1600$kN，$M = 900$kN·m。第五组：$N = 3100$kN，$M = 450$kN·m。第六组：$N = 4200$kN，$M = 450$kN·m。第七组：$N = 3100$kN，$M = 900$kN·m。第八组：$N = 4200$kN，$M = 900$kN·m。

注：上述 8 组内力中的弯矩 M 均已考虑了二阶效应的影响。

试先根据 N_u-M_u 相关曲线的特点选取不利内力，再通过计算或查图 6.36 确定出各组内力作用下所需的受力纵筋面积，并验证原判断是否正确。

第7章
受拉构件的受力性能与设计

教学提示：本章主要介绍轴心受拉构件、偏心受拉构件的受力性能与设计计算方法；重点是轴心受拉构件和偏心受拉构件正截面受拉承载力的计算，应引导学生将本章大、小偏心受拉构件与第6章大、小偏心受压构件正截面承载力的计算方法相比较。

学习要求：通过本章学习，学生应熟悉轴心受拉构件正截面受拉承载力的计算，熟悉偏心受拉构件两种破坏形态的特征和正截面受拉承载力的计算，了解轴向拉力对斜截面受剪承载力的影响，熟悉偏心受拉构件斜截面受剪承载力的计算。

7.1 受拉构件概述

承受轴向拉力且轴向拉力起控制作用或承受轴向拉力与弯矩共同作用的构件称为受拉构件。受拉构件可分为轴心受拉和偏心受拉两种类型。其中，轴向拉力作用线与构件正截面形心线重合且不受弯矩作用的构件称为轴心受拉构件；轴向拉力作用线与构件正截面形心线不重合或构件承受轴向拉力与弯矩共同作用的构件称为偏心受拉构件。

由于混凝土是一种非匀质材料，加之荷载不可避免的偏心和施工上的误差，无法做到轴向拉力恰好通过构件正截面的形心线，因此严格地说实际工程中没有真正的轴心受拉构件。但当构件上弯矩很小（或偏心距很小）时，为方便计算，可将此类构件简化为轴心受拉构件进行设计，如承受节点荷载屋架或托架的受拉弦杆、腹杆，刚架、拱的拉杆，以及承受内压力的环形管壁和圆形贮液池的筒壁等，如图 7.1(a)、(b) 所示。

偏心受拉构件是一种介于轴心受拉构件与受弯构件之间的受力构件，如矩形水池的池壁、工业厂房双肢柱的受拉肢、受地震作用的框架边柱、承受节间荷载的屋架下弦拉杆等，如图 7.1(c)所示。

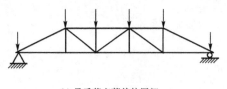

(a) 承受节点荷载的屋架

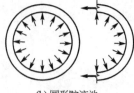

(b) 圆形贮液池

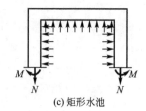

(c) 矩形水池

图 7.1 受拉构件工程实例

7.2 轴心受拉构件正截面的受力性能与承载力计算

7.2.1 轴心受拉构件正截面的受力性能

混凝土抗拉强度很低,利用混凝土抵抗拉力是不合理的。因此,对于承受轴心拉力的构件一般采用钢构件或预应力混凝土构件。但实际工程中,考虑到施工方便等因素,对于钢筋混凝土屋架的受拉弦杆等构件,仍采用钢筋混凝土轴心受拉构件。

对于钢筋混凝土轴心受拉构件,一旦开裂,裂缝就贯通整个截面;在混凝土开裂后,裂缝截面原有混凝土承担的拉力转由钢筋承受。钢筋周围的混凝土可以保护钢筋,节省经常性的维护费用,且钢筋混凝土构件的抗拉刚度比钢拉杆大,但其裂缝宽度应控制在规范允许范围内。

轴心受拉构件从开始加载到构件破坏,受力过程可分为3个阶段。

1. 第 I 阶段

从开始加载到混凝土即将开裂为第 I 阶段。这一阶段混凝土与钢筋共同受力,轴向拉力与变形基本为线性关系。随着荷载的增加,混凝土很快达到极限拉应变,即达到出现裂缝的临界状态。对于使用阶段不允许开裂的构件,应以此受力状态作为抗裂验算的依据。

2. 第 II 阶段

从混凝土开裂到受拉钢筋即将屈服为第 II 阶段。当裂缝出现后,裂缝截面的混凝土退出工作,截面上的拉力全部由钢筋承受。对于使用阶段允许出现裂缝的构件,应以此阶段作为裂缝宽度验算的依据。

3. 第 III 阶段

从受拉钢筋屈服到构件破坏为第 III 阶段,构件某一裂缝截面的受拉钢筋应力首先达到屈服强度,随即裂缝迅速开展,荷载稍有增加甚至不增加,都会导致裂缝截面的全部钢筋达到屈服强度。此时,可认为构件达到了破坏状态,即达到极限荷载 N_u。应以此受力状态作为截面承载力计算的依据。

7.2.2 轴心受拉构件正截面受拉承载力计算

轴心受拉构件破坏时,裂缝截面的混凝土不承受拉力,拉力全部由钢筋承受,图 7.2 为其正截面承载力计算简图。轴心受拉构件正截面受拉承载力的计算公式如下:

$$N \leqslant f_y A_s \qquad (7-1)$$

式中:N——轴向拉力设计值;

f_y——钢筋抗拉强度设计值,按附表 1-5 取用;

A_s——受拉钢筋截面面积,一侧的受拉钢筋面积应满足 $A_s \geqslant \{(0.45 f_t / f_y) A, 0.002A\}_{max}$,$A$ 为构件截面面积。

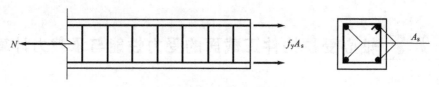

图 7.2 轴心受拉承载力计算简图

【例 7.1】 已知某钢筋混凝土屋架下弦，安全等级为二级，截面尺寸 $b \times h = 200\text{mm} \times 150\text{mm}$，承受的轴心拉力设计值 $N = 295\text{kN}$，混凝土强度等级 C30，钢筋为 HRB400。求截面配筋。

【解】 查附表 1-2 得：C30 混凝土，$f_t = 1.43\text{N/mm}^2$。查附表 1-5 得：HRB400 钢筋，$f_y = 360\text{N/mm}^2$。

由式(7-1)得：$A_s = \dfrac{N}{f_y} = \dfrac{295 \times 10^3}{360} = 819\text{mm}^2$

钢筋沿截面两侧布置，则每侧的配筋面积为：$819/2 = 410\text{mm}^2$

查附表 1-18 得到由最小配筋率控制的每侧钢筋面积为：

$$\{(0.45 f_t / f_y)A,\ 0.002A\}_{\max} = 60\text{mm}^2$$

因为 $410\text{mm}^2 > 60\text{mm}^2$，所以每侧选配 $2 \oplus 16$，$A_s = 402\text{mm}^2$

因为 $[(410-402)/410] \times 100\% = 1.95\% < 5\%$，所以配筋面积满足要求。

7.3 偏心受拉构件正截面的受力性能与承载力计算

7.3.1 偏心受拉构件正截面的受力性能

偏心受拉构件承受偏心拉力的作用，或同时承受轴心拉力 N 和弯矩 M 作用，其偏心距 $e_0 = M/N$。它是一种介于轴心受拉构件($e_0 = 0$)与受弯构件($N = 0$，相当于 $e_0 = \infty$)之间的受力构件。偏心受拉构件纵向钢筋的布置方式与偏心受压构件相同，离轴向拉力较近一侧所配置的钢筋称为受拉钢筋，其截面面积用 A_s 表示，离轴向拉力较远一侧所配置的钢筋称为受压钢筋，其截面面积用 A_s' 表示。根据偏心距大小的不同，构件破坏分为小偏心受拉破坏和大偏心受拉破坏两种情况。

1. 小偏心受拉破坏

当轴向拉力 N 作用在 A_s 合力点与 A_s' 合力点之间(即 $e_0 \leqslant h/2 - a_s$)时(图 7.3)，发生小偏心受拉破坏。

当偏心距 $e_0 \leqslant h/6$ 时，构件开裂前后均处于全截面受拉状态。当轴向拉力 N 增大到某一值时，离轴向拉力较近一侧截面边缘混凝土首先达到极限拉应变，混凝土开裂，随即裂缝贯通整个截面，拉力全部由钢筋(A_s、A_s')承受，只是 A_s 承受的拉力较大。

当偏心距 $e_0 > h/6$ 但 $\leqslant h/2 - a_s$ 时，加载初期截面一侧受拉，另一侧受压；随着偏心拉力的增大，靠近偏心拉力一侧的混凝土首先开裂。由于偏心拉力作用于 A_s 和 A_s' 之间，在 A_s 一侧的混凝土开裂后，为保持力的平衡，A_s' 一侧的混凝土也随即开裂，A_s' 转为受拉；

裂缝贯通整个截面，裂缝截面混凝土退出工作。

上述两种情况，破坏时裂缝均贯通整个截面，偏心拉力由左右两侧的纵向钢筋承受。只要配筋合适，则当截面达到承载能力极限状态时，钢筋 A_s 和 A'_s 均能屈服。

2. 大偏心受拉破坏

当轴向拉力 N 作用在 A_s 合力点与 A'_s 合力点之外（即 $e_0 > h/2 - a_s$）时（图7.4），发生大偏心受拉破坏。

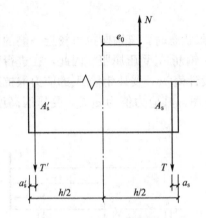

图 7.3 小偏心受拉破坏

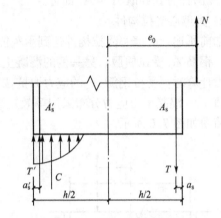

图 7.4 大偏心受拉破坏

加载开始后，随着轴向拉力 N 的增大，离轴向拉力较近一侧的混凝土首先开裂，但截面不会裂通，离轴向拉力较远一侧仍保留有受压区。破坏特征与 A_s 的数量有关，当 A_s 数量适当时，受拉钢筋首先屈服，然后受压钢筋达到屈服强度，受压区边缘混凝土达到极限压应变而破坏，这与大偏心受压破坏特征类似，设计时应以这种破坏形式为依据。而当 A_s 数量过多时，则首先是受压区混凝土被压坏，受压钢筋 A'_s 屈服，但受拉钢筋 A_s 不屈服，这种破坏形式具有脆性性质，设计时应予以避免。

可见，大、小偏心受拉构件界限的本质是破坏时构件截面上是否存在受压区。而是否存在受压区与轴向拉力 N 作用点的位置有直接关系，所以在实际设计中以轴向拉力 N 的作用点在钢筋 A_s 和 A'_s 之间或之外，作为判别大、小偏心受拉的界限。

（1）当偏心距 $e_0 \leqslant h/2 - a_s$ 时，属于小偏心受拉构件。

（2）当偏心距 $e_0 > h/2 - a_s$ 时，属于大偏心受拉构件。

7.3.2 矩形截面偏心受拉构件正截面受拉承载力计算

1. 基本计算公式及其适用条件

1）小偏心受拉构件

如前所述，小偏心受拉构件达到承载能力极限状态时，裂缝贯通全截面，裂缝截面的拉力全部由钢筋承担，其应力均达到屈服强度 f_y，如图7.5所示。分别对 A_s 及 A'_s 合力点取矩，可得到矩形截面小偏心受拉构件正截面受拉承载力的基本计算公式：

$$\begin{cases} Ne \leqslant f_y A'_s(h_0 - a'_s) & (7-2a) \\ Ne' \leqslant f_y A_s(h'_0 - a_s) & (7-2b) \end{cases}$$

式中：e——轴向拉力 N 至钢筋 A_s 合力点的距离，$e=h/2-a_s-e_0$；

e'——轴向拉力 N 至钢筋 A_s' 合力点的距离，$e'=h/2-a_s'+e_0$。

为了保证构件不发生少筋破坏，基本计算公式的适用条件为：$A_s\geqslant\{(0.45f_t/f_y)A$，$0.002A\}_{max}$，$A_s'\geqslant\{(0.45f_t/f_y)A$，$0.002A\}_{max}$，$A$ 为构件截面面积；即 A_s、A_s' 应满足最小配筋率要求。

对称配筋时，A_s' 不会屈服，其配筋面积由 A_s 控制。因此，对称配筋时仅需按式(7-2b)计算，并取 $A_s'=A_s$ 即可。

2) 大偏心受拉构件

如前所述，大偏心受拉构件达到承载能力极限状态时，离轴向拉力较近一侧的混凝土开裂，钢筋 A_s 受拉屈服；另一侧的混凝土压碎，钢筋 A_s' 受压屈服。因此，在进行正截面承载力计算时，受拉钢筋 A_s 的应力取抗拉强度设计值 f_y，受压钢筋 A_s' 的应力取抗压强度设计值 f_y'，混凝土压应力分布采用等效矩形应力图，其应力值为 α_1f_c，受压区高度为 x，计算简图如图 7.6 所示。

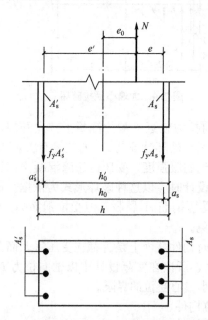
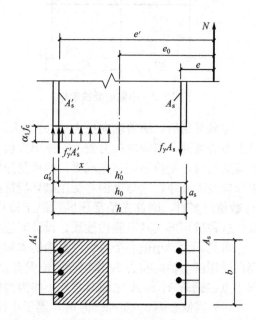

图 7.5　小偏心受拉构件正截面承载力计算简图　　图 7.6　大偏心受拉构件正截面承载力计算简图

由力和力矩平衡条件，可得到矩形截面大偏心受拉构件正截面受拉承载力的基本计算公式：

$$\begin{cases}\sum N=0 & N\leqslant f_yA_s-f_y'A_s'-\alpha_1f_cbx & (7-3a)\\ \sum M=0 & Ne\leqslant\alpha_1f_cbx\left(h_0-\dfrac{x}{2}\right)+f_y'A_s'(h_0-a_s') & (7-3b)\end{cases}$$

式中：e——轴向拉力 N 至钢筋 A_s 合力点的距离，$e=e_0-h/2+a_s$。

为了保证构件不发生超筋和少筋破坏，且使受压钢筋 A_s' 应力达到屈服强度，基本计算公式的适用条件如下。

(1) $x\leqslant\xi_bh_0$。

(2) $x\geqslant2a_s'$。

（3）$A_s \geq \{(0.45 f_t / f_y)A, 0.002A\}_{max}$，$A_s' \geq 0.002A$，$A$ 为构件截面面积。

当 $x < 2a_s'$ 时，A_s' 不会受压屈服，即 A_s' 的应力是未知数，此时式（7-3a）和式（7-3b）不再适用。这时可令 $x = 2a_s'$，对 A_s' 合力点取矩得到：

$$Ne' \leq f_y A_s (h_0' - a_s) \tag{7-4}$$

式中：e'——轴向拉力 N 至钢筋 A_s' 合力点的距离，$e' = e_0 + h/2 - a_s'$。

对称配筋时，由于 $A_s = A_s'$，$f_y = f_y'$，代入基本公式（7-3a）后，求出的 x 必然为负值，属于 $x < 2a_s'$ 的情况。因此，大偏心受拉构件对称配筋时，也应按式（7-4）计算。

2. 截面设计

对称配筋的矩形截面偏心受拉构件，不论大小偏心均可按式（7-4）计算，计算比较简单。因此，下面仅介绍非对称配筋时的设计计算方法。

偏心受拉构件的截面设计，分成"A_s'、A_s 均未知"和"A_s' 已知、A_s 未知"两种情形。当 $e_0 \leq h/2 - a_s$ 时，按小偏心受拉设计；当 $e_0 > h/2 - a_s$ 时，按大偏心受拉设计。

1）情形1：A_s'、A_s 均未知

已知：截面尺寸、材料强度、轴向拉力 N 及其作用点位置 e_0（或轴向拉力 N 及截面弯矩 M），求 A_s'、A_s。

（1）对于小偏心受拉 A_s'、A_s 均未知时的截面设计。

当 $e_0 \leq h/2 - a_s$ 时为小偏心受拉，应按式（7-2a）、式（7-2b）计算 A_s' 与 A_s，求得的 A_s'、A_s 要满足最小配筋率条件。

（2）对于大偏心受拉 A_s'、A_s 均未知时的截面设计。

当 $e_0 > h/2 - a_s$ 时为大偏心受拉。

两个方程3个未知数 x、A_s'、A_s，不能求得唯一解。为充分发挥受压区混凝土的抗压作用，同大偏心受压构件一样，为使钢筋总用量（$A_s + A_s'$）最少，取 $x = \xi_b h_0$。

① 求 A_s'。

将 $x = \xi_b h_0$ 代入式（7-3b）得

$$A_s' = \frac{Ne - \alpha_1 f_c b h_0^2 \xi_b (1 - 0.5\xi_b)}{f_y'(h_0 - a_s')} \tag{7-5a}$$

② 求 A_s。若求得的 $A_s' \geq \rho_{min}' bh$，则将 A_s' 及 $x = \xi_b h_0$ 代入式（7-3a）得

$$A_s = \frac{\alpha_1 f_c b h_0 \xi_b + f_y' A_s' + N}{f_y} \tag{7-5b}$$

若求得的 $A_s' < \rho_{min}' bh$ 甚至出现负值时，可先按构造要求取 $A_s' = \rho_{min}' bh$，然后转 A_s' 已知、A_s 未知的情形2。

矩形截面非对称配筋偏心受拉构件 A_s'、A_s 均未知时的截面设计可按图7.7的流程进行。

2）情形2：A_s' 已知、A_s 未知

已知截面尺寸、材料强度、轴向拉力 N 及其作用点位置 e_0（或轴向拉力 N 及截面弯矩 M）、A_s' 求 A_s。

（1）对于小偏心受拉 A_s' 已知、A_s 未知时的截面设计。

① 首先应验算 $A_s' \geq \rho_{min}' bh$ 是否满足；若不满足，取 $A_s' = \rho_{min}' bh$。说明：出现 $A_s' < \rho_{min}' bh$ 时，也可转 A_s'、A_s 均未知的情况。

② 由小偏心受拉基本计算公式（7-2a）和式（7-2b）可知，A_s' 与 A_s 是相互独立的，即

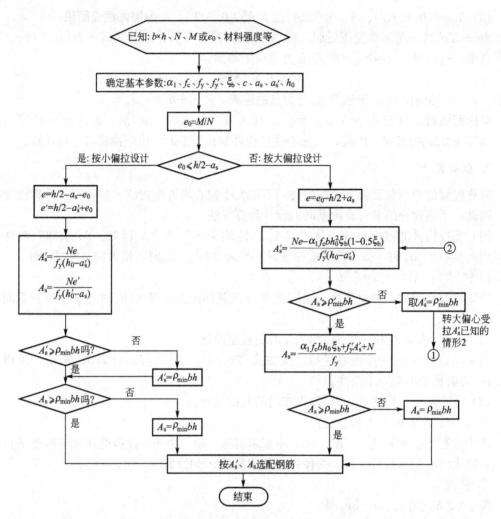

图 7.7   矩形截面非对称配筋偏心受拉构件 A'_s、A_s 均未知时的截面设计流程图

注：图中①、②的对接位置如图7.8所示。

A'_s 配多配少不影响 A_s 的配筋量；而且不管 A'_s 是否事先已知，A'_s 的配筋量必须满足式(7-2a)的要求。同时，此阶段又是截面设计阶段，其配筋量是可以调整的。因此，对于小偏心受拉 A'_s 已知、A_s 未知的情况，其 A'_s、A_s 仍应满足式(7-2a)和式(7-2b)的要求，且应满足最小配筋率的要求，即与 A'_s、A_s 均未知时的计算基本相同。

(2) 对于大偏心受拉 A'_s 已知、A_s 未知时的截面设计。

① 首先应验算 $A'_s \geqslant \rho'_{\min}bh$ 是否满足。若不满足，取 $A'_s = \rho'_{\min}bh$。说明：出现 $A'_s < \rho'_{\min}bh$ 时，也可转 A'_s、A_s 均未知的情况。

② 将 A'_s 代入式(7-3b)计算 x：

$$x = h_0 \left(1 - \sqrt{1 - \frac{2\left[Ne - f'_y A'_s (h_0 - a'_s) \right]}{\alpha_1 f_c b h_0^2}} \right) \qquad (7-6)$$

③ 若 $2a'_s \leqslant x \leqslant \xi_b h_0$，将 A'_s 及 x 代入式(7-3a)计算 A_s，并验算是否满足 $A_s \geqslant \rho_{\min}bh$。

④ 若 $x < 2a'_s$，则由式(7-4)计算 A_s，并验算是否满足 $A_s \geqslant \rho_{\min}bh$。

⑤ 若 $x>\xi_b h_0$，则说明已知的 A'_s 太小，应按 A'_s 及 A_s 均未知的情形 1 计算。

情形 3：矩形截面非对称配筋偏心受拉构件 A'_s 已知、A_s 未知时的截面设计可按图 7.8 所示的流程进行。

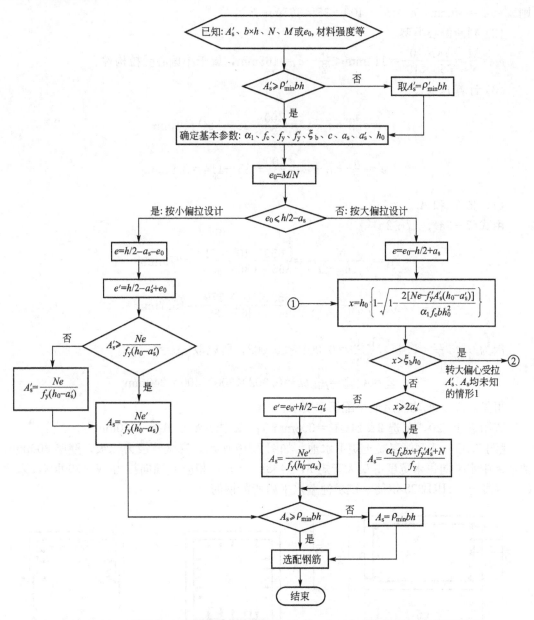

图 7.8　矩形截面非对称配筋偏心受拉构件 A'_s 已知、A_s 未知时的截面设计流程图

注：图中①、②的对接位置如图 7.7 所示。

【**例 7.2**】　某钢筋混凝土偏心受拉构件，安全等级为二级，处于一类环境，截面尺寸 $b \times h = 300\text{mm} \times 400\text{mm}$，承受轴向拉力设计值 $N = 650\text{kN}$，弯矩设计值 $M = 74\text{kN} \cdot \text{m}$，弯矩作用在构件截面的长边方向，采用 C30 混凝土和 HRB400 钢筋。求钢筋截面面积 A_s、A'_s。

【**解**】　（1）确定基本参数。

查附表 1-2 和附表 1-5 可知：C30 混凝土 $f_t = 1.43\text{N/mm}^2$，HRB400 钢筋 $f_y = 360\text{N/mm}^2$。

查附表 1-14，一类环境，C30 混凝土，假定钢筋单排布置，若箍筋直径 $d_v = 6\text{mm}$，则 $a'_s = a_s = 35\text{mm}$，$h_0 = h'_0 = 400 - 35 = 365\text{mm}$。

（2）判断偏心类型。

$$e_0 = \frac{M}{N} = \frac{74 \times 10^6}{650 \times 10^3} = 114\text{mm} < \frac{h}{2} - a_s = 165\text{mm}，属于小偏心受拉构件。$$

（3）计算 e、e'。

$$e = \frac{h}{2} - a_s - e_0 = \frac{400}{2} - 35 - 114 = 51\text{mm}$$

$$e' = \frac{h}{2} - a'_s + e_0 = \frac{400}{2} - 35 + 114 = 279\text{mm}$$

（4）求 A_s 和 A'_s。

由式(7-2a)、(7-2b)得

$$A'_s = \frac{Ne}{f_y(h_0 - a'_s)} = \frac{650 \times 10^3 \times 51}{360 \times (365 - 35)} = 279\text{mm}^2$$

$$A_s = \frac{Ne'}{f_y(h'_0 - a_s)} = \frac{650 \times 10^3 \times 279}{360 \times (365 - 35)} = 1527\text{mm}^2$$

因为 $0.45\dfrac{f_t}{f_y} = 0.45 \times \dfrac{1.43}{360} = 0.0018 < 0.002$，所以取 $\rho_{min} = 0.002$。

$$A'_{s.min} = A_{s.min} = \rho_{min}bh = 0.002 \times 300 \times 400 = 240\text{mm}^2$$

可见，A_s、A'_s 均满足最小配筋率要求。

查附表 1-20，A'_s 选 $2 \Phi 14$（$A'_s = 308\text{mm}^2$）；A_s 选 $5 \Phi 20$（$A_s = 1570\text{mm}^2$）。

【例 7.3】 某钢筋混凝土矩形水池，如图 7.10 所示，安全等级为二级，壁厚 300mm，池壁跨中水平向每米宽度上最大弯矩 $M = 408\text{kN·m}$，相应的轴向拉力 $N = 300\text{kN}$，采用 C25 混凝土，HRB335 钢筋，试求池壁水平向所需钢筋。

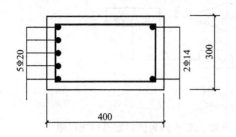
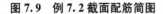
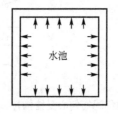
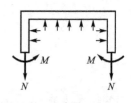

图 7.9 例 7.2 截面配筋简图   图 7.10 例 7.3 矩形水池池壁弯矩 M 和拉力 N

【解】 （1）确定基本参数。

查附表 1-2、附表 1-5、附表 1-10 和附表 1-11 可知，C25 混凝土 $f_c = 11.9\text{N/mm}^2$，$f_t = 1.27\text{N/mm}^2$，HRB335 钢筋 $f_y = 300\text{N/mm}^2$，$\alpha_1 = 1.0$，$\xi_b = 0.550$。

对于水池，取 $c = 30\text{mm}$，且取 $a'_s = a_s = 40\text{mm}$。

$$\rho_{min}=0.2\%>0.45\frac{f_t}{f_y}=0.45\times\frac{1.27}{300}=0.191\%,\ \rho'_{min}=0.2\%$$

（2）判别偏心类型。

$e_0=M/N=408\times10^6/(300\times10^3)=1360\text{mm}>h/2-a_s=300/2-40=110\text{mm}$，属于大偏心受拉。

（3）配筋计算。

$$h_0=300-40=260\text{mm}$$

$$e=e_0-h/2+a_s=1360-300/2+40=1250\text{mm}$$

为充分发挥受压区混凝土的抗压作用，设计时同偏心受压构件一样，为了使钢筋总用量$(A_s+A'_s)$最少，取$x=\xi_bh_0$，由式(7-5a)可得

$$A'_s=\frac{Ne-\alpha_1f_cbh_0^2\xi_b(1-0.5\xi_b)}{f'_y(h_0-a'_s)}$$

$$=\frac{300\times10^3\times1250-1.0\times11.9\times1000\times260^2\times0.550\times(1-0.5\times0.550)}{300\times(260-40)}$$

$$=822\text{mm}^2>\rho'_{min}bh=0.002\times1000\times300=600\text{mm}^2$$

由式(7-5b)可得

$$A_s=\frac{\alpha_1f_cbh_0\xi_b+f'_yA'_s+N}{f_y}=\frac{1.0\times11.9\times1000\times260\times0.550+300\times822+300\times10^3}{300}$$

$$=7494\text{mm}^2>\rho_{min}bh=0.002\times1000\times300=600\text{mm}^2$$

选配受压钢筋为$\Phi12/14@160(A'_s=834\text{mm}^2)$；受拉钢筋为$\Phi28@80(A_s=7697\text{mm}^2)$。

【例7.4】 某钢筋混凝土屋架的偏心受拉弦件，处于一类环境，安全等级为二级，截面尺寸$b\times h=300\text{mm}\times400\text{mm}$。承受轴心拉力设计值$N=450\text{kN}$，弯矩设计值$M=90\text{kN·m}$，弯矩作用在构件截面的长边方向，采用C30级混凝土和HRB335钢筋。试进行配筋计算，并绘制配筋图。

【解】 （1）确定基本参数。

查附表1-2、附表1-5及附表1-10和附表1-11可知，C30混凝土$f_t=1.43\text{N/mm}^2$，$f_c=14.3\text{N/mm}^2$，HRB335钢筋$f_y=300\text{N/mm}^2$，$\alpha_1=1.0$，$\xi_b=0.550$。

查附表1-14，一类环境，C30混凝土，假定钢筋单排布置，若箍筋直径$d_v=6\text{mm}$，则$a'_s=a_s=35\text{mm}$。

$$\rho_{min}=0.45\frac{f_t}{f_y}=0.45\times\frac{1.43}{300}=0.215\%>0.2\%,\ \rho'_{min}=0.2\%。$$

（2）判别偏心类型。

$e_0=M/N=90\times10^6/(450\times10^3)=200\text{mm}>h/2-a_s=400/2-35=165\text{mm}$，属于大偏心受拉。

（3）配筋计算。

$$h_0=400-35=365\text{mm}$$
$$e=e_0-h/2+a_s=200-400/2+35=35\text{mm}$$

为充分发挥受压区混凝土的抗压作用，设计时同大偏心受压构件一样，为了使钢筋总

用量(A_s+A_s')最少，取$x=\xi_b h_0$，由式(7-5a)可得

$$A_s'=\frac{Ne-\alpha_1 f_c bh_0^2\xi_b(1-0.5\xi_b)}{f_y'(h_0-a_s')}$$

$$=\frac{450\times10^3\times35-1.0\times14.3\times300\times365^2\times0.550\times(1-0.5\times0.550)}{300\times(365-35)}<0$$

按构造要求配置，取$A_s'=\rho_{\min}'bh=0.2\%\times300\times400=240\text{mm}^2$

由式(7-6)可得

$$x=h_0\left(1-\sqrt{1-\frac{2(Ne-f_y'A_s'(h_0-a_s'))}{\alpha_1 f_c bh_0^2}}\right)$$

$$=365\times\left(1-\sqrt{1-\frac{2\times[450000\times35-300\times240\times(365-35)]}{1.0\times14.3\times300\times365^2}}\right)<0$$

即$x<2a_s'$，因此，由式(7-4)得

$$e'=e_0+\frac{h}{2}-a_s'=200+\frac{400}{2}-35=365\text{mm}$$

$$A_s=\frac{Ne'}{f_y(h_0'-a_s)}=\frac{450\times10^3\times365}{300\times(365-35)}$$

$$=1659\text{mm}^2>\rho_{\min}bh=0.215\%\times300\times400=258\text{mm}^2$$

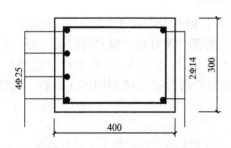

图 7.11　例 7.4 截面配筋简图

(4) 选配钢筋。

选配受压钢筋A_s'为 2 Φ14（$A_s'=308\text{mm}^2$）；选配受拉钢筋A_s为 4 Φ25（$A_s=1964\text{mm}^2$）。

截面配筋简图如图 7.11 所示。

3. 截面复核

1）小偏心受拉

承载力复核时，根据已知的A_s与A_s'及其设计强度，可由式(7-2a)、式(7-2b)分别求得N_u值，其中的较小值即为构件正截面的极限受拉承载力。

2）大偏心受拉

已知截面尺寸(b、h)、材料强度(f_c、f_y'、f_y)、内力设计值N和M或轴向力作用位置e_0，以及配筋量A_s、A_s'，大偏心受拉的截面承载力复核按下列步骤进行。

(1) 联立式(7-3a)和式(7-3b)消去N求得x。

(2) 若$2a_s'\leqslant x\leqslant\xi_b h_0$，则由式(7-3a)计算截面所能承担的极限轴向拉力N_u。若$x>\xi_b h_0$，则取$x=\xi_b h_0$代入式(7-3a)和式(7-3b)各计算一个N_u，并取较小值。若$x<2a_s'$，则由式(7-4)计算N_u。

情形 4：矩形截面非对称配筋偏心受拉构件已知e_0求N_u时的截面复核可按图 7.12 所示的流程进行。

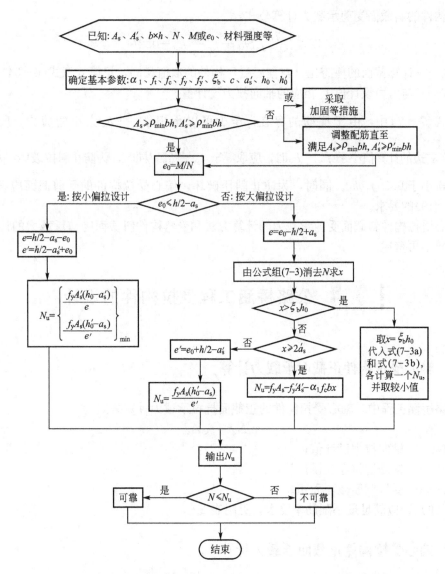

图7.12 矩形截面非对称配筋偏心受拉构件已知 e_0 求 N_u 时的截面复核流程图

7.4 偏心受拉构件的斜截面受剪承载力计算

对于偏心受拉构件，截面往往在受到弯矩 M 和轴力 N 共同作用的同时，还受到剪力 V 作用。因此，需验算斜截面受剪承载力。

研究表明，与受弯构件的斜截面受剪承载力相比，轴向拉力的存在，使得构件中的剪压区高度减小，主拉应力增大，斜裂缝的宽度与倾角增大。因此，轴向拉力导致构件的斜截面受剪承载力降低，降低程度随轴向拉力的增大而增加。

《规范》（GB 50010）以受弯构件斜截面受剪承载力的计算公式为基础，结合试验结果，取轴向拉力对斜截面受剪承载力的不利影响为 $0.2N$，从而得到矩形、T形和I形截面偏心受拉构件的斜截面受剪承载力计算公式：

$$V \leqslant \frac{1.75}{\lambda+1}f_t bh_0 + f_{yv}\frac{A_{sv}}{s}h_0 - 0.2N \tag{7-7}$$

式中：λ——计算截面的剪跨比，与偏心受压构件的取值相同，见第 6 章式(6-54)；

N——与剪力设计值 V 相应的轴向拉力设计值。

在式(7-7)中，由于箍筋的存在，至少可以承担 $f_{yv}\frac{A_{sv}}{s}h_0$ 大小的剪力。所以，当式(7-7)右边的计算值小于 $f_{yv}\frac{A_{sv}}{s}h_0$ 时，应取等于 $f_{yv}\frac{A_{sv}}{s}h_0$。同时，为防止斜拉破坏，$f_{yv}\frac{A_{sv}}{s}h_0$ 的值不得小于 $0.36f_t bh_0$。同时，为防止斜压破坏，偏心受拉构件的受剪截面应符合第 5 章式(5-19)的要求。

偏心受拉构件斜截面受剪承载力的计算方法和受弯构件斜截面受剪承载力的计算方法类似，故不再赘述。

7.5 公路桥涵工程受拉构件的设计

7.5.1 轴心受拉构件正截面承载力计算

公路桥涵工程中，轴心受拉构件的正截面抗拉承载力计算公式为

$$\gamma_0 N_d \leqslant f_{sd}A_s \tag{7-8}$$

式中：N_d——轴向拉力设计值；

f_{sd}——钢筋抗拉强度设计值；

A_s——受拉钢筋截面面积。

求得的 A_s 应满足最小配筋率要求，见附表 2-6。

7.5.2 偏心受拉构件正截面承载力计算

与《规范》(GB 50010)的规定相同，偏心受拉构件由于轴向拉力 N_d 的作用位置不同分为两种。

当轴向拉力 N_d 作用在 A_s 合力点与 A'_s 合力点之间(即 $e_0 \leqslant h/2 - a_s$)时，为小偏心受拉构件。当轴向拉力 N_d 作用在 A_s 合力点与 A'_s 合力点之外(即 $e_0 > h/2 - a_s$)时，为大偏心受拉构件。图 7.13 为小偏心受拉构件正截面承载力计算简图，图 7.14 为大偏心受拉构件正截面承载力计算简图。

1. 基本计算公式

1) 小偏心受拉

小偏心受拉构件正截面承载力的基本计算公式为

$$\gamma_0 N_d e \leqslant f_{sd}A'_s(h_0 - a'_s) \tag{7-9a}$$

$$\gamma_0 N_d e' \leqslant f_{sd}A_s(h'_0 - a_s) \tag{7-9b}$$

式中：e——轴向拉力 N_d 至钢筋 A_s 合力点的距离，$e=h/2-a_s-e_0$；

e'——轴向拉力 N_d 至钢筋 A'_s 合力点的距离，$e'=h/2-a'_s+e_0$。

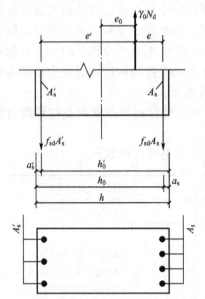
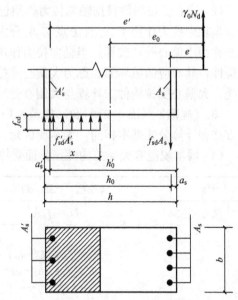

图 7.13 小偏心受拉构件正截面承载力计算简图　　图 7.14 大偏心受拉构件正截面承载力计算简图

　　求得的钢筋面积 A_s 和 A'_s 应满足最小配筋率的要求，见附表 2-6。

　　2）大偏心受拉

　　大偏心受拉构件正截面承载力的基本计算公式为

$$\begin{cases} \gamma_0 N_d \leqslant f_{sd}A_s - f'_{sd}A'_s - f_{cd}bx & (7-10\text{a}) \\ \gamma_0 N_d e \leqslant f_{cd}bx\left(h_0-\dfrac{x}{2}\right) + f'_{sd}A'_s(h_0-a'_s) & (7-10\text{b}) \end{cases}$$

式中：e——轴向拉力 N_d 至钢筋 A_s 合力点的距离，$e=e_0-h/2+a_s$。

　　为了保证构件不发生超筋和少筋破坏，且使纵向受压钢筋 A'_s 应力达到屈服强度，基本公式的适用条件如下。

　　(1) $x \leqslant \xi_b h_0$。

　　(2) $x \geqslant 2a'_s$。

　　(3) $A_s \geqslant \rho_{\min}bh$，$\rho_{\min}$ 见附表 2-6。

　　当 $x < 2a'_s$ 时，取 $x=2a'_s$，对 A'_s 合力点取矩得到：

$$\gamma_0 N_d e' \leqslant f_{sd}A_s(h'_0-a_s) \tag{7-11}$$

式中：e'——轴向拉力 N_d 至钢筋 A'_s 合力点的距离，$e'=e_0+h/2-a'_s$。

　　2. 截面设计与截面复核

　　计算方法与建筑工程钢筋混凝土偏心受拉构件相同。

本 章 小 结

　　(1)轴心受拉构件的受力过程可以分为 3 个阶段，其正截面承载力计算以第Ⅲ阶段为依据,此时构件的裂缝贯通整个截面,裂缝截面的轴向拉力全部由纵向钢筋承担。

(2) 偏心受拉构件根据轴向拉力作用位置的不同分为小偏心受拉构件和大偏心受拉构件。当轴向拉力作用于 A_s 合力点与 A_s' 合力点之间时,为小偏心受拉构件,其对应的破坏形态称为小偏心受拉破坏。当轴向拉力作用于 A_s 合力点与 A_s' 合力点以外时,为大偏心受拉构件,其对应的破坏形态称为大偏心受拉破坏。小偏心受拉构件破坏时拉力全部由钢筋承受,大偏心受拉构件的计算与大偏心受压构件计算类似。

(3)《规范》(GB 50010)和《规范》(JTG D62)有关受拉构件正截面受拉承载力的计算方法和计算公式基本相同,无本质区别。

(4) 两本规范有关受拉构件正截面受拉承载力的计算公式比较如下。

类型		《规范》(GB 50010)	《规范》(JTG D62)
	轴心受拉	$N_u \leqslant f_y A_s$	$\gamma_0 N_d \leqslant f_{sd} A_s$
矩形截面	小偏心受拉	$Ne \leqslant f_y A_s'(h_0 - a_s')$ $Ne' \leqslant f_y A_s(h_0' - a_s')$ $e = h/2 - a_s - e_0$ $e' = h/2 - a_s' + e_0$	$\gamma_0 N_d e \leqslant f_{sd} A_s'(h_0 - a_s')$ $\gamma_0 N_d e' \leqslant f_{sd} A_s(h_0' - a_s')$ $e = h/2 - a_s - e_0$ $e' = h/2 - a_s' + e_0$
	大偏心受拉	$N \leqslant f_y A_s - f_y' A_s' - \alpha_1 f_c bx$ $Ne \leqslant \alpha_1 f_c bx \left(h_0 - \dfrac{x}{2}\right) + f_y' A_s'(h_0 - a_s')$ $e = e_0 - h/2 + a_s$	$\gamma_0 N_d \leqslant f_{sd} A_s - f_{sd}' A_s' - f_{cd} bx$ $\gamma_0 N_d e \leqslant f_{cd} bx \left(h_0 - \dfrac{x}{2}\right) + f_{sd}' A_s'(h_0 - a_s')$ $e = e_0 - h/2 + a_s$

(5) 偏心受拉构件的斜截面受剪承载力计算与受弯构件类似,只是应考虑轴向拉力的存在使得受剪承载力降低。

思 考 题

7.1 实际工程中,哪些受拉构件可以按轴心受拉构件设计?哪些受拉构件可以按偏心受拉构件设计?

7.2 大小偏心受拉构件的界限是什么?这两种受拉构件的受力特点和破坏形态有何不同?

7.3 偏心受拉构件的破坏形态是否只与力的作用位置有关?是否与钢筋用量有关?

7.4 轴向拉力对偏心受拉构件的斜截面受剪承载力有何影响?在受剪计算时如何考虑这一影响?

7.5 比较双筋梁、不对称配筋的大偏心受压构件及大偏心受拉构件正截面受力性能和承载力计算的异同。

7.6 《规范》(JTG D62)对大、小偏心受拉构件纵向钢筋的最小配筋率有哪些要求?

习　题

7.1　已知某钢筋混凝土屋架受拉弦杆,处于一类环境,安全等级为二级,截面尺寸 $b \times h = 250\text{mm} \times 250\text{mm}$,采用 C25 混凝土,其内配置 4 Φ 20(HRB400)钢筋;构件上作用轴心拉力设计值 $N = 420\text{kN}$。试复核此拉杆是否安全?

7.2　已知某偏心受拉构件,处于一类环境,安全等级为二级,截面尺寸 $b \times h = 300\text{mm} \times 500\text{mm}$,采用 C30 混凝土和 HRB400 钢筋;承受轴心拉力设计值 $N = 900\text{kN}$,弯矩设计值 $M = 90\text{kN} \cdot \text{m}$,弯矩作用在构件截面的长边方向。若箍筋直径 $d_v = 6\text{mm}$,不对称配筋,求钢筋截面面积 A_s、A_s'。

7.3　已知某偏心受拉构件,处于一类环境,安全等级为二级,截面尺寸 $b \times h = 300\text{mm} \times 450\text{mm}$,采用 C30 混凝土和 HRB335 钢筋;承受轴心拉力设计值 $N = 600\text{kN}$,弯矩设计值 $M = 150\text{kN} \cdot \text{m}$,弯矩作用在构件截面的长边方向。若箍筋直径 $d_v = 6\text{mm}$,不对称配筋,求钢筋截面面积 A_s、A_s'。

7.4　某钢筋混凝土偏心受拉构件,处于一类环境,安全等级为二级,截面尺寸 $b \times h = 300\text{mm} \times 400\text{mm}$,C30 混凝土,纵筋为 HRB400 钢筋,已配有 3 Φ 14 受压钢筋($A_s' = 461\text{mm}^2$)和 5 Φ 20 受拉钢筋($A_s = 1570\text{mm}^2$),配有 Φ 8@150 的箍筋(箍筋为 HPB300 钢筋)。若该构件承受轴向拉力设计值 $N = 800\text{kN}$,弯矩设计值 $M = 92\text{kN} \cdot \text{m}$,弯矩作用在构件截面的长边方向,试复核该构件是否安全?

7.5　某钢筋混凝土偏心受拉构件,处于一类环境,安全等级为二级,截面尺寸 $b \times h = 300\text{mm} \times 400\text{mm}$,C30 混凝土,纵筋为 HRB400 钢筋,已配有 2 Φ 14 受压钢筋($A_s' = 308\text{mm}^2$)和 5 Φ 20 受拉钢筋($A_s = 1570\text{mm}^2$),配有 Φ 8@150 的箍筋(箍筋为 HPB300 钢筋)。若沿构件截面长边方向作用有一个偏心距 $e_0 = 320\text{mm}$ 的轴向拉力,求该轴向拉力的极限值。

第 8 章
受扭构件的受力性能与设计

教学提示： 本章主要介绍纯扭、剪扭、弯剪扭、压弯剪扭和拉弯剪扭构件的受力性能与设计计算方法。变角空间桁架模型的主要作用在于：一是揭示了纯扭构件受扭的工作机理，二是通过分析得到了由钢筋分担的受扭承载力的基本变量。构件受扭、受弯与受剪承载力之间的相互影响十分复杂。为简化计算，对于剪扭构件和弯剪扭构件的承载力计算，《规范》（GB 50010）仅考虑剪扭相互影响时混凝土部分抗力的相关性，对于钢筋提供的抗力直接采用叠加的方法。对于压弯剪扭构件和拉弯剪扭构件的承载力计算，考虑了轴向力对受扭和受剪承载力的影响。

学习要求： 通过本章学习，学生应了解受扭构件的分类，熟悉纯扭构件的破坏形态和变角空间桁架模型，掌握纯扭构件的承载力计算方法，了解弯剪扭构件的破坏形态，掌握矩形截面剪扭构件和弯剪扭构件的承载力计算方法，熟悉 T 形、I 形和箱形截面剪扭构件和弯剪扭构件的承载力计算方法，熟悉矩形截面压弯剪扭构件和拉弯剪扭构件的承载力计算方法，掌握受扭构件的截面限制条件、构造配筋条件和构造规定。

8.1 受扭构件概述

扭转是结构构件受力的基本形式之一，受扭构件是指截面上作用有扭矩的构件。

根据扭转形成原因的不同，受扭构件可以分为平衡扭转和协调扭转两类。平衡扭转又称静定扭转，是由荷载作用直接引起的，其截面扭矩可由平衡条件求得，即构件所受到扭矩的大小与构件扭转刚度的大小无关，图 8.1(a)所示的雨篷梁为平衡扭转构件。协调扭转又称超静定扭转，是由超静定结构中相邻构件间的变形协调引起的，其截面扭矩须由静力平衡条件和变形协调条件才能求得，即构件所受到扭矩的大小与构件扭转刚度的大小有关；图 8.1(b)所示的框架边梁为协调扭转构件，楼板次梁的支座负弯矩即为作用在框架边梁上的外扭矩，该外扭矩的大小由支承点处楼板次梁的转角与框架边梁的扭转角的变形协调条件决定。

根据截面上的内力情况，受扭构件可分为纯扭、剪扭、弯扭、弯剪扭、压扭、压弯剪扭、拉扭和拉弯剪扭等受力情况。在实际工程中，纯扭情况很少，大多为剪扭、弯扭、弯剪扭和压弯剪扭等复合受扭情况，其中又以弯剪扭和压弯剪扭最为常见。例如，工程中常见的雨篷梁、吊车梁、框架边梁、平面曲梁与折梁、螺旋楼梯和框架结构的角柱等均属于弯剪扭或压弯剪扭构件。

因为纯扭构件的受力性能和承载力计算是复合受扭构件的基础，所以本章首先介绍纯扭构件的受力性能和承载力计算，然后介绍复合受扭构件的受力性能和承载力计算。

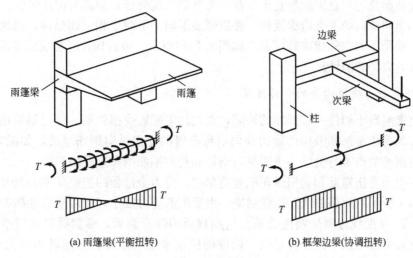

(a) 雨篷梁(平衡扭转)   (b) 框架边梁(协调扭转)

图 8.1 受扭构件实例

8.2 纯扭构件的受力性能与承载力计算

8.2.1 纯扭构件的受力性能

1. 素混凝土纯扭构件的受力性能

以图 8.2(a)所示的矩形截面素混凝土纯扭构件为例,来阐述其在扭矩作用下的受力性能。

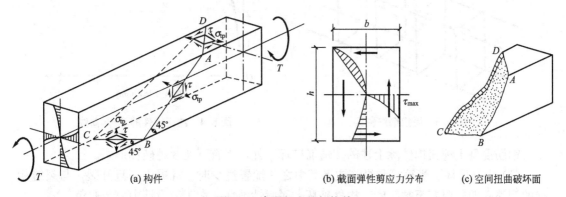

(a) 构件   (b) 截面弹性剪应力分布   (c) 空间扭曲破坏面

图 8.2 素混凝土纯扭构件

构件受到扭矩 T 作用后,构件截面上将产生剪应力 τ,剪应力在构件截面长边的中点最大,如图 8.2(b)所示。相应地,在与构件纵轴成 $45°$ 方向产生主拉应力 σ_{tp} 和主压应力 σ_{cp},且 $\sigma_{tp} = \sigma_{cp} = \tau$,如图 8.2(a)所示。

随着扭矩 T 的增大,当主拉应力 σ_{tp} 达到混凝土的抗拉强度时,构件开裂。试验表明,首先在构件截面长边中点附近垂直于主拉应力方向出现裂缝，裂缝与构件纵轴大致成45°。然后裂缝迅速向该边的上下边缘延伸，并以螺旋形向上下两个相邻面延伸，很快就形成三面开裂、一面受压的空间扭曲破坏面，如图8.2(c)所示。最后构件断裂成两半而破坏，承载力低，且为典型的脆性破坏。

2. 钢筋混凝土纯扭构件的受力性能

为避免素混凝土构件一裂就坏的缺陷，在构件中配置受扭钢筋。受扭钢筋由沿构件表面内侧布置的受扭箍筋和沿构件周边均匀对称布置的受扭纵向钢筋组成，如图8.3所示。可见，受扭钢筋的布置与构件中受弯纵向钢筋和受剪箍筋的布置是协调的。

当构件中的受扭箍筋和受扭纵筋配置适量时，受力全过程的扭矩T和扭转角θ的关系曲线如图8.4所示的适筋曲线。加载初期，由于钢筋应力很小，所以受力性能与素混凝土构件相似，T-θ曲线近似呈线性关系。当加载至构件开裂后，裂缝截面的混凝土退出工作，钢筋应力突然增大，但没有屈服，构件的抗扭刚度明显降低，扭转角增大，T—θ曲线出现水平段。随着扭矩的继续增大，逐渐在构件表面形成螺旋形裂缝，如图8.5所示。当接近极限扭矩时，构件长边上的某一条裂缝发展为临界斜裂缝，随后与临界斜裂缝相交的纵筋和箍筋相继屈服。最后当空间扭曲破坏面上受压边的混凝土被压碎，构件破坏，如图8.6所示。由于钢筋配置适量，所以称为"适筋破坏"。破坏前，构件的变形和裂缝有明显的发展过程，属延性破坏。

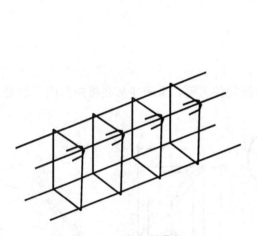

图8.3 受扭钢筋骨架

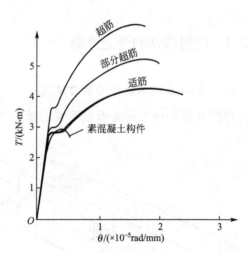

图8.4 纯扭构件的T-θ曲线

钢筋混凝土纯扭构件除上述的"适筋破坏"外，尚有下述3种破坏形态。

(1) 少筋破坏。当箍筋和纵筋或者其中之一配置过少时，混凝土一旦开裂，与裂缝相交的钢筋立即屈服甚至被拉断，构件破坏，属脆性破坏，在工程设计中应予避免。

(2) 部分超筋破坏。在箍筋和纵筋中，一种配置合适而另一种配置过多时，构件破坏时，只有配置合适的那种钢筋屈服，配置过多的另一种钢筋未屈服，受压区混凝土被压碎，破坏具有一定的延性，但在工程设计中仍宜予避免。

(3) 超筋破坏。当箍筋和纵筋配置均过多时，破坏前构件表面螺旋裂缝的特征是根数多但宽度小。构件破坏时，纵筋和箍筋均未屈服，受压区混凝土被压碎，属于脆性破坏，在工程设计中应予避免。

如上所述，在钢筋混凝土纯扭构件的 4 种破坏形态中，只有适筋破坏是"箍筋和纵筋先屈服，混凝土后被压碎"，即破坏时钢筋和混凝土的强度都得到充分利用，而且是延性破坏，故工程设计中，应采用适筋构件。

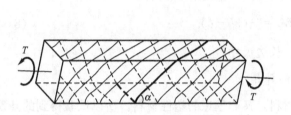 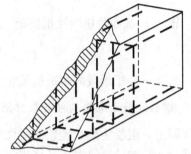

图 8.5 纯扭构件表面的螺旋裂缝   图 8.6 钢筋混凝土纯扭适筋构件的空间扭曲破坏面

8.2.2 纯扭构件开裂扭矩的计算

由于混凝土开裂时的极限拉应变很小，所以此时钢筋的应力也很小，钢筋对结构受扭的开裂荷载影响不大。因此，在计算开裂扭矩时忽略钢筋的影响。

1. 按弹性理论计算

假定混凝土为理想弹性材料，在扭矩 T 的作用下，矩形截面弹性剪应力分布如图 8.7(a)所示；当截面长边中点的最大剪应力 τ_{max} 达到混凝土的抗拉强度 f_t 时，截面处于开裂的临界状态，按弹性理论可得到矩形截面纯扭构件的弹性开裂扭矩计算公式：

$$T_{cr} = \alpha b^2 h f_t \qquad (8-1)$$

式中：α——与截面长短边之比 h/b 有关的系数，当 $h/b = 1\sim10$ 时，$\alpha = 0.208\sim0.313$。

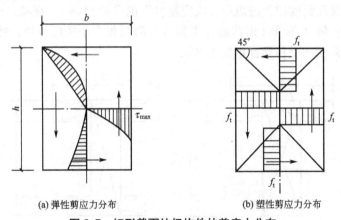

(a) 弹性剪应力分布   (b) 塑性剪应力分布

图 8.7 矩形截面纯扭构件的剪应力分布

2. 按塑性理论计算

假定混凝土为理想塑性材料，在扭矩 T 的作用下，矩形截面塑性剪应力分布如图 8.7(b)所示，即假定截面上任意一点的剪应力均达到混凝土的抗拉强度 f_t 时，截面处于开裂的临界状态。根据开裂扭矩 T_{cr} 等于图 8.7(b)所示的剪应力所组成的力偶，可推得矩形截面纯扭构件的塑性开裂扭矩计算公式：

$$T_{cr}=f_t\frac{b^2}{6}(3h-b)=f_tW_t \tag{8-2a}$$

式中：W_t——截面受扭塑性抵抗矩，对于矩形截面按下式计算：

$$W_t=\frac{b^2}{6}(3h-b) \tag{8-2b}$$

式中：b、h——矩形截面的短边尺寸、长边尺寸。

3. 钢筋混凝土纯扭构件开裂扭矩的计算

实际上，混凝土既非理想的弹性材料，又非理想的塑性材料。所以试验得到的开裂扭矩比式(8-1)的计算值大，又比式(8-2a)的计算值小。

为此，《规范》（GB 50010）以塑性理论的计算公式(8-2a)为基础，根据试验结果乘以一个修正系数后来得到钢筋混凝土纯扭构件开裂扭矩的计算公式。试验表明：中低强度混凝土的修正系数为 0.8，高强度混凝土的修正系数近似为 0.7。因此，为方便工程应用，并满足可靠度的要求，对于矩形、T 形、I 形和箱形截面的钢筋混凝土纯扭构件的开裂扭矩应按下列公式计算：

$$T_{cr}=0.7f_tW_t \tag{8-3}$$

8.2.3 受扭构件的截面受扭塑性抵抗矩计算

1. 矩形截面

矩形截面的受扭塑性抵抗矩应按式(8-2b)计算。

2. T 形、I 形截面

按照"优先保证宽度较大的矩形分块完整性"的分块原则，《规范》（GB 50010）首先按图 8.8 所示方法将 T 形和 I 形截面分别划分为两个和 3 个矩形分块；然后按式(8-4a)计算 T 形和 I 形截面的受扭塑性抵抗矩 W_t。

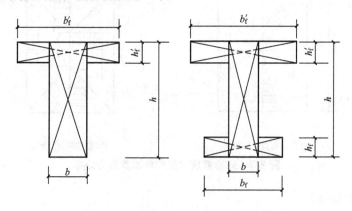

图 8.8 T 形及 I 形截面划分矩形分块

$$W_t = W_{tw} + W'_{tf} + W_{tf} \qquad (8-4a)$$

式中：W_{tw}、W'_{tf}、W_{tf}——腹板、受压翼缘和受拉翼缘矩形分块的截面受扭塑性抵抗矩，
应分别按式（8-4b）～式（8-4d）计算。

（1）腹板的截面受扭塑性抵抗矩为

$$W_{tw} = \frac{b^2}{6}(3h-b) \qquad (8-4b)$$

（2）受压翼缘的截面受扭塑性抵抗矩为

$$W'_{tf} = \frac{h'^2_f}{2}(b'_f-b) \qquad (8-4c)$$

（3）受拉翼缘的截面受扭塑性抵抗矩为

$$W_{tf} = \frac{h^2_f}{2}(b_f-b) \qquad (8-4d)$$

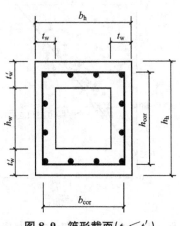

图 8.9　箱形截面$(t_w \leqslant t'_w)$

式中的翼缘宽度应满足 $b'_f \leqslant b+6h'_f$，$b_f \leqslant b+6h_f$。

3. 箱形截面

对于图 8.9 所示的箱形截面的受扭塑性抵抗矩应按
式（8-5）计算。

$$W_t = \frac{b^2_h}{6}(3h_h-b_h) - \frac{(b_h-2t_w)^2}{6}[3h_w-(b_h-2t_w)]$$
$$(8-5)$$

式中：b_h、h_h——箱形截面的短边尺寸、长边尺寸。其
余符号含义如图 8.9 所示。

8.2.4　纯扭构件的受扭承载力计算

1. 构件受扭的工作机理

试验研究表明，矩形截面纯扭构件在接近承载能力极限状态时，核心部分混凝土起的
作用很小，可忽略不计。因此，可将实心截面的钢筋混凝土受扭构件比拟为一个箱形截面
构件。此时，具有螺旋裂缝的混凝土箱壁与受扭钢筋一起形成一个变角空间桁架模型，如
图 8.10 所示。在该模型中，纵筋相当于桁架的受拉弦杆，箍筋相当于桁架的受拉腹杆，
斜裂缝间的混凝土相当于桁架的斜压腹杆，斜裂缝的倾角 α 随受扭纵筋与箍筋的配筋强度
比值 ζ 而变化，一般在 $30° \sim 60°$ 变化。

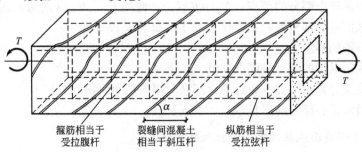

图 8.10　变角空间桁架模型

按此模型，由平衡条件可推得矩形截面纯扭构件的受扭承载力 T_u 为

$$T_u = 2\sqrt{\zeta} f_{yv} \frac{A_{st1} A_{cor}}{s} \qquad (8-6)$$

式中：ζ——受扭纵筋与箍筋的配筋强度比值，见式(8-8b)。

上式仅反映了受扭钢筋的作用，而没有反映出受扭承载力随混凝土强度的提高而提高的规律。所以式(8-6)的计算值也就必然与试验结果有一定的差距。因此，变角空间桁架模型主要不是用于受扭承载力计算，其意义主要在于，一是揭示了纯扭构件受扭的工作机理，二是通过分析得到了由钢筋分担的受扭承载力的基本变量。

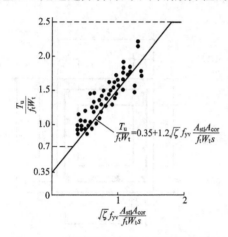

图 8.11　试验实测值与公式计算值的比较

2. 矩形截面纯扭构件的受扭承载力计算

根据构件受扭的工作机理，《规范》(GB 50010)取钢筋混凝土纯扭构件的受扭承载力 T_u 由混凝土的受扭承载力 T_c 和钢筋(包括受扭箍筋与受扭纵筋)的受扭承载力 T_s 两部分组成，且取混凝土受扭承载力 T_c 的基本变量为 $f_t W_t$，取钢筋受扭承载力 T_s 的基本变量为 $\sqrt{\zeta} f_{yv} A_{st1} A_{cor}/s$，即钢筋混凝土纯扭构件的受扭承载力 T_u 可用下式表示：

$$T_u = \alpha_1 f_t W_t + \alpha_2 \sqrt{\zeta} f_{yv} \frac{A_{st1} A_{cor}}{s} \qquad (8-7)$$

根据试验结果的回归分析可得：$\alpha_1 = 0.35$，$\alpha_2 = 1.2$，如图 8.11 所示。

因此，《规范》(GB 50010)规定，矩形截面钢筋混凝土纯扭构件的受扭承载力应符合下列规定：

$$T \leqslant 0.35 f_t W_t + 1.2 \sqrt{\zeta} f_{yv} \frac{A_{st1} A_{cor}}{s} \qquad (8-8a)$$

$$\zeta = \frac{f_y A_{stl} s}{f_{yv} A_{st1} u_{cor}} \qquad (8-8b)$$

式中：T——扭矩设计值。

　　ζ——受扭纵筋与箍筋的配筋强度比值，对于钢筋混凝土纯扭构件，ζ 值不应小于 0.6，当 $\zeta > 1.7$ 时，取 $\zeta = 1.7$；设计计算时，常取 $\zeta = 1.2$。

　　f_{yv}——受扭箍筋的抗拉强度设计值。

　　A_{st1}——受扭计算中沿截面周边配置的箍筋单肢截面面积。

　　A_{cor}——截面核心部分的面积；$A_{cor} = b_{cor} h_{cor}$，此处 b_{cor}、h_{cor} 分别为箍筋内表面范围内截面核心部分的短边、长边尺寸，如图 8.12 所示。

　　s——箍筋的间距。

　　f_y——受扭纵筋的抗拉强度设计值。

　　A_{stl}——受扭计算中取对称布置的全部纵向钢筋截面面积。

　　u_{cor}——截面核心部分的周长，$u_{cor} = 2(b_{cor} + h_{cor})$。

3. T 形和 I 形截面纯扭构件的受扭承载力计算

T 形和 I 形截面纯扭构件的扭矩由腹板、受压翼缘和受拉翼缘共同承担，并按各矩形

分块的截面受扭塑性抵抗矩所占比例分配截面所承受的扭矩设计值 T，即按公式(8-9a)～式(8-9c)计算腹板、受压翼缘和受拉翼缘所承担的扭矩设计值。

（1）腹板承担的扭矩设计值为

$$T_{\mathrm{w}}=\frac{W_{\mathrm{tw}}}{W_{\mathrm{t}}}T \qquad (8-9\mathrm{a})$$

（2）受压翼缘承担的扭矩设计值为

$$T_{\mathrm{f}}'=\frac{W_{\mathrm{tf}}'}{W_{\mathrm{t}}}T \qquad (8-9\mathrm{b})$$

（3）受拉翼缘承担的扭矩设计值为

$$T_{\mathrm{f}}=\frac{W_{\mathrm{tf}}}{W_{\mathrm{t}}}T \qquad (8-9\mathrm{c})$$

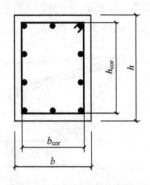

图 8.12　矩形截面受扭构件

式中：W_{t}、W_{tw}、W_{tf}'、W_{tf}——截面受扭塑性抵抗矩，应按式(8-4a)～式(8-4d)计算。

按公式组(8-9)求得各矩形分块所承担的扭矩后，然后按式(8-8a)和式(8-8b)分别计算腹板、受压翼缘和受拉翼缘各自所需的受扭纵向钢筋和受扭箍筋。

在计算腹板、受压翼缘和受拉翼缘的受扭承载力时，式(8-8a)中的 T 及 W_{t} 应分别以 T_{w} 及 W_{tw}(腹板)、T_{f}' 及 W_{tf}'(受压翼缘)和 T_{f} 及 W_{tf}(受拉翼缘)代替。

4. 箱形截面纯扭构件的受扭承载力计算

对于图 8.9 所示的箱形截面，试验表明：当壁厚较大(如 $t_w \geqslant 0.4b_{\mathrm{h}}$)时，其受扭承载力与实心截面 $b_{\mathrm{h}} \times h_{\mathrm{h}}$ 的基本相同；当壁厚较薄时，其受扭承载力则比实心截面的小。因此，《规范》(GB 50010)以矩形截面的受扭承载力计算公式为基础，并对该公式的第一项(即混凝土项)乘以壁厚影响系数 α_{h} 后，得到箱形截面的受扭承载力计算公式如下：

$$T \leqslant 0.35\alpha_{\mathrm{h}}f_{\mathrm{t}}W_{\mathrm{t}}+1.2\sqrt{\zeta}f_{\mathrm{yv}}\frac{A_{\mathrm{st1}}A_{\mathrm{cor}}}{s} \qquad (8-10)$$

式中：α_{h}——箱形截面壁厚影响系数；$\alpha_{\mathrm{h}}=2.5t_w/b_{\mathrm{h}}$，当 $\alpha_{\mathrm{h}}>1.0$ 时，取 $\alpha_{\mathrm{h}}=1.0$。

W_{t}——箱形截面的受扭塑性抵抗矩，按式(8-5)计算。

8.3　弯剪扭构件的受力性能与承载力计算

8.3.1　弯剪扭构件的受力性能

在弯矩、剪力和扭矩共同作用下的钢筋混凝土构件的受力性能十分复杂，其破坏形态主要与弯矩、剪力和扭矩的比例关系及配筋情况有关。主要有弯型破坏、扭型破坏和剪扭型破坏 3 种。

1. 弯型破坏

弯型破坏在弯矩较大、剪力与扭矩均较小，且构件底部纵筋不是很多时发生。该类构件由于底部纵筋同时受到弯矩和扭矩所产生拉应力的作用，所以随着荷载的增大，构件底部纵筋首先受拉屈服，而后顶部混凝土压碎，构件破坏，如图 8.13(a)所示，称为"弯型破坏"。弯型破坏构件的承载力由底部纵筋控制，且构件的受弯承载力随着扭矩的增大而降低，如图 8.14 所示。

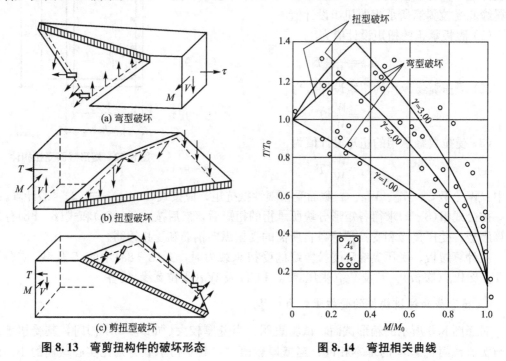

图 8.13　弯剪扭构件的破坏形态

图 8.14　弯扭相关曲线

2. 扭型破坏

扭型破坏在扭矩较大、弯矩和剪力较小，且构件顶部纵筋 A_s' 少于底部纵筋 A_s，即 $\gamma = f_y A_s/(f_y' A_s') > 1$ 时发生。该类构件由于扭矩在顶部纵筋中所产生的拉应力很大，而弯矩在其中引起的压应力较小，所以随着荷载的增大，顶部纵筋首先受拉屈服，而后底部混凝土压碎，构件破坏，如图 8.13(b) 所示，称为"扭型破坏"。扭型破坏构件的承载力由顶部纵筋控制，且在扭型破坏范围内，构件的受扭承载力随着弯矩的增大而提高，如图 8.14 所示。

3. 剪扭型破坏

剪扭型破坏在剪力和扭矩较大、弯矩较小，且剪力和扭矩引起剪应力方向一致的侧面配筋不是很多时发生。该类构件随着荷载的增大，剪应力方向一致侧面中部的混凝土首先开裂，若配筋合适，与斜裂缝相交的箍筋和纵筋首先受拉屈服，而后另一侧面的混凝土压碎，构件破坏，如图 8.13(c) 所示，称为"剪扭型破坏"。剪扭型破坏构件的承载力由剪应力方向一致侧面上与斜裂缝相交的箍筋和纵筋控制；且当扭矩较大时，以受扭破坏为主；当剪力较大时，以受剪破坏为主。由于剪力和扭矩引起的剪应力总会在一个侧面产生叠加，因此其承载力总是小于剪力和扭矩单独作用时的承载力，两者承载力的相关曲线接近 1/4 圆，如图 8.15 所示。

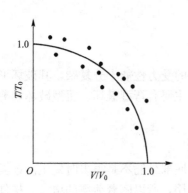

图 8.15　有腹筋构件的剪扭相关曲线

图 8.15 中，V_0 为有腹筋纯剪构件的受剪承载力；T_0 为有腹筋纯扭构件的受扭承载力；V、T 分别为有腹筋剪扭构件的受剪承载力和受扭承载力。

8.3.2 剪扭构件的承载力计算

1. 剪扭相关性

试验表明：对于剪扭构件，剪力的存在，使构件的受扭承载力降低；同样，扭矩的存在，使构件的受剪承载力降低，两者大致符合 1/4 圆的规律，这便是剪力和扭矩的相关性，简称剪扭相关性。有腹筋构件的剪扭相关曲线如图 8.15 所示，无腹筋构件的剪扭相关曲线如图 8.16 所示。

图 8.16 中，$V_{c0} = 0.7f_t bh_0$ 或 $1.75 f_t bh_0 / (\lambda + 1)$，为纯剪构件混凝土项的受剪承载力；$T_{c0} = 0.35 f_t W_t$，为纯扭构件混凝土项的受扭承载力；$V_c$、$T_c$ 分别为无腹筋剪扭构件的受剪承载力和受扭承载力。

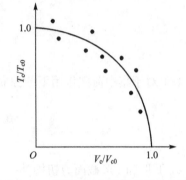

图 8.16 无腹筋构件的剪扭相关曲线

2. 受扭承载力降低系数 β_t

1) 矩形截面剪扭构件

为简化剪扭相关的计算，对于图 8.16 所示的 1/4 圆，《规范》（GB 50010）采用如图 8.17 所示的 3 段折线（AB、BC、CD）来近似代替。

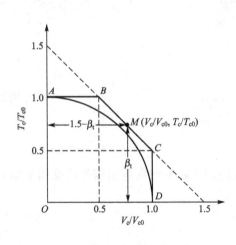

图 8.17 剪扭相关性的简化计算方法与受扭承载力降低系数 β_t

由图 8.17 可知以下内容。

(1) 当 $V_c/V_{c0} \leqslant 0.5$ 时，取 $T_c/T_{c0} = 1.0$，即当 $V_c \leqslant 0.35 f_t bh_0$ 或 $0.875 f_t bh_0 / (\lambda+1)$ 时，取 $T_c = 0.35 f_t W_t$，如图 8.17 的线段 AB 所示。此时，可忽略剪力对受扭承载力的影响。

(2) 当 $T_c/T_{c0} \leqslant 0.5$ 时，取 $V_c/V_{c0} = 1.0$，即当 $T_c \leqslant 0.175 f_t W_t$ 时，取 $V_c = 0.7 f_t bh_0$ 或 $1.75 f_t bh_0 / (\lambda+1)$，如图 8.17 的线段 CD 所示。此时，可忽略扭矩对受剪承载力的影响。

(3) 当 $0.5 < T_c/T_{c0} \leqslant 1.0$ 且 $0.5 < V_c/V_{c0} \leqslant 1.0$ 时，需考虑剪扭相关性，如图 8.17 的线段 BC 所示。当定义线段 BC 上任意一点 M 的纵坐标为"受扭承载力降低系数 β_t"时，由该图的几何关系可得 M 点的横坐标为"$1.5 - \beta_t$"，则

$$\begin{cases} \beta_t = \dfrac{T_c}{T_{c0}} & (8-11a) \\[3mm] 1.5 - \beta_t = \dfrac{V_c}{V_{c0}} & (8-11b) \end{cases}$$

联立上式可得

$$\beta_t = \frac{1.5}{1 + \frac{V_c T_{c0}}{T_c V_{c0}}} \qquad (8-12)$$

以 V/T 近似地代替上式中的 V_c/T_c，并将 $T_{c0}=0.35f_t W_t$、$V_{c0}=0.7f_t bh_0$ 或 $1.75f_t bh_0/(\lambda+1)$ 代入上式后得到如下矩形截面剪扭构件受扭承载力降低系数 β_t 的计算公式。

(1) 对于一般剪扭构件。

$$\beta_t = \frac{1.5}{1 + 0.5\frac{VW_t}{Tbh_0}} \qquad (8-13a)$$

(2) 对于集中荷载作用下的独立剪扭构件。

$$\beta_t = \frac{1.5}{1 + 0.2(\lambda+1)\frac{VW_t}{Tbh_0}} \qquad (8-13b)$$

2) T形和I形截面剪扭构件

以 T_w、W_{tw} 代替公式组(8-13)中的 T、W_t，即可得到如下 T 形和 I 形截面剪扭构件"腹板部分的受扭承载力降低系数 β_t"的计算公式。

(1) 一般剪扭构件。

$$\beta_t = \frac{1.5}{1 + 0.5\frac{VW_{tw}}{T_w bh_0}} \qquad (8-14a)$$

(2) 集中荷载作用下的独立剪扭构件。

$$\beta_t = \frac{1.5}{1 + 0.2(\lambda+1)\frac{VW_{tw}}{T_w bh_0}} \qquad (8-14b)$$

3) 箱形截面剪扭构件

以 $\alpha_h W_t$ 代替公式组(8-13)中的 W_t，即可得到如下箱形截面剪扭构件的受扭承载力降低系数 β_t 的计算公式。

(1) 一般剪扭构件。

$$\beta_t = \frac{1.5}{1 + 0.5\frac{V\alpha_h W_t}{Tbh_0}} \qquad (8-15a)$$

(2) 集中荷载作用下的独立剪扭构件。

$$\beta_t = \frac{1.5}{1 + 0.2(\lambda+1)\frac{V\alpha_h W_t}{Tbh_0}} \qquad (8-15b)$$

式中：b——箱形截面的腹板宽度，取 $b=2t_w$，t_w 如图 8.9 所示。

4) β_t 的取值范围

由图 8.17 可知：β_t 的取值范围是 0.5～1.0。因此，当按式(8-13)～式(8-15)计算得到的 $\beta_t<0.5$ 时，取 $\beta_t=0.5$；$\beta_t>1$ 时，取 $\beta_t=1$。

3. 剪扭构件的承载力计算

1) 剪扭构件的承载力计算方法

钢筋混凝土剪扭构件的承载力有受剪承载力和受扭承载力两个方面，两者均由混凝土项的承载力和钢筋项的承载力组成，即剪扭构件的受剪承载力：

$$V_u=V_c+V_s \tag{8-16a}$$

剪扭构件的受扭承载力：

$$T_u=T_c+T_s \tag{8-16b}$$

式中：V_c、T_c——剪扭构件中混凝土项的受剪承载力和受扭承载力；

V_s、T_s——剪扭构件中钢筋项的受剪承载力和受扭承载力。

对于剪扭构件的承载力计算，《规范》(GB 50010)采取混凝土部分相关、钢筋部分不相关的原则。并假设有腹筋剪扭构件混凝土部分对剪扭承载力的贡献与无腹筋剪扭构件一样，即有腹筋剪扭构件混凝土部分的剪扭相关性也符合图 8.16 所示的 1/4 圆的规律，且在承载力计算时采用图 8.17 所示的剪扭相关性简化计算方法与受扭承载力降低系数 β_t。因此，公式组(8-16)中的 V_s、T_s 直接采用纯剪构件受剪承载力计算公式和纯扭构件受扭承载力计算公式中的相应项。而式(8-16a)中的 V_c 则应在纯剪构件受剪承载力计算公式相应项的基础上，乘以系数$(1.5-\beta_t)$；式(8-16b)中的 T_c 则应在纯扭构件受扭承载力计算公式相应项的基础上，乘以系数 β_t。

2) 矩形截面剪扭构件的承载力计算

由"剪扭构件的承载力计算方法"可知，矩形截面剪扭构件的受剪承载力和受扭承载力应按下列公式计算。

(1) 对于一般剪扭构件，承载力如下。

① 受剪承载力为

$$V\leqslant 0.7(1.5-\beta_t)f_t bh_0+f_{yv}\frac{A_{sv}}{s}h_0 \tag{8-17a}$$

② 受扭承载力为

$$T\leqslant 0.35\beta_t f_t W_t+1.2\sqrt{\zeta}f_{yv}\frac{A_{st1}A_{cor}}{s} \tag{8-17b}$$

(2) 对于集中荷载作用下的独立剪扭构件，承载力如下。

① 受剪承载力为

$$V\leqslant(1.5-\beta_t)\frac{1.75}{\lambda+1}f_t bh_0+f_{yv}\frac{A_{sv}}{s}h_0 \tag{8-17c}$$

② 受扭承载力仍按式(8-17b)计算。公式组(8-17)中的 β_t 应按公式组(8-13)计算。

3) T形和I形截面剪扭构件的承载力计算

T形和I形截面剪扭构件承载力的计算方法是：截面所承受的扭矩设计值 T 由腹板和翼缘共同承担，并按公式组(8-9)进行分配；截面所承受的剪力设计值 V 仅由腹板承担。

因此，腹板在剪力设计值 V 和扭矩设计值 T_w 的作用下按矩形截面剪扭构件的计算公式(8-17)进行计算；计算时，式(8-17)中的 T 及 W_t 分别以 T_w 及 W_{tw} 代替；且其受扭承载力降低系数 β_t 应按式(8-14)计算。受压翼缘和受拉翼缘分别在扭矩设计值 T'_f 和 T_f 的作用下按纯扭构件进行计算；计算时，式(8-8)中的 T 及 W_t 应分别以 T'_f 及 W'_{tf}(受压翼缘)或 T_f 及 W_{tf}(受拉翼缘)代替。

4) 箱形截面剪扭构件的承载力计算

箱形截面剪扭构件的受力性能与矩形截面的相似，但其受扭承载力应考虑箱形截面壁厚的影响。因此，箱形截面剪扭构件的受剪承载力计算公式与矩形截面的相同，即按式(8-17a)或式(8-17c)计算。计算时，取式(8-17a)或式(8-17c)的中 $b=2t_w$。箱形截面剪扭构件的受扭承载力计算公式以矩形截面的计算公式为基础，引入箱形截面壁厚影响系数 α_h，即得到箱形截面剪扭构件的受扭承载力计算公式：

$$T \leqslant 0.35\alpha_h\beta_t f_t W_t + 1.2\sqrt{\zeta}f_{yv}\frac{A_{st1}A_{cor}}{s} \tag{8-18}$$

式中：β_t——受扭承载力降低系数，对于箱形截面，应按式(8-15)计算。

8.3.3 弯扭构件的承载力计算

弯扭构件的受弯承载力与受扭承载力的相关性比较复杂，如图 8.14 所示。为了简化设计，《规范》(GB 50010)对于弯扭构件的承载力计算直接采用叠加的方法。即在弯矩 M 的作用下，按受弯构件的正截面受弯承载力计算受弯所需的纵筋；在扭矩 T 的作用下，按纯扭构件计算受扭所需的纵筋和箍筋；然后将相应的钢筋进行叠加。可见，弯扭构件的纵筋用量为受弯所需的纵筋和受扭所需的纵筋之和，箍筋用量仅为受扭所需的箍筋。

8.3.4 弯剪扭构件的承载力计算

在弯矩、剪力和扭矩共同作用下的弯剪扭构件承载力的相关性更为复杂。为了简化设计，《规范》(GB 50010)以剪扭构件和受弯构件的承载力计算方法为基础，仅考虑剪扭时混凝土部分承载力的相关性，而没有考虑弯与剪、弯与扭之间承载力的相关性，来建立弯剪扭构件的承载力计算方法。

对于矩形、T形、I形和箱形截面弯剪扭构件，其纵向钢筋截面面积应分别按受弯构件的正截面受弯承载力和剪扭构件的受扭承载力计算确定，并配置在相应的位置；箍筋截面面积应分别按剪扭构件的受剪承载力和受扭承载力计算确定，并配置在相应的位置。具体计算方法如下。

(1) 在剪力 V 和扭矩 T 的作用下，按剪扭构件的受剪承载力计算受剪所需的箍筋

nA_{sv1}/s，如图 8.18(a)所示。

（2）在剪力 V 和扭矩 T 的作用下，按剪扭构件的受扭承载力计算受扭所需的箍筋 A_{st1}/s，如图 8.18(b)所示。

（3）在剪力 V 和扭矩 T 的作用下，按剪扭构件的受扭承载力计算受扭所需的纵筋 A_{stl}，如图 8.18(c)所示。

（4）在弯矩 M 的作用下，按第 4 章受弯构件的正截面受弯承载力计算受弯所需的纵筋 A_s'、A_s，如图 8.18(d)所示。

最后，弯剪扭构件的箍筋用量为(1)和(2)计算结果的叠加，纵筋用量为(3)和(4)计算结果的叠加，如图 8.18(e)所示。

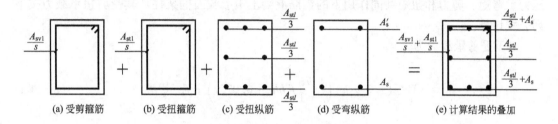

图 8.18 弯剪扭构件钢筋的叠加

对于矩形、T 形、I 形和箱形截面的弯剪扭构件，当其内力设计值满足下列条件时，可不考虑剪力或扭矩对构件承载力的影响。

（1）当 $V \leqslant 0.35 f_t bh_0$ 或 $V \leqslant 0.875 f_t bh_0/(\lambda+1)$ 时，可忽略剪力的影响，仅按受弯构件的正截面受弯承载力和纯扭构件的受扭承载力分别进行计算。

（2）当 $T \leqslant 0.175 f_t W_t$ 或 $T \leqslant 0.175 \alpha_h f_t W_t$ 时，可忽略扭矩的影响，仅按受弯构件的正截面受弯承载力和斜截面受剪承载力分别进行计算。

8.4 矩形截面压弯剪扭构件的受力性能与承载力计算

8.4.1 轴向压力对受扭承载力的影响

试验研究表明，轴向压力的存在，可减小纵向钢筋的拉应变，抑制斜裂缝的出现和开展，可增加混凝土的咬合作用和纵筋的销栓作用，因而可提高构件的受扭承载力。但当轴向压力大于 $0.65 f_c A$ 时，随着轴向压力的增加，构件的受扭承载力将会逐步下降。

8.4.2 压扭构件的承载力计算

考虑到轴向压力的有利影响，《规范》（GB 50010）以纯扭构件的承载力计算公式为基础，给出了如下矩形截面钢筋混凝土压扭构件的受扭承载力计算公式：

$$T \leqslant 0.35 f_t W_t + 1.2\sqrt{\zeta} f_{yv} \frac{A_{st1} A_{cor}}{s} + 0.07 \frac{N}{A} W_t \tag{8-19}$$

式中：N——与扭矩设计值 T 相应的轴向压力设计值，当 $N > 0.3 f_c A$ 时，取 $N = 0.3 f_c A$；

A——构件截面面积。

8.4.3　压弯剪扭构件的承载力计算

考虑到轴向压力对受剪和受扭承载力的有利作用，《规范》（GB 50010）规定，在轴向压力、弯矩、剪力和扭矩共同作用下的钢筋混凝土矩形截面框架柱，其受剪扭承载力按下列公式计算。

（1）受剪承载力为

$$V \leqslant (1.5 - \beta_t)\left(\frac{1.75}{\lambda + 1} f_t b h_0 + 0.07N\right) + f_{yv} \frac{A_{sv}}{s} h_0 \tag{8-20a}$$

（2）受扭承载力为

$$T \leqslant \beta_t\left(0.35 f_t + 0.07 \frac{N}{A}\right) W_t + 1.2\sqrt{\zeta} f_{yv} \frac{A_{st1} A_{cor}}{s} \tag{8-20b}$$

式中：λ——计算截面的剪跨比，与第 6 章式(6-54)中 λ 的取值相同。

在轴向压力、弯矩、剪力和扭矩共同作用下的钢筋混凝土矩形截面框架柱，其纵向钢筋截面面积应分别按偏心受压构件的正截面受压承载力和剪扭构件的受扭承载力计算确定，并配置在相应的位置；箍筋截面面积应分别按剪扭构件的受剪承载力和受扭承载力计算确定，并配置在相应的位置。具体计算方法如下。

（1）在剪力 V 和扭矩 T 的作用下，按压弯剪扭构件的受剪承载力计算公式(8-20a)计算受剪所需的箍筋 nA_{sv1}/s，如图 8.18(a)所示。

（2）在剪力 V 和扭矩 T 的作用下，按压弯剪扭构件的受扭承载力计算公式(8-20b)计算受扭所需的箍筋 A_{st1}/s，如图 8.18(b)所示。

（3）在剪力 V 和扭矩 T 的作用下，按压弯剪扭构件的受扭承载力计算公式 (8-20b) 并结合式(8-8b)计算受扭所需的纵筋 A_{stl}，如图 8.18(c)所示。

（4）在轴向压力 N 和弯矩 M 的作用下，按第 6 章偏心受压构件的正截面受压承载力计算受压所需的纵筋 A_s'、A_s，如图 8.18(d)所示。此时图中纵筋需改名为受压所需纵筋。

最后，压弯剪扭构件的箍筋用量为(1)和(2)计算结果的叠加；纵筋用量为(3)和(4)计算结果的叠加。钢筋的叠加方式与弯剪扭构件的相同，如图 8.18(e)所示。

在轴向压力、弯矩、剪力和扭矩共同作用下的钢筋混凝土矩形截面框架柱，当 $T \leqslant (0.175 f_t + 0.035 N/A) W_t$ 时，可仅按偏心受压构件的正截面受压承载力和斜截面受剪承载力分别进行计算。

8.5 矩形截面拉弯剪扭构件的受力性能与承载力计算

8.5.1 轴向拉力对受扭承载力的影响

研究表明，轴向拉力可促进裂缝的出现和发展，削弱混凝土的受扭作用；同时使纵筋产生附加拉应力，削弱钢筋的受扭作用，从而降低构件的受扭承载力。

8.5.2 拉扭构件的承载力计算

考虑到轴向拉力的不利影响，《规范》（GB 50010）以纯扭构件的承载力计算公式为基础，给出了如下矩形截面钢筋混凝土拉扭构件的受扭承载力计算公式：

$$T \leqslant 0.35 f_t W_t + 1.2 \sqrt{\zeta} f_{yv} \frac{A_{st1} A_{cor}}{s} - 0.2 \frac{N}{A} W_t \tag{8-21}$$

式中：N——与扭矩设计值 T 相应的轴向拉力设计值，当 $N > 1.75 f_t A$ 时，取 $N = 1.75 f_t A$；

A——构件截面面积。

8.5.3 拉弯剪扭构件的承载力计算

考虑到轴向拉力对受剪和受扭承载力的不利作用，《规范》（GB 50010）规定，在轴向拉力、弯矩、剪力和扭矩共同作用下的钢筋混凝土矩形截面框架柱，其受剪扭承载力按下列公式计算。

（1）受剪承载力为

$$V \leqslant (1.5 - \beta_t)\left(\frac{1.75}{\lambda+1} f_t b h_0 - 0.2N\right) + f_{yv} \frac{A_{sv}}{s} h_0 \tag{8-22a}$$

（2）受扭承载力为

$$T \leqslant \beta_t \left(0.35 f_t - 0.2 \frac{N}{A}\right) W_t + 1.2 \sqrt{\zeta} f_{yv} \frac{A_{st1} A_{cor}}{s} \tag{8-22b}$$

当式（8-22a）右边的计算值小于 $f_{yv} \frac{A_{sv}}{s} h_0$ 时，取 $f_{yv} \frac{A_{sv}}{s} h_0$；当式（8-22b）右边的计算值小于 $1.2 \sqrt{\zeta} f_{yv} \frac{A_{st1} A_{cor}}{s}$ 时，取 $1.2 \sqrt{\zeta} f_{yv} \frac{A_{st1} A_{cor}}{s}$。

式中：λ——计算截面的剪跨比，与第 6 章式（6-54）中 λ 的取值相同。

在轴向拉力、弯矩、剪力和扭矩共同作用下的钢筋混凝土矩形截面框架柱，其纵向钢筋截面面积应分别按偏心受拉构件的正截面受拉承载力和剪扭构件的受扭承载力计算确定，并配置在相应的位置；箍筋截面面积应分别按剪扭构件的受剪承载力和受扭承载力计算确定，并配置在相应的位置。具体计算方法与 8.4.3 节中压弯剪扭构件的叠加方法类似，这里不再赘述。

在轴向拉力、弯矩、剪力和扭矩共同作用下的钢筋混凝土矩形截面框架柱，当 $T \leqslant (0.175f_t - 0.1N/A)W_t$ 时，可仅计算偏心受拉构件的正截面受拉承载力和斜截面受剪承载力。

8.6 受扭构件承载力计算公式的适用条件与构造规定

8.6.1 计算公式的适用条件

1. 上限值——截面限制条件

为保证受扭构件在破坏时混凝土不首先被压碎(即避免超筋破坏)，《规范》(GB 50010)规定，在弯矩、剪力和扭矩共同作用下，对 $h_w/b \leqslant 6$ 的矩形、T 形、I 形截面和 $h_w/t_w \leqslant 6$ 的箱形截面构件，其截面应符合下列条件。

当 h_w/b(或 h_w/t_w)$\leqslant 4$ 时，
$$\frac{V}{bh_0} + \frac{T}{0.8W_t} \leqslant 0.25\beta_c f_c \qquad (8-23a)$$

当 h_w/b(或 h_w/t_w)$= 6$ 时，
$$\frac{V}{bh_0} + \frac{T}{0.8W_t} \leqslant 0.2\beta_c f_c \qquad (8-23b)$$

当 $4 < h_w/b$(或 h_w/t_w)< 6 时，按线性内插法确定。

式中：V——剪力设计值。

T——扭矩设计值。

b——矩形截面的宽度，T 形或 I 形截面的腹板宽度，箱形截面取两侧壁总厚度 $2t_w$。

h_0——截面的有效高度。

h_w——截面的腹板高度：对矩形截面，取有效高度 h_0；对 T 形截面，取有效高度减去翼缘高度；对 I 形和箱形截面，取腹板净高，分别见第 5 章的图 5.18 和本章的图 8.9。

t_w——箱形截面壁厚，其值不应小于 $b_h/7$，此处，b_h 为箱形截面的宽度。

对于式(8-23a)和式(8-23b)，当 $T=0$ 时，为纯剪构件的截面限制条件，与第 5 章的式(5-19a)和式(5-19b)衔接；当 $V=0$ 时，为纯扭构件的截面限制条件。当式(8-23a)和式(8-23b)的条件不能满足时，一般应加大构件截面尺寸，也可提高混凝土强度等级。

2. 下限值——构造配筋条件

在弯矩、剪力和扭矩共同作用下的构件，当符合下列要求时
$$\frac{V}{bh_0} + \frac{T}{W_t} \leqslant 0.7f_t \qquad (8-24a)$$

或
$$\frac{V}{bh_0} + \frac{T}{W_t} \leqslant 0.7f_t + 0.07\frac{N}{bh_0} \qquad (8-24b)$$

可不进行构件受剪扭承载力计算,但为了防止构件开裂后发生突然的脆性破坏,必须按构造要求配置纵向钢筋和箍筋。

式(8-24b)中的 N 是与剪力、扭矩设计值 V、T 相应的轴向压力设计值。当 $N>0.3f_cA$ 时,取 $N=0.3f_cA$,此处,A 为构件的截面面积。

8.6.2 受扭构件钢筋的构造规定

1. 最小配筋率

为了防止受扭构件发生"一裂就坏"的少筋脆性破坏,受扭构件的箍筋和纵筋应满足最小配筋率。

(1) 箍筋的最小配筋率为

$$\rho_{sv}=\frac{A_{sv}}{bs}\geqslant\rho_{sv,min}=0.28\frac{f_t}{f_{yv}} \tag{8-25a}$$

对于箱形截面构件,上式中的 b 应以 b_h 代替,b_h 如图8.9所示。

(2) 受扭纵向钢筋的最小配筋率为

$$\rho_{tl}=\frac{A_{stl}}{bh}\geqslant\rho_{tl,min}=0.6\sqrt{\frac{T}{Vb}}\frac{f_t}{f_y} \tag{8-25b}$$

当 $T/(Vb)>2.0$ 时,取 $T/(Vb)=2.0$。式(8-25b)中 b 的取值与式(8-23)中 b 的取值相同,但对箱形截面构件,b 应以 b_h 代替。

对于纯扭和弯扭构件,$V=0$,那么 $T/(Vb)>2.0$,取 $T/(Vb)=2.0$,式(8-25b)可变为式(8-25c):

$$\rho_{tl}=\frac{A_{stl}}{bh}\geqslant\rho_{tl,min}=0.85\frac{f_t}{f_y} \tag{8-25c}$$

2. 纵向钢筋的构造

沿截面周边布置的受扭纵向钢筋的间距不应大于200mm和梁截面短边长度;除应在梁截面四角设置受扭纵向钢筋外,其余受扭纵向钢筋宜沿截面周边均匀对称布置。受扭纵向钢筋应按受拉钢筋锚固在支座内。

在弯剪扭构件中,配置在截面弯曲受拉边的纵向受力钢筋,其截面面积不应小于"按受弯构件受拉钢筋最小配筋率计算出的钢筋截面面积"与"按受扭纵向钢筋最小配筋率计算并分配到弯曲受拉边的钢筋截面面积"之和。

3. 箍筋的构造

弯剪扭构件中,箍筋的间距和直径应符合第5章表5-3的规定,其中受扭所需的箍筋应做成封闭式,且应沿截面周边布置;当采用复合箍筋时,位于截面内部的箍筋不应计入受扭所需的箍筋面积;受扭所需箍筋的末端应做成135°弯钩,弯钩端头平直段长度不应小于10d(d 为箍筋直径)。

在超静定结构中,考虑协调扭转而配置的箍筋,其间距不宜大于0.75b,此处 b 与式(8-23)中 b 的取值相同,但对箱形截面构件,b 均应以 b_h 代替。

8.7 受扭构件承载力计算流程图与例题

矩形截面纯扭构件的截面设计可按图 8.19 所示的流程进行。

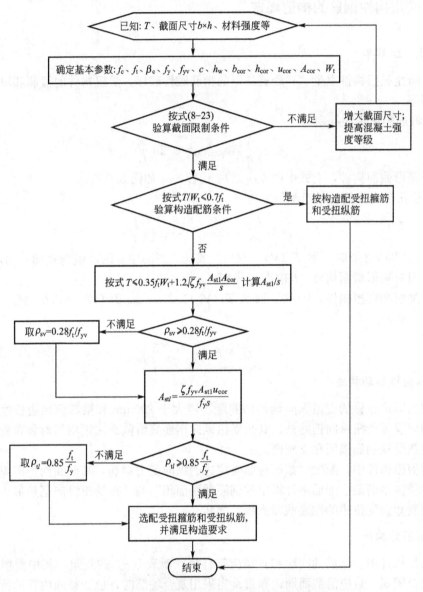

已知: T、截面尺寸 $b \times h$、材料强度等

确定基本参数: f_c、f_t、β_c、f_y、f_{yv}、c、h_w、b_{cor}、h_{cor}、u_{cor}、A_{cor}、W_t

按式(8-23)验算截面限制条件 → 不满足 → 增大截面尺寸; 提高混凝土强度等级

满足

按式 $T/W_t < 0.7f_t$ 验算构造配筋条件 → 是 → 按构造配受扭箍筋和受扭纵筋

否

按式 $T \leqslant 0.35f_t W_t + 1.2\sqrt{\zeta} f_{yv} \dfrac{A_{st1}A_{cor}}{s}$ 计算 A_{st1}/s

取 $\rho_{sv}=0.28f_t/f_{yv}$ ← 不满足 ← $\rho_{sv} \geqslant 0.28f_t/f_{yv}$

满足

$$A_{stl} = \frac{\zeta f_{yv} A_{st1} u_{cor}}{f_y s}$$

取 $\rho_{tl}=0.85\dfrac{f_t}{f_y}$ ← 不满足 ← $\rho_{tl} \geqslant 0.85\dfrac{f_t}{f_y}$

满足

选配受扭箍筋和受扭纵筋, 并满足构造要求

结束

图 8.19　矩形截面纯扭构件的截面设计流程图

矩形截面弯剪扭构件的截面设计可按图 8.20 所示的流程进行。

矩形截面纯扭构件的截面复核可按图 8.21 所示的流程进行。

矩形截面弯剪扭构件的截面复核可按图 8.22 所示的流程进行。

【例 8.1】　已知某钢筋混凝土矩形截面纯扭构件,处于一类环境,安全等级二级,截

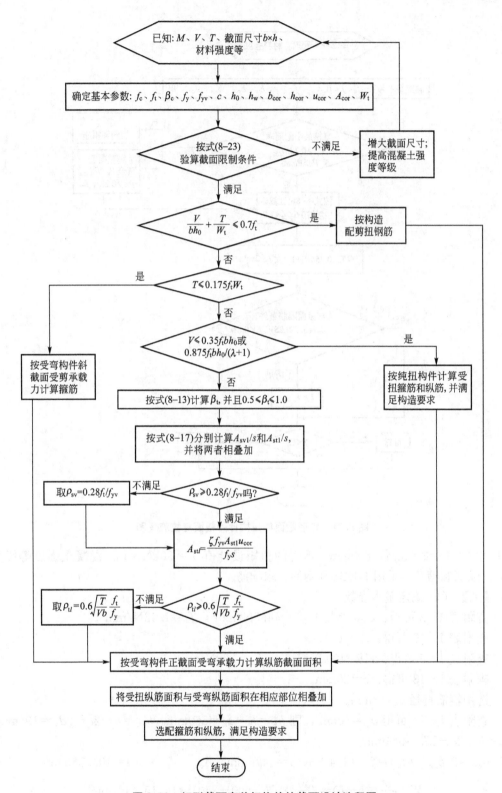

图 8.20 矩形截面弯剪扭构件的截面设计流程图

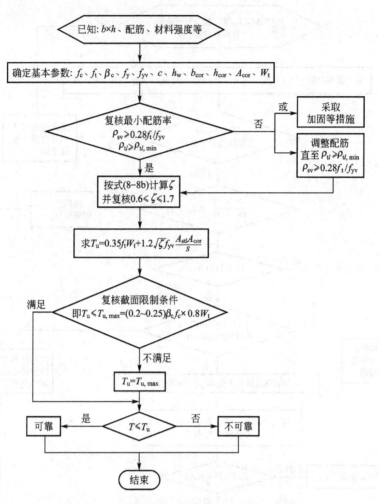

图 8.21　矩形截面纯扭构件的截面复核流程图

面尺寸 $b \times h = 250\text{mm} \times 600\text{mm}$，承受的扭矩设计值 $T = 30\text{kN} \cdot \text{m}$。混凝土强度等级为 C30，纵筋和箍筋均采用 HRB400 钢筋，求配筋。

【解】（1）确定基本参数。

查附表 1-2 可得：C30 混凝土 $f_c = 14.3\text{N/mm}^2$，$f_t = 1.43\text{N/mm}^2$。

查附表 1-10 可得：$\beta_c = 1.0$。

查附表 1-5 可得：HRB400 钢筋 $f_y = f_{yv} = 360\text{N/mm}^2$。

查附表 1-13 可得：$c = 20\text{mm}$。

选用箍筋直径 $d_v = 8\text{mm}$。

查附表 1-14 可得 $a_s = 40\text{mm}$，则 $h_w = h - a_s = 560\text{mm}$。$b_{cor} = b - 2c - 2d_v = 194\text{mm}$，$h_{cor} = h - 2c - 2d_v = 544\text{mm}$。

$$u_{cor} = 2(b_{cor} + h_{cor}) = 2 \times (194 + 544) = 1476\text{mm}, \quad A_{cor} = 194 \times 544 = 105536\text{mm}^2$$

$$W_t = \frac{b^2}{6}(3h - b) = \frac{250^2}{6} \times (3 \times 600 - 250) = 16.15 \times 10^6 \text{mm}^3$$

（2）验算截面限制条件和构造配筋条件。

$$h_w/b = 560/250 = 2.24 \leqslant 4$$

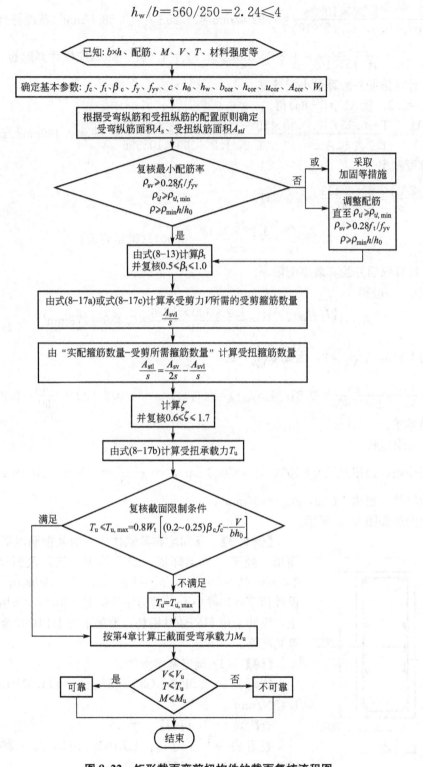

图 8.22 矩形截面弯剪扭构件的截面复核流程图

$$\frac{T}{0.8W_t}=\frac{30\times10^6}{0.8\times16.15\times10^6}=2.32\text{N/mm}^2<0.25\beta_c f_c=3.58\text{N/mm}^2\text{(截面符合要求)}$$

$$\frac{T}{W_t}=\frac{30\times10^6}{16.15\times10^6}=1.86\text{N/mm}^2>0.7f_t=1.00\text{N/mm}^2\text{(应按计算配筋)}$$

(3) 计算箍筋并验算最小配箍率。

取 $\zeta=1.2$，代入式(8-8a)得

$$\frac{A_{st1}}{s}=\frac{T-0.35f_tW_t}{1.2\sqrt{\zeta}f_{yv}A_{cor}}=\frac{30\times10^6-0.35\times1.43\times16.15\times10^6}{1.2\sqrt{1.2}\times360\times105536}=0.439\text{mm}^2/\text{mm}$$

验算配箍率

$$\rho_{sv}=\frac{2A_{st1}}{bs}=\frac{2\times0.439}{250}=0.00351$$

$$>\rho_{sv,\min}=0.28\frac{f_t}{f_{yv}}=\frac{0.28\times1.43}{360}=0.0011\text{(满足要求)}$$

(4) 计算纵筋并验算最小配筋率。

由式(8-8b)得

$$A_{stl}=\frac{\zeta f_{yv}u_{cor}}{f_y}\cdot\frac{A_{st1}}{s}=\frac{1.2\times360\times1476}{360}\times0.439=778\text{mm}^2$$

因为 $V=0$，故 $\dfrac{T}{Vb}>2$，因此取 $\dfrac{T}{Vb}=2$。

$$\rho_{tl}=\frac{A_{stl}}{bh}=\frac{778}{250\times600}=0.519\%>\rho_{tl,\min}=0.6\sqrt{\frac{T}{Vb}}\cdot\frac{f_t}{f_y}=0.6\times\sqrt{2}\times\frac{1.43}{360}=0.337\%$$

满足要求。

(5) 选配钢筋。

受扭箍筋：选用双肢 $\Phi8$ 箍筋 $A_{st1}=50.3\text{mm}^2$，$s=\dfrac{50.3}{0.439}=115\text{mm}$，取 $s=110\text{mm}$。

受扭纵筋：选用 $8\Phi12$，$A_{stl}=904\text{mm}^2$。

截面配筋如图 8.23 所示。

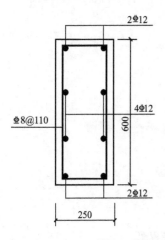

图 8.23 例 8.1 截面配筋图

【例 8.2】 已知均布荷载作用下的某钢筋混凝土 T 形截面梁，处于二 a 类环境，安全等级二级，截面尺寸为 $b=200\text{mm}$，$h=500\text{mm}$，$b'_f=400\text{mm}$，$h'_f=120\text{mm}$；承受扭矩设计值 $T=10\text{kN}\cdot\text{m}$，剪力设计值 $V=50\text{kN}$，采用 C30 混凝土，纵筋采用 HRB400 钢筋，箍筋采用 HPB300 钢筋，试计算其配筋。

【解】 (1) 确定基本参数。

查附表 1-2 可得：C30 混凝土 $f_c=14.3\text{N/mm}^2$，$f_t=1.43\text{N/mm}^2$。

查附表 1-10 可得：$\beta_c=1.0$。

查附表 1-5 可得：HRB400 钢筋 $f_y=360\text{N/mm}^2$；HPB300 钢筋 $f_{yv}=270\text{N/mm}^2$。

查附表 1-13 可得：$c=25\text{mm}$。

选用箍筋直径 $d_v=8mm$。

查附表 1-14 可得：$a_s=45mm$，则 $h_0=h-a_s=455mm$，$h_w=h-a_s-h_f'=335mm$。

计算腹板的 b_{cor}、h_{cor}、u_{cor}、A_{cor}。

$$b_{cor}=b-2c-2d_v=200-50-16=134mm$$

$$h_{cor}=h-2c-2d_v=500-50-16=434mm$$

$$u_{cor}=2(b_{cor}+h_{cor})=2\times(134+434)=1136mm$$

$$A_{cor}=b_{cor}h_{cor}=134\times434=58156mm^2$$

计算翼缘的 b_{fcor}'、h_{fcor}'、u_{fcor}'、A_{fcor}'。

$$b_{fcor}'=200-50-16=134mm$$

$$h_{fcor}'=120-50-16=54mm$$

$$u_{fcor}'=2(b_{fcor}'+h_{fcor}')=2\times(134+54)=376mm$$

$$A_{fcor}'=b_{fcor}'h_{fcor}'=134\times54=7236mm^2$$

$$W_{tf}'=\frac{h_f'^2}{2}(b_f'-b)=\frac{120^2}{2}\times(400-200)=1.44\times10^6mm^3$$

$$W_{tw}=\frac{b^2}{6}(3h-b)=\frac{200^2}{6}\times(3\times500-200)=8.67\times10^6mm^3$$

$$W_t=W_{tf}'+W_{tw}=10.11\times10^6mm^3$$

（2）验算截面限制条件和构造配筋条件。

$h_w/b=335/200=1.675\leqslant4$，

$$\frac{V}{bh_0}+\frac{T}{0.8W_t}=\frac{50000}{200\times455}+\frac{10\times10^6}{0.8\times10.11\times10^6}=1.79N/mm^2<0.25\beta_cf_c=3.58N/mm^2$$

（截面符合要求）

$$\frac{V}{bh_0}+\frac{T}{W_t}=\frac{50000}{200\times455}+\frac{10\times10^6}{10.11\times10^6}=1.54N/mm^2>0.7f_t=1.00N/mm^2$$

（应按计算配筋）

（3）判别是否可忽略扭矩 T 或剪力 V。

$T=10\ kN\cdot m>0.175f_tW_t=0.175\times1.43\times10.11\times10^6=2.53\times10^6N\cdot mm=2.53kN\cdot m$，需考虑扭矩。

$V=50\ kN>0.35f_tbh_0=0.35\times1.43\times200\times455\times10^{-3}=45.55kN$，需考虑剪力。

（4）分配扭矩。

腹板：$T_w=\dfrac{W_{tw}}{W_t}T=\dfrac{8.67\times10^6}{10.11\times10^6}\times10=8.58kN\cdot m$

翼缘：$T_f'=\dfrac{W_{tf}'}{W_t}T=\dfrac{1.44\times10^6}{10.11\times10^6}\times10=1.42kN\cdot m$

（5）计算腹板钢筋。

① 计算腹板（剪扭构件）的受扭承载力降低系数 β_t。

$$\beta_t=\frac{1.5}{1+0.5\dfrac{VW_{tw}}{T_wbh_0}}=\frac{1.5}{1+0.5\times\dfrac{50\times10^3\times8.67\times10^6}{8.58\times10^6\times200\times455}}=1.174>1.0$$

取 $\beta_t=1.0$。

② 计算腹板受剪箍筋。

由式（8-17a）得

$$\frac{nA_{sv1}}{s}=\frac{V-0.5\times0.7f_tbh_0}{f_{yv}h_0}=\frac{50000-0.5\times0.7\times1.43\times200\times455}{270\times455}=0.036mm^2/mm$$

采用双肢箍，$n=2$，则$\dfrac{A_{sv1}}{s}=0.018mm^2/mm$。

③ 计算腹板受扭钢筋。

取配筋强度比 $\zeta=1.2$，由式(8-17b)得受扭箍筋：

$$\frac{A_{st1}}{s}=\frac{T_w-0.35\beta_tf_tW_{tw}}{1.2\sqrt{\zeta}f_{yv}A_{cor}}=\frac{8.58\times10^6-0.35\times1.0\times1.43\times8.67\times10^6}{1.2\sqrt{1.2}\times270\times58156}=0.205mm^2/mm$$

则由式(8-8b)得受扭纵筋的面积：

$$A_{stl}=\zeta\frac{A_{st1}}{s}\cdot\frac{u_{cor}f_{yv}}{f_y}=1.2\times0.205\times\frac{1136\times270}{360}=210mm^2$$

$$\frac{T_w}{Vb}=\frac{8.58\times10^6}{50\times10^3\times200}=0.858<2,\text{ 则}$$

$$\rho_{tl,min}=0.6\sqrt{\frac{T_w}{Vb}}\cdot\frac{f_t}{f_y}=0.6\times\sqrt{0.858}\times\frac{1.43}{360}=0.0022=0.22\%$$

$$A_{stl}<\rho_{tl,min}bh=0.0022\times200\times500mm^2=220mm^2$$

故取 $A_{stl}=\rho_{tl,min}bh=220mm^2$。

(6) 计算受压翼缘受扭钢筋。

按纯扭构件计算，仍取配筋强度比 $\zeta=1.2$，得受扭箍筋：

$$\frac{A'_{st1}}{s}=\frac{T'_f-0.35f_tW'_{tf}}{1.2\sqrt{\zeta}f_{yv}A'_{fcor}}=\frac{1.42\times10^6-0.35\times1.43\times1.44\times10^6}{1.2\times\sqrt{1.2}\times270\times7236}=0.272mm^2/mm$$

$$>\rho_{sv,min}\frac{h'_f}{n}=0.28\times\frac{1.43}{270}\times\frac{120}{2}=0.089mm,\text{ 所以受压翼缘满足最小配筋率要求。}$$

则受扭纵筋的面积：

$$A'_{stl}=\zeta\frac{A'_{st1}}{s}\cdot\frac{u'_{fcor}f_{yv}}{f_y}=1.2\times0.272\times\frac{376\times270}{360}=92mm^2$$

$$\rho_{tl,min}=0.6\sqrt{\frac{T'_f}{Vb}}\cdot\frac{f_t}{f_y}=0.6\sqrt{2}\times\frac{1.43}{360}=0.0034=0.34\%$$

$$\rho_{tl,min}(b'_f-b)h'_f=0.0034\times(400-200)\times120=82mm^2<A'_{stl}=92mm^2$$

所以受压翼缘满足受扭纵筋的最小配筋率要求。

(7) 选配钢筋。

① 腹板。受剪扭箍筋：

$$\frac{A_{sv1}}{s}+\frac{A_{st1}}{s}=0.018+0.205=0.223mm^2/mm$$

$$>\rho_{sv,min}\frac{b}{n}=0.28\frac{f_t}{f_{yv}}\frac{b}{2}=0.28\times\frac{1.43}{270}\times\frac{200}{2}=0.148mm^2/mm$$

满足最小配箍率要求。

箍筋选$\phi8$，单肢面积为$50.3mm^2$，则$s\leqslant\dfrac{50.3}{0.223}=226mm$。

为施工方便，考虑腹板与受压翼缘的箍筋间距相同。

受扭纵筋：根据构造要求，纵向受力筋直径应$\geqslant10mm$，受扭纵筋间距应$\leqslant200mm$，所以选用$8\underline{\Phi}10(A_{stl}=628mm^2)$。

② 受压翼缘。箍筋选 $\phi 8$，单肢面积为 50.3mm^2，则 $s \leqslant \dfrac{50.3}{0.272} = 185\text{mm}$。

与腹板箍筋协调后，箍筋间距统一取 $s = 180\text{mm}$，受扭纵筋选用 $4\phi 10$（$A'_{stl} = 314\text{mm}^2$）。截面配筋如图 8.24 所示。

【例 8.3】 已知均布荷载作用下的某钢筋混凝土 T 形截面，承受扭矩设计值 $T = 10\text{kN·m}$，弯矩设计值 $M = 100\text{kN·m}$，剪力设计值 $V = 50\text{kN}$，其他条件同例 8.2，试计算其配筋。

【解】 （1）受剪扭钢筋。

由例 8.2 的结果可知以下内容。

① 受压翼缘：受扭箍筋为 $\phi 8@180$，受扭纵筋的计算面积 $A'_{stl} = 92\text{mm}^2$，选用 $4\phi 10$（$A'_{stl} = 314\text{mm}^2$）。

② 腹板：受剪扭箍筋为 $\phi 8@180$，受扭纵筋的计算面积 $A_{stl} = 220\text{mm}^2$，选用 $8\phi 10$（$A_{stl} = 628\text{mm}^2$）。

（2）计算受弯纵筋。

由第 4 章知识可知：

$$\alpha_1 f_c b'_f h'_f (h_0 - 0.5h'_f) = 1.0 \times 14.3 \times 400 \times 120 \times (455 - 0.5 \times 120)$$
$$= 271.1 \times 10^6 \text{N·mm} = 271.1\text{kN·m} > M = 100\text{kN·m}$$

所以为第一类 T 形截面。

$$x = h_0 \left(1 - \sqrt{1 - \dfrac{2M}{\alpha_1 f_c b'_f h_0^2}} \right) = 455 \times \left(1 - \sqrt{1 - \dfrac{2 \times 100 \times 10^6}{1.0 \times 14.3 \times 400 \times 455^2}} \right)$$
$$= 40.2\text{mm} < \xi_b h_0 = 0.518 \times 455 = 235.69\text{mm}$$
$$A_s = \dfrac{\alpha_1 f_c b'_f x}{f_y} = \dfrac{1.0 \times 14.3 \times 400 \times 40.2}{360}$$
$$= 639\text{mm}^2 > \rho_{\min} bh = 0.2\% \times 200 \times 500 = 200\text{mm}^2$$

图 8.24 例 8.2 截面配筋图

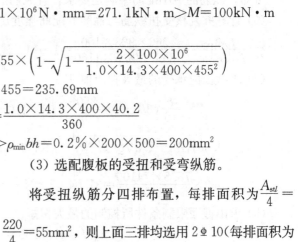

（3）选配腹板的受扭和受弯纵筋。

将受扭纵筋分四排布置，每排面积为 $\dfrac{A_{stl}}{4} = \dfrac{220}{4} = 55\text{mm}^2$，则上面三排均选用 $2\phi 10$（每排面积为 157mm^2），最下面一排纵筋所需钢筋面积为 $A_s + \dfrac{A_{stl}}{4} = 639 + 55 = 694\text{mm}^2$，选用 $3\phi 18$（763mm^2）。

截面配筋如图 8.25 所示。

【例 8.4】 已知某钢筋混凝土矩形截面纯扭构件，处于一类环境，安全等级二级，截面尺寸为 $b \times h = 250\text{mm} \times 450\text{mm}$，混凝土采用 C30，纵筋为 $6\phi 14$ 的 HRB400 钢筋，箍筋为 $\phi 10@100$ 的 HRB400 钢筋，如图 8.26 所示，求该截面能承受

图 8.25 例 8.3 截面配筋图

的扭矩设计值。

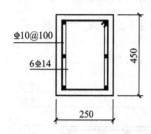

图 8.26 例 8.4 截面配筋图

【解】 (1) 确定基本参数。

查附表 1-2 可得：C30 混凝土 $f_c=14.3\text{N/mm}^2$，$f_t=1.43\text{N/mm}^2$。

查附表 1-10 可得：$\beta_c=1.0$。

查附表 1-5 可得：HRB400 钢筋 $f_y=f_{yv}=360\text{N/mm}^2$。

查附表 1-13 可得：$c=20\text{mm}$。

$$h_w=h-c-d_v-0.5d=450-20-10-7=413\text{mm}$$

计算 b_{cor}、h_{cor}、u_{cor}、A_{cor}。

$$b_{cor}=b-2c-2d_v=190\text{mm}, \quad h_{cor}=h-2c-2d_v=390\text{mm}$$

$$u_{cor}=2(b_{cor}+h_{cor})=2\times(190+390)=1160\text{mm}$$

$$A_{cor}=b_{cor}h_{cor}=190\times390=74100\text{mm}^2$$

(2) 复核最小配筋率与钢筋构造。

$$\rho_{sv}=\frac{A_{sv}}{bs}=\frac{2\times78.5}{250\times100}=0.00628\geqslant\rho_{sv,min}=0.28\frac{f_t}{f_{yv}}=0.00111$$

可知，箍筋的最小配筋率满足要求，且箍筋的直径与间距满足表 5-3 的规定。

对于纯扭构件：$\rho_{tl}=\dfrac{A_{stl}}{bh}=\dfrac{923}{250\times450}=0.0082\geqslant\rho_{tl,min}=0.85\dfrac{f_t}{f_y}=0.0034$

可知，纵筋的最小配筋率满足要求，且纵筋的间距满足构造要求。

(3) 计算并复核受扭纵筋与箍筋的配筋强度比。

$$\zeta=\frac{f_y A_{stl} s}{f_{yv} A_{st1} u_{cor}}=\frac{360\times923\times100}{360\times78.5\times1160}=1.014，满足 0.6\leqslant\zeta\leqslant1.7 的要求。$$

(4) 求截面能承受的最大扭矩值 T_u。

$$W_t=\frac{b^2}{6}(3h-b)=\frac{250^2}{6}\times(3\times450-250)=11.458\times10^6\text{mm}^3$$

$$T_u=0.35f_t W_t+1.2\sqrt{\zeta}f_{yv}\frac{A_{st1}A_{cor}}{s}=0.35\times1.43\times11.458\times10^6+1.2\times\sqrt{1.014}\times$$

$$360\times\frac{78.5\times74100}{100}=31.04\times10^6\text{N}\cdot\text{mm}=31.04\text{kN}\cdot\text{m}$$

(5) 求由截面限制条件所控制的最大扭矩。

$$h_w/b=413/250=1.652<4$$

$$T_u=0.8W_t\times0.25\beta_c f_c=0.8\times11.458\times10^6\times0.25\times1.0\times14.3$$

$$=32.77\times10^6\text{N}\cdot\text{mm}=32.77\text{kN}\cdot\text{m}>31.04\text{kN}\cdot\text{m}（截面符合要求）$$

所以该截面能承受的最大扭矩设计值约为 31.04kN·m。

8.8 公路桥涵工程受扭构件的设计

公路桥涵工程中，受扭构件承载力计算与建筑工程中的受扭构件有很多相同之处，以下主要阐述《规范》(JTG D62)有关受扭构件的主要规定。

8.8.1 矩形和箱形截面纯扭构件承载力计算

矩形和箱形截面钢筋混凝土纯扭构件，如图 8.27 所示，其抗扭承载力应按式(8 - 26a)计算。

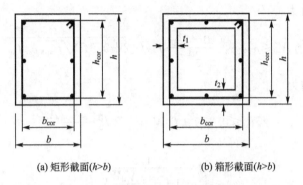

(a) 矩形截面($h>b$)　　　(b) 箱形截面($h>b$)

图 8.27　矩形和箱形受扭构件截面

$$\gamma_0 T_d \leqslant 0.35\beta_a f_{td} W_t + 1.2\sqrt{\zeta}\frac{f_{sv}A_{sv1}A_{cor}}{s_v} \tag{8-26a}$$

$$\zeta = \frac{f_{sd}A_{st}s_v}{f_{sv}A_{sv1}U_{cor}} \tag{8-26b}$$

式中：T_d——扭矩组合设计值。

$\quad\quad\zeta$——纯扭构件纵向钢筋与箍筋的配筋强度比，应符合 $0.6\leqslant\zeta\leqslant1.7$ 的要求。

$\quad\quad\beta_a$——箱形截面有效壁厚折减系数，当 $0.1b\leqslant t_2\leqslant 0.25b$ 或 $0.1h\leqslant t_1\leqslant 0.25h$ 时，取 $\beta_a=4t_2/b$ 或 $\beta_a=4t_1/h$ 中的较小值；当 $t_2>0.25b$ 和 $t_1>0.25h$ 时，取 $\beta_a=1.0$。此处 t_1、t_2、b、h 如图 8.27(b)所示。对矩形截面 $\beta_a=1.0$。

$\quad\quad W_t$——矩形截面或箱形截面的受扭塑性抵抗矩，按式(8 - 27a)或式(8 - 27b)计算。

$\quad\quad f_{td}$——混凝土轴心抗拉强度设计值。

$\quad\quad f_{sv}$——箍筋的抗拉强度设计值。

$\quad\quad A_{sv1}$——纯扭计算中箍筋单肢截面面积。

$\quad\quad A_{st}$——纯扭计算中沿截面周边对称布置的全部纵向钢筋截面面积。

$\quad\quad f_{sd}$——纵向钢筋的抗拉强度设计值。

$\quad\quad s_v$——箍筋的间距。

$\quad\quad A_{cor}$——由箍筋内表面包围的截面核心面积；$A_{cor}=b_{cor}h_{cor}$（此处 b_{cor}、h_{cor} 分别为核心面积的短边边长和长边边长）。

$\quad\quad U_{cor}$——截面核心面积的周长；$U_{cor}=2(b_{cor}+h_{cor})$。

矩形和箱形截面受扭构件的截面受扭塑性抵抗矩分别按式(8 - 27a)和式(8 - 27b)计算。

$$W_t = \frac{b^2}{6}(3h-b) \tag{8-27a}$$

$$W_t = \frac{b^2}{6}(3h-b) - \frac{(b-2t_1)^2}{6}\left[3(h-2t_2)-(b-2t_1)\right] \tag{8-27b}$$

8.8.2　矩形和箱形截面剪扭构件承载力计算

《规范》(JTG D62)x规定，矩形和箱形截面剪扭构件的抗剪承载力和抗扭承载力分别按式(8-28a)和式(8-28b)计算。

(1) 抗剪承载力为

$$\gamma_0 V_d \leqslant \alpha_1 \alpha_2 \alpha_3 \frac{(10-2\beta_t)}{20} b h_0 \sqrt{(2+0.6P)\sqrt{f_{cu,k}}\rho_{sv}f_{sv}} \qquad (8-28a)$$

(2) 抗扭承载力为

$$\gamma_0 T_d \leqslant 0.35 \beta_a \beta_t f_{td} W_t + 1.2\sqrt{\zeta}\frac{f_{sv}A_{sv1}A_{cor}}{s_v} \qquad (8-28b)$$

$$\beta_t = \frac{1.5}{1+0.5\dfrac{V_d W_t}{T_d b h_0}} \qquad (8-28c)$$

式中：β_t——剪扭构件混凝土抗扭承载力降低系数，当 $\beta_t < 0.5$ 时，取 $\beta_t = 0.5$；当 $\beta_t > 1$ 时，取 $\beta_t = 1$。

$\quad W_t$——截面受扭塑性抵抗矩，当为箱形截面剪扭构件时，应以 $\beta_a W_t$ 代替。

$\quad b$——矩形截面宽度或箱形截面腹板宽度。

其余符号意义参见式(5-30)和式(8-26)。

8.8.3　T形、I形和带翼缘箱形截面剪扭构件承载力计算

1. 截面受扭塑性抵抗矩计算

(1) 对于 T 形和带翼缘箱形截面，W_t 为

$$W_t = W_{tw} + W'_{tf} \qquad (8-29a)$$

(2) 对于 I 形截面，W_t 为

$$W_t = W_{tw} + W'_{tf} + W_{tf} \qquad (8-29b)$$

式中：W_t——截面总的受扭塑性抵抗矩；

$\quad W_{tw}$——T形、I形截面的腹板或带翼缘箱形截面的矩形箱体的截面受扭塑性抵抗矩，按式(8-27a)或式(8-27b)计算；

W'_{tf}、W_{tf}——受压翼缘、受拉翼缘的受扭塑性抵抗矩，按式(8-4c)和式(8-4d)计算。

2. 截面扭矩设计值 T_d 的分配

按截面各分块的受扭塑性抵抗矩占截面总的受扭塑性抵抗矩的比例分配截面所受的扭矩设计值 T_d，所以腹板或矩形箱体、受压翼缘、受拉翼缘分配到的扭矩设计值按下式计算：

$$T_{wd}=\frac{W_{tw}}{W_t}T_d \tag{8-30a}$$

$$T'_{fd}=\frac{W'_{tf}}{W_t}T_d \tag{8-30b}$$

$$T_{fd}=\frac{W_{tf}}{W_t}T_d \tag{8-30c}$$

式中：T_d——T 形、I 形或带翼缘箱形截面构件承受的扭矩设计值；

T_{wd}——分配给腹板或矩形箱体承受的扭矩设计值；

T'_{fd}、T_{fd}——分配给受压翼缘、受拉翼缘承受的扭矩设计值。

3. 承载力计算

T 形、I 形截面的腹板和带翼缘箱形截面的矩形箱体按剪扭构件，用式(8-28)计算，计算时公式中的 T_d、W_t 应以 T_{wd}、W_{tw} 代替。

而受压翼缘或受拉翼缘按纯扭构件，用式(8-26)计算，计算时公式中的 T_d、W_t 应以 T'_{fd}、W'_{tf} 或 T_{fd}、W_{tf} 代替。

8.8.4 矩形、T形、I形和箱形截面弯剪扭构件承载力计算

矩形、T 形、I 形和带翼缘箱形截面的弯剪扭构件，其纵向钢筋和箍筋应按下列规定计算，并配置在相应位置。

(1) 在弯矩 M_d 的作用下，按受弯构件正截面抗弯承载力计算抗弯所需的纵向钢筋。

(2) 按式(8-30a)~式(8-30c)分配扭矩 T_d。

(3) 矩形截面、T 形截面和 I 形截面的腹板、带翼缘箱形截面的矩形箱体，在剪力 V_d 和扭矩 T_{wd}(矩形截面为 T_d)的作用下，按剪扭构件计算其纵向钢筋和箍筋。

① 在剪力 V_d 和扭矩 T_{wd}(矩形截面为 T_d)的作用下，按剪扭构件的抗剪承载力计算公式(8-28a)计算抗剪所需的箍筋。

② 在剪力 V_d 和扭矩 T_{wd}(矩形截面为 T_d)的作用下，按剪扭构件的抗扭承载力计算公式(8-28b)计算抗扭所需的箍筋。

③ 在剪力 V_d 和扭矩 T_{wd}(矩形截面为 T_d)的作用下，按式(8-28b)计算所得的抗扭箍筋和配筋强度比计算公式(8-26b)计算抗扭所需的纵筋。

(4) 在扭矩 T'_{fd}(或 T_{fd})的作用下，T 形、I 形和带翼缘箱形截面的受压翼缘(或受拉翼缘)应按纯扭构件抗扭承载力计算公式(8-26)计算抗扭所需的纵向钢筋和箍筋。

(5) 按计算结果和构造要求配置相应的纵向钢筋和箍筋。

8.8.5 受扭构件承载力计算公式的适用条件与钢筋的构造规定

1. 计算公式的适用条件

1) 公式上限——截面限制条件

当构件的抗扭钢筋配置过多时，构件将可能发生混凝土首先被压坏的破坏。因此，必

须对截面提出限制条件，以防止该类型破坏。

《规范》(JTG D62)规定，矩形和箱形截面弯剪扭构件的截面应符合下式要求：

$$\frac{\gamma_0 V_d}{bh_0}+\frac{\gamma_0 T_d}{W_t}\leqslant 0.51\times 10^{-3}\sqrt{f_{cu,k}} \quad (kN/mm^2) \tag{8-31}$$

若出现不满足上式的情况，则应加大截面尺寸或提高混凝土强度等级。

2) 公式下限——构造配筋条件

《规范》(JTG D62)规定，矩形和箱形截面弯剪扭构件，当满足式(8-32)时，可不进行构件的抗扭承载力计算，仅需按规定配置构造钢筋。

$$\frac{\gamma_0 V_d}{bh_0}+\frac{\gamma_0 T_d}{W_t}\leqslant 0.50\times 10^{-3}\alpha_2 f_{td} \quad (kN/mm^2) \tag{8-32}$$

2. 钢筋的构造规定

弯剪扭构件纵向钢筋和箍筋的配筋构造除应满足受弯构件纵向钢筋和箍筋的相应构造规定外，尚应符合下列规定。

1) 箍筋的最小配筋率

对剪扭构件(梁的腹板)应满足下式规定：

$$\rho_{sv}\geqslant\rho_{sv,min}=\left[(2\beta_t-1)\left(0.055\frac{f_{cd}}{f_{sv}}-c\right)+c\right] \tag{8-33}$$

式中：c——当采用 R235 钢筋时取 $c=0.0018$，当采用 HRB335 钢筋时取 $c=0.0012$。

对纯扭构件(梁的翼缘)应满足下式规定：

$$\rho_{sv}\geqslant\rho_{sv,min}=0.055\frac{f_{cd}}{f_{sv}} \tag{8-34}$$

2) 纵向钢筋的最小配筋率

弯剪扭构件纵向钢筋的配筋率不应小于受弯构件纵向受力钢筋的最小配筋率与受扭构件纵向受力钢筋的最小配筋率之和。

其中，受扭构件纵向受力钢筋的最小配筋率应符合下列规定。

① 受剪扭时

$$\rho_{st}=\frac{A_{st}}{bh}\geqslant\rho_{st,min}=0.08(2\beta_t-1)\frac{f_{cd}}{f_{sd}} \tag{8-35}$$

② 受纯扭时

$$\rho_{st}=\frac{A_{st}}{bh}\geqslant\rho_{st,min}=0.08\frac{f_{cd}}{f_{sd}} \tag{8-36}$$

3) 箍筋构造

箍筋应采用闭合式，箍筋末端做成135°弯钩。弯钩应钩牢纵向钢筋，相邻箍筋的弯钩接头，其纵向位置应交替布置。

4) 纵筋构造

承受扭矩的纵向钢筋，应沿截面周边均匀对称布置，其间距不应大于300mm。在矩形截面基本单元的四角应设有纵向钢筋，其末端的锚固长度应满足受拉钢筋的最小锚固长度。

本 章 小 结

（1）本章主要介绍受扭构件的受力性能、设计计算方法及相应的构造措施。

（2）受扭构件可分为纯扭、剪扭、弯扭、弯剪扭、压扭、压弯剪扭、拉扭和拉弯剪扭等受力情况。实际工程中以弯剪扭构件和压弯剪扭构件最为常见。

（3）根据箍筋和纵筋的配置数量，钢筋混凝土纯扭构件有少筋破坏、适筋破坏、部分超筋破坏和超筋破坏 4 种破坏形态。其中，只有适筋破坏时，钢筋和混凝土的强度都得到充分利用，而且是延性破坏，故工程设计中，应采用适筋构件。

（4）矩形截面钢筋混凝土纯扭构件在接近承载能力极限状态时，核心部分混凝土的作用很小。此时，具有螺旋裂缝的混凝土箱壁与受扭钢筋一起形成一个变角空间桁架模型。纵筋相当于桁架的受拉弦杆，箍筋相当于桁架的受拉腹杆，斜裂缝间的混凝土相当于桁架的斜压腹杆，斜裂缝的倾角 α 随受扭纵筋与箍筋的配筋强度比值 ζ 而变化。

（5）钢筋混凝土纯扭构件的破坏面是一个空间扭曲面，其受力性能已相当复杂。在弯矩、剪力和扭矩共同作用下的弯剪扭构件的受力性能则更为复杂，其破坏形态主要有弯型破坏、扭型破坏和剪扭型破坏 3 种。

（6）对于剪扭构件的承载力计算，《规范》（GB 50010）采取混凝土部分相关、钢筋部分不相关的原则。先按剪扭构件的受剪承载力计算受剪箍筋，按剪扭构件的受扭承载力计算受扭箍筋，最后将两者叠加，得到剪扭构件的箍筋用量；并按剪扭构件的受扭承载力计算受扭纵向钢筋。

（7）对于弯扭构件的承载力计算，《规范》（GB 50010）直接采用叠加的方法，即对于受弯纵筋、受扭箍筋和受扭纵筋采取首先分别计算而后叠加的方法。

（8）对于弯剪扭构件的承载力计算，《规范》（GB 50010）也只考虑混凝土部分抗力的剪扭相关性，对于受弯纵筋与受扭纵筋及受剪箍筋与受扭箍筋也采取分别计算而后叠加的方法。

（9）对于压扭构件、压弯剪扭构件的承载力计算，《规范》（GB 50010）考虑了轴向压力对受扭和受剪承载力的有利作用。对于拉扭构件、拉弯剪扭构件的承载力计算，《规范》（GB 50010）考虑了轴向拉力对受扭和受剪承载力的不利作用。

（10）受扭构件承载力计算涉及的截面类型主要有矩形、T 形、I 形和箱形截面，其中矩形截面受扭构件的承载力计算公式是最基本的，是 T 形、I 形和箱形截面受扭构件承载力计算的基础。T 形和 I 形截面应首先划分为腹板、受压翼缘和受拉翼缘 3 个矩形分块，然后按各矩形分块截面受扭塑性抵抗矩的比例分配扭矩，剪力全部由腹板承担；最后套用矩形截面受扭构件的承载力计算公式进行计算。以矩形截面受扭构件的计算公式为基础，考虑箱形截面壁厚的影响后，得到箱形截面受扭构件的承载力计算公式。

（11）弯剪扭构件的截面限制条件是为了保证受扭构件在破坏时混凝土不首先被压碎（即避免超筋破坏），最小配筋率和钢筋的构造要求主要是为了防止受扭构件发生"一裂就坏"的少筋脆性破坏。

（12）《规范》（GB 50010）和《规范》（JTG D62）有关受扭构件的计算方法的异同之处有：两本规范关于纯扭构件的计算方法和剪扭构件的受扭承载力计算方法相同；关于剪扭

构件的受剪承载力计算方法、截面限制条件、构造配筋条件和最小配筋率的计算公式有较大区别。

（13）两本规范有关矩形截面受扭构件承载力计算公式的比较如下。

类型	《规范》（GB 50010）	《规范》（JTG D62）
开裂扭矩	$T_{cr}=0.7f_t W_t$	$T_{cr}=0.7f_{td}W_t$
纯扭构件	$T\leqslant 0.35f_t W_t+1.2\sqrt{\zeta}f_{yv}\dfrac{A_{st1}A_{cor}}{s}$ $\zeta=\dfrac{f_y A_{stl}s}{f_{yv}A_{st1}u_{cor}}$	$\gamma_0 T_d\leqslant 0.35f_{td}W_t+1.2\sqrt{\zeta}f_{sv}\dfrac{A_{sv1}A_{cor}}{s_v}$ $\zeta=\dfrac{f_{sd}A_{st}s_v}{f_{sv}A_{sv1}U_{cor}}$
β_t	一般剪扭构件： $\beta_t=\dfrac{1.5}{1+0.5\dfrac{VW_t}{Tbh_0}}$ 集中荷载作用下的独立剪扭构件： $\beta_t=\dfrac{1.5}{1+0.2(\lambda+1)\dfrac{VW_t}{Tbh_0}}$	$\beta_t=\dfrac{1.5}{1+0.5\dfrac{V_d W_t}{T_d bh_0}}$
剪扭构件	受剪承载力： $V\leqslant 0.7(1.5-\beta_t)f_t bh_0+f_{yv}\dfrac{A_{sv}}{s}h_0$ $V\leqslant(1.5-\beta_t)\dfrac{1.75}{\lambda+1}f_t bh_0+f_{yv}\dfrac{A_{sv}}{s}h_0$ 受扭承载力： $T\leqslant 0.35\beta_t f_t W_t+1.2\sqrt{\zeta}f_{yv}\dfrac{A_{st1}A_{cor}}{s}$	受剪承载力： $\gamma_0 V_d\leqslant\alpha_1\alpha_2\alpha_3\dfrac{10-2\beta_t}{20}bh_0\sqrt{(2+0.6P)}\sqrt{f_{cu,k}\rho_{sv}f_{sv}}$ 抗扭承载力： $\gamma_0 T_d\leqslant 0.35\beta_t f_{td}W_t+1.2\sqrt{\zeta}f_{sv}\dfrac{A_{sv1}A_{cor}}{s_v}$
截面限制条件	$\dfrac{V}{bh_0}+\dfrac{T}{0.8W_t}\leqslant(0.2\sim0.25)\beta_c f_c$	$\dfrac{\gamma_0 V_d}{bh_0}+\dfrac{\gamma_0 T_d}{W_t}\leqslant 0.51\times 10^{-3}\sqrt{f_{cu,k}}$
构造配筋条件	$\dfrac{V}{bh_0}+\dfrac{T}{W_t}\leqslant 0.7f_t$	$\dfrac{\gamma_0 V_d}{bh_0}+\dfrac{\gamma_0 T_d}{W_t}\leqslant 0.50\times 10^{-3}\alpha_2 f_{td}$
最小配筋率	$\rho_{sv,min}=0.28\dfrac{f_t}{f_{yv}}$ $\rho_{tl,min}=0.6\sqrt{\dfrac{T}{Vb}}\dfrac{f_t}{f_y}$	$\rho_{sv,min}=\left[(2\beta_t-1)\left(0.055\dfrac{f_{cd}}{f_{sv}}-c\right)+c\right]$ $\rho_{st,min}=0.08(2\beta_t-1)\dfrac{f_{cd}}{f_{sd}}$

思 考 题

8.1 什么是平衡扭转？什么是协调扭转？并各举一个工程实例。

8.2 受扭钢筋由哪两种钢筋组成？

8.3 钢筋混凝土纯扭构件有哪几种破坏形态？各自发生的条件和破坏特征是什么？

8.4 试述 I 形截面的截面受扭塑性抵抗矩的计算方法。

8.5 什么是变角空间桁架模型？

8.6 纵向钢筋与箍筋的配筋强度比 ζ 的含义是什么？为什么要对 ζ 的取值进行限制？设计计算时，为什么常取 $\zeta=1.2$？

8.7 钢筋混凝土弯剪扭构件的破坏形态有哪 3 种？

8.8 什么是剪扭相关性？《规范》(GB 50010)又是如何处理剪扭相关性的？

8.9 试述《规范》(GB 50010)中弯剪扭构件的承载力计算方法。

8.10 试述轴向压力对受扭承载力的影响。

8.11 受扭构件的截面限制条件是什么？截面限制条件的作用是什么？若截面限制条件不满足，又该如何解决？

8.12 受扭构件的钢筋应满足哪些构造要求？为什么需要满足这些构造要求？

习 题

8.1 已知某钢筋混凝土矩形截面纯扭构件，处于一类环境，安全等级二级，截面尺寸 $b \times h = 200\text{mm} \times 300\text{mm}$，承受的扭矩设计值 $T=10\text{kN} \cdot \text{m}$。混凝土强度等级为 C30，纵筋采用 HRB400 钢筋，箍筋采用直径为 10mm 的 HPB300 钢筋。试计算构件截面的配筋，并绘制截面配筋图。

8.2 已知某均布荷载作用下的钢筋混凝土矩形截面剪扭构件，处于一类环境，安全等级二级，截面尺寸 $b \times h = 200\text{mm} \times 400\text{mm}$，承受扭矩设计值为 $T=5\text{kN} \cdot \text{m}$，剪力设计值为 $V=60\text{kN}$。选用 C25 混凝土，箍筋采用直径为 8mm 的 HPB300 钢筋，纵向钢筋采用 HRB400 钢筋。试计算构件截面的配筋，并绘制截面配筋图。

8.3 已知某钢筋混凝土矩形截面弯扭构件，处于一类环境，安全等级为二级，截面尺寸 $b \times h = 250\text{mm} \times 500\text{mm}$，承受扭矩设计值为 $T=5\text{kN} \cdot \text{m}$，弯矩设计值为 $M=55\text{kN} \cdot \text{m}$，混凝土强度等级为 C25，纵筋采用 HRB400 钢筋，箍筋采用直径为 8mm 的 HPB300 钢筋。试计算构件截面的配筋，并绘制截面配筋图。

8.4 已知某均布荷载作用下的钢筋混凝土矩形截面弯剪扭构件，处于一类环境，安全等级为二级，截面尺寸 $b \times h = 250\text{mm} \times 500\text{mm}$，承受弯矩设计值为 $M=105\text{kN} \cdot \text{m}$，剪力设计值为 $V=90\text{kN}$，扭矩设计值为 $T=10\text{kN} \cdot \text{m}$，混凝土强度等级为 C25，纵向钢筋采用 HRB400 钢筋，箍筋采用直径为 8mm 的 HPB300 钢筋。试计算构件截面的配筋，并绘制截面配筋图。

8.5 已知某均布荷载作用下的钢筋混凝土 T 形截面剪扭构件，处于一类环境，安全等级二级，截面尺寸为 $b=250\text{mm}$，$h=600\text{mm}$，$b'_f=500\text{mm}$，$h'_f=100\text{mm}$，如图 8.28 所示。承受扭矩设计值为 $T=20\text{kN·m}$，剪力设计值为 $V=150\text{kN}$。选用 C30 混凝土，纵向钢筋采用 HRB400 钢筋，箍筋采用直径为 10mm 的 HPB300 钢筋。试计算构件截面的配筋，并绘制截面配筋图。

8.6 已知某均布荷载作用下的钢筋混凝土 T 形截面弯剪扭构件，处于二 a 类环境，安全等级为二级，截面尺寸为 $b=250\text{mm}$，$h=700\text{mm}$，$b'_f=400\text{mm}$，$h'_f=100\text{mm}$，承受扭矩设计值为 $T=20\text{kN·m}$，弯矩设计值为 $M=270\text{kN·m}$，剪力设计值为 $V=180\text{kN}$。混凝土强度等级为 C30，纵向钢筋采用 HRB400 钢筋，箍筋采用直径为 10mm 的 HPB300 钢筋。试计算构件截面的配筋，并绘制截面配筋图。

8.7 某承受均布荷载的钢筋混凝土 T 形截面弯剪扭构件，处于一类环境，安全等级二级，截面尺寸及配筋如图 8.29 所示，承受的扭矩设计值为 $T=10\text{kN·m}$，弯矩设计值为 $M=100\text{kN·m}$，剪力设计值为 $V=90\text{kN}$，混凝土采用 C30，纵筋采用 HRB400 钢筋，箍筋级别为 HPB300 钢筋，试验算该构件的安全性。

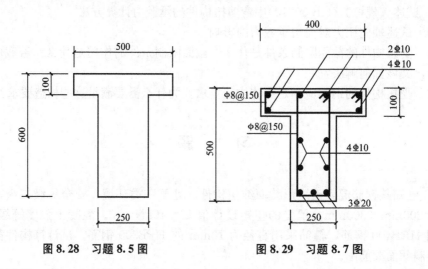

图 8.28 习题 8.5 图　　　　图 8.29 习题 8.7 图

第9章
混凝土构件的裂缝宽度、变形验算与耐久性设计

教学提示：本章介绍钢筋混凝土构件正常使用极限状态验算的主要内容。最大裂缝宽度的计算公式是在平均裂缝宽度计算公式的基础上，再考虑到荷载短期作用下裂缝宽度的不均匀性和荷载长期作用下裂缝宽度的进一步加大，根据试验统计资料，对平均裂缝宽度乘以"扩大系数 τ_s 和 τ_l"后得到。钢筋混凝土受弯构件的截面刚度既不是常数，随着截面弯矩和配筋率等的变化而变化，又受到荷载作用时间的影响，因此有短期刚度 B_s 和刚度 B 之分。构件的挠度应根据最小刚度原则和刚度 B，用结构力学的方法计算。混凝土结构的耐久性应根据设计使用年限和环境类别进行设计。

学习要求：通过本章学习，学生应熟悉钢筋混凝土构件裂缝出现和开展的过程与机理，掌握最大裂缝宽度、截面短期刚度 B_s 和刚度 B 的定义，掌握最大裂缝宽度与构件挠度的验算，了解耐久性设计的意义，熟悉影响混凝土结构耐久性的主要因素和耐久性设计的主要内容。

9.1 概　　述

如第 3 章所述，结构的功能包括安全性、适用性和耐久性。第 4 章～第 8 章的承载能力极限状态计算是为了保证混凝土构件的安全性；本章的正常使用极限状态验算和耐久性设计则是为了保证混凝土构件的适用性和耐久性。

混凝土构件正常使用极限状态验算主要有裂缝宽度验算和变形验算两个方面。这是因为：如吊车梁的变形过大，吊车就不能正常运行；结构的侧移变形过大，将影响门窗的正常开关；屋盖结构的变形过大，易造成屋面积水；楼盖结构的变形和裂缝宽度过大，会造成房屋粉刷层的开裂与剥落，以及填充墙的开裂与变形等情况；精密仪表车间楼盖结构的变形和裂缝宽度过大，还可能影响到产品的质量。同时，过大的裂缝会影响到结构的耐久性；过大的变形和裂缝也会对使用者的心理产生影响。因此，对裂缝宽度和变形必须进行限制。

正常使用极限状态的设计表达式为

$$S \leqslant C \tag{9-1}$$

式中：S——正常使用极限状态荷载组合的效应设计值；

C——结构构件达到正常使用要求所规定的变形、应力、裂缝宽度和自振频率等的限值。

考虑到结构构件不满足正常使用极限状态时所带来的危害性比不满足承载能力极限状

态时要小,相应的可靠度水平可比承载能力极限状态时低一些;再考虑到荷载长期作用下,混凝土材料的徐变、混凝土构件的裂缝宽度和变形随时间变化及正常使用极限状态的可逆性与不可逆性等特性,《规范》(GB 50010)规定,对于钢筋混凝土构件的裂缝宽度和变形,采用荷载准永久组合并考虑长期作用影响,以及材料强度标准值进行验算。对于荷载准永久组合按第3章式(3-23)计算。

9.2 裂缝宽度验算

引起混凝土结构裂缝的原因很多,大致可以分为两类:一是荷载引起的裂缝;二是非荷载因素引起的裂缝,如温度变化、混凝土收缩、混凝土碳化、钢筋锈蚀膨胀及地基不均匀沉降等。很多裂缝是几种因素共同作用的结果。调查表明,非荷载因素引起的裂缝约占80%,荷载因素引起的约占20%。非荷载因素引起的裂缝十分复杂,目前主要通过构造措施(如加强配筋、设置变形缝等)进行控制。本节将介绍由荷载引起的裂缝的出现与开展机理、最大裂缝宽度计算及其控制。

9.2.1 裂缝出现与开展的过程

下面以图9.1所示的轴心受拉构件为例,介绍裂缝出现与开展的机理与过程。

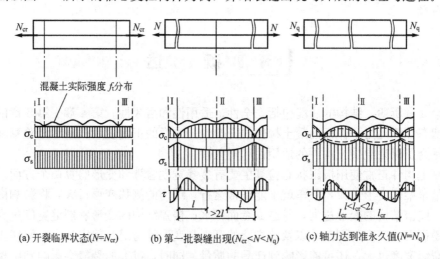

(a) 开裂临界状态($N=N_{cr}$)　　(b) 第一批裂缝出现($N_{cr}<N<N_q$)　　(c) 轴力达到准永久值($N=N_q$)

图9.1　轴心受拉构件裂缝的出现与开展的机理与过程

设 N 为外荷载产生的轴向拉力,N_{cr} 为构件的开裂轴力,N_q 为按荷载准永久组合计算的轴向拉力(以下简称轴力准永久值)。当 $N<N_{cr}$ 时,构件中混凝土的应力 σ_c 小于混凝土的抗拉强度 f_t,构件不会出现裂缝;此阶段混凝土和钢筋的应力沿构件长度分布均匀,钢筋与混凝土之间的粘结应力为零。当轴向拉力达到 N_{cr} 时,由于混凝土的实际抗拉强度 f_t 沿构件纵向分布不均匀,所以混凝土应力 σ_c 首先在构件最薄弱截面达到其实际抗拉强度 f_t,如图9.1(a)中的Ⅰ、Ⅲ截面,构件处于开裂的临界状态。荷载稍有增加,构件在Ⅰ、Ⅲ截面位置开裂,出现第一条(批)裂缝。裂缝出现瞬间,裂缝截面的混凝土退出受拉工

作，应力降为零，而裂缝截面的钢筋应力突然增大。此时，一方面，裂缝截面附近原来受拉张紧的混凝土分别向裂缝两侧回缩，钢筋与混凝土之间出现相对滑移而使裂缝一出现即具有一定的宽度；另一方面，混凝土的回缩又受到钢筋与混凝土之间粘结作用的阻止，并在两者的表面产生粘结应力。通过粘结应力的积累，在离开裂缝截面的混凝土中又重新建立起拉应力，且随着距裂缝截面距离的增加，混凝土的拉应力逐渐增大，钢筋的拉应力逐渐减小。当该距离达到某一长度 l 时，钢筋与混凝土之间不再产生相对滑移，粘结应力也随之降为零，钢筋与混凝土又具有相同的拉伸应变，应力分布又趋于均匀，称 l 为粘结应力传递长度，通过粘结应力传递长度 l 范围内粘结应力的积累可使裂缝间混凝土再次达到抗拉强度。荷载继续增加，又有截面由于混凝土应力 σ_c 达到抗拉强度 f_t 而开裂，如图 9.1(b) 和图 9.1(c) 中的 II 截面，构件出现第二条（批）裂缝。随着荷载的继续增加，构件还有可能出现第三、四……条（批）裂缝，直至裂缝间距减小到通过粘结应力的积累不可能再使裂缝间的混凝土达到抗拉强度为止，最终裂缝间距将稳定在 $(1\sim2)l$ 之间，平均裂缝间距 $l_{cr}=1.5l$。此后，继续增加荷载，将不会再出现新的裂缝。从第一条（批）裂缝出现至裂缝分布稳定的过程称为裂缝出现阶段。

从裂缝出现过程可知，裂缝的分布（间距）取决于粘结应力传递长度 l，而粘结应力传递长度 l 又与粘结强度和钢筋的表面积有关。粘结强度高，则裂缝间距小；钢筋面积相同时选用直径小的钢筋，则钢筋表面积大，裂缝间距小。

在裂缝分布稳定以后，继续增加荷载，直至轴力达到准永久值 N_q 的过程中，如图 9.1(c) 所示，裂缝间距不变，而裂缝宽度增大，该过程称为裂缝开展阶段。

通过以上分析可知，裂缝宽度是由于钢筋与混凝土之间产生了滑移，钢筋与混凝土的变形不相等，其实质是钢筋伸长、混凝土回缩所产生的变形差。由于钢筋对其周围混凝土的约束作用不同，离钢筋越远，混凝土受到的约束作用越小，混凝土的回缩量就越大，所以裂缝宽度沿截面高度是不相等的。试验表明，钢筋表面处的裂缝宽度大约只有构件表面裂缝宽度的 $1/5\sim1/3$，如图 9.2 所示。

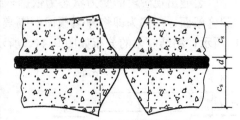

图 9.2　裂缝形状

9.2.2　最大裂缝宽度 $w_{\max}$ 的计算

由于混凝土材料的不均匀性，试验时裂缝的出现、分布和开展具有很大的离散性，裂缝间距和裂缝宽度是不均匀的。因此，混凝土构件的裂缝宽度计算是一个复杂的问题。目前对于裂缝宽度的计算方法可归结为以下两类。

第一类是半理论半经验法。首先根据裂缝出现和开展的机理建立理论公式，然后根据试验资料确定公式的参数，从而得到裂缝宽度的计算公式。采用半理论半经验法计算裂缝宽度时，又有 3 种计算理论。第一种是粘结滑移理论，该理论认为混凝土构件的裂缝宽度是由于钢筋与混凝土的变形不相等，出现粘结滑移而产生，裂缝宽度等于一个裂缝间距范围内钢筋伸长与混凝土伸长的差值，裂缝宽度沿截面高度相等，如图 9.3(a) 所示。第二种是无滑移理论，该理论认为混凝土构件的裂缝宽度由开裂截面的应变梯度所引起，钢筋与混凝土之间无滑移，所以钢筋表面的裂缝宽度为零，裂缝宽度随着距钢筋距离的增大而增大，混凝土保护层厚度是影响裂缝宽度的主要因素，如图9.3(b)所示。第三种是裂缝综合理论，该理论认为混凝土构件的裂缝宽度既与钢筋与混凝土之间的粘结滑移有关，又与混凝土保护层厚度有关。可见裂缝综合理论是前两种理论的综合。试验表明，裂缝综合理论比前两种理论更为合理，《规范》(GB 50010)采用该理论来建立裂缝宽度的计算公式。

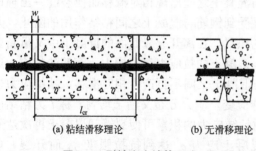

(a) 粘结滑移理论　　(b) 无滑移理论

图9.3　裂缝宽度计算理论

第二类是数理统计法。通过大量试验资料的分析，首先找出影响裂缝宽度的主要参数，然后通过数理统计建立裂缝宽度的计算公式。《规范》(JTG D62)采用该方法来建立裂缝宽度的计算公式。

尽管裂缝宽度的计算是一个复杂问题，但大量试验数据的统计分析表明，裂缝间距和裂缝宽度的平均值具有规律性，反映了钢筋与混凝土之间的粘结受力机理。以下遵循"平均裂缝间距、平均裂缝宽度和最大裂缝宽度"的思路来介绍《规范》(GB 50010)关于最大裂缝宽度的计算方法。

1. 平均裂缝间距 l_{cr}

以裂缝出现阶段的受力状态为依据，得到裂缝间距的计算模型如图9.4(a)所示，右侧为裂缝截面，左侧为即将开裂截面，隔离体长度为裂缝间距 l，其内钢筋的受力如图9.4(b)所示，粘结应力的分布如图9.4(c)所示。

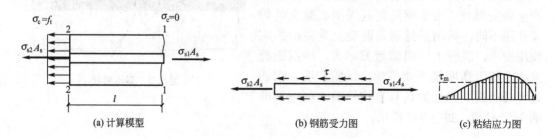

(a) 计算模型　　　　　　　(b) 钢筋受力图　　　　　　(c) 粘结应力图

图9.4　裂缝间距的计算模型

由图9.4(a)、(b)的平衡条件可得

$$\begin{cases} \sigma_{s1}A_s - \sigma_{s2}A_s = f_t A_c & (9-2a) \\ \sigma_{s1}A_s - \sigma_{s2}A_s = \tau_m \pi d l & (9-2b) \end{cases}$$

$$\Rightarrow l = \frac{1}{4}\frac{f_t}{\tau_m}\frac{d}{\rho} \qquad\qquad (9-3)$$

式中：A_c——混凝土面积；

　　　d——钢筋直径；

　　　ρ——配筋率，$\rho = A_s/A_c$。

由于粘结强度 τ_m 与混凝土抗拉强度 f_t 大致成正比，所以式(9-3)中的 f_t/τ_m 近似为常数；当取平均裂缝间距 $l_{cr}=1.5l$ 时，则由式(9-3)可得到平均裂缝间距 l_{cr} 的计算公式：

$$l_{cr} = k_1 \frac{d}{\rho} \qquad (9-4)$$

上式表明，当配筋率 ρ 相同时，钢筋直径 d 越小，则裂缝间距 l_{cr} 越小，这与试验结果相符。但上式同时表明，当 d/ρ 趋于零时，裂缝间距 l_{cr} 也趋于零，这与试验结果不符。试验表明，当 d/ρ 趋于零时，裂缝间距 l_{cr} 趋于某一常数，该常数与最外层纵向受拉钢筋外边缘至受拉区底边的距离 c_s 有关；再根据裂缝综合理论，将式(9-4)修正为

$$l_{cr} = k_2 c_s + k_1 \frac{d}{\rho} \qquad (9-5)$$

当配置不同类型、不同直径的钢筋时，上式中的 d 改为等效直径 d_{eq}；同时，如前所述，受拉钢筋对其周围混凝土的约束作用不同，所以在考虑了钢筋的有效约束区后，上式中的 ρ 改为 ρ_{te}，则式(9-5)改为

$$l_{cr} = k_2 c_s + k_1 \frac{d_{eq}}{\rho_{te}} \qquad (9-6)$$

通过大量试验数据的统计分析，得到式(9-6)中的待定参数 $k_2 = 1.9$、$k_1 = 0.08$。因此，《规范》(GB 50010)规定：矩形、T 形、倒 T 形和 I 形截面的钢筋混凝土受拉、受弯和偏心受压构件的平均裂缝间距 l_{cr} 按下式计算：

$$l_{cr} = \beta \left(1.9 c_s + 0.08 \frac{d_{eq}}{\rho_{te}} \right) \qquad (9-7a)$$

$$d_{eq} = \frac{\sum n_i d_i^2}{\sum n_i \nu_i d_i} \qquad (9-7b)$$

$$\rho_{te} = \frac{A_s}{A_{te}} \qquad (9-7c)$$

式中：β——考虑构件受力特征的系数，对轴心受拉构件，取 $\beta = 1.1$；对其他受力构件，均取 $\beta = 1.0$。

c_s——最外层纵向受拉钢筋外边缘至受拉区底边的距离(mm)，当 $c_s < 20$ 时，取 $c_s = 20$；当 $c_s > 65$ 时，取 $c_s = 65$。

d_{eq}——受拉区纵向钢筋的等效直径(mm)，按式(9-7b)计算。

d_i——受拉区第 i 种纵向钢筋的公称直径(mm)。

n_i——受拉区第 i 种纵向钢筋的根数。

ν_i——受拉区第 i 种纵向钢筋的相对粘结特性系数，对于普通钢筋中的光面钢筋取 $\nu_i = 0.7$，带肋钢筋取 $\nu_i = 1.0$。

ρ_{te}——按有效受拉混凝土截面面积计算的纵向受拉钢筋配筋率，按式(9-7c)计算；在最大裂缝宽度计算中，当 $\rho_{te} < 0.01$ 时，取 $\rho_{te} = 0.01$。

A_{te}——有效受拉混凝土截面面积，对轴心受拉构件，取构件截面面积；对受弯、偏心受压和偏心受拉构件，取 $A_{te} = 0.5bh + (b_f - b)h_f$，此处，$b_f$、$h_f$ 为受拉翼缘的宽度、高度，如图 9.5 所示。

2. 平均裂缝宽度 w_m

如前所述，裂缝宽度等于一个裂缝间距范围内钢筋伸长与混凝土伸长的差值，如图 9.6 所示。

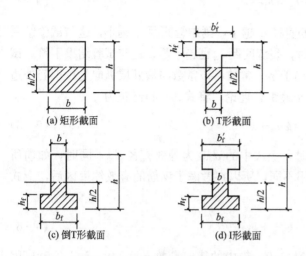

(a) 矩形截面　(b) T形截面

(c) 倒T形截面　(d) I形截面

图9.5　受弯、偏心受压和偏心受拉构件有效受拉
混凝土截面面积 A_{te} 的取值

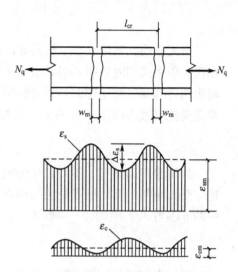

图9.6　平均裂缝宽度

由图9.6可得平均裂缝宽度 w_m 为

$$w_m = \varepsilon_{sm} l_{cr} - \varepsilon_{cm} l_{cr} = \varepsilon_{sm}\left(1 - \frac{\varepsilon_{cm}}{\varepsilon_{sm}}\right) l_{cr} \tag{9-8}$$

设 $\alpha_c = 1 - \varepsilon_{cm}/\varepsilon_{sm}$，$\psi = \varepsilon_{sm}/\varepsilon_s$（$\varepsilon_{sm}$ 为钢筋的平均应变，ε_s 为裂缝截面钢筋的应变），则式(9-8)可表示为：

$$w_m = \alpha_c \psi \varepsilon_s l_{cr} = \alpha_c \psi \frac{\sigma_{sq}}{E_s} l_{cr} \tag{9-9a}$$

由试验结果分析可得：对受弯、偏心受压构件 $\alpha_c = 0.77$，对其他构件 $\alpha_c = 0.85$。

由式(9-9a)可知，计算平均裂缝宽度 w_m 的关键是计算 l_{cr}、ψ 和 σ_{sq}。l_{cr} 的计算前面已解决，见式(9-7a)。以下分别介绍 ψ 和 σ_{sq} 的概念与计算。

1) ψ

$\psi = \varepsilon_{sm}/\varepsilon_s$，称为裂缝间纵向受拉钢筋应变不均匀系数。该参数反映了裂缝间混凝土参与受拉工作的程度。ψ 越小，裂缝间混凝土参与受拉工作的程度越高；$\psi = 1$ 时，表明钢筋与混凝土之间的粘结作用完全丧失，裂缝间混凝土完全退出工作。

试验表明，ψ 与混凝土强度 f_{tk}、纵向受拉钢筋配筋率 ρ_{te} 和钢筋应力 σ_{sq} 有关。根据试验结果，《规范》(GB 50010)建议按下式计算钢筋混凝土构件的 ψ：

$$\psi = 1.1 - 0.65 \frac{f_{tk}}{\rho_{te}\sigma_{sq}} \tag{9-9b}$$

式中：ψ——裂缝间纵向受拉钢筋应变不均匀系数，当 $\psi < 0.2$ 时，取 $\psi = 0.2$；当 $\psi > 1$ 时，取 $\psi = 1$；对直接承受重复荷载的构件，取 $\psi = 1$。

ρ_{te}——见式(9-7c)。

2) σ_{sq}

σ_{sq} 为按荷载准永久组合计算的钢筋混凝土构件裂缝截面上纵向受拉钢筋的应力，各类构件裂缝截面的应力分布如图9.7所示。

由图9.7的平衡条件可得到相应构件裂缝截面上纵向受拉钢筋应力 σ_{sq} 的计算公式

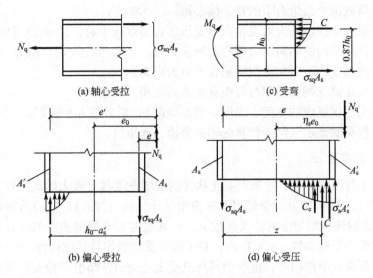

图 9.7 荷载准永久组合作用下各类构件裂缝截面的应力状态

如下：

对轴心受拉构件

$$\sigma_{sq} = \frac{N_q}{A_s} \qquad (9-9c)$$

对偏心受拉构件

$$\sigma_{sq} = \frac{N_q e'}{A_s(h_0 - a_s')} \qquad (9-9d)$$

对受弯构件

$$\sigma_{sq} = \frac{M_q}{0.87 h_0 A_s} \qquad (9-9e)$$

对偏心受压构件

$$\sigma_{sq} = \frac{N_q(e-z)}{A_s z} \qquad (9-9f)$$

$$z = \left[0.87 - 0.12(1-\gamma_f')\left(\frac{h_0}{e}\right)^2\right]h_0 \qquad (9-9g)$$

$$e = \eta_s e_0 + y_s \qquad (9-9h)$$

$$\gamma_f' = \frac{(b_f' - b)h_f'}{b h_0} \qquad (9-9i)$$

$$\eta_s = 1 + \frac{1}{4000\frac{e_0}{h_0}}\left(\frac{l_0}{h}\right)^2 \qquad (9-9j)$$

式中：A_s——受拉区纵向钢筋截面面积，对轴心受拉构件，取全部纵向钢筋截面面积；对偏心受拉构件，取受拉较大边的纵向钢筋截面面积；对受弯、偏心受压构件，取受拉区纵向钢筋截面面积。

e'——轴向拉力作用点至受压区或受拉较小边纵向钢筋合力点的距离。

e——轴向压力作用点至纵向受拉钢筋合力点的距离。

e_0——荷载准永久组合下的初始偏心距，$e_0 = M_q/N_q$。

z——纵向受拉钢筋合力点至截面受压区合力点的距离，且 $z \leqslant 0.87h_0$。

η_s——使用阶段的轴向压力偏心距增大系数；当 $l_0/h \leqslant 14$ 时，取 $\eta_s = 1.0$。

y_s——截面重心至纵向受拉钢筋合力点的距离。

γ_f'——受压翼缘截面面积与腹板有效截面面积的比值。

b_f'、h_f'——受压区翼缘的宽度、高度，当 $h_f' > 0.2h_0$ 时，取 $h_f' = 0.2h_0$。

N_q、M_q——按荷载准永久组合计算的轴向力值、弯矩值。

3. 最大裂缝宽度 w_{max}

由于混凝土的不均匀性，导致混凝土构件的裂缝宽度具有较大的离散性。为使求得的最大裂缝宽度 w_{max} 具有 95% 的保证率，应根据统计分析对按式(9-9a)求得的平均裂缝宽度 w_m 乘以考虑裂缝不均匀性的扩大系数 τ_s。τ_s 通过对实测裂缝宽度的统计分析得到，对于受弯构件和偏心受压构件，$\tau_s = 1.66$，对于轴心受拉和偏心受拉构件，$\tau_s = 1.9$。

此外，在荷载长期作用下，由于钢筋与混凝土之间的粘结滑移徐变、受拉混凝土的应力松弛和混凝土的收缩，裂缝宽度还会随时间继续加大，所以按式(9-9a)求得的平均裂缝宽度 w_m 尚应乘以荷载长期作用影响的扩大系数 τ_l，并根据试验结果取 $\tau_l = 1.5$。

因此，钢筋混凝土构件的最大裂缝宽度可表示为

$$w_{max} = \tau_l \tau_s w_m \tag{9-10}$$

将式(9-9a)、式(9-7a)代入上式，并将 $\alpha_c \tau_l \tau_s \beta$ 统一用 α_{cr} 表示，可得 w_{max} 的计算公式。因此，《规范》(GB 50010)规定：矩形、T 形、倒 T 形和 I 形截面的钢筋混凝土受拉、受弯和偏心受压构件，按荷载准永久组合并考虑长期作用影响的最大裂缝宽度 w_{max} 可按下列公式计算：

$$w_{max} = \alpha_{cr} \psi \frac{\sigma_{sq}}{E_s} \left(1.9c_s + 0.08 \frac{d_{eq}}{\rho_{te}} \right) \tag{9-11}$$

式中：α_{cr}——构件受力特征系数，对轴心受拉构件，$\alpha_{cr} = 2.7$；对偏心受拉构件，$\alpha_{cr} = 2.4$；对受弯和偏心受压构件，$\alpha_{cr} = 1.9$。

式(9-11)中，ψ 按式(9-9b)计算，σ_{sq} 按式(9-9c)~式(9-9f)计算，d_{eq} 按式(9-7b)计算，ρ_{te} 按式(9-7c)计算。

另外，对 $e_0/h_0 \leqslant 0.55$ 的偏心受压构件，可不验算裂缝宽度。

4. 影响裂缝宽度的主要因素

分析式(9-11)及其相关的内容可知，影响裂缝宽度主要有以下 6 个因素。

(1) 纵向受拉钢筋的应力 σ_{sq}。σ_{sq} 越大，裂缝宽度越大，两者近似呈线性关系。因此，为了控制裂缝宽度，普通混凝土结构中不宜采用高强度钢筋。

(2) 纵向受拉钢筋直径 d。在配筋率相同的条件下，选取直径小而根数多的配筋方案，则钢筋与混凝土接触的表面积增加，从而使得裂缝宽度减小。

(3) 纵向受拉钢筋的外形。当其他条件相同时，配置带肋钢筋比配置光面钢筋的裂缝宽度小。

(4) 纵向受拉钢筋的配筋率 ρ_{te}。增大 ρ_{te}，一方面可以增加钢筋与混凝土接触的表面积，另一方面可以减小纵向受拉钢筋的应力 σ_{sq}，所以可以减小裂缝宽度。

(5) 纵向受拉钢筋的混凝土保护层厚度 c。当其他条件相同时，c 越大，裂缝宽度

越大。

（6）荷载性质。荷载长期作用下的裂缝宽度增大，反复荷载和动力荷载作用下的裂缝宽度有所增大。

9.2.3　裂缝控制验算

裂缝控制目的主要有以下 3 个。

（1）满足耐久性要求。裂缝越宽，混凝土对钢筋的保护就越弱。当裂缝过宽时，混凝土就失去对钢筋的保护，钢筋发生锈蚀。钢筋锈蚀不仅削弱了钢筋的受力面积，还引起钢筋体积膨胀，致使其周边混凝土保护层剥落，进一步影响结构的耐久性与使用寿命。

（2）满足使用功能要求。绝大多数混凝土结构的使用阶段是允许出现裂缝的，仅少数（如储存有毒气体或液体的压力容器等）混凝土结构是不允许出现裂缝的。

（3）满足外观和使用者心理的要求。过宽的裂缝不仅会影响建筑的外观，还会引起使用者的心理不安。调查表明，裂缝宽度在 0.3mm 以内，既不影响建筑外观，也在使用者心理的可接受程度之内。

根据不同的裂缝控制目的，《规范》（GB 50010）将裂缝控制等级划分为 3 级。

一级：严格要求不出现裂缝的构件。按荷载标准组合进行计算时，构件受拉区的混凝土中不应产生拉应力。

二级：一般要求不出现裂缝的构件。按荷载标准组合进行计算时，构件受拉区混凝土中的拉应力不应大于混凝土轴心抗拉强度标准值。

三级：允许出现裂缝的构件。钢筋混凝土构件按荷载准永久组合并考虑长期作用影响求得的最大裂缝宽度 w_{max} 应符合下式要求：

$$w_{max} \leqslant w_{lim} \tag{9-12}$$

式中：w_{max}——式（9-11）的计算值；

w_{lim}——最大裂缝宽度限值，见附表 1-15；其值主要是根据耐久性要求和外观要求确定的。

通常对于预应力混凝土构件，有抗裂要求时其裂缝控制等级为一级或二级，无抗裂要求时其裂缝控制等级为三级。由于钢筋混凝土构件在使用阶段一般是带裂缝工作的，故其裂缝控制等级属于三级，应按式（9-12）来控制最大裂缝宽度。

当计算中出现 $w_{max} > w_{lim}$ 时，解决的措施通常有以下 3 条。

（1）首先保持钢筋面积 A_s 不变，改配直径小根数多的变形钢筋。这样可以增大钢筋与混凝土的接触面积，提高钢筋与混凝土之间的粘结强度，从而减小裂缝宽度。但钢筋直径也不能任意小，根数也不能任意多，钢筋直径和根数的选取应满足第 4 章 4.2.1 节的构造规定。

（2）采用上述措施后仍不能满足要求时，可增加钢筋面积 A_s。这样可加大有效配筋率 ρ_{te}，增大钢筋与混凝土的接触面积，减小钢筋应力 σ_{sq}，从而减小裂缝宽度，直至满足 $w_{max} \leqslant w_{lim}$。

（3）施加预应力。这是解决裂缝问题的最有效措施，将在第 10 章介绍。

提高混凝土强度等级对减小裂缝宽度作用甚微，一般不宜采用。

式（9-11）计算得到的 w_{max} 是指纵向受拉钢筋水平处的最大裂缝宽度，而在结构试验或质量检验时，通常只能观察构件外表面的裂缝宽度，后者比前者约大 k_c 倍。该倍数可按下列经验公式确定：

$$k_c = 1 + 1.5 a_s / h_0 \qquad (9-13)$$

式中：a_s——受拉钢筋截面重心到构件近边缘的距离。

这样就可以由现场观察到的构件表面裂缝宽度推算出纵向受拉钢筋水平处的最大裂缝宽度 w_{max}，然后验算是否超过了《规范》(GB 50010)规定的限值 w_{lim}。

钢筋混凝土构件裂缝宽度验算可按图9.8所示的流程进行。

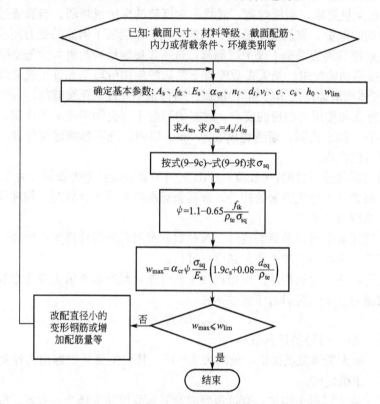

图9.8 钢筋混凝土构件裂缝宽度验算的流程图

【例9.1】 已知某钢筋混凝土简支梁，环境类别一类，安全等级为二级，计算跨度 l_0 =6m，截面尺寸 $b \times h = 250mm \times 550mm$，梁所承受的永久荷载标准值(包括梁自重) g_k = 14.6kN/m，可变荷载标准值 $q_k = 10kN/m$，荷载准永久值系数 $\psi_q = 0.5$，混凝土强度等级C30，按正截面受弯承载力计算已配置了 $4\Phi20$ 的 HRB400 钢筋，试验算其裂缝宽度。

【解】 (1)确定基本参数。

查附表1-1和附表1-9得：C30混凝土 $f_{tk} = 2.01N/mm^2$，$E_s = 2 \times 10^5 N/mm^2$。

查附表1-13和附表1-15得：一类环境 $c = 20mm$，$w_{lim} = 0.3mm$。

(2)按荷载准永久组合计算弯矩 M_q。

$$M_q = \frac{1}{8}(g_k + \psi_q q_k)l_0^2 = \frac{1}{8} \times (14.6 + 0.5 \times 10) \times 6^2 = 88.2 kN \cdot m$$

(3)计算有效配筋率 ρ_{te}。

$$A_{te} = 0.5bh = 0.5 \times 250 \times 550 = 68750 mm^2$$

$\rho_{te}=A_s/A_{te}=1256/68750=0.018>0.01$，故取 $\rho_{te}=0.018$。

（4）计算纵向受拉钢筋的应力 σ_{sq}。

假设箍筋直径 $d_v=10mm$，则 $h_0=h-c-d_v-d/2=510mm$

$$\sigma_{sq}=\frac{M_q}{0.87h_0A_s}=\frac{88.2\times10^6}{0.87\times510\times1256}=158.3N/mm^2$$

（5）计算受拉钢筋应变的不均匀系数 ψ。

$$\psi=1.1-\frac{0.65f_{tk}}{\rho_{te}\sigma_{sq}}=1.1-\frac{0.65\times2.01}{0.018\times158.3}=0.641\begin{cases}>0.2\\<1.0\end{cases}$$

（6）计算最大裂缝宽度 w_{max}。

$c_s=c+d_v=30mm>20mm$，且 $c_s<65mm$，带肋钢筋 $\nu=1.0$，则

$$d_{eq}=\frac{d}{v}=20mm$$

$$w_{max}=\alpha_{cr}\psi\frac{\sigma_{sq}}{E_s}\left(1.9c_s+0.08\frac{d_{eq}}{\rho_{te}}\right)$$

$$=1.9\times0.641\times\frac{158.3}{2\times10^5}\times\left(1.9\times30+0.08\times\frac{20}{0.018}\right)$$

$$=0.14mm$$

（7）验算是否满足裂缝宽度控制要求。

$$w_{max}=0.14mm<w_{lim}=0.3mm$$

所以裂缝宽度满足要求。

▎9.3 变 形 验 算

本节的变形验算仅是指受弯构件的挠度验算，而挠度验算的关键是求刚度。

9.3.1 钢筋混凝土梁抗弯刚度的特点

对于匀质弹性简支梁，材料力学给出了下面的挠度计算公式：

$$f=s\frac{M}{EI}l^2=s\phi l^2 \tag{9-14}$$

式中：ϕ——截面曲率，$\phi=M/EI$。

EI——截面抗弯刚度，$EI=M/\phi$；可见，截面抗弯刚度就是使截面发生单位曲率所需要的弯矩。

s——与荷载形式、支承条件有关的挠度系数，如对于均布荷载作用下的简支梁，由于 $f=5ql^4/(384EI)$，又由于 $M=ql^2/8$，所以 $s=5/48$；对于跨中一个集中荷载作用下的简支梁，由于 $f=Pl^3/(48EI)$，又由于 $M=Pl/4$，所以 $s=1/12$。

对于匀质弹性受弯构件，截面抗弯刚度 EI 是常数（图9.9中的虚线），所以其截面弯矩 M 与截面曲率 ϕ 呈线性关系，如图9.10中的虚线所示。

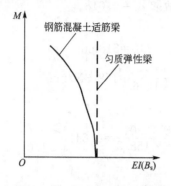

图 9.9 M-$EI(B_s)$ 关系曲线

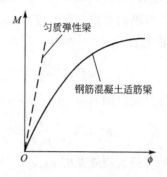

图 9.10 M 与 ϕ 关系曲线

对于钢筋混凝土适筋梁，由第 4 章可知，其截面弯矩 M 与截面曲率 ϕ 的关系如图 9.10 中的实线所示，为非线性关系；再考虑到混凝土的徐变和开裂等情况。钢筋混凝土适筋梁的截面抗弯刚度(用 B 表示)不仅不是常数，而且还具有以下特点：

(1) 随荷载的增加而减小；

(2) 随荷载作用时间的增加而减小；

(3) 随配筋率的增加而增加；

(4) 沿构件跨度是变化的。

为了区别匀质弹性受弯构件的截面抗弯刚度 EI，在荷载准永久组合作用下，钢筋混凝土受弯构件的截面抗弯刚度，用 B_s 表示，简称短期刚度；在荷载准永久组合作用下，并考虑长期作用影响的截面抗弯刚度，用 B 表示，简称长期刚度或刚度。

9.3.2 短期刚度 B_s 的计算

1. 要求不出现裂缝的预应力混凝土构件的短期刚度 B_s

由第 4 章可知，适筋梁的截面弯矩 M 与截面曲率 ϕ 的关系如图 9.11 中的曲线所示。当处于未开裂的第 I 阶段时，梁基本处于弹性工作阶段，M-ϕ 曲线的斜率接近换算截面抗弯刚度 $E_c I_0$。当接近开裂弯矩 M_{cr} 时，由于受拉区混凝土的塑性变形，抗弯刚度有所降低，约为 $0.85 E_c I_0$。因此，《规范》(GB 50010)规定：对于要求不出现裂缝的预应力混凝土受弯构件，其短期刚度 B_s 按下式计算：

$$B_s = 0.85 E_c I_0 \qquad (9-15)$$

2. 钢筋混凝土受弯构件的短期刚度 B_s

正常使用时，钢筋混凝土受弯构件通常是带裂缝工作的，即按荷载准永久组合计算的弯矩 M_q (以下简称弯矩准永久值)处在适筋梁正截面工作的第 II 阶段，如图 9.11 所示。由图可得

$$B_s = M_q / \phi \qquad (9-16a)$$

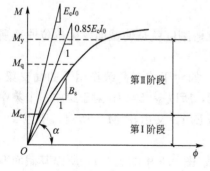

图 9.11 M-ϕ 关系曲线

下面根据式(9-16a)给出的 B_s 的定义，将适筋梁正截面工作第 II 阶段的几何关系、物理关系和平

衡关系综合起来推导 B_s 的计算公式。

1) 几何关系

式(9-16a)中的截面曲率 ϕ，可通过图9.12所示梁的几何关系得到。由图可知，裂缝出现后，受压边缘混凝土的应变、受拉钢筋的应变、中和轴位置及截面曲率沿构件长度方向的分布是不均匀的。裂缝截面曲率最大，裂缝中间截面曲率最小。为便于分析，截面上的应变、中和轴位置、截面曲率均采用平均值。根据平均应变的平截面假定，由图9.12的几何关系可得平均曲率：

$$\phi = \frac{\varepsilon_{cm} + \varepsilon_{sm}}{h_0} \tag{9-16b}$$

式中：ε_{cm}——受压边缘混凝土的平均应变；

ε_{sm}——受拉钢筋的平均应变。

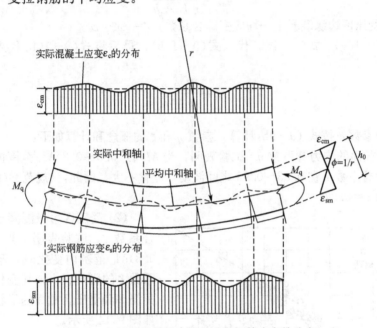

图9.12 使用阶段梁中混凝土和钢筋应变的分布

2) 物理关系

式(9-16b)中的 ε_{cm}、ε_{sm}，可通过物理关系，用图9.13所示裂缝截面混凝土的应力 σ_{cq} 和受拉钢筋的应力 σ_{sq} 表示。

$$\varepsilon_{cm} = \psi_c \varepsilon_{cq} = \psi_c \frac{\sigma_{cq}}{E_c'} = \psi_c \frac{\sigma_{cq}}{\nu E_c} \tag{9-16c}$$

$$\varepsilon_{sm} = \psi \varepsilon_{sq} = \psi \frac{\sigma_{sq}}{E_s} \tag{9-16d}$$

式中：ψ_c——裂缝间受压边缘混凝土应变不均匀系数；

ψ——裂缝间纵向受拉钢筋应变不均匀系数；

E_c'——混凝土的变形模量，$E_c' = \nu E_c$。

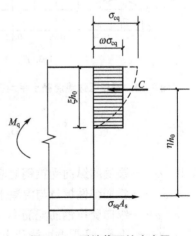

图9.13 裂缝截面的应力图

3) 平衡关系

式(9-16c)、式(9-16d) 中的 σ_{cq} 和 σ_{sq}，可通过图 9.13 的平衡关系求得，由该图的平衡条件可得

$$\sigma_{cq} = \frac{M_q}{\omega\xi\eta bh_0^2} \tag{9-16e}$$

$$\sigma_{sq} = \frac{M_q}{A_s\eta h_0} \tag{9-16f}$$

将式(9-16e)、式(9-16f)分别代入式(9-16c)和式(9-16d)可得

$$\varepsilon_{cm} = \psi_c\frac{M_q}{\nu\omega\xi\eta E_c bh_0^2} = \frac{M_q}{\frac{\nu\omega\xi\eta}{\psi_c}E_c bh_0^2} = \frac{M_q}{\zeta E_c bh_0^2} \tag{9-16g}$$

$$\varepsilon_{sm} = \frac{\psi}{\eta}\frac{M_q}{E_s A_s h_0} \tag{9-16h}$$

式中：ζ——受压区边缘混凝土平均应变综合系数，$\zeta = \nu\omega\xi\eta/\psi_c$。

再将式(9-16g)、式(9-16h)代入式(9-16b)，最后将式(9-16b)代入式(9-16a)可得

$$B_s = \frac{E_s A_s h_0^2}{\dfrac{\psi}{\eta} + \dfrac{\alpha_E\rho}{\zeta}} \tag{9-17a}$$

式(9-17a)中参数 ψ 按式 (9-9b)计算，参数 η 和 ζ 的概念和计算如下：

(1) 开裂截面的内力臂系数 η。试验表明，当 M_q 在 $(0.5\sim0.8)M_u$ 范围内变化时，裂缝截面的内力臂系数 η 在 $0.83\sim0.93$ 之间波动，变化不大。因此，《规范》(GB 50010)为简化计算，取 $\eta = 0.87$。

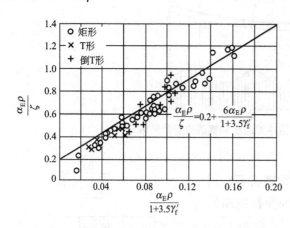

图 9.14 受压区边缘混凝土平均应变综合系数

(2) 受压区边缘混凝土平均应变综合系数 ζ。试验表明，当 M_q 在 $(0.5\sim0.8)M_u$ 范围内变化时，弯矩的变化对系数 ζ 的影响很小，其变化主要取决于配筋率和受压区截面的形状。试验结果如图 9.14 所示。

由图 9.14 可得

$$\frac{\alpha_E\rho}{\zeta} = 0.2 + \frac{6\alpha_E\rho}{1+3.5\gamma_f'} \tag{9-17b}$$

将 $\eta = 0.87$ 和式(9-17b)代入式(9-17a)可得到荷载准永久组合作用下，钢筋混凝土受弯构件短期刚度 B_s 的计算公式：

$$B_s = \frac{E_s A_s h_0^2}{1.15\psi + 0.2 + \dfrac{6\alpha_E\rho}{1+3.5\gamma_f'}} \tag{9-18}$$

式中：ψ——裂缝间纵向受拉钢筋应变不均匀系数，按式 (9-9b)计算。

α_E——钢筋弹性模量与混凝土弹性模量的比值：$\alpha_E = E_s/E_c$。

ρ——纵向受拉钢筋配筋率，对钢筋混凝土受弯构件，取 $\rho = A_s/(bh_0)$。

γ_f'——T 形、I 形截面受压翼缘面积与腹板有效面积之比，按式(9-9i)计算。

9.3.3 刚度 B 的计算

在荷载长期作用下，由于受压区混凝土徐变、受拉区混凝土应力松弛、受拉钢筋和混凝土之间的粘结滑移徐变及混凝土自身收缩等原因，钢筋混凝土梁的挠度将随时间的增长而增长，抗弯刚度将随时间的增长而减小，这一过程往往要持续数年之久。因此，《规范》(GB 50010)引入一个"考虑荷载长期作用对挠度增大的影响系数 θ"来考虑这一影响。可见，θ 等于某荷载长期作用在钢筋混凝土受弯构件中产生的挠度除以该荷载短期作用在钢筋混凝土受弯构件中产生的挠度。根据长期试验结果，《规范》(GB 50010)规定，θ 应按下式计算：

$$\theta=2.0-0.4\frac{\rho'}{\rho} \tag{9-19}$$

式中：ρ、ρ'——纵向受拉钢筋的配筋率 $[\rho=A_s/(bh_0)]$ 和受压钢筋的配筋率 $[\rho'=A_s'/(bh_0)]$。

此外，对翼缘位于受拉区的倒 T 形截面，θ 应在式(9-19)的基础上增加 20%。

在荷载准永久组合所产生的弯矩 M_q 的短期作用下，构件的曲率为 ϕ，则此阶段构件刚度、弯矩和曲率的关系如式(9-16a)所示。在 M_q 的长期作用下，由挠度增大系数 θ 的概念可知，构件的曲率由 ϕ 增大到 $\theta\phi$，则构件的刚度 B 可用下式定义：

$$B=\frac{M_q}{\theta\phi} \tag{9-20}$$

将式(9-16a)代入式(9-20)可得

$$B=\frac{B_s}{\theta} \tag{9-21}$$

因此，《规范》(GB 50010)规定：矩形、T 形、倒 T 形和 I 形截面钢筋混凝土受弯构件按荷载准永久组合并考虑长期作用影响的刚度 B 按式(9-21)计算。

9.3.4 最小刚度原则与挠度计算

钢筋混凝土构件的截面抗弯刚度随弯矩的增大而减小。因此，即使等截面梁，由于各截面的弯矩不相同，各截面的抗弯刚度也是不一样的。可见，钢筋混凝土梁的抗弯刚度沿梁长是变化的，而变刚度梁的挠度计算十分复杂。因此，为简化计算，《规范》(GB 50010)在计算钢筋混凝土受弯构件的挠度时，采用最小刚度原则：在等截面构件中，可假定各同号弯矩区段内的刚度相等，并取用该区段内最大弯矩处的刚度。当计算跨度内的支座截面刚度不大于跨中截面刚度的两倍或不小于跨中截面刚度的 1/2 时，该跨也可按等刚度构件进行计算，其构件刚度可取跨中最大弯矩截面的刚度。

按照最小刚度原则，对于图 9.15 所示的承受均布荷载的简支梁，取跨中最大弯矩截面处的刚度 B_{min} 作为全梁的抗弯刚度。对于图 9.16 所示的外伸梁，首先分成两个同号弯矩区段，以最大正弯矩截面的刚度 B_{lmin} 作为正弯矩区段的抗弯刚度，以绝对值最大的负弯矩截面的刚度 B_{Bmin} 作为负弯矩区段的抗弯刚度。

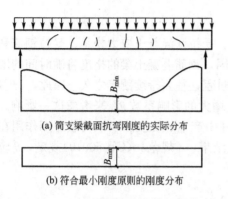

(a) 简支梁截面抗弯刚度的实际分布

(b) 符合最小刚度原则的刚度分布

图 9.15 简支梁抗弯刚度的分布

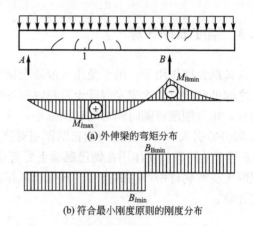

(a) 外伸梁的弯矩分布

(b) 符合最小刚度原则的刚度分布

图 9.16 带悬臂简支梁抗弯刚度的分布

有了最小刚度原则和刚度 B 的计算公式后，就可以套用结构力学的公式计算钢筋混凝土受弯构件的挠度。

需要说明的是，使用最小刚度原则得到的挠度计算值与试验实测值非常接近。这是因为：第一梁的挠度主要由弯曲变形所引起，而使用最小刚度原则使得挠度计算值偏大，但偏大不多，这是由于靠近支座附近的曲率误差对梁最大挠度的影响很小；第二忽略了由剪切变形所引起的挠度，从而使得挠度计算值略有偏小。这偏大与偏小基本相当，所以使用最小刚度原则计算钢筋混凝土受弯构件的挠度是合适的。

9.3.5 受弯构件挠度验算

挠度控制目的主要有以下 4 个。

(1) 保证建筑使用功能的要求。例如，吊车梁的挠度过大会影响吊车的正常运行；屋面梁板的挠度过大会引起屋面积水；精密仪器生产车间梁板的挠度过大会影响产品质量等。

(2) 满足外观和使用者心理的要求。例如，工程结构中梁板的挠度过大不仅影响外观，还会引起使用者的不适和不安。

(3) 避免对非结构构件产生不良影响。例如，梁的挠度过大会引起支承在其上面隔墙的开裂，并导致与其相邻的门窗不能正常开关甚至损坏等。

(4) 避免对结构构件产生不良影响。例如，支承在砖墙上梁的挠度过大会引起梁端转动、梁端的支承面积减小、支承反力的偏心距增大，从而导致支承墙体开裂甚至破坏等。

因此，为保证受弯构件在使用阶段的适用性，《规范》(GB 50010)规定，钢筋混凝土受弯构件按荷载准永久组合并考虑长期作用影响求得的挠度最大值 f 应符合下式要求：

$$f \leqslant f_{\lim} \tag{9-22}$$

式中：f——受弯构件按荷载准永久组合并考虑长期作用影响计算的挠度最大值，按最小刚度原则和刚度 B 的计算公式，利用结构力学的方法或公式计算得到。

$f_{\lim}$——受弯构件的挠度限值,见附表 1-16;其值主要是根据挠度控制的 4 个目的确定的。

当计算中出现 $f>f_{\lim}$ 时,解决的措施通常有以下 4 条。

(1) 增大构件的截面高度。该措施是提高截面刚度最有效的措施。因此实际工程设计时,通常通过选用合理的高跨比 h/l 来控制受弯构件的挠度,第 4 章第 4.2.1 节中梁截面高度的选取就是该挠度控制原则的体现。

(2) 提高受拉钢筋的配筋率或提高混凝土的强度等级。该措施在截面尺寸受到限制的条件下采用,且刚度提高较小。

(3) 在构件受压区增加纵向受压钢筋。该措施主要是利用纵向受压钢筋对长期刚度的有利影响,但对刚度的提高作用也较小。

(4) 施加预应力。这也是提高刚度的有效措施,将在第 10 章介绍。

钢筋混凝土构件挠度验算可按图 9.17 所示的流程进行。

【例 9.2】 已知条件同例 9.1,允许挠度为 $l_0/250$,试验算该梁的挠度是否满足要求。

【解】 步骤(1)~(5)同例 9.1 的步骤(1)~(5)。

(6) 计算构件的短期刚度 B_s。

查附表 1-3 可得:C30 混凝土 $E_c=3.0\times10^4$ MPa。

钢筋与混凝土弹性模量的比值:

$$\alpha_E=\frac{E_s}{E_c}=\frac{2.0\times10^5}{3.0\times10^4}=6.67$$

纵向受拉钢筋配筋率:

$$\rho=\frac{A_s}{bh_0}=\frac{1256}{250\times510}=0.00985$$

矩形截面:$\gamma_f'=0$

短期刚度:

$$B_s=\frac{E_sA_sh_0^2}{1.15\psi+0.2+\dfrac{6\alpha_E\rho}{1+3.5\gamma_f'}}=\frac{2.0\times10^5\times1256\times510^2}{1.15\times0.641+0.2+\dfrac{6\times6.67\times0.00985}{1+0}}$$

$$=4.91\times10^{13}\text{N}\cdot\text{mm}^2$$

(7) 计算构件刚度 B。

因为未配置受压钢筋,故 $\rho'=0$,$\theta=2.0$。

$$B=\frac{B_s}{\theta}=2.45\times10^{13}\text{N}\cdot\text{mm}^2$$

(8) 计算构件挠度并验算。

$$f=\frac{5}{48}\frac{M_ql_0^2}{B}=\frac{5}{48}\times\frac{88.2\times10^6\times6000^2}{2.45\times10^{13}}=13.5\text{mm}<f_{\lim}=\frac{l_0}{250}=24\text{mm}$$

所以构件挠度满足要求。

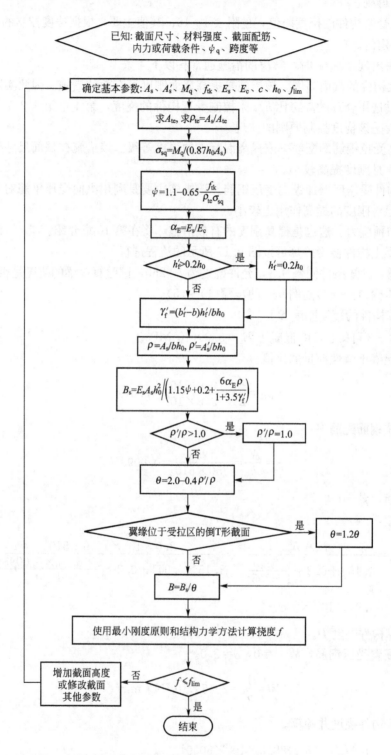

图 9.17　钢筋混凝土构件挠度验算流程图

9.4 混凝土结构的耐久性

混凝土结构的耐久性是指在正常维护下，在设计规定的使用年限内，在指定的工作环境中，保证结构满足既定功能的要求。所谓正常维护包括必要的检测、防护及维修。设计使用年限，也称设计使用寿命，如保证使用 50 年、100 年等，可根据建筑物类别或业主的要求而定。指定的工作环境是指建筑物所在地区的环境及工业生产形成的环境等。既定功能包括安全性和适用性。

9.4.1 影响混凝土结构耐久性的主要因素

影响混凝土结构耐久性的因素众多，主要有内部和外部两个方面。内部因素主要有混凝土的强度、密实性、水泥品种与用量、水胶比、氯离子和碱含量、外加剂品种与用量、保护层厚度等。外部因素主要是环境条件，包括温度、湿度、CO_2 含量、侵蚀性介质等。混凝土结构出现耐久性问题，往往是内外部因素综合作用的结果，通常是由设计不周、施工质量差或使用维修不当等造成的。

混凝土碳化和钢筋锈蚀是影响混凝土结构耐久性的最主要的综合因素。另外，混凝土的冻融循环、混凝土的碱骨料反应和侵蚀性介质的腐蚀对混凝土结构的耐久性也有着较大的影响。

1. 混凝土碳化

空气、土壤、地下水等环境中的酸性气体或液体侵入混凝土中，与混凝土中的碱性物质［主要是 $Ca(OH)_2$］发生化学反应，使混凝土中的 pH 值下降的过程称为混凝土的中性化过程。其中，由大气中的 CO_2 引起的中性化过程称为混凝土的碳化。由于大气中均有一定含量的 CO_2，所以碳化是最普遍的混凝土中性化过程。

混凝土碳化反应的结果主要有两个。①碳化使混凝土的碱性降低，pH 值从未碳化时的 12.5 左右逐渐下降到完全碳化时的小于 9。当混凝土的碳化深度等于或大于钢筋的混凝土保护层厚度时，将破坏钢筋表面的氧化膜，容易引起钢筋锈蚀。②碳化反应生成的 $CaCO_3$ 和其他固态物质堵塞在混凝土的孔隙中，使混凝土的孔隙率下降、密实性和强度有所提高，但碳化使混凝土的脆性与收缩有所变大。因此，碳化对混凝土自身的危害不大，其主要危害是引起钢筋锈蚀。

工程中，可采取下列措施来提高混凝土结构的抗碳化能力。①选择合适的水泥品种。例如，相同水泥用量时，用硅酸盐水泥配制的混凝土的碳化速度最小，普通硅酸盐水泥配制的混凝土次之，粉煤灰水泥、火山硅质硅酸盐水泥和矿渣硅酸盐水泥配制的混凝土最大。②设计合理的混凝土配合比。如控制最大水灰比 W/C 和限制水泥的最少用量，因为水灰比越大，混凝土中的孔隙率就越大，导致混凝土的碳化速度加快。③选用合适的掺加剂和合理的掺和量。④保证混凝土保护层的最小厚度。⑤提高混凝土的强度等级。⑥在混凝土表面设置水泥砂浆、涂料、瓷砖等表面覆盖层。⑦保证混凝土的施工质量，提高混凝土的密实性。⑧加强混凝土的养护等措施。

2. 钢筋锈蚀

在混凝土的高碱性(pH 值在 12.5 左右)环境中，钢筋表面被氧化，形成一层氧化膜。该氧化膜保护着钢筋，钢筋不会锈蚀。但当该氧化膜被破坏后，在有足够水和氧气的环境中，钢筋将开始锈蚀，钢筋锈蚀是一个电化学过程。有两个因素会导致钢筋表面的氧化膜被破坏：一是混凝土碳化到达钢筋表面，使钢筋位置的 pH 值降低；二是有足够浓度的自由氯离子扩散到钢筋表面。

钢筋锈蚀的直接结果是钢筋的截面面积减小，不均匀锈蚀还将引起钢筋表面凹凸不平，产生应力集中现象，使钢筋的力学性能退化，如强度降低、脆性变大和延性变差等。间接结果是钢筋锈蚀产生的铁锈体积一般增大 2～4 倍，导致其周边的混凝土保护层胀开甚至剥落，进而使钢筋锈蚀进一步加剧，从而影响混凝土结构的正常使用，并导致构件承载能力降低，最终影响混凝土结构的安全性。

防止钢筋锈蚀除可采取与"提高混凝土结构抗碳化能力"相同的措施外，还可采取"使用钢筋阻锈剂、使用防腐蚀钢筋(如环氧涂层钢筋、镀锌钢筋)、对钢筋采取阴极防护法"等措施。

3. 混凝土的冻融破坏

混凝土内部有许多毛细孔，滞留在毛细孔中的水分在低温时因结冰而产生体积膨胀，导致混凝土内部结构损伤。反复冻融多次，就会使混凝土的损伤积累达到一定程度而引起混凝土结构冻融破坏。

冻融破坏在水利水电、港口码头和道路桥梁等混凝土结构工程中较为常见。防止混凝土冻融破坏可采取下列措施：降低水灰比，减少混凝土中的多余水分，冬期施工时加强养护、防止混凝土早期受冻、掺入防冻剂等。

4. 混凝土的碱骨料反应

混凝土骨料中的某些活性矿物与混凝土孔隙中的碱性溶液之间发生的化学反应称为混凝土的碱骨料反应。碱骨料反应产生的碱-硅酸盐凝胶，吸水后体积可膨胀 3～4 倍，从而引起混凝土开裂、剥落、强度降低甚至破坏。

碱骨料反应发生的条件有 3 个：①混凝土的凝胶中有碱性物质，其主要来自于水泥；②骨料中有活性骨料，如蛋白石、黑硅石和玻璃质火山石等含 SiO_2 的骨料；③要有水分，所以在潮湿环境中才可能发生碱骨料反应，干燥环境中是很难发生碱骨料反应的。

防止碱骨料反应的主要措施是采用低碱水泥，或掺入粉煤灰以降低碱性，或对含活性成分的骨料加以控制。

5. 侵蚀性介质的腐蚀

在化工、石油和港口等混凝土结构工程中，侵蚀性介质(化学介质)对混凝土的侵蚀很普遍，主要有 3 类：溶出性侵蚀，如混凝土在压力流动水作用下，某些水化产物被水溶解、流失；溶解性侵蚀，如有些化学介质的侵入造成混凝土中的一些成分被溶解、流失，从而引起裂缝和孔隙；膨胀性侵蚀，如有些侵入的化学介质与混凝土中的一些成分发生化学反应，生成的物质体积膨胀，引起混凝土酥松甚至破坏。

9.4.2 混凝土结构的耐久性设计

混凝土结构应根据设计使用年限和环境类别进行耐久性设计，耐久性设计包括以下5个方面。

1. 确定结构所处的环境类别

混凝土结构的耐久性与其所处的环境条件密切相关，同一结构在强腐蚀环境中要比在一般大气环境中的耐久性差许多，使用寿命也要短许多。因此，针对不同的环境条件，耐久性设计要采取不同的技术措施。为此，《规范》（GB 50010）根据混凝土结构所处的环境条件不同，将环境类别划分为五大类，详见附表1-12。

2. 提出对混凝土材料的耐久性基本要求

影响混凝土结构耐久性的主要内因是混凝土材料抵抗性能退化的能力。因此，为保证混凝土结构的耐久性，《规范》（GB 50010）从最大水胶比、最低混凝土强度等级、最大氯离子含量和最大碱含量4个方面对混凝土材料提出了耐久性要求。

其中，设计使用年限为50年的混凝土结构，其混凝土材料宜符合表9-1的规定。

表 9-1　结构混凝土材料的耐久性基本要求

环境等级	最大水胶比	最低混凝土强度等级	最大氯离子含量	最大碱含量 /(kg/m³)
一	0.60	C20	0.30%	不限制
二 a	0.55	C25	0.20%	3.0
二 b	0.50(0.55)	C30(C25)	0.15%	
三 a	0.45(0.50)	C35(C30)	0.15%	
三 b	0.40	C40	0.10%	

注：① 氯离子含量系指其占胶凝材料总量的百分比。
　　② 预应力构件混凝土中的最大氯离子含量为0.06%；其最低混凝土强度等级宜按表中的规定提高两个等级。
　　③ 素混凝土构件的水胶比及最低强度等级的要求可适当放松。
　　④ 有可靠工程经验时，二类环境中的最低混凝土强度等级可降低一个等级。
　　⑤ 处于严寒和寒冷地区二b、三a类环境中的混凝土应使用引气剂，并可采用括号中的有关参数。
　　⑥ 当使用非碱活性骨料时，对混凝土中的碱含量可不做限制。

一类环境中，设计使用年限为100年的混凝土结构应符合下列规定。

（1）钢筋混凝土结构中混凝土的最低强度等级为C30；预应力混凝土结构中混凝土的最低强度等级为C40。

（2）混凝土中的最大氯离子含量为0.06%。

（3）宜使用非碱活性骨料，当使用碱活性骨料时，混凝土中的最大碱含量为3.0kg/m³。

3. 确定构件中钢筋的混凝土保护层厚度

混凝土保护层厚度对减小混凝土碳化、防止钢筋锈蚀和提高混凝土结构的耐久性有着重要的作用。因此,《规范》(GB 50010)规定内容如下。

(1) 构件中受力钢筋的保护层厚度不应小于钢筋的公称直径 d。

(2) 设计使用年限为 50 年的混凝土结构,最外层钢筋的保护层厚度应符合附表 1-13 的规定。

(3) 设计使用年限为 100 年的混凝土结构,最外层钢筋的保护层厚度不应小于附表 1-13数值的 1.4 倍。当采取有效的表面防护措施时,混凝土保护层厚度可适当减小。

4. 不利环境条件下的耐久性技术措施

处于不利环境中的混凝土结构的耐久性问题尤为严重,为保证其耐久性,必须采取专门的措施。因此,《规范》(GB 50010)规定:对以下混凝土结构及构件,尚应采取下列加强耐久性的技术措施。

(1) 预应力混凝土结构中的预应力筋应根据具体情况采取表面防护、孔道灌浆、加大混凝土保护层厚度等措施,外露的锚固端应采取封锚和混凝土表面处理等有效措施。

(2) 有抗渗要求的混凝土结构,混凝土的抗渗等级应符合有关标准的要求。

(3) 严寒及寒冷地区的潮湿环境中,结构混凝土应满足抗冻要求,混凝土抗冻等级应符合有关标准的要求。

(4) 处于二、三类环境中的悬臂构件宜采用悬臂梁-板的结构形式,或在其上表面增设防护层。

(5) 处于二、三类环境中的结构构件,其表面的预埋件、吊钩、连接件等金属部件应采取可靠的防锈措施,对于后张预应力混凝土外露金属锚具,其防护要求见《规范》(GB 50010)的第 10.3.13 条。

(6) 处于三类环境中的混凝土结构构件,可采用阻锈剂、环氧树脂涂层钢筋或其他具有耐腐蚀性能的钢筋、采用阴极保护措施或采用可更换的构件等措施。

除上述 6 种情况外,对于二类和三类环境中,设计使用年限 100 年的混凝土结构应采取专门的有效措施。

5. 提出结构使用阶段的检测与维护要求

为保证混凝土结构的耐久性,《规范》(GB 50010)规定:混凝土结构在设计使用年限内的检测与维护尚应遵守下列规定。

(1) 建立定期检测、维护制度。

(2) 设计中可更换的混凝土构件应按规定更换。

(3) 构件表面的防护层,应按规定维护或更换。

(4) 结构出现可见的耐久性缺陷时,应及时进行处理。

综上所述,《规范》(GB 50010)主要对处于一、二、三类环境中的混凝土结构的耐久性要求作了具体的规定。而对处于四、五类环境中的混凝土结构的耐久性并未给出具体规定,仅指出其耐久性要求应符合有关标准的规定。有关标准包括国家标准《混凝土结构耐久性设计规范》(GB/T 50476—2008)、行业标准《港口工程混凝土结构设计规范》(JTJ 267—1998)和国家标准《工业建筑防腐蚀设计规范》(GB 50046—2008)等。

对临时性(如设计使用年限为 5 年)的混凝土结构,可不考虑混凝土的耐久性要求。

9.5 公路桥涵工程混凝土构件的裂缝宽度、变形验算与耐久性设计

9.5.1 裂缝宽度验算

《规范》(JTG D62)规定，钢筋混凝土构件在正常使用极限状态下的裂缝宽度，应按作用(或荷载)短期效应组合并考虑长期效应影响进行验算，汽车荷载效应不计冲击系数，并要求其计算的最大裂缝宽度不超过下列规定的裂缝限值，即对Ⅰ类和Ⅱ类环境的钢筋混凝土构件为 0.2mm，对Ⅲ类和Ⅳ类环境为 0.15mm。使用环境类别见第 9.5.3 节的表 9-2。

1. 矩形、T形和I形截面钢筋混凝土构件的裂缝宽度验算

《规范》(JTG D62)规定：矩形、T形和I形截面钢筋混凝土构件，其最大裂缝宽度 w_{fk}(mm)(保证率为 95%)可按下列公式计算：

$$w_{fk}=C_1C_2C_3\frac{\sigma_{ss}}{E_s}\left(\frac{30+d}{0.28+10\rho}\right) \tag{9-23a}$$

式中：ρ——纵向受拉钢筋配筋率，按式(9-23b)计算；对钢筋混凝土构件，当 $\rho>0.02$ 时，取 $\rho=0.02$，当 $\rho<0.006$ 时，取 $\rho=0.006$；对轴心受拉构件，ρ 按全部受拉钢筋截面面积 A_s 的一半计算。

C_1——钢筋表面形状系数，对光面钢筋，$C_1=1.4$；对带肋钢筋，$C_1=1.0$。

C_2——作用长期效应影响系数，$C_2=1+0.5N_l/N_s$，其中 N_l 和 N_s 分别为按作用(或荷载)长期效应组合和短期效应组合计算的弯矩值或轴力值。

C_3——与构件受力性质有关的系数，当为钢筋混凝土板式受弯构件时，$C_3=1.15$；其他受弯构件时，$C_3=1.0$；轴心受拉构件时，$C_3=1.2$；偏心受拉构件时，$C_3=1.1$；偏心受压构件时，$C_3=0.9$。

σ_{ss}——钢筋应力，按式(9-23c)~式(9-23f)计算。

d——纵向受拉钢筋的直径(mm)，当用不同直径的钢筋时，d 改用换算直径 d_e，$d_e=\sum n_i d_i^2/\sum(n_i d_i)$。

纵向受拉钢筋配筋率 ρ 按下式计算：

$$\rho=\frac{A_s}{bh_0+(b_f-b)h_f} \tag{9-23b}$$

式中 b_f——构件受拉翼缘宽度；

h_f——构件受拉翼缘厚度。

钢筋应力 σ_{ss} 按下列公式计算。

对于受弯构件：

$$\sigma_{ss}=\frac{M_s}{0.87A_sh_0} \tag{9-23c}$$

对于轴心受拉构件：

$$\sigma_{ss}=\frac{N_s}{A_s} \tag{9-23d}$$

对于偏心受拉构件：

$$\sigma_{ss}=\frac{N_s e'_s}{A_s(h_0-a'_s)} \tag{9-23e}$$

对于偏心受压构件：

$$\sigma_{ss}=\frac{N_s(e_s-z)}{A_s z} \tag{9-23f}$$

其中

$$z=\left[0.87-0.12(1-\gamma'_f)\left(\frac{h_0}{e_s}\right)^2\right]h_0 \tag{9-23g}$$

$$e_s=\eta_s e_0+y_s \tag{9-23h}$$

$$\gamma'_f=\frac{(b'_f-b)h'_f}{bh_0} \tag{9-23i}$$

$$\eta_s=1+\frac{1}{4000e_0/h_0}\left(\frac{l_0}{h}\right)^2 \tag{9-23j}$$

式中：A_s——受拉区纵向钢筋截面面积：对轴心受拉构件，取全部纵向钢筋截面面积；对偏心受拉构件，取受拉较大边的纵向钢筋截面面积；对受弯、偏心受压构件，取受拉区纵向钢筋截面面积。

e'_s——轴向拉力作用点至受压区或受拉较小边纵向钢筋合力点的距离。

e_s——轴向压力作用点至纵向受拉钢筋合力作用点的距离。

z——纵向受拉钢筋合力点至截面受压区合力点的距离，且不大于$0.87h_0$。

η_s——使用阶段的轴向压力偏心距增大系数，当$l_0/h\leqslant14$时，取$\eta_s=1.0$。

y_s——截面重心至纵向受拉钢筋合力点的距离。

γ'_f——受压翼缘截面面积与腹板有效截面面积的比值。

b'_f、h'_f——受压区翼缘的宽度、厚度，在公式$\gamma'_f=(b'_f-b)h'_f/(bh_0)$中，当$h'_f>0.2h_0$时，取$h'_f=0.2h_0$。

N_s、M_s——按作用（或荷载）短期效应组合计算的轴向力值、弯矩值。

2. 圆形截面钢筋混凝土偏心受压构件的裂缝宽度验算

《规范》（JTG D62）规定：圆形截面钢筋混凝土偏心受压构件，其最大裂缝宽度（保证率为95%）可按下式计算：

$$w_{fk}=C_1C_2\left[0.03+\frac{\sigma_{ss}}{E_s}\left(0.004\frac{d}{\rho}+1.52C\right)\right] \tag{9-24a}$$

$$\sigma_{ss}=\left[59.42\frac{N_s}{\pi r^2 f_{cu,k}}\left(2.8\frac{\eta_s e_0}{r}-1.0\right)-1.65\right]\rho^{-\frac{2}{3}} \tag{9-24b}$$

$$\eta_s=1+\frac{1}{4000e_0/(r+r_s)}\left(\frac{l_0}{2r}\right)^2 \tag{9-24c}$$

式中：N_s——按作用（或荷载）短期效应组合计算的轴向力（N）；

σ_{ss}——截面受拉区最外缘钢筋应力，当按式（9-24b）计算的 $\sigma_{ss} \leq 24$MPa 时，可不必验算裂缝宽度；

d——纵向钢筋直径（mm）；

ρ——截面配筋率，$\rho = A_s/(\pi r^2)$；

C——混凝土保护层厚度（mm）；

r——构件截面半径（mm）；

η_s——使用阶段的偏心距增大系数，按式（9-24c）计算，当 $l_0/(2r) \leq 14$ 时，取 $\eta_s = 1.0$；

e_0——轴向力 N_s 的偏心距（mm）；

$f_{cu,k}$——边长为 150mm 的混凝土立方体抗压强度标准值，设计时可取混凝土强度等级（MPa）。

9.5.2 公路桥涵工程受弯构件变形验算

公路桥梁钢筋混凝土受弯构件，在正常使用极限状态下的挠度，可根据给定的构件刚度用结构力学的方法计算。钢筋混凝土受弯构件的刚度可按下列公式计算：

$$B = \frac{B_0}{\left(\frac{M_{cr}}{M_s}\right)^2 + \left[1 - \left(\frac{M_{cr}}{M_s}\right)^2\right]\frac{B_0}{B_{cr}}} \quad (9-25a)$$

$$M_{cr} = \gamma f_{tk} W_0 \quad (9-25b)$$

式中：B——开裂构件等效截面的抗弯刚度。

B_0——全截面的抗弯刚度，$B_0 = 0.95 E_c I_0$；I_0 为全截面换算截面惯性矩。

B_{cr}——开裂截面的抗弯刚度，$B_{cr} = E_c I_{cr}$；I_{cr} 为开裂截面换算截面惯性矩。

M_{cr}——开裂弯矩。

γ——构件受拉区混凝土塑性影响系数，$\gamma = 2S_0/W_0$。

S_0——全截面换算截面重心轴以上（或以下）部分面积对重心轴的面积矩。

W_0——换算截面抗裂边缘的弹性抵抗矩。

受弯构件在使用阶段的挠度应考虑荷载长期效应的影响，即按荷载短期效应组合和式（9-25a）计算的刚度计算的挠度值，应乘以挠度长期增长系数 η_θ。挠度长期增长系数可按下列规定取值：采用 C40 以下混凝土时，$\eta_\theta = 1.6$；采用 C40~C80 混凝土时，$\eta_\theta = 1.35~1.45$，中间强度等级可按直线插值法取值。

钢筋混凝土受弯构件按上述计算的长期挠度值，在消除结构自重产生的长期挠度后，梁式桥主梁的最大挠度值不应超过计算跨径的 1/600，梁式桥主梁的悬臂端不应超过悬臂长度的 1/300。

9.5.3 公路桥涵工程中的耐久性设计

混凝土结构的耐久性与结构的工作环境有密切关系。因此，《规范》（JTG D62）规定：混凝土结构应根据其所处环境条件划分环境类别，环境类别的划分和混凝土结构耐久性的基本要求应符合表 9-2 的规定。

表 9-2　混凝土结构耐久性的基本要求

环境类别	环境条件	最大水灰比	最小水泥用量/(kg/m³)	最低混凝土强度等级	最大氯离子含量	最大碱含量/(kg/m³)
Ⅰ	温暖或寒冷地区的大气环境、与无侵蚀性的水或土接触的环境	0.55	275	C25	0.30%	3.0
Ⅱ	严寒地区的大气环境、除冰盐环境、滨海环境	0.50	300	C30	0.15%	3.0
Ⅲ	海水环境	0.45	300	C35	0.10%	3.0
Ⅳ	受侵蚀性物质影响的环境	0.40	325	C35	0.10%	3.0

注：① 有关现行规范对海水环境中结构混凝土的最大水灰比和最小水泥用量有更详细的规定时，可参照执行。
② 表中氯离子含量系指其与水泥用量的百分率。
③ 当有实际工程经验时，处于Ⅰ类环境中结构混凝土的最低强度等级可比表中降低一个等级。
④ 预应力混凝土构件中的最大氯离子含量为 0.06%，最小水泥用量为 350kg/m³，最低混凝土强度等级为 C40 或按表中规定Ⅰ类环境提高 3 个等级，其他环境类别提高两个等级。
⑤ 特大桥和大桥混凝土中的最大碱含量宜降至 1.8kg/m³，当处于Ⅲ类、Ⅳ类或除冰盐和滨海环境时，宜使用非碱活性集料。

位处Ⅲ类或Ⅳ类环境的桥梁，当耐久性确实需要时，其主要受拉钢筋宜采用环氧树脂涂层钢筋；预应力钢筋、锚具及连接器应采取专门防护措施。

本 章 小 结

(1) 钢筋混凝土构件的裂缝宽度和变形验算是为了保证结构在使用阶段的适用性和耐久性。

(2) 根据使用阶段混凝土结构对裂缝的要求不同，裂缝控制等级分为 3 级。

(3) 在验算钢筋混凝土构件使用阶段的裂缝宽度时，应按荷载准永久组合并考虑长期作用影响所求得的最大裂缝宽度 w_{max}，不应超过《规范》(GB 50010)规定的裂缝宽度限值 w_{lim}。

(4) 钢筋混凝土受弯构件挠度验算的关键问题有两个：一是利用最小刚度原则划分同号弯矩区段，二是求出各同号弯矩区段内绝对值最大弯矩截面的刚度 B。接着用结构力学方法求出构件的最大挠度 f，不应超过《规范》(GB 50010)规定的挠度限值 f_{lim}。

(5) 混凝土结构的耐久性应根据设计使用年限和环境类别进行设计，混凝土碳化和钢筋锈蚀是影响混凝土结构耐久性的最主要的综合因素。

(6)《规范》(GB 50010)和《规范》(JTG D62)有关裂缝宽度的计算方法有较大的区别。《规范》(GB 50010)对于裂缝宽度的计算采用的是半理论半经验法；以粘结滑移理论为基础，并考虑了混凝土保护层厚度及钢筋约束区的影响来建立裂缝宽度的计算公式。而《规范》(JTG D62)对于裂缝宽度的计算采用的是数理统计法；通过大量试验资料的分析，首先找出影响裂缝宽度的主要参数，然后通过数理统计建立裂缝宽度的计算公式。

（7）《规范》（GB 50010）和《规范》（JTG D62）有关挠度的计算方法也有较大的区别。尽管两者均采用了"最小刚度原则"来确定受弯构件刚度沿构件纵向的分布；但在确定短期刚度时，《规范》（GB 50010）采用的是以平截面假定为基础的刚度分析法，而《规范》（JTG D62）采用的是有效惯性矩法。在考虑荷载长期作用对挠度的影响时，《规范》（GB 50010）采取在推导刚度 B 的计算公式时引入一个"荷载长期作用对挠度增大的影响系数 θ"的方法，而《规范》（JTG D62）采取对按短期刚度计算得到的挠度乘以挠度长期增大系数 η_θ 的办法。

（8）两本规范有关裂缝宽度与挠度的主要计算公式的比较如下。

类型	《规范》（GB 50010）	《规范》（JTG D62）
裂缝宽度	$w_{max}=\alpha_{cr}\psi\dfrac{\sigma_{sq}}{E_s}\left(1.9c_s+0.08\dfrac{d_{eq}}{\rho_{te}}\right)$	$w_{fk}=C_1C_2C_3\dfrac{\sigma_{ss}}{E_s}\left(\dfrac{30+d}{0.28+10\rho}\right)$
刚度	$B_s=\dfrac{E_sA_sh_0^2}{1.15\psi+0.2+\dfrac{6\alpha_E\rho}{1+3.5\gamma_f'}}$ $B=\dfrac{B_s}{\theta}$	$B=\dfrac{B_0}{\left(\dfrac{M_{cr}}{M_s}\right)^2+\left[1-\left(\dfrac{M_{cr}}{M_s}\right)^2\right]\dfrac{B_0}{B_{cr}}}$

思　考　题

9.1　简述在钢筋混凝土结构中对构件变形和裂缝验算的意义。

9.2　裂缝控制等级分几级？每一级的具体要求是什么？钢筋混凝土构件一般属于哪一级？

9.3　钢筋混凝土受拉构件（或受弯构件）在裂缝间距稳定以后，钢筋和混凝土的应力沿构件长度的分布有哪些特点？

9.4　什么是"最小刚度原则"？简述使用该原则进行变形验算的合理性。

9.5　减小受弯构件挠度和裂缝宽度的措施各有哪些？

9.6　试分析影响混凝土结构耐久性的主要因素。如何提高混凝土结构的耐久性？

9.7　试述混凝土碳化和钢筋锈蚀的概念，以及提高混凝土结构的抗碳化能力和防止钢筋锈蚀的措施。

习　　题

9.1　已知某钢筋混凝土屋架下弦，为轴心受拉构件，环境类别一类，截面尺寸 $b\times h=200mm\times200mm$，轴向拉力准永久值 $N_q=125kN$，C30 混凝土，有 4 ϕ16 的 HRB335 级受拉钢筋（$A_s=804mm^2$），箍筋直径 $d_v=10mm$，混凝土保护层厚度 $c=20mm$，$w_{lim}=0.2mm$，验算裂缝宽度是否满足要求。

9.2　已知某钢筋混凝土雨篷板，环境类别为二 a 类，悬挑长度 $l_0=3.0m$，板厚 $h=$

250mm，板上作用的均布荷载标准值为：永久荷载 $g_k=8kN/m^2$，可变荷载 $q_k=0.5kN/m^2$（准永久值系数为 0），C25 混凝土，配置Φ12@120 的 HRB335 钢筋，$w_{lim}=0.2mm$。验算板的最大裂缝宽度是否满足要求。

9.3　验算习题 9.2 中悬挑板的最大挠度值是否满足《规范》(GB 50010)的允许挠度值 $l_0/200$（注：对于悬臂构件，取 $l_0=2\times3=6m$）。

9.4　已知某承受均布荷载的矩形截面简支梁，环境类别为一类，计算跨度 $l_0=10m$，截面尺寸 $b\times h=350mm\times900mm$，$M_k=400kN\cdot m$，$M_q=355kN\cdot m$，C30 混凝土，采用 HRB335 钢筋，受拉钢筋为 4 Φ25（$A_s=1964mm^2$），受压钢筋为 4 Φ14（$A_s'=615mm^2$），箍筋直径 $d_v=8mm$，构件允许挠度为 $l_0/300$，验算构件的挠度是否满足要求。

第 **10** 章
预应力混凝土构件的受力性能与设计

教学提示： 本章首先介绍了预应力混凝土结构的基本知识，其重点在于两个方面：一是使用预应力混凝土的原因，二是预应力混凝土的工作机理。然后介绍了预应力混凝土轴心受拉构件、受弯构件的受力性能与设计计算。其难点也在于两个方面：一是预应力损失不仅种类多而且分阶段发生，二是预应力混凝土构件除应进行使用阶段的承载能力极限状态计算和正常使用极限状态验算外，尚应对施工阶段进行验算。

学习要求： 通过本章学习，学生应掌握预应力混凝土的基本概念，熟悉部分预应力混凝土和无粘结预应力混凝土的概念，熟悉施加预应力的方法和设备，掌握张拉控制应力与预应力损失的概念与计算，熟悉预应力混凝土轴心受拉构件与受弯构件的设计计算，熟悉后张法构件端部锚固区的局部受压承载力计算，掌握预应力混凝土构件的构造措施。

10.1 预应力混凝土概述

10.1.1 一般概念

由于混凝土的抗拉强度和极限拉应变都很低，其极限拉应变约为 $(1.0\sim1.5)\times10^{-4}$，所以在使用荷载作用下，钢筋混凝土结构通常是带裂缝工作的。计算分析表明，对于使用上不允许出现裂缝的钢筋混凝土构件，其受拉钢筋的应力只有 $(20\sim30)$ MPa 左右。对于使用上允许出现裂缝且裂缝宽度限值为 $(0.2\sim0.3)$ mm 的钢筋混凝土构件，受拉钢筋的应力也只有 $(150\sim250)$ MPa 左右，这与 HRB400、HRB335、HPB300 钢筋正常使用阶段的工作应力接近。因此，在钢筋混凝土结构中高强度钢筋不能发挥其强度高的优势。

为了提高构件的抗裂性能和发挥高强度钢筋的优势，在混凝土构件承受外荷载之前，通过张拉钢筋等方法对其受拉区预先施加压应力，就形成预应力混凝土结构。

图 10.1 所示的轴心受拉构件，在使用荷载作用之前，先通过张拉钢筋等方法对其施加轴心预压力 N_p，则构件截面上混凝土受到均匀预压应力的作用；接着在使用荷载 N_k 的作用下，构件截面上混凝土又受到均匀拉应力的作用。上述预压应力和使用荷载产生的拉应力的叠加即为该构件截面混凝土的实际应力值。通过人为控制预压力 N_p 的大小，可使构件截面混凝土的实际应力为压应力、零应力和很小拉应力，以满足不同裂缝控制等级的

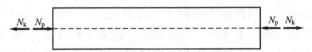

图 10.1 预应力混凝土轴心受拉构件

要求。

图 10.2 所示简支梁，在使用荷载作用之前，预先在梁的受拉区施加偏心预加力 N_p，使梁截面下部出现预压应力 σ_{pc}，如图 10.2(a) 所示。在使用荷载 q 的作用下，梁截面下部出现拉应力 σ_c，如图 10.2(b) 所示。最终该梁受到预加力 N_p 和使用荷载 q 的共同作用，其受力为图 10.2(a) 和图 10.2(b) 的叠加，即如图 10.2(c) 所示。显然，通过人为控制预加力 N_p 的大小及作用点，可使梁在使用荷载作用下受拉区的拉应力减小，甚至变成压应力，以满足不同裂缝控制等级的要求。

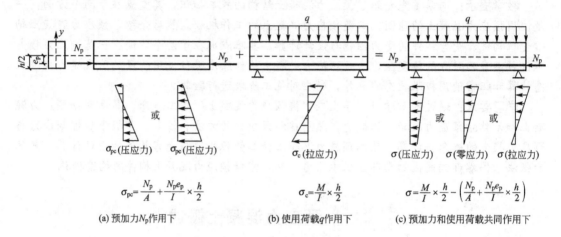

$$\sigma_{pc}=\frac{N_p}{A}+\frac{N_p e_p}{I}\times\frac{h}{2}$$

$$\sigma_c=\frac{M}{I}\times\frac{h}{2}$$

$$\sigma=\frac{M}{I}\times\frac{h}{2}-\left(\frac{N_p}{A}+\frac{N_p e_p}{I}\times\frac{h}{2}\right)$$

(a) 预加力 N_p 作用下　　　　(b) 使用荷载 q 作用下　　　　(c) 预加力和使用荷载共同作用下

图 10.2　预应力混凝土简支梁

由此可见，预应力混凝土构件中由于预压应力的存在，可减小混凝土中的拉应力、延缓混凝土的开裂和减小裂缝宽度，从而提高混凝土构件的抗裂度、刚度和耐久性。

同样由于预压应力的存在，预应力混凝土不仅开裂延迟，而且开裂前近似为弹性材料。因此，预应力混凝土开裂前可用弹性材料力学的方法分析。

10.1.2　预应力混凝土的分类

1. 按施加预应力的方法分类

施加预应力的方法有多种，但最基本的是先张法和后张法。制作预应力混凝土构件时，若先张拉钢筋，后浇筑混凝土则称为先张法；若先浇筑混凝土，待混凝土达到规定的强度后再张拉钢筋的方法称为后张法。

2. 按施加预应力的程度分类

按施加预应力程度的高低可分为全预应力混凝土和部分预应力混凝土。在使用荷载的作用下，构件截面混凝土不出现拉应力，全截面受压，这类构件称为全预应力混凝土构件。而在使用荷载作用下，构件截面混凝土允许出现拉应力或开裂，只有部分截面受压，该类构件称为部分预应力混凝土构件。部分预应力混凝土构件又分为 A、B 两类。A 类预应力混凝土构件是指在使用荷载的作用下，构件截面混凝土允许出现拉应力，但其拉应力不应超过规定限值的预应力混凝土构件。B 类预应力混凝土构件是指在使用荷载的作用下，构件允许出现裂缝，但其裂缝宽度不应超过规定限值的预应力混凝土构件。

全预应力混凝土构件、A 类预应力混凝土构件和 B 类预应力混凝土构件是《规范》(JTG D62)中的概念，分别相当于《规范》(GB 50010)中裂缝控制等级为一级、二级和三级的构件。

3. 按预应力筋与混凝土之间的粘结程度分类

按预应力筋与混凝土之间的粘结程度可分为有粘结预应力混凝土和无粘结预应力混凝土。对先张法构件及经过孔道灌浆处理的后张法构件，预应力筋与混凝土之间存在粘结作用，这类构件称为有粘结预应力混凝土构件。而无粘结预应力混凝土构件是指预应力筋与混凝土之间不存在粘结作用的预应力混凝土构件，该类构件是指在预应力筋表面涂油脂并设外包层等措施来阻断预应力筋与混凝土之间的粘结作用。无粘结预应力混凝土构件一般采用后张法施工，其优点是预应力筋可以像普通钢筋一样事先铺设，而无须事先预留孔道、穿筋和灌浆等工序，从而简化了常规后张法的施工工艺。

10.1.3 施加预应力的方法

工程中，一般通过张拉预应力筋，利用钢筋被拉伸后的弹性回缩挤压混凝土来实现对混凝土施加预压应力。按照张拉钢筋与浇筑混凝土的先后顺序，分为先张法和后张法两种。

1. 先张法

先张拉预应力筋，后浇筑混凝土的方法称为先张法。可采用台座（较长构件）或钢模（较短构件）、拉伸机、传力架和夹具等设备实施。其基本工序如下。

(1) 在台座（或钢模）上张拉预应力筋至张拉控制应力后，用夹具将预应力筋临时固定，如图 10.3(a)、(b)所示。

(2) 浇筑混凝土，如图 10.3(c)所示。

(3) 养护混凝土（一般为蒸汽养护）至强度为 75% 以上，截断预应力筋，如图 10.3(d)所示。

截断预应力筋时，预应力筋的回缩受到钢筋与混凝土之间粘结力的阻止，从而使混凝土受压。可见，先张法构件是通过预应力筋与混凝土之间的粘结力来传递预应力。此方法适用于预制厂批量制作中、小型预应力构件，如预应力混凝土楼板、屋面板和梁等。

2. 后张法

先浇筑混凝土，待混凝土达到规定的强度后，再直接在混凝土构件上张拉预应力筋的方法称为后张法。其基本工序如下。

(1) 浇筑混凝土构件并预留孔道，养护至规定强度后穿好预应力筋，如图 10.4(a)所示。

(2) 张拉预应力筋至控制应力，如图 10.4(b)所示。

(3) 在张拉端用锚具锚住预应力筋，并对孔道实施压力灌浆，如图 10.4(c)所示。

后张法构件是通过预应力筋端部的锚具来传递预应力。因此，锚具是构件的一部分，是永久性的，不能重复利用。此方法适用于在施工现场制作大型构件，如预应力屋架、吊车梁和大跨度桥梁等。

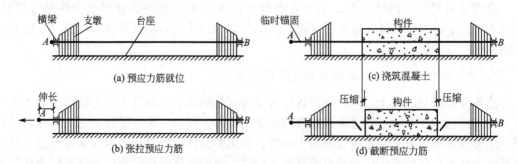

图 10.3　先张法工序简图

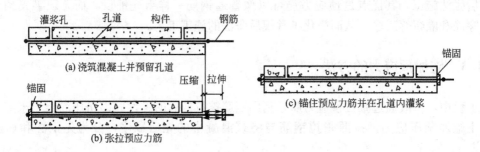

图 10.4　后张法工序简图

对于水池、贮液灌、油库、高压圆形容器结构等环形构件，可以采用张拉机具将拉紧的钢丝缠绕在外围，对其施加预压应力，锚固后再在上面喷一层水泥砂浆以保护预应力筋。

3. 后张无粘结预应力混凝土

与常规的后张法相比，后张无粘结预应力施工技术无须事先预留孔道、穿筋和灌浆等工序，其主要工序如下。

（1）制作无粘结预应力筋。在预应力筋表面涂专用油脂涂层，并用塑料套管包裹。油脂涂层的作用是为了减少摩擦，保证预应力筋能被自由拉伸并防止其腐蚀。塑料套管包裹层的作用是保护油脂涂层，以实现预应力筋与混凝土的隔离。

（2）绑扎钢筋。无粘结预应力筋可以像普通钢筋一样事先铺设。

（3）浇筑混凝土。

（4）张拉预应力筋。待混凝土达到规定的强度后，直接以混凝土为支座张拉预应力筋，直至达到张拉控制应力后，用锚具将预应力筋固定在构件上。

在后张无粘结预应力混凝土结构中，预应力筋与混凝土间无粘结作用，整根预应力筋的应力基本相同，一旦锚具失效，整根预应力筋也就完全失效；另一方面，在楼板结构中即使个别锚具失效，也不会造成严重的结构安全问题。因此，无粘结预应力混凝土通常用于楼板结构。此外，如仅配无粘结预应力筋，构件的裂缝集中且宽度大，所以在无粘结预应力混凝土结构中，不仅要求锚具须具有高的可靠性，而且还需要配置一定数量的普通钢筋以控制裂缝宽度和保证构件的延性。

4. 先张法和后张法的特点比较

先张法的优点有：张拉工艺比较简单；不需在构件上设置永久性锚具；可以分批张拉，特别适宜量大面广的中小型构件。其缺点有：需要较大的台座或成批的钢模、养护池等固定设备，一次性投资大；预应力筋布置多数为直线型，曲线布置较为困难。

后张法的优点有：张拉预应力筋可以直接在构件或整个结构上进行，因而可根据不同荷载性质来合理布置各种形状的预应力筋；适宜运输不便、只能在现场施工的大型构件、特殊结构或可由单体拼装的特大构件。其主要缺点有：永久性锚具的耗钢量大；张拉工序比先张法复杂，施工周期长。

10.1.4 锚具与夹具

锚具是用来锚固预应力筋的装置，对在构件中建立起有效预应力起到关键性作用。先张法的锚具可以重复利用，也称为夹具或工作锚；而后张法构件依靠锚具传递预应力，因此锚具是构件的组成部分，不能重复利用。

对锚具的基本要求是：受力安全可靠、预应力损失小、构造简单及价格低廉。

锚具的种类繁多，构造多样化，但是按照其构造形式及锚固原理，可以分为 3 种基本类型。

1. 锚块锚塞型锚具

这种锚具由锚块和锚塞两部分组成，如图 10.5 所示，其中根据所锚钢筋的根数，锚塞也可分为若干块。锚块内的孔洞及锚塞做成楔形或锥形，预应力筋回缩时受到挤压而被锚住。这种锚具通常用于钢筋的张拉端，也可用于固定端。锚块置于台座、钢模上（先张法）或构件上（后张法）。用于固定端时，在张拉过程中锚塞即就位挤紧；而用于张拉端时，钢筋张拉完毕才将锚塞挤紧。

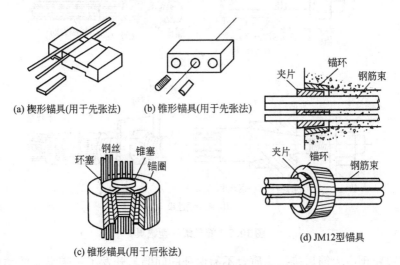

(a) 楔形锚具(用于先张法)　　(b) 锥形锚具(用于先张法)

(c) 锥形锚具(用于后张法)　　(d) JM12型锚具

图 10.5　锚块锚塞型锚具

图 10.5(a)、(b)所示锚具通常用于先张法锚固单根钢丝或钢绞线，分别称为楔形锚具

及锥形锚具。图 10.5(c)所示也是一种锥形锚具,用来锚固后张法构件中的钢丝束。图 10.5(d)所示锚具称为 JM12 型锚具,有多种规格,适用于后张法锚固 5 或 6 根 7 股 4mm 钢丝的钢绞线所组成的钢绞线束。由带锥孔的锚板和夹具所组成的夹片式锚具有 XM、QM、YM、OVM 等,主要用于锚固由 1～55 根不等的钢绞线所组成的钢绞线束,称为大吨位钢绞线群锚体系。

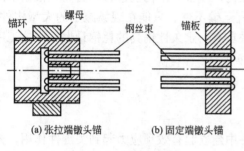

(a) 张拉端镦头锚　　(b) 固定端镦头锚

图 10.6　镦头型锚具

2. 镦头型锚具

镦头型锚具通常用于后张法锚固钢丝束或钢筋束。张拉端采用锚环,如图 10.6(a) 所示;固定端采用锚板,如图 10.6(b) 所示。将钢丝或钢筋的端头镦粗,穿过锚环内,边张拉边拧紧内螺母。采用这种锚具时,对钢丝或钢筋的下料长度要求精准,否则会使预应力筋受力不均匀。

3. 螺丝端杆型锚具

螺丝端杆型锚具用于预应力筋的张拉端。图 10.7(a)用于粗钢筋,由螺丝端杆、螺母和垫板组成,螺丝端杆的一端焊于预应力筋端部,另一端与张拉设备相连,张拉完毕时通过螺母和垫板将预应力筋固定在构件上。图 10.7(b)用于钢丝束,由锥形螺杆、套筒、螺母和垫板组成,通过套筒紧紧地将钢丝束与锥形螺杆挤压成一体。这种锚具的优点是构造简单、滑移小、便于再次张拉,但需特别注意焊接接头的质量,以防止发生脆断。

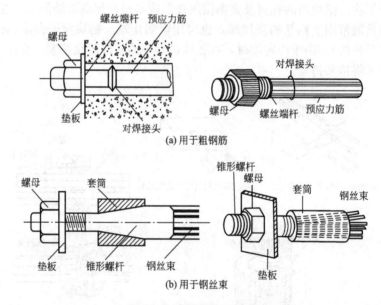

(a) 用于粗钢筋

(b) 用于钢丝束

图 10.7　螺丝端杆型锚具

为了解决粗预应力筋焊接接头质量不易保证的问题,开发了不带纵肋的预应力螺纹钢筋(精轧螺纹钢筋)。这种钢筋沿全长表面热轧成大螺距的螺纹,任何一处都可截断并用螺母锚固,施工非常方便。

10.1.5 预应力混凝土材料

1. 混凝土

预应力混凝土结构对混凝土材料性能的要求如下。

(1) 高强度。混凝土强度越高。其承受预压应力的能力就越高。这不仅可以减小构件截面尺寸和结构自重，还可以提高构件的抗拉、抗剪、粘结和承压能力。

(2) 收缩和徐变小。可以减小由于收缩和徐变引起的预应力损失。

(3) 快硬早强。可以尽早施加预应力，以提高台座、模具和锚夹具的使用效率，加快施工进度，降低间接费用。

《规范》(GB 50010)规定：预应力混凝土结构的混凝土强度等级不宜低于 C40，且不应低于 C30。

2. 钢筋

预应力混凝土结构的钢筋包括预应力筋和普通钢筋。《规范》(GB 50010)规定：预应力混凝土结构普通钢筋的选用与钢筋混凝土结构相同。而预应力筋除必须具备较高的强度外，还应具有一定的塑性和良好的加工性能(包括焊接性、冷镦、热镦等)，以满足张拉工艺对材质的要求。对于先张法构件的预应力筋，还应具有较好的外形(如螺旋肋)，以提高与混凝土的粘结能力，减小预应力传递长度。《规范》(GB 50010)规定：预应力混凝土结构的预应力筋宜采用预应力钢丝、钢绞线和预应力螺纹钢筋。

10.1.6 预应力混凝土的特点

在预应力混凝土中，一般是通过张拉预应力筋来实现对混凝土施加预压应力，这正是利用了钢筋受拉性能好和混凝土抗压性能好的优势，从而可使高强钢筋和高强混凝土的材性得以发挥。预应力混凝土的出现，将混凝土结构的应用推向了更高的水平。预应力混凝土与钢筋混凝土相比，具有以下优点。

1) 提高了构件的抗裂能力

预应力混凝土构件在使用荷载作用之前，构件截面受拉区混凝土处于预压状态，只有当该预压应力全部被使用荷载所产生的拉应力抵消后才开始受拉，这样就延缓了裂缝的出现，从而提高了构件的抗裂能力。

2) 增大了构件的刚度

由于先期施加的预压应力提高了构件的抗裂度、延缓了裂缝的出现、减小了裂缝宽度，所以预应力混凝土构件在使用阶段的刚度比钢筋混凝土构件大。

3) 充分发挥高强材料的性能

由于受裂缝宽度的限制，钢筋混凝土构件不能发挥高强度材料的优势，而在预应力混凝土构件中，预应力筋被预先张拉，而后在外荷载作用下预应力筋的应力继续加大，可见预应力筋始终处于高拉应力状态，这可以充分发挥高强度钢筋强度高的优势；而钢筋的强度高，又可以减少所需钢筋的截面面积。此外，应尽可能采用高强度混凝土，以便与高强钢筋相匹配，从而获得较为经济的构件截面尺寸。

4) 扩大了混凝土结构的应用范围

由于预应力混凝土改善了构件的抗裂性能,因而可用于对防水、抗渗及耐腐蚀有要求的环境。施加了预应力并采用高强度材料,使得结构轻巧、刚度大、变形小,因而还可用于大跨度、重荷载及承受反复荷载的结构中。

综上所述,预应力混凝土结构具有许多优点,但也存在一些缺点,所以其不能完全取代钢筋混凝土结构。预应力混凝土具有施工工序复杂、对施工要求较高,且需要张拉设备、锚夹具及人工费用较高的特点,因此适用于钢筋混凝土难以满足的情形(如大跨及重荷载结构);而钢筋混凝土结构由于施工方便、造价低等特点,应用在允许带裂缝工作的一般工程结构中仍具有明显的优势。

下列结构宜优先采用预应力混凝土。

(1) 裂缝控制等级较高的结构。

(2) 大跨度结构、承受重荷载的结构及承受反复荷载的结构。

(3) 对构件刚度和变形控制要求较高的结构构件,如工业厂房的吊车梁、码头和桥梁中的大跨度梁式构件等。

10.2 预应力损失概述

10.2.1 张拉控制应力 σ_{con}

张拉控制应力是指张拉预应力筋时所控制预应力筋达到的最大应力值,其值为张拉设备的测力仪表所显示的总张拉力除以预应力筋截面面积所得到的应力值,用 σ_{con} 表示。

张拉控制应力 σ_{con} 的取值,直接影响预应力混凝土的使用效果。若 σ_{con} 取值过低,则经过预应力损失后,预应力筋对混凝土施加的预压应力过小,就不能有效地提高构件的抗裂度和刚度。若 σ_{con} 取值过高,则可能出现以下情况。

(1) 张拉过程中个别预应力筋可能被拉断。

(2) 施工阶段可能引起构件某些部位出现拉应力(称为预拉力),甚至拉裂,还可能使后张法构件端部混凝土产生局部受压破坏。

(3) 使构件的开裂荷载和破坏荷载更加接近,一旦开裂,构件很快破坏,发生无明显征兆的脆性破坏。

σ_{con} 既不能过高,也不能过低。因此,《规范》(GB 50010)规定:预应力筋的张拉控制应力 σ_{con} 不应超过表 10-1 中规定的张拉控制应力限值。

表 10-1 张拉控制应力限值

预应力筋种类	张拉控制应力限值
消除应力钢丝、钢绞线	$0.75f_{ptk}$
中强度预应力钢丝	$0.70f_{ptk}$
预应力螺纹钢筋	$0.85f_{pyk}$

注:f_{ptk} 为预应力筋极限强度标准值,f_{pyk} 为预应力螺纹钢筋屈服强度标准值。

消除应力钢丝、钢绞线、中强度预应力钢丝的张拉控制应力值不应小于 $0.4f_{ptk}$；预应力螺纹钢筋的张拉控制应力值不宜小于 $0.5f_{pyk}$。

当符合下列情况之一时，上述张拉控制应力限值可相应提高 $0.05f_{ptk}$ 或 $0.05f_{pyk}$。

（1）要求提高构件在施工阶段的抗裂性能而在使用阶段受压区内设置的预应力筋。

（2）要求部分抵消由于应力松弛、摩擦、钢筋分批张拉及预应力筋与张拉台座之间的温差等因素产生的预应力损失。

10.2.2 预应力损失

预应力筋张拉到控制应力 σ_{con} 后，由于各种因素的影响，其应力值将有一定幅度的降低，这应力降低值就是预应力损失。完成预应力损失后的预应力筋应力才会在混凝土中建立起相应的有效预应力。因此，只有在正确认识引起预应力损失的因素和计算预应力损失的前提下，才能正确估计预应力混凝土结构中的预应力水平。下面将分别讨论引起预应力损失的因素、预应力损失值的计算和减少预应力损失的措施。

1. 张拉端锚具变形和预应力筋内缩引起的预应力损失 σ_{l1}

在先张法临时固定预应力筋或后张法张拉完毕锚固预应力筋时，由于张拉端锚具与垫板之间、垫板与垫板之间、垫板与构件之间的缝隙被挤紧，锚具的压缩变形，以及预应力筋在锚具中的内缩（滑移）所引起的预应力损失 σ_{l1}（简称锚固回缩损失）按照下列公式计算：

$$\sigma_{l1} = \frac{a}{l}E_s \tag{10-1}$$

式中：a——张拉端锚具变形和预应力筋内缩值（mm），按表 10-2 采用；

l——张拉端至锚固端之间的距离（mm）；

E_s——预应力筋的弹性模量（N/mm²）。

表 10-2 张拉端锚具变形和预应力筋内缩值 a(mm)

锚具类别		a
支承式锚具（钢丝束镦头锚具等）	螺母缝隙	1
	每块后加垫板的缝隙	1
夹片式锚具	有顶压时	5
	无顶压时	6~8

注：① 表中的锚具变形和预应力筋内缩值也可根据实测数据确定。
② 其他类型的锚具变形和预应力筋内缩值应根据实测数据确定。

块体拼成的结构，其预应力损失尚应计及块体间填缝的预压变形。当采用混凝土或砂浆为填缝材料时，每条填缝的预压变形值可取 1mm。

由式(10-1)可知，a 越小或 l 越大，则 σ_{l1} 越小。因此，可采取下列措施来减小锚固回缩损失 σ_{l1}：改进锚具，尽量少用垫板；先张法采用长线台座时，σ_{l1} 较小，而后张法的构件越长，则 σ_{l1} 越小。

后张法构件中，为了减小预应力筋与孔道壁之间的摩擦引起的预应力损失 σ_{l2}，常采用两端同时张拉预应力筋的方法，此时预应力筋的锚固端应被认为在构件长度的中点处，即式(10-1)中的 l 应取构件长度的一半。

式(10-1)只适用于计算直线预应力筋的锚固回缩损失 σ_{l1}，对于后张法构件曲线预应力筋或折线预应力筋的锚固回缩损失 σ_{l1}，应根据曲线预应力筋或折线预应力筋与孔道壁之间反向摩擦影响长度 l_f 范围内的预应力筋变形值等于锚具变形和预应力筋内缩值 a 的条件确定，即

$$\int_0^{l_f} \frac{\sigma_{l1}(x)}{E_s}\mathrm{d}x = a \tag{10-2}$$

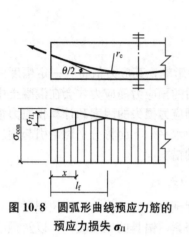

反向摩擦影响长度 l_f 及常用束形的后张预应力筋在反向摩擦影响长度 l_f 范围内的预应力损失值 σ_{l1} 可按《规范》(GB 50010)附录 J 计算，下面仅举附录 J 中的一种情形。

抛物线形预应力筋可近似按圆弧形曲线预应力筋考虑，如图 10.8 所示。当其对应的圆心角 $\theta \leqslant 45°$ 时（对无粘结预应力筋，$\theta \leqslant 90°$），预应力损失值 σ_{l1} 可按下列公式计算：

$$\sigma_{l1} = 2\sigma_{con}l_f\left(\frac{\mu}{r_c}+\kappa\right)\left(1-\frac{x}{l_f}\right) \tag{10-3a}$$

图 10.8　圆弧形曲线预应力筋的预应力损失 σ_{l1}

其反向摩擦影响长度 l_f(m)可按下列公式计算：

$$l_f = \sqrt{\frac{aE_s}{1000\sigma_{con}(\mu/r_c+\kappa)}} \tag{10-3b}$$

式中：r_c——圆弧形曲线预应力筋的曲率半径(m)；

μ——预应力筋与孔道壁之间的摩擦系数，按表 10-3 采用；

κ——考虑孔道每米长度局部偏差的摩擦系数，按表 10-3 采用；

σ_{con}——张拉控制应力；

x——张拉端至计算截面的距离(m)；

a——张拉端锚具变形和预应力筋内缩值(mm)，按表 10-2 采用；

E_s——预应力筋弹性模量。

2. 张拉预应力筋时由摩擦引起的预应力损失 σ_{l2}

由摩擦引起的预应力损失 σ_{l2}(简称摩擦损失)包括"预应力筋与孔道壁之间摩擦引起的预应力损失 σ_{l2}、预应力筋与张拉端锚口摩擦引起的预应力损失和预应力筋与转向装置的摩擦引起的预应力损失"3 部分。其中，预应力筋与孔道壁之间摩擦引起的预应力损失 σ_{l2} 是最为主要的。

1) 预应力筋与孔道壁之间摩擦引起的预应力损失 σ_{l2}

后张法张拉预应力筋时，由于预应力筋与孔道壁之间的摩擦，预应力筋的应力随距张拉端距离的增大而逐渐减小，这种应力的减小值称为预应力筋与孔道壁之间摩擦引起的预应力损失 σ_{l2}，如图 10.9 所示。

图 10.9 中的 σ_{l2} 包括"沿孔道长度上由于局部偏差所产生的摩擦引起的预应力损失和由于孔道曲率使预应力筋与孔道壁之间相互挤压所产生的摩擦引起的预应力损失"两部分，前者简称为长度效应，主要由于孔道的位置偏差与尺寸偏差、孔道壁粗糙、预应力筋表面粗糙等原因造成，其大小与预应力筋的拉力成正比；后者简称为曲率效应，其大小与

挤压力成正比。后张法的曲线预应力筋既有曲率效应又有长度效应，且曲率效应是控制因素；而后张法的直线预应力筋只有长度效应。

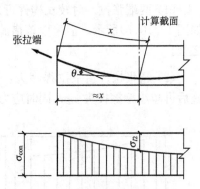

《规范》(GB 50010)规定：预应力筋与孔道壁之间摩擦引起的预应力损失 σ_{l2} 按下列公式进行计算：

$$\sigma_{l2} = \left(1 - \frac{1}{e^{\kappa x + \mu\theta}}\right)\sigma_{con} \qquad (10-4a)$$

式中：x——从张拉端至计算截面的孔道长度(m)，可近似取该段孔道在纵轴上的投影长度，如图 10.9 所示；

图 10.9 预应力筋与孔道壁之间摩擦引起的预应力损失 σ_{l2}

　　　θ——从张拉端至计算截面曲线孔道各部分切线的夹角之和(rad)；

　　　κ——考虑孔道每米长度局部偏差的摩擦系数，按表 10-3 采用；

　　　μ——预应力筋与孔道壁之间的摩擦系数，按表 10-3 采用。

表 10-3　摩擦系数

孔道成型方式	κ	μ	
		钢绞线、钢丝束	预应力螺纹钢筋
预埋金属波纹管	0.0015	0.25	0.50
预埋塑料波纹管	0.0015	0.15	—
预埋钢管	0.0010	0.30	—
抽芯成型	0.0014	0.55	0.60
无粘结预应力筋	0.0040	0.09	

注：摩擦系数也可根据实测数据确定。

在式(10-4a)中，对按抛物线、圆弧曲线变化的空间曲线及可分段后叠加的广义空间曲线，夹角之和 θ 可按下列近似公式计算：

抛物线、圆弧曲线：

$$\theta = \sqrt{\alpha_v^2 + \alpha_h^2} \qquad (10-4b)$$

广义空间曲线：

$$\theta = \sum\sqrt{\Delta\alpha_v^2 + \Delta\alpha_h^2} \qquad (10-4c)$$

式中：α_v、α_h——按抛物线、圆弧曲线变化的空间曲线预应力筋在竖直向、水平向投影所形成抛物线、圆弧曲线的弯转角；

　　　$\Delta\alpha_v$、$\Delta\alpha_h$——广义空间曲线预应力筋在竖直向、水平向投影所形成分段曲线的弯转角增量。

当 $\kappa x + \mu\theta \leqslant 0.3$ 时，式(10-4a)中的 σ_{l2} 可按下列近似公式计算：

$$\sigma_{l2} = (\kappa x + \mu\theta)\sigma_{con} \qquad (10-5)$$

减少摩擦损失 σ_{l2} 可采取下列措施。

（1）两端张拉。对较长构件可采取该措施，采取该措施后可减小摩擦损失 σ_{l2} 约一半，如图 10.10(b) 所示。但采取该措施后将同时引起 σ_{l1} 的增加，这是应用该措施时需要注意之处。

（2）超张拉。超张拉程序为：从 $0 \to 1.1\sigma_{con} \xrightarrow{\text{持荷 2min}} 0.85\sigma_{con} \xrightarrow{\text{持荷 2min}} \sigma_{con}$，采取该措施后可减小摩擦损失 σ_{l2}，同时应力分布也均匀些，如图 10.10(c) 所示。

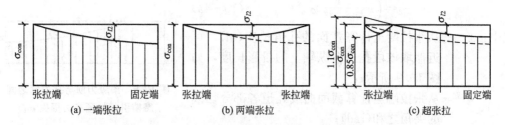

图 10.10　一端张拉、两端张拉和超张拉引起的摩擦损失 σ_{l2} 比较

注：图 10.10(b) 和图 10.10(c) 中的虚线为一端张拉时的摩擦损失 σ_{l2}，用于比较。

2）预应力筋与张拉端锚口摩擦引起的预应力损失

当采用夹片式群锚体系时，应考虑预应力筋与张拉端锚口摩擦引起的预应力损失，其值应按实测或厂家提供的数据确定。

3）预应力筋与转向装置的摩擦引起的预应力损失

先张法构件当采用折线形预应力筋时，应考虑预应力筋与转向装置的摩擦引起的预应力损失，其值应按实际情况确定。

3. 混凝土加热养护时，预应力筋与承受拉力设备之间的温差引起的预应力损失 σ_{l3}

为了缩短先张法构件的生产周期，常采用蒸汽养护来加速混凝土结硬。当对新浇筑的尚未结硬的混凝土升温养护时，预应力筋要伸长，但承受预应力筋拉力的两端台座因与大地相连，温度基本没有变化，两台座间的距离保持不变，所以预应力筋的伸长受到限制，使得预应力筋的张紧程度降低，拉应力减小，该拉应力的减小值称为预应力筋与承受拉力设备之间的温差引起的预应力损失 σ_{l3}（简称温差损失）。降温时，混凝土已与预应力筋形成整体，两者共同变形（混凝土与预应力筋的温度线膨胀系数接近），所以升温养护时所产生的温差损失 σ_{l3} 不再恢复。

若升温养护时预应力筋与台座之间的温差为 $\Delta t(\mathrm{℃})$，预应力筋的温度线膨胀系数 $\alpha = 1 \times 10^{-5}\,\mathrm{mm/mm℃}$，弹性模量 $E_s = 2 \times 10^5\,\mathrm{MPa}$，则温差损失 σ_{l3} 可按下列公式计算：

$$\sigma_{l3} = E_s \cdot \varepsilon = E_s \cdot \alpha \cdot \Delta t = 2 \times 10^5 \times 1 \times 10^{-5} \times \Delta t = 2\Delta t \tag{10-6}$$

减少温差损失 σ_{l3}，可采取下列措施。

（1）两阶段升温养护，该措施具体又有两种方法。方法一：先升温 20～25℃，待混凝土强度达到 7.5～10MPa 后，再升温至养护温度；在第二次升温过程中由于混凝土已与预应力筋形成整体，两者共同变形，就不会再产生预应力损失；因此，采用该方法的温差损失 $\sigma_{l3} = 2 \times (20 \sim 25) = 40 \sim 50\,\mathrm{MPa}$。方法二：先在常温下养护，待混凝土强度达到 7.5～10MPa 后，再升温至养护温度，采用该方法的温差损失 $\sigma_{l3} = 0$。

（2）在钢模上张拉预应力筋。由于预应力筋被锚固在钢模上，升温养护时预应力筋与钢模的温度变化相同，两者间无温差，也就无温差损失，即 $\sigma_{l3} = 0$。

4. 预应力筋应力松弛引起的预应力损失 σ_{l4}

应力松弛是指钢筋在高应力作用下,维持长度不变而钢筋应力随时间增长而降低的现象。其本质是钢筋沿应力方向的徐变受到约束而产生松弛,导致应力下降。先张法当预应力筋固定于台座上或后张法当预应力筋锚固于构件上后,都可看作钢筋长度基本不变,因而将发生应力松弛引起的预应力损失 σ_{l4}(简称应力松弛损失)。

基于试验研究,《规范》(GB 50010)规定:应力松弛损失 σ_{l4} 按下列规定计算。

(1) 消除应力钢丝、钢绞线。

对于普通松弛,

$$\sigma_{l4} = 0.4\left(\frac{\sigma_{con}}{f_{ptk}} - 0.5\right)\sigma_{con} \tag{10-7a}$$

对于低松弛,当 $\sigma_{con} \leqslant 0.7 f_{ptk}$ 时,

$$\sigma_{l4} = 0.125\left(\frac{\sigma_{con}}{f_{ptk}} - 0.5\right)\sigma_{con} \tag{10-7b}$$

当 $0.7 f_{ptk} < \sigma_{con} \leqslant 0.8 f_{ptk}$ 时,

$$\sigma_{l4} = 0.2\left(\frac{\sigma_{con}}{f_{ptk}} - 0.575\right)\sigma_{con} \tag{10-7c}$$

(2) 中强度预应力钢丝。

$$\sigma_{l4} = 0.08\sigma_{con} \tag{10-7d}$$

(3) 预应力螺纹钢筋。

$$\sigma_{l4} = 0.03\sigma_{con} \tag{10-7e}$$

试验表明,预应力筋的应力松弛有下列性质。①与时间有关。应力松弛先快后慢,前两天可完成全部松弛损失的 50% 左右(其中前两分钟最快),此后发展较慢,到一个月时基本稳定。②与钢材品种有关。各品种预应力筋的应力松弛规律与大小各不相同,其中预应力螺纹钢筋的应力松弛损失最小。③与张拉控制应力有关。张拉控制应力越高,松弛速度越快、应力松弛损失越大。

根据上述应力松弛的性质,可采取超张拉措施来减少应力松弛损失 σ_{l4}。超张拉可以按照下列工序进行:$0 \rightarrow 1.03\sigma_{con}$(或 $1.05\sigma_{con}$)$\xrightarrow{\text{持荷 2min}} \sigma_{con}$。其原理是:在高应力下短时间内产生的应力松弛损失在低应力下需要较长时间才可完成;持荷 2min 可使相当一部分应力松弛损失发生在预应力筋锚固之前,则锚固后的应力松弛损失得到减小。

考虑时间影响的预应力筋的松弛损失值,可由式(10-7a)~式(10-7e)计算的预应力损失值 σ_{l4} 乘以《规范》(GB 50010)附录 K 表 K.0.2 中相应的系数确定。

5. 混凝土收缩和徐变引起的预应力损失 σ_{l5}

混凝土收缩和徐变引起的预应力损失 σ_{l5} 简称收缩徐变损失。混凝土在空气中结硬时体积收缩,而在预压应力长期作用下,混凝土沿受压方向产生徐变。收缩和徐变均导致预应力混凝土构件的长度缩短,预应力筋随之回缩而产生收缩徐变损失 σ_{l5}。收缩和徐变虽是两种性质不同的现象,但由于影响两者的因素和两者随时间的变化规律均相似,故《规范》(GB 50010)将两者合并考虑,并规定对混凝土收缩、徐变引起受拉区和受压区纵向预应力筋的预应力损失值 σ_{l5}、σ'_{l5} 可按下列方法确定。

1) 一般情况

(1) 先张法构件：

$$\sigma_{l5}=\frac{60+340\dfrac{\sigma_{pc}}{f'_{cu}}}{1+15\rho} \tag{10-8a}$$

$$\sigma'_{l5}=\frac{60+340\dfrac{\sigma'_{pc}}{f'_{cu}}}{1+15\rho'} \tag{10-8b}$$

(2) 后张法构件：

$$\sigma_{l5}=\frac{55+300\dfrac{\sigma_{pc}}{f'_{cu}}}{1+15\rho} \tag{10-8c}$$

$$\sigma'_{l5}=\frac{55+300\dfrac{\sigma'_{pc}}{f'_{cu}}}{1+15\rho'} \tag{10-8d}$$

式中：σ_{pc}、σ'_{pc}——受拉区、受压区预应力筋合力点处的混凝土法向压应力；此时，预应力损失值仅考虑混凝土预压前(第一批)的损失，其普通钢筋中的应力 σ_{l5}、σ'_{l5} 值应取为零，σ_{pc}、σ'_{pc} 值均应 $\leqslant 0.5f'_{cu}$；当 σ'_{pc} 为拉应力时，公式(10-8b)、式(10-8d)中的 σ'_{pc} 应取为零；计算混凝土法向应力 σ_{pc}、σ'_{pc} 时，可根据构件制作情况考虑自重的影响。

　　　　f'_{cu}——施加预应力时的混凝土立方体抗压强度，不宜低于混凝土设计强度等级的 75%。

　　　　ρ、ρ'——受拉区、受压区预应力筋和普通钢筋的配筋率，按式(10-9a)和式(10-9b)计算。其中，对于对称配置预应力筋和普通钢筋的构件，式(10-9a)和式(10-9b)中的配筋率 ρ、ρ' 应按钢筋总截面面积的一半计算。

对先张法构件：

$$\rho=(A_p+A_s)/A_0,\qquad \rho'=(A'_p+A'_s)/A_0 \tag{10-9a}$$

对后张法构件：

$$\rho=(A_p+A_s)/A_n,\qquad \rho'=(A'_p+A'_s)/A_n \tag{10-9b}$$

式中：A_0——先张法构件的换算截面面积，$A_0=A_c+\alpha_E A_s+\alpha_E A_p$；

　　　　A_n——后张法构件"扣除孔道、凹槽等削弱部分以外"的净截面面积，$A_n=A_c+\alpha_E A_s$。

当结构处于年平均相对湿度低于 40% 的环境下，σ_{l5} 和 σ'_{l5} 的值应增加 30%。

2) 重要的结构构件

对于重要的结构构件，当需要考虑与时间相关的混凝土收缩、徐变引起的预应力损失值时，可按《规范》(GB 50010)的附录 K 进行计算。

分析式(10-8a)~式(10-8d)可知以下内容。

(1) 式中 σ_{l5} 与 σ_{pc}、σ'_{l5} 与 σ'_{pc} 均为线性关系，可见公式(10-8a)~式(10-8d)所给出的是线性徐变条件下的预应力损失值计算公式。因此，公式要求符合条件：σ_{pc} 和 σ'_{pc} 均应 $\leqslant$

$0.5f'_{cu}$。否则，非线性徐变将导致收缩徐变损失显著增大。

（2）后张法构件的收缩徐变损失 σ_{l5} 和 σ'_{l5} 要比先张法构件的小，这是因为后张法构件在施加预应力时，混凝土的收缩已完成了一部分。

分析表明，收缩徐变损失 σ_{l5} 较大，在曲线配筋和直线配筋构件中各约占全部预应力损失的 30% 和 50%。减小收缩徐变损失 σ_{l5} 的措施与第 2 章中减小混凝土收缩和徐变的措施相近，主要有如下 4 方面。

（1）材料方面：减少水泥用量，降低水灰比，采用级配好、弹性模量大的骨料，增大配筋率等措施可减小 σ_{l5}。

（2）施工方面：提高混凝土的振捣质量可提高混凝土的密实性，减小 σ_{l5}。

（3）养护方面：采取高温高湿养护、蒸汽养护等措施可减小 σ_{l5}。

（4）受力方面：施加预应力的混凝土龄期晚、施加预应力时的混凝土强度 f'_{cu} 大和 σ_{pc}/f'_{cu} 比值小，可减小 σ_{l5}。

6. 环形构件由螺旋式预应力筋挤压混凝土引起的预应力损失 σ_{l6}

环形构件由螺旋式预应力筋挤压混凝土引起的预应力损失 σ_{l6} 简称螺旋筋挤压损失。对于水管、蓄水池、油罐、高压容器等环形构件或结构，当采用后张法螺旋式预应力筋施加预应力时，则待预应力筋张拉完毕锚固后，由于张紧的预应力筋挤压混凝土，预应力筋处构件的直径由原来的 d 减小到 d_1，导致预应力筋的周长减小，预拉应力减少，相应的预应力损失计算如下：

$$\sigma_{l6} = \frac{\pi d - \pi d_1}{\pi d} \quad E_s = \frac{d - d_1}{d} E_s \qquad (10-10)$$

由上式可见，构件的直径 d 越大，则 σ_{l6} 越小。因此，当 d 较大时，这项损失可以忽略不计。为了简化计算，《规范》（GB 50010）规定：当 $d \leqslant 3m$ 时，$\sigma_{l6} = 30 N/mm^2$；当 $d > 3m$ 时，$\sigma_{l6} = 0$。

10.2.3 预应力损失值的分阶段组合

预应力混凝土构件从施加预应力开始，就需要进行相关计算。根据计算需要，《规范》（GB 50010）以"预压时刻"为界，将前面介绍的 6 种预应力损失（其中，先张法无螺旋筋挤压损失 σ_{l6}，后张法无温差损失 σ_{l3}）分成混凝土预压前的损失和预压后的损失两批，见表 10-4。

表 10-4 各阶段预应力损失值的组合

预应力损失值的组合	先张法构件	后张法构件
混凝土预压前（第一批）的损失 σ_{lI}	$\sigma_{l1} + \sigma_{l2} + \sigma_{l3} + \sigma_{l4}$	$\sigma_{l1} + \sigma_{l2}$
混凝土预压后（第二批）的损失 σ_{lII}	σ_{l5}	$\sigma_{l4} + \sigma_{l5} + \sigma_{l6}$

注：先张法构件的应力松弛损失 σ_{l4} 在第一批和第二批损失中所占比例，如需区分，可根据实际情况确定。

划分混凝土预压前与预压后的界限"预压时刻"，对于先张法构件是指放张预应力筋的时刻，在这之后混凝土才开始受到预压。而对于后张法构件的"预压时刻"，这里特指预应力筋锚固完毕之时，其实在这之前(从张拉预应力筋开始)混凝土已经受到预压。可见，划分混凝土预压前与预压后的界限"预压时刻"，对于先张法构件是名副其实的；而对于后张法构件则是名义的，其主要是根据计算需要和预应力混凝土的概念确定的。

考虑到预应力损失计算的误差，避免因预应力总损失值计算偏小而产生不利影响，《规范》(GB 50010)规定，当计算求得的预应力总损失值小于下列数值时，应按下列数值取用。

先张法构件为 $100N/mm^2$；后张法构件为 $80N/mm^2$。

10.2.4 混凝土弹性压缩引起的预应力筋的预应力损失 σ_{le}

先张法构件放张时，预应力筋与混凝土一起受压缩短，导致预应力筋的应力减小，该应力的减小值就是弹性压缩引起的预应力筋的预应力损失 σ_{le}(简称弹性压缩损失)。当混凝土的预压应力在弹性范围内时，预应力筋与混凝土共同变形，两者的应变相等，则弹性压缩损失 σ_{le} 为

$$\sigma_{le}=\frac{E_s}{E_c}\sigma_{pc}=\alpha_E\sigma_{pc} \tag{10-11}$$

式中：σ_{pc}——预应力筋合力点处的混凝土法向压应力。

对于后张法构件，当采用一次张拉全部预应力筋时，则无弹性压缩损失；当采用分批张拉时，则后张拉的预应力筋使混凝土产生的压缩变形将导致先张拉预应力筋中的应力减小，即先张拉的预应力筋就有弹性压缩损失。最终，第一批张拉的预应力筋的弹性压缩损失最大，最后一批张拉的预应力筋没有弹性压缩损失。逐批计算弹性压缩损失十分复杂，为简化计算，工程中常取第一批张拉的预应力筋的弹性压缩损失的一半作为全部预应力筋的弹性压缩损失，即

$$\sigma_{le}=0.5\frac{E_s}{E_c}\sigma_{pc}=0.5\alpha_E\sigma_{pc} \tag{10-12}$$

式中：σ_{pc}——全部预应力筋截面面积形心处的混凝土法向压应力。

后张法分批张拉时，若对先张拉的预应力筋采用超张拉工艺，则可解决后张法分批张拉引起的弹性压缩损失。

10.2.5 预应力筋的预应力传递长度 l_{tr} 和锚固长度 l_a

先张法构件中，预应力的传递和预应力筋的锚固均是通过预应力筋与混凝土之间的粘结作用实现的，这里将涉及预应力筋的预应力传递长度和预应力筋的锚固长度两个不同的概念。

1. 预应力筋的预应力传递长度 l_{tr}

先张法构件放张后，预应力筋的应力在构件端部为零，由端部向内通过粘结力的积累，预应力筋的应力逐渐增大，至某一长度处达到预应力筋的有效预应力 σ_{pe}，这一长度称为预应力筋的预应力传递长度，用符号 l_{tr} 表示，如图 10.11 所示。

由图 10.11 可知，在预应力传递长度 l_{tr} 范围内，预应力筋和混凝土的有效预应力实际

按曲线分布（图中虚线），但为了简化计算，近似取线性分布。因此《规范》（GB 50010）规定：对先张法预应力混凝土构件端部进行正截面、斜截面抗裂验算时，应考虑预应力筋在其预应力传递长度 l_{tr} 范围内实际应力值的变化。预应力筋的实际应力可考虑为线性分布，在构件端部取零，在其预应力传递长度 l_{tr} 的末端取有效预应力值 σ_{pe}，如图 10.11 所示。

《规范》（GB 50010）规定：先张法构件预应力筋的预应力传递长度 l_{tr} 应按下列公式计算：

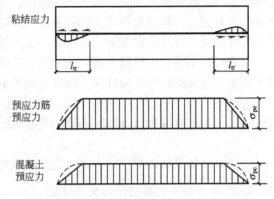

图 10.11　先张法构件的 l_{tr} 与有效预应力分布

$$l_{tr}=\alpha\frac{\sigma_{pe}}{f'_{tk}}d \qquad (10-13)$$

式中：σ_{pe}——放张时预应力筋的有效预应力；

　　　d——预应力筋的公称直径；

　　　α——预应力筋的外形系数，按第 2 章表 2-2 采用；

　　　f'_{tk}——与放张时混凝土立方体抗压强度 f'_{cu} 相应的轴心抗拉强度标准值，按附表 1-1 以线性内插法确定。

当采用骤然放张预应力的施工工艺时，对光面预应力钢丝，l_{tr} 的起点应从距构件末端 $l_{tr}/4$ 处开始计算。

2. 预应力筋的锚固长度 l_a

预应力筋锚固长度的概念与计算见第 2 章 2.3.6 节。《规范》（GB 50010）规定：计算先张法预应力混凝土构件端部锚固区的正截面和斜截面受弯承载力时，锚固长度范围内的预应力筋抗拉强度设计值在锚固起点处应取零，在锚固终点处应取 f_{py}，两点之间可按线性内插法确定。

10.3　预应力混凝土构件的受力性能分析

预应力混凝土构件从张拉预应力筋开始到构件破坏全过程，可分为施工阶段和使用阶段。其受力性能分析过程中经常用到以下 6 个概念。①将开裂之前的混凝土视作弹性材料，所以在引入换算截面或净截面的概念后，对"开裂之前的预应力混凝土构件"可用材料力学方法进行应力分析。②先张法构件从施加预应力开始至构件开裂期间，预应力筋、普通钢筋和混凝土三者变形协调。而后张法构件在施工阶段仅普通钢筋和混凝土变形协调，从施加外荷载开始至构件开裂期间预应力筋、普通钢筋和混凝土三者变形协调。③在变形协调期间，钢筋的应力变化量是同一纤维高度处混凝土应力变化量的 α_E 倍。④预应力对构件的作用可等同于一个虚拟的轴心压力或偏心压力对构件的作用。⑤换算截面适用于先张法的施工阶段，以及先张法和后张法构件从施加外荷载开始至混凝土开裂前的使用阶段；而净截面仅适用于后张法的施工阶段。⑥施工阶段混凝土的收缩徐变不引起混凝土自身的应力变化，却引起预应力筋和普通钢筋应力变化 σ_{l5}。以上 6 个概念对掌握预应力混凝土构件的分析方法非常重要，应在以下受力性能的分析过程中加以参悟。

本节将介绍预应力混凝土轴心受拉构件和预应力混凝土受弯构件的受力性能。同时，以下分析中涉及的后张法构件均是指有粘结的后张法构件。

10.3.1　预应力混凝土轴心受拉构件的受力性能分析

预应力混凝土轴心受拉构件分为先张法构件和后张法构件两种。

1．先张法轴心受拉构件的受力性能

1）施工阶段

随着施工工序和预应力损失过程的进行，施工阶段又可分为"放张预应力筋前、放张预应力筋后和完成第二批预应力损失时"三个主要特征阶段。

(1) 放张预应力筋前。先张法构件放张预应力筋前已完成第一批预应力损失 σ_{l1}，则预应力筋应力 σ_p 由 σ_{con} 降低到 $\sigma_{con}-\sigma_{l1}$。此时，由于预应力筋尚未放张，故混凝土不受力，则混凝土应力 $\sigma_c=0$，普通钢筋应力 $\sigma_s=0$，如图 10.12(a)所示。

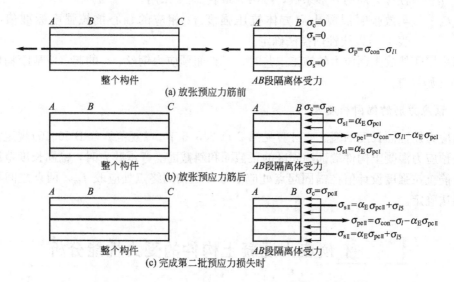

图 10.12　先张法构件施工阶段 3 个特征阶段的受力状态

(2) 放张预应力筋后。因放张预应力筋时混凝土强度低、而预应力筋放张后混凝土受到的压力是施工阶段中最大的，所以放张预应力筋时刻是先张法构件施工阶段混凝土受力最不利的情形之一。

放张预应力筋时，混凝土已结硬，钢筋与混凝土通过粘结已形成整体，所以预应力筋的回缩受到其与混凝土之间粘结力的阻止，两者共同变形(回缩)，使得混凝土受压，预应力筋的拉应力进一步减小。设放张后混凝土的压应力为 σ_{pcI}，则由于放张前混凝土应力为零，所以放张前后混凝土应力的变化量为 σ_{pcI}，再由于弹性阶段的混凝土和钢筋共同变形(两者的应变相等)，则预应力筋和普通钢筋的应力变化量为 $\alpha_E\sigma_{pcI}$。因此，此阶段预应力筋、普通钢筋和混凝土的应力 ［图 10.12(b)］ 分别如下。

预应力筋的应力（拉应力）：

$$\sigma_{peI} = \sigma_{con} - \sigma_{lI} - \alpha_E \sigma_{pcI} \tag{10-14}$$

普通钢筋的应力（压应力）：

$$\sigma_{sI} = \alpha_E \sigma_{pcI} \tag{10-15}$$

由力的平衡条件 $\sum X = 0$ 得

$$(\sigma_{con} - \sigma_{lI} - \alpha_E \sigma_{pcI})A_p = \sigma_{pcI}A_c + \alpha_E \sigma_{pcI}A_s \tag{10-16}$$

由上式求得混凝土的应力（压应力）：

$$\sigma_{pcI} = \frac{(\sigma_{con} - \sigma_{lI})A_p}{A_c + \alpha_E A_s + \alpha_E A_p} = \frac{(\sigma_{con} - \sigma_{lI})A_p}{A_0} \tag{10-17}$$

式中：A_p——预应力筋的截面面积；

A_s——普通钢筋的截面面积；

A_c——混凝土的截面面积；

A_0——先张法构件的换算截面面积，$A_0 = A_c + \alpha_E A_s + \alpha_E A_p$；

α_E——钢筋弹性模量与混凝土弹性模量的比值。由于钢筋弹性模量的变化幅度很小，所以预应力筋弹性模量与混凝土弹性模量的比值及普通钢筋弹性模量与混凝土弹性模量的比值本书统一用 α_E 表示，具体使用时应按各自的弹性模量计算。

式(10-17)可以理解为：放张前预应力筋的合力 $(\sigma_{con} - \sigma_{lI})A_p$ 由台座承担，放张后该合力转嫁到构件的换算截面 A_0 上，并由换算截面 A_0 承担。也就是说，可以将放张前预应力筋的合力 $(\sigma_{con} - \sigma_{lI})A_p$ 视作一个虚拟的轴向压力作用在换算截面 A_0 上，并在换算截面 A_0 上产生预压应力 σ_{pcI}，这是预应力混凝土构件应力分析的一个重要概念。

（3）完成第二批预应力损失时。随着时间的增长，因混凝土的收缩徐变趋于稳定而完成第二批预应力损失 σ_{lII}，此时构件已完成全部预应力损失，预应力总损失值 $\sigma_l = \sigma_{lI} + \sigma_{lII}$。设此阶段混凝土的压应力为 σ_{pcII}，则根据"弹性阶段的混凝土和钢筋共同变形，钢筋的应力变化量是混凝土应力变化量的 α_E 倍，以及混凝土的收缩徐变不引起混凝土自身的应力变化，却引起钢筋的应力变化 σ_{l5}"的概念，可推得此阶段预应力筋、普通钢筋和混凝土的应力 ［图 10.12(c)］ 分别如下。

预应力筋的应力（拉应力）：

$$\sigma_{peII} = \sigma_{con} - \sigma_{lI} - \sigma_{lII} - \alpha_E \sigma_{pcII} = \sigma_{con} - \sigma_l - \alpha_E \sigma_{pcII} \tag{10-18}$$

普通钢筋的应力（压应力）：

$$\sigma_{sII} = \alpha_E \sigma_{pcII} + \sigma_{l5} \tag{10-19}$$

由力平衡条件 $\sum X = 0$ 得：

$$(\sigma_{con} - \sigma_l - \alpha_E \sigma_{pcII})A_p = \sigma_{pcII}A_c + (\alpha_E \sigma_{pcII} + \sigma_{l5})A_s \tag{10-20}$$

由上式求得混凝土的应力（压应力）：

$$\sigma_{pcII} = \frac{(\sigma_{con} - \sigma_l)A_p - \sigma_{l5}A_s}{A_0} \tag{10-21}$$

《规范》（GB 50010)规定：完成全部预应力损失后，预应力筋的应力称为有效预应力，用符号 σ_{pe} 表示；混凝土的应力称为有效预压应力，用符号 σ_{pc} 表示。因此，先张法轴心受拉构件中预应力筋的有效预应力 σ_{pe} 和混凝土的有效预压应力 σ_{pc} 分别如下。

$$\sigma_{pe} = \sigma_{con} - \sigma_l - \alpha_E \sigma_{pc} \tag{10-22}$$

$$\sigma_{pc} = \frac{(\sigma_{con} - \sigma_l)A_p - \sigma_{l5}A_s}{A_0} \tag{10-23}$$

2) 使用阶段

随着外荷载(轴向拉力)开始施加到构件破坏，使用阶段又可分为"消压状态、开裂临界状态和承载能力极限状态"3 个主要特征阶段，而且在混凝土应力达到抗拉强度标准值 f_{tk} 之前，可用材料力学的方法分析。

(1) 消压状态。所谓消压状态就是当轴向拉力从零开始增大到某一数值时，截面上混凝土的法向应力恰好为零的状态，该轴向拉力称为消压轴力，用符号 N_{p0} 表示，如图 10.13(a)所示。从完成全部预应力损失到消压状态，构件截面上混凝土应力由 σ_{pcII} 降为零，变化量为 σ_{pcII}，则根据混凝土与钢筋共同变形的概念可知，预应力筋和普通钢筋应力的变化量为 $\alpha_E \sigma_{pcII}$。因此，消压状态时预应力筋、普通钢筋和混凝土的应力分别如下。

预应力筋的应力(拉应力)：

$$\sigma_{p0} = \sigma_{con} - \sigma_l \tag{10-24}$$

普通钢筋的应力(压应力)：

$$\sigma_{s0} = \sigma_{l5} \tag{10-25}$$

混凝土的应力：

$$\sigma_c = 0 \tag{10-26}$$

同时，根据力的平衡条件 $\sum X = 0$ 可得消压轴力 N_{p0} 为

$$N_{p0} = \sigma_{p0}A_p - \sigma_{s0}A_s = (\sigma_{con} - \sigma_l)A_p - \sigma_{l5}A_s = \sigma_{pcII}A_0 \tag{10-27}$$

此时构件截面上混凝土的应力为零，相当于钢筋混凝土构件的起始受力状态。而预应力混凝土构件的裂缝宽度和受剪承载力计算正是利用该概念，以消压状态为起点，以钢筋混凝土构件的计算公式为基础，再考虑 N_{p0} 的影响，来建立预应力混凝土构件的裂缝宽度和受剪承载力计算公式。

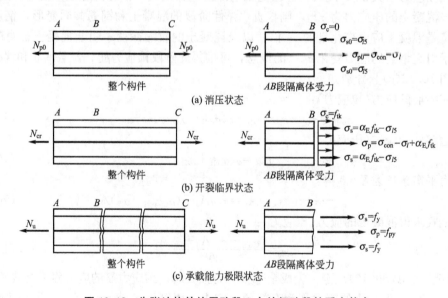

图 10.13　先张法构件使用阶段 3 个特征阶段的受力状态

（2）开裂临界状态。随着轴向拉力的继续增大，构件截面上混凝土将开始受拉，当混凝土的拉应力达到 f_{tk} 时，裂缝即将出现，构件达到开裂临界状态，相应的轴向拉力称为开裂轴力，用符号 N_{cr} 表示，如图 10.13(b) 所示。从消压状态到开裂临界状态，构件截面上混凝土应力由零升至 f_{tk}，变化量为 f_{tk}，则根据混凝土与钢筋共同变形的概念可知，预应力筋和普通钢筋应力的变化量为 $\alpha_E f_{tk}$。因此，开裂临界状态时预应力筋、普通钢筋和混凝土的应力分别如下。

预应力筋的应力（拉应力）：

$$\sigma_p = \sigma_{con} - \sigma_l + \alpha_E f_{tk} \tag{10-28}$$

普通钢筋的应力（拉应力）：

$$\sigma_s = \alpha_E f_{tk} - \sigma_{l5} \tag{10-29}$$

混凝土的应力（拉应力）：

$$\sigma_c = f_{tk} \tag{10-30}$$

同时，根据力的平衡条件 $\sum X = 0$ 可得开裂轴力 N_{cr} 为

$$N_{cr} = \sigma_p A_p + \sigma_s A_s + \sigma_c A_c = (\sigma_{con} - \sigma_l + \alpha_E f_{tk})A_p + (\alpha_E f_{tk} - \sigma_{l5})A_s + f_{tk}A_c$$
$$= (\sigma_{pcII} + f_{tk})A_0 = N_0 + f_{tk}A_0 \tag{10-31}$$

由式（10-31）可见，预应力混凝土轴心受拉构件的开裂轴力 N_{cr} 比钢筋混凝土轴心受拉构件的大 $\sigma_{pcII}A_0$，同时由于 σ_{pcII} 比 f_{tk} 大得多，这就是预应力混凝土构件抗裂性能好的原因所在。

（3）承载能力极限状态。轴心受拉构件一旦开裂，裂缝沿正截面贯通，则开裂后裂缝截面混凝土完全退出工作，外力全部由钢筋承担。当裂缝截面上预应力筋和普通钢筋的应力分别达到抗拉强度设计值 f_{py} 和 f_y 时，贯通裂缝骤然加宽，构件破坏（达到承载能力极限状态），相应的轴向拉力称为极限轴力，用符号 N_u 表示，如图 10.13(c) 所示，根据力的平衡条件 $\sum X = 0$ 可得极限轴力 N_u 为

$$N_u = f_y A_s + f_{py} A_p \tag{10-32}$$

2. 后张法轴心受拉构件的受力性能

1）施工阶段

随着施工工序和预应力损失过程的进行，施工阶段又可分为"张拉至控制应力时、完成第一批预应力损失时和完成第二批预应力损失时"3 个主要特征阶段。

（1）张拉至控制应力时。因张拉至控制应力时混凝土强度低、而此时混凝土受到的压力是施工阶段中最大的，所以张拉至控制应力时刻是后张法构件施工阶段混凝土受力最不利的情形之一。

当张拉至控制应力 σ_{con} 时，沿构件长度各截面产生了数值不等的摩擦损失 σ_{l2}，则任意截面预应力筋应力 σ_p 由 σ_{con} 降低到 $\sigma_{con} - \sigma_{l2}$。此时，若设混凝土的压应力为 σ_c，且从张拉预应力筋开始混凝土和普通钢筋共同变形（两者的应变相等），则普通钢筋的应力变化量为 $\alpha_E \sigma_c$。因此，此阶段构件任意截面预应力筋、普通钢筋和混凝土的应力 [图 10.14(a)] 分别如下。

预应力筋的应力（拉应力）：

$$\sigma_p = \sigma_{con} - \sigma_{l2} \tag{10-33}$$

普通钢筋的应力（压应力）：

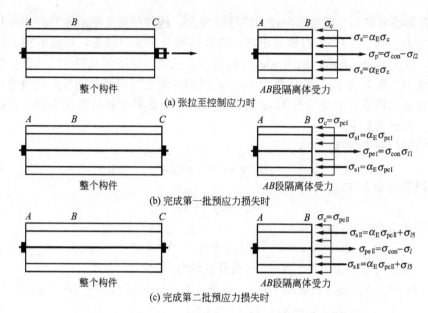

图 10.14　后张法构件施工阶段 3 个特征阶段的受力状态

$$\sigma_s = \alpha_E \sigma_c \tag{10-34}$$

由力的平衡条件 $\sum X = 0$ 得

$$(\sigma_{con} - \sigma_{l2})A_p = \sigma_c A_c + \alpha_E \sigma_c A_s \tag{10-35}$$

由上式求得混凝土的应力(压应力):

$$\sigma_c = \frac{(\sigma_{con} - \sigma_{l2})A_p}{A_c + \alpha_E A_s} = \frac{(\sigma_{con} - \sigma_{l2})A_p}{A_n} \tag{10-36}$$

式中:A_n——后张法构件的净截面面积,$A_n = A_c + \alpha_E A_s$。

(2) 完成第一批预应力损失时。当预应力筋锚固完毕,则在前期完成摩擦损失 σ_{l2} 的基础上,又完成了锚固回缩损失 σ_{l1},至此第一批预应力损失($\sigma_{lI} = \sigma_{l1} + \sigma_{l2}$)全部完成,预应力筋应力由 σ_{con} 降低到 $\sigma_{con} - \sigma_{lI}$。设此时混凝土的压应力为 σ_{pcI},且从张拉预应力筋开始混凝土和普通钢筋共同变形(两者的应变相等),则普通钢筋的应力变化量为 $\alpha_E \sigma_{pcI}$。因此,此阶段预应力筋、普通钢筋和混凝土的应力 [图 10.14(b)] 分别如下。

预应力筋的应力(拉应力):

$$\sigma_{peI} = \sigma_{con} - \sigma_{lI} \tag{10-37}$$

普通钢筋的应力(压应力):

$$\sigma_{sI} = \alpha_E \sigma_{pcI} \tag{10-38}$$

由力的平衡条件 $\sum X = 0$ 得

$$(\sigma_{con} - \sigma_{lI})A_p = \sigma_{pcI} A_c + \alpha_E \sigma_{pcI} A_s \tag{10-39}$$

由上式求得混凝土的应力(压应力):

$$\sigma_{pcI} = \frac{(\sigma_{con} - \sigma_{lI})A_p}{A_c + \alpha_E A_s} = \frac{(\sigma_{con} - \sigma_{lI})A_p}{A_n} \tag{10-40}$$

(3) 完成第二批预应力损失时。随着时间的增长,因预应力筋的松弛和混凝土的收缩徐变趋于稳定而完成第二批预应力损失($\sigma_{lII} = \sigma_{l4} + \sigma_{l5} + \sigma_{l6}$),此时构件已完成全部预应力损失,预应力总损失值 $\sigma_l = \sigma_{lI} + \sigma_{lII}$。设此阶段混凝土的压应力为 σ_{pcII},则根据"该阶段混凝土和普通钢筋共同变形、普通钢筋的应力变化量是混凝土应力变化量的 α_E 倍，以及混凝土的收缩徐变不引起混凝土自身的应力变化、却引起钢筋的应力变化 σ_{l5}" 的概念，可推得此阶段预应力筋、普通钢筋和混凝土的应力 [图 10.14(c)] 分别如下。

预应力筋的应力(拉应力)：

$$\sigma_{peII}=\sigma_{con}-\sigma_{lI}-\sigma_{lII}=\sigma_{con}-\sigma_l \tag{10-41}$$

普通钢筋的应力(压应力)：

$$\sigma_{sII}=\alpha_E\sigma_{pcII}+\sigma_{l5} \tag{10-42}$$

由力的平衡条件 $\sum X=0$ 得

$$(\sigma_{con}-\sigma_l)A_p=\sigma_{pcII}A_c+(\alpha_E\sigma_{pcII}+\sigma_{l5})A_s \tag{10-43}$$

由上式求得混凝土的应力(压应力)：

$$\sigma_{pcII}=\frac{(\sigma_{con}-\sigma_l)A_p-\sigma_{l5}A_s}{A_n} \tag{10-44}$$

《规范》(GB 50010)规定：完成全部预应力损失后，预应力筋的应力称为有效预应力，用符号 σ_{pe} 表示；混凝土的应力称为有效预压应力，用符号 σ_{pc} 表示。因此，后张法轴心受拉构件中预应力筋的有效预应力 σ_{pe} 和混凝土的有效预压应力 σ_{pc} 分别如下。

$$\sigma_{pe}=\sigma_{con}-\sigma_l \tag{10-45}$$

$$\sigma_{pc}=\frac{(\sigma_{con}-\sigma_l)A_p-\sigma_{l5}A_s}{A_n} \tag{10-46}$$

2) 使用阶段

同先张法构件一样，后张法构件的使用阶段也分为"消压状态、开裂临界状态和承载能力极限状态" 3 个主要特征阶段。

(1) 消压状态。消压轴力用符号 N_{p0} 表示，从完成全部预应力损失到消压状态，构件截面上混凝土应力由 σ_{pcII} 降为零，变化量为 σ_{pcII}，则预应力筋和普通钢筋应力的变化量为 $\alpha_E\sigma_{pcII}$。因此，在消压状态时后张法轴心受拉构件预应力筋、普通钢筋和混凝土的应力 [图 10.15(a)] 分别如下。

预应力筋的应力(拉应力)：

$$\sigma_{p0}=\sigma_{con}-\sigma_l+\alpha_E\sigma_{pcII} \tag{10-47}$$

普通钢筋的应力(压应力)：

$$\sigma_{s0}=\sigma_{l5} \tag{10-48}$$

混凝土的应力：

$$\sigma_c=0 \tag{10-49}$$

同时，根据力的平衡条件 $\sum X=0$ 可得消压轴力 N_{p0} 为

$$N_{p0}=\sigma_{p0}A_p-\sigma_{s0}A_s=(\sigma_{con}-\sigma_l+\alpha_E\sigma_{pcII})A_p-\sigma_{l5}A_s=\sigma_{pcII}A_0 \tag{10-50}$$

(2) 开裂临界状态。从消压状态到开裂临界状态，构件截面上混凝土应力由零升为 f_{tk}，变化为 f_{tk}，则预应力筋和普通钢筋应力的变化量为 $\alpha_E f_{tk}$。因此，在开裂临界状态时后张法轴心受拉构件预应力筋、普通钢筋和混凝土的应力 [图 10.15(b)] 分别如下。

预应力筋的应力(拉应力)：

$$\sigma_p=\sigma_{con}-\sigma_l+\alpha_E\sigma_{pcII}+\alpha_E f_{tk} \tag{10-51}$$

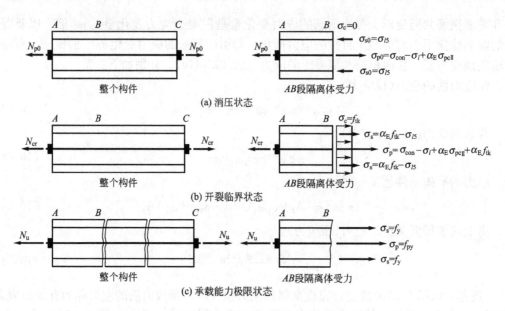

图 10.15 后张法构件使用阶段 3 个特征阶段的受力状态

普通钢筋的应力(拉应力):

$$\sigma_s = \alpha_E f_{tk} - \sigma_{l5} \tag{10-52}$$

混凝土的应力(拉应力):

$$\sigma_c = f_{tk} \tag{10-53}$$

同时,根据力的平衡条件 $\sum X = 0$ 可得开裂轴力 N_{cr} 为

$$N_{cr} = \sigma_p A_p + \sigma_s A_s + \sigma_c A_c = (\sigma_{con} - \sigma_l + \alpha_E \sigma_{pcII} + \alpha_E f_{tk}) A_p + (\alpha_E f_{tk} - \sigma_{l5}) A_s + f_{tk} A_c$$
$$= (\sigma_{pcII} + f_{tk}) A_0 = N_0 + f_{tk} A_0 \tag{10-54}$$

(3)承载能力极限状态。当裂缝截面上预应力筋和普通钢筋的应力分别达到抗拉强度设计值 f_{py} 和 f_y 时,贯通裂缝骤然加宽,构件破坏,其极限轴力 N_u 为

$$N_u = f_y A_s + f_{py} A_p \tag{10-55}$$

图 10.16 表示后张法轴心受拉构件从张拉预应力筋开始至构件破坏全过程的预应力筋应力 σ_p 和混凝土应力 σ_c 的变化规律。纵坐标以左表示从施加预应力开始至完成全部预应力损失的施工阶段,以右表示从施加外荷载开始至构件破坏的使用阶段;以横坐标为应力零点,横坐标以上表示预应力筋应力 σ_p(拉应力),以下表示混凝土应力 σ_c(压应力);图中虚线表示与预应力构件尺寸、材料完全相同的"钢筋混凝土构件"从开始加载至构件破坏过程中钢筋应力和混凝土应力的变化规律,N'_{cr} 为该钢筋混凝土构件的开裂轴力。

分析图 10.16 可得到预应力混凝土构件具有以下 3 个特点。

① 在整个使用阶段预应力筋始终处于高拉应力状态,在消压轴力 N_0 之前混凝土一直受压。这充分发挥了钢筋抗拉性能好和混凝土抗压性能好的优点,而且使高强度钢筋的强度得到利用。

② 若尺寸和材料完全相同的预应力混凝土构件与钢筋混凝土构件相比,前者的开裂轴力 N_{cr} 比后者的 N'_{cr} 大许多($N_{cr} = N_0 + N'_{cr}$),但前者的开裂轴力 N_{cr} 与极限轴力 N_u 比较接近。因此,预应力混凝土构件的抗裂性能和刚度远好于钢筋混凝土构件,但其延性较差。

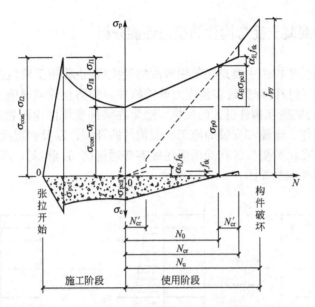

图 10.16　后张法轴心受拉构件 σ_p 和 σ_c 的发展全过程

③ 若尺寸和材料完全相同的预应力混凝土构件与钢筋混凝土构件相比，两者的极限承载能力相同（均为 N_u），也就是说施加预应力不能提高轴心受拉构件的极限承载能力。

3. 先张法与后张法计算公式的比较

先张法构件放张预应力筋时，预应力筋随构件一起回缩，故除了常规的 6 种预应力损失外，还有弹性压缩损失 σ_{le}，其值等于混凝土应力变化量 σ_{pc} 的 a_E 倍。而对于后张法构件，由于直接在构件上张拉预应力筋，故当采取一次张拉全部预应力筋时，则无弹性压缩损失。有无弹性压缩损失是造成先张法与后张法构件计算公式有所区别的本质因素，两者计算公式的区别主要有以下 3 个方面。

1) 混凝土预压应力 σ_{pc}

在施工阶段，两者公式的形式相同，但先张法 σ_{pc} 计算公式用换算截面面积 A_0，而后张法公式用净截面面积 A_n。因此，在其他参数相同的情况下，先张法求得的 σ_{pc} 比后张法小。

2) 预应力筋应力 σ_p（或 σ_{pe}）

在开裂前，先张法构件中预应力筋应力 σ_p 总比后张法的滞后 $a_E\sigma_{pc}$。因此，在其他参数相同的情况下，先张法求得的 σ_{pe} 比后张法小。

3) 消压轴力 N_0 和开裂轴力 N_{cr}

对于消压轴力 N_0 和开裂轴力 N_{cr}，先张法计算公式均比后张法的少一项 $a_E\sigma_{pc}A_p$。因此，在其他参数相同的情况下，先张法求得的 N_0 和 N_{cr} 均比后张法小。但用换算截面面积 A_0 表示时，先张法和后张法构件有关 "N_0 和 N_{cr}" 公式的形式均相同。对于消压轴力 N_0，先张法和后张法都为 $\sigma_{pcII}A_0$；对于开裂轴力 N_{cr}，先张法和后张法都为 $(\sigma_{pcII}+f_{tk})A_0$。

计算公式除在上述 3 个方面有所区别外，其他（包括普通钢筋应力和极限轴力）计算公式均相同。

10.3.2　预应力混凝土受弯构件的受力性能分析

预应力混凝土受弯构件主要是在使用阶段的受拉区(也称施工阶段的预压区)配置预应力筋 A_p。同时对于受拉区配置较多预应力筋的构件，为防止或减缓施工阶段预拉区(即使用阶段的受压区)的裂缝和构件过大的反拱，通常在梁的受压区也配置预应力筋 A_p'。同时为防止或减缓在制作、运输和安装等施工阶段构件的开裂，以及因混凝土收缩和温差引起构件的裂缝，通常在梁的受拉区和受压区还配有普通钢筋 A_s 和 A_s'，所以预应力混凝土受弯构件最常见的截面配筋如图 10.17(a)所示。

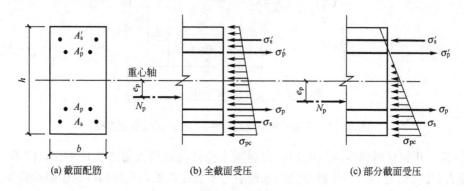

(a) 截面配筋　　　　　(b) 全截面受压　　　　　(c) 部分截面受压

图 10.17　预应力混凝土受弯构件截面配筋与截面受力

在预应力混凝土轴心受拉构件中，预应力筋 A_p 和普通钢筋 A_s 在截面上的布置是对称的，所以预应力筋的合力 N_p 作用在截面的重心轴上，截面混凝土受到均匀的预压应力。而在预应力混凝土受弯构件中，通常 $A_p > A_p'$，甚至没有 A_p'，所以预应力筋 A_p 和 A_p' 的合力 N_p 不作用在截面的重心轴上，截面混凝土受到不均匀的预压应力，如图 10.17(b)所示，甚至在预拉区出现拉应力，如图 10.17(c)所示。若 N_p 到截面重心轴的距离用 e_p 表示，则可把预应力筋的合力 N_p 等效于作用在截面上的一个虚拟的偏心压力，如图 10.17(b)、(c)所示。

预应力混凝土受弯构件也分为先张法构件和后张法构件两种。

1. 先张法受弯构件的受力性能

预应力混凝土受弯构件的受力过程也分为施工阶段和使用阶段两个阶段。

1) 施工阶段

先张法轴心受拉构件施工阶段受力分析中的"放张预应力筋前"阶段主要是为了说明"放张预应力筋前混凝土不受力，所以放张预应力筋以后各个阶段混凝土所受的应力其实就是混凝土应力的变化量"这一概念，该概念在先张法轴心受拉构件受力分析时已介绍。因此，这里对先张法受弯构件的施工阶段只介绍"完成第一批预应力损失时(放张后)和完成第二批预应力损失时"两个主要特征阶段。

(1) 完成第一批预应力损失时(放张后)。放张前预应力筋已完成第一批预应力损失，则此时预应力筋 A_p、A_p' 中的应力分别为 $\sigma_{con} - \sigma_{lI}$ 和 $\sigma_{con}' - \sigma_{lI}'$，若两者的合力用 N_{pI} 表示，合力 N_{pI} 到换算截面重心轴的距离用 e_{pI} 表示，如图 10.18(a)所示，则根据合力与分力之间的

关系可得

$$N_{pI} = (\sigma_{con} - \sigma_{lI})A_p + (\sigma'_{con} - \sigma'_{lI})A'_p \qquad (10-56)$$

$$e_{pI} = \frac{(\sigma_{con} - \sigma_{lI})A_p y_p - (\sigma'_{con} - \sigma'_{lI})A'_p y'_p}{N_{pI}} \qquad (10-57)$$

放张预应力筋时，混凝土已结硬，钢筋与混凝土通过粘结已形成整体，所以预应力筋的回缩受到其与混凝土之间粘结力的阻止，则放张时预应力筋、普通钢筋和混凝土三者共同回缩。设放张后混凝土的压应力为 σ_{pcI}，则由于放张前混凝土应力为零，所以放张前后混凝土应力的变化量为 σ_{pcI}，则预应力筋和普通钢筋的应力变化量为 $\alpha_E \sigma_{pcI}$。可见，预应力筋对构件的作用效果等同于有一个虚拟的偏心压力 N_{pI} 作用在整个换算截面 A_0 上，并在换算截面 A_0 上产生了压应力 σ_{pcI}。因此，此阶段混凝土、预应力筋和普通钢筋的应力 [图 10.18(a)] 分别如下。

混凝土的应力（压应力）：

$$\sigma_{pcI} = \frac{N_{pI}}{A_0} \pm \frac{N_{pI} e_{pI}}{I_0} y_0 \qquad (10-58)$$

预应力筋 A_p 的应力（拉应力）：

$$\sigma_{peI} = \sigma_{con} - \sigma_{lI} - \alpha_E \sigma_{pcI}(y_p) \qquad (10-59)$$

预应力筋 A'_p 的应力（拉应力）：

$$\sigma'_{peI} = \sigma'_{con} - \sigma'_{lI} - \alpha_E \sigma_{pcI}(y'_p) \qquad (10-60)$$

普通钢筋 A_s 的应力（压应力）：

$$\sigma_{sI} = \alpha_E \sigma_{pcI}(y_s) \qquad (10-61)$$

普通钢筋 A'_s 的应力（压应力）：

$$\sigma'_{sI} = \alpha_E \sigma_{pcI}(y'_s) \qquad (10-62)$$

式中：　　　A_0——换算截面面积，$A_0 = A_c + \alpha_E A_s + \alpha_E A'_s + \alpha_E A_p + \alpha_E A'_p$；

　　　　　　I_0——换算截面惯性矩；

　　　　　　y_0——换算截面重心轴至所计算纤维处的距离，如图 10.18(a)所示；

y_p、y'_p、y_s、y'_s——换算截面重心轴至 A_p、A'_p、A_s、A'_s 合力点的距离，如图 10.18(a)所示。

（2）完成第二批预应力损失时。随着时间的增长，因混凝土的收缩徐变趋于稳定而完成第二批预应力损失 σ_{lII}，此时构件已完成全部预应力损失，预应力总损失值 $\sigma_l = \sigma_{lI} + \sigma_{lII}$。可见，"混凝土受压前"预应力筋 A_p、A'_p 中的拉应力分别为 $\sigma_{con} - \sigma_l$ 和 $\sigma'_{con} - \sigma'_l$，普通钢筋 A_s、A'_s 中的压应力分别为 σ_{l5} 和 σ'_{l5}。若预应力筋和普通钢筋的合力用 N_{p0} 表示，合力 N_{p0} 到换算截面重心轴的距离用 e_{p0} 表示，如图 10.18(b)所示，则根据合力与分力之间的关系可得

$$N_{p0} = (\sigma_{con} - \sigma_l)A_p + (\sigma'_{con} - \sigma'_l)A'_p - \sigma_{l5}A_s - \sigma'_{l5}A'_s \qquad (10-63)$$

$$e_{p0} = \frac{(\sigma_{con} - \sigma_l)A_p y_p - (\sigma'_{con} - \sigma'_l)A'_p y'_p - \sigma_{l5}A_s y_s + \sigma'_{l5}A'_s y'_s}{N_{p0}} \qquad (10-64)$$

设完成全部预应力损失且"混凝土受压后"的混凝土压应力为 σ_{pcII}，则预应力筋和普通钢筋的应力变化量为 $\alpha_E \sigma_{pcII}$。可见，预应力筋对构件的作用效果等同于有一个虚拟的偏心压力 N_{p0} 作用在整个换算截面 A_0 上，并在换算截面 A_0 上产生了压应力 σ_{pcII}。因此，完成第二批预应力损失时混凝土、预应力筋和普通钢筋的应力 [图 10.18(b)] 分别如下。

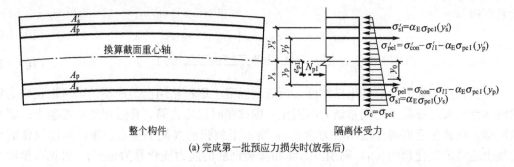

(a) 完成第一批预应力损失时(放张后)

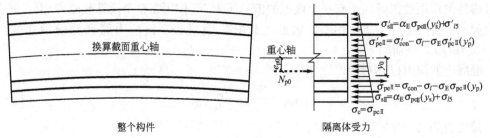

(b) 完成第二批预应力损失时

图 10.18　先张法构件施工阶段两个特征阶段的受力状态

混凝土的应力(压应力):

$$\sigma_{pcII}=\frac{N_{p0}}{A_0}\pm\frac{N_{p0}e_{p0}}{I_0}y_0 \tag{10-65}$$

预应力筋 A_p 的应力(拉应力):

$$\sigma_{peII}=\sigma_{con}-\sigma_l-\alpha_E\sigma_{pcII}(y_p) \tag{10-66}$$

预应力筋 A'_p 的应力(拉应力):

$$\sigma'_{peII}=\sigma'_{con}-\sigma'_l-\alpha_E\sigma_{pcII}(y'_p) \tag{10-67}$$

普通钢筋 A_s 的应力(压应力):

$$\sigma_{sII}=\alpha_E\sigma_{pcII}(y_s)+\sigma_{l5} \tag{10-68}$$

普通钢筋 A'_s 的应力(压应力):

$$\sigma'_{sII}=\alpha_E\sigma_{pcII}(y'_s)+\sigma'_{l5} \tag{10-69}$$

2) 使用阶段

随着外荷载开始施加到构件破坏,使用阶段又可分为"消压状态、开裂临界状态、荷载标准组合作用状态和承载能力极限状态" 4 个主要特征阶段。

(1) 消压状态。所谓受弯构件的消压状态是指当外荷载从零开始增大到某一数值时,截面受拉边缘混凝土的法向应力恰好为零的状态,该荷载称为消压荷载,用符号 F_0 表示;所对应的截面弯矩称为消压弯矩,用符号 M_0 表示,如图 10.19 所示。图 10.19(b)为完成全部预应力损失后在构件截面所建立的有效预应力,图中 σ_{pcII} 为截面受拉边缘混凝土的有效预压应力。图 10.19(c)为消压弯矩 M_0 在构件截面产生的应力,且使截面受拉边缘混凝土的拉应力恰好等于 σ_{pcII}。图 10.19(d)是图 10.19(b)和图 10.19(c)的叠加,为预加力和消压弯矩 M_0 共同作用在构件截面所产生的应力,图中截面受拉边缘混凝土的法向应力为零,截面处于消压状态。由图 10.19(c)可得消压弯矩 M_0 为

$$M_0=\sigma_{pcII}W_0 \tag{10-70}$$

式中：σ_{pcII}——完成全部预应力损失后，截面受拉边缘混凝土的有效预压应力；

W_0——构件换算截面受拉边缘的弹性抵抗矩。

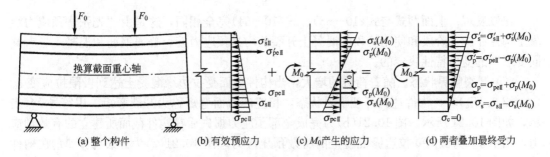

(a) 整个构件　　(b) 有效预应力　　(c) M_0产生的应力　　(d) 两者叠加最终受力

图 10.19　先张法受弯构件消压状态的受力分析

消压弯矩 M_0 在截面混凝土中产生的应力为

$$\sigma_c(M_0) = \frac{M_0}{I_0} y_0 \tag{10-71}$$

消压弯矩 M_0 在预应力筋 A_p 中产生的应力为

$$\sigma_p(M_0) = \alpha_E \frac{M_0}{I_0} y_p \tag{10-72}$$

消压弯矩 M_0 在预应力筋 A'_p、普通钢筋 A_s、A'_s 中产生的应力的计算原理与式(10-72)相同。

以上有关受弯构件的消压状态仅是截面受拉边缘混凝土的应力为零，所以该消压状态不能与钢筋混凝土受弯构件的起始受力状态相对应。因此，需要假想一个与"钢筋混凝土受弯构件起始受力状态"相对应的全截面消压状态，该假想的全截面消压状态尽管实际上不存在，但该假想的全截面消压状态对预应力混凝土受弯构件的裂缝宽度计算及理解预应力混凝土的概念非常重要。

图 10.20 是假想的全截面消压状态。图 10.20(b)为完成全部预应力损失后在构件截面所建立的有效预应力，图中 σ_{pcII} 为混凝土的有效预压应力。图 10.20(c)为偏心距为 e_{p0} 的偏心拉力 N_{p0} 在构件截面产生的拉应力，该拉应力在数值上恰好与图 10.20(b)中混凝土的有效预压应力 σ_{pcII} 相等。因此，叠加图 10.20(b)和图 10.20(c)的结果是构件全截面混凝土不受力，即全截面消压，如图 10.20(d)所示。《规范》(GB 50010)称该 N_{p0} 为混凝土法向预应力等于零时的预加力。

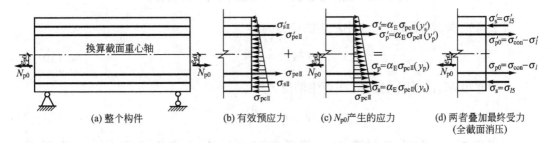

(a) 整个构件　　(b) 有效预应力　　(c) N_{p0}产生的应力　　(d) 两者叠加最终受力
（全截面消压）

图 10.20　先张法受弯构件全截面消压状态的受力分析

由图 10.20(d)力的平衡条件可得，预加力 N_{p0} 及其至换算截面重心轴的距离 e_{p0} 为

$$N_{p0} = (\sigma_{con} - \sigma_l)A_p + (\sigma'_{con} - \sigma'_l)A'_p - \sigma_{l5}A_s - \sigma'_{l5}A'_s \tag{10-73}$$

$$e_{p0} = \frac{(\sigma_{con} - \sigma_l)A_p y_p - (\sigma'_{con} - \sigma'_l)A'_p y'_p - \sigma_{l5}A_s y_s + \sigma'_{l5}A'_s y'_s}{N_{p0}} \tag{10-74}$$

比较发现：上面两式与式(10-63)、式(10-64)完全相同，这是由"先张法预应力混凝土构件在施工阶段和使用阶段的混凝土开裂前均是预应力筋、普通钢筋和混凝土三者共同变形"的受力特性决定的。

(2) 开裂临界状态。随着荷载的增大，当构件截面受拉边缘混凝土达到极限拉应变 ε_{tu}（$\varepsilon_{tu} = 2f_{tk}/E_c$）时，构件达到开裂临界状态，相应的截面弯矩称为开裂弯矩，用符号 M_{cr} 表示，如图10.21所示。图10.21(b)为完成全部预应力损失后在构件截面所建立的有效预应力，图中 σ_{pcII} 为截面受拉边缘混凝土的有效预压应力。图10.21(c)为开裂弯矩 M_{cr} 在构件截面产生的应力，且使截面受拉边缘混凝土的拉应力恰好达到 $\sigma_{pcII} + \gamma f_{tk}$。图10.21(d)是图10.21(b)和图10.21(c)的叠加，为预加力和开裂弯矩 M_{cr} 共同作用在构件截面所产生的应力。由于受拉区混凝土的塑性变形，受拉区混凝土的应力实际呈曲线分布，最大拉应力为 f_{tk}，如图10.21(d)中虚线所示。但为了能利用材料力学公式，根据弯矩相等的条件，将曲线分布的应力等效为直线分布的应力，等效后截面受拉边缘混凝土的法向应力为 γf_{tk}，该截面处于开裂临界状态。由图10.21(c)可得开裂弯矩 M_{cr} 为

$$M_{cr} = (\sigma_{pcII} + \gamma f_{tk})W_0 \tag{10-75}$$

式中：σ_{pcII}——完成全部预应力损失后，截面受拉边缘混凝土的有效预压应力；

W_0——构件换算截面受拉边缘的弹性抵抗矩；

γ——混凝土构件的截面抵抗矩塑性影响系数，其计算详见式(10-127d)中符号 γ 的解释和附表1-17。

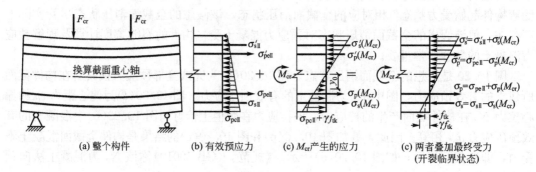

图10.21　先张法受弯构件开裂临界状态的受力分析

开裂弯矩 M_{cr} 在截面混凝土中产生的应力为

$$\sigma_c(M_{cr}) = \frac{M_{cr}}{I_0}y_0 \tag{10-76}$$

开裂弯矩 M_{cr} 在预应力筋 A_p 中产生的应力为

$$\sigma_p(M_{cr}) = \alpha_E \frac{M_{cr}}{I_0}y_p \tag{10-77}$$

开裂弯矩 M_{cr} 在预应力筋 A'_p、普通钢筋 A_s、A'_s 中产生的应力的计算原理与式(10-77)相同。

(3) 荷载标准组合作用状态。对于裂缝控制等级为三级的预应力混凝土受弯构件，裂

缝宽度计算时的钢筋应力取"自全截面消压状态至荷载标准组合时"钢筋应力的增量。如"假想全截面消压状态"时所述,在有效预应力 [图 10.22(b)] 的基础上,附加一个偏心距为 e_{p0} 的虚拟偏心拉力 N_{p0},使构件截面达到全截面消压状态,如图 10.22(c) 所示。同时,为抵消附加的虚拟偏心拉力 N_{p0} 的作用,又虚拟一个"与附加的虚拟偏心拉力 N_{p0} 等值反向作用点相同的"偏心压力 N_{p0} 作用,如图 10.22(d) 所示。上述处理结果等同于将有效预应力 [图 10.22(b)] 分解为图 10.22(c) 和图 10.22(d) 的叠加,其中图 10.22(c) 所示的全截面消压状态与钢筋混凝土受弯构件的起始受力状态相对应,所以预应力混凝土受弯构件裂缝宽度计算时的钢筋应力取值以该全截面消压状态为起点。若荷载标准组合 M_k 作用下的截面受力用图 10.22(e) 表示,则图 10.22(d) 和图 10.22(e) 的叠加结果图 10.22(f) 就是预应力混凝土受弯构件裂缝宽度计算时的钢筋应力计算简图,叠加过程如图 10.22 虚线框内所示。

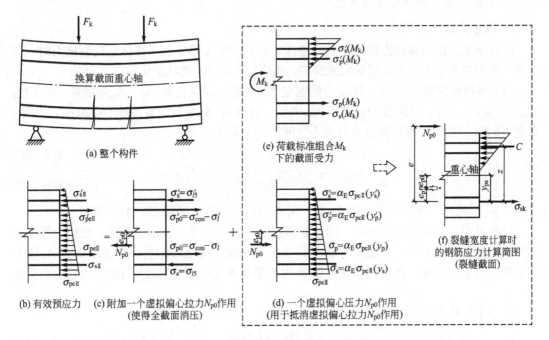

图 10.22 裂缝控制等级为三级的先张法受弯构件在荷载标准组合下的受力分析

《规范》(GB 50010)将图 10.22(f) 中受拉区预应力筋 A_p 和普通钢筋 A_s 的应力统一用符号 σ_{sk} 表示,并称其为按标准组合计算的预应力混凝土受弯构件纵向受拉钢筋等效应力。从上述分析可知:该等效应力 σ_{sk} 的实质是以图 10.22(c) 为零点的一个钢筋应力增量。σ_{sk} 的计算详见式(10-120f)。

(4) 承载能力极限状态。受拉钢筋屈服,受压边缘混凝土达到极限压应变 ε_{cu},构件截面达到承载能力极限状态。与钢筋混凝土受弯构件正截面受弯承载力计算简图建立时的处理方法相同,经过 4 个基本假定,再将受压区混凝土的应力图等效为矩形应力图,得到预应力混凝土受弯构件的计算简图,如图 10.23(b) 所示。对于宽度为 b 的矩形截面,根据力矩平衡条件可得极限弯矩 M_u 为

$$M_u = \alpha_1 f_c b x \left(h_0 - \frac{x}{2} \right) + f'_y A'_s (h_0 - a'_s) - (\sigma'_{p0} - f'_{py}) A'_p (h_0 - a'_p) \qquad (10-78)$$

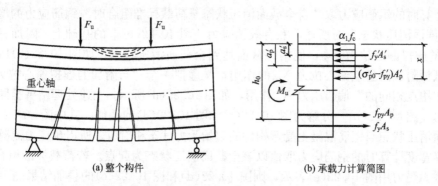

(a) 整个构件   (b) 承载力计算简图

图 10.23　先张法受弯构件在承载能力极限状态时的受力分析

2. 后张法受弯构件的受力性能

1）施工阶段

随着施工工序和预应力损失过程的进行，施工阶段又可分为"张拉至控制应力时、完成第一批预应力损失时和完成第二批预应力损失时"3 个主要特征阶段。

（1）张拉至控制应力时。张拉至控制应力 σ_{con} 时，预应力筋 A_p、A'_p 中的应力分别为 $\sigma_{con} - \sigma_{l2}$ 和 $\sigma'_{con} - \sigma'_{l2}$，若两者的合力用 N_p 表示，合力 N_p 到净截面重心轴的距离用 e_p 表示，如图 10.24（a）所示，则根据合力与分力之间的关系可得

$$N_p = (\sigma_{con} - \sigma_{l2})A_p + (\sigma'_{con} - \sigma'_{l2})A'_p \tag{10-79}$$

$$e_p = \frac{(\sigma_{con} - \sigma_{l2})A_p y_{pn} - (\sigma'_{con} - \sigma'_{l2})A'_p y'_{pn}}{N_p} \tag{10-80}$$

式中：y_{pn}、y'_{pn}——净截面重心轴至 A_p、A'_p 合力点的距离，如图 10.24（a）所示。

设此时混凝土的压应力为 σ_c，则普通钢筋的应力变化量为 $\alpha_E\sigma_c$。可见，预应力筋对构件的作用效果等同于有一个虚拟的偏心压力 N_p 作用在净截面 A_n 上，并在净截面 A_n 上产生了压应力 σ_c。因此，此阶段混凝土、预应力筋和普通钢筋的应力［图 10.24（a）］分别如下。

混凝土的应力（压应力）：

$$\sigma_c = \frac{N_p}{A_n} \pm \frac{N_p e_p}{I_n} y_n \tag{10-81}$$

预应力筋 A_p 的应力（拉应力）：

$$\sigma_p = \sigma_{con} - \sigma_{l2} \tag{10-82}$$

预应力筋 A'_p 的应力（拉应力）：

$$\sigma'_p = \sigma'_{con} - \sigma'_{l2} \tag{10-83}$$

普通钢筋 A_s 的应力（压应力）：

$$\sigma_s = \alpha_E \sigma_c (y_{sn}) \tag{10-84}$$

普通钢筋 A'_s 的应力（压应力）：

$$\sigma'_s = \alpha_E \sigma_c (y'_{sn}) \tag{10-85}$$

式中：A_n——净截面面积，$A_n = A_c + \alpha_E A_s + \alpha_E A'_s$；

I_n——净截面惯性矩；

y_n——净截面重心轴至所计算纤维处的距离，如图 10.24（a）所示；

y_{sn}、y'_{sn}——净截面重心轴至 A_s、A'_s 合力点的距离，如图 10.24(a)所示。

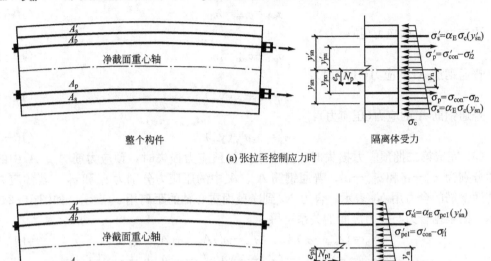

(a) 张拉至控制应力时

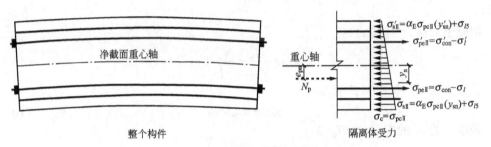

(b) 完成第一批预应力损失时

(c) 完成第二批预应力损失时

图 10.24 后张法构件施工阶段 3 个特征阶段的受力状态

（2）完成第一批预应力损失时。完成第一批预应力损失时，预应力筋 A_p、A'_p 中的应力分别为 $\sigma_{con}-\sigma_{lI}$ 和 $\sigma'_{con}-\sigma'_{lI}$，若两者的合力用 N_{pI} 表示，合力 N_{pI} 到净截面重心轴的距离用 e_{pI} 表示，如图 10.24(b)所示，则根据合力与分力之间的关系可得

$$N_{pI}=(\sigma_{con}-\sigma_{lI})A_p+(\sigma'_{con}-\sigma'_{lI})A'_p \tag{10-86}$$

$$e_{pI}=\frac{(\sigma_{con}-\sigma_{lI})A_p y_{pn}-(\sigma'_{con}-\sigma'_{lI})A'_p y'_{pn}}{N_{pI}} \tag{10-87}$$

设此时混凝土的压应力为 σ_{pcI}，则普通钢筋的应力变化量为 $\alpha_E\sigma_{pcI}$。可见，预应力筋对构件的作用效果等同于有一个虚拟的偏心压力 N_{pI} 作用在净截面 A_n 上，并在净截面 A_n 上产生了压应力 σ_{pcI}。因此，此阶段混凝土、预应力筋和普通钢筋的应力［图 10.24(b)］分别如下。

混凝土的应力(压应力)：

$$\sigma_{pcI}=\frac{N_{pI}}{A_n}\pm\frac{N_{pI}e_{pI}}{I_n}y_n \tag{10-88}$$

预应力筋 A_p 的应力(拉应力):

$$\sigma_{peI} = \sigma_{con} - \sigma_{lI} \tag{10-89}$$

预应力筋 A_p' 的应力(拉应力):

$$\sigma_{peI}' = \sigma_{con}' - \sigma_{lI}' \tag{10-90}$$

普通钢筋 A_s 的应力(压应力):

$$\sigma_{sI} = \alpha_E \sigma_{pcI}(y_{sn}) \tag{10-91}$$

普通钢筋 A_s' 的应力(压应力):

$$\sigma_{sI}' = \alpha_E \sigma_{pcI}(y_{sn}') \tag{10-92}$$

(3) 完成第二批预应力损失时。完成第二批预应力损失时,预应力筋 A_p、A_p' 中的拉应力分别为 $\sigma_{con} - \sigma_l$ 和 $\sigma_{con}' - \sigma_l'$,普通钢筋 A_s、A_s' 中的压应力分别为 σ_{l5} 和 σ_{l5}'。若预应力筋和普通钢筋的合力用 N_p 表示,合力 N_p 到净截面重心轴的距离用 e_{pn} 表示,如图 10.24(c) 所示,则根据合力与分力之间的关系可得

$$N_p = (\sigma_{con} - \sigma_l)A_p + (\sigma_{con}' - \sigma_l')A_p' - \sigma_{l5}A_s - \sigma_{l5}'A_s' \tag{10-93}$$

$$e_{pn} = \frac{(\sigma_{con} - \sigma_l)A_p y_{pn} - (\sigma_{con}' - \sigma_l')A_p' y_{pn}' - \sigma_{l5}A_s y_{sn} + \sigma_{l5}'A_s' y_{sn}'}{N_p} \tag{10-94}$$

设此时混凝土的压应力为 σ_{pcII},则普通钢筋的应力变化量为 $\alpha_E \sigma_{pcII}$。可见,预应力筋对构件的作用效果等同于有一个虚拟的偏心压力 N_p 作用在净截面 A_n 上,并在净截面 A_n 上产生了压应力 σ_{pcII}。因此,此阶段混凝土、预应力筋和普通钢筋的应力 [图 10.24(c)] 分别如下。

混凝土的应力(压应力):

$$\sigma_{pcII} = \frac{N_p}{A_n} \pm \frac{N_p e_{pn}}{I_n} y_n \tag{10-95}$$

预应力筋 A_p 的应力(拉应力):

$$\sigma_{peII} = \sigma_{con} - \sigma_l \tag{10-96}$$

预应力筋 A_p' 的应力(拉应力):

$$\sigma_{peII}' = \sigma_{con}' - \sigma_l' \tag{10-97}$$

普通钢筋 A_s 的应力(压应力):

$$\sigma_{sII} = \alpha_E \sigma_{pcII}(y_{sn}) + \sigma_{ls} \tag{10-98}$$

普通钢筋 A_s' 的应力(压应力):

$$\sigma_{sII}' = \alpha_E \sigma_{pcII}(y_{sn}') + \sigma_{l5}' \tag{10-99}$$

2) 使用阶段

后张法受弯构件的使用阶段也可分为"消压状态、开裂临界状态、荷载标准组合作用状态和承载能力极限状态" 4 个主要特征阶段。同时,由于在使用阶段后张法构件与先张法构件一样,都是预应力筋、普通钢筋和混凝土三者共同承担外荷载,共同变形,所以先张法和后张法构件在使用阶段混凝土开裂前的受力分析都是使用换算截面,两者在使用阶段的受力性能相同。因此,以下有关后张法在使用阶段的 4 个主要特征阶段的受力分析,仅给出其受力分析图和指出其与先张法的区别。

(1) 消压状态。后张法受弯构件消压状态的受力分析如图 10.25 所示。

比较发现:图 10.25 与先张法对应状态受力图(图 10.19)的受力情况完全相同。因此,后张法受弯构件的消压弯矩 M_0 也是用式(10-70)计算。不过应用时应注意:后张法受弯

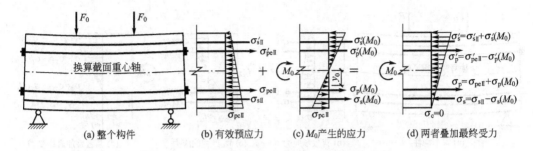

图 10.25　后张法受弯构件消压状态的受力分析

构件消压弯矩 M_0 计算公式中的 σ_{pcII} 应采用后张法受弯构件混凝土有效预压应力的公式计算，即按式(10-95)计算。

后张法受弯构件全截面消压状态的受力分析如图10.26所示。

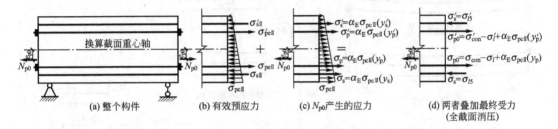

图 10.26　后张法受弯构件全截面消压状态的受力分析

与先张法对应状态受力图(图10.20)的比较发现：图10.26(d)中预应力筋的应力 σ_{p0}、σ'_{p0} 比图10.20(d)中的分别多一项 $\alpha_E\sigma_{pcII}(y_p)$、$\alpha_E\sigma_{pcII}(y'_p)$，其余受力情况相同。造成 σ_{p0} 中后张法比先张法多一项 $\alpha_E\sigma_{pcII}$ 的原因是：在施工阶段建立的有效预应力 σ_{peII} 中后张法比先张法多一项 $\alpha_E\sigma_{pcII}$，而不是使用阶段的外荷载引起的。因此，后张法受弯构件与先张法受弯构件有关预加力 N_{p0} 及其偏心距 e_{p0} 的计算公式是不同的。

由图10.26(d)力的平衡条件可得：后张法受弯构件预加力 N_{p0} 及其至换算截面重心轴的距离 e_{p0} 为

$$N_{p0}=[\sigma_{con}-\sigma_l+\alpha_E\sigma_{pcII}(y_p)]A_p+[\sigma'_{con}-\sigma'_l+\alpha_E\sigma_{pcII}(y'_p)]A'_p-\sigma_{l5}A_s-\sigma'_{l5}A'_s$$

$$(10-100)$$

$$e_{p0}=\frac{[\sigma_{con}-\sigma_l+\alpha_E\sigma_{pcII}(y_p)]A_py_p-[\sigma'_{con}-\sigma'_l+\alpha_E\sigma_{pcII}(y'_p)]A'_py'_p-\sigma_{l5}A_sy_s+\sigma'_{l5}A'_sy'_s}{N_{p0}}$$

$$(10-101)$$

(2) 开裂临界状态。后张法受弯构件开裂临界状态的受力分析如图10.27所示。

比较发现：图10.27与先张法对应状态受力图(图10.21)的受力情况完全相同。因此，后张法受弯构件的开裂弯矩 M_{cr} 也是用式(10-75)计算。不过应用时应注意：后张法受弯构件开裂弯矩 M_{cr} 计算公式中的 σ_{pcII} 应采用后张法受弯构件混凝土有效预压应力的公式计算，即按式(10-95)计算。

(3) 荷载标准组合作用状态。裂缝控制等级为三级的后张法受弯构件荷载标准组合作用下的受力分析如图10.28所示。

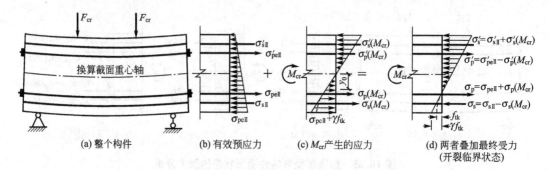

图 10.27　后张法受弯构件开裂临界状态的受力分析

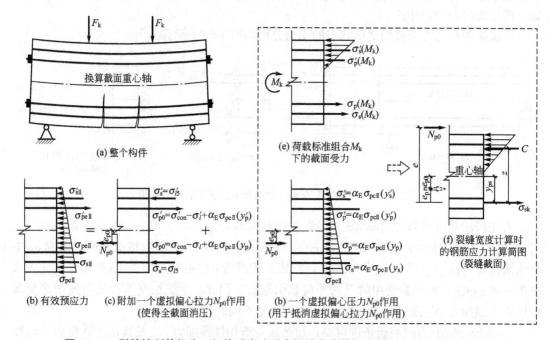

图 10.28　裂缝控制等级为三级的后张法受弯构件在荷载标准组合作用下的受力分析

与先张法对应状态受力图(图 10.22)的比较发现：图 10.28(c)中预应力筋的应力 σ_{p0}、σ'_{p0} 比图 10.22(c)中的分别多一项 $\alpha_E\sigma_{pcII}(y_p)$、$\alpha_E\sigma_{pcII}(y'_p)$，其余受力情况相同。因此，后张法受弯构件在裂缝宽度和斜截面受剪承载力计算时，涉及的 N_{p0} 与 e_{p0} 应分别按式(10-100)和式(10-101)计算。

(4) 承载能力极限状态。后张法受弯构件承载能力极限状态的受力分析如图 10.29 所示。

比较发现：图 10.29 与先张法对应状态受力图(图 10.23)的受力情况完全相同。因此，后张法受弯构件的极限弯矩 M_u 也是用式(10-78)计算。

综上所述，先张法与后张法受弯构件在使用阶段的受力性能是完全相同的，两者在"消压弯矩 M_0 和开裂弯矩 M_{cr} 计算时所用 σ_{pcII} 的差别、全截面消压状态时预应力筋应力 σ_{p0} 的差别及两者有关 N_{p0} 和 e_{p0} 计算公式的差别"都是由于施工阶段在混凝土和预应力筋中所建立的有效预应力有所差别造成的，与使用阶段外荷载的作用无关。

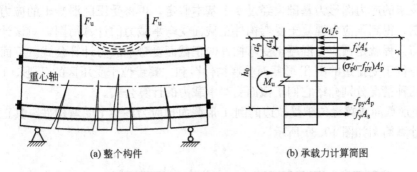

(a) 整个构件   (b) 承载力计算简图

图 10.29 后张法受弯构件在承载能力极限状态时的受力分析

10.4 预应力混凝土构件的设计计算

预应力混凝土构件的设计计算包括使用阶段的承载力计算、裂缝控制和挠度验算，施工阶段(制作、运输和安装)的承载力验算，以及后张法构件端部锚固区的局部受压承载力计算。

10.4.1 使用阶段的承载力计算

1. 预应力混凝土轴心受拉构件的承载力计算

图 10.30 为配有预应力筋 A_p，普通钢筋 A_s 的预应力混凝土轴心受拉构件。根据承载能力极限状态时力的平衡条件可得

$$N \leqslant f_y A_s + f_{py} A_p \tag{10-102}$$

式中：N——轴向拉力设计值；

f_y、f_{py}——普通钢筋、预应力筋抗拉强度设计值；

A_s、A_p——纵向普通钢筋、预应力筋的全部截面面积。

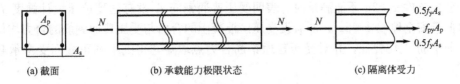

(a) 截面   (b) 承载能力极限状态   (c) 隔离体受力

图 10.30 预应力混凝土轴心受拉构件

2. 预应力混凝土受弯构件的承载力计算

预应力混凝土受弯构件的承载力计算包括正截面受弯承载力计算、斜截面受剪承载力计算和斜截面受弯承载力计算 3 个方面。

1) 预应力混凝土受弯构件的正截面受弯承载力计算

与建立钢筋混凝土受弯构件正截面受弯承载力计算公式时的处理方法一样，以适筋破

坏第Ⅲ阶段末的应力图形为基础，经过 4 个基本假定，再将受压区混凝土的应力图等效为矩形应力图，得到预应力混凝土受弯构件正截面受弯承载力的计算简图，对该计算简图建立的力平衡方程就是预应力混凝土受弯构件的正截面受弯承载力计算公式。下面分"矩形截面或翼缘位于受拉边的倒 T 形截面受弯构件"和"翼缘位于受压区的 T 形、I 形截面受弯构件"两种情况分别介绍它们正截面受弯承载力的计算公式。

（1）矩形截面或翼缘位于受拉边的倒 T 形截面预应力混凝土受弯构件，其正截面受弯承载力的计算简图如图 10.31 所示。

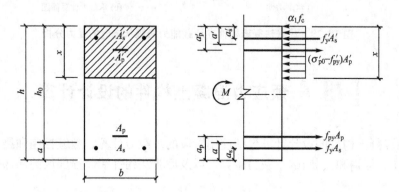

图 10.31　矩形截面预应力混凝土受弯构件正截面受弯承载力计算简图

由上述计算简图的力平衡条件得到矩形截面预应力混凝土受弯构件正截面受弯承载力的计算公式如下：

$$
\begin{cases}
\alpha_1 f_c b x = f_y A_s - f'_y A'_s + f_{py} A_p + (\sigma'_{p0} - f'_{py}) A'_p & (10\text{-}103a) \\
M \leqslant \alpha_1 f_c b x \left(h_0 - \dfrac{x}{2} \right) + f'_y A'_s (h_0 - a'_s) - (\sigma'_{p0} - f'_{py}) A'_p (h_0 - a'_p) & (10\text{-}103b)
\end{cases}
$$

计算公式的适用条件是：$2a' \leqslant x \leqslant \xi_b h_0$。$a'$ 为受压区全部纵向钢筋合力点至截面受压边缘的距离，当受压区未配置纵向预应力筋或受压区纵向预应力筋应力 $(\sigma'_{p0} - f'_{py})$ 为拉应力时，公式条件 $x \geqslant 2a'$ 中的 a' 用 a'_s 代替。

式中：σ'_{p0}——受压区纵向预应力筋合力点处混凝土法向应力等于零时的预应力筋应力；

其余符号意义以前已介绍，这里不再赘述。

当公式条件 $x \geqslant 2a'$ 不能满足时，表明受压普通钢筋 A'_s 没有达到抗压设计强度 f'_y。此时可以偏于安全地取 $x = 2a'_s$，即假设受压区混凝土的合力与受压普通钢筋的合力均作用在受压普通钢筋 A'_s 位置处，并对受压普通钢筋合力点取矩，得到下列正截面受弯承载力计算公式：

$$
M \leqslant f_{py} A_p (h - a_p - a'_s) + f_y A_s (h - a_s - a'_s) + (\sigma'_{p0} - f'_{py}) A'_p (a'_p - a'_s) \qquad (10\text{-}104)
$$

对于预应力混凝土构件的相对界限受压区高度 ξ_b 应按下列公式计算：

$$
\xi_b = \frac{\beta_1}{1 + \dfrac{0.002}{\varepsilon_{cu}} + \dfrac{f_{py} - \sigma_{p0}}{E_s \varepsilon_{cu}}} \qquad (10\text{-}105)
$$

式中：σ_{p0}——受拉区纵向预应力筋合力点处混凝土法向应力等于零时的预应力筋应力。

对于预应力混凝土构件任意位置处普通钢筋和预应力筋的应力可按下列近似公式

计算。

普通钢筋：

$$\sigma_{si} = \frac{f_y}{\xi_b - \beta_1}\left(\frac{x}{h_{0i}} - \beta_1\right) \tag{10-106a}$$

按上式求得的 σ_{si} 应满足：

$$-f_y' \leqslant \sigma_{si} \leqslant f_y \tag{10-106b}$$

预应力筋：

$$\sigma_{pi} = \frac{f_{py} - \sigma_{p0i}}{\xi_b - \beta_1}\left(\frac{x}{h_{0i}} - \beta_1\right) + \sigma_{p0i} \tag{10-107a}$$

按上式求得的 σ_{pi} 应满足：

$$\sigma_{p0i} - f_{py}' \leqslant \sigma_{pi} \leqslant f_{py} \tag{10-107b}$$

式中：h_{0i}——第 i 层纵向钢筋截面重心至截面受压边缘的距离；

x——等效矩形应力图形的混凝土受压区高度；

σ_{si}、σ_{pi}——第 i 层纵向普通钢筋、预应力筋的应力，正值代表拉应力，负值代表压应力；

σ_{p0i}——第 i 层纵向预应力筋截面重心处混凝土法向应力等于零时的预应力筋应力。

（2）翼缘位于受压区的 T 形、I 形截面预应力混凝土受弯构件，其正截面受弯承载力的计算简图如图 10.32 所示。

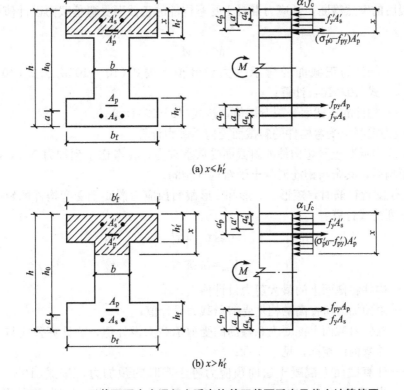

(a) $x \leqslant h_f'$

(b) $x > h_f'$

图 10.32 I 形截面预应力混凝土受弯构件正截面受弯承载力计算简图

图 10.32(a)为第一类 T 形截面的计算简图，图 10.32(b)为第二类 T 形截面的计算简图。在截面设计时满足式(10-108a)或在截面复核时满足式(10-108b)则为第一类 T 形截面，此时应按宽度为 b_f' 的矩形截面计算，即用式(10-103a)和式(10-103b)计算，但公式中的 b 应用 b_f' 代替。

$$M \leqslant \alpha_1 f_c b_f' h_f' \left(h_0 - \frac{h_f'}{2} \right) + f_y' A_s' (h_0 - a_s') - (\sigma_{p0}' - f_{py}') A_p' (h_0 - a_p') \quad (10-108a)$$

$$f_y A_s + f_{py} A_p \leqslant \alpha_1 f_c b_f' h_f' + f_y' A_s' - (\sigma_{p0}' - f_{py}') A_p' \quad (10-108b)$$

当不满足式(10-108a)或式(10-108b)的条件时则为第二类 T 形截面，由图 10.32(b)的力平衡条件得到第二类 T 形截面预应力混凝土受弯构件正截面受弯承载力的计算公式如下：

$$\begin{cases} \alpha_1 f_c [bx + (b_f'-b)h_f'] = f_y A_s - f_y' A_s' + f_{py} A_p + (\sigma_{p0}' - f_{py}') A_p' & (10-109a) \\ M \leqslant \alpha_1 f_c bx \left(h_0 - \frac{x}{2} \right) + \alpha_1 f_c (b_f'-b)h_f' \left(h_0 - \frac{h_f'}{2} \right) + f_y' A_s' (h_0 - a_s') - (\sigma_{p0}' - f_{py}') A_p' (h_0 - a_p') & (10-109b) \end{cases}$$

计算公式的适用条件是：$2a' \leqslant x \leqslant \xi_b h_0$。

当公式条件 $x \geqslant 2a'$ 不能满足时，翼缘位于受压区的 T 形、I 形截面与矩形截面一样，其正截面受弯承载力应按式(10-104)计算。

为了控制受拉钢筋总配筋量不至于过少，即控制最小配筋量，以保证构件的延性和防止构件开裂后的突然脆断，预应力混凝土受弯构件的正截面受弯承载力设计值应符合下式要求：

$$M_u \geqslant M_{cr} \quad (10-110)$$

式中：M_u——构件的正截面受弯承载力设计值，按式(10-103b)、式(10-109b)或式(10-104)计算；

$\quad\quad M_{cr}$——构件的正截面开裂弯矩值，按式(10-75)计算。

2) 预应力混凝土受弯构件的斜截面受剪承载力计算

对于预应力混凝土受弯构件的斜截面受剪承载力，在考虑了预加力 N_{p0} 对斜截面受剪承载力的影响后，其余与钢筋混凝土受弯构件相同。

(1) 当仅配置箍筋时，矩形、T 形和 I 形截面预应力混凝土受弯构件的斜截面受剪承载力应按下列公式计算：

$$V \leqslant V_{cs} + V_p \quad (10-111a)$$

$$V_p = 0.05 N_{p0} \quad (10-111b)$$

式中：V——构件斜截面上的最大剪力设计值；

$\quad\quad V_p$——由预加力所提高的构件受剪承载力设计值；

$\quad\quad V_{cs}$——构件斜截面上混凝土和箍筋的受剪承载力设计值，其计算公式与钢筋混凝土受弯构件相同，见第 5 章；

$\quad\quad N_{p0}$——计算截面上混凝土法向预应力等于零时的预加力，按式(10-111c)计算，当 $N_{p0} > 0.3 f_c A_0$ 时，取 $N_{p0} = 0.3 f_c A_0$；此处，A_0 为构件的换算截面面积。

$$N_{p0} = \sigma_{p0} A_p + \sigma'_{p0} A'_p - \sigma_{l5} A_s - \sigma'_{l5} A'_s \qquad (10-111c)$$

由式(10-111a)可知,一般情况下预加力对受剪承载力起有利作用。这主要是由于预加力 N_{p0} 对梁产生的弯矩与外弯矩方向相反,预加力延缓了斜裂缝的出现和发展,增大了混凝土剪压区高度,从而提高了剪压区混凝土的承载力。但对于以下 3 种情况,均取 $V_p=0$:①预加力 N_{p0} 引起的截面弯矩与外弯矩方向相同的情况;②预应力混凝土连续梁;③允许出现裂缝的预应力混凝土简支梁。

另外,对先张法预应力混凝土构件,在计算预加力 N_{p0} 时,应考虑预应力传递长度的影响。

(2)当配置箍筋和弯起钢筋时,矩形、T 形和 I 形截面预应力混凝土受弯构件的斜截面受剪承载力应按下列公式计算:

$$V \leqslant V_{cs} + V_p + 0.8 f_{yv} A_{sb} \sin\alpha_s + 0.8 f_{py} A_{pb} \sin\alpha_p \qquad (10-112)$$

式中:V——配置弯起钢筋处的剪力设计值;

$\quad V_p$——由预加力所提高的构件受剪承载力设计值,按照式(10-111b)计算,但在计算预加力 N_{p0} 时不考虑弯起预应力筋的作用;

$\quad A_{pb}$——同一平面内弯起预应力筋的截面面积;

$\quad \alpha_p$——弯起预应力筋的切线与构件纵轴线的夹角。

(3)当矩形、T 形和 I 形截面预应力混凝土受弯构件满足下列条件时,可不进行斜截面受剪承载力计算,仅需按构造要求配置箍筋。

① 一般受弯构件:

$$V \leqslant 0.7 f_t b h_0 + 0.05 N_{p0} \qquad (10-113a)$$

② 集中荷载作用下的独立梁:

$$V \leqslant \frac{1.75}{\lambda+1} f_t b h_0 + 0.05 N_{p0} \qquad (10-113b)$$

有关预应力混凝土受弯构件斜截面受剪承载力计算的其他方面,如截面限制条件、计算位置、计算步骤与方法等均与钢筋混凝土受弯构件相同。

3)预应力混凝土受弯构件的斜截面受弯承载力计算

预应力混凝土受弯构件达到斜截面受弯承载力极限状态时的计算简图如图 10.33 所示。

对图 10.33 的剪压区合力点建立力矩平衡方程得到如下预应力混凝土受弯构件斜截面受弯承载力的计算公式:

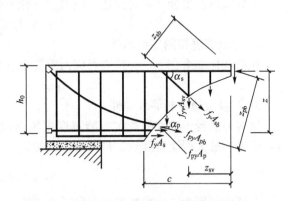

图 10.33　受弯构件斜截面受弯承载力计算简图

$$M \leqslant (f_y A_s + f_{py} A_p) z + \sum f_y A_{sb} z_{sb} + \sum f_{py} A_{pb} z_{pb} + \sum f_{yv} A_{sv} z_{sv} \qquad (10-114)$$

式中:z——纵向受拉普通钢筋和预应力筋的合力点至受压区合力点的距离,可近似取 $z=0.9 h_0$;

$\quad z_{sb}$、z_{pb}——同一弯起平面内的弯起普通钢筋、弯起预应力筋的合力点至受压区合力点的距离;

z_{sv}——同一斜截面上箍筋的合力点至受压区合力点的距离。

此时，斜截面的水平投影长度 c 可按下列条件确定：

$$V = \sum f_y A_{sb} \sin\alpha_s + \sum f_{py} A_{pb} \sin\alpha_p + \sum f_{yv} A_{sv} \tag{10-115}$$

式中：V——斜截面受压区末端的剪力设计值。

在计算先张法预应力混凝土构件锚固区的斜截面受弯承载力时，式(10-114)中的 f_{py} 应按下列规定确定，锚固区内的纵向预应力筋的抗拉强度设计值在锚固起点处应取零，在锚固区终点处应取 f_{py}，在两点之间可按线性内插法确定。

当预应力混凝土受弯构件中配置的纵向钢筋符合《规范》(GB 50010)中关于纵向钢筋的锚固、截断和弯起的构造要求，以及配置的箍筋符合《规范》(GB 50010)中关于箍筋的直径和间距等构造要求时，构件的斜截面受弯承载力自然满足要求。因此，此时可不进行构件斜截面的受弯承载力计算。

10.4.2 使用阶段的裂缝控制验算

使用阶段的裂缝控制验算分正截面裂缝控制验算和斜截面抗裂验算两个方面。

1. 正截面裂缝控制验算

《规范》(GB 50010)按照环境类别和结构类别的不同将预应力混凝土构件的裂缝控制等级分为三级。其中：一级为严格要求不出现裂缝的构件，二级为一般要求不出现裂缝的构件，三级为允许出现裂缝的构件，应分别按下列规定进行受拉边缘应力或正截面裂缝宽度验算。

1) 一级裂缝控制等级构件

在荷载标准组合下，受拉边缘应力应符合下列规定：

$$\sigma_{ck} - \sigma_{pc} \leqslant 0 \tag{10-116}$$

2) 二级裂缝控制等级构件

在荷载标准组合下，受拉边缘应力应符合下列规定：

$$\sigma_{ck} - \sigma_{pc} \leqslant f_{tk} \tag{10-117}$$

3) 三级裂缝控制等级构件

预应力混凝土构件的最大裂缝宽度可按荷载标准组合并考虑长期作用影响的效应计算，求得的最大裂缝宽度 w_{max} 应符合下列规定：

$$w_{max} \leqslant w_{lim} \tag{10-118}$$

对环境类别为二 a 类的预应力混凝土构件，在荷载准永久组合下，受拉边缘应力尚应符合下列规定：

$$\sigma_{cq} - \sigma_{pc} \leqslant f_{tk} \tag{10-119}$$

式中：σ_{ck}、σ_{cq}——荷载标准组合、准永久组合下抗裂验算边缘的混凝土法向应力；对轴心受拉构件，$\sigma_{ck} = N_k/A_0$，$\sigma_{cq} = N_q/A_0$，A_0 为构件换算截面面积；对受弯构件，$\sigma_{ck} = M_k/W_0$，$\sigma_{cq} = M_q/W_0$，W_0 为构件换算截面受拉边缘的弹性抵抗矩。

σ_{pc}——扣除全部预应力损失后在抗裂验算边缘混凝土的预压应力，对轴心受拉构件按式(10-23)和式(10-46)计算，对受弯构件按式(10-65)和式(10-95)计算。

w_{lim}——最大裂缝宽度限值，见附表1-15。

w_{max}——预应力混凝土构件按荷载标准组合并考虑长期作用影响计算的最大裂缝宽度。

《规范》(GB 50010)规定：预应力混凝土轴心受拉和受弯构件，按荷载标准组合并考虑长期作用影响的最大裂缝宽度w_{max}可按下列公式计算：

$$w_{max}=\alpha_{cr}\psi\frac{\sigma_{sk}}{E_s}\left(1.9c_s+0.08\frac{d_{eq}}{\rho_{te}}\right) \tag{10-120a}$$

$$\psi=1.1-0.65\frac{f_{tk}}{\rho_{te}\sigma_{sk}} \tag{10-120b}$$

$$d_{eq}=\frac{\sum n_i d_i^2}{\sum n_i \nu_i d_i} \tag{10-120c}$$

$$\rho_{te}=\frac{A_s+A_p}{A_{te}} \tag{10-120d}$$

式中：α_{cr}——构件受力特征系数：对预应力混凝土轴心受拉构件，$\alpha_{cr}=2.2$；对预应力混凝土受弯构件，$\alpha_{cr}=1.5$。

ψ——裂缝间纵向受拉钢筋应变不均匀系数：当$\psi<0.2$时，取$\psi=0.2$；当$\psi>1.0$时，取$\psi=1.0$；对直接承受重复荷载的构件，取$\psi=1.0$。

σ_{sk}——按荷载标准组合计算的预应力混凝土构件纵向受拉钢筋等效应力。

c_s——最外层纵向受拉钢筋外边缘至受拉区底边的距离(mm)：当$c_s<20$时，取$c_s=20$；当$c_s>65$时，取$c_s=65$。

ρ_{te}——按有效受拉混凝土截面面积计算的纵向受拉钢筋配筋率：对无粘结后张构件，仅取纵向受拉普通钢筋计算配筋率；在最大裂缝宽度计算中，当$\rho_{te}<0.01$时，取$\rho_{te}=0.01$。

A_{te}——有效受拉混凝土截面面积：对轴心受拉构件，取构件截面面积；对受弯构件，取$A_{te}=0.5bh+(b_f-b)h_f$，此处，b_f、h_f为受拉翼缘的宽度、高度。

A_s——受拉区纵向普通钢筋截面面积。

A_p——受拉区纵向预应力筋截面面积。

d_{eq}——受拉区纵向钢筋的等效直径(mm)；对无粘结后张构件，仅为受拉区纵向受拉普通钢筋的等效直径(mm)。

d_i——受拉区第i种纵向钢筋的公称直径；对于有粘结预应力钢绞线束的直径取为$\sqrt{n_1}d_{p1}$，其中d_{p1}为单根钢绞线的公称直径，n_1为单束钢绞线根数。

n_i——受拉区第i种纵向钢筋的根数；对于有粘结预应力钢绞线，取为钢绞线束数。

ν_i——受拉区第i种纵向钢筋的相对粘结特性系数，按表10-5采用。

表 10-5　钢筋的相对粘结特性系数

钢筋类别	钢筋		先张法预应力筋			后张法预应力筋		
	光圆钢筋	带肋钢筋	带肋钢筋	螺旋肋钢丝	钢绞线	带肋钢筋	钢绞线	光面钢丝
v_i	0.7	1.0	1.0	0.8	0.6	0.8	0.5	0.4

注：对环氧树脂涂层带肋钢筋，其相对粘结特性系数应按表中系数的 80% 取用。

对承受吊车荷载但不需作疲劳验算的受弯构件，可将式(10-120a)计算的最大裂缝宽度乘以系数 0.85。

在荷载标准组合下，预应力混凝土构件受拉区纵向钢筋的等效应力可按下列公式计算。

(1) 对于预应力混凝土轴心受拉构件：

$$\sigma_{sk}=\frac{N_k-N_{p0}}{A_p+A_s} \tag{10-120e}$$

(2) 对于预应力混凝土受弯构件：

$$\sigma_{sk}=\frac{M_k-N_{p0}(z-e_p)}{(\alpha_1 A_p+A_s)z} \tag{10-120f}$$

$$e=e_p+\frac{M_k}{N_{p0}} \tag{10-120g}$$

$$e_p=y_{ps}-e_{p0} \tag{10-120h}$$

式中：A_p——受拉区纵向预应力筋截面面积；对轴心受拉构件，取全部纵向预应力筋截面面积；对受弯构件，取受拉区纵向预应力筋截面面积。

N_{p0}——计算截面上混凝土法向预应力等于零时的预加力，根据不同构件，分别按式(10-27)、式(10-50)、式(10-73)、式(10-100)计算。

N_k、M_k——按荷载标准组合计算的轴向力值、弯矩值。

z——受拉区纵向普通钢筋和预应力筋合力点至截面受压区合力点的距离，按第9章公式(9-9g)计算，其中 e 按式(10-120g)计算。

α_1——无粘结预应力筋的等效折减系数，取 α_1 为 0.30；对灌浆的后张预应力筋，取 α_1 为 1.0。

e_p——计算截面上混凝土法向预应力等于零时的预加力 N_{p0} 的作用点至受拉区纵向预应力筋和普通钢筋合力点的距离。

y_{ps}——受拉区纵向预应力筋和普通钢筋合力点的偏心距。

e_{p0}——计算截面上混凝土法向预应力等于零时的预加力 N_{p0} 作用点的偏心距，根据不同构件，分别按式(10-74)、式(10-101)计算。

2. 斜截面抗裂验算

当预应力混凝土受弯构件的主拉应力过大时，会产生与主拉应力方向垂直的斜裂缝；而主压应力过大时，将导致混凝土抗拉强度过大的降低和裂缝过早的出现。因此，《规范》(GB 50010)规定了预应力混凝土受弯构件的斜截面抗裂验算，主要是控制截面上的主拉应

力 σ_{tp} 和主压应力 σ_{cp} 不超过一定的限值。

1）混凝土主拉应力的限值

（1）一级裂缝控制等级构件，应符合下列规定：

$$\sigma_{tp} \leqslant 0.85 f_{tk} \tag{10-121}$$

（2）二级裂缝控制等级构件，应符合下列规定：

$$\sigma_{tp} \leqslant 0.95 f_{tk} \tag{10-122}$$

2）混凝土主压应力的限值

对一、二级裂缝控制等级构件，均应符合下列规定：

$$\sigma_{cp} \leqslant 0.6 f_{ck} \tag{10-123}$$

式中：σ_{tp}、σ_{cp}——混凝土的主拉应力和主压应力。

对允许出现裂缝的吊车梁，在静力计算中应符合式(10-122)和式(10-123)的规定。

3）混凝土主拉应力 σ_{tp} 和主压应力 σ_{cp} 的计算

混凝土的主拉应力 σ_{tp} 和主压应力 σ_{cp} 按下列公式计算：

$$\left.\begin{array}{r}\sigma_{tp}\\\sigma_{cp}\end{array}\right\}=\frac{\sigma_x+\sigma_y}{2}\pm\sqrt{\left(\frac{\sigma_x-\sigma_y}{2}\right)^2+\tau^2} \tag{10-124a}$$

$$\sigma_x=\sigma_{pc}+\frac{M_k y_0}{I_0} \tag{10-124b}$$

$$\tau=\frac{(V_k-\sum\sigma_{pe}A_{pb}\sin\alpha_p)S_0}{I_0 b} \tag{10-124c}$$

式中：σ_x——由预加力和弯矩 M_k 在计算纤维处产生的混凝土法向应力；

$\quad\quad \sigma_y$——由集中荷载标准值 F_k 产生的混凝土竖向压应力；

$\quad\quad \tau$——由剪力 V_k 和弯起预应力筋的预加力在计算纤维处产生的混凝土剪应力；

$\quad\quad M_k$——弯矩标准值；

$\quad\quad V_k$——按荷载标准组合计算的剪力值；

$\quad\quad \sigma_{pe}$——弯起预应力筋的有效预应力；

$\quad\quad S_0$——计算纤维以上部分的换算截面面积对构件换算截面重心的面积矩；

$\quad\quad \sigma_{pc}$——扣除全部预应力损失后，在计算纤维处由于预加力产生的混凝土法向应力；

$\quad y_0$、I_0——换算截面重心至计算纤维处的距离和换算截面惯性矩；

$\quad\quad A_{pb}$——计算截面上同一弯起平面内的弯起预应力筋的截面面积；

$\quad\quad \alpha_p$——计算截面上弯起预应力筋的切线与构件纵向轴线的夹角。

注：式(10-124a)、式(10-124b)中的 σ_x、σ_y、σ_{pc} 和 $M_k y_0/I_0$，当为拉应力时，以正值代入；当为压应力时，以负值代入。

对预应力混凝土吊车梁，在集中力作用点两侧各 $0.6h$ 的长度范围内，由集中荷载标准值 F_k 产生的混凝土竖向压应力和剪应力的简化分布可按图 10.34 确定，其应力的最大值可按下列公式计算：

$$\sigma_{y,max} = \frac{0.6F_k}{bh} \tag{10-124d}$$

$$\tau_F = \frac{\tau^l - \tau^r}{2} \tag{10-124e}$$

$$\tau^l = \frac{V_k^l S_0}{I_0 b} \tag{10-124f}$$

$$\tau^r = \frac{V_k^r S_0}{I_0 b} \tag{10-124g}$$

式中：F_k——集中荷载标准值；

τ^l、τ^r——分别为位于集中荷载标准值 F_k 作用点左侧、右侧 $0.6h$ 处截面上的剪应力；

τ_F——集中荷载标准值 F_k 作用截面上的剪应力；

V_k^l、V_k^r——分别为集中荷载标准值 F_k 作用点左侧、右侧截面上的剪力标准值。

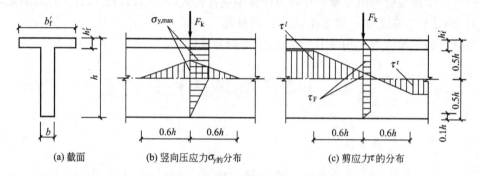

(a) 截面   (b) 竖向压应力σ_y的分布   (c) 剪应力τ的分布

图 10.34 预应力混凝土吊车梁集中力作用点附近的应力分布

4）斜截面抗裂验算截面位置的确定

计算混凝土主应力时，应选择跨度内最不利位置的截面，如弯矩和剪力较大的截面或刚度突变处的截面，并且在沿截面高度方向上，应选择该截面的换算截面重心处和截面宽度突变处进行验算，如 I 形截面上、下翼缘与腹板交接处等部位。

对先张法预应力混凝土构件端部进行正截面、斜截面抗裂验算时，应考虑预应力筋在其预应力传递长度 l_{tr} 范围内实际应力值的变化。预应力筋的实际应力可考虑为线性分布，在构件端部取为零，在其预应力传递长度的末端取有效预应力值 σ_{pe}（图 10.11），预应力筋的预应力传递长度 l_{tr} 应按式（10-13）确定。

10.4.3 使用阶段受弯构件的挠度验算

与钢筋混凝土受弯构件不同，预应力混凝土受弯构件的挠度由两部分叠加而成：第一部分是由外荷载产生的挠度 f_l，第二部分是预加力产生的反拱 f_p。

1. 外荷载作用产生的挠度 f_l

1）挠度 f_l 的计算方法与刚度 B 的计算

挠度 f_l 可用刚度 B 和最小刚度原则按照结构力学的方法计算，其中预应力混凝土受弯构件按荷载标准组合并考虑荷载长期作用影响的刚度 B 可由下式计算：

$$B=\frac{M_k}{M_q(\theta-1)+M_k}B_s \qquad (10-125)$$

式中：M_k——按荷载的标准组合计算的弯矩，取计算区段内的最大弯矩值；

$\quad M_q$——按荷载的准永久组合计算的弯矩，取计算区段内的最大弯矩值；

$\quad B_s$——按荷载标准组合计算的预应力混凝土受弯构件的短期刚度，按式(10-126)或式(10-127a)计算；

$\quad \theta$——考虑荷载长期作用对挠度增大的影响系数，预应力混凝土受弯构件，取 $\theta=2.0$。

2) 短期刚度 B_s 的计算

预应力混凝土受弯构件的短期刚度 B_s 分下列两种情况进行计算。

(1) 对于使用阶段要求不出现裂缝的构件：

$$B_s=0.85E_cI_0 \qquad (10-126)$$

(2) 对于使用阶段允许出现裂缝的构件：

$$B_s=\frac{0.85E_cI_0}{\kappa_{cr}+(1-\kappa_{cr})\omega} \qquad (10-127a)$$

$$\kappa_{cr}=\frac{M_{cr}}{M_k} \qquad (10-127b)$$

$$\omega=\left(1+\frac{0.21}{\alpha_E\rho}\right)(1+0.45\gamma_f)-0.7 \qquad (10-127c)$$

$$M_{cr}=(\sigma_{pc}+\gamma f_{tk})W_0 \qquad (10-127d)$$

$$\gamma_f=\frac{(b_f-b)h_f}{bh_0} \qquad (10-127e)$$

式中：α_E——钢筋弹性模量与混凝土弹性模量的比值，$\alpha_E=E_s/E_c$。

$\quad \rho$——纵向受拉钢筋的配筋率，$\rho=(\alpha_1A_p+A_s)/(bh_0)$，对灌浆的后张预应力筋，取 $\alpha_1=1.0$；对无粘结后张预应力筋，取 $\alpha_1=0.3$。

$\quad I_0$——换算截面惯性矩。

$\quad \gamma_f$——受拉翼缘面积与腹板有效截面面积的比值。

b_f、h_f——分别为受拉区翼缘的宽度、高度。

$\quad \kappa_{cr}$——预应力混凝土受弯构件正截面的开裂弯矩 M_{cr} 与荷载标准组合弯矩 M_k 的比值，当 $\kappa_{cr}>1$ 时，取 $\kappa_{cr}=1$。

$\quad \sigma_{pc}$——扣除全部预应力损失后，由预加力在抗裂验算边缘产生的混凝土预压应力。

$\quad \gamma$——混凝土构件的截面抵抗矩塑性影响系数，$\gamma=(0.7+120/h)\gamma_m$，其中基本值 γ_m 按附表 1-17 取值；h 为截面高度(mm)：当 $h<400$ 时，取 $h=400$；当 $h>1600$ 时，取 $h=1600$；对圆形、环形截面，取 $h=2r$，r 为圆形截面半径或环形截面的外环半径。

对预压时预拉区出现裂缝的构件，B_s 应降低 10%。

2. 预加力产生的反拱 f_p

预应力混凝土受弯构件在使用阶段的预加力反拱值 f_p 可用结构力学方法按刚度 $E_c I_0$ 进行计算，并应考虑预压应力长期作用的影响，计算中预应力筋的应力应扣除全部预应力损失。简化计算时，可将计算的反拱值乘以增大系数 2.0。

对重要的或特殊的预应力混凝土受弯构件的长期反拱值，可根据专门的试验分析确定或根据配筋情况采用考虑收缩、徐变影响的计算方法经分析确定。

对永久荷载相对于可变荷载较小的预应力混凝土构件，应考虑反拱过大对正常使用的不利影响，并应采取相应的设计和施工措施。

3. 挠度验算

通常情况下，外荷载产生的挠度 f_l 向下，预加力产生的反拱 f_p 向上。因此，预应力混凝土受弯构件一般按下式验算其挠度：

$$f = f_l - f_p \leqslant f_{\lim} \tag{10-128}$$

式中：$f_{\lim}$——挠度限值，查附表 1-16。

当考虑反拱后计算的构件长期挠度不符合式(10-128)的要求时，可采用施工预先起拱等方式控制挠度。

10.4.4 施工阶段的承载力验算

预应力混凝土构件，在制作、运输及安装等施工阶段的受力状态，与使用阶段是不一样的。在施工阶段，若预压区外边缘的压应力过大，则可能在预压区内产生沿钢筋方向的纵向裂缝，或使预压区混凝土进入非线性徐变阶段；若预拉区外边缘的拉应力过大，则可能引起预拉区混凝土开裂。

因此，为保证预应力混凝土构件在施工阶段的安全性，《规范》(GB 50010)规定，对制作、运输及安装等施工阶段预拉区允许出现拉应力的构件，或预压时全截面受压的构件，在预加力、自重及施工荷载作用下(必要时应考虑动力系数)，截面边缘的混凝土法向应力宜符合下列规定(图 10.35)：

$$\sigma_{ct} \leqslant f'_{tk} \tag{10-129a}$$

$$\sigma_{cc} \leqslant 0.8 f'_{ck} \tag{10-129b}$$

式中：f'_{tk}、f'_{ck}——与各施工阶段混凝土立方体抗压强度 f'_{cu} 相应的抗拉强度标准值、抗压强度标准值，按附表 1-1 以线性内插法分别确定。

简支构件的端部区段截面预拉区边缘纤维的混凝土拉应力允许大于 f'_{tk}，但不应大于 $1.2 f'_{tk}$。

截面边缘的混凝土法向应力可按下列公式计算：

$$\sigma_{cc} \quad \text{或} \quad \sigma_{ct} = \sigma_{pc} + \frac{N_k}{A_0} \pm \frac{M_k}{W_0} \tag{10-130}$$

式中：σ_{ct}——相应施工阶段计算截面预拉区边缘纤维的混凝土拉应力；

σ_{cc}——相应施工阶段计算截面预压区边缘纤维的混凝土压应力；

N_k、M_k——构件自重及施工荷载的标准组合在计算截面产生的轴向力值、弯矩值；

W_0——验算边缘的换算截面弹性抵抗矩。

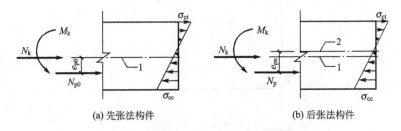

(a) 先张法构件 (b) 后张法构件

图 10.35 预应力混凝土构件施工阶段验算

1—换算截面重心轴；2—净截面重心轴

式(10-130)中，当 σ_{pc} 为压应力时取正值，当 σ_{pc} 为拉应力时取负值；当 N_k 为轴向压力时取正值，当 N_k 为轴向拉力时取负值；当 M_k 产生的边缘纤维应力为压应力时，式中符号取加号，拉应力时，式中符号取减号。

同时，对于施工阶段预拉区允许出现拉应力的构件，预拉区纵向钢筋的配筋率 $(A_s' + A_p')/A$ 不宜小于 0.15%，对后张法构件不应计入 A_p'，其中，A 为构件截面面积。预拉区纵向普通钢筋的直径不宜大于 14mm，并应沿构件预拉区的外边缘均匀配置。

10.4.5 后张法构件端部锚固区的局部受压承载力计算

1. 局部受压区的受力性能

在后张法构件的端部，预应力筋中的预应力通过锚具及其垫板传递给混凝土。由于锚具下垫板的面积 A_l（可按照压力沿锚具边缘在垫板中以 45°角扩散后的面积计算）小于构件端部的截面面积 A_c，所以后张法构件端部混凝土是局部受压。实验和理论分析表明，锚固区混凝土局部受压的应力状态如图 10.36 所示。

由图 10.36 可见，沿 z 轴方向压应力 σ_z 的分布规律是：构件端部截面局部压力 F_l 只作用在局部受压面积 A_l 上（$\sigma_z = F_l/A_l$），沿着 z 轴向下受压面积逐渐增大，压应力 σ_z 逐渐减小，经过长度约为 b（b 为构件的截面宽度）的距离后，局部压力 F_l 才扩散到构件的整个截面上，并在截面上产生均匀的压应力 σ_z（$\sigma_z = F_l/A_c$）。横向应力 σ_r 的分布规律是：在 $bchg$ 围成的 I 区，由于该区混凝土的横向膨胀受到周边混凝土的约束，故 I 区的横向应力 σ_r 为压应力；在 abe 及 cdf 围成的 II 区，由于该区混凝土受到 I 区混凝土向外的挤压力，故 II 区的横向应力 σ_r 为压应力，并在 II 区的环向产生拉应力；在 $ghfe$ 围成的 III 区，其横向应力 σ_r 为拉应力，该拉应力在距构件端部约 $0.5b$ 位置处达到最大，所以通常在该位置处混凝土首先开裂。由以上分析可知，根据应力状态的不同，构件端部局部受压范围可分成 3 个区，I 区混凝土处于三向受压状态，所以 I 区混凝土的抗压强度大于单轴受压时混凝土的抗压强度 f_c，并用 $\beta_l f_c$ 表示，β_l 称为混凝土局部受压时的强度提高系数，按式(10-131b)计算；II 区混凝土处于二向或三向拉压状态；III 区混凝土处于三向拉压状态。

实验表明，局部受压破坏一般有劈裂破坏和局部荷载下混凝土陷落破坏两种形态，而

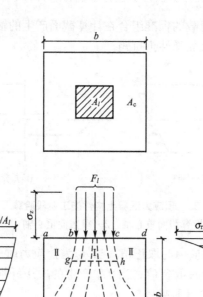

图 10.36　锚固区混凝土局部受压的应力状态

影响破坏形态最主要的因素是 A_c/A_l。当 A_c/A_l 较小(一般小于 9)时，劈裂破坏的特征较明显；当 A_c/A_l 很大(一般大于 36)时，局部陷落破坏的特征较明显。

2. 局部受压承载力设计计算

对于后张法预应力混凝土构件，为了防止构件端部发生局部受压破坏，《规范》(GB 50010)规定应进行以下两个方面的设计计算。

1) 构件端部局部受压区的截面尺寸限制条件

试验表明，当局部受压区配置过多的间接钢筋时，虽然能提高局部受压承载力，但垫板下的混凝土会产生过大的下沉变形。为了限制过大的下沉变形，应使构件端部截面尺寸不能过小。配置间接钢筋的混凝土结构构件，其局部受压区的截面尺寸应符合下列要求。

$$F_l \leqslant 1.35\beta_c\beta_l f_c A_{ln} \qquad (10-131a)$$

$$\beta_l = \sqrt{\frac{A_b}{A_l}} \qquad (10-131b)$$

式中：F_l——局部受压面上作用的局部荷载或局部压力设计值，在后张法预应力混凝土构件锚头下的局部受压承载力计算中，当预应力作为荷载效应且对结构不利时，其荷载效应的分项系数取为 1.2。

f_c——混凝土轴心抗压强度设计值，在后张法预应力混凝土构件的张拉阶段验算中，应根据相应阶段的混凝土立方体抗压强度 f'_{cu} 的值查附表 1-2 按线性内插法确定。

β_c——混凝土强度影响系数，当混凝土强度不超过 C50 时，取 $\beta_c=1.0$；当混凝土强度等级为 C80 时，取 $\beta_c=0.8$；其间按线性插值法确定。

β_l——混凝土局部受压时的强度提高系数。

A_l——混凝土局部受压面积。

A_{ln}——混凝土局部受压净面积，对后张法构件，应在混凝土局部受压面积中扣除孔道、凹槽部分的面积。

A_b——局部受压的计算底面积。

局部受压的计算底面积 A_b，可由局部受压面积 A_l 与计算底面积 A_b 按同心、对称的原则确定。对于常用情况，可按照图 10.37 取用。

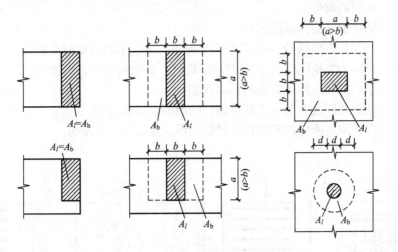

图 10.37 局部受压的计算底面积

式(10-131a)主要是防止局部受压面的过大下沉，因而应按承载力问题来考虑，局部压力取设计值。当不满足式(10-131a)时，应采取加大构件端部尺寸、调整锚具位置、提高混凝土强度或增大垫板厚度等措施。

2) 局部受压承载力计算

为满足局部受压承载力的要求，在局部受压区通常配置如图 10.38 所示的方格网式或螺旋式间接钢筋。当局部受压区混凝土纵向受压、横向膨胀时，其横向膨胀受到间接钢筋的约束，从而提高局部受压区的承载力。

《规范》(GB 50010)规定，对于如图 10.38 所示配置方格网式或螺旋式间接钢筋构件的局部受压承载力应符合下列规定：

$$F_l \leqslant 0.9(\beta_c\beta_l f_c + 2\alpha\rho_v\beta_{cor}f_{yv})A_{ln} \tag{10-132a}$$

当为方格网式配筋时，如图 10.38(a)所示，钢筋网两个方向上单位长度内钢筋截面面积的比值不宜大于 1.5，其体积配筋率 ρ_v 应按下列公式计算：

$$\rho_v = \frac{n_1 A_{s1} l_1 + n_2 A_{s2} l_2}{A_{cor}s} \tag{10-132b}$$

当为螺旋式配筋时，如图 10.38(b)所示，其体积配筋率 ρ_v 应按下列公式计算：

$$\rho_v = \frac{4A_{ss1}}{d_{cor}s} \tag{10-132c}$$

式中：β_{cor}——配置间接钢筋的局部受压承载力提高系数，可按式(10-131b)计算，但公式中 A_b 应代之以 A_{cor}，且当 $A_{cor} > A_b$ 时，取 $A_{cor} = A_b$；当 $A_{cor} \leqslant 1.25A_l$ 时，取 $\beta_{cor} = 1.0$。

　　　　α——间接钢筋对混凝土约束的折减系数，当混凝土强度不超过 C50 时，取 $\alpha = 1.0$；当混凝土强度等级为 C80 时，取 $\alpha = 0.85$；其间按线性插值法确定，具体可查附表 1-10。

　　　　f_{yv}——间接钢筋的抗拉强度设计值。

　　　　A_{cor}——方格网式或螺旋式间接钢筋内表面范围内的混凝土核心截面面积，应大于混凝土局部受压面积 A_l，其重心应与 A_l 的重心重合，计算中按同心、对称的原则取值。

　　　　ρ_v——间接钢筋的体积配筋率。

　　n_1、A_{s1}——分别为方格网沿 l_1 方向的钢筋根数、单根钢筋的截面面积。

　　n_2、A_{s2}——分别为方格网沿 l_2 方向的钢筋根数、单根钢筋的截面面积。

　　　　A_{ss1}——单根螺旋式间接钢筋的截面面积。

　　　　d_{cor}——螺旋式间接钢筋内表面范围内的混凝土截面直径。

　　　　s——方格网式或螺旋式间接钢筋的间距，宜取 30~80mm。

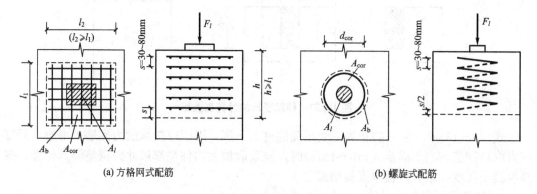

(a) 方格网式配筋　　　　　　　　　　　　(b) 螺旋式配筋

图 10.38　局部受压区的间接钢筋

　　间接钢筋应配置在图 10.38 所规定的高度 h 范围内，对于方格网式钢筋，不应少于 4 片；对于螺旋式钢筋，不应少于 4 圈。柱接头，h 尚不应小于 $15d$，d 为柱的纵向钢筋直径。

　　《规范》(GB 50010)规定，计算局部受压面积 A_l、计算底面积 A_b 和间接钢筋范围内的混凝土核心面积 A_{cor} 时，不应扣除孔道面积，经试验校核，这样计算更为合适。

10.4.6　预应力混凝土构件的设计流程图与例题

1. 预应力混凝土轴心受拉构件的设计流程与例题

预应力混凝土轴心受拉构件的设计流程如图 10.39 所示。

【例 10.1】　24m 预应力混凝土屋架下弦杆为轴心受拉构件，设计条件见表 10-6。

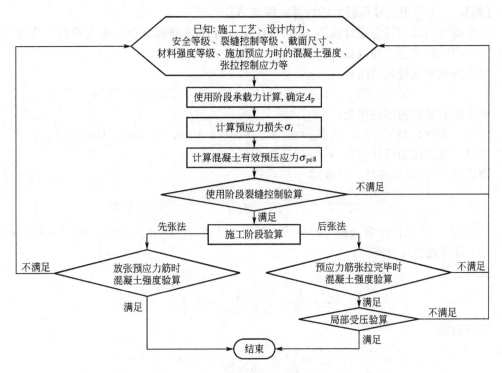

图 10.39 预应力混凝土轴心受拉构件的设计流程图

表 10-6 设计条件

材料	混凝土	预应力筋	普通钢筋
品种或强度等级	C60	钢绞线	HRB400
截面	280mm×180mm 孔道 2Φ55	1×7 标准型，$\phi^s12.7$	按照构造要求配置 4Φ12($A_s=452mm^2$)
材料强度/(N/mm²)	$f_c=27.5$ $f_{tk}=2.85$	$f_{ptk}=1860$ $f_{py}=1320$	$f_y=360$
弹性模量/(N/mm²)	$E_c=3.6\times10^4$	$E_s=1.95\times10^5$	$E_s=2\times10^5$
张拉控制应力	$\sigma_{con}=0.75f_{ptk}=0.75\times1860=1395N/mm^2$		
张拉时混凝土强度	$f'_{cu}=60N/mm^2$，$f'_{ck}=38.5N/mm^2$		
张拉工艺	后张法一端张拉，采用 OVM 锚具(直径 120mm)，孔道为预埋金属波纹管成型		
裂缝控制	为一般要求不出现裂缝的构件		
杆件内力	永久荷载标准值产生的轴向拉力 $N_{Gk}=820kN$ 可变荷载标准值产生的轴向拉力 $N_{Qk}=320kN$ 可变荷载的组合值系数 $\psi_c=0.7$ 可变荷载的准永久值系数 $\psi_q=0.5$		

设计要求：按使用阶段正截面受拉承载力确定预应力筋的数量，并进行使用阶段裂缝控制验算、施工阶段混凝土压应力验算及端部锚具下混凝土局部受压承载力计算。

【解】 (1) 使用阶段承载力的计算，确定 A_p。

杆件截面的轴向拉力设计值 N 应取可变荷载效应控制的组合与永久荷载效应控制的组合二者中的较大值，即取最不利组合。

可变荷载效应控制的组合：
$$N = 1.2N_{Gk} + 1.4N_{Qk} = 1.2 \times 820 + 1.4 \times 320 = 1432\text{kN}$$

永久荷载效应控制的组合：
$$N = 1.35N_{Gk} + 1.4\psi_c N_{Qk} = 1.35 \times 820 + 1.4 \times 0.7 \times 320 = 1420.6\text{kN}$$

所以，轴向拉力设计值为 $N = 1432\text{kN}$。

由式(10-102)取等号，可求得
$$A_p = \frac{N - f_y A_s}{f_{py}} = \frac{1432 \times 10^3 - 360 \times 452}{1320} = 961.6\text{mm}^2$$

采用两束 1×7 标准型低松弛钢绞线，每束 $5\,\phi s 12.7$，则 $A_p = 2 \times 5 \times 98.7 = 987\text{mm}^2$。

(2) 计算截面几何特征。

预应力筋：
$$\alpha_E = \frac{E_s}{E_c} = \frac{1.95 \times 10^5}{3.6 \times 10^4} = 5.42$$

普通钢筋：
$$\alpha_{Es} = \frac{E_s}{E_c} = \frac{2 \times 10^5}{3.6 \times 10^4} = 5.56$$

$$A_n = A_c + \alpha_{Es}A_s = bh - A_{孔} - A_s + \alpha_{Es}A_s$$
$$= 280 \times 180 - 2 \times \pi \times (55/2)^2 - 452 + 5.56 \times 452 = 47712\text{mm}^2$$

$$A_0 = A_n + \alpha_E A_p = 47712 + 5.42 \times 987 = 53062\text{mm}^2$$

(3) 计算预应力损失。

后张法一端张拉时，锚固端的抗裂能力最低，因而应对此处截面进行裂缝控制验算，即计算预应力损失时，计算截面应为锚固端。

查表10-3得：$\kappa = 0.0015\text{m}^{-1}$，$\mu = 0.25$。由表10-2得：OVM夹片式锚具 $a = 5\text{mm}$。

① 锚固回缩损失 σ_{l1}。

由式(10-1)得
$$\sigma_{l1} = \frac{a}{l}E_s = \frac{5}{24000} \times 1.95 \times 10^5 = 40.63\text{N/mm}^2$$

② 摩擦损失 σ_{l2}。

因为是直线预应力筋，则 $\theta = 0$，一端张拉，则 $x = l = 24\text{m}$，由式(10-4a)得
$$\sigma_{l2} = \left(1 - \frac{1}{e^{\kappa x + \mu\theta}}\right)\sigma_{con} = 1395 \times \left(1 - \frac{1}{e^{0.0015 \times 24}}\right) = 49.33\text{N/mm}^2$$

③ 松弛损失 σ_{l4}(低松弛)。

因 $\sigma_{con} = 0.75f_{ptk}$，故采用式(10-7c)计算 σ_{l4}，即
$$\sigma_{l4} = 0.2\left(\frac{\sigma_{con}}{f_{ptk}} - 0.575\right)\sigma_{con} = 0.2 \times (0.75 - 0.575) \times 1395 = 48.825\text{N/mm}^2$$

④ 收缩徐变损失 σ_{l5}。

当混凝土达到100%的设计强度时开始张拉预应力筋，$f'_{cu} = f_{cu,k} = 60\text{N/mm}^2$，配筋率为

$$\rho=\frac{A_s+A_p}{2A_n}=\frac{452+987}{2\times47712}=0.015$$

第一批预应力损失为

$$\sigma_{lI}=\sigma_{l1}+\sigma_{l2}=40.63+49.33=89.96\text{N/mm}^2$$

由式(10-40)得

$$\sigma_{pcI}=\frac{(\sigma_{con}-\sigma_{lI})A_p}{A_n}=\frac{(1395-89.96)\times987}{47712}=27.00\text{N/mm}^2$$

由于 $\sigma_{pcI}/f'_{cu}=27.00/60=0.45<0.5$，故采用式(10-8c)计算 σ_{l5}，即

$$\sigma_{l5}=\frac{55+300\frac{\sigma_{pcI}}{f'_{cu}}}{1+15\rho}=\frac{55+300\times\frac{27}{60}}{1+15\times0.015}=155.10\text{N/mm}^2$$

总损失为

$$\sigma_l=\sigma_{lI}+\sigma_{l4}+\sigma_{l5}=89.96+48.825+155.10=293.89\text{N/mm}^2>80\text{N/mm}^2$$

(4) 计算混凝土有效预压应力 σ_{pcII}。

完成全部预应力损失后，计算截面的有效预应力采用式(10-44)计算，即

$$\sigma_{pcII}=\frac{(\sigma_{con}-\sigma_l)A_p-\sigma_{l5}A_s}{A_n}=\frac{(1395-293.89)\times987-155.10\times452}{47712}=21.31\text{N/mm}^2$$

(5) 使用阶段裂缝控制验算。

荷载效应标准组合下：

$$N_k=N_{Gk}+N_{Qk}=820+320=1140\text{kN}$$

$$\sigma_{ck}=\frac{N_k}{A_0}=\frac{1140\times10^3}{53062}=21.48\text{N/mm}^2$$

则 $\sigma_{ck}-\sigma_{pcII}=21.48-21.31=0.17\text{N/mm}^2<f_{tk}=2.85\text{N/mm}^2$，所以满足一般要求不出现裂缝的要求。

(6) 施工阶段混凝土压应力验算。

张拉到控制应力时，张拉端截面混凝土的压应力达到最大值，该最大压应力可按下式计算：

$$\sigma_{cc}=\frac{\sigma_{con}A_p}{A_n}=\frac{1395\times987}{47712}=28.86\text{N/mm}^2$$

由式(10-129b)可知，因为 $\sigma_{cc}=28.86\text{N/mm}^2<0.8f'_{ck}=0.8\times38.5=30.8\text{N/mm}^2$，所以满足施工阶段混凝土压应力验算要求。

(7) 端部锚具下局部受压承载力计算。

① 局压区截面尺寸验算。

OVM 夹片式锚具直径为 120mm，锚具下垫板厚度为 20mm，局部受压面积可按压力 F_l 从锚具边缘在垫板中沿 45°角扩散到混凝土的面积计算。两个孔道上锚具所形成的局部受压区形状不规则，局部受压面积 A_l 可近似按图 10.40 中 160mm×280mm 的矩形面积计算，即

$$A_l=280\times(120+2\times20)=44800\text{mm}^2$$

局部受压计算底面积 A_b（应与局部受压面积 A_l 同心、对称）为

$$A_b=280\times(160+2\times70)=84000\text{mm}^2$$

混凝土局部受压净面积为

$$A_{ln} = A_l - A_{孔} = 44800 - 2 \times \frac{\pi}{4} \times 55^2 = 40048 \text{mm}^2$$

$$\beta_l = \sqrt{\frac{A_b}{A_l}} = \sqrt{\frac{84000}{44800}} = 1.369$$

对于 C60 混凝土，查附表 1-10 得，$\beta_c = 0.93$，$\alpha = 0.95$，则由式(10-131a)得

$$F_l = 1.2\sigma_{con}A_P = 1.2 \times 1395 \times 987 = 1652.24 \times 10^3 \text{N} = 1652 \text{kN}$$

$$1.35\beta_c\beta_l f_c A_{ln} = 1.35 \times 0.93 \times 1.369 \times 27.5 \times 40048 = 1892926 \text{N} = 1893 \text{kN}$$

因为 $F_l < 1.35\beta_c\beta_l f_c A_{ln}$，所以截面尺寸满足要求。

② 构件端部局部受压承载力计算。

间接钢筋采用 4 片 $\phi 8$ 的 HPB300 级($f_{yv} = 270 \text{N/mm}^2$)焊接方格网片，间距 $s = 50 \text{mm}$，网片尺寸如图 10.40 所示。

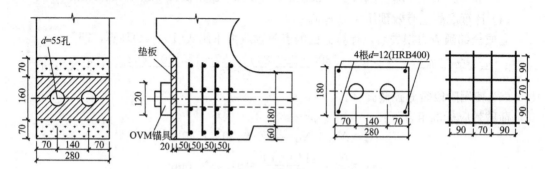

图 10.40　例题 10.1 图

构件端部局部受压承载力按式(10-132a)计算，其中：

$$A_{cor} = 250 \times 250 = 62500 \text{mm}^2 < A_b = 84000 \text{mm}^2$$

$$\beta_{cor} = \sqrt{\frac{A_{cor}}{A_l}} = \sqrt{\frac{62500}{44800}} = 1.181$$

由式(10-132b)得，间接钢筋的体积配筋率 ρ_v 为

$$\rho_v = \frac{n_1 A_{s1} l_1 + n_2 A_{s2} l_2}{A_{cor}s} = \frac{4 \times 50.3 \times 250 + 4 \times 50.3 \times 250}{62500 \times 50} = 0.032$$

由式(10-132a)得

$$0.9(\beta_c\beta_l f_c + 2\alpha\rho_v\beta_{cor} f_{yv})A_{ln}$$
$$= 0.9 \times (0.93 \times 1.369 \times 27.5 + 2 \times 0.95 \times 0.032 \times 1.181 \times 270) \times 40048$$
$$= 1960731 \text{N} = 1961 \text{kN}$$

因为 $F_l < 0.9(\beta_c\beta_l f_c + 2\alpha\rho_v\beta_{cor} f_{yv})A_{ln}$，所以局部受压承载力满足要求。

2. 预应力混凝土受弯构件的设计流程与例题

预应力混凝土受弯构件的设计流程如图 10.41 所示。

【例 10.2】　某预应力混凝土简支梁的截面尺寸及初步确定的配筋如图 10.42(a)所示，梁净跨 $l_n = 9.5 \text{m}$，梁支座中心线之间的距离 $l_c = 9.75 \text{m}$，梁受均布荷载作用，永久荷载标准值 $g_k = 25 \text{kN/m}$(含自重)，可变荷载标准值 $q_k = 12 \text{kN/m}$，可变荷载组合值系数 $\psi_c = 0.7$，准永久值系数 $\psi_q = 0.6$。采用先张法制作，台座长 80m，一次张拉，镦头锚具，

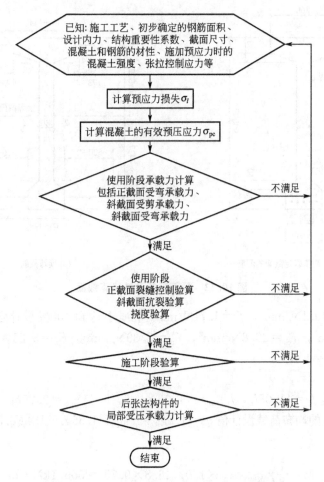

已知: 施工工艺、初步确定的钢筋面积、设计内力、结构重要性系数、截面尺寸、混凝土和钢筋的材性、施加预应力时的混凝土强度、张拉控制应力等

计算预应力损失 σ_l

计算混凝土的有效预压应力 σ_{pc}

使用阶段承载力计算
包括正截面受弯承载力、
斜截面受剪承载力、
斜截面受弯承载力 —— 不满足

满足

使用阶段
正截面裂缝控制验算
斜截面抗裂验算
挠度验算 —— 不满足

满足

施工阶段验算 —— 不满足

满足

后张法构件的
局部受压承载力计算 —— 不满足

满足

结束

图 10.41　预应力混凝土受弯构件设计流程图

蒸汽养护时预应力筋与台座之间的温差为 20℃，预应力筋采用 $\phi^{\mathrm{H}}9$ 的螺旋肋钢丝（普通松弛），预应力筋在水平方向和竖向的净间距均为 25mm，不配纵向普通钢筋，箍筋采用 $\phi 8$ 的 HPB300 钢筋，C40 混凝土，最外层钢筋的混凝土保护层厚度为 25mm，混凝土达到 100% 设计强度时放张预应力筋，结构重要性系数为，使用阶段 $\gamma_0 = 1.0$，施工阶段 $\gamma_0 = 0.9$，裂缝控制等级为二级，试对该构件进行设计计算。

【解】　先张法预应力混凝土受弯构件的设计包括使用阶段承载力计算（包括正截面受弯承载力、斜截面受剪承载力、斜截面受弯承载力）、使用阶段正截面裂缝控制验算、斜截面抗裂验算、挠度验算及施工阶段验算。

（1）确定基本计算参数。

① 材性指标。

查附表 1-6、附表 1-7、附表 1-9 得预应力筋（$\phi^{\mathrm{H}}9$ 的螺旋肋钢丝）：$f_{ptk} = 1470\text{N/mm}^2$，$f_{py} = 1040\text{N/mm}^2$，$f_{py}' = 410\text{N/mm}^2$，$E_s = 2.05 \times 10^5 \text{N/mm}^2$，根据表 10-1，取 $\sigma_{con} = \sigma_{con}' = 0.70 f_{ptk} = 1029\text{N/mm}^2$。

查附表 1-5 得箍筋（HPB300 钢筋）：$f_{yv} = 270\text{N/mm}^2$。

查附表 1-1～附表 1-3、附表 1-10 得 C40 混凝土：$f_{ck} = 26.8\text{N/mm}^2$，$f_{tk} = $

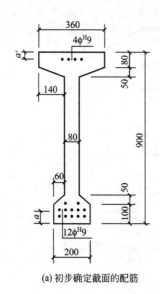

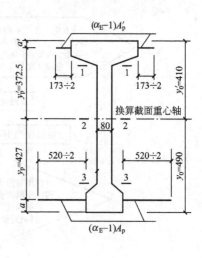

(a) 初步确定截面的配筋　　　　　　　(b) 换算截面

图 10.42　截面配筋及其换算截面

2.39N/mm^2，$f_c=19.1\text{N/mm}^2$，$f_t=1.71\text{N/mm}^2$。混凝土达到 100% 设计强度放张预应力筋时：$f'_{cu}=40\text{N/mm}^2$，$f'_{ck}=26.8\text{N/mm}^2$，$f'_{tk}=2.39\text{N/mm}^2$，$E_c=3.25\times10^4\text{N/mm}^2$，$\alpha_1=1.0$，$\beta_1=0.8$，$\beta_c=1.0$。

② 内力计算。

梁的计算跨度 $l_0=\{1.05l_n,\ l_c\}_{\min}=\{1.05\times9.5,\ 9.75\}_{\min}=9.75\text{m}$

选取基本组合的均布荷载设计值 $q=\{1.2g_k+1.4q_k,\ 1.35g_k+1.4\psi_c q_k\}_{\max}=46.8\text{kN/m}$。

内力计算：

$$M=\frac{1}{8}\gamma_0 q l_0^2=\frac{1}{8}\times1.0\times46.8\times9.75^2=556.1\text{kN}\cdot\text{m}$$

$$V=\frac{1}{2}\gamma_0 q l_n=\frac{1}{2}\times1.0\times46.8\times9.5=222.3\text{kN}$$

$$M_k=\frac{1}{8}(g_k+q_k)l_0^2=\frac{1}{8}\times(25+12)\times9.75^2=439.7\text{kN}\cdot\text{m}$$

$$M_q=\frac{1}{8}(g_k+\psi_q q_k)l_0^2=\frac{1}{8}\times(25+0.6\times12)\times9.75^2=382.6\text{kN}\cdot\text{m}$$

$$V_k=\frac{1}{2}(g_k+q_k)l_n=\frac{1}{2}\times(25+12)\times9.5=175.8\text{kN}$$

③ 预应力筋面积。

受拉区的预应力筋：$12\ \Phi^{H9}$，$A_p=763\text{mm}^2$。受压区的预应力筋：$4\ \Phi^{H9}$，$A'_p=254\text{mm}^2$。

④ 截面的几何特征。

$$\alpha_E=E_s/E_c=2.05\times10^5/3.25\times10^4=6.31$$

由图 10.42(a)中参数可得：$b_f=200\text{mm}$，$h_f=125\text{mm}$；$b'_f=360\text{mm}$，$h'_f=105\text{mm}$；$b=80\text{mm}$，$h=900\text{mm}$。经计算，受拉区预应力筋合力到受拉边缘的距离 $a=63\text{mm}$，受压区预应力筋合力到受压边缘的距离 $a'=37.5\text{mm}$，则 $h_0=h-a=900-63=837\text{mm}$。

根据等效前后面积与惯性矩均相等，$\phi 9$ 的圆可等效为 $b \times h = 8.162\text{mm} \times 7.794\text{mm}$ 的矩形，因此，在保持高度 $h = 7.794\text{mm}$ 不变的前提下，将受压区和受拉区的预应力筋统一换算成混凝土面积。

受压区的预应力筋（$4 \phi^{\text{H}} 9$，$A'_p = 254\text{mm}^2$）换算成附加混凝土面积：$(\alpha_E - 1) A'_p = 1348.74\text{mm}^2$，该附加混凝土面积可等效为 $b \times h = 173\text{mm} \times 7.794\text{mm}$ 的矩形，如图 10.42（b）所示。

受拉区的预应力筋（$12 \phi^{\text{H}} 9$，$A_p = 763\text{mm}^2$）换算成附加混凝土面积：$(\alpha_E - 1) A_p = 4051.53\text{mm}^2$，该附加混凝土面积可等效为 $b \times h = 520\text{mm} \times 7.794\text{mm}$ 的矩形，如图 10.42（b）所示。

将预应力筋面积统一换算成混凝土面积后，图 10.42（a）所示配筋截面的换算截面如图 10.42（b）所示。

对图 10.42（b）所示的换算截面计算后得到：换算截面面积 $A_0 = 121800\text{mm}^2$；换算截面惯性矩 $I_0 = 1.24 \times 10^{10} \text{mm}^4$；换算截面重心至截面下边缘的距离 $y_0 = 490\text{mm}$，至截面上边缘的距离 $y'_0 = 410\text{mm}$。

（2）计算预应力损失 σ_l

① 锚固回缩损失 σ_{l1}。

查表 10-2 得 $a = 1\text{mm}$，则

$$\sigma_{l1} = \frac{a}{l} E_s = \frac{1}{80000} \times 2.05 \times 10^5 = 2.56\text{N/mm}^2$$

② 温差损失 σ_{l3} 为

$$\sigma_{l3} = 2\Delta t = 40\text{N/mm}^2$$

③ 松弛损失 σ_{l4}（普通松弛）为

$$\sigma_{l4} = 0.4 \left(\frac{\sigma_{\text{con}}}{f_{\text{ptk}}} - 0.5 \right) \sigma_{\text{con}} = 0.4 \times (0.7 - 0.5) \times 1029 = 82.32\text{N/mm}^2$$

④ 收缩徐变损失 σ_{l5}。

当混凝土达到 100% 的设计强度时开始张拉预应力筋，$f'_{\text{cu}} = 40\text{N/mm}^2$，配筋率为

$$\rho = \frac{A_s + A_p}{A_0} = \frac{0 + 763}{121800} = 0.0063$$

$$\rho' = \frac{A'_s + A'_p}{A_0} = \frac{0 + 254}{121800} = 0.0021$$

第一批预应力损失（设 σ_{l4} 在第一批和第二批预应力损失中各占 50%）为

$$\sigma_{lI} = \sigma_{l1} + \sigma_{l3} + 0.5\sigma_{l4} = 2.56 + 40 + 0.5 \times 82.32 = 83.72\text{N/mm}^2$$

$$N_{pI} = (\sigma_{\text{con}} - \sigma_{lI}) A_p + (\sigma'_{\text{con}} - \sigma'_{lI}) A'_p = (1029 - 83.72) \times 763 + (1029 - 83.72) \times 254$$
$$= 961349.8\text{N}$$

$$e_{pI} = \frac{(\sigma_{\text{con}} - \sigma_{lI}) A_p y_p - (\sigma'_{\text{con}} - \sigma'_{lI}) A'_p y'_p}{N_{pI}} = \frac{(1029 - 83.72) \times 763 \times 427 - (1029 - 83.72) \times 254 \times 372.5}{961349.8}$$

$$= 227.3\text{mm}$$

预应力筋 A_p 与 A'_p 处混凝土的法向应力：

$$\sigma_{pcI}(A_p) = \frac{N_{pI}}{A_0} + \frac{N_{pI}e_{pI}}{I_0}y_p = \frac{961349.8}{121800} + \frac{961349.8 \times 227.3}{1.24 \times 10^{10}} \times 427 = 15.4 \text{N/mm}^2$$

$$\sigma'_{pcI}(A'_p) = \frac{N_{pI}}{A_0} - \frac{N_{pI}e_{pI}}{I_0}y'_p = \frac{961349.8}{121800} - \frac{961349.8 \times 227.3}{1.24 \times 10^{10}} \times 372.5 = 1.3 \text{N/mm}^2$$

由于 $\sigma_{pcI}(A_p)/f'_{cu} = 15.4/40 = 0.385 < 0.5$，$\sigma'_{pcI}(A'_p)/f'_{cu} = 1.3/40 = 0.0325 < 0.5$，所以

$$\sigma_{l5} = \frac{60 + 340\dfrac{\sigma_{pcI}}{f'_{cu}}}{1 + 15\rho} = \frac{60 + 340 \times 0.385}{1 + 15 \times 0.0063} = 174.4 \text{N/mm}^2$$

$$\sigma'_{l5} = \frac{60 + 340\dfrac{\sigma'_{pcI}}{f'_{cu}}}{1 + 15\rho'} = \frac{60 + 340 \times 0.0325}{1 + 15 \times 0.0021} = 68.9 \text{N/mm}^2$$

⑤ 预应力总损失：

$$\sigma_l = \sigma_{l1} + 0.5\sigma_{l4} + \sigma_{l5} = 83.72 + 0.5 \times 82.32 + 174.4 = 299.3 \text{N/mm}^2 > 100 \text{N/mm}^2$$

$$\sigma'_l = \sigma_{l1} + 0.5\sigma_{l4} + \sigma'_{l5} = 83.72 + 0.5 \times 82.32 + 68.9 = 193.8 \text{N/mm}^2 > 100 \text{N/mm}^2$$

(3) 使用阶段正截面受弯承载力计算。

① 预应力筋合力点处混凝土法向应力等于零时的预应力筋应力。

$$\sigma_{p0} = \sigma_{con} - \sigma_l = 1029 - 299.3 = 729.7 \text{N/mm}^2$$

$$\sigma'_{p0} = \sigma'_{con} - \sigma'_l = 1029 - 193.8 = 835.2 \text{N/mm}^2$$

达到承载力极限状态时，受压区预应力筋 A'_p 中的应力 $\sigma'_{p0} - f'_{py} = 835.2 - 410 = 425.2 \text{N/mm}^2$

② 判别 T 形截面类型。

$$f_yA_s + f_{py}A_p = 0 + 1040 \times 763 = 793520 \text{N} > \alpha_1 f_c b'_f h'_f + f'_y A'_s - (\sigma'_{p0} - f'_{py})A'_p$$
$$= 1.0 \times 19.1 \times 360 \times 105 + 0 - 425.2 \times 254 = 613979 \text{N}$$

所以为第二类 T 形截面。

③ 求 x。

由 $f_yA_s + f_{py}A_p = \alpha_1 f_c bx + \alpha_1 f_c(b'_f - b)h'_f + f'_y A'_s - (\sigma'_{p0} - f'_{py})A'_p$ 得

$$x = \frac{f_yA_s + f_{py}A_p + (\sigma'_{p0} - f'_{py})A'_p - \alpha_1 f_c(b'_f - b)h'_f - f'_y A'_s}{\alpha_1 f_c b}$$

$$= \frac{0 + 1040 \times 763 + 425.2 \times 254 - 1.0 \times 19.1 \times (360 - 80) \times 105 - 0}{1.0 \times 19.1 \times 80} = 222.5 \text{mm}$$

$$\xi_b = \frac{\beta_1}{1 + \dfrac{0.002}{\varepsilon_{cu}} + \dfrac{f_{py} - \sigma_{p0}}{E_s\varepsilon_{cu}}} = \frac{0.8}{1 + \dfrac{0.002}{0.0033} + \dfrac{1040 - 729.7}{2.05 \times 10^5 \times 0.0033}} = 0.387$$

$$\xi_b h_0 = 0.387 \times 837 = 323.9 \text{mm}$$

$$2a' = 2 \times 37.5 = 75 \text{mm}$$

可见，$2a' \leqslant x \leqslant \xi_b h_0$，满足要求。

$$M_u = \alpha_1 f_c bx(h_0 - 0.5x) + \alpha_1 f_c(b'_f - b)h'_f(h_0 - 0.5h'_f) + f'_y A'_s(h_0 - a'_s) - (\sigma'_{p0} - f'_{py})A'_p(h_0 - a'_p)$$

$$= 1.0 \times 19.1 \times 80 \times 222.5 \times (837 - 0.5 \times 222.5) + 1.0 \times 19.1 \times (360 - 80) \times$$

$$105 \times (837 - 0.5 \times 105) + 0 - 425.2 \times 254 \times (837 - 37.5)$$

$$= 601 \times 10^6 \text{N} \cdot \text{mm} = 601 \text{kN} \cdot \text{m} > M = 556.1 \text{kN} \cdot \text{m}$$

所以使用阶段的正截面受弯承载力满足要求。

（4）使用阶段斜截面受剪承载力计算。

① 验算截面限制条件。

$$h_w = h - 100 - 50 - 80 - 50 = 620\text{mm}$$
$$h_w/b = 620/80 = 7.75 > 6$$

$0.20\beta_c f_c b h_0 = 0.20 \times 1.0 \times 19.1 \times 80 \times 837 = 255.8 \times 10^3 \text{N} = 255.8\text{kN} > V = 222.3\text{kN}$

所以截面满足条件。

② 验算计算配筋条件。

计算截面上混凝土法向预应力等于零时的预加力 N_{p0}：

$$N_{p0} = \sigma_{p0} A_p + \sigma'_{p0} A'_p = 729.7 \times 763 + 835.2 \times 254 = 768.9 \times 10^3 \text{N}$$
$$= 768.9\text{kN} > 0.3 f_c A_0 = 0.3 \times 19.1 \times 121800 = 697.9 \times 10^3 \text{N} = 697.9\text{kN}$$

故取 $N_{p0} = 768.9\text{kN}$。

$$0.7 f_t b h_0 + 0.05 N_{p0} = 0.7 \times 1.71 \times 80 \times 837 + 0.05 \times 697.9 \times 10^3 = 115.0 \times 10^3 \text{N}$$
$$= 115.0\text{kN} < V = 222.3\text{kN}$$

所以应按计算配置箍筋。

③ 仅配箍筋。

由于仅受均布荷载作用，故应选一般受弯构件的公式计算箍筋，由 $V \leqslant 0.7 f_t b h_0 + f_{yv} \dfrac{A_{sv}}{s} h_0 + 0.05 N_{p0}$ 得

$$\frac{A_{sv}}{s} \geqslant \frac{V - 0.7 f_t b h_0 - 0.05 N_{p0}}{f_{yv} h_0} = \frac{222.3 \times 10^3 - 0.7 \times 1.71 \times 80 \times 837 - 0.05 \times 697900}{270 \times 837}$$
$$= 0.475\text{mm}^2/\text{mm}$$

验算箍筋的最小配筋率：

$$\rho_{sv,\min} = 0.24 \frac{f_t}{f_{yv}} = 0.24 \times \frac{1.71}{270} = 0.152\%$$

$\rho_{sv} = \dfrac{A_{sv}}{bs} = \dfrac{0.475}{80} = 0.594\% > \rho_{sv,\min} = 0.152\%$，满足要求。

选 $\phi 8$ 的双肢箍，则箍筋间距 s 为

$$s \leqslant \frac{A_{sv}}{0.475} = \frac{n A_{sv1}}{0.475} = \frac{2 \times 50.3}{0.475} = 212\text{mm}$$

因此，箍筋选配 $\phi 8@200$ 的双肢箍，且所选箍筋的间距和直径满足第 5 章表 5-3 的要求。

（5）使用阶段斜截面受弯承载力计算。

由于纵向钢筋的锚固、箍筋的构造等均满足要求，且无弯起钢筋，故使用阶段的斜截面受弯承载力自然满足要求。

（6）使用阶段的正截面裂缝控制验算。

① 按二级裂缝控制等级进行验算。

二级裂缝控制等级构件应满足"$\sigma_{ck} - \sigma_{pc} \leqslant f_{tk}$"的要求。

荷载标准组合下构件截面下边缘的拉应力为

$$\sigma_{ck} = \frac{M_k}{I_0} y_0 = \frac{439.7 \times 10^6}{1.24 \times 10^{10}} \times 490 = 17.4\text{N}/\text{mm}^2$$

斜截面受剪承载力计算时已经求得构件的预加力 $N_{p0} = 768.9\text{kN}$。

预加力 N_{p0} 距换算截面重心轴的距离 e_{p0}：

$$e_{p0} = \frac{(\sigma_{con} - \sigma_l)A_p y_p - (\sigma'_{con} - \sigma'_l)A'_p y'_p - \sigma_{l5}A_s y_s + \sigma'_{l5}A'_s y'_s}{N_{p0}}$$

$$= \frac{729.7 \times 763 \times 427 - 835.2 \times 254 \times 372.5 - 0 + 0}{768900}$$

$$= 206.4\text{mm}$$

$$\sigma_{pc} = \frac{N_{p0}}{A_0} + \frac{N_{p0}e_{p0}}{I_0}y_0 = \frac{768900}{121800} + \frac{768900 \times 206.4}{1.24 \times 10^{10}} \times 490 = 12.6\text{N/mm}^2$$

因为 $\sigma_{ck} - \sigma_{pc} = 17.4 - 12.6 = 4.8\text{N/mm}^2 > f_{tk} = 2.39\text{N/mm}^2$，所以不满足裂缝控制等级二级的要求。

② 按三级裂缝控制等级进行验算。

由于不满足裂缝控制等级二级的要求，所以再按三级进行验算，看是否能满足三级的要求，同时介绍预应力混凝土受弯构件裂缝宽度的验算过程。

一类环境三级裂缝控制等级的预应力混凝土构件应满足"$w_{max} \leq w_{lim} = 0.2\text{mm}$"的要求。

(a) 确定 α_{cr}、c_s、ρ_{te}、d_{eq}。

$$\alpha_{cr} = 1.5; \quad c_s = 25 + 8 = 33\text{mm}$$

$$A_{te} = 0.5bh + (b_f - b)h_f = 0.5 \times 80 \times 900 + 120 \times 125 = 51000\text{mm}^2$$

$$\rho_{te} = \frac{A_s + A_p}{A_{te}} = \frac{0 + 763}{51000} = 0.015 > 0.01$$

$$d_{eq} = \frac{\sum n_i d_i^2}{\sum n_i \nu_i d_i} = \frac{12 \times 9^2}{12 \times 0.8 \times 9} = 11.25\text{mm}$$

(b) 计算 σ_{sk}。

$$e_p = y_{ps} - e_{p0} = y_0 - a - e_{p0} = 490 - 63 - 206.4 = 220.6\text{mm}$$

$$e = e_p + \frac{M_k}{N_{p0}} = 220.6 + \frac{439700000}{768900} = 792.5\text{mm}$$

$$\gamma'_f = \frac{(b'_f - b)h'_f}{bh_0} = \frac{(360 - 80) \times 105}{80 \times 837} = 0.439$$

$$z = \left[0.87 - 0.12(1 - \gamma'_f)\left(\frac{h_0}{e}\right)^2\right]h_0 = \left[0.87 - 0.12 \times (1 - 0.439) \times \left(\frac{837}{792.5}\right)^2\right] \times 837$$

$$= 665.3\text{mm}$$

$$\sigma_{sk} = \frac{M_k - N_{p0}(z - e_p)}{(\alpha_1 A_p + A_s)z} = \frac{439700000 - 768900 \times (665.3 - 220.6)}{(1.0 \times 763 + 0) \times 665.3} = 192.6\text{N/mm}^2$$

(c) 计算 ψ。

$$\psi = 1.1 - 0.65 \frac{f_{tk}}{\rho_{te}\sigma_{sk}} = 1.1 - 0.65 \times \frac{2.39}{0.015 \times 192.6} = 0.56 \begin{cases} > 0.2 \\ < 1.0 \end{cases}, \text{满足要求。}$$

(d) 计算 w_{max}，并验算 $w_{max} \leq w_{lim} = 0.2\text{mm}$。

$$w_{max} = \alpha_{cr}\psi \frac{\sigma_{sk}}{E_s}\left(1.9c_s + 0.08\frac{d_{eq}}{\rho_{te}}\right) = 1.5 \times 0.56 \times \frac{192.6}{2.05 \times 10^5} \times \left(1.9 \times 33 + 0.08 \times \frac{11.25}{0.015}\right)$$

$$= 0.1\text{mm} < w_{lim} = 0.2\text{mm}$$

所以满足裂缝控制等级三级的要求。

(7) 使用阶段的斜截面抗裂验算。

对于二级裂缝控制等级的构件，其斜截面抗裂应满足"$\sigma_{tp} \leq 0.95f_{tk}$"和"$\sigma_{cp} \leq$

$0.6f_{ck}$"的要求。

因为支座边缘截面剪力最大(该截面的剪力标准值$V_k \leqslant 175.8$kN),故选取该截面进行斜截面抗裂验算。同时验算位置取:该截面的上翼缘与腹板交接截面(记为1—1截面)、换算截面重心轴位置(记为2—2截面)、下翼缘与腹板交接截面(记为3—3截面),如图10.42(b)所示。

由式(10-124a)可知,计算主应力σ_{tp}和σ_{cp},必须先求σ_x、σ_y和τ,同时该梁无集中荷载作用,故$\sigma_y=0$。

① 计算σ_x。

由于支座边缘截面,弯矩很小,故σ_x仅考虑由预加力N_{p0}引起的法向应力σ_{pc}。

$$\sigma_{pc}=\frac{N_{p0}}{A_0}\pm\frac{N_{p0}e_{p0}}{I_0}y=\frac{768900}{121800}\pm\frac{768900\times206.4}{1.24\times10^{10}}\times y=6.31\pm0.0128y(\text{N/mm})^2$$

1—1截面:$y=280$mm,$\sigma_x=-\sigma_{pc}=-(6.31-0.0128\times280)=-2.7$N/mm²(压应力)

2—2截面:$y=0$,$\sigma_x=-\sigma_{pc}=-6.31$N/mm²(压应力)

3—3截面:$y=340$mm,$\sigma_x=-\sigma_{pc}=-(6.31+0.0128\times340)=-10.7$N/mm²(压应力)

② 计算τ。

由图10.42(b)求得3个验算位置的面积矩如下。

1—1截面:$S=14571738$mm³。

2—2截面:$S=17707735$mm³。

3—3截面:$S=13110003$mm³。

3个验算位置的剪应力计算如下。由$\tau=\frac{V_kS}{I_0b}=\frac{175.8\times10^3}{1.24\times10^{10}\times80}S=1.77\times10^{-7}S(\text{N/mm}^2)$得3个验算位置的剪应力如下。

1—1截面:$\tau=2.6$N/mm²。

2—2截面:$\tau=3.1$N/mm²。

3—3截面:$\tau=2.3$N/mm²。

③ 计算主应力σ_{tp}和σ_{cp}。

由$\left.\begin{array}{c}\sigma_{tp}\\\sigma_{cp}\end{array}\right\}=\frac{\sigma_x+\sigma_y}{2}\pm\sqrt{\left(\frac{\sigma_x-\sigma_y}{2}\right)^2+\tau^2}=\frac{\sigma_x}{2}\pm\sqrt{\left(\frac{\sigma_x}{2}\right)^2+\tau^2}$得3个验算位置的主应力如下。

1—1截面:$\sigma_{tp}=1.58$N/mm²;$\sigma_{cp}=-4.28$N/mm²。

2—2截面:$\sigma_{tp}=1.27$N/mm²;$\sigma_{cp}=-7.58$N/mm²。

3—3截面:$\sigma_{tp}=0.47$N/mm²;$\sigma_{cp}=-11.17$N/mm²。

④ 验算$\sigma_{tp}\leqslant0.95f_{tk}$和$\sigma_{cp}\leqslant0.6f_{ck}$。

因为$0.95f_{tk}=2.27$N/mm²、$0.6f_{ck}=16.1$N/mm²,经过与计算得到的主应力比较可知,3个验算位置的主应力均满足"$\sigma_{tp}\leqslant0.95f_{tk}$"和"$\sigma_{cp}\leqslant0.6f_{ck}$"的要求,所以使用阶段的斜截面抗裂符合要求。

说明:若支座边缘截面位于预应力传递长度l_{tr}范围内,斜截面抗裂验算时,尚应考虑预应力筋在其预应力传递长度l_{tr}范围内实际应力值的变化。

(8)使用阶段的挠度验算。

预应力混凝土构件的挠度应满足"$f=f_l-f_p\leqslant f_{lim}$"的要求。

① 计算外荷载作用产生的挠度f_l。

(a) 计算 B_s。

由前面计算可知，该构件在使用阶段出现裂缝，故 B_s 按允许出现裂缝的构件计算。

γ_m 取附表 1-17 的项次 2 与项次 3 的平均值可得：$\gamma_m = 1.425$。

$$\gamma = (0.7 + 120/h)\gamma_m = (0.7 + 120/900) \times 1.425 = 1.19$$

$$M_{cr} = (\sigma_{pc} + \gamma f_{tk})W_0 = (\sigma_{pc} + \gamma f_{tk})\frac{I_0}{y_0} = (12.6 + 1.19 \times 2.39) \times \frac{1.24 \times 10^{10}}{490}$$

$$= 390.8 \times 10^6 \text{N} \cdot \text{mm}$$

$$\kappa_{cr} = \frac{M_{cr}}{M_k} = \frac{390.8 \times 10^6}{439.7 \times 10^6} = 0.889$$

$$\gamma_f = \frac{(b_f - b)h_f}{bh_0} = \frac{(200 - 80) \times 125}{80 \times 837} = 0.224$$

$$\rho = \frac{A_p}{bh_0} = \frac{763}{80 \times 837} = 0.0114$$

$$\omega = \left(1 + \frac{0.21}{\alpha_E \rho}\right)(1 + 0.45\gamma_f) - 0.7 = \left(1 + \frac{0.21}{6.31 \times 0.0114}\right)(1 + 0.45 \times 0.224) - 0.7 = 3.61$$

$$B_s = \frac{0.85E_c I_0}{\kappa_{cr} + (1 - \kappa_{cr})\omega} = \frac{0.85 \times 3.25 \times 10^4 \times 1.24 \times 10^{10}}{0.889 + (1 - 0.889) \times 3.61} = 2.656 \times 10^{14} \text{N} \cdot \text{mm}^2$$

(b) 计算 B。

预应力混凝土受弯构件 $\theta = 2.0$，则

$$B = \frac{M_k}{M_q(\theta - 1) + M_k}B_s = \frac{439.7 \times 10^6}{382.6 \times 10^6 \times (2 - 1) + 439.7 \times 10^6} \times 2.656 \times 10^{14}$$

$$= 1.420 \times 10^{14} \text{N} \cdot \text{mm}^2$$

(c) 计算 f_l。

$$f_l = \frac{5}{384} \frac{(g_k + q_k)l_0^4}{B} = \frac{5}{384} \times \frac{(25 + 12) \times 9750^4}{1.420 \times 10^{14}} = 30.66 \text{mm}$$

② 计算预加力产生的反拱 f_p。

$$f_p = \theta \times \frac{N_{p0}e_{p0}l_0^2}{8E_c I_0} = 2 \times \frac{768900 \times 206.4 \times 9750^2}{8 \times 3.25 \times 10^4 \times 1.24 \times 10^{10}} = 9.36 \text{mm}$$

③ 挠度验算。

查附表 1-16 可得：$f_{lim} = 9750/300 = 32.5 \text{mm}$。

$$f = f_l - f_p = 30.66 - 9.36 = 21.3 \text{mm} \leqslant f_{lim} = 32.5 \text{mm}$$

所以挠度满足要求。

(9) 施工阶段验算。

① 制作阶段验算。

先张法构件完成第一批预应力损失时，是预应力构件制作阶段混凝土受力最不利阶段。由计算预应力损失 σ_{l5} 的过程可知，该阶段构件受到的预加力 N_{pI} 及其偏心距 e_{pI} 分别为，$N_{pI} = 961349.8 \text{N}$，$e_{pI} = 227.3 \text{mm}$。

则此阶段构件换算截面上边缘与下边缘混凝土的法向应力分别为

上边缘：$\sigma_{ct} = \sigma_{pcI}(y_0') = \dfrac{N_{pI}}{A_0} - \dfrac{N_{pI}e_{pI}}{I_0}y_0' = \dfrac{961349.8}{121800} - \dfrac{961349.8 \times 227.3}{1.24 \times 10^{10}} \times 410 = 0.7\text{N/mm}^2$

（压应力）

下边缘：$\sigma_{cc} = \sigma_{pcI}(y_0) = \dfrac{N_{pI}}{A_0} + \dfrac{N_{pI}e_{pI}}{I_0}y_0 = \dfrac{961349.8}{121800} + \dfrac{961349.8 \times 227.3}{1.24 \times 10^{10}} \times 490 = 16.5\text{N/mm}^2$

（压应力）

可见，$\sigma_{ct} < f_{tk}' = 2.39\text{N/mm}^2$，$\sigma_{cc} < 0.8f_{ck}' = 21.44\text{N/mm}^2$，两者均满足要求。

② 吊装阶段验算。

（a）计算吊装时梁自重引起的弯矩标准值。

设包括支撑长度在内的构件总长度为 10m，两点起吊，吊点距构件端部 2m，取动力系数 $\gamma_1 = 1.5$，结构重要性系数 $\gamma_0 = 0.9$。

梁自重标准值 $g_{1k} = 25 \times (0.08 \times 0.9 + 0.12 \times 0.1 + 0.06 \times 0.05 + 0.28 \times 0.08 + 0.14 \times 0.05) = 2.91\text{kN/m}$，则由 g_{1k} 引起的吊点截面负弯矩和跨中截面正弯矩分别如下。

吊点截面负弯矩：$M_{1k} = \gamma_1\gamma_0(0.5 \times g_{1k} \times 2^2) = 1.5 \times 0.9 \times (0.5 \times 2.91 \times 2^2) = 7.857\text{ kN} \cdot \text{m}$。

跨中截面正弯矩：$M_{2k} = \gamma_1\gamma_0(g_{1k} \times 6^2/8) - M_{1k} = 1.5 \times 0.9 \times (2.91 \times 6^2/8) - 7.857 = 9.821\text{ kN} \cdot \text{m}$。

（b）吊点截面的应力计算与验算。

吊点截面上边缘：$\sigma_{ct} = \sigma_{pcI}(y_0') - \dfrac{M_{1k}}{I_0}y_0' = 0.7 - \dfrac{7.857 \times 10^6}{1.24 \times 10^{10}} \times 410 = 0.4\text{N/mm}^2$（压应力）。

吊点截面下边缘：$\sigma_{cc} = \sigma_{pcI}(y_0) + \dfrac{M_{1k}}{I_0}y_0 = 16.5 + \dfrac{7.857 \times 10^6}{1.24 \times 10^{10}} \times 490 = 16.8\text{N/mm}^2$（压应力）。

可见，$\sigma_{ct} < f_{tk}' = 2.39\text{N/mm}^2$，$\sigma_{cc} < 0.8f_{ck}' = 21.44\text{N/mm}^2$，吊点截面处两者均满足要求。

（c）跨中截面的应力计算与验算。

跨中截面上边缘：$\sigma_{ct} = \sigma_{pcI}(y_0') + \dfrac{M_{2k}}{I_0}y_0' = 0.7 + \dfrac{9.821 \times 10^6}{1.24 \times 10^{10}} \times 410 = 1.0\text{N/mm}^2$（压应力）。

跨中截面下边缘：$\sigma_{cc} = \sigma_{pcI}(y_0) - \dfrac{M_{2k}}{I_0}y_0 = 16.5 - \dfrac{9.821 \times 10^6}{1.24 \times 10^{10}} \times 490 = 16.1\text{N/mm}^2$（压应力）。

可见，$\sigma_{ct} < f_{tk}' = 2.39\text{N/mm}^2$，$\sigma_{cc} < 0.8f_{ck}' = 21.44\text{N/mm}^2$，跨中截面处两者均满足要求。因此，该构件施工阶段验算满足要求。

10.5 预应力混凝土构件的构造措施

预应力混凝土构件的构造，除应满足钢筋混凝土构件的有关规定外，还应满足下列构造规定。

10.5.1 截面形状与尺寸

预应力混凝土轴心受拉构件通常采用正方形或矩形截面；预应力混凝土受弯构件则通常采用 T 形、I 形或箱形等截面。

截面形式沿构件纵轴也可以发生变化，如跨中可为 I 形截面，接近支座处为了承受较大的剪力并能够布置锚具，在两端通常做成矩形截面。

由于预应力混凝土构件的抗裂性能好和截面刚度大，故其截面尺寸可比相应的钢筋混凝土构件小一些。对预应力混凝土受弯构件，其截面高度 h 可取$(1/20 \sim 1/14)l$（l 为构件跨度），大致为相应的钢筋混凝土梁截面高度的 70%。

10.5.2 先张法构件的构造措施

1. 预应力筋的间距与混凝土保护层厚度

先张法预应力筋的锚固与预应力的传递是通过预应力筋与混凝土的粘结来实现的，因此预应力筋应具有适宜的间距和混凝土保护层厚度，以满足粘结应力传递的需要。

预应力筋的混凝土保护层最小厚度与普通钢筋的相同，详见附表 1-13。

《规范》（GB 50010）规定，先张法预应力筋之间的净间距不宜小于其公称直径的 2.5 倍和混凝土粗骨料最大粒径的 1.25 倍，且应符合下列规定，预应力钢丝，不应小于 15mm，三股钢绞线，不应小于 20mm，七股钢绞线，不应小于 25mm。当混凝土振捣密实性具有可靠保证时，净间距可放宽为最大粗骨料直径的 1.0 倍。

2. 构件端部的构造措施

先张法构件预应力传递长度范围内局部挤压造成的环向拉应力容易导致构件端部混凝土出现劈裂裂缝，因此《规范》（GB 50010）规定，先张法构件端部应采取如下构造措施，以防止构件端部混凝土出现劈裂裂缝和保证自锚端的局部承载力。

(1) 单根配置的预应力筋，其端部宜设置螺旋筋。

(2) 分散布置的多根预应力筋，在构件端部 $10d$，且不小于 100mm 的长度范围内，宜设置 $3 \sim 5$ 片与预应力筋垂直的钢筋网，d 为预应力筋的公称直径。

(3) 采用预应力钢丝配筋的薄板，在板端 100mm 长度范围内宜适当加密横向钢筋。

(4) 槽形板类构件，应在构件端部 100mm 的长度范围内沿构件板面设置附加横向钢筋，其数量不应少于两根。

3. 先张法预制构件配置防裂钢筋

为防止预应力构件端部及预拉区的裂缝，《规范》（GB 50010）规定，各类先张法预制构件应按下列规定配置防裂钢筋。

(1) 预制肋形板，宜设置加强其整体性和横向刚度的横肋。端横肋的受力钢筋应弯入纵肋内。当采用先张长线法生产有端横肋的预应力混凝土肋形板时，应在设计和制作上采取防止放张预应力时端横肋产生裂缝的有效措施。

(2) 在预应力混凝土屋面梁、吊车梁等构件靠近支座的斜向主拉应力较大部位，宜将一部分预应力筋弯起配置。

（3）预应力筋在构件端部全部弯起的受弯构件或直线配筋的先张法构件，当构件端部与下部支承结构焊接时，应考虑混凝土收缩、徐变及温度变化所产生的不利影响，宜在构件端部可能产生裂缝的部位设置纵向构造钢筋。

10.5.3 后张法构件的构造措施

1. 预留孔道的尺寸

后张法预应力混凝土构件往往以钢丝束或钢绞线束的形式配筋，为保证钢丝束或钢绞线束的顺利张拉，以及预应力筋张拉阶段构件的承载力，《规范》（GB 50010）规定，后张法预应力混凝土构件预留孔道的直径和间距应满足下列规定。

（1）预制构件中预留孔道之间的水平净间距不宜小于 50mm，且不宜小于粗骨料粒径的 1.25 倍；孔道至构件边缘的净间距不宜小于 30mm，且不宜小于孔道直径的 50%。

（2）现浇混凝土梁中预留孔道在竖直方向的净间距不应小于孔道外径，水平方向的净间距不宜小于 1.5 倍孔道外径，且不应小于粗骨料直径的 1.25 倍；从孔道外壁至构件边缘的净间距，梁底不宜小于 50mm，梁侧不宜小于 40mm；裂缝控制等级为三级的梁，梁底、梁侧分别不宜小于 60mm 和 50mm。

（3）预留孔道的内径宜比预应力束外径及需穿过孔道的连接器外径大 6～15mm；且孔道的截面积宜为穿入预应力束截面积的 3.0～4.0 倍。

（4）当有可靠经验并能保证混凝土浇筑质量时，预留孔道可水平并列贴紧布置，但并排的数量不应超过两束。

（5）在现浇楼板中采用扁形锚固体系时，穿过每个预留孔道的预应力筋数量宜为 3～5 根；在常用荷载情况下，孔道在水平方向的净间距不应超过 8 倍板厚及 1.5m 中的较大值。

（6）板中单根无粘结预应力筋的间距不宜大于板厚的 6 倍，且不宜大于 1m；带状束的无粘结预应力筋根数不宜多于 5 根，带状束间距不宜大于板厚的 12 倍，且不宜大于 2.4m。

（7）梁中集束布置的无粘结预应力筋，集束的水平净间距不宜小于 50mm，束至构件边缘的净距不宜小于 40mm。

2. 构件端部锚固区的构造措施

为了防止预应力筋在构件端部过分集中而造成开裂或局压破坏，《规范》（GB 50010）规定，后张法预应力混凝土构件端部锚固区的构造应符合下列规定。

（1）采用普通垫板时，应进行局部受压承载力计算，并配置间接钢筋，其体积配筋率不应小于 0.5%，垫板的刚性扩散角应取 45°。

（2）局部受压承载力计算时，对局部压力设计值对有粘结预应力混凝土构件，取 1.2 倍张拉控制力，对无粘结预应力混凝土，取 1.2 倍张拉控制力和 $f_{ptk}A_p$ 中的较大值。

（3）当采用整体铸造垫板时，其局部受压区的设计应符合相关标准的规定。

（4）在局部受压间接钢筋配置区以外，在构件端部长度 l 不小于截面重心线上部或下部预应力筋的合力点至邻近边缘的距离 e 的 3 倍、但不大于构件端部截面高度 h 的 1.2 倍，高度为 $2e$ 的附加配筋区范围内，应均匀配置附加防劈裂箍筋或网片（图 10.43），配筋

面积可按下列公式计算:

$$A_{sb} \geqslant 0.18\left(1 - \frac{l_l}{l_b}\right)\frac{P}{f_{yv}}$$ (10-133)

且体积配筋率不应小于 0.5%。

式中:P——作用在构件端部截面重心线上部或下部预应力筋的合力设计值,对有粘结预应力混凝土构件,取 1.2 倍张拉控制力,对无粘结预应力混凝土,取 1.2 倍张拉控制力和 $f_{ptk}A_p$ 中的较大值;

l_l、l_b——分别为沿构件高度方向 A_l、A_b 的边长或直径,其中,A_l、A_b 分别为混凝土局部受压面积和局部受压的计算底面积。

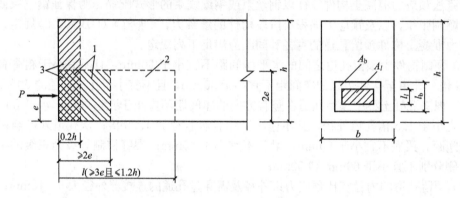

图 10.43 防止端部裂缝的配筋范围

1—局部受压间接钢筋配置区;2—附加防劈裂配筋区;3—附加防端面裂缝配筋区

(5) 当构件端部预应力筋需集中布置在截面下部或集中布置在上部和下部时,应在构件端部 0.2h 的范围内设置附加竖向防端面裂缝构造钢筋(图 10.43),其截面面积应符合下列公式要求:

$$A_{sv} \geqslant \frac{T_s}{f_{yv}}$$ (10-134)

$$T_s = \left(0.25 - \frac{e}{h}\right)P$$ (10-135)

式中:T_s——锚固端端面拉力;

P——作用在构件端部截面重心线上部或下部预应力筋的合力设计值,对有粘结预应力混凝土构件,取 1.2 倍张拉控制力,对无粘结预应力混凝土,取 1.2 倍张拉控制力和 $f_{ptk}A_p$ 中的较大值;

e——截面重心线上部或下部预应力筋的合力点至截面近边缘的距离;

h——构件端部截面高度。

当 e 大于 0.2h 时,可根据实际情况适当配置构造钢筋。竖向防端面裂缝钢筋宜靠近端面配置,可采用焊接钢筋网、封闭式箍筋或其他形式,且宜采用带肋钢筋。

当端部截面上部和下部均有预应力筋时,附加竖向钢筋的总截面面积应按上部和下部的预应力合力分别计算的较大值采用。

在构件端面横向也应按上述方法计算抗端面裂缝钢筋,并与上述竖向钢筋形成网片筋配置。

（6）当构件在端部有局部凹进时，应增设折线构造钢筋（图10.44）或其他有效的构造钢筋。

（7）后张法预应力混凝土构件中，当采用曲线预应力束时，其曲率半径 r_p 宜按下列公式确定，但不宜小于4m。

$$r_p \geqslant \frac{P}{0.35 f_c d_p} \qquad (10-136)$$

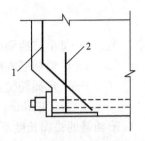

图10.44 端部凹进处构造钢筋
1—折线构造钢筋；
2—竖向构造钢筋

式中：P——预应力束的合力设计值，对有粘结预应力混凝土构件，取1.2倍张拉控制力，对无粘结预应力混凝土，取1.2倍张拉控制力和 $f_{ptk} A_p$ 中的较大值。

r_p——预应力束的曲率半径(m)。

d_p——预应力束孔道的外径。

f_c——混凝土轴心抗压强度设计值；当验算张拉阶段曲率半径时，可取与施工阶段混凝土立方体抗压强度 f'_{cu} 对应的抗压强度设计值 f'_c，按附表1-2以线性内插法确定。

对于折线配筋的构件，在预应力束弯折处的曲率半径可适当减小。当曲率半径 r_p 不满足上述要求时，可在曲线预应力束弯折处内侧设置钢筋网片或螺旋筋。

（8）在预应力混凝土结构中，当沿构件凹面布置曲线预应力束时（图10.45），应进行防崩裂设计。当曲率半径 r_p 满足式(10-137)的要求时，可仅配置构造U形插筋。

$$r_p \geqslant \frac{P}{f_t(0.5 d_p + c_p)} \qquad (10-137)$$

式中：P——预应力束的合力设计值，对有粘结预应力混凝土构件，取1.2倍张拉控制力，对无粘结预应力混凝土，取1.2倍张拉控制力和 $f_{ptk} A_p$ 中的较大值；

f_t——混凝土轴心抗拉强度设计值；或与施工张拉阶段混凝土立方体抗压强度 f'_{cu} 相应的抗拉强度设计值 f'_t，按附表1-2以线性内插法确定；

c_p——预应力束孔道净混凝土保护层厚度。

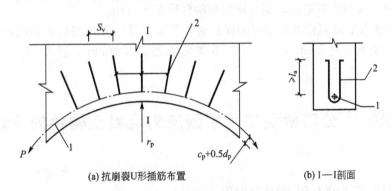

(a) 抗崩裂U形插筋布置　　(b) I—I剖面

图10.45 抗崩裂U形插筋构造示意
1—预应力束；2—沿曲线预应力束均匀布置的U形插筋

当不满足时，每单肢U形插筋的截面面积应按下列公式确定：

$$A_{sv1} \geqslant \frac{Ps_v}{2r_p f_{yv}} \tag{10-138}$$

式中：A_{sv1}——每单肢插筋截面面积；

$\qquad s_v$——U 形插筋间距；

$\qquad f_{yv}$——U 形插筋抗拉强度设计值，按附表 1-5 采用，当大于 $360N/mm^2$ 时，取 $360N/mm^2$。

U 形插筋的锚固长度不应小于 l_a；当实际锚固长度 l_e 小于 l_a 时，每单肢 U 形插筋的截面面积可按 A_{sv1}/k 取值。其中，k 取 $l_e/15d$ 和 $l_e/200$ 中的较小值，且 k 不大于 1.0。

当有平行的几个孔道，且中心距不大于 $2d_p$ 时，预应力筋的合力设计值应按相邻全部孔道内的预应力筋确定。

3．其他构造措施

1）锚夹具与连接器的选择

后张法预应力混凝土构件全靠锚具与夹具来传递预应力，所以锚夹具的质量非常重要。锚夹具与连接器的选择应符合现行国家标准《预应力筋用锚具、夹具和连接器》(GB/T 14370—2007)和现行行业标准《预应力筋用锚具、夹具和连接器应用技术规程》(JGJ 85—2010)的有关规定。

2）锚夹具的防腐及防火措施

外露的锚夹具容易锈蚀且防火能力差，因此《规范》(GB 50010)规定，后张预应力混凝土外露金属锚具，应采取可靠的防腐及防火措施，并应符合下列规定。

(1) 无粘结预应力筋外露锚具应采用注有足量防腐油脂的塑料帽封闭锚具端头，并采用无收缩砂浆或细石混凝土封闭。

(2) 对于处于二 b、三 a、三 b 类环境条件下的无粘结预应力锚固系统，应采用全封闭的防腐蚀体系，其封锚端及各连接部位应能承受 10kPa 的静水压力而不得透水。

(3) 采用混凝土封闭时，其强度等级宜与构件混凝土强度等级一致，且不应低于 C30。封锚混凝土与构件混凝土应可靠粘结，如锚具在封闭前应将周围混凝土界面凿毛并冲洗干净，且宜配置一或两片钢筋网，钢筋网应与构件混凝土拉结。

(4) 采用无收缩砂浆或混凝土封闭保护时，其锚具及预应力筋端部的保护层厚度不应小于：一类环境类别时 20mm，二 a、二 b 类环境类别时 50mm，三 a、三 b 类环境类别时 80mm。

10.6 公路桥涵工程中预应力混凝土构件的设计

10.6.1 张拉控制应力和预应力损失

1．张拉控制应力

张拉控制应力的概念与 10.2.1 节所述类似。对于有锚圈口摩擦损失的锚具，张拉控制应力 σ_{con} 应为扣除锚圈口摩擦损失后的拉应力值。因此，《规范》(JTG D62)特别强调：

对于后张法构件，σ_{con} 为梁体内锚下应力。预应力钢筋的张拉控制应力 σ_{con} 应符合以下规定。

（1）对于钢丝、钢绞线的张拉控制应力值：

$$\sigma_{con} \leqslant 0.75 f_{pk} \tag{10-139a}$$

（2）对于精轧螺纹钢筋的张拉控制应力值：

$$\sigma_{con} \leqslant 0.90 f_{pk} \tag{10-139b}$$

式中：f_{pk}——预应力钢筋抗拉强度标准值，按附表 2-7 确定。

当对构件进行超张拉或计入锚圈口摩擦损失时，钢筋中最大控制应力对于钢丝和钢绞线不应超过 $0.80 f_{pk}$；对精轧螺纹钢筋不应超过 $0.95 f_{pk}$。

2. 预应力损失

预应力损失的概念与 10.2.2 节所述类似，以下给出《规范》（JTG D62）规定的 6 种预应力损失的计算方法。

1）预应力钢筋与管道壁之间摩擦引起的预应力损失 σ_{l1}

后张法构件张拉钢筋时，预应力钢筋与管道壁之间摩擦引起的预应力损失 σ_{l1} 可按下列公式计算：

$$\sigma_{l1} = \sigma_{con} \left[1 - e^{-(\mu\theta + \kappa x)} \right] \tag{10-140}$$

式中：x——张拉端至计算截面的管道长度（m），可近似取该段管道在构件纵轴上的投影长度；

θ——从张拉端至计算截面曲线管道部分切线的夹角之和（rad）；

κ——管道每米局部偏差对摩擦的影响系数，与孔道成型方式有关，按附表 2-12 取用；

μ——预应力钢筋与管道壁的摩擦系数，与孔道成型方式和钢筋外形有关，按附表 2-12 取用。

2）由锚具变形、钢筋回缩和接缝压缩引起的预应力损失 σ_{l2}

（1）预应力直线钢筋的预应力损失 σ_{l2} 按下式计算：

$$\sigma_{l2} = \frac{\sum \Delta l}{l} E_p \tag{10-141}$$

式中：Δl——张拉端锚具变形、钢筋回缩和接缝压缩值（mm），按照附表 2-13 采用；

l——张拉端至锚固端之间的距离（mm）；

E_p——预应力钢筋的弹性模量（N/mm²）。

（2）后张法构件预应力曲线钢筋的预应力损失 σ_{l2}。

由于锚具变形引起的钢筋回缩同样也会受到管道摩擦力的影响，这种摩擦力与钢筋张拉时的摩擦力方向相反，称为反向摩擦，而式（10-141）未考虑反向摩擦的影响。因此，《规范》（JTG D62）规定：后张法曲线钢筋的预应力损失 σ_{l2} 应考虑锚固后反向摩擦的影响，具体可参照《规范》（JTG D62）附录 D 计算。

为了减少 σ_{l2}，可以采取 10.2.2 节类似的超张拉工艺，注意应采取选用变形小的锚具、减少垫板等措施。

3）预应力钢筋与台座之间的温差引起的预应力损失 σ_{l3}

先张法预应力混凝土构件，当采用加热方法养护时，由预应力钢筋与台座之间的温差

引起的预应力损失 σ_{l3}（MPa）可按下式计算：

$$\sigma_{l3}=\varepsilon E_s=2(t_2-t_1)=2\Delta t \tag{10-142}$$

式中：Δt——预应力钢筋与张拉台座之间的温差；

t_2——混凝土加热养护时，受拉钢筋的最高温度（℃）；

t_1——张拉钢筋时，制造场地的温度（℃）。

为了减少温差引起的预应力损失，可采用两次升温的养护方法，具体见10.2.2节。如果张拉台座与被养护构件共同受热，则不计入此项预应力损失。

4）混凝土弹性压缩引起的预应力损失 σ_{l4}

（1）后张法构件。后张法预应力混凝土构件当采用分批张拉时，先张拉的钢筋由于后批张拉钢筋所产生的弹性压缩所引起的预应力损失 σ_{l4} 按下式计算：

$$\sigma_{l4}=\alpha_{Ep}\sum\Delta\sigma_{pc} \tag{10-143a}$$

式中：$\Delta\sigma_{pc}$——在计算截面先张拉的钢筋重心处，由后张拉各批钢筋产生的混凝土法向应力（MPa）；

α_{Ep}——预应力钢筋弹性模量与混凝土弹性模量的比值。

后张法构件多采用曲线钢筋，钢筋束在各截面的相对位置连续变化，使得各截面的"$\sum\Delta\sigma_{pc}$"也不相同，具体计算很复杂。当同一截面的预应力钢筋逐束张拉时，由混凝土弹性压缩引起的预应力损失可按下列简化公式计算：

$$\sigma_{l4}=\frac{m-1}{2}\alpha_{Ep}\Delta\sigma_{pc} \tag{10-143b}$$

式中：m——预应力钢筋的束数；

$\Delta\sigma_{pc}$——在计算截面全部钢筋重心处，由张拉一束预应力钢筋产生的混凝土法向应力（MPa），取各束的平均值。

（2）先张法构件。先张法预应力混凝土构件当放松预应力钢筋时由混凝土弹性压缩引起的预应力损失 σ_{l4} 按下式计算：

$$\sigma_{l4}=\alpha_{Ep}\sigma_{pc} \tag{10-143c}$$

式中：σ_{pc}——在计算截面钢筋重心处，由全部预应力钢筋预加力产生的混凝土法向应力（MPa）。

5）预应力钢筋应力松弛引起的预应力损失 σ_{l5}

由预应力钢筋应力松弛引起的预应力损失终极值可按下列规定计算。

（1）对于预应力钢丝、钢绞线

$$\sigma_{l5}=\psi\zeta\left(0.52\frac{\sigma_{pe}}{f_{pk}}-0.26\right)\sigma_{pe} \tag{10-144a}$$

式中：ψ——张拉系数，一次张拉时，$\psi=1.0$，超张拉时，$\psi=0.9$。

ζ——钢筋松弛系数，Ⅰ级松弛（普通松弛），$\zeta=1.0$；Ⅱ级松弛（低松弛），$\zeta=0.3$。

σ_{pe}——传力锚固时的钢筋应力，对于后张法构件，$\sigma_{pe}=\sigma_{con}-\sigma_{l1}-\sigma_{l2}-\sigma_{l4}$，对于先张法构件，$\sigma_{pe}=\sigma_{con}-\sigma_{l2}$。

（2）精轧螺纹钢筋。

一次张拉时：

$$\sigma_{l5}=0.05\sigma_{con} \tag{10-144b}$$

超张拉时：

$$\sigma_{l5}=0.035\sigma_{con} \tag{10-144c}$$

超张拉可以减少松弛损失，但是超张拉工艺应符合我国相关规范的规定。例如，超张拉 5%~10% 的张拉控制应力，保持几分钟后再放松到张拉控制应力，可以使松弛损失降低 40%~60%。

对于碳素钢丝、钢绞线，当 $\sigma_{pe}/f_{pk}\leqslant0.5$ 时，松弛损失则不计入。

对于预应力钢丝、钢绞线，有时松弛损失计算应根据构件不同受力阶段的持续时间分阶段进行，这时其中间值按表 10-7 确定，而钢筋松弛损失的终极值仍按以上规定计算。

表 10-7 钢筋松弛损失中间值与终极值的比值

时间/d	2	10	20	30	40
比值	0.5	0.61	0.74	0.87	1.00

6）混凝土收缩和徐变引起的预应力损失 σ_{l6}

由混凝土收缩和徐变引起的构件受拉区和受压区预应力钢筋的预应力损失，可按下列公式计算。

受拉区预应力钢筋：

$$\sigma_{l6}(t)=\frac{0.9[E_p\varepsilon_{cs}(t,\ t_0)+\alpha_{Ep}\sigma_{pc}\phi(t,\ t_0)]}{1+15\rho\rho_{ps}} \tag{10-145a}$$

受压区预应力钢筋：

$$\sigma'_{l6}(t)=\frac{0.9[E_p\varepsilon_{cs}(t,\ t_0)+\alpha_{Ep}\sigma'_{pc}\phi(t,\ t_0)]}{1+15\rho'\rho'_{ps}} \tag{10-145b}$$

$$\rho=\frac{A_p+A_s}{A} \quad \rho_{ps}=1+\frac{e_{ps}^2}{i^2} \quad e_{ps}=\frac{A_pe_p+A_se_s}{A_p+A_s} \tag{10-145c}$$

$$\rho'=\frac{A'_p+A'_s}{A} \quad \rho'_{ps}=1+\frac{e'^2_{ps}}{i^2} \quad e'_{ps}=\frac{A'_pe'_p+A'_se'_s}{A'_p+A'_s} \tag{10-145d}$$

式中：$\sigma_{l6}(t)$、$\sigma'_{l6}(t)$——构件受拉区、受压区全部纵向钢筋截面重心处由混凝土收缩和徐变引起的预应力损失。

σ_{pc}、σ'_{pc}——构件受拉区、受压区全部纵向钢筋截面重心处由预应力产生的混凝土法向压应力(MPa)。

E_p——预应力钢筋的弹性模量。

α_{Ep}——预应力钢筋弹性模量与混凝土弹性模量的比值。

ρ、ρ'——构件受拉区、受压区全部纵向钢筋的配筋率。

A——构件截面面积，对先张法构件，$A=A_0$，对后张法构件，$A=A_n$。此处，A_0 为换算截面面积，A_n 为净截面面积。

i——截面回转半径，$i^2=I/A$，对先张法构件，取 $A=A_0$，$I=I_0$，对后张法构件取 $A=A_n$，$I=I_n$。此处，I_0、I_n 分别为换算截面与净截面惯性矩。

e_p、e'_p——构件受拉区、受压区预应力钢筋截面重心至构件截面重心的距离。

e_s、e'_s——构件受拉区、受压区纵向普通钢筋截面重心至构件截面重心的距离。

e_{ps}、e'_{ps}——构件受拉区、受压区全部纵向钢筋截面重心至构件截面重心的距离。

$\varepsilon_{cs}(t, t_0)$——预应力钢筋传力锚固龄期为 t_0，计算考虑的龄期为 t 时的混凝土
收缩应变，其终极值 $\varepsilon_{cs}(t_u, t_0)$ 按表 10-8 确定。

$\phi(t, t_0)$——加载龄期为 t_0，计算考虑的龄期为 t 时的混凝土徐变系数，其终
极值 $\phi(t_u, t_0)$ 按表 10-9 确定。

表 10-8　混凝土收缩应变终极值 $\varepsilon_{cs}(t_u, t_0)$ （$\times 10^3$）

传力锚固龄期/d	40%≤RH<70%				70%≤RH<99%			
	理论厚度 h/mm				理论厚度 h/mm			
	100	200	300	≥600	100	200	300	≥600
3~7	0.50	0.45	0.38	0.25	0.30	0.26	0.23	0.15
14	0.43	0.41	0.36	0.24	0.25	0.24	0.21	0.14
28	0.38	0.38	0.34	0.23	0.22	0.22	0.20	0.13
60	0.31	0.34	0.32	0.22	0.18	0.20	0.19	0.12
90	0.27	0.32	0.30	0.21	0.16	0.19	0.18	0.12

表 10-9　混凝土徐变系数终极值 $\phi(t_u, t_0)$

加载龄期/d	40%≤RH<70%				70%≤RH<99%			
	理论厚度 h/mm				理论厚度 h/mm			
	100	200	300	≥600	100	200	300	≥600
3	3.78	3.36	3.14	2.79	2.73	2.52	2.39	2.20
7	3.23	2.88	2.68	2.39	2.32	2.15	2.05	1.88
14	2.83	2.51	2.35	2.09	2.04	1.89	1.79	1.65
28	2.48	2.20	2.06	1.83	1.79	1.65	1.58	1.44
60	2.14	1.91	1.78	1.58	1.55	1.43	1.36	1.25
90	1.99	1.76	1.65	1.46	1.44	1.32	1.26	1.15

注：① 上述两表中 RH 代表桥梁所处环境的年平均相对湿度（%），表中数值按 40%≤RH<70% 取
55%，70%≤RH<99% 取 80% 计算所得。

② 表中理论厚度 $h = 2A/u$，A 为构件截面积，u 为构件与大气接触的周边长度。当构件为变
截面时，A 和 u 均可取平均值。

③ 本表适用于一般硅酸盐类水泥或快硬水泥配制而成的混凝土。表中数值系按强度等级 C40 混
凝土计算所得，对 C50 及以上混凝土，表中数值应乘以 $(32.4/f_{ck})^{0.5}$，式中，f_{ck} 为混凝土轴
心抗压强度标准值（MPa）。

④ 本表适用于季节性变化的平均温度 $-20 \sim +40$℃。

⑤ 构件的实际传力锚固龄期、加载龄期或理论厚度为列表数值中间值时，收缩应变和徐变系数
终极值可按直线内插法取值。

计算式（10-145a）、式（10-145b）中的 σ_{pc} 和 σ'_{pc} 时，预应力损失值仅考虑预应力钢筋
传力锚固时的损失（第一批），且 σ_{pc} 和 σ'_{pc} 不得大于 $0.5f'_{cu}$，f'_{cu} 为预应力钢筋传力锚固时混
凝土立方体抗压强度。当计算得到式（10-145b）中的 σ'_{pc} 为拉应力时，应取值为零；还应根
据构件制作情况考虑自重的影响。

3. 预应力损失值的分阶段组合

根据预应力损失出现的先后顺序及完成终极值所需的时间，先张法和后张法分别按两个阶段进行组合，见表 10-10。

表 10-10 各阶段预应力损失值的组合

预应力损失值的组合	先张法构件	后张法构件
传力锚固时的损失（第一批）σ_{lI}	$\sigma_{l2}+\sigma_{l3}+\sigma_{l4}+0.5\sigma_{l5}$	$\sigma_{l1}+\sigma_{l2}+\sigma_{l4}$
传力锚固后的损失（第二批）σ_{lII}	$0.5\sigma_{l5}+\sigma_{l6}$	$\sigma_{l5}+\sigma_{l6}$

预应力钢筋的有效预应力等于张拉控制应力减去相应阶段的预应力损失。

10.6.2 预应力混凝土受弯构件的承载力计算

预应力混凝土受弯构件持久状况计算包括正截面受弯承载力计算和斜截面承载力（包括斜截面受剪承载力和斜截面受弯承载力）计算，荷载作用效应组合采用相应的基本组合。

1. 正截面受弯承载力计算

1）受压区预应力钢筋的应力状态

预应力混凝土受弯构件达到极限状态时，截面上受拉钢筋屈服，受压区边缘混凝土达到其极限压应变，其中普通钢筋应力和受压区混凝土压应力与钢筋混凝土受弯构件相同。而受压区配置的预应力钢筋在使用阶段，其拉应力逐渐减小，达到极限状态时可能受拉，也可能受压，但是一般达不到受压屈服强度，应力值为 $f'_{pd}-\sigma'_{p0}$。其中，σ'_{p0} 为受压区纵向预应力钢筋合力点处混凝土法向应力等于零时预应力钢筋的应力，按下式计算。

（1）对于先张法构件：

$$\sigma'_{p0}=\sigma'_{con}-\sigma'_l+\sigma'_{l4} \qquad (10-146a)$$

（2）对于后张法构件：

$$\sigma'_{p0}=\sigma'_{con}-\sigma'_l+\alpha_{Ep}\sigma'_{pc} \qquad (10-146b)$$

式中：σ'_{pc}——截面受压区预应力损失全部完成后在混凝土中所建立的有效预压应力；

σ'_{con}——截面受压区预应力钢筋的张拉控制应力；

σ'_l——截面受压区预应力钢筋的全部预应力损失。

2）基本计算公式和适用条件

（1）矩形截面或翼缘位于受拉边的 T 形截面受弯构件。

配置预应力钢筋和普通钢筋的矩形截面受弯构件（图 10.46），其正截面抗弯承载力的基本计算公式见式（10-147a）、式（10-147b）。

$$\begin{cases} f_{cd}bx+f'_{sd}A'_s+(f'_{pd}-\sigma'_{p0})A'_p=f_{sd}A_s+f_{pd}A_p & (10-147a) \\ \gamma_0 M_d \leqslant f_{cd}bx(h_0-\dfrac{x}{2})+f'_{sd}A'_s(h_0-a'_s)+(f'_{pd}-\sigma'_{p0})A'_p(h_0-a'_p) & (10-147b) \end{cases}$$

基本计算公式的适用条件有两个。条件 1 为截面受压区高度 $x\leqslant\xi_b h_0$。条件 2 为当受压区配有普通钢筋和预应力钢筋时，若预应力钢筋受压，即 $f'_{pd}-\sigma'_{p0}>0$ 时，应满足 $x\geqslant 2a'$，若预应力钢筋受拉，即 $f'_{pd}-\sigma'_{p0}<0$ 时，应满足 $x\geqslant 2a'_s$。

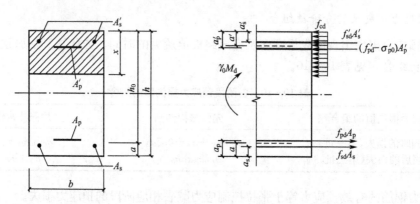

图 10.46 矩形截面受弯构件正截面抗弯承载力计算简图

对于受压区配有普通钢筋和预应力钢筋的受弯构件，当适用条件 2 不能得到满足时，应按下列公式计算。

受压区预应力钢筋受压时：

$$\gamma_0 M_d \leqslant f_{sd} A_s (h - a_s - a') + f_{pd} A_p (h - a_p - a') \tag{10-148a}$$

受压区预应力钢筋受拉时：

$$\gamma_0 M_d \leqslant f_{sd} A_s (h - a_s - a_s') + f_{pd} A_p (h - a_p - a_s') - (f_{pd}' - \sigma_{p0}') A_p' (a_p' - a_s') \tag{10-148b}$$

(2) 翼缘位于受压区的 T 形截面和 I 形截面受弯构件。

预应力混凝土 T 形截面和 I 形截面受弯构件中和轴位置的判别与钢筋混凝土受弯构件相同，只是在判别条件中加入预应力钢筋的作用。

当符合下列条件：

$$f_{sd} A_s + f_{pd} A_p \leqslant f_{cd} b_f' h_f' + f_{sd}' A_s' + (f_{pd}' - \sigma_{p0}') A_p' \tag{10-149a}$$

或

$$\gamma_0 M_d \leqslant f_{cd} b_f' h_f' \left(h_0 - \frac{h_f'}{2} \right) + f_{sd}' A_s' (h_0 - a_s') + (f_{pd}' - \sigma_{p0}') A_p' (h_0 - a_p') \tag{10-149b}$$

则中和轴位于受压翼缘内($x \leqslant h_f'$)，其基本计算公式与宽度为 b_f' 的矩形截面构件相同，如图 10.47(a)所示。

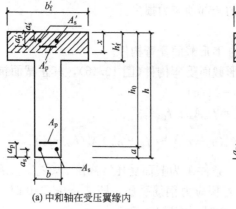
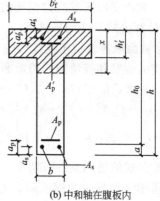

(a) 中和轴在受压翼缘内   (b) 中和轴在腹板内

图 10.47 T 形截面受弯构件正截面承载力计算简图

当不符合式(10-149a)或式(10-149b)时，中和轴已超出受压翼缘范围［图10.47(b)］，即 $x>h_f'$，则计算中应考虑截面腹板受压的作用，按下列公式计算其正截面抗弯承载力：

$$\begin{cases} \gamma_0 M_d \leqslant f_{cd}\left[(b_f'-b)h_f'\left(h_0-\frac{h_f'}{2}\right)+bx\left(h_0-\frac{x}{2}\right)\right]+f_{sd}'A_s'(h_0-a_s')+(f_{pd}'-\sigma_{p0}')A_p'(h_0-a_p') & (10-150a) \\ f_{sd}A_s+f_{pd}A_p \leqslant f_{cd}\left[(b_f'-b)h_f'+bx\right]+f_{sd}'A_s'+(f_{pd}'-\sigma_{p0}')A_p' & (10-150b) \end{cases}$$

2. 斜截面承载力计算

1) 斜截面受剪承载力计算

试验研究表明，对构件施加预应力能够延缓斜裂缝的出现和发展，从而增大混凝土剪压区的高度，使构件的抗剪承载力提高。但是对于允许出现裂缝的预应力混凝土受弯构件，其受剪承载力提高有限或者不能提高。另外，当由预应力钢筋合力引起的截面弯矩与外荷载弯矩方向一致时，预应力并不能延缓斜裂缝的出现和发展，因此受剪承载力也不能提高。

由于预应力弯起钢筋拉力的竖向分量能抵抗剪力，同时预应力弯起钢筋的预拉力也可以延缓斜裂缝的出现和发展，从而提高构件的抗剪承载能力。

因此，《规范》(JTG D62)规定：对于配置箍筋、普通弯起钢筋和预应力弯起钢筋的矩形、T形和I形截面的预应力混凝土受弯构件，其斜截面受剪承载力应按下式计算：

$$\gamma_0 V_d \leqslant V_{cs}+V_{sb}+V_{pb} \tag{10-151a}$$

式中，V_{cs}、V_{sb} 与钢筋混凝土受弯构件的计算式相同，与斜裂缝相交的预应力弯起钢筋所承受的剪力 $V_{pb}(kN)$ 则按下式计算：

$$V_{pb}=0.75\times10^{-3}f_{pb}\sum A_{pb}\sin\theta_p \tag{10-151b}$$

式中：A_{pb}——斜截面内在同一弯起平面的预应力弯起钢筋的截面面积；

θ_p——预应力弯起钢筋(在斜截面受压端正截面处)的切线与水平线的夹角。

预应力混凝土受弯构件斜截面受剪承载力计算公式的适用条件(上、下限)、计算步骤、计算位置等均与钢筋混凝土受弯构件相同。

2) 斜截面受弯承载力计算

预应力混凝土受弯构件斜截面受弯承载力的计算方法与钢筋混凝土受弯构件相同，只需在其公式中再计入预应力钢筋的抗弯能力，即按下列公式计算：

$$\gamma_0 M_d \leqslant f_{sd}A_s Z_s+f_{pd}A_p Z_p+\sum f_{sd}A_{sb}Z_{sb}+\sum f_{pd}A_{pb}Z_{pb}+\sum f_{sv}A_{sv}Z_{sv} \tag{10-152a}$$

此时，最不利斜截面水平投影长度按下式试算确定：

$$\gamma_0 V_d = \sum f_{sd}A_{sb}\sin\theta_s+\sum f_{pd}A_{pb}\sin\theta_p+\sum f_{sv}A_{sv} \tag{10-152b}$$

预应力混凝土受弯构件斜截面受弯承载力一般通过构造要求保证。

10.6.3　预应力混凝土受弯构件应力计算和应力控制

预应力混凝土受弯构件除计算构件的承载力外，还需计算构件在弹性阶段的应力，包括正截面的法向应力、受拉区钢筋的拉应力和斜截面混凝土的主压应力。构件应力计算及控制是对构件承载力计算的补充。对预应力混凝土简支梁，只需计算预应力引起的主效应；对预应力混凝土连续梁等超静定结构，除主效应外还要计算预应力、温度作用等引起的次效应。应力计算包括持久状况应力计算和短暂状况的应力计算。

1. 持久状况的应力计算与控制

1）持久状况的应力计算

（1）预应力混凝土受弯构件由预加力产生的正截面混凝土压应力 σ_{pc} 和拉应力 σ_{pt} 的计算公式如下。

对于先张法构件［图 10.48(a)］：

$$\left.\begin{array}{c}\sigma_{\mathrm{pc}}\\\sigma_{\mathrm{pt}}\end{array}\right\}=\frac{N_{\mathrm{p0}}}{A_0}\pm\frac{N_{\mathrm{p0}}e_{\mathrm{p0}}}{I_0}y_0 \tag{10-153a}$$

式中：I_0——构件换算截面的惯性矩；

$\quad A_0$——构件换算截面的截面面积。

其中：

$$N_{\mathrm{p0}}=\sigma_{\mathrm{p0}}A_{\mathrm{p}}+\sigma'_{\mathrm{p0}}A'_{\mathrm{p}}-\sigma_{l6}A_{\mathrm{s}}-\sigma'_{l6}A'_{\mathrm{s}} \tag{10-153b}$$

$$e_{\mathrm{p0}}=\frac{\sigma_{\mathrm{p0}}A_{\mathrm{p}}y_{\mathrm{p}}-\sigma'_{\mathrm{p0}}A'_{\mathrm{p}}y'_{\mathrm{p}}-\sigma_{l6}A_{\mathrm{s}}y_{\mathrm{s}}+\sigma'_{l6}A'_{\mathrm{s}}y'_{\mathrm{s}}}{N_{\mathrm{p0}}} \tag{10-153c}$$

预应力钢筋合力点处混凝土法向应力等于零时的预应力钢筋应力：

$$\sigma_{\mathrm{p0}}=\sigma_{\mathrm{con}}-\sigma_l+\sigma_{l4} \tag{10-153d}$$

$$\sigma'_{\mathrm{p0}}=\sigma'_{\mathrm{con}}-\sigma'_l+\sigma'_{l4} \tag{10-153e}$$

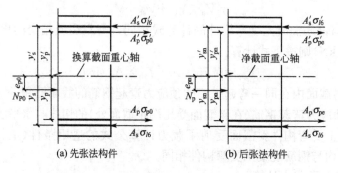

(a) 先张法构件　　　　(b) 后张法构件

图 10.48　预应力钢筋和普通钢筋合力及偏心距

对于后张法构件［图 10.48(b)］：

$$\left.\begin{array}{c}\sigma_{\mathrm{pc}}\\\sigma_{\mathrm{pt}}\end{array}\right\}=\frac{N_{\mathrm{p}}}{A_{\mathrm{n}}}\pm\frac{N_{\mathrm{p}}e_{\mathrm{pn}}}{I_{\mathrm{n}}}y_{\mathrm{n}}\pm\frac{M_{\mathrm{p2}}}{I_{\mathrm{n}}}y_{\mathrm{n}} \tag{10-153f}$$

式中：I_{n}——构件净截面的惯性矩；

$\quad A_{\mathrm{n}}$——构件净截面的截面面积。

其中：

$$N_{\mathrm{p}}=\sigma_{\mathrm{pe}}A_{\mathrm{p}}+\sigma'_{\mathrm{pe}}A'_{\mathrm{p}}-\sigma_{l6}A_{\mathrm{s}}-\sigma'_{l6}A'_{\mathrm{s}} \tag{10-153g}$$

$$e_{\mathrm{pn}}=\frac{\sigma_{\mathrm{pe}}A_{\mathrm{p}}y_{\mathrm{pn}}-\sigma'_{\mathrm{pe}}A'_{\mathrm{p}}y'_{\mathrm{pn}}-\sigma_{l6}A_{\mathrm{s}}y_{\mathrm{sn}}+\sigma'_{l6}A'_{\mathrm{s}}y'_{\mathrm{sn}}}{N_{\mathrm{p}}} \tag{10-153h}$$

预应力钢筋合力点处混凝土法向应力等于零时的预应力钢筋应力：

$$\sigma_{\mathrm{p0}}=\sigma_{\mathrm{con}}-\sigma_l+\alpha_{\mathrm{Ep}}\sigma_{\mathrm{pc}} \tag{10-153i}$$

$$\sigma'_{\mathrm{p0}}=\sigma'_{\mathrm{con}}-\sigma'_l+\alpha_{\mathrm{Ep}}\sigma'_{\mathrm{pc}} \tag{10-153j}$$

相应阶段预应力钢筋的有效应力：

$$\sigma_{pe} = \sigma_{con} - \sigma_l \qquad (10-153k)$$

$$\sigma'_{pe} = \sigma'_{con} - \sigma'_l \qquad (10-153l)$$

（2）预应力混凝土受弯构件由外荷载标准值组合和预加力产生的混凝土主拉应力 σ_{tp} 和主压应力 σ_{cp} 计算如下：

$$\left.\begin{array}{c}\sigma_{tp}\\\sigma_{cp}\end{array}\right\} = \frac{\sigma_{cx}+\sigma_{cy}}{2} \mp \sqrt{\left(\frac{\sigma_{cx}-\sigma_{cy}}{2}\right)^2 + \tau^2} \qquad (10-154a)$$

其中：

$$\sigma_{cx} = \sigma_{pc} + \frac{M_k y_0}{I_0} \qquad (10-154b)$$

$$\sigma_{cy} = 0.6\frac{n\sigma'_{pe}A_{pv}}{bS_v} \qquad (10-154c)$$

$$\tau = \frac{V_k S_0}{bI_0} - \frac{\sum\sigma''_{pe}A_{pb}\sin\theta_p S_n}{bI_n} \qquad (10-154d)$$

式中：σ_{cx}——由预加力和外荷载标准值组合计算的弯矩 M_k 在计算主应力点处产生的混凝土法向应力。

σ_{cy}——由竖向预应力钢筋的预加力产生的混凝土竖向压应力。

τ——由预应力弯起钢筋的预加力和外荷载标准值组合计算的剪力 V_k 在计算主应力点处产生的混凝土剪应力；当计算截面作用有扭矩时，还应考虑扭矩引起的剪应力；对后张预应力混凝土超静定结构，在计算剪应力时，还应考虑预加力引起的次剪力。

σ_{pc}——由扣除全部预应力损失后的纵向预加力在计算主应力点产生的混凝土法向预压应力，按式(10-153a)和式(10-153f)计算。

σ'_{pe}、σ''_{pe}——竖向预应力钢筋、纵向预应力弯起钢筋扣除全部预应力损失后的有效预应力。

I_0、I_n——构件换算截面和净截面的惯性矩。

y_0——构件换算截面重心至计算主应力点的距离。

n——在同一截面上竖向预应力钢筋的肢数。

A_{pv}——单肢竖向预应力钢筋的截面面积。

s_v——竖向预应力钢筋的间距。

b——计算主应力点处构件截面腹板的宽度。

A_{pb}——计算截面上同一弯起平面内预应力弯起钢筋的截面面积。

S_0、S_n——计算主应力点以上（或以下）部分换算截面面积对换算截面重心轴、净截面面积对净截面重心轴的面积矩。

θ_p——计算截面上预应力弯起钢筋的切线与构件纵轴的夹角。

（3）全预应力混凝土和 A 类预应力混凝土受弯构件，由外荷载标准值产生的混凝土法向应力和预应力钢筋应力，应按下列公式计算：

混凝土的法向压应力 σ_{kc} 和拉应力 σ_{kt}：

$$\sigma_{kc} \quad 或 \quad \sigma_{kt} = \frac{M_k}{I_0}y_0 \qquad (10-155)$$

式中：M_k——按作用(或荷载)标准值组合计算的弯矩值；

  y_0——构件换算截面重心轴至受压区或受拉区计算纤维处的距离。

预应力钢筋应力 σ_p 为

$$\sigma_p = \alpha_{Ep}\sigma_{kt} \tag{10-156}$$

注意：上式中 σ_{kt} 应为最外层钢筋重心处的混凝土拉应力。

(4) 允许开裂的 B 类预应力混凝土受弯构件，由外荷载标准值产生的混凝土法向应力和预应力钢筋应力，可按下列公式计算(图 10.49)：

开裂截面混凝土的压应力 σ_{cc}：

$$\sigma_{cc} = \frac{N_{p0}}{A_{cr}} + \frac{N_{p0}e_{0N}c}{I_{cr}} \tag{10-157a}$$

其中：

$$e_{0N} = e_N + c \tag{10-157b}$$

$$e_N = \frac{M_k \pm M_{p2}}{N_{p0}} - h_{ps} \tag{10-157c}$$

$$h_{ps} = \frac{\sigma_{p0}A_p h_p - \sigma_{l6}A_s h_s + \sigma'_{p0}A'_p a'_p - \sigma'_{l6}A'_s a'_s}{N_{p0}} \tag{10-157d}$$

开裂截面预应力钢筋的应力增量 σ_p 为

$$\sigma_p = \alpha_{Ep}\left[\frac{N_{p0}}{A_{cr}} - \frac{N_{p0}e_{0N}(h_p - c)}{I_{cr}}\right] \tag{10-158}$$

式中：N_{p0}——混凝土法向应力等于零时预应力钢筋和普通钢筋的合力，先张法和后张法构件均按式(10-153b)计算，式中 σ_{p0} 和 σ'_{p0} 对于先张法构件按式(10-153d)和式(10-153e)计算；而后张法构件按式(10-153i)和式(10-153j)计算。

  A_{cr}、I_{cr}——开裂截面换算截面的面积和惯性矩。

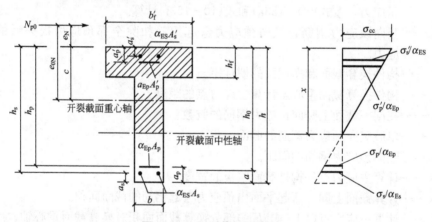

图 10.49 开裂截面及应力图

2) 持久状况的应力控制

(1) 使用阶段预应力混凝土受弯构件受压区混凝土的最大压应力应满足以下要求：

对于未开裂构件：

$$\sigma_{kc} + \sigma_{pt} \leqslant 0.5f_{ck} \tag{10-159a}$$

对于允许开裂构件：

$$\sigma_{cc} \leqslant 0.5f_{ck} \tag{10-159b}$$

式中：f_{ck}——混凝土抗压强度标准值。

（2）使用阶段预应力混凝土受弯构件受拉区预应力钢筋的最大拉应力应满足以下要求：

（a）对于钢绞线、钢丝。

未开裂构件：

$$\sigma_{pe}+\sigma_p \leqslant 0.65f_{pk} \tag{10-160a}$$

允许开裂构件：

$$\sigma_{p0}+\sigma_p \leqslant 0.65f_{pk} \tag{10-160b}$$

式中：f_{pk}——预应力钢筋抗拉强度标准值。

（b）对于精轧螺纹钢筋。

未开裂构件：

$$\sigma_{pe}+\sigma_p \leqslant 0.80f_{pk} \tag{10-161a}$$

允许开裂构件：

$$\sigma_{p0}+\sigma_p \leqslant 0.80f_{pk} \tag{10-161b}$$

（3）混凝土的主压应力和主拉应力。

由式（10-154a）计算得到的预应力混凝土受弯构件混凝土的主压应力 σ_{cp} 应符合下列规定：

$$\sigma_{cp} \leqslant 0.6f_{ck} \tag{10-162}$$

根据式（10-154a）计算所得的混凝土主拉应力 σ_{tp} 按如下规定配置箍筋：

在 $\sigma_{tp} \leqslant 0.5f_{tk}$ 的区段，箍筋可仅按构造要求配置；在 $\sigma_{tp} > 0.5f_{tk}$ 的区段，按下式计算箍筋间距：

$$s_v = \frac{f_{sk}A_{sv}}{\sigma_{tp}b} \tag{10-163}$$

式中：f_{sk}——箍筋抗拉强度标准值；

A_{sv}——同一截面内箍筋总截面面积；

b——矩形截面宽度或 T、I 形截面的腹板宽度。

2. 短暂状况（施工阶段）的应力计算与控制

预应力混凝土受弯构件按短暂状况计算时，由预加力产生的法向应力可按式（10-153a）～式（10-153l）计算，此时，预应力钢筋的应力应扣除相应阶段的预应力损失；由荷载产生的法向应力可按式（10-155）和式（10-156）计算，其中荷载采用施工荷载。

预应力混凝土受弯构件，在预应力和构件自重等施工荷载作用下，截面边缘混凝土的法向应力应满足以下要求。

对于压应力：

$$\sigma_{cc}^t \leqslant 0.70f_{ck}' \tag{10-164}$$

对于拉应力：

（1）当 $\sigma_{ct}^t \leqslant 0.70f_{tk}'$ 时，预拉区应配置配筋率不小于 0.2% 的纵向钢筋。

（2）当 $\sigma_{ct}^t = 1.15f_{tk}'$ 时，预拉区应配置配筋率不小于 0.4% 的纵向钢筋。

（3）当 $0.70f_{tk}' < \sigma_{ct}^t < 1.15f_{tk}'$ 时，预拉区应配置的纵向钢筋配筋率按以上两者直线内

插取用。拉应力 σ_{ct}^t 不应超过 $1.15\,f_{tk}'$。

σ_{cc}^t、σ_{ct}^t 为按短暂状态计算时，截面预压区、预拉区边缘混凝土的压应力、拉应力；f_{ck}'、f_{tk}' 为与制作、运输、安装各施工阶段混凝土立方体抗压强度 f_{cu}' 相对应的轴心抗压强度标准值、轴心抗拉强度标准值；施加预应力时混凝土的立方体强度应由计算或试验确定，但不得低于混凝土设计强度等级的 75%。

按短暂状况进行计算时，预拉区纵向钢筋的配筋率为 $(A_s'+A_p')/A$，先张法构件计入 A_p'，后张法构件不计 A_p'，A_p' 为预拉区预应力钢筋的截面面积；A_s' 为预拉区普通钢筋的截面面积；A 为构件毛截面面积。

预拉区的纵向钢筋宜采用带肋钢筋，其直径不宜大于 14mm，沿预拉区的外边缘均匀布置。

10.6.4 预应力混凝土受弯构件抗裂验算

《规范》(JTG D62)规定，对于全预应力混凝土和 A 类预应力混凝土构件，必须进行正截面和斜截面的抗裂验算；对于 B 类预应力混凝土构件，必须进行斜截面抗裂验算。

1. 正截面抗裂验算

(1) 全预应力混凝土构件，在荷载短期效应组合下，构件控制截面受拉区边缘混凝土法向拉应力应满足以下内容。

对于预制构件：

$$\sigma_{st}-0.85\sigma_{pc}\leqslant0 \qquad (10-165a)$$

对于分段浇筑或砂浆接缝的纵向分块构件：

$$\sigma_{st}-0.80\sigma_{pc}\leqslant0 \qquad (10-165b)$$

式中：σ_{pc}——扣除全部预应力损失后的预加力在构件抗裂验算边缘产生的混凝土预压应力，先张法构件按式(10-153a)计算，后张法构件按式(10-153f)计算；

σ_{st}——在荷载短期效应组合下构件抗裂验算边缘混凝土的法向拉应力，按式(10-165c)计算。

$$\sigma_{st}=\frac{M_s}{W_0} \qquad (10-165c)$$

式中：M_s——按荷载短期效应组合计算的弯矩；

W_0——构件换算截面受拉边缘的弹性抵抗矩。

(2) A 类预应力混凝土构件，在荷载短期效应组合下，构件控制截面受拉区边缘混凝土允许出现拉应力，但应满足：

$$\sigma_{st}-\sigma_{pc}\leqslant0.7f_{tk} \qquad (10-165d)$$

在荷载长期效应组合下，构件控制截面受拉区边缘混凝土不应出现拉应力，即截面受拉区边缘混凝土法向拉应力应满足：

$$\sigma_{lt}-\sigma_{pc}\leqslant0 \qquad (10-165e)$$

其中：

$$\sigma_{lt}=\frac{M_l}{W_0} \qquad (10-165f)$$

式中：M_l——按荷载长期效应组合计算的弯矩，在组合的活荷载弯矩中，仅考虑汽车、人群等直接作用在构件的荷载产生的弯矩；

σ_{lt}——荷载长期效应组合下构件抗裂验算截面受拉区边缘混凝土法向拉应力。

2. 斜截面抗裂验算

构件在预加力和外荷载短期效应作用下产生弯矩和剪力，该弯矩和剪力引起的混凝土主拉应力达到混凝土抗拉强度时，腹板开始出现斜裂缝。通过控制混凝土主拉应力来防止斜裂缝的出现。

(1) 全预应力混凝土构件，在荷载短期效应组合下，由外荷载和预加力在构件内产生的混凝土主拉应力 σ_{tp} 应满足以下内容。

对于预制构件：

$$\sigma_{tp} \leqslant 0.60 f_{tk} \tag{10-166a}$$

对于现浇（包括预制拼装）构件：

$$\sigma_{tp} \leqslant 0.40 f_{tk} \tag{10-166b}$$

(2) A类和B类预应力混凝土构件，在荷载短期效应组合下，由外荷载和预加力在构件内产生的混凝土主拉应力 σ_{tp} 应满足以下内容。

对于预制构件：

$$\sigma_{tp} \leqslant 0.70 f_{tk} \tag{10-166c}$$

对于现浇（包括预制拼装）构件：

$$\sigma_{tp} \leqslant 0.50 f_{tk} \tag{10-166d}$$

10.6.5　预应力混凝土受弯构件挠度验算

预应力混凝土受弯构件的挠度 f 等于外荷载作用产生的挠度 f_M 减去偏心预加力产生的反拱值 f_p，即

$$f = f_M - f_p \leqslant [f] \tag{10-167a}$$

式中：$[f]$——挠度限值。

1. 预加力产生的反拱值 f_p

预加力作用下，预应力混凝土受弯构件的反拱值 f_p 可用结构力学方法计算，即

$$f_p = \eta_\theta \int \frac{M_{pe} M'_x}{E_c I_0} dx \tag{10-167b}$$

式中：M_{pe}——有效预加力在梁任意截面 x 处产生的弯矩值。

M'_x——跨中作用的单位力在梁任意截面 x 处产生的弯矩值；单位力的作用方向应使单位力作用下产生的挠度与预加力产生的反拱方向一致。

I_0——全截面换算截面惯性矩。

η_θ——挠度长期增长系数；计算使用阶段预加力反拱值时，取 $\eta_\theta = 2.0$。

2. 外荷载作用产生的挠度 f_M

1) 预应力混凝土受弯构件的抗弯刚度

计算挠度的关键是事先求得构件的抗弯刚度，为此《规范》(JTG D62)规定，预应力混凝土受弯构件的抗弯刚度按下列规定计算。

(1) 对于全预应力混凝土构件和A类预应力混凝土构件，其抗弯刚度计算公式为

$$B_0 = 0.95E_c I_0 \tag{10-167c}$$

式中：E_c——混凝土的弹性模量；

I_0——全截面换算截面惯性矩。

(2) 对于使用阶段允许开裂的 B 类预应力混凝土构件，其抗弯刚度计算公式如下。

在开裂弯矩 M_{cr} 作用下：

$$B_0 = 0.95E_c I_0 \tag{10-167d}$$

在 $(M_s - M_{cr})$ 作用下：

$$B_{cr} = E_c I_{cr} \tag{10-167e}$$

其中，开裂弯矩 M_{cr} 按下式计算：

$$M_{cr} = (\sigma_{pc} + \gamma f_{tk})W_0 \tag{10-168a}$$

$$\gamma = \frac{2S_0}{W_0} \tag{10-168b}$$

式中：S_0——全截面换算截面重心轴以上(或以下)部分面积对重心轴的面积矩；

σ_{pc}——扣除全部预应力损失后预应力钢筋和普通钢筋合力 N_{p0} 在构件抗裂边缘产生的混凝土法向预压应力；

W_0——换算截面抗裂边缘的弹性抵抗矩。

2) 荷载短期效应组合作用下的挠度 f_s

根据式(10-167c)～式(10-167e)计算得到的抗弯刚度，以及荷载短期效应组合，使用结构力学方法就可求得预应力混凝土受弯构件在荷载短期效应组合作用下的挠度 f_s。

3) 外荷载作用产生的挠度 f_M

在荷载长期作用下，预应力混凝土受弯构件由于混凝土徐变等因素的影响，构件刚度降低，挠度增大，所以上述按荷载短期效应组合求得的挠度 f_s，尚应考虑荷载长期作用下挠度的增大效应。《规范》(JTG D62)采用挠度长期增长系数 η_θ 来考虑该影响，即 $f_M = \eta_\theta f_s$。

挠度长期增长系数 η_θ 按下列规定确定：当采用 C40 以下混凝土时，$\eta_\theta = 1.6$；当采用 C40～C80 混凝土时，$\eta_\theta = 1.45～1.35$；中间强度等级按线性内插法确定。

3. 挠度限值 $[f]$

预应力混凝土受弯构件按上述方法计算的长期挠度值，在消除结构自重产生的长期挠度后，梁式桥主梁的最大挠度不应超过计算跨径的 1/600，梁式桥主梁悬臂端的挠度不应超过悬臂长度的 1/300。

4. 预拱度设置

当预加力产生的长期反拱值大于按荷载短期效应组合计算的长期挠度时，可以不设预拱度；当预加力产生的长期反拱值小于按荷载短期效应组合计算的长期挠度时，应设预拱度，其值应按该项荷载的挠度值与预加力的长期反拱值之差取用。

对于自重相对于活荷载较小的预应力混凝土受弯构件，应考虑预加力反拱值过大可能造成的不利影响，必要时采取反预拱或设计和施工上的其他措施，避免桥面隆起直至开裂破坏。

10.6.6 预应力混凝土受弯构件端部锚固区计算

1. 后张法预应力混凝土受弯构件端部局部承压计算

后张法预应力混凝土受弯构件端部局部承压区的应力状态和受力机理同 10.4.5 节，此处仅简单介绍《规范》(JTG D62)规定的局部受压承载力的计算方法。

1) 局部受压区截面尺寸限制条件

配置间接钢筋的预应力混凝土构件，其局部受压区的截面尺寸应满足以下要求：

$$\gamma_0 F_{ld} \leqslant 1.3 \eta_s \beta f_{cd} A_{ln} \qquad (10-169a)$$

$$\beta = \sqrt{\frac{A_b}{A_l}} \qquad (10-169b)$$

式中：F_{ld}——局部受压面积上的局部压力设计值，对后张法构件的锚头局压区，应取 1.2 倍张拉控制力(超张拉时还应乘以相应增大系数)。

f_{cd}——混凝土轴心抗压强度设计值，在后张法预应力混凝土构件张拉阶段的验算中，应根据相应阶段的混凝土立方体抗压强度 f'_{cu} 的值按附表 2-1 用线性内插法确定对应的轴心抗压强度设计值。

η_s——混凝土局部承压修正系数，当混凝土强度不超过 C50 时，取 $\eta_s = 1.0$；当混凝土强度等级为 C80 时，取 $\eta_s = 0.76$；其间按线性插值法确定。

β——混凝土局部承压强度提高系数。

A_l——混凝土局部受压面积。

A_{ln}——扣除孔洞后的受压净面积，当受压面设置钢垫板时，局部受压面积取垫板按 45℃刚性角扩散的面积；对于具有喇叭管并与垫板连成整体的锚具，取垫板面积扣除喇叭管尾端内孔面积。

A_b——局部受压时的计算底面积，可由局部受压面积 A_l 与计算底面积 A_b 按同心、对称的原则确定，具体可参照图 10.37 取用或按《规范》(JTG D62)的图 5.7.1 取用。

2) 局部受压承载力计算

配置间接钢筋的预应力混凝土构件，其局部受压承载力计算公式如下：

$$\gamma_0 F_{ld} \leqslant 0.9(\eta_s \beta f_{cd} + k\rho_v \beta_{cor} f_{sd}) A_{ln} \qquad (10-170a)$$

$$\beta_{cor} = \sqrt{\frac{A_{cor}}{A_l}} \qquad (10-170b)$$

式中：β_{cor}——配置间接钢筋的局部受压承载力提高系数，当 $A_{cor} > A_b$ 时，应取 $A_{cor} = A_b$。

A_{cor}——方格网式或螺旋式间接钢筋内表面范围内的混凝土核心面积，其重心应与 A_l 的重心重合，并按同心、对称原则取值。

ρ_v——间接钢筋体积配筋率(核心面积 A_{cor} 范围内单位体积混凝土所含间接钢筋的体积)，当为方格网配筋时，按式(10-132b)计算，此时两个方向的钢筋截面面积相差不应大于 50%；当为螺旋式配筋时，按式(10-132c)计算。

k——间接钢筋影响系数，当混凝土强度不超过 C50 时，取 $k = 2.0$，当混凝土强度等级为 C80 时，取 $k = 1.7$，其间按线性插值法确定。

间接钢筋配置为方格网式时，每个方向钢筋不得少于 4 根，网片不应少于 4 片；对螺旋式钢筋，不应小于 4 圈；带喇叭管的锚具垫板，板下螺旋式钢筋圈数的长度，不应小于喇叭管的长度。

2. 先张法预应力混凝土受弯构件端部的预应力传递长度和锚固长度

先张法预应力混凝土受弯构件端部不设置永久性锚具，放张钢筋后预应力通过混凝土与钢筋之间的粘结力来传递，其受力性能同 10.2.5 节。其中预应力钢筋的锚固长度 l_a 和传递长度 l_{tr} 按照附表 2-14 确定。

计算先张法预应力混凝土构件端部锚固区的正截面和斜截面受弯承载力时，锚固长度范围内的预应力筋抗拉强度设计值在锚固起点处应取为零，在锚固终点处应取为 f_{pd}，两点之间可按线性内插法确定。

对先张法预应力构件端部区段进行正截面、斜截面抗裂验算时，预应力传递长度 l_{tr} 范围内预应力钢筋的实际应力值，在构件端部取为零，在预应力传递长度末端取有效预应力值 σ_{pe}，两点之间按线性内插法确定。

先张法预应力混凝土构件的端部也需要采取局部加强措施。当预应力钢筋为单根时，其端部宜设置长度不小于 150mm 的螺旋筋；当预应力钢筋为多根时，应在其端部 $10d$（d 为预应力钢筋直径）范围内，设置 3~5 片钢筋网。

本 章 小 结

(1) 钢筋混凝土构件的主要缺陷体现在抗裂性能差，刚度小，不能充分利用高强钢材，适用范围受到限制等。预应力混凝土的主要优点表现在：构件的抗裂性能明显提高，刚度增大，高强钢材的材性得以利用，因此其适用范围得以扩大，适用于对防水、抗渗要求严格的特殊环境及大跨度、重荷载等结构。

(2) 在工程结构中，通常通过张拉钢筋来实现对混凝土施加预压力，有先张法和后张法两种工艺。先张法：先张拉钢筋后浇筑混凝土，依靠预应力筋和混凝土之间的粘结力来传递预应力，在构件端部有一定的预应力传递长度。后张法：先浇筑混凝土后张拉钢筋，依靠永久性锚具来传递预应力，端部呈现局部受压状态。

(3) 预应力混凝土与钢筋混凝土相比不仅复杂许多，而且需要考虑更多的问题，包括张拉控制应力取值、预应力损失计算、锚夹具选用、施工阶段的验算和局部受压承载力计算等。

(4) 预应力损失的大小，涉及构件中建立的混凝土有效预压应力的水平。因此，预应力损失是预应力混凝土的一个重要方面。其内容主要包括：预应力损失的种类、各项预应力损失产生的原因与机理、各项预应力损失的计算方法、减小各项损失的措施、各项预应力损失产生的先后次序及预应力损失的分批。对于混凝土弹性压缩引起的预应力损失，《规范》（JTG D62）专门列为一项预应力损失，而《规范》（GB 50010）则在构件截面应力计算时加以考虑。

(5) 预应力混凝土轴心受拉构件和受弯构件受力全过程包括施工阶段和使用阶段两个阶段。对于施工阶段，先张法构件又有放张预应力筋前、放张预应力筋后和完成第二批预应力损失时 3 个主要的受力特征阶段；后张法构件又有张拉至控制应力时、完成第一批预应力损失时和完成第二批预应力损失时 3 个主要的受力特征阶段。对于使用阶段，先张法构件和后张法构件均主要有消压状态、开裂临界状态和承载能力极限状态 3 个受力特征阶段。

（6）预应力混凝土轴心受拉构件的设计计算包括：施工阶段的验算、使用阶段的正截面受拉承载力计算和正截面裂缝控制验算及后张法构件的局部受压承载力计算。

（7）预应力混凝土受弯构件的设计计算包括：施工阶段的验算、使用阶段的正截面受弯承载力计算、斜截面受剪承载力计算、斜截面受弯承载力计算、正截面裂缝控制验算、斜截面抗裂验算和挠度验算，以及后张法构件的局部受压承载力计算。

思 考 题

10.1　对构件施加预应力的作用是什么？预应力混凝土结构的优缺点有哪些？

10.2　为什么预应力混凝土构件应选用高强度钢筋和高强度混凝土？

10.3　简述全预应力混凝土和部分预应力混凝土的概念。部分预应力混凝土又分为哪两类？

10.4　简述有粘结预应力混凝土和无粘结预应力混凝土的概念。

10.5　阐述先张法和后张法的概念及两者的优缺点和应用范围。

10.6　什么是张拉控制应力？为何取值不宜太高，也不能太低？

10.7　《规范》（GB 50010)中的预应力损失有哪些？如何减小各项预应力损失值？

10.8　《规范》（GB 50010)对预应力损失如何进行分批？先张法构件和后张法构件各项预应力损失如何分批组合？

10.9　什么是预应力筋的松弛？为何短时的超张拉可以减小松弛损失？

10.10　就预应力混凝土轴心受拉构件的受力性能分析而言，先张法构件与后张法构件的计算公式有何主要区别？造成两者计算公式主要区别的本质因素是什么？

10.11　换算截面 A_0 和净截面 A_n 的意义是什么？为什么在计算施工阶段的混凝土应力时，先张法构件的截面用 A_0，后张法构件的截面用 A_n？而在使用阶段计算外荷载引起的截面应力时，为什么先后张法构件的截面都用 A_0？

10.12　预应力混凝土构件中配置普通钢筋的作用是什么？

10.13　预应力筋采用曲线布置的作用是什么？

10.14　什么是预应力筋的传递长度 l_{tr}？对先张法预应力混凝土构件端部进行抗裂验算时，传递长度 l_{tr} 范围内预应力筋的应力如何选取？

10.15　为何要对后张法构件的端部进行局部受压承载力的计算？应计算的内容有哪些？通常采取什么措施来提高构件端部的局部受压承载力？

10.16　对受弯构件的纵向受拉钢筋施加预应力后，是否可以提高正截面受弯承载力、斜截面受剪承载力？试分析原因。

10.17　预应力混凝土受弯构件的受压区配置预应力筋有什么作用？其对正截面受弯承载力有何影响？

10.18　《规范》（GB 50010)将裂缝控制等级分为几级？各裂缝控制等级构件的正截

面裂缝控制验算应满足哪些要求?

10.19 为什么要对预应力混凝土构件进行施工阶段的验算? 又是如何验算的?

习　题

10.1　24m 预应力混凝土屋架下弦杆(图 10.50)为轴心受拉构件,设计条件见表 10-11。其中,局压区配有 4 片 φ8 的 HPB300 级($f_{yv} = 270\text{N/mm}^2$)焊接方格网片,间距 $s = 50\text{mm}$。

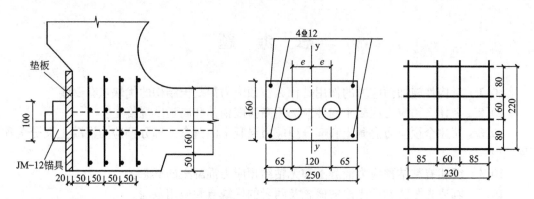

图 10.50　习题 10.1 附图

表 10-11　设计条件

材料	混凝土	预应力筋	普通钢筋
品种或强度等级	C50	钢绞线(普通松弛)	HRB400
截面	250mm×160mm 孔道 2φ54	1×3(三股),φ^{s}12.9	4 ⏀ 12($A_s = 452\text{mm}^2$)
材料强度/(N/mm²)	$f_c = 23.1$ $f_{tk} = 2.64$	$f_{ptk} = 1860$ $f_{py} = 1320$	$f_y = 360$
弹性模量/(N/mm²)	$E_c = 3.45 \times 10^4$	$E_s = 1.95 \times 10^5$	$E_s = 2 \times 10^5$
张拉控制应力	$\sigma_{con} = 0.75\, f_{ptk} = 0.75 \times 1860 = 1395\text{N/mm}^2$		
张拉时混凝土强度	$f'_{cu} = 50\text{N/mm}^2$,$f'_{ck} = 32.4\text{N/mm}^2$		
张拉工艺	后张法一端张拉,超张拉 5%,采用 JM-12 型锚具,孔道为充压橡皮管抽芯成型,分批张拉,每次张拉一束预应力筋		
裂缝控制	二级		
结构重要性系数	使用阶段 $\gamma_0 = 1.1$,施工阶段 $\gamma_0 = 1.0$		
杆件内力	永久荷载标准值产生的轴向拉力 $N_{Gk} = 400\text{kN}$ 可变荷载标准值产生的轴向拉力 $N_{Qk} = 170\text{kN}$ 可变荷载的组合值系数 $\psi_c = 0.7$ 可变荷载的准永久值系数 $\psi_q = 0.5$		

设计要求：按使用阶段正截面受拉承载力确定预应力筋的数量，并进行使用阶段裂缝控制验算、施工阶段混凝土压应力验算及端部锚具下混凝土局部受压承载力计算。

10.2 后张法预应力混凝土简支梁，跨度 $l=18\text{m}$，截面尺寸 $b\times h=400\text{mm}\times1200\text{mm}$。梁上恒荷载标准值 $g_k=24\text{kN/m}$，活荷载标准值 $q_k=16\text{kN/m}$，组合值系数 $\psi_c=0.7$，准永久值系数 $\psi_q=0.5$，如图 10.51(a)所示。梁内配置有粘结 1×7 标准型低松弛钢绞线束 $21\phi^s12.7$，用夹片式 OVM 锚具，两端同时张拉，孔道采用预埋波纹管成型，预应力筋线形布置如图 10.51(b)所示。混凝土强度等级为 C45，普通钢筋采用 6 根直径为 20 的 HRB400 级热轧钢筋。裂缝控制等级为二级，即一般要求不出现裂缝。使用环境为一类。试计算该简支梁跨中截面的预应力损失，并验算其正截面受弯承载力和正截面抗裂能力(按单筋截面)。

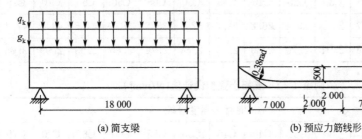

(a) 简支梁　　　　(b) 预应力筋线形

图 10.51　习题 10.2 附图

附录 A
《混凝土结构设计规范》
(GB 50010—2010)相关附表

附表 1-1　混凝土强度标准值(N/mm²)

强度种类	混凝土强度等级													
	C15	C20	C25	C30	C35	C40	C45	C50	C55	C60	C65	C70	C75	C80
f_{ck}	10.0	13.4	16.7	20.1	23.4	26.8	29.6	32.4	35.5	38.5	41.5	44.5	47.4	50.2
f_{tk}	1.27	1.54	1.78	2.01	2.20	2.39	2.51	2.64	2.74	2.85	2.93	2.99	3.05	3.11

附表 1-2　混凝土强度设计值(N/mm²)

强度种类	混凝土强度等级													
	C15	C20	C25	C30	C35	C40	C45	C50	C55	C60	C65	C70	C75	C80
f_c	7.2	9.6	11.9	14.3	16.7	19.1	21.1	23.1	25.3	27.5	29.7	31.8	33.8	35.9
f_t	0.91	1.10	1.27	1.43	1.57	1.71	1.80	1.89	1.96	2.04	2.09	2.14	2.18	2.22

附表 1-3　混凝土弹性模量($\times 10^4$N/mm²)

混凝土强度等级	C15	C20	C25	C30	C35	C40	C45	C50	C55	C60	C65	C70	C75	C80
E_c	2.20	2.55	2.80	3.00	3.15	3.25	3.35	3.45	3.55	3.60	3.65	3.7	3.75	3.80

注：① 当有可靠试验依据时，弹性模量值也可根据实测数据确定。
　　② 当混凝土中掺有大量矿物掺和料时，弹性模量可按规定龄期根据实测值确定。

附表 1-4　普通钢筋强度标准值

牌号	符号	公称直径 d/mm	屈服强度标准值 f_{yk}/(N/mm²)	极限强度标准值 f_{stk}/(N/mm²)
HPB300	Φ	6~22	300	420
HRB335 HRBF335	Φ ΦF	6~50	335	455
HRB400 HRBF400 RRB400	Φ ΦF ΦR	6~50	400	540
HRB500 HRBF500	Φ ΦF	6~50	500	630

附表 1-5 普通钢筋强度设计值(N/mm²)

牌号	抗拉强度设计值 f_y	抗压强度设计值 f_y'
HPB300	270	270
HRB335、HRBF335	300	300
HRB400、HRBF400、RRB400	360	360
HRB500、HRBF500	435	410

注：横向钢筋的抗拉强度设计值 f_{yv} 应按表中 f_y 的数值取用；当用作受剪、受扭、受冲切承载力计算时，其数值大于 360N/mm² 时应取 360N/mm²。

附表 1-6 预应力筋强度标准值

种类		符号	公称直径 d/mm	屈服强度标准值 f_{pyk}/(N/mm²)	极限强度标准值 f_{ptk}/(N/mm²)
中强度预应力钢丝	光面 螺旋肋	ϕ^{PM} ϕ^{HM}	5、7、9	620	800
				780	970
				980	1270
预应力螺纹钢筋	螺纹	ϕ^T	18、25、32、40、50	785	980
				930	1080
				1080	1230
消除应力钢丝	光面 螺旋肋	ϕ^P ϕ^H	5	—	1570
				—	1860
			7	—	1570
			9	—	1470
				—	1570
钢绞线	1×3 (三股)	ϕ^S	8.6、10.8、12.9	—	1570
				—	1860
				—	1960
	1×7 (七股)		9.5、12.7、15.2、17.8	—	1720
				—	1860
				—	1960
			21.6	—	1860

注：强度为 1960MPa 级的钢绞线作后张预应力配筋时，应有可靠的工程经验。

附表 1-7 预应力筋强度设计值(N/mm²)

种类	极限强度标准值 f_{ptk}	抗拉强度设计值 f_{py}	抗压强度设计值 f'_{py}
中强度预应力钢丝	800	510	410
	970	650	
	1270	810	
消除应力钢丝	1470	1040	410
	1570	1110	
	1860	1320	
钢绞线	1570	1110	390
	1720	1220	
	1860	1320	
	1960	1390	
预应力螺纹钢筋	980	650	410
	1080	770	
	1230	900	

注：当预应力筋的强度标准值不符合本表的规定时，其强度设计值应进行相应的比例换算。

附表 1-8 普通钢筋及预应力筋在最大力下的总伸长率限值

钢筋品种	普通钢筋			预应力筋
	HPB300	HRB335、HRBF335、HRB400、HRBF400、HRB500、HRBF500	RRB400	
δ_{gt}	10.0%	7.5%	5.0%	3.5%

附表 1-9 钢筋弹性模量(×10⁵ N/mm²)

牌号或种类	弹性模量 E_s
HPB300 钢筋	2.10
HRB335、HRB400、HRB500、HRBF335、HRBF400、HRBF500、RRB400 钢筋 预应力螺纹钢筋	2.00
消除应力钢丝、中强度预应力钢丝	2.05
钢绞线	1.95

注：必要时可采用实测的弹性模量。

附表 1-10 矩形应力图系数 α_1 与 β_1、混凝土强度影响系数 β_c、间接钢筋对混凝土约束的折减系数 α

混凝土强度等级	≤C50	C55	C60	C65	C70	C75	C80
α_1	1.0	0.99	0.98	0.97	0.96	0.95	0.94
β_1	0.8	0.79	0.78	0.77	0.76	0.75	0.74

(续)

混凝土强度等级	≤C50	C55	C60	C65	C70	C75	C80
β_c	1.0	0.97	0.93	0.90	0.87	0.83	0.80
α	1.0	0.98	0.95	0.93	0.90	0.88	0.85

附表 1-11　相对界限受压区高度 ξ_b 值

混凝土	钢筋	ξ_b
≤C50	HPB300	0.576
	HRB335、HRBF335	0.550
	HRB400、HRBF400、RRB400	0.518
	HRB500、HRBF500	0.482

附表 1-12　混凝土结构的环境类别

环境类别	条　件
一	室内干燥环境； 无侵蚀性静水浸没环境
二 a	室内潮湿环境； 非严寒和非寒冷地区的露天环境； 非严寒和非寒冷地区与无侵蚀性的水或土壤直接接触的环境； 严寒和寒冷地区的冰冻线以下与无侵蚀性的水或土壤直接接触的环境
二 b	干湿交替环境； 水位频繁变动环境； 严寒和寒冷地区的露天环境； 严寒和寒冷地区冰冻线以上与无侵蚀性的水或土壤直接接触的环境
三 a	严寒和寒冷地区冬季水位变动区环境； 受除冰盐影响环境； 海风环境
三 b	盐渍土环境； 受除冰盐作用环境； 海岸环境
四	海水环境
五	受人为或自然的侵蚀性物质影响的环境

注：① 室内潮湿环境是指构件表面经常处于结露或湿润状态的环境。
　　② 严寒和寒冷地区的划分应符合国家标准《民用建筑热工设计规范》(GB 50176—1993)的有关
　　　　规定。
　　③ 海岸环境和海风环境宜根据当地情况，考虑主导风向及结构所处迎风、背风部位等因素的影
　　　　响，由调查研究和工程经验确定。
　　④ 受除冰盐影响环境是指受到除冰盐盐雾影响的环境；受除冰盐作用环境是指被除冰盐溶液溅
　　　　射的环境及使用除冰盐地区的洗车房、停车楼等建筑。
　　⑤ 暴露的环境是指混凝土结构表面所处的环境。

附表 1-13　混凝土保护层的最小厚度 c(mm)

环境类别	板、墙、壳	梁、柱、杆
一	15	20
二 a	20	25
二 b	25	35
三 a	30	40
三 b	40	50

注：① 混凝土强度等级不大于 C25 时，表中保护层厚度数值应增加 5mm。
　　② 钢筋混凝土基础宜设置混凝土垫层，基础中钢筋的混凝土保护层厚度应从垫层顶面算起，且不应小于 40mm。

附表 1-14　钢筋混凝土梁或柱正截面设计时 a_s 的近似取值(mm)

环境类别	箍筋直径 $d_v=6$		箍筋直径 $d_v=8$		箍筋直径 $d_v=10$	
	纵筋一排	纵筋两排	纵筋一排	纵筋两排	纵筋一排	纵筋两排
一	35	60	40	60	40	65
二 a	40	65	45	65	45	70
二 b	50	75	55	75	55	80
三 a	55	80	60	80	60	85
三 b	65	90	70	90	70	95

注：① 表中数值是按纵筋直径为 20mm 计算得到的，若实配纵筋的直径与 20mm 相差超过 5mm 时，表中数值应作相应的调整。
　　② 当混凝土强度等级≤C25 时，表中 a_s 数值尚应增加 5mm。
　　③ 纵筋两排仅适用于梁。

附表 1-15　结构构件的裂缝控制等级及最大裂缝宽度的限值(mm)

环境类别	钢筋混凝土结构		预应力混凝土结构	
	裂缝控制等级	w_{lim}	裂缝控制等级	w_{lim}
一	三级	0.30(0.4)	三级	0.20
二 a		0.20		0.10
二 b			二级	—
三 a、三 b			一级	—

注：① 对处于年平均相对湿度小于 60% 地区一类环境下的受弯构件，其最大裂缝宽度限值可采用括号内的数值。
　　② 在一类环境下，对钢筋混凝土屋架、托架及作作疲劳验算的吊车梁，其最大裂缝宽度限值应取为 0.2mm；对钢筋混凝土屋面梁和托梁，其最大裂缝宽度限值应取为 0.3mm。
　　③ 在一类环境下，对预应力混凝土屋架、托架及双向板体系，应按二级裂缝控制等级进行验算；对一类环境下的预应力混凝土屋面梁、托梁、单向板，应按表中二 a 类环境的要求进行验算；在一类和二 a 类环境下需做疲劳验算的预应力混凝土吊车梁，应按裂缝控制等级不低于二级的构件进行验算。
　　④ 表中规定的预应力混凝土构件的裂缝控制等级和最大裂缝宽度限值仅适用于正截面的验算；预应力混凝土构件的斜截面裂缝控制验算应符合《规范》(GB 50010)第 7 章的有关规定。
　　⑤ 对于烟囱、筒仓和处于液体压力下的结构，其裂缝控制要求应符合专门标准的有关规定。
　　⑥ 对于处于四、五类环境下的结构构件，其裂缝控制要求应符合专门标准的有关规定。
　　⑦ 表中的最大裂缝宽度限值是用于验算荷载作用引起的最大裂缝宽度。

附表 1-16　受弯构件的挠度限值

构件类型		挠度限值
吊车梁	手动吊车	$l_0/500$
	电动吊车	$l_0/600$
屋盖、楼盖及楼梯构件	当 $l_0<7\text{m}$ 时	$l_0/200(l_0/250)$
	当 $7\text{m}\leqslant l_0\leqslant 9\text{m}$ 时	$l_0/250(l_0/300)$
	当 $l_0>9\text{m}$ 时	$l_0/300(l_0/400)$

注：① 表中 l_0 为构件的计算跨度；计算悬臂构件的挠度限值时，其计算跨度 l_0 按实际悬臂长度的两倍取用。
② 表中括号内的数值适用于使用上对挠度有较高要求的构件。
③ 如果构件制作时预先起拱，且使用上也允许，则在验算挠度时，可将计算所得的挠度值减去起拱值；对预应力混凝土构件，尚可减去预加力所产生的反拱值。
④ 构件制作时的起拱值和预加力所产生的反拱值，不宜超过构件在相应荷载组合作用下的计算挠度值。

附表 1-17　截面抵抗矩塑性影响系数基本值 γ_m

项次	1	2	3		4		5
截面形状	矩形截面	翼缘位于受压区的T形截面	对称I形截面或箱形截面		翼缘位于受拉区的倒T形截面		圆形和环形截面
			$b_\text{f}/b\leqslant 2$，h_f/h 为任意值	$b_\text{f}/b>2$，$h_\text{f}/h<0.2$	$b_\text{f}/b\leqslant 2$，h_f/h 为任意值	$b_\text{f}/b>2$，$h_\text{f}/h<0.2$	
γ_m	1.55	1.50	1.45	1.35	1.50	1.40	$1.6-0.24r_1/r$

注：① 对 $b_\text{f}'>b_\text{f}$ 的I形截面，可按项次2与项次3之间的数值采用；对 $b_\text{f}'<b_\text{f}$ 的I形截面，可按项次3与项次4之间的数值采用。
② 对于箱形截面，b 系指各肋宽度的总和。
③ r_1 为环形截面的内环半径，对圆形截面取 r_1 为零。

附表 1-18　钢筋混凝土结构构件中纵向受力钢筋的最小配筋百分率 $\rho_{\min}$

受力类型		最小配筋百分率(%)
受压构件	全部纵向钢筋　HRB500、HRBF500 钢筋	0.50
	全部纵向钢筋　HRB400、HRBF400、RRB400 钢筋	0.55
	全部纵向钢筋　HPB300、HRB335、HRBF335 钢筋	0.60
	一侧纵向钢筋	0.20
受弯构件、偏心受拉、轴心受拉构件一侧的受拉钢筋		0.20 和 $45(f_\text{t}/f_\text{y})$ 中的较大值

注：① 受压构件全部纵向钢筋最小配筋百分率，当采用C60以上强度等级的混凝土时，应按表中规定增加0.10。
② 板类受弯构件(不包括悬臂板)的受拉钢筋，当采用强度等级400MPa、500MPa的钢筋时，其最小配筋百分率应允许采用0.15和 $45(f_\text{t}/f_\text{y})$ 中的较大值。
③ 偏心受拉构件中的受压钢筋，应按受压构件一侧纵向钢筋考虑。
④ 受压构件的全部纵向钢筋和一侧纵向钢筋的配筋率及轴心受拉构件和小偏心受拉构件一侧受拉钢筋的配筋率均应按构件的全截面面积计算。
⑤ 受弯构件、大偏心受拉构件一侧受拉钢筋的配筋率应按全截面面积扣除受压翼缘面积 $(b_\text{f}'-b)$ h_f' 后的截面面积计算。
⑥ 当钢筋沿构件截面周边布置时，"一侧纵向钢筋"系指沿受力方向两个对边中一边布置的纵向钢筋。

附表 1-19　钢筋混凝土矩形截面受弯构件正截面承载力计算系数表

ξ	γ_s	a_s	ξ	γ_s	a_s
0.01	0.995	0.010	0.31	0.845	0.262
0.02	0.990	0.020	0.32	0.840	0.269
0.03	0.985	0.030	0.33	0.835	0.276
0.04	0.980	0.039	0.34	0.830	0.282
0.05	0.975	0.049	0.35	0.825	0.289
0.06	0.970	0.058	0.36	0.820	0.295
0.07	0.965	0.068	0.37	0.815	0.302
0.08	0.960	0.077	0.38	0.810	0.308
0.09	0.955	0.086	0.39	0.805	0.314
0.10	0.950	0.095	0.40	0.800	0.320
0.11	0.945	0.104	0.41	0.795	0.326
0.12	0.940	0.113	0.42	0.790	0.332
0.13	0.935	0.122	0.43	0.785	0.338
0.14	0.930	0.130	0.44	0.780	0.343
0.15	0.925	0.139	0.45	0.775	0.349
0.16	0.920	0.147	0.46	0.770	0.354
0.17	0.915	0.156	0.47	0.765	0.360
0.18	0.910	0.164	0.48	0.760	0.365
0.19	0.905	0.172	**0.482**	**0.759**	**0.366**
0.20	0.900	0.180	0.49	0.755	0.370
0.21	0.895	0.188	0.50	0.750	0.375
0.22	0.890	0.196	0.51	0.745	0.380
0.23	0.885	0.204	**0.518**	**0.741**	**0.384**
0.24	0.880	0.211	0.52	0.740	0.385
0.25	0.875	0.219	0.53	0.735	0.390
0.26	0.870	0.226	0.54	0.730	0.394
0.27	0.865	0.234	**0.550**	**0.725**	**0.399**
0.28	0.860	0.241	0.56	0.720	0.403
0.29	0.855	0.248	0.57	0.715	0.408
0.30	0.850	0.255	**0.576**	**0.712**	**0.410**

附表 1-20　钢筋的公称直径、公称截面面积及理论重量

公称直径 /mm	不同根数钢筋的公称截面面积/mm²									单根钢筋 理论重量/(kg/m)
	1	2	3	4	5	6	7	8	9	
6	28.3	57	85	113	142	170	198	226	255	0.222
8	50.3	101	151	201	252	302	352	402	453	0.395
10	78.5	157	236	314	393	471	550	628	707	0.617
12	113.1	226	339	452	565	678	791	904	1017	0.888
14	153.9	308	461	615	769	923	1077	1231	1385	1.210
16	201.1	402	603	804	1005	1206	1407	1608	1809	1.580
18	254.5	509	763	1017	1272	1527	1781	2036	2290	2.000(2.110)

（续）

公称直径/mm	不同根数钢筋的公称截面面积/mm²									单根钢筋理论重量/(kg/m)
	1	2	3	4	5	6	7	8	9	
20	314.2	628	942	1256	1570	1884	2199	2513	2827	2.470
22	380.1	760	1140	1520	1900	2281	2661	3041	3421	2.980
25	490.9	982	1473	1964	2454	2945	3436	3927	4418	3.850(4.100)
28	615.8	1232	1847	2463	3079	3695	4310	4926	5542	4.830
32	804.2	1609	2413	3217	4021	4826	5630	6434	7238	6.310(6.650)
36	1017.9	2036	3054	4072	5089	6107	7125	8143	9161	7.990
40	1256.6	2513	3770	5027	6283	7540	8796	10053	11310	9.870(10.340)
50	1963.5	3928	5892	7856	9820	11784	13748	15712	17676	15.420(16.280)

注：括号内为预应力螺纹钢筋的数值。

附表1-21 钢绞线的公称直径、公称截面面积及理论重量

种类	公称直径/mm	公称截面面积/mm²	理论重量/(kg/m)
1×3	8.6	37.7	0.296
	10.8	58.9	0.462
	12.9	84.8	0.666
1×7 标准型	9.5	54.8	0.430
	12.7	98.7	0.775
	15.2	140.0	1.101
	17.8	191.0	1.500
	21.6	285.0	2.237

附表1-22 钢丝的公称直径、公称截面面积及理论重量

公称直径/mm	公称截面面积/mm²	理论重量/(kg/m)
5.0	19.63	0.154
7.0	38.48	0.302
9.0	63.62	0.499

附表1-23 钢筋混凝土板每米宽的钢筋截面面积(mm²)

钢筋间距/mm	钢筋直径/mm										
	6	6/8	8	8/10	10	10/12	12	12/14	14	14/16	16
70	404	561	718	920	1122	1369	1616	1907	2199	2536	2872
75	377	524	670	859	1047	1278	1508	1780	2053	2367	2681
80	353	491	628	805	982	1198	1414	1669	1924	2219	2513
85	333	462	591	758	924	1127	1331	1571	1811	2088	2365
90	314	436	559	716	873	1065	1257	1484	1710	1972	2234
95	298	413	529	678	827	1009	1190	1405	1620	1868	2116
100	283	393	503	644	785	958	1131	1335	1539	1775	2011
110	257	357	457	585	714	871	1028	1214	1399	1614	1828
120	236	327	419	537	654	798	942	1113	1283	1479	1676

(续)

钢筋间距 /mm	钢筋直径/mm										
	6	6/8	8	8/10	10	10/12	12	12/14	14	14/16	16
125	226	314	402	515	628	767	905	1068	1232	1420	1608
130	217	302	387	495	604	737	870	1027	1184	1365	1547
140	202	280	359	460	561	684	808	954	1100	1268	1436
150	188	262	335	429	524	639	754	890	1026	1183	1340
160	177	245	314	403	491	599	707	834	962	1109	1257
170	166	231	296	379	462	564	665	785	906	1044	1183
175	162	224	287	368	449	548	646	763	880	1014	1149
180	157	218	279	358	436	532	628	742	855	986	1117
190	149	207	265	339	413	504	595	703	810	934	1058
200	141	196	251	322	393	479	565	668	770	887	1005
220	129	178	228	293	357	436	514	607	700	807	914
240	118	164	209	268	327	399	471	556	641	740	838
250	113	157	201	258	314	383	452	534	616	710	804
300	94	131	168	215	262	319	377	445	513	592	670

注：表中钢筋直径中的 6/8，8/10 等系指两种直径的钢筋间隔放置。

附录 B
《公路钢筋混凝土及预应力混凝土桥涵设计规范》(JTG D62—2004)相关附表

附表 2-1　混凝土强度标准值和设计值(MPa)

强度种类		符号	混凝土强度等级													
			C15	C20	C25	C30	C35	C40	C45	C50	C55	C60	C65	C70	C75	C80
强度标准值	轴心抗压	f_{ck}	10.0	13.4	16.7	20.1	23.4	26.8	29.6	32.4	35.5	38.5	41.5	44.5	47.4	50.2
	轴心抗拉	f_{tk}	1.27	1.54	1.78	2.01	2.20	2.40	2.51	2.65	2.74	2.85	2.93	3.00	3.05	3.10
强度设计值	轴心抗压	f_{cd}	6.9	9.2	11.5	13.8	16.1	18.4	20.5	22.4	24.4	26.5	28.5	30.5	32.4	34.6
	轴心抗拉	f_{td}	0.88	1.06	1.23	1.39	1.52	1.65	1.74	1.83	1.89	1.96	2.02	2.07	2.10	2.14

注：计算现浇钢筋混凝土轴心受压和偏心受压构件时，如截面的长边或直径小于 300mm，表中混凝土强度设计值应乘以系数 0.8；当构件质量(混凝土成型、截面和轴线尺寸等)确有保证时，可不受此限。

附表 2-2　混凝土的弹性模量(×10⁴ MPa)

混凝土强度等级	C15	C20	C25	C30	C35	C40	C45	C50	C55	C60	C65	C70	C75	C80
E_c	2.20	2.55	2.80	3.00	3.15	3.25	3.35	3.45	3.55	3.60	3.65	3.70	3.75	3.80

注：① 混凝土剪变模量 G_c 按表中数值的 0.4 倍取值。
② 对高强混凝土，当采取引气剂及较高砂率的泵送混凝土且无实测数据时，表中 C50~C80 的 E_c 值应乘以折减系数 0.95。

附表 2-3　普通钢筋强度标准值和设计值

钢筋种类		直径 d/mm	符号	抗拉强度标准值 f_{sk}/(MPa)	抗拉强度设计值 f_{sd}/(MPa)	抗压强度设计值 f'_{sd}/(MPa)
热轧钢筋	R235	8~20	φ	235	195	195
	HRB335	6~50	Φ	335	280	280
	HRB400	6~50	Φ	400	330	330
	KL400	8~40	ΦR	400	330	330

注：① 表中 d 系指国家标准中的钢筋公称直径。
② 钢筋混凝土轴心受拉和小偏心受拉构件中的钢筋抗拉强度设计值大于 330MPa 时，仍应取用 330MPa。
③ 构件中配有不同种类钢筋时，每种钢筋应采用各自的强度设计值。

附表 2-4 普通钢筋的弹性模量（$\times 10^5\,\text{MPa}$）

钢筋种类	E_s
R235	2.1
HRB335、HRB400、KL400	2.0

附表 2-5 普通钢筋和预应力直线形钢筋最小混凝土保护层厚度(mm)

序号	构件类型		环境条件		
			Ⅰ	Ⅱ	Ⅲ、Ⅳ
1	基础、桩基承台（受力主筋）	基坑底面有垫层或侧面有模板	40	50	60
		基坑底面无垫层或侧面无模板	60	75	85
2	墩台、挡土结构、涵洞、梁、板、拱圈、拱上建筑(受力主筋)		30	40	45
3	人行道构件、栏杆(受力主筋)		20	25	30
4	箍筋		20	25	30
5	缘石、中央分隔带、护栏等行车道构件		30	40	45
6	收缩、温度、分布、防裂等表层钢筋		15	20	25

注：对于环氧树脂涂层钢筋，可按环境类别Ⅰ取用。

附表 2-6 钢筋混凝土构件中纵向受力钢筋的最小配筋百分率(%)

受力类型		最小配筋百分率	
受压构件	全部纵向钢筋	≤C45	0.5
		≥C50	0.6
	一侧纵向钢筋	0.2	
受弯构件、偏心受拉构件及轴心受拉构件的一侧受拉钢筋		0.2 和 $45(f_{td}/f_{sd})$ 中的较大者	
受扭构件的纵向受力钢筋		$8f_{cd}/f_{sd}$（纯扭时），$8(2\beta_t-1)f_{cd}/f_{sd}$（剪扭时）	

注：① 当大偏心受拉构件的受压区配置按计算需要的受压钢筋时，其最小配筋百分率不应小于0.2。
② 轴心受压构件、偏心受压构件全部纵向钢筋的配筋百分率和一侧纵向钢筋（包括大偏心受拉构件的受压钢筋）的配筋百分率应按构件的毛截面面积计算。轴心受拉构件及小偏心受拉构件一侧受拉钢筋的配筋百分率应按构件毛截面面积计算。受弯构件、大偏心受拉构件的一侧受拉钢筋的配筋百分率为 $100A_s/(bh_0)$，其中 A_s 为受拉钢筋截面积，b 为腹板宽度（箱形截面梁为各腹板宽度之和），h_0 为有效高度。
③ 当钢筋沿构件截面周边布置时，"一侧的受压钢筋"或"一侧的受拉钢筋"系指受力方向两个对边中的一边布置的纵向钢筋。
④ 对受扭构件，其纵向受力钢筋的最小配筋率为 $A_{st,min}/(bh)$，$A_{st,min}$ 为纯扭构件全部纵向钢筋最小截面积，h 为矩形截面基本单元长边长度，b 为短边长度，f_{sd} 为纵向钢筋抗拉强度设计值。

附表 2-7 预应力钢筋抗拉强度标准值（MPa）

钢筋种类		符号	直径 d/mm	抗拉强度标准值 f_{pk}
钢绞线	1×2 （二股）	ϕ^s	8.0、10.0	1470、1570、1720、1860
			12.0	1470、1570、1720
	1×3 （三股）		8.6、10.8	1470、1570、1720、1860
			12.9	1470、1570、1720
	1×7 （七股）		9.5、11.1、12.7	1860
			15.2	1720、1860
消除应力钢丝	光面钢丝	ϕ^P	4.5	1470、1570、1670、1770
			6	1570、1670
	螺旋肋钢丝	ϕ^H	7、8、9	1470、1570
	刻痕钢丝	ϕ^I	5、7	1470、1570
精轧螺纹钢筋		JL	40	540
			18、25、32	540、785、930

注：表中 d 系指国家标准中钢绞线、钢丝和精轧螺纹钢筋的公称直径。

附表 2-8 预应力钢筋抗拉、抗压强度设计值（MPa）

钢筋种类	抗拉强度标准值 f_{pk}	抗拉强度设计值 f_{pd}	抗压强度设计值 f'_{pd}
钢绞线 1×2(二股) 1×3(三股) 1×7(七股)	1470	1000	390
	1570	1070	
	1720	1170	
	1860	1260	
消除应力光面钢丝 和螺旋肋钢丝	1470	1000	410
	1570	1070	
	1670	1140	
	1770	1200	
消除应力刻痕钢丝	1470	1000	410
	1570	1070	
精轧螺纹钢筋	540	450	400
	785	650	
	930	770	

附表 2-9 预应力钢筋的弹性模量（×10⁵ MPa）

预应力钢筋种类	E_p
精轧螺纹钢筋	2.0

（续）

预应力钢筋种类	E_p
消除应力光面钢丝、螺旋肋钢丝、刻痕钢丝	2.05
钢绞线	1.95

附表 2-10　钢绞线公称直径、截面面积及理论重量

钢绞线种类	公称直径/mm	公称面积/mm²	每1000m 钢绞线的理论重量/kg
1×2	8	25.3	199
	10	39.5	310
	12	56.9	447
1×3	8.6	37.4	295
	10.8	59.3	465
	12.9	85.4	671
1×7 标准型	9.5	54.8	432
	11.1	74.2	580
	12.7	98.7	774
	15.2	139	1101
1×7 模拔型	12.7	112	890
	15.2	165	1295

附表 2-11　钢丝公称直径、截面面积及理论重量

公称直径/mm	公称面积/mm²	理论重量参考值/(kg/m)
4.0	12.57	0.099
5.0	19.63	0.154
6.0	28.27	0.222
7.0	38.48	0.302
8.0	50.26	0.394
9.0	63.62	0.499

附表 2-12　系数 κ 和 μ 值

管道成型方式	κ	μ	
		钢绞线、钢丝束	精轧螺纹钢筋
预埋金属波纹管	0.0015	0.20~0.25	0.50
预埋塑料波纹管	0.0015	0.14~0.17	—
预埋铁皮管	0.0030	0.35	0.40
预埋钢管	0.0010	0.25	—
抽芯成型	0.0015	0.55	0.60

附表 2 - 13　锚具变形、钢筋回缩和接缝压缩值(mm)

锚具、接缝类型		Δl
钢丝束的钢制锥形锚具		6
夹片式锚具	有预压时	4
	无预压时	6
带螺母锚具的螺母缝隙		1
镦头锚具		1
每块后加垫板的缝隙		1
水泥砂浆接缝		1
环氧树脂砂浆接缝		1

附表 2 - 14　预应力钢筋的预应力传递长度 l_{tr} 与锚固长度 l_a (mm)

钢筋种类	长度类型	混凝土强度等级							
		C30	C35	C40	C45	C50	C55	C60	≥C65
钢绞线 1×2、1×3 $\sigma_{pe}=1000\text{MPa}$；$f_{pd}=1170\text{MPa}$	l_{tr}	75d	68d	63d	60d	57d	55d	55d	55d
	l_a	—	—	115d	110d	105d	100d	95d	90d
钢绞线 1×7 $\sigma_{pe}=1000\text{MPa}$；$f_{pd}=1260\text{MPa}$	l_{tr}	80d	73d	67d	64d	60d	58d	58d	58d
	l_a	—	—	130d	125d	120d	115d	110d	105d
螺旋肋钢丝 $\sigma_{pe}=1000\text{MPa}$；$f_{pd}=1200\text{MPa}$	l_{tr}	70d	64d	58d	56d	53d	51d	51d	51d
	l_a			95d	90d	85d	83d	80d	80d
刻痕钢丝 $\sigma_{pe}=1000\text{MPa}$；$f_{pd}=1070\text{MPa}$	l_{tr}	89d	81d	75d	71d	68d	65d	65d	65d
	l_a	—	—	125d	115d	110d	105d	103d	100d

注：① 预应力钢筋的预应力传递长度 l_{tr} 按有效预应力值 σ_{pe} 查表；锚固长度 l_a 按抗拉强度设计值 f_{pd} 查表。

② 预应力传递长度应根据预应力钢筋放张时混凝土立方体抗压强度 f'_{cu} 确定，当 f'_{cu} 在表列混凝土强度等级之间时，预应力传递长度按直线内插取用。

③ 当采用骤然放松预应力钢筋的施工工艺时，锚固长度的起点及预应力传递长度的起点应从离构件末端 $0.25l_{tr}$ 处开始。

④ 当预应力钢筋的抗拉强度设计值 f_{pd} 或有效预应力值 σ_{pe} 与表中值不同时，其锚固长度或预应力传递长度应根据表值按比例增减。

附录 C
《高等学校土木工程本科指导性专业规范》对本课程的教学要求

核心知识单元		知识点			推荐学时
序号	描述	序号	描述	要求	
1	混凝土结构设计的概念、原则及材料的物理力学性能（对应于本书第1章和第2章的内容）	1	混凝土结构的一般概念、发展与应用	熟悉	
		2	钢筋的物理力学性能	掌握	
		3	混凝土的物理力学性能	掌握	
		4	混凝土与钢筋的粘结性能	掌握	
2	结构可靠度设计原理（对应于本书第3章的内容）	1	荷载的统计分析	掌握	
		2	结构抗力的统计方法	掌握	
		3	结构可靠度分析	掌握	
		4	结构概率可靠度设计方法	掌握	
		5	土木工程各类结构的实用设计表达式	熟悉	
3	钢筋混凝土受弯构件承载力的分析与计算（对应于本书第4章和第5章的内容）	1	正截面受弯构件的一般构造	掌握	60
		2	正截面受弯承载力的试验研究、基本假定	熟悉	
		3	单（双）筋矩形截面、T形截面受弯构件的正截面受弯承载力计算	掌握	
		4	斜截面受剪承载力的试验研究、影响因素及其基本假定	熟悉	
		5	斜截面受剪承载力计算	掌握	
		6	保证斜截面受弯承载力的构造措施	掌握	
4	钢筋混凝土受压构件截面承载力的计算与分析（对应于本书第6章的内容）	1	受压构件的一般构造	掌握	
		2	轴心受压构件正截面的承载力计算	掌握	
		3	偏心受压构件正截面的承载力计算	掌握	
		4	正截面承载力 N_u—M_u 相关曲线及其应用	掌握	
		5	偏心受压构件斜截面受剪承载力的计算	熟悉	
5	钢筋混凝土受拉构件承载力的计算与分析（对应于本书第7章的内容）	1	轴心受拉构件正截面承载力的计算	熟悉	
		2	偏心受拉构件正截面承载力的计算	熟悉	

（续）

核心知识单元		知识点			推荐学时
序号	描述	序号	描述	要求	
6	钢筋混凝土受扭构件截面承载力的计算与分析（对应于本书第8章的内容）	1	纯扭构件的试验研究	熟悉	60
		2	矩形截面纯扭构件的扭曲截面受扭承载力计算	掌握	
		3	弯剪扭构件的承载力计算	掌握	
		4	受扭构件的配筋构造要求	掌握	
7	混凝土构件的变形、裂缝宽度验算与耐久性分析（对应于本书第9章的内容）	1	构件刚度的分析	掌握	
		2	钢筋混凝土受弯构件的挠度验算	掌握	
		3	钢筋混凝土构件的裂缝宽度验算	掌握	
		4	混凝土结构的耐久性	熟悉	
8	预应力混凝土构件的受力性能计算与分析（对应于本书第10章的内容）	1	预应力混凝土的基本概念	掌握	
		2	施加预应力的方法与设备	熟悉	
		3	张拉控制应力与预应力损失	掌握	
		4	后张法构件端部锚固区的局部承压验算	熟悉	
		5	预应力混凝土轴心受拉、受弯构件的计算	熟悉	
		6	部分预应力混凝土及无粘结预应力混凝土结构简述	熟悉	
		7	预应力混凝土构件的构造要求	掌握	

说明：核心知识单元的序号2"结构可靠度设计原理"涉及的知识点不在推荐的60学时内。

参 考 文 献

[1] 中华人民共和国国家标准. 混凝土结构设计规范(GB 50010—2010) [S]. 北京：中国建筑工业出版社，2011.

[2] 中华人民共和国国家标准. 工程结构可靠性设计统一标准(GB 50153—2008) [S]. 北京：中国建筑工业出版社，2008.

[3] 中华人民共和国国家标准. 建筑结构可靠度设计统一标准(GB 50068—2001) [S]. 北京：中国建筑工业出版社，2001.

[4] 中华人民共和国国家标准. 建筑结构荷载规范 (GB 50009—2012) [S]. 北京：中国建筑工业出版社，2012.

[5] 中华人民共和国国家标准. 公路工程结构可靠度设计统一标准(GB/T 50283—1999) [S]. 北京：中国计划出版社，1999.

[6] 中华人民共和国行业标准. 公路桥涵设计通用规范(JTG D60—2004) [S]. 北京：中国交通出版社，2004.

[7] 中华人民共和国行业标准. 公路钢筋混凝土及预应力混凝土桥涵设计规范(JTG D62—2004) [S]. 北京：中国交通出版社，2004.

[8] 中华人民共和国国家标准. 钢筋混凝土用钢　第 2 部分：热轧带肋钢筋(GB 1499.2—2007) [S]. 北京：中国标准出版社，2007.

[9] 高等学校土木工程学科专业指导委员会. 高等学校土木工程本科指导性专业规范[S]. 北京：中国建筑工业出版社，2011.

[10] 梁兴文，史庆轩. 混凝土结构设计原理 [M]. 2 版. 北京：中国建筑工业出版社，2011.

[11] 顾祥林. 混凝土结构基本原理 [M]. 2 版. 上海：同济大学出版社，2011.

[12] 叶列平. 混凝土结构(上册) [M]. 2 版. 北京：清华大学出版社，2005.

[13] [美] 林同炎，[美] 伯恩斯. 预应力混凝土结构设计 [M]. 3 版. 路湛沁，黄棠，马誉美，译. 北京：中国铁道出版社，1984.